建筑与文化遗产保护系列教材

建筑遗产保护概论
（第二版）

薛林平　著

中国建筑工业出版社

审图号：GS（2019）5610号

图书在版编目（CIP）数据

建筑遗产保护概论／薛林平著.—2版.—北京：中国建筑工业出版社，2017.6（2022.2重印）
建筑与文化遗产保护系列教材
ISBN 978-7-112-20667-4

Ⅰ.①建… Ⅱ.①薛… Ⅲ.①建筑－文化遗产－保护－教材 Ⅳ.①TU-87

中国版本图书馆CIP数据核字（2017）第077920号

责任编辑：费海玲 张幼平
责任校对：焦 乐 王雪竹

建筑与文化遗产保护系列教材
建筑遗产保护概论（第二版）
薛林平 著
*
中国建筑工业出版社出版、发行（北京海淀三里河路9号）
各地新华书店、建筑书店经销
北京雅盈中佳图文设计公司制版
北京建筑工业印刷厂印刷
*
开本：880毫米×1230毫米 1/16 印张：26 字数：599千字
2017年6月第二版 2022年2月第六次印刷
定价：58.00元
ISBN 978-7-112-20667-4
（30317）

前　言

建筑遗产就像一部部史书，就像一卷卷档案，客观地记录着人类的点点滴滴，是一个国家和民族历史文明的载体。譬如北京的“故宫”，见证了明清皇家甚至整个中国五六百年的历史；湖南韶山的“毛泽东故居”，记录了毛泽东的成长和生活，承载了无数人对领袖人物的崇拜；一座普通的明清民居，反映了当时老百姓的生活状况、建造技术和审美情趣，满足了很多人集体的好奇心和求知欲。《威尼斯宪章》(1964 年)开篇即言：“世世代代人民的历史古迹，饱含着过去岁月的信息留存至今，成为人们古老的活的见证。人们越来越意识到人类价值的统一性，并把古代遗迹看作共同的遗产，认识到为后代保护这些古迹的共同责任。”

众所周知，建筑的历史非常悠久，大致自从有了人类，就有了用于居住的建筑。一旦出现了建筑，为了更好地使用，就需要维护修理，所以说广义的“建筑保护”的历史，也是非常悠久的，几乎和建筑同时产生。实际上，人类的建筑史，也可以说是一部建筑保护维护史。

但这种保护维护，主要是为了延续其功能，是为了更好地“用”，满足其使用要求，就其宗旨而言，和现代意义上的保护完全不同。因为现代意义上的保护，主要是为了留下记忆，留下其承载的历史信息。比如某位收藏家保存一件景德镇元代官窑的瓷器，不是为了用它盛饭，而是因为它有独特的价值，因而采取各种措施精心呵护，以期永久存在。还如，有一辆自行车坏了，为了能继续骑，自然需要修理，但如果是要“保护”这辆自行车的话，一定是因为这辆自行车有独特的价值，可能这辆自行车是我国生产的第一辆自行车，也可能这辆自行车因为某某重要人物骑过，所以希望长久留存下去。同理，现代意义上的建筑遗产保护，就是因为这些建筑有这样或那样的特殊价值，承载了很多人的集体记忆，记录了很多人感兴趣的历史信息，所以要进行“保护”。

虽然建筑的历史非常悠久，但现代意义上的建筑遗产保护的历史并不长。1789年开始的法国大革命中，大量历史建筑被破坏，损失惨重，唤醒了人们的保护意识。到了 19 世纪上半叶，随着人们对建筑遗产保护认识的逐渐深入，在大量建筑修复的实践基础上，出现了“风格性修复”理论，标志着建筑遗产保护的真正开始。掐指算来，至今也只有二百余年的历史。在这之后，随着人类文明的不断进步，世界各国对建筑遗产的保护越来越重视。1931 年的《雅典宪章》就倡导“所有国家都要通过国家立法来解决历史古迹的保存问题”。但总体而言，在“二战”之前，国际社会和大部分国家对建筑遗产保护并没有足够的重视，列入保护的建筑的数量和种类也较少，从事这一领域工作的人并不多。

对于建筑遗产保护而言，两次世界大战是重要的转折点。这其中的原因很多，但有两点是最为重要的。其一，是大破坏之后的反思。两次世界大战的炮火以及紧随其后的迅速现代化，摧残和蹂躏了无数的建筑遗产，破坏空前，使得人们更加珍惜、怀念、眷恋过去的文化遗产。其二，是逐渐全球化后的反思。二战后汹涌波澜的全球化，导致文化趋于同质化，也令人们对于多元文化、地域文化、特色文化充满了向往和怀念。保护建筑遗产，实质上就是维护世界文化的多样性。

由此，从 20 世纪下半叶开始，建筑遗产保护的深度和广度有了飞跃，建筑遗产的数量和种类快速增加。人类逐渐认识到，文化遗产不仅是某个国家的遗产，也是全世界、全人类的遗产。将遗产保护抬到如此高度，一定程度上是为了避免在某些时候、某些情况下，某些国家、集团出于特定的政治利益、集团利益而破坏文化遗产。《世界遗产公约》操作指南（2008 年版）的序言中提到："文化遗产和自然遗产不仅对每一个国家，而且对整个人类来说都是无价之宝，无可替代。这些无价之宝的毁坏和消失使世界人民受到损失。"

建筑遗产的保护曾经只是少数社会精英和专业人士倡导的事，现在几乎已经变成全世界各国人民关注和参与的一项工作，成为所有国家责无旁贷的义务和责任。

保护建筑遗产，首先要回答一个最基本的问题，即为什么要保护建筑遗产、保护建筑遗产有什么意义。概括而言，保护建筑遗产的意义，主要表现在几个方面：

首先，保护建筑遗产，就是保护人类文明。人类在漫长的历史过程中，创造了灿烂辉煌的文明，而这些文明无不凝固在建筑遗产之中。正是从这一意义上说，保护建筑遗产，就是保护人类在不同时期所创造的文明。英国著名思想家约翰·罗斯金在 1849 年出版的《建筑的七盏明灯》一书中曾写道："人类的遗忘有两大强大的征服者——诗歌和建筑，后者在某种程度上包括前者，在现实中更强大。"他还强调："没有建筑，我们照样可以生活，没有建筑，我们照样可以崇拜，但是没有建筑，我们就会失去记忆。"[①] 人类对过去总是充满了好奇，而建筑遗产记录了过去的点点滴滴，可以满足人类的一些好奇。如英国的"巨石阵"，位于英国威尔特郡索尔兹伯里平原上，年代可追溯至公元前 2600 年左右，是目前全球保存最完好的史前遗址之一，记载了欧洲的远古文明，在建筑史上具有重要意义。

其次，保护建筑遗产，有利于保护文化的多样性。现在，生物多样性受到了高度重视，为了维护生物的多样性，人类不遗余力地保护受到威胁的物种。同样，文化的多样性，也越来越引起国际社会的重视。2005 年第三十三届联合国教科文组织大会上通过的《保护和促进文化表现形式多样性公约》强调："意识到文化多样性创造了一个多姿多彩的世界，它使人类有了更多的选择，得以提高自己的能力和形成价值观，并因此成为各社区、各民族和各国可持续发展的一股主要推动力。"不同地域和不同文化的建筑遗产，形态各异，丰富多彩，充分体现了世界文化的多样性与丰富性。设想一下，如果没有中国的长城和故宫，没有埃及的金字塔，没有希腊雅典的帕台农神庙，没有意大利罗马的斗兽场和万神庙，没有土耳其伊斯坦布尔的圣索菲亚大教堂，没有柬埔寨吴哥的吴哥窟，没有印度阿格拉的泰姬陵，没有法国巴黎的巴黎圣母院，没有散落在全球几乎每个角落的各具特色的民居，这个本来丰富多彩的世界能不黯然失色？

---

① 约翰·罗斯金著. 建筑的七盏明灯. 张璘译. 济南：山东画报出版社，2006. 158 ～ 159.

再次，保护建筑遗产，有利于保护生态环境。2010年，住建部时任副部长仇保兴在第六届国际绿色建筑与建筑节能大会上发言指出："我国每年20亿平方米的新建面积，而只能持续25～30年。而每万平方米拆除的旧建筑，将产生7000～12000吨建筑垃圾。"① 据报道，英国的建筑平均寿命达到132年，美国的建筑平均寿命也达到了74年。对于这些建筑寿命的数字，特别对于我国建筑寿命的数字，引起很多争论，笔者也一直未能查找到切实可信的数据来源。但根据重庆市主城区3255栋已拆建筑的调查，其平均寿命是38年②。根据英国社区与地方政府部发布的《英格兰住房调查》报告（2012~2013年度），英格兰地区一共有2270万套居民住房，其中78%的住房建成于1980年之前，其中五分之一是1919年之前所建。如果上述数字真实可靠，那就意味着，同一个地点假使英国建一次房子，我国则需要建三到四次房子。这似乎也符合平时的耳闻目睹：最近几十年，国内在同一地点的房子，拆上两三遍并不算什么新鲜事。这种拆除重建，一般并不是因为达到建筑的寿命了，大多数是由于这样或那样的原因，没到使用年限就拆除重建了，是"非正常死亡"。这些短命的建筑，不但造成巨大的社会资源浪费，也会产生大量的建筑垃圾，给环境和土壤带来严重危害。根据统计，建筑垃圾已占到城市垃圾总量的30%～40%，因此延长建筑寿命，是环境保护的重要方式。如果加大建筑遗产保护力度，成百上千年地保留一些建筑，自然有利于环境保护。应该树立一种观念，即一座老房子能不拆就尽量不要拆，设法进行再利用。这样，可以节省资源，减少排放，保护生态。

总之，保护建筑遗产，已经成为国际社会和绝大多数国家的共识，也成为建筑和规划领域的重要任务。对于建筑学和城乡规划学的本科生和研究生而言，有必要学习建筑遗产保护和利用的基本知识和重要理念，其原因如下：

首先，建筑遗产保护是建筑学和城乡规划学的重要内容。建筑学专业的学生不仅应该学习新建筑的设计，还应该了解如何对待和改造既有建筑，应该熟悉如何对待建筑遗产；城乡规划专业的学生，不仅应该学习现代城乡的规划和新区的设计，也应该掌握如何对待传统聚落的保护和复兴。实际上，就是普通民众也应该学习建筑遗产的相关知识。《关于在国家一级保护文化和自然遗产的建议》（1972年）中提到："各成员国应开展教育运动以唤起公众对文化和自然遗产的广泛兴趣和尊重，还应继续努力以告知公众为保护文化和自然遗产现在正在做些什么，以及可做些什么，并谆谆教诲他们理解和尊重其所含价值。为此，应动用一切所需之信息媒介。"《华盛顿宪章》（1987年）甚至提到："为了鼓励全体居民参与保护，应为他们制订一项普通信息计划，从学龄儿童开始。"作为建筑学、城乡规划学及相关专业的学生，更应该了解、掌握建筑遗产保护的相关知识和理论。

其次，有利于学生塑造正确的建筑和城市观念。中国改革开放以来，建筑业空前繁荣，历史上任何一个时期都无法比拟，成就卓越，举世瞩目，但同时也导致了大量的建设性破坏，"拆"风盛行。现代社会有些习惯于"用了即扔"，对于历史建筑也是这样，很多情况下不加区分，缺乏评估，没有调查和研究，简单地一"拆"

---

① 蒋秀娟等．中国建筑寿命30年：事实还是误读？科技日报，2010年4月13日第004版。

② 刘贵文等．被拆除建筑的寿命研究——基于重庆市的实地调查分析．城市发展研究，2012（10）．

了之，信奉不破不立。很多旧城被“改造”，可名曰“改造”，实际是“推倒重来”。在20世纪下半叶至今的几十年中，很多珍贵的建筑遗产遭到很大破坏，损失惨重。当前的境遇是，建筑遗产一方面遭遇巨大的建设性破坏，另一方面又受到残酷的自然力的破坏。在这双重破坏的严重局面下，寻找正确的建筑遗产保护之路，显得非常迫切。林徽因曾在民国时期感叹道：“如果我们到了连祖宗传留下来的家产都没有能力清理，或保护，乃至于让家里的至宝毁坏散失，或竟拿到旧货摊上变卖；这现象却又恰恰证明我们这做子孙的没有出息，智力德行已经都到了不能堕落的田地。”[①]时至今日，时代变了，境遇变了，社会变了，但面临的问题和使命没有变。规划和建筑从业者应该有正确的理念，采用正确的技术措施，保护好建筑遗产。

国务院学位委员会、教育部发布的《学位授予和人才培养学科目录（2011年）》中，已经将“建筑遗产保护及其理论”作为“建筑学”这个一级学科的六个二级学科之一，和“建筑历史及其理论”并列。“建筑历史及其理论”侧重“史”，主要从时间维度研究建筑特征、演变过程和历史借鉴；“建筑遗产保护及其理论”主要从空间维度研究遗存建筑的本体价值、保护方式和利用措施，前者的研究对象既包括现存的建筑，也包括已经消失的建筑；后者则一般只针对现存的建筑。前者主要侧重理论探讨，后者则偏重工程实践。无独有偶，“城乡历史遗产保护规划”也已经被列为“城乡规划学”一级学科的六个二级学科之一。

国内的很多建筑院系将“建筑遗产保护”作为本科生或研究生的课程。虽然课程名称不尽相同，课程内容也各有侧重，但课程的宗旨是一致的，即让学生掌握建筑遗产保护的基本理念和基本方法。

国内部分高校建筑学和城市规划专业有关遗产保护的课程

课程名称	开设院校
文化遗产保护	清华大学建筑学院
历史建筑保护概论	同济大学建筑与城市规划学院
建筑遗产保护学	东南大学建筑学院
建筑遗产保护	天津大学建筑学院
文化遗产保护概论	华南理工大学建筑学院
历史文化名城保护理论与方法	西安建筑科技大学建筑学院
历史城市与建筑保护理论	北京建筑大学建筑与城市规划学院
城乡历史文化保护与城市更新	华中科技大学建筑与城市规划学院

同济大学建筑与城市规划学院和北京建筑大学建筑与城市规划学院，还分别在2003年和2012年开设了“历史建筑保护工程专业”的本科专业，学制五年。国外很多建筑院系也开设类似的专业。如美国，至20世纪90年代，设有历史保护专业学历证书、本科和硕士学位的各类院校已达100多所，其中设置本科专业的建筑院系有好几所[②]。另外，如英国，至2012年提供建筑遗产保护本（专）教育的大学或研究

① 林徽因．闲谈关于古代建筑的一点消息．林徽因建筑文萃．生活·读书·新知上海三联出版社，2006.
② 常青．培养专家型的建筑师与工程师：历史建筑保护工程专业建设初探．建筑学报，2009（6）.

机构有 13 所，开设研究生建筑遗产保护教育的大学或研究机构有 29 所[①]。

建筑遗产保护所涉及的内容，可谓庞杂丰富，但如果要追根溯源的话，主要有两个问题。第一个问题是哪些建筑应该列入保护，或针对某个建筑“该不该保护”。这是一个偏哲学的问题。第二个问题是“如何保护”，即应该采取什么样的措施来保护。这是一个偏技术的问题。

关于第一个问题，即针对具体对象该不该保护的争论，从 20 世纪到 21 世纪，在全球的每个国家，几乎天天都在发生着。“拆”还是“保”，时刻困扰着各地的管理者。这很好理解，主要因为这个时代是一个大规模建设和大规模拆除的时代。人类在 20 世纪所建造的新建筑，远远多于过去所有世纪的总和，同时这个世纪全球约有 50% 的历史建筑已经消失了[②]。时至今日，每年全球仍有大量建筑被拆除或破坏。在拆除这些建筑时，既有一致同意没有争议的情况，也会有意见相左、难以决断的情况。有时一方誓言要保护，一方非要拆除，两种截然相反的观点争论得面红耳赤，唇枪舌剑，不可开交，成为热点问题。一栋有价值的建筑被拆除后，也经常会出现群情激愤的情况。如 2011 年梁思成故居的拆除，2016 年刘亚楼故居的拆除，以及关于北京百万庄住宅区的存拆，都曾引起极大的争论。

建筑遗产保护有一个基本观点，就是全世界的建筑遗存浩如烟海，不可能也没必要全部保存，只能遴选其中一小部分有价值的建筑遗存进行保护。例如，新中国成立初期，国内有上千座甚至几千座有城墙的古城，要都保护下来是不现实的，但把这些上千座或几千座城墙拆除得只剩屈指可数的寥寥几座相对完整的，也是不正确的。如果历史可以倒退几十年，就应该基于调查，严格鉴别遴选、重点保护几座或几十座最有价值、最有代表性的古城。

纵观各国建筑遗产的历史，基本都是破坏到一定程度，才会意识到建筑遗产保护的重要性和紧迫性。所谓“一百根烟囱是繁荣时期的污染，十根冷却的烟囱是丑陋的眼中钉，但是最后一根烟囱，受到了拆毁的威胁，却成为过去工业时代骄傲的象征”[③]。理论上，所有的历史遗存，超过 30 年或 50 年或一定时间的老建筑，都应该进行价值评价，确定其有没有保护价值，该不该列入保护。这种抉择，需要权衡利弊，需要辩证思考，所以说这是一个偏哲学的问题。

关于第二个问题，主要是通过适当的措施减缓甚至阻止衰亡，延长建筑寿命。如果说第一个问题是讨论“该不该保护”的话，那么这个问题讨论的是“如何保护”的问题，即采取什么样的技术措施。最近热议的辽宁绥中锥子山长城大毛段保护工程，采用了粗暴“抹平”的方式，引起轩然大波。很多人对这种修缮不认可，认为损坏了长城古朴的原貌。中央电视台等媒体进行了详细报道，国家文物局于 2016 年 9 月 27 日在京还专门召开新闻发布会，公布调查情况。这就是一个如何保护的典型问题，是一个偏技术的问题。

上述两方面的问题都很关键，且问题密不可分，往往呈现“先后”的关系。对于任何一个建筑遗存，第一步是确定其“该不该保护”，第二步紧接着就是“如何保护”。

---

① 常青主编 . 历史建筑保护工程 . 同济大学出版社，2014.343.

② 转引自：约翰 · H · 斯塔布斯著 . 永垂不朽：全球建筑保护概观 . 电子工业出版社，2016. 4.

③ 转引自：董一平，侯斌超，美国工业建筑遗产保护与再生的语境转换与模式研究 . 城市建设，2013（5）.

对于我国目前建筑遗产的保护而言，最紧迫的任务是普及正确的遗产保护观念。当下国内的建筑遗产，其面临的最大威胁既不是地震、雨雪等无法抗拒的自然力量，也不是保护技术的匮乏，而是各种片面和错误的观念。如果说50多年前，全国轰轰烈烈、“齐心协力”拆除城墙是缺乏理性的话，那么当下许多地方耗费巨资、花费巨力重建城墙也是不明智的。如湖南湘西55亿元再造凤凰古城，河南开封投资1000亿元重建汴京，山西大同投资500亿元恢复大同古城，云南晋宁县投资220亿元建造七彩云南古滇王国文化旅游名城等[①]。这些重建引起轩然大波，质疑声亦铺天盖地，公说公有理、婆说婆有理。要警惕很多建筑遗产在“恢复历史”、“振兴文化”、“保护遗产”旗帜的幌子下，拆旧建新，拆真造假，使真正的建筑遗产遭受毁灭。

关于建筑遗产的保护，全球尚没有形成系统思想，还处在摸着石头过河的境况中。现代社会又是一个多变化和多维度的社会，因此保护引发的观念冲突和利益冲突也多于以往任何一个时期。对一些有争议的问题，本书客观陈述争论的具体情况，尽量不作主观评价。如对于具体的保护方法，中西方有较为明显的差异。西方以石材为主，残垣断壁、孤柱遗构，露天保存，可展示残缺之美；中国以砖木为主，如果不及时修复，就会残破不堪，漏雨腐烂，彻底毁灭，所以，在修缮中多打牮拨正、偷梁换柱、重修增制。建筑遗产保护到底应该采用哪种措施，争议颇多。

中国历史悠久，文明璀璨，祖先留下了极为丰富灿烂的建筑遗产。由于保护意识的增强，这些年来各种建筑遗产的数量急剧增加，种类也不断扩展，所以保护工作的任务陡然变得更加艰巨。各种保护理念和思想也非常活跃，相互碰撞、冲击，有达成共识者，也有依旧分歧严重者。

应该承认，这是一个空前重视建筑遗产保护的年代，也是一个破坏空前严重的时代。希望年轻一代珍视遗产，审时度势，睿智评价，精心鉴别，保护遗产，合理利用；希望年轻一代在遗产保护理论、策略、技术、方法上有所突破，保护好这些遗产。建筑遗产很容易被破坏，且一旦被破坏，就不可再生。希望大家都能呵护建筑遗产，让人类文明和智慧的结晶在你我手中得以传承！

致谢：从2005年开始承担《历史文化名城保护》课程教学，至今已经十余载。在这期间课程的名称多有变化，但宗旨一直没变：培养学生文化遗产的保护意识，让学生掌握正确的保护理念。在十余年的教学中，教学相长，促进了课程建设，特别是本教材2013年第一版出版后的四年间，几百位建筑学和城市规划的学生提出千余条很好的修改建议，为这次修订提供了依据。在本版修改中，石玉和胡盼也做了很多辅助工作。在此一并衷心感谢！另外，想必书中还是会有不妥甚至错误之处，敬请读者不吝垂教，提出宝贵意见（电子邮箱：Lpxue@bjtu.edu.cn）！

薛林平

2017年2月21日改定于交大嘉园

---

① 毛俊玉．历史文化街区，城市生命力之源．中国文化报，2012年11月24日第2版。

目　录

第一章　概论

第一节　建筑遗产及其相关概念

一、相关概念

在解释“建筑遗产”前，有必要解释一下和建筑遗产相关的一些概念，以利于理解并掌握建筑遗产的内涵。

1.“文物”的概念

“文物”一词在国内用得非常普遍。我国有专门的法律《中华人民共和国文物保护法》，有专门管理机构国家文物局和省市县各级文物局，有遍布全国各地的各级文物保护单位。

“文物”一词至少在战国初期就已经出现，但当时是指“礼乐制度”。从已知的文献上看，从唐代开始，文物已经有了“遗物”的意思。如唐代著名诗人杜牧的诗云：“六朝文物草连空，天淡云闲今古同。”诗中的“文物”，可以解释为“六朝的一切历史遗迹”，与现代汉语中“文物”一词的含义基本接近。宋元明清时期，“文物”一词一直延续了这一含义。如宋末大文学家文天祥《跋诚斋〈锦江文稿〉》：“呜呼！庚申一变，瑞之文物煨烬十九。”晚清思想家冯桂芬在《重建吴江松陵书院记》中言：“故数文物之邦，必曰东南。”

历史上和“文物”相近的词还有“古物”、“古董”、“古玩”等。北宋时期，随着金石学的兴起，青铜器、碑帖石刻等古代器物被称为“古器物”或“古物”等。明清两代，经常使用的名称还有“古董”或“骨董”。清乾隆年间开始多用“古玩”一词[①]。上述这些词的含义略有区别，但大致相同。

民国时期的政府文件中，以“文物”和“古物”居多。如1948年颁布的《东北解放区文物古迹保管办法》和《文物奖励规则》法令中，就用了“文物”一词。特别是到了民国后期，“文物”一词的内涵逐步拓宽，包括“文化建筑、美术、古迹、古物”等[②]。“古物”一词也经常使用，如民国2年（1913年）内务部制定的《古物陈列所章程》，1930年国民政府颁布的《古物保存法》。后者在公布后，为了执行和实施，出台了一系列细则，都用了“古物”一词。“古物”作为这一时期的法定概念，主要指古代各类器物等可移动的文化遗存。这一时期，还有一个经常用的词是“古迹”，如1928年国民政府公布的《名胜古迹古物保存条例》。但“古迹”主要指不可移动的古建筑、石窟寺、古遗址、古墓葬等文化遗存。

---

① 但“古玩”一词由于容易和“玩物丧志”联系起来，所以在新中国建立后很长一段时间内遭到摒弃。

② 李晓东．民国时期的“古迹”、“古物”与“文物”概念述评．中国文物科学研究，2008（1）．

新中国成立以后，一系列法律法规沿用了“文物”一词，如1960年颁布的《文物保护暂行条例》、1982年通过及后来四次修改的《中华人民共和国文物保护法》。对于“文物”的具体涵义，《中国大百科全书 · 文物博物馆》中的解释是：“文物是人类在历史发展过程中遗留下来的遗物、遗迹。各类文物从不同的侧面反映了各个历史时期人类的社会活动、社会关系、意识形态以及利用自然、改造自然和当时生态环境的状况，是人类宝贵的历史文化遗产。”

《中华人民共和国文物法》（2015年修正）（以下简称《文物法》）规定，受国家保护的文物包括：

（1）具有历史、艺术、科学价值的古文化遗址、古墓葬、古建筑、石窟寺和石刻、壁画；

（2）与重大历史事件、革命运动或者著名人物有关的以及具有重要纪念意义、教育意义或者史料价值的近代现代重要史迹、实物、代表性建筑；

（3）历史上各时代珍贵的艺术品、工艺美术品；

（4）历史上各时代重要的文献资料以及具有历史、艺术、科学价值的手稿和图书资料等；

（5）反映历史上各时代、各民族社会制度、社会生产、社会生活的代表性实物。

文物可以分为不可移动文物和可移动文物。上述（1）（2）为不可移动文物，（3）~（5）为可移动文物。“不可移动文物”和“可移动文物”这一对概念，从字面上就很好理解。所谓“不可移动文物”，其特征是固定于某个地方，不可以移动。根据第三次全国文物普查，全国共登记不可移动文物近77万处（不包括港澳台地区）（表1-1）。其中包括各级文物保护单位和未被公布为文物保护单位的“一般不可移动文物”，后者约占85%。

第三次全国文物普查（2007~2011年）登记的不可移动文物[①] 表1-1

类别	古遗址类	古墓葬类	古建筑类	石窟寺及石刻类	近现代重要史迹及代表性建筑类	其他类	合计
数量	193282处	139458处	263885处	24422处	141449处	4226处	766722处
比例	25.21%	18.19%	34.42%	3.19%	18.45%	0.55%	100%

对于“不可移动文物”，《文物法》第三条规定：“古文化遗址、古墓葬、古建筑、石窟寺、石刻、壁画、近代现代重要史迹和代表性建筑等不可移动文物，根据它们的历史、艺术、科学价值，可以分别确定为全国重点文物保护单位，省级文物保护单位，市、县级文物保护单位”（图1-1）。《文物法》第十三条规定：“尚未核定公布为文物保护单位的不可移动文物，由县级人民政府文物行政部门予以登记并公布。”[②]

我国截至2019年已经公布了八批共5058处全国重点文物保护单位，公布时间跨度将近60年，分别是1961年（180处）、1982年（62处）、1988年（258处）、1996年（250处）、2001年（518处）、2006年（1080处）、2013年（1944处）、2019年（762处）。各省市所拥有的全国重点文物保护单位位居前十位的省份是：山

① 根据文献整理：孙波．第三次全国文物普查成果正式对外发布．中国文物报，2011年12月30日。

②《中华人民共和国文物法》（2015年修正）第十三条。

图 1-1　不可移动文物：河南洛阳龙门石窟中的奉先寺
龙门石窟与甘肃敦煌的莫高窟、山西大同的云冈石窟并称为“中国三大石刻艺术宝库”，展现了北魏晚期至唐代的造型艺术。其中奉先寺是龙门石窟中最大的一个窟，艺术也最为精湛，代表了唐代石刻艺术的成就。2000 年“龙门石窟”被联合国教科文组织列为世界文化遗产。

西（530 处）、河南（419 处）、河北（286 处）、浙江（279 处）、陕西（270 处）、四川（262 处）、江苏（251 处）、安徽（251 处）、山东（230 处）、湖南（228 处）。

所谓可移动文物，简单说，就是可以搬动、移动的文物，又称为“馆藏文物”。如故宫的藏品就是可移动文物（图 1-2）。对于“可移动文物”,《文物法》第三条规定：“历史上各时代重要实物、艺术品、文献、手稿、图书资料、代表性实物等可移动文物，分为珍贵文物和一般文物；珍贵文物分为一级文物、二级文物、三级文物。”2012~2016 年国家文物局组织了“全国第一次可移动文物普查”，对国有单位收藏保管的可移动文物的数量、分布、保存现状等基本情况进行了普查统计。

这一对概念基本泾渭分明，但有时还是可以转换的。如不可移动文物的构件如果被拆卸肢解，就变成可移动文物了。庙宇中的壁画，属于不可移动文物，但如果揭下来保管在博物馆，就属于可移动文物了。但有些文物很难说是不可移动文物或可移动文物，如丹麦哥本哈根市中心东北部著名的“小美人鱼铜像”（图 1-3），是属于可移动文物还是不可移动文物呢？似乎很难下结论。

图 1-2　可移动文物：《韩熙载夜宴图》
五代十国时南唐画家顾闳中的作品，现存宋摹本，藏于北京故宫博物院，描绘了官员韩熙载家设夜宴载歌行乐的场面，整幅作品线条流畅，工整精细。

图 1-3　小美人鱼铜像
丹麦的象征，举世闻名，坐在一块巨大的花岗石上，恬静娴雅，悠闲自得，从 1913 年在长堤公园落成至今，吸引了全世界无数的游客。

“文物”一词还经常和“古迹”连在一起称为“文物古迹”。所谓文物古迹，根据《中国文物古迹保护准则》(2015 年修订)，是“指人类在历史上创造或遗留的具有价值的不可移动的实物遗存，包括古文化遗址、古墓葬、古建筑、石窟寺、石刻、近现代史迹及纪念建筑、历史文化名城、名镇、名村和其中的附属文物；文化景观、文化线路、运河遗产等类型遗产也属于文物古迹的范畴”。“文物古迹”的概念基本等同于“不可移动文物”，其特征是本体和周围的自然、人文环境联系在一起，不能整体移动。

2.“文化遗产”的概念

“文化遗产”目前是国内和国际保护领域应用最广泛的词之一。但“文化遗产”作为特定概念，无论在国外还是国内，都只是最近几十年的事情。从国际法律文件看，最初使用的并不是“文化遗产”(Cultural Heritage)，而更多的使用“文化财产”(Cultural Property)。如 1954 年《武装冲突情况下保护文化财产公约》、1970 年《关于禁止和防止非法进出口文化财产和非法转让其所有权公约》，都是用了“文化财产”一词。但 1972 年联合国教科文组织在《保护世界文化和自然遗产公约》(简称《世界遗产公约》)中采用“文化遗产”一词后，“文化遗产”在国际文件中使用频率明显提高。至今，“文化遗产”已逐步成为相关国际文件和学术研究的主要用语。

“文化遗产”一词曾被新中国各类法规文件广泛使用，但多是泛指，并没有赋予特定的含义。如 1982 年《中华人民共和国宪法》规定：“国家保护名胜古迹、珍贵文物和其他重要文化遗产。”自从 1985 年我国加入《世界遗产公约》(1972 年)成为缔约国后，“文化遗产”一词才逐步多见起来，其内涵也逐渐明确。2005 年 12 月，国务院决定从 2006 年起，每年 6 月的第二个星期六为中国的“文化遗产日”。2005 年 12 月，国务院发布《关于加强文化遗产保护的通知（国发 [2005]42 号)》。

解释“文化遗产”，首先得解析“遗产”一词。“遗产”，是指祖先留下来的财产。《中国大百科全书 · 法学》对“遗产”一词的解释是“被继承人死亡时遗留的个人所有财产和法律规定可以继承的其他财产权益”。《中华人民共和国继承法》中的定义更为直接：“遗产是公民死亡时遗留下来的合法财产。”

汉代已有“遗产”一词。如《后汉书·郭丹传》：“丹出典州郡，入为三公，而家无遗产，子孙困匮。”在英语中，“遗产”(heritage)一词源自拉丁语，其最初的意思和汉语中的一致，指“父亲留下的财产”①。“遗产”一词有“继承”的含义，体现了“延续性”。推而广之，广义的“遗产”，是指历史上遗留下来的精神财富或物质财富②。

遗产可以分为自然遗产(Natural Heritage)和文化遗产(Cultural Heritage)(图 1-4)。

所谓自然遗产，简单说，就是由“自然界的长期演变形成”，不是人工加工的，如在 1986 年被列入世界自然遗产的北爱尔兰“巨石之路”(图 1-5)。我国也有四川九寨沟风景名胜区、黄龙风景名胜区、湖南武陵源风景名胜区、四川大熊猫栖息地、中国南方喀斯特、江西三清山国家公园、云南三江并流保护区、新疆天山等被列入“世界自然遗产名录”。国内对于自然遗产的保护，主要通过国家级和省级风景名胜区的方式实现。如为了保护黄河壶口瀑布，设立了“黄河壶口瀑布风景名胜区”(图 1-6)。

① 顾军，苑利 . 文化遗产报告——世界文化遗产保护运动的理论与实践 . 北京社会科学文献出版社，2005.1.

② 中国社会科学院语言研究所词典编辑室编 . 现代汉语小词典 . 商务印书馆，1982. 650.

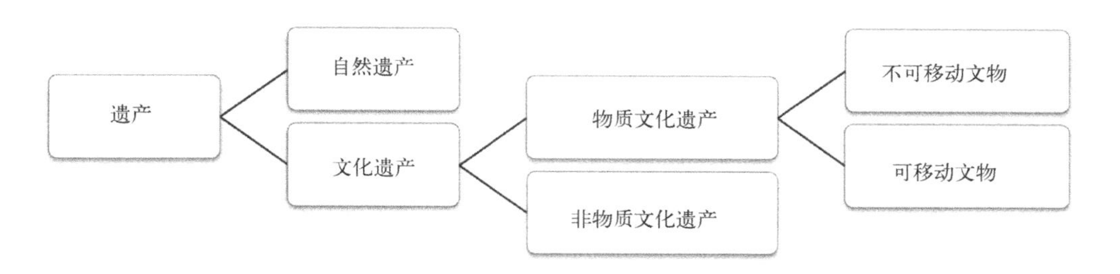

图 1-4 遗产分类图

图 1-5 世界自然遗产：北爱尔兰的“巨石之路”（Giants Causeway）
位于北爱尔兰东北部海岸，由数万根石柱排列组合成一条绵延数千米的堤道，宏伟壮观，被视为世界自然奇迹。早期定居者认定，这种现象只可能由一个神话中的巨人所为，所以称之为“巨人之路”。

图 1-6 自然遗产：黄河壶口瀑布风景名胜区
壶口瀑布号称“黄河奇观”，是黄河上唯一的黄色大瀑布，大约 400 米宽的河面，到了壶口时，突然漏斗一样被束成不足 50 米，然后倾泻入 30 米深的石槽，可谓“天下黄河一壶收”。

所谓文化遗产，是人类文明进程中各种创造活动的有价值的遗留物，是历史的见证，包括物质文化遗产（Physical Cultural Heritage）和非物质文化遗产（Intangible Cultural Heritage）。

物质文化遗产，“是具有历史、艺术和科学价值的文物，包括古遗址、古墓葬、古建筑、石窟寺、石刻、壁画、近代现代重要史迹及代表性建筑等不可移动文物，历史上各时代的重要实物、艺术品、文献、手稿、图书资料等可移动文物，以及在建筑式样、分布均匀或与环境景色结合方面具有突出普遍价值的历史文化名城（街区、村镇）”[①]。“物质文化遗产”的概念基本等同于上面所述的“文物”的概念（图 1-7）。

图 1-7 物质文化遗产：山西太原晋祠圣母殿侍女像
作于北宋元祐年间。圣母殿中有彩绘塑像四十余尊，均为北宋时期作品，圣母坐像居正中，周围侍女环绕。她们的姿态不同，神态各异，生动自然。

非物质文化遗产，“是指各族人民世代相传并视为其文化遗产组成部分的各种传统文化表现形式，以及与传统文化表现形式相关的实物和场所”[②]。2003 年，联合国教科文组织通过了《保护非物质文化遗产国际公约》。2011 年中国颁布了《中华人民共和国非物质文化遗产法》。国务院已于 2006 年、2008 年、2011 年、2014 年先后公布了四批国家级非物质文化遗产代表作，合计 1372 个项目（表 1-2），如第一批国家级的非物质文化遗产代表性项目“侗族大歌”（图 1-8）。除国家级以外，省、市、县级的非物质文化遗产项目更多，估计接近 10 万项。在作为物质文化遗产的历史文化名城、街区、名镇、名村保护中，一般都会涉及非物质文化遗产的保护。另外，非物质文化遗产中的“传统手工技艺”，也包含了一些传统建筑的营造技艺，

① 引自：2005 年 12 月 22 日《国务院关于加强文化遗产保护的通知》。
② 《中华人民共和国非物质文化遗产法》（2011 年）第二条。

如列入第一批国家非物质文化遗产代表性项目名录的“客家土楼营造技艺”、“侗族木构建筑营造技艺”等。这些非物质文化遗产对于“建筑遗产”这类物质文化遗产的保护，也是至关重要的。

国家级非物质文化遗产代表性项目分类和举例（截至2014年第四批） 表1-2

类型（数量）	举例
民间文学（155 项）	如“白蛇传传说”、“梁祝传说”、“孟姜女传说”、“济公传说”、“刘三姐歌谣”、“阿诗玛”、“杨家将传说”、“牛郎织女传说”、“鲁班传说”、“八仙传说”、“木兰传说”、“赵氏孤儿传说”等
民间音乐（170 项）	如“蒙古族长调民歌”、“蒙古族呼麦”、“侗族大歌”、“古琴艺术”、“唢呐艺术”、“晋南威风锣鼓”、“陕北民歌”、“琵琶艺术”、“古筝艺术”、“阿里郎”等
传统舞蹈（131 项）	如“京西太平鼓”、“秧歌”、“舞狮”、“高跷”、“土家族摆手舞”、“基诺大鼓舞”、“萨玛舞”、“布依族转场舞”等
传统戏剧（162 项）	如“昆曲”、“梨园戏”、“弋阳腔”、“秦腔”、“上党梆子”、“京剧”、“豫剧”、“乱弹”、“道情戏”等
曲艺（127 项）	如“苏州评弹”、“山东大鼓”、“东北大鼓”、“陕北说书”、“河南坠子”、“东北二人转”、“相声”、“数来宝”等
传统体育、游艺和杂技（82 项）	如“抖空竹”、“少林功夫”、“武当功夫”、“太极拳”、“螳螂拳”、“咏春拳”、“围棋”、“象棋”等
传统美术（122 项）	如“杨柳青木版年画”、“杨家埠木版年画”、“藏族唐卡”、“剪纸”、“苏绣”、“徽州三雕”、“东阳木雕”、“嵊州竹编”等
传统技艺（241 项）	如“景德镇手工制瓷技艺”、“苗族蜡染技艺”、“香山帮传统建筑营造技艺”、“客家土楼营造技艺”、“侗族木构建筑营造技艺”、“苗寨吊脚楼营造技艺”、“窑洞营造技艺”、“张小泉剪刀锻制技艺”、“苗族银饰锻制技艺”、“明式家具制作技艺”、“蒙古族马具制作技艺”、“天福号酱肘子制作技艺”、“六味斋酱肉传统制作技艺”、“孔府菜烹饪技艺”、“豆腐传统制作技艺”、“德州扒鸡制作技艺”等
传统医药（23 项）	如“中医诊法”、“针灸”、“中药炮制技术”、“同仁堂中医药文化”、“中医养生”、“侗医药”、“彝医药”等
民俗（159 项）	如“春节”、“清明节”、“端午节”、“中秋节”、“苗族鼓藏节”、“厂甸庙会”、“楹联习俗”、“苗族四月八姑娘节”、“蒙古族养驼习俗”、“水乡社戏”、“土家年”、“侗年”、“苗族服饰”、“布依族服饰”等

图 1-8 作为非物质文化遗产的侗族大歌表演

“文化遗产”一词的内涵和外延较为广泛，不仅包括“文物”概念中所包含的“不可移动文物”、“可移动文物”等有形的物质文化，还包括“文物”一词未能涉及的各种非物质文化遗产（表 1-3）。同时，文化遗产不是封闭僵化的概念，而是一个开放变化的概念，随着人类文明的进步而不断扩充。

中国法定保护的文化遗产的基本构成一览表[1]　　表1–3

<table>
<tr><th colspan="2">大类</th><th>小类</th><th>备注</th></tr>
<tr><td rowspan="14">物质文化遗产</td><td rowspan="4">传统聚落</td><td>历史文化名城</td><td rowspan="4">《中华人民共和国文物保护法》（2015 年修正）第十四条：“保存文物特别丰富并且具有重大历史价值或者革命纪念意义的城市，由国务院核定公布为历史文化名城；保存文物特别丰富并且具有重大历史价值或者革命纪念意义的城镇、街道、村庄，由省、自治区、直辖市人民政府核定公布为历史文化街区、村镇，并报国务院备案”</td></tr>
<tr><td>历史文化名镇</td></tr>
<tr><td>历史文化名村</td></tr>
<tr><td>历史文化街区</td></tr>
<tr><td rowspan="6">不可移动文物</td><td>全国重点文物保护单位</td><td rowspan="5">《中华人民共和国文物保护法》（2002 年）第十三条：“国务院文物行政部门在省级、市、县级文物保护单位中，选择具有重大历史、艺术、科学价值的确定为全国重点文物保护单位，或者直接确定为全国重点文物保护单位，报国务院核定公布。省级文物保护单位，由省、自治区、直辖市人民政府核定公布，并报国务院备案。市级和县级文物保护单位，分别由设区的市、自治州和县级人民政府核定公布，并报省、自治区、直辖市人民政府备案。尚未核定公布为文物保护单位的不可移动文物，由县级人民政府文物行政部门予以登记并公布”</td></tr>
<tr><td>省级文物保护单位</td></tr>
<tr><td>市级文物保护单位</td></tr>
<tr><td>县级文物保护单位</td></tr>
<tr><td>登记不可移动文物</td></tr>
<tr><td>历史建筑</td><td>《历史文化名城名镇名村保护条例》（2008 年）第四十七条：“历史建筑，是指经城市、县人民政府确定公布的具有一定保护价值，能够反映历史风貌和地方特色，未公布为文物保护单位，也未登记为不可移动文物的建筑物、构筑物”</td></tr>
<tr><td rowspan="4">可移动文物</td><td>一级文物</td><td rowspan="4">《中华人民共和国文物保护法》（2002 年）第三条：“历史上各时代重要实物、艺术品、文献、手稿、图书资料、代表性实物等可移动文物，分为珍贵文物和一般文物；珍贵文物分为一级文物、二级文物、三级文物”</td></tr>
<tr><td>二级文物</td></tr>
<tr><td>三级文物</td></tr>
<tr><td>一般文物</td></tr>
<tr><td rowspan="3">非物质文化遗产</td><td rowspan="3">非物质文化遗产</td><td>国家级非物质文化遗产</td><td rowspan="3">《中华人民共和国非物质文化遗产法》（2011 年）第十八条规定：“国务院建立国家级非物质文化遗产代表性项目名录，将体现中华民族优秀传统文化，具有重大历史、文学、艺术、科学价值的非物质文化遗产项目列入名录予以保护；省、自治区、直辖市人民政府建立地方非物质文化遗产代表性项目名录，将本行政区域内体现中华民族优秀传统文化，具有历史、文学、艺术、科学价值的非物质文化遗产项目列入名录予以保护”</td></tr>
<tr><td>省级非物质文化遗产</td></tr>
<tr><td>市县级非物质文化遗产</td></tr>
</table>

二、“建筑遗产”的概念

对于建筑遗产，目前尚未有明确统一的权威定义，但可以对它作一定的界定：建筑遗产属于文化遗产，是物质的、不可移动的文化遗产。《欧洲建筑遗产保护条约》[2]（1985 年）将建筑遗产定义为：

（1）古迹（Monument）：所有具有显著历史、考古、艺术、科学、社会或技术价值的建筑物或构筑物；

（2）建筑物群（Groups of Buildings）：以其显著而一致的历史、考古、艺术、科学、社会或技术价值而足以形成景观的城市或乡村建筑组群；

---

① 本表根据《中华人民共和国文物保护法》、《中华人民共和国非物质文化遗产保护法》、《历史文化名城名镇名村保护条例》绘制。

② 该宪章是 1985 年欧洲建筑大会决议，英文名称为 Convention for the Protection of the Architectural Heritage of Europe。

(3) 历史场所（Site）：人工和自然相结合的区域，其部分被建造，既保有独特而一致的景观，又具有显著的历史、考古、艺术、科学、社会或技术价值。

本书所阐释的建筑遗产，是指人类在历史上创造的、以建筑物（或构筑物）的形式呈现的物质文化遗产，包括有价值的各种建（构）筑物、聚落（城市或村镇）以及它们的环境、附属设施等。成为建筑遗产，一般至少应该具备以下两个条件：

首先，建筑遗产必须具有一定的历史。对于历史的长短，目前尚没有具体标准，存在各种分歧，但总的趋势是越来越短。20世纪初期的欧洲，400年以上的建筑才可称之为“遗产”。20世纪中叶，国际古迹及遗址理事会前主席费尔顿（Bernard M.Feilden，1919~2008年）认为，历史建筑必须在百年以上①。1995年，日本对于重要“文化财”认定标准调整到50年。按国际现在通行的建筑遗产的判定规律，50年被作为一个量化的界限。在联合国教科文组织亚太区遗产保护奖项的评定标准中，50年以上的就可称之为“历史建筑”。但在实际操作中，建成年限往往更为灵活。1967年，建成于1913年的纽约中央火车站被列为保护建筑，当时仅仅有54年历史。2007年，竣工于1973年的悉尼歌剧院被列入世界遗产名录，当时仅仅有34年的历史。

我国目前对于建筑遗产的建成年限，也多以30年或50年为准。如上海市于2003年将列入保护建筑的时间标准，由原规定的1949年以前，扩展至“建成30年以上”②；武汉市在确定“优秀历史建筑”时，要求“建成30年以上”③；天津市确定“历史风貌建筑”时，其标准之一为“建成50年以上”④；杭州市在确定“历史建筑”时，要求“建成50年以上”。当然也有特例，如1961年国务院公布第一批全国重点文物保护单位时，将刚刚竣工3年的人民英雄纪念碑、刚刚竣工4年的中苏友谊纪念塔列入其中。不管年限如何确定，不断有新的建筑随着时间的推移，变成建筑遗产。一般规律是：年代越晚，列为建筑遗产的标准就越严格，被确定为建筑遗产的概率就越小。我国已经公布的七批全国重点文物保护单位共4295处中，建成于1950年后的仅有46处，约占1%⑤。

其次，建筑遗产必须具有一定的价值。也就是说，并不是所有的建筑遗存都是建筑遗产，并不是有30年或50年历史的建筑都是建筑遗产。只有那些具有较高价值的建筑遗存，才是建筑遗产。当然，对于价值的认识，也是在不断发展变化的。19世纪时，欧洲各国往往局限于保护古典、古代和中世纪的文物建筑；到了20世纪中叶，很多国家开始保护传统聚落和历史城区；20世纪末，建筑遗产的内容进一步扩展，很多遗产类型得到进一步的重视，如工业遗产、乡村聚落、农业遗产、线型遗产等。随着对“价值”认识的变化，建筑遗产的内涵亦在不断调整和扩展。总之，被确定为建筑遗产的建筑，并非建成之初就是建筑遗产，而是随着时间的推移，其价值逐渐被世人认知，进而被评定为建筑遗产。

下面通过建筑遗产和其他几个概念的比较，来进一步明确建筑遗产的概念

---

① 曾任罗马ICCROM总主任，其著作《历史建筑保护》（*Conservation of Historic Buildings*）颇有影响。
② 《上海市历史文化风貌区和优秀历史建筑保护条例》（2002年7月25日上海市第十一届人民代表大会常务委员会第41届会议通过）
③ 《武汉市旧城风貌区和优秀历史建筑保护管理办法》（2003年2月27日武汉市人民政府令第138号）
④ 《天津市历史风貌建筑保护条例》（2005年7月20日天津市第十四届人民代表大会常务委员会第21次会议通过）
⑤ 曾佑蕊.第七批全国重点文物保护单位新增25位“50后”.中华建设报，2013年5月7日。

（图 1-9）：

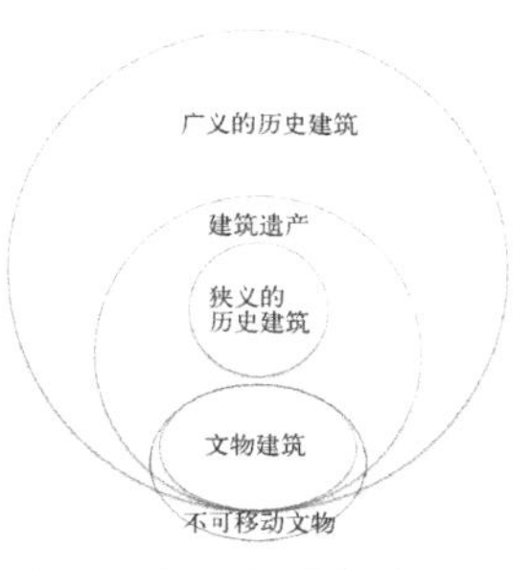

图 1-9 几个相关概念之间的关系

"建筑遗产"和"不可移动文物"

前者是文化和学术上的定位，包含的内容不是十分明确，外延要比不可移动文物宽泛；后者是法律意义上的名称，概念清晰明确，内涵要比建筑遗产严格。当然，二者也有很多重叠之处：所有的不可移动文物建筑均应是建筑遗产；而建筑遗产未必都是不可移动文物，因为有很多建筑遗产没有列入不可移动文物。据统计，前六批 2351 处全国重点文物保护单位中，建筑遗产有 2177 处，占总量的 92%。也就是说，包括建筑遗址在内的建筑遗产，实际上是国家文物保护单位的构成主体①。

"建筑遗产"和"历史建筑"

"历史建筑"（Historic Building）一词也被广泛使用，广义上是指历史上存留下来的所有建筑，较为宽泛；狭义的"历史建筑"，则是指《历史文化名城名镇名村保护条例》中所定义的："是指经城市、县人民政府确定公布的具有一定保护价值，能够反映历史风貌和地方特色，未公布为文物保护单位，也未登记为不可移动文物的建筑物、构筑物"，其概念是法定的，包括的内容非常有限。可见，建筑遗产既不同于广义的历史建筑，也和狭义的历史建筑相区别。

"建筑遗产"和"文物建筑"。

"文物建筑"一词的应用也很广泛，是指列入文物保护单位的建筑，这类建筑的确定需要具有法律效力的标准。建筑遗产除了包括文物建筑外，还包括一些尚未列入文物建筑，但具有保护价值的建筑。早在 1949 年梁思成主编的《全国重要文物建筑简目》中，就提到"为了对特殊重要的文物建筑加强保护，简目将文物建筑分为 4 级，以圆圈作标志，用圈数多少表示其重要性"。当然，对于"文物建筑"的具体遴选标准，世界各国有所不同。

三、建筑遗产的类型

分类是认识事物的重要方法，但任何事物的分类，由于不同的标准，会产生不同的分类结果。建筑遗产也不例外。

按照建筑遗产的功能作用，可分为以下十种类型②：（1）居住建筑；（2）政权建筑及其附属设施；（3）礼制建筑；（4）宗教建筑；（5）商业和手工业建筑；（6）教育、文化、娱乐建筑；（7）园林和风景建筑；（8）市政建筑；（9）标志建筑；（10）防御建筑。

在"第三次全国文物普查不可移动文物登记表"（表 1-4）中，将不可移动文物分为古遗址、古墓葬、古建筑、石窟寺及石刻、近现代重要史迹及代表性建筑等类型。其中，"古建筑"、"近现代重要史迹及代表性建筑"、"石窟寺及石刻"等均属于建筑遗产。

根据建筑遗产的存在形态，可以分为点状建筑遗产、组群建筑遗产、面状建筑遗产、线状建筑遗产等。点状建筑遗产是以点状的空间形态存在，包括单个的建筑（构筑物）、单个的院落或为数不多的几个院落，如英国的巨石阵（图 1-10）、中国山西代县的阿育王塔（图 1-11）等；组群建筑遗产是由多个单体建筑通过一

---

① 付清远．中国文物古迹保护准则在文物建筑保护工程中的应用．东南文化，2009（4）．

② 潘谷西主编．中国建筑史（第六版）．中国建筑工业出版社，2009.13~14.

第三次全国文物普查不可移动文物登记表　表1–4

类型	亚类型
古遗址	洞穴址、聚落址、城址、窑址、窖藏址、矿冶遗址、古战场、驿站古道遗址、军事设施遗址、桥梁码头遗址、祭祀遗址、水下遗址、水利设施遗址、寺庙遗址、宫殿衙署遗址、其他古遗址
古墓葬	帝王陵寝、名人或贵族墓、普通墓葬、其他古墓葬
古建筑	城垣城楼、宫殿府邸、宅第民居、坛庙祠堂、衙署官邸、学堂书院、驿站会馆、店铺作坊、牌坊影壁、亭台楼阙、寺观塔幢、苑囿园林、桥涵码头、堤坝渠堰、池塘井泉、其他古建筑
石窟寺及石刻	石窟寺、摩崖石刻、碑刻、石雕、岩画、其他石刻
近现代重要史迹及代表性建筑	重要历史事件和重要机构旧址、重要历史事件及人物活动纪念地、名人故旧居、传统民居、宗教建筑、名人墓、烈士墓及纪念设施、工业建筑及附属物、金融商贸建筑、中华老字号、水利设施及附属物、文化教育建筑及附属物、医疗卫生建筑、军事建筑及设施、交通道路设施、典型风格建筑或构筑物、其他近现代重要史迹及代表性建筑

定的形式（多以庭院的形式）构成的建筑群，是中国古代建筑的基本存在状态，如中国山西蒲县东岳庙（图 1-12）、平顺县的龙门寺（图 1-13）等；面状建筑遗产是以面状的空间形态存在，包括历史街区、大型遗址以及城市或村镇，如山西阳城县郭峪村（图 1-14）、北京门头沟区的爨底下村（图 1-15）等；线状建筑遗产是以线状纽带联系而形成的建筑遗产，这一线状纽带可以是具体的、物质性的，如一条铁路，一条运河。奥地利的塞梅林铁路（Semmering Railway），中国京杭大运河（图 1-16）、长城、丝绸之路、万里茶道等都是非常典型的线状遗产。

根据建筑遗产的法定地位，可以分为已经列入法定保护的建筑遗产和未列入法定保护的建筑遗产。列入法定保护的建筑遗产有世界文化遗产、各级文物保护单位、登录的不可移动文物、历史建筑、历史文化名城、历史文化街区、历史文化名镇名村等，其余则为未列入法定保护的建筑遗产。这种分类方法和体系，在保护管理中应用得比较多，也有相应的法律法规作为其依据。

也可按照建筑遗产的体量层次进行分类。如美国相关法律文件中，将建筑遗产分为地段、场所、建筑物、构筑物和物件五个层次，而《世界遗产公约》(1972 年）则依照遗产性质分为纪念物、建筑群与场所，澳大利亚《巴拉宪章》则用“地方”(place)

图 1-10　点状建筑遗产：英国巨石阵（下左）
图 1-11　点状建筑遗产：山西代县的阿育王塔（下右）

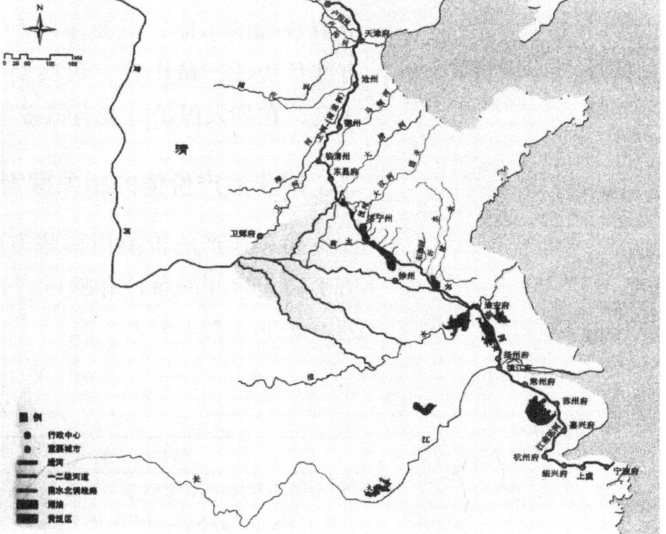

图 1-12 组群建筑遗产：山西蒲县东岳庙（左上）

图 1-13 组群建筑遗产：山西平顺县龙门寺（左中）

图 1-14 面状建筑遗产：山西阳城县郭峪村（左下）郭峪古建筑群为全国重点文物保护单位，郭峪村为中国历史文化名村。

图 1-15 面状建筑遗产：北京门头沟区爨底下村（右上）爨底下古建筑群为全国重点文物保护单位，爨底下村为中国历史文化名村。

图 1-16 线状建筑遗产：京杭大运河[①]（右下）

统称。国内的文献一般将建筑遗产分为历史文化名城、历史文化街区（村镇）、文物古迹等三个层次。

第二节 建筑遗产的价值

一、引述

在建筑遗产的保护中，其价值的评定是一个非常关键的问题。道理很简单，建筑遗产之所以需要保护，就是因为它具有价值。历史上遗留下来的建筑遗存浩瀚无比，成万累亿，我们没有必要也不太可能保护所有的这些遗存。滚滚历史向前，旧的不断消失，新的不断创造，无论在哪里，被有意识保护的建筑遗产，仅是个别有特殊价值的。设想一下，如果将保护泛化，所有的建筑一旦建成，都要竭力保护，不能拆除，这个世界会是什么样呢？反过来，如果不保护建筑遗产，如果 100 年以上的建筑都要被拆除，这个世界又会是什么样呢？在这两个极端的中间，有无穷的可能性。

① 奚雪松著 . 大运河遗产廊道构建 . 电子工业出版社，2012. 41.

这就要求确定多大比例的建筑遗存列入保护，以及在多大程度上保护，还有具体遴选标准如何确定，哪些建筑应该被保护，哪些建筑可以不保护，这些都和价值的确定有很大关系。另外，价值越高，保护措施越严格；价值越小，保护力度越小。这些都说明在建筑遗产保护中，首先得进行价值评价。

只有了解了建筑遗产的价值，才能知道保护的具体内容和具体对象，也才能确定采取的具体措施和保护手段。《会安草案——亚洲最佳保护范例》（2005年）论述道："了解遗产资源的相对重要性对于我们至关重要，可帮助我们合理判断哪些要素必须在任何情况下都得到保存，哪些要素需要在某些情况下得到保护，哪些要素在某些特殊情况下可以被牺牲掉。重要性程度可以基于资源的代表性、稀缺性、条件性、完备性、整体性以及诠释潜质而来加以评估。"

但是，"价值"是一个多视角和多维度的概念，不同的人由于世界观、人生观、价值观等的不同，以及不同利益驱动，对于同一建筑遗产的价值有着不同的评判。有些顶级的、最出色、最典型的建筑，也许会毫无疑问地列入保护范畴，但更多的建筑，在列入保护时会有很多争论，也会有很多不同的意见。

二、对于遗产价值的相关探索

建筑遗产的价值由哪些方面构成呢？对于这个问题的认识，学界和国际社会经历了较长时间的争论和探讨，相关的研究文献和国际文件浩如烟海，下面仅择几例，列表如下（表1-5）。

有关遗产价值类型或体系一览表 表1–5

文件 / 人物	价值类型或体系
奥地利艺术理论家李格尔（Alois Riegl，1858 ~ 1905年）	纪念性的价值（包括年代价值、历史价值和有意为之的纪念价值）、当代价值（使用价值、艺术价值和创造的新价值）
《威尼斯宪章》（1964年）	文化价值、历史价值、艺术价值
《世界遗产公约》（1972年）	历史价值、艺术价值、科学价值、考古价值、审美价值
《欧洲建筑遗产宪章》（1975年）	精神价值、社会价值、文化价值、经济价值
英国学者费尔登·贝纳德（Bernard M. Feilden，1919 ~ 2008年）	文化价值、情感价值、当代社会—经济价值等
俄国学者普鲁金（O.H.Prutsin，1926 ~ 2003年）	内在的价值（如历史的、建筑美学的成果，结构的特点等）、外在价值（如建筑、历史的环境，城市规划的价值，自然植被或景观建筑的价值等等）
澳大利亚《巴拉宪章》（1999年）	美学价值、历史价值、科学价值、社会价值
澳大利亚经济学教授戴维·思罗斯比（David Throsby）	文化价值（美学的、精神或宗教的、社会的、历史的、象征的以及原真的）、经济价值
《中国文物古迹保护准则》（2015年修订）	历史价值、艺术价值、科学价值、社会价值、文化价值

早在20世纪初期，奥地利艺术理论家李格尔就提出了价值类型学[①]。李格尔在1902年发表的《文物的现代崇拜：其特点与起源》一文中，详细论述了文物价值的

① 李格尔（Alois Riegl，1858~1905年），奥地利著名艺术史家，维也纳艺术史学派的主要代表，现代西方艺术史的奠基人之一。后期其研究内容转向古迹保存研究，对于保护对象、遗产价值类型都有深入的探讨。

不同类型。李格尔把文物（Monuments）价值归纳为两大类，一类为纪念性的价值（commemorative values），包括年代价值（age value）、历史价值（historical value）和有意为之的纪念价值（deliberate commemorative value）；另一类为当代价值（present-day values），包括使用价值（use value）、艺术价值（art value）和新生价值（newness value）（表 1-6）。在这些价值中，他认为历史价值具有优先性，每一种人类活动，都具有历史价值；其次是艺术价值，并认为历史价值是客观的，而艺术价值较为主观。另外，由文物本身的物质性衍生到关注现代需求的满足，产生了对使用价值的关注。针对文物的保护，所有的矛盾其实也是使用价值与年代价值之间的矛盾。前者关注当代的利用或以完美的姿态便于当代的使用，而后者要求不干预而保留自然状态，以达到延续和年代价值最大化。李格尔提出了文物价值的多重性，并阐释了这些价值的概念，说明了这些价值彼此并不统一，甚至相互矛盾。李格尔当时所提出的文物的这些价值有其局限性，但对西方遗产价值认识有非常大的影响。

李格尔对文物（Monuments）的价值评价体系 表1-6

大类	小类	解释
纪念性的价值	年代价值	指文物本身的历史性，指年代留下的自然痕迹
	历史价值	指在文物存在的时间段中与其有关联的人类活动所代表的发展变化，指本身详尽的历史事实
	有意为之的纪念价值	是针对如何将文物保存延续至后代的可持续性价值而论的，追求不朽性
当代价值	使用价值	实际功能的实现，使古迹符合当代的需要
	艺术价值	传达美感的愉悦，是每个时代相对的、变化的艺术观念，需要保持外观形状与颜色的完整
	新生价值	为传达当代的“艺术精神”，而排斥岁月的痕迹。将古迹修复成崭新面貌

1994 年，国际古迹遗址理事会前主席、英国学者费尔顿在其著作《历史建筑保护》一书中，将遗产分为文化价值、情感价值和使用价值，强调价值评估与保护密不可分，指出价值决定了文化遗产应该获得何种维护和保护。费尔登认为，应在确立保护目标后，认定遗产的价值，并将不同价值排序，以价值的优先顺序作为采取干预的决定因素，保存遗产的关键信息（表 1-7）。

费尔登历史建筑的价值评价体系[①] 表1-7

文化价值	(a) 纪录；(b) 历史；(c) 考古学价值、年岁价值和稀缺性；(d) 审美与象征价值；(e) 建筑学价值；(f) 城市景观、地貌景观和生态学价值；(g) 技术和科学价值
情感价值	(a) 惊奇；(b) 认同；(c) 延续性；(d) 尊敬与崇拜；(e) 精神与象征价值
使用价值（当代社会—经济价值）	(a) 功能价值；(b) 经济价值（包含观光）；(c) 社会价值（也包含认同与延续性）；(d) 教育价值；(e) 政治和民族价值

① Bernard M Feilden. Conservation of Historic Buildings. Architectural Press，1994.1.

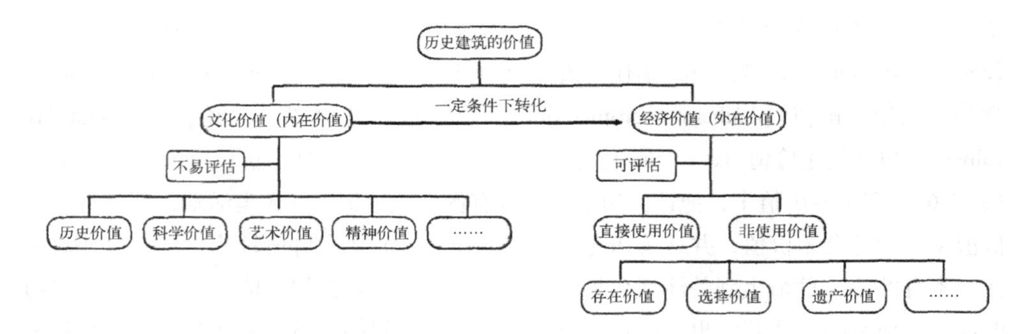

图 1-17　历史建筑价值构成的解析示意图①

麦考瑞大学（Macquarie University）的经济学教授戴维·思罗斯比（David Throsby）在 2000 年出版的著作《经济学文化》中，将遗产的价值分为经济价值和文化价值，提供了一个运用经济学概念思考文化问题的框架。思罗斯比把经济价值形象地比喻为"一个人愿意为一个物品支付多少钱"，而文化价值则被人类学定义为"被某个团体所共有或共享的态度、信仰、道德、风俗、价值以及实践"。思罗斯比提出遗产价值的分类为美学的、精神的（宗教的）、社会的、历史的、象征的以及原真的等几个方面，并统称这些价值为文化价值。思罗斯比突出强调文化价值，将文化价值摆到经济价值之前，强调人类文化对人类社会的推动作用。

从目前的发展来看，学术界越来越倾向于将建筑遗产的价值分为经济价值和文化价值两大类（图 1-17），其中文化价值是核心和基础。过去极少研究经济价值，认为在保护工作中不应该言利，似乎一旦涉及经济，就玷污了保护这一神圣使命。但是，在实际保护工作中，其各个环节都离不开市场经济这一无形而无所不在的手。对于经济价值和文化价值，一般是国家重视文化价值，淡化经济价值，而地方政府和民众更看重经济价值。学界对于经济价值也有不同的态度。有的倾向于抑制经济价值，认为"文化遗产最本质的属性是文化资源和知识资源，其价值主要体现在社会教育、历史借鉴和供人研究、鉴赏，经济价值则是其历史、艺术、科学价值的衍生物"②。也有人倾向于适当发挥经济价值，认为"经济价值是文物的价值类型中最特殊的一项。尽管文物从概念上讲是'无价之宝'，但是在文物工作中投入的经费和人力，甚至于文物建筑、考古遗址等本身所占据的土地面积，在管理中都能够以金钱来衡量"③。

遗产价值的评价是一项非常复杂的工作，其间或多或少具有主观性，不同国籍、性别、民族、阶级以及宗教信仰的人对建筑遗产有不同的评价。对于一项建筑遗产的价值的认识，往往不是一次完成的，而是随着社会发展和认识水平提高而不断深化。也就是说，对建筑遗产价值的认识是一个动态的过程。

建筑遗存的价值没有有无之分，只有大小之分。任何建筑都承载着一定的历史信息，都有一定的历史价值。但只有价值较高的建筑，才可称之为建筑遗产。但令人困惑的是，建筑遗产的价值不易（甚至几乎不可能）量化。建筑遗产的价值很难像尺子量长度、秤称重量一样，给出精确的数字。不同种类的遗产，各种价值所占的比例不尽相同。如对于工业遗产而言，其科学价值一般会突出一些。

---

① 李湞等．历史建筑价值认识的发展及其保护的经济学因素．同济大学学报（社科版），2009（5）.47.
② 陆建松．建筑遗产岂能"贴现"？解放日报，2003 年 6 月 30 日第 6 版．
③ 顾伊．论文物的价值观．建筑遗产研究集刊．上海古籍出版社，2001.

而且，建筑遗产的价值，除了受到自身和评价者的影响外，还受到其他因素的影响。如大家通常所说的“物以稀为贵”，也适用于建筑遗产。一些建筑遗产因为同类型的建筑遗产大多被破坏，导致留存的这类建筑屈指可数，从而具有“罕见的价值”。

三、国内遗产评定的常用标准

根据《中华人民共和国文物保护法》(2015年修正)，文物定级的主要依据是历史、艺术和科学价值，俗称“三大价值”。在实践操作中，也多用这三大价值评估建筑遗产的价值。

国际上，这三种价值的分类方法也较早。如《雅典宪章》(1931年) 第二条：“会议听取了为保护具有艺术、历史和科学价值的纪念物，不同国家在法律措施方面的建议。”《威尼斯宪章》(1964年) 没有明确提出价值的分类，但其第三条提到“保护和修复古迹的目的旨在把它作为历史见证，又作为艺术品予以保护”，其中提到历史价值与艺术价值。在《威尼斯宪章》之后，文化遗产三大价值分类评价方法，逐渐得到广泛认同。新中国成立后的相关法律法规中，也多采用这一价值分类法 (表1-8)。

国内出台的有关文件对于价值的描述 表1-8

资料来源	有关“价值”的描述
《暂定古物之范围及其种类草案》(1935年)	“古物本身有科学的、历史的、艺术的价值”
《中央人民政府政务院关于保护文化建筑的指令》(1950年)	“凡全国各地具有历史价值及有关革命史实的文物建筑”“均应加以保护，严禁毁坏”
《文物保护管理暂行条例》(1961年)	“一切具有历史、艺术、科学价值的文物，都由国家保护”
《中华人民共和国文物保护法》(1982年)	“下列具有历史、艺术、科学价值的文物，受国家保护”。
《历史文化名城保护规划规范》GB 503572-2005	“对确有历史、科学和艺术价值，未列人文物保护单位的文物古迹和未列入历史文化街区的历史地段，保护规划应提出申报建议”
《历史文化名城名镇名村保护条例》(2008年)	“选择具有重大历史、艺术、科学价值的历史文化名镇、名村，经专家论证，确定为中国历史文化名镇、名村”
《中华人民共和国文物保护法》(2015年修正)	“选择具有重大历史、艺术、科学价值的确定为全国重点文物保护单位”

简要说明历史、艺术和科学价值的基本含义。

(1) 历史价值是建筑遗产的基本价值，指见证了过去某一历史时期的重要事件、人物和发展过程等，在时间轴上有值得记忆的重要历史信息。建筑遗产具有历史价值，是因为它是不同历史阶段、不同民族、不同地区历史的实物例证，所谓“建筑是石头的史书”。俄罗斯作家果戈理 (Nikolai Vasilievich Gogol，1809~1852年) 写道：“建筑同时还是世界的年鉴，当歌曲和传说都已经缄默的时候，只有它还在说话哩。”中国有一句古话“见了故物，如见故人”，说的亦是实物承载的历史信息。保护建筑遗产，就是保护每个国家和民族的历史信息，这就像每个家族都尽量保存先祖的画像，每个家庭都会精心保留祖辈的遗像一样。建筑遗产“是一部存在于环境之中的大型的、直观的、生动的、全面的历史书。它的价值绝不是任何文献资料和用文字写成的历史书所能替代的。站在故宫太和门前，北望太和殿，南望午门，这时候你对封建专

图 1-18 山西左云县段长城局部

制制度的理解，岂是自哪本书里能读到的”?① 如中国的长城②，原来为军事战争的产物，即中国历代封建王朝为防御塞外游牧民族入侵而不断增筑的产物，虽然现今已经丧失了军事功能，但客观“记录”了中国经济、政治、军事、文化、民族关系等诸方面的历史，承载着极其丰厚的历史文化信息，凝结着中华民族的千年沧桑（图 1-18）。

影响历史价值的主要因素有建造年代、与重要历史事件或人物的关联性、对社会发展水平的反映程度，等等。

（2）艺术价值，是指在设计、构造、风格、色彩、造型、审美、风尚等方面展示的时代特征和水平层次，能给人以精神上的或情绪上的感染。简单说就是很美，让人感到愉悦、舒服和激动。如北京天坛祈年殿（图 1-19），始建于明永乐十八年（1420 年），光绪十五年（1889 年）毁于雷火，数年后按原样重建，其殿顶覆盖上青、中黄、下绿三色琉璃，寓意天、地、万物。外部屋檐呈圆形层层收缩上升，整体造型端庄稳重，协调得体，对比强烈，极具艺术价值。艺术价值的影响因素主要有不同历史时期艺术的代表性、空间布局艺术、建筑造型艺术、细部构件艺术、装饰艺术等。

（3）科学价值，是指建筑遗产在规划、设计、营造等方面所展示的特定历史时期的科学技术水平。文化遗产在自然科学、工程技术科学、工艺技术等方面，从不同侧面和层次，反映了那个时期的科学技术发展水平。科学价值主要包括设计理念

图 1-19 北京天坛祈年殿③

① 陈志华.《建筑与历史环境》中译本序.世界建筑，1997（6）.

② 根据 2007 ~ 2010 年间国家文物局和国家测绘局组织的联合调查，现存长城总长度达 21196.18 千米，包括春秋战国、秦汉、晋、南北朝、隋、唐、五代、宋、西夏、辽、金、明等历代所建的长城 10053 段，壕堑 1762 段，单体建筑 29507 座，关堡 2210 座，相关设施 189 处，共计 43721 处长城遗产，分布在 15 个省、自治区和直辖市（上述数据引自：践行《世界遗产公约》中国世界文化遗产这些年.中国文化遗产，2012 年第 5 期）

③ 孙大章编著.中国古建筑大系·礼制祭祀.中国建筑工业出版社，2004.24.

图 1-20　山西应县木塔（左：外观；右：剖面）

的科学性、结构的科学性、构件的科学性、材料的科学性、施工的科学性等。例如山西应县木塔（图 1-20）塔身构架作“叉柱造”，层层立柱，上层柱插入下层柱头枋上，逐层向上叠架。塔身外观 5 层，实为 9 层，各层均用内外两圈木柱支撑梁架。明层梁枋规整，结构精巧；暗层木柱纵横支撑，形成各种框架，以加强荷载能力，稳固塔身。塔上的斗栱结构形状多达 54 种，可谓集中国古代建筑斗栱之大成。应县木塔具有极高的科学价值，代表了当时建筑技术的最高成就。

在艺术价值和科学价值的评价中，需要用“历史的观点”看待。任何艺术价值，都得放到历史背景中进行讨论，任何艺术风格都不能脱离其历史背景。同理，任何科学价值，也要放到科学发展史中进行讨论。

“关于《中国文物古迹保护准则》若干重要问题的阐述”（2000 年）中列出了三种价值的主要表现方面（表 1-9）。

《中国文物古迹保护准则》（2000年）中所阐释的历史、艺术和科学价值　表1-9

类型	具体内容
历史价值	①由于某种重要的历史原因而建造，并真实地反映了这种历史实际； ②在其中发生过重要事件或有重要人物曾经在其中活动，并能真实地显示出这些事件和人物活动的历史环境； ③体现了某一历史时期的物质生产、生活方式、思想观念、风俗习惯和社会风尚； ④可以证实、订正、补充文献记载的史实； ⑤在现有的历史遗存中，其年代和类型独特珍稀，或在同一类型中具有代表性； ⑥能够展现文物古迹自身的发展变化
艺术价值	①建筑艺术，包括空间构成、造型、装饰和形式美； ②景观艺术，包括风景名胜中的人文景观、城市景观、园林景观，以及特殊风貌的遗址景观等； ③附属于文物古迹的造型艺术品，包括雕刻、壁画、塑像，以及固定的装饰和陈设品等； ④年代、类型、题材、形式、工艺独特的不可移动的造型艺术品； ⑤上述各种艺术的创意构思和表现手法
科学价值	①规划和设计，包括选址布局，生态保护，灾害防御，以及造型、结构设计等； ②结构、材料和工艺，以及它们所代表的当时科学技术水平，或科学技术发展过程中的重要环节； ③本身是某种科学实验及生产、交通等的设施或场所； ④在其中记录和保存着重要的科学技术资料

第三节　建筑遗产面临的威胁

早在20世纪中叶，国际社会已经意识到文化遗产面临的各方面的威胁。《世界遗产公约》（1972年）提到："文化遗产和自然遗产越来越受到破坏的威胁，一方面因年久腐变所致，同时变化中的社会和经济条件使情况恶化，造成更加难以对付的损害或破坏现象。"总体而言，对于建筑遗产的破坏，主要来自两个方面，即自然破坏和人为破坏。

一、自然破坏

图1-21　2003年底发生的伊朗大地震使巴姆古堡毁于一旦（上：毁坏后；下：毁坏前）[②]

图1-22　贵州省黎平县地坪乡风雨桥修复后（上）
图1-23　中国现存最早的戏台，由于自然侵蚀，损毁严重（注：本照片摄于2004年，2008年开始修缮）（下）

自然的破坏大致可分为两种：自然灾害与自然侵蚀。前者一般是突然的、瞬时的，后者是缓慢的、持久的。

各种自然灾害，如地震、洪水、泥石流、滑坡、暴雨雪等，给建筑遗产带来的破坏往往是无法预料的，其后果一般也较为严重。如2003年12月26日，伊朗东南部发生里氏6.3级强烈地震，巴姆古堡毁于一旦（图1-21）；2004年7月20日，贵州省黎平县地坪乡风雨桥（全国重点文物保护单位）被一场突如其来的山洪冲毁（图1-22）[①]；2008年5月12日发生汶川地震，世界遗产都江堰二郎庙等遭到严重破坏；2015年4月25日尼泊尔8.1级地震中，加德满都谷地7处世界文化遗产建筑群和遗址均受到了较大破坏，很多建筑完全倒塌。

自然侵蚀是指雨水侵蚀、气候变化、阳光照射、生物繁殖等对建筑遗产的侵蚀。这种破坏力往往是持久的、缓慢的，非突发的，是可预见的，日积月累的。没有任何一种建筑材料能逃脱自然衰减的过程。不同的材料对不同侵蚀的抵抗力不尽相同，如木材在潮湿的空气中就特别容易腐烂（图1-23）。正由于如此，留存下的木构建筑比石构建筑少很多，历史也短一些。山西之所以能够留存下较多的早期建筑，其重要原因就是其干燥的气候，有利于木构的保存。现在越来越严重的环境污染，对建筑造成较大影响，如印度知名古迹泰姬陵，由于空气污染，其白色大理石由白变黄，严重破坏了美感[③]。

---

① 地坪风雨桥是贵州省典型的侗族风雨桥，始建于光绪年间，桥中有楼、楼中设廊，廊楼有画，整个不用一钉一铆，是民间巧匠的智慧结晶，2001年被国务院公布为第六批全国重点文物保护单位。在2004年黎平县大暴雨中，地坪风雨桥被洪水冲垮。当地很多侗族群众不顾危险，跳入洪流中对桥身构建展开打捞。国家文物局为了表彰这一事迹，为这个乡颁发了"文物保护特别奖"。参见：国家文物局编．心系地坪风雨桥：全国重点文物保护单位抢救纪实．文物出版社，2005。

② 单霁翔著．城市化发展和文化遗产保护．天津大学出版社，2006. 63.

③ 陈璐．世界文化遗产最需要警惕的几种破坏．中国文化报，2010年3月23日．

二、人为破坏

人为因素的破坏或无意造成，或明知而为，甚至有的“破坏”是由于不恰当的“保护”。人为破坏归纳起来大致表现在以下几个方面：

首先是建设性破坏。

国际遗产界常说的一句话是：“贫穷是最好的保护者”。这句话不一定正确，但或多或少有其道理。因为一旦经济发展，就会进行大量建设，常用的方法就是拆旧建新。如果拆旧建新过于频繁，或拆“旧”的过程中没有对“旧的建筑”进行价值评估，就很容易造成建设性破坏。建设性破坏往往伴随着城镇化过程而发生，多数国家都难逃这一宿命。美国都市规划师和保护主义者约翰·H·斯塔布斯这样写道：“在第二次世界大战结束半个世纪后，遍布欧洲（包括德国在内）的无数规划师都认为，在战后随之而来的都市改造中破坏的历史建筑远多于上千颗炸弹自身造成的破坏。”[①] 现在欧美很多发达国家已经完成了城镇化，所以，在欧美国家的建设性破坏并不严重。但我国正处在快速城镇化的过程中，建设性破坏非常严重。在中国大地上，“拆”字大概是最醒目的字之一（图 1-24）。建筑拆除的原因很多，但最多见的原因就是建设性破坏。

图 1-24 北京鲜鱼口长巷头条被拆得只剩一棵树的湖北会馆[②]

人口的增加也给遗产保护带来很大压力。20 世纪出生的人口超过此前人类历史上的人口总和。公元元年时全球人口 2 亿多，经过极其缓慢的增长，1800 年达到约 10 亿，1900 年有 16 亿。进入 20 世纪后，人口迅猛增加，1950 年达到 25 亿，1999 年突破 60 亿，2011 年达到 70 亿。1900 年时，全世界只有 8 个城市的人口超过 100 万，到 2000 年时已经有 323 个城市的人口超过 100 万[③]。人口特别是城市人口的迅速增加，必然会导致大量房屋的修建。以上海为例，自 1952 年到 2002 年，新建建筑的总面积大约是 6 亿平方米，大致相当于 10 个新中国成立前的老上海[④]。位于城市核心地带的老城往往首当其冲，受到很大破坏。很多地方的老城被清一色的高楼大厦所取代，建筑遗产保护面临窘境。

改革开放之前，中国建筑遗产破坏行为或出于无知，或出于对遗产的漠视，现在则大都由于在快速现代化过程中过于追求经济利益而忽视文化。所谓的“三年一小变，五年一大变”，导致很多遗产遭到破坏（图 1-25 ～图 1-27）。有些列入文物保护单位或优秀近现代建筑名录的建筑，也未能幸免。如郑州市在 2011 年公布了“首批优秀近现代建筑保护名录”，共 32 处近现代建筑入选，但在公布后不到两年，就有东方红影剧院、郑州国棉三厂办公楼、南乾元街 75 号院等被拆除。另如天津，“自 1980 年以来，已经被拆毁的天津市文物保护单位有 4 个、区县文物保护单位 16 个、文物点 160 个，约占全市文物保护单位的 1/6”[⑤]。

---

① 约翰·H·斯塔布斯著 . 永垂不朽：全球建筑保护概观 . 电子工业出版社，2016. 6.
② 王军著 . 采访本上的城市 . 生活·读书·新知三联书店出版，2008. 284.
③ 约翰·H·斯塔布斯著 . 永垂不朽：全球建筑保护概观 . 电子工业出版社，2016.99.
④ 郑时龄 . 为明天的发展打好基础 . 文汇报，2003 年 4 月 10 日 .
⑤ 方兆麟等 . 历史建筑：天津如何将你留住 . 人民政协报，2006 年 9 月 18 日第 B1 版 .

图 1-25　2007 年 11 月 20 日在北京菜市口大吉片房地产开发中潮州会馆东厢房被拆除中[①]

图 1-26　山西应县木塔周边的民居在 2005 年旧城改造中拆得几乎片甲不留（上图为正在拆毁中的民居；下图为一位老人在已经拆为平地的工地中）

图 1-27　在一片责难声、反对声中，北京梁思成林徽因故居被拆除

图 1-28　阿富汗巴米扬大佛（左：2001 年炸毁前；右：2001 年炸毁后）[③]

其次是战乱和战争。

世界上的每次战乱和战争，都会导致很多建筑遗产遭到破坏。为了避免这种情况的发生，1954 年 5 月联合国教科文组织（UNESCO）在荷兰海牙通过了《武装冲突情况下保护文化财产公约》（简称《海牙公约》）[②]。该公约陈述了其出台之背景："缔约各国，认识到文化财产在最近武装冲突中遭受到严重的损失，而且由于作战技术的发展，毁灭的危险日益增加；深信属于任何人民的文化财产遭受到损失，也就是全人类文化遗产所遭受的损失，因为每国人民对世界文化作出其自己的贡献；考虑到文化遗产的保存对世界各国人民都是非常重要，因此文化遗产必须获得国际性的保护。"该宪章的思想基础是，保护"文化财产"是全人类共同的利益，超越阶级、民族和国家，一切战争都不能成为破坏"文化财产"的理由。

进入 21 世纪后，战乱对于建筑遗产的破坏并没有减少。2001 年的阿富汗战争、2003 年的伊拉克战争、2008 年的俄格军事冲突、2011 年的利比亚战争、2011 年开始的叙利亚内战等，都无一例外地破坏了很多建筑遗产。

2001 年 2 月 27 日，阿富汗塔利班最高首领乌马尔以反对偶像崇拜为由，下令摧毁阿富汗境内的所有佛像，其中包括位于巴米扬山谷的两座巨型佛像。举世闻名的巴米扬大佛建造于公元 3 世纪，是世界上最高的古代佛像。塔利班作出这一决定，立即震惊全世界。许多国家领导人和国际组织纷纷呼吁塔利班停止这一行动。但是，3 月 2 日，两尊具有 1500 年以上历史的巨型石雕佛像（名为"沙玛玛"和"塞尔萨尔"），还是在隆隆炮声中被炸药化为一堆碎石砂砾（图 1-28）。2003 年 7 月，在巴黎召开的第 27 届世界遗产大会，作出了一个异乎寻常的决定：尽管阿富汗并没有申报，但巴米扬山谷还是被列入当年的世界遗产名录，与此同时，巴米扬山谷直接进入世界遗产濒危名单。

2008 年俄罗斯和格鲁吉亚发生军事冲突后不久，"他们就互相指控对方在战争中对对方历史和文化遗址的破坏行为。格鲁吉亚发表了一份长达 26 页的详细报告，报告表明俄罗斯在当年 8 月的空袭中摧毁了格鲁吉亚数十座历史悠久的教堂、修道院和博物馆。与此同时，俄罗斯也声称格鲁吉亚军队破坏了俄罗斯 11 处文化和历史

① 王军著．采访本上的城市．生活·读书·新知三联书店出版，2008. 37.

② 英文名称为：Convention for the Protection of Cultural Property in the Event of Armed Conflic。

③ 约翰·H·斯塔布斯著．永垂不朽：全球建筑保护概观．电子工业出版社，2016. 318.

遗址，其中包括 18 世纪的圣母教堂、一座犹太教堂和历史保留区的一些建筑”[1]。

2011 年开始的叙利亚内战，也对建筑遗产造成了很大破坏。据联合国 2014 年年底出台的报告显示，“叙利亚至少 290 处文物古迹在过去 3 年多的战火中受损”[2]。被列入“世界遗产名录”的阿勒颇古城（Ancient City of Aleppo）是叙利亚第二大城市，也是中东最古老的城市之一。叙利亚政府军长期占据这座古城作为军事据点，为争夺阿勒颇城与反对派武装已交战多年，古城中的建筑损失惨重。

我国在近代深受战乱之苦，列强（特别是日本）对中国的侵略和轰炸，致使很多建筑遗产被毁坏。1860 年 10 月 18 日，英法联军在圆明园到处纵火，大火连烧三天三夜，这座举世无双的世界名园化为一片废墟（图 1-29）。1900 年八国联军入侵北京、天津等地，掠夺财物无数，很多建筑也未能幸免于难（图 1-30 ～图 1-32）。20 世纪 30 年代和 40 年代，日本对中国的侵略，造成中国军民伤亡惨重，各地城市和乡村也遭到不同程度的破坏（图 1-33）。

图 1-29 1860 年 10 月 18 日圆明园烧毁当天的一张照片[3]（上左）
图 1-30 1900 年 8 月 14 日被八国联军炮轰后的北京朝阳门箭楼[4]（上右）
图 1-31 1900 年 8 月 14 日被八国联军炮轰后的正阳门城楼被毁，1906 年重建，照片摄于 1911 年[5]（下左）
图 1-32 1900 年被八国联军破坏的天津旧鼓楼[6]（下右）

再次是火灾和火患。

“火”点燃了人类文明，但“火灾”也是人类面临的最普遍的灾害之一，所谓“慎用之则为福，不慎用之则为祸”。根据联合国“世界火灾统计中心”（WFCS）统计，“近

① 陈璐 . 世界文化遗产最需要警惕的几种破坏 . 中国文化报，2010 年 3 月 23 日 .
② 焦波 . 叙利亚：遗产在战争阴影下哭泣 . 中国文化报，2015 年 7 月 16 日 .
③ 罗哲文，杨永生主编 . 失去的建筑（增订本）. 中国建筑工业出版社，2002. 155.
④ 北京大学图书馆编 . 烟雨楼台：北京大学图书馆藏西籍中的清代建筑图像 . 中国人民大学出版社，2008.9.
⑤ 同上 . 56.
⑥ 于吉星主编 . 老明信片 · 建筑篇 . 上海画报出版社，1997. 36.

侵华日军轰炸察哈尔省东八里市区　日军炮击过的潞安城　日军轰炸后的上海闸北民房
1937年侵华日军轰炸江苏常熟　遭日军轰炸而起火的上海　侵占蒙城的日军坦克部队将城门毁坏
日军轰炸机投下炸弹轰炸兰州市区　被日军轰炸后的北京惨象　被日军轰炸机的炸弹雨点般落入重庆市区
被侵华日军轰炸的上海市惨景　徐州中心街遭到日军炮火破坏　1937年侵华日军轰炸上海苏州河沿岸
侵华日军轰炸后的徐州市大同街　侵华日军轰炸后的位于上海闸北的车站　在侵华日军轰炸中毁于一旦的吴淞镇
侵华日军轰炸河南泌阳　1937年8月30日侵华日军轰炸河北沧州　1937年侵华日军轰炸苏州城

图 1-33　20 世纪 30 年代和 40 年代日本侵略者对中国的城市和乡村的破坏[1]

年来在全球范围内，每年发生的火灾就有 600 万 ~700 万起，每年有 6.5 万 ~7.5 万人死于火灾，每年的火灾经济损失可达整个社会生产总值（GDP）的 0.2%”[2]。

在中国五千年的文明长河中，有无以计数的建筑毁于火灾，相关的记载也浩如

① 根据文献绘制：田苏苏主编．日军镜头中的侵华战争：日军、随军记者未公开影像资料集．河北出版传媒集团 / 河北美术出版社，2015.

② 鲍鲔 .45 场建筑特大火灾排行榜．中华民居，2009（6）.

烟海。略举两例。《史记·孝武本纪》："越俗有火灾，复起屋必以大，用胜服之。"这当然是一种迷信的说法，在大火烧了建筑后，再修建更大的建筑，这怎么能征服火灾呢？东晋诗人陶渊明曾专门撰诗，描写了义熙四年（408年）六月自己的草屋不幸被一把大火焚烧殆尽的情景："草庐寄穷巷，甘以辞华轩。正夏长风急，林室顿烧燔。一宅无遗宇，舫舟荫门前。迢迢新秋夕，亭亭月将圆。果菜始复生，惊鸟尚未还。"诗中描述了陶渊明在草屋被焚烧殆尽后，全家无处栖身，不得不暂住于船上的景况。

火灾和火患引起的原因很多，既有自然因素，也有人为因素，如用火不慎、故意放火、电线短路等。也有些火灾是由战乱引起，如1900年6月6日，义和团打出"扶清灭洋"口号，于北京前门外大栅栏点火焚烧洋货店，结果引起大火，前门箭楼被烧毁（图1-34）。

图1-34 1900年烧毁后的正阳门箭楼[②]

由于中国传统建筑主要采用木构，更易毁于火灾和火患，所以梁思成在1932年发表的《蓟县独乐寺观音阁山门考》一文中提到："木架建筑法劲敌有二，水火者也。水使木朽，其破坏率缓；火则无情，一炬即成焦土"[①]。正是由于木构建筑深受火灾之患，所以古代非常重视消防。中国传统建筑的鸱尾，就反映了对防火的希冀。北宋时所撰的《唐会要》载："越巫言海中有鱼虬，尾似鸱，激浪即降雨，遂作其像于屋上，以厌火祥"，可见，将"鸱"这种海洋生物用于脊饰的原因是用它激浪降雨，象征压火。

由于城市中建筑密度高，火灾的危害性更大。如1666年的伦敦大火，从9月2日凌晨开始一直持续到6日，火势随着东北风蔓延，瞬间从桥北的始发点蔓延到河岸的货仓和码头，四天时间里破坏了13200处房子、皇家交易所（Royal Exchange）、关税大楼（Custom House）、44家公司、会馆的大厅、附近所有的城市建筑，以及圣保罗教堂和87座教区教堂[③]。国内1911年汉口大火也非常惨烈（图1-35），"10月30日，清军第一军军统冯国璋到达汉口，命令所部在市区放火烧城，大火三日三夜不灭，不少居民葬身火海，成千上万的人无家可归，30里长的汉口市区，几成瓦砾"[④]。

图1-35 1911年汉口大火很多建筑被毁[⑤]

时至21世纪，火灾对于建筑遗产的危害依旧，时有发生。2003年1月19日，湖北武当山建于明代永乐年间的遇真宫大殿，属于世界文化遗产"武当山古建筑群"中的重要宫庙，因电线短路引起火灾，木构化为灰烬（图1-36）。2008年2

① 梁思成全集（第一卷）中国建筑工业出版社，2001.221.
② 沈弘编著．晚清影像，中国社会科学出版社，2005.119.
③ 莫里斯．城市形态史[M].成一农、王雪梅、王耀等译．北京：商务印书馆出版社，2011. 630-643.
④ 转引自：大火焚城与涅槃重生——伦敦1666年与汉口1911年的火灾及其重建比较研究．
⑤ 哲夫等编著．武汉旧影．上海古籍出版社，2007. 111.

月 10 日，韩国首都首尔市重要地标的崇礼门，被称为韩国国宝一号，被人纵火烧毁（图 1-37）。

据统计，2009 年至 2014 年 4 月，“全国文物古建筑共发生火灾 1343 起，其中由生活用火不慎和由电气原因引发的火灾居事故原因前两位，分别占总数的 37% 和 21%”[③]。2014 年，公安部、住房城乡建设部、国家文物局联合制定出台《关于加强历史文化名城名镇名村及文物建筑消防安全工作的指导意见》，这是我国第一份由多个职能部门联合制定的强化文物古建筑消防安全工作的规范性文件，对于加强文物古建筑消防安全工作、遏制文物古建筑重特大火灾事故发生，具有十分重要的意义。这一文件的出台，也从侧面反映出火灾对于建筑遗产的危害性。

除了上述人为因素外，最近十年来建筑遗产构件的偷盗现象也非常严重。特别是很多精美的柱础、墀头、照壁、抱鼓石等，被偷盗或贩卖后流入文物市场，对建筑遗产造成极大的破坏（图 1-38）。

总之，建筑遗产面临的威胁很多，而且随着时代发展而有所变化，如最近几十年来，气候变化给建筑遗产带来的危害就越来越大。只有分析这些威胁，对症下药，有的放矢，才能保护好建筑遗产。

图 1-36 2003 年湖北武当山遇真宫主殿被烧毁前后[①]

图 1-37 2008 年 2 月 10 日韩国首尔市崇礼门被人纵火焚烧毁[②]

图 1-38 传统建筑中精美的柱础被偷盗或贩卖后用水泥或砖砌柱础替代

① 引自：单霁翔著．城市化发展与文化遗产保护．天津大学出版社，2006.49.

② 引自《中国日报》2008 年 2 月 11 日。

③ 2014 年 4 月 10 日的《法制日报》报道。

第二章　国际（以欧洲为主）建筑遗产保护历程

第一节　引述

建筑修缮从古至今一直有之。自从人类学会盖房子，便需要修缮房子。但这种修缮，主要目的是为了延续其使用功能，类似于自行车车胎坏了需要补胎，台灯灯泡坏了需要更换。但现代意义上的建筑遗产保护则不同，是想长久留存这一建筑，像家里保存祖辈的遗像，所以传统社会的建筑维护修理和现代的建筑遗产保护在目的和原则方面，都有着本质的区别。

图 2-1　拉斐尔

欧洲在建筑遗产保护方面一直领先于全球，很多保护思想和理念都孕育于欧洲。一般认为，现代遗产保护理论肇始于意大利文艺复兴时期。15 世纪中叶，意大利在古为今用的思想指导下，开始根据其需求，对古罗马遗留下来的文物古迹进行区别性对待。1515 年，当时的教皇利奥十世（Pope Leo X，1475~1521 年）在其签署的教皇通谕中，任命拉斐尔（Raffaello Santi，1483~1520 年）为罗马的大理石和石材长官（图 2-1）。这个通谕是对主管古代建筑保护和调查专员的第一个官方任命。

拉斐尔等在致教皇的信中，呼吁采取紧急措施保护当时古罗马时期留下来的建筑："您不应再徘徊不定，请您用圣洁的思想保护那些仅存的具有古老意大利荣耀的古迹吧，使那些神圣的灵魂得到尊重，使我们精神之中的美德得以激发和调动，请不要继续邪恶而愚昧地进行根除和打击。然而不幸的是，如今我们国家甚至整个世界应当引以为荣的灵魂已经流血受伤。"[①] 之后，拉斐尔负责对罗马甚至整个意大利的古迹调研记录工作，亲自绘制了很多古建筑测绘图。

17 ~ 18 世纪，欧洲一些国家对古罗马、古希腊的考古工作蓬勃开展，并对各类考古遗迹进行建筑复原设计，直接诱发了古典主义建筑潮流，也逐渐使得古代建筑的价值得到人们的广泛认同。在同样的时代背景下，由社会精英知识分子推动的文化遗产保护工作拉开了帷幕。

图 2-2　瑞典国王卡尔十一世

1666 年，瑞典国王卡尔十一世（Charles XI，1655~1697 年，图 2-2）发出了遗迹保护布告，布告提出要保护"能显扬我们祖先和全王国的名誉之类"，并且包括"让我们回想起世世代代生活在此地的父老先辈们所留下的古代纪念物"[②]。这是欧洲较早由国家提倡并开展保护的事例。

1721 年，葡萄牙国王霍奥五世（John V，1689~1750 年）下达诏令，提倡保护历史纪念物。尽管这一诏令没有真正实施，但其意义不容小觑。

---

① （芬）尤嘎·尤基莱托著．建筑保护史．郭旃译．中华书局，2011.47、48、65.

② 黄晓芬．文物保护的思想．考古与文物，1995（2）.

18世纪中叶，英国的古罗马圆形剧场成为欧洲第一个被立法保护的古代建筑。

但上述这些都是建筑遗产保护的序幕。一直到19世纪，建筑遗产保护才真正得到较大的发展。

第二节 19世纪欧洲建筑遗产保护

19世纪的欧洲，工业革命蓬勃发展，极大地促进了技术、经济和社会的进步，各种自然科学学科（如物理、化学、生物学、地质学等）皆逐渐成形，对社会意识形态亦产生了重要影响。复古主义和浪漫主义并存，各种思想相互碰撞，社会充满了变革。

19世纪的建筑遗产保护，主要表现在三个方面。一是各种文物古迹保护修复的理论流派纷纷形成，经过激烈的碰撞后相互融合，逐渐趋于成熟。这些理论大多是在以中世纪教堂为主的修复实践基础上形成的，同时在这些理论的指导下，完成了许多著名建筑的修复，奠定了西方现代遗产保护理论与方法的基础，影响深远。二是法国、意大利、英国等国家陆续颁布有关文物建筑保护的法律，如1840年法国制定了《历史性建筑法案》——这是世界上最早的一部文物保护方面的法律，1881年匈牙利通过了《历史遗址保护法》，1883年芬兰通过了《保护古代历史遗迹法令》，等等。三是保护实践主要集中在一些经典的、罕见的建筑，大众化的民居建筑等在当时并未引起足够的重视。

一、法国的“风格修复”运动

所谓风格修复，指法国大革命之后对中世纪留存下来的大量哥特式建筑所实施的不尊重原物、改头换面、二次创作的修复。

法国大革命（French Revolution，1789~1794年）摧毁了法国封建专制制度，标志着欧洲资产阶级的崛起，推动了欧洲各国革命。革命进程中，在高涨的革命激情推动下，大量的建筑遗产被看作旧统治的象征和痕迹而遭到摧坏。如巴黎在大革命后，四分之三的教堂消失了。

在法国大革命过程中，欧洲（特别是法国）艺术界以及建筑界的精英阶层开始关注文物建筑，认识到文物建筑的价值，表达对破坏文物建筑行为的不满和愤慨。他们认为文物建筑是国民的共同遗产，应收归国有，“国家遗产”的概念由此产生。正是从大革命开始，法国对于遗产的态度，实现了从“收藏”（collection）到“保护”（protection）的转变。这种转变的意义非同寻常，因为“收藏”更多的是个人行为，是为了满足个人的愉悦或欲望，而“保护”反映了一个社会对于遗产的理解和重视。所以，法国大革命是法国（甚至整个欧洲）建筑遗产历程中非常重要的时期。一方面，大量的历史古迹遭到破坏；另一方面，很多人开始思考并意识到保护历史古迹的必要性和迫切性。法国政府顺应时势，开始推动遗产的保护工作。1810年，法国政府要求各省统计并列出大革命中幸存的历史古迹的清单。1816年，这份清单被编写成文物建筑目录并公开出版，在社会上引起广泛的反响。

法国历史建筑（特别是中世纪哥特式建筑）保护行动，还和当时盛极一时的浪漫主义密不可分。浪漫主义除了注重个性、主观性、自我表现、丰富的想象和强烈的感情外，还特别欣赏中世纪的建筑，并企图通过文学作品来激发民众的保护意识。作为浪漫主义文学的主将和旗手的维克多·雨果（Victor Hugo，1802 ~ 1885 年）就是其中的代表（图 2-3）。雨果在 1831 年出版的《巴黎圣母院》中写道："最伟大的建筑物大半是社会的产物而不是个人的产物，与其说它们是天才的创作，不如说它们是劳苦大众的艺术结晶。它们是民族的宝藏、世纪的积累，是人类的社会才华不断升华所留下的结晶。"他没有将教堂作为一个孤立的纪念性建筑物看待，而认为教堂是巴黎古城最重要的组成部分。他指出忽视中世纪遗产的法国人无比愚昧，任由这些遗产一点点倒塌，甚至还动手毁坏它。《巴黎圣母院》的出版，引发了公众对中世纪建筑的极大兴趣，也掀起了历史建筑保护的热潮。

图 2-3　维克多·雨果

1834 年，著名作家、历史学家普罗斯佩·梅里美（Prosper Merimee，1803 ~ 1871 年）被法国政府任命为古迹总督察（Inspector-General of Historical Monuments，图 2-4）。梅里美担任法国古迹保护方面的负责人二十余年之久。他以极大的热情履行着这一职责，拯救了许多濒危的建筑。1840 年，在梅里美领导下，制定了第一份保护建筑清单，包括 1076 幢建筑物，这也是欧洲最早的一份保护建筑登录名单。梅里美强调："应避免任何意义上的创新，并忠实地复制那些尚存原型的式样。如果原物已经消失得无影无踪，那么，艺术家则应致力探索研究同时期、同风格、同地域的那些遗址，并以同样的比例、在同样的情况下再创造出同样风格的作品。"[①]

图 2-4　梅里美

法国古迹修复运动中最有影响的人物自然非维奥莱·勒·杜克（Eugene Emmanuel Viollet-le-Duc，1814~1879 年）莫属[②]。维奥莱·勒·杜克是杰出的中世纪哥特式建筑专家，他努力建立科学的保护理论，并把这些理论付诸修复实践，陆续主持了一批中世纪教堂的修复（图 2-5）。

维奥莱·勒·杜克提出了一套较完整的"整体修复"的"风格性修复"理论，形成了遗产保护的法国学派，成为当时欧洲各国修复文物建筑的主导理论思想。勒·杜克所倡导的风格修复最大特点是对历史建筑的擅自改动，强调建筑风格的统一，认为应该把建筑（包括外部、内部、结构）恢复到原来的风格："每一座建筑物，或者建筑物的每一个局部，都应当修复到它原有的风格，不仅在外表上要这样，而且在结构上也这样"。他甚至强调"最好把自己放到原先的建筑师的位置，设想他复活回到这个世界来，人们向他提出现在给我们的任务，他会怎么做"[③]。维奥莱·勒·杜克编写的十卷本巨著《法国建筑理性辞典》的第八卷中，对"修复"一词作了这样的解释："修复一词，以及修复活动本身，都属于现代事物。要修复一座建筑，并不是去保存它，修缮它，或是重建它，而是把它恢复到完完整整的状态，虽然这种状态可能在任何时期都未曾出现过。"[④] 这种思想可以概括为"修旧如初"，但这里的"初"不仅仅包括"最初"，有时也包括"理想"和"想象"的成分。

图 2-5　维奥莱·勒·杜克

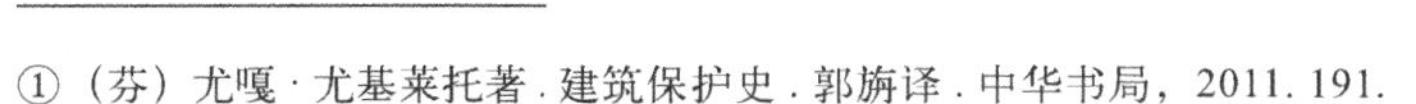

① （芬）尤嘎·尤基莱托著 . 建筑保护史 . 郭旃译 . 中华书局，2011. 191.

② 维奥莱·勒·杜克，法国建筑师与理论家，哥特复兴建筑的中心人物，提倡在建筑中进行新材料的尝试，主要因修复中世纪建筑而闻名。

③ 陈志华著 . 文物建筑保护文集，江西出版集团，2008. 217.

④ （德）汉诺 · 沃尔特 · 克鲁特夫 . 建筑史理论——从维特鲁威到现在 . 王贵祥译 . 北京：中国建筑工业出版社，2005. 209.

这种修复理论有其科学的一面，如注重建筑物的整体风格，注重修复前的调查研究，强调在具有可靠依据的前提下才可以开始修复。但是，这种修复理论过分追求建筑物在艺术风格上的完整性，为了这种风格上和整体上的“统一”与“完整”，往往不惜对建筑物擅自进行改动，过多地带有修复者的主观意图。虽然这种修复初衷是要“恢复原状”，会大量收集建筑原始资料，严格考证艺术风格，但实际上是根据某一时期经典风格进行有根有据的设计，虽不同于自由随意的创作式“设计”，但没有严格保持建筑遗产的“真实性”，有很多是建筑师与艺术家们的一种推测。

这一时期的修复中，影响和争议较大的是巴黎圣母院的修复。巴黎圣母院大教堂（Notre-Dame Cathedral）位于法国巴黎市中心，约建造于 1163 年到 1345 年间，属哥特式建筑形式，是法国历史上最为辉煌的建筑之一。但在法国大革命时期，这座教堂遭受了严重破坏，珍贵器皿被融化，教堂正面的雕塑大多被击碎。维克多·雨果在 1831 年出版《巴黎圣母院》序言中感慨道：

“将近两百年来，各座中世纪奇妙的教堂遭受的对待，不正是如此么！随处都有人来加以破坏，使它们里里外外残缺不全。教士们来加以涂抹，建筑师们来加以刮磨，然后民众跑来把它们平毁。这样，雕凿在圣母院阴暗钟楼的神秘字迹，它不胜忧伤加以概括的、尚不为人所知的命运，今日都已荡然无存，空余本书作者在此缅怀若绝。在墙上写这个词的人，几百年以前已从尘世消逝；就是那个词，也已从主教堂墙壁上消逝，甚至这座主教堂本身恐怕不久也将从地面上消逝。”

雨果的感慨很快引发强烈反响，许多人都希望修复当时残旧不堪的圣母院，社会各界发起募捐计划，纷纷捐助，这引起了当时的政府当局关注，巴黎圣母院的修缮计划被提上日程。

维奥莱·勒·杜克 1844 ～ 1864 年担任巴黎圣母院后期修复工程的总建筑师。在修复中，他尽量采用最贴近的材料，且有明确的记录，但他并没有强调新旧区别。由于他本人精通建筑、绘画和力学，对美学、历史、力学非常敏感，因此对于他认为缺乏整体感和受力不科学的部分，往往都要进行干预。根据他原先的构想，修复后的巴黎圣母院要有两个 90 米高的尖塔。值得注意的是，这两个尖塔不曾在历史上的任何时期出现过，但他根据哥特式建筑的理念，认为巴黎圣母院上面应该有这两个尖塔。尽管他的这一想法最终没有实现，但其他“改建”之处甚多。现在看到的教堂拉丁十字交叉的地方矗立的尖塔，本来在法国大革命时期已经被毁了，也是他根据“想象”添加上去的。而且，现在的巴黎圣母院正立面上的主要雕塑，几乎全部是他重新做的，其中还加上了他自己和其他两位建筑师的头像。现在看到的三个大玫瑰花窗，也只有一个最不引人注目的北窗是中世纪的原件。尽管勒·杜克试图呈现一个完整的中世纪风格的巴黎圣母院，并为此做了大量的资料搜集与严格考证，也倾注了大量心血，但其诸多“创造性”的改动遭到诟病（图 2-6 ～图 2-8）。维奥莱·勒·杜克主持的皮埃皮丰城堡修复中也做了大量“二次创作”（图 2-9）。

图 2-6 19 世纪修复之前的巴黎圣母院（左）；维奥莱 · 勒 · 杜克拟将巴黎圣母院西立面改造为尖顶的方案（中）；修复后的巴黎圣母院（右）（摄于 1979 年）[①]

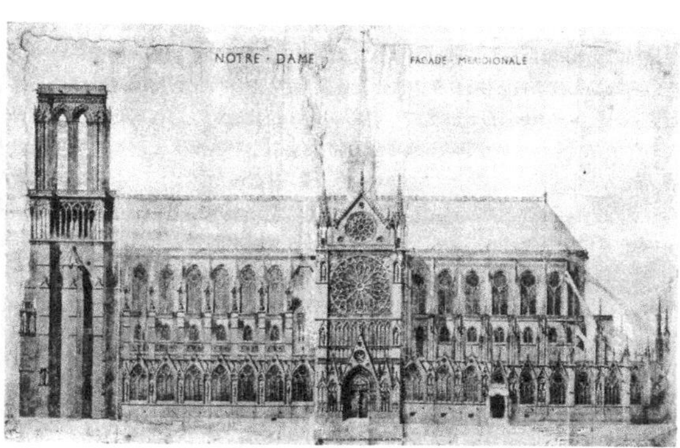

图 2-7 维奥莱 · 勒 · 杜克为巴黎圣母院修复工程所绘制的南立面，包括屋顶上的新的尖塔[②]

图 2-8 巴黎圣母院修复前后（左图为修复前；右图为修复后）

图 2-9 皮埃皮丰城堡是一座中世纪军事堡垒，在维奥莱 · 勒 · 杜克于 1855 年修复前后对比（上图为修复前，下图为修复后）[③]

维奥莱·勒·杜克倡导的修复方法在欧洲引起很大争议。反对者认为他过分地强调了恢复原状和统一风格，甚至用无中生有的“创造”代替“修复”，而忽略了建筑所具有的历史、艺术和科学价值。早在 1839 年，法国著名考古学家阿道夫·拿破仑·迪德伦（Adolphe Napoleon Didron，1806 ～ 1867 年）就曾对早期古建筑的修复原则作过精辟的总结：“对于古代纪念物来说，加固（consolidate）优于修补（repair），修补优于修复（restore），修复优于重建（rebuild），重建优于装修（embellish）。在任何情况下，都不允许随意进行添加。最为重要的是，决不能擅自去除任何东西。”[④]1894 年，瑞典民族主义诗人维尔纳 · 冯 · 海登斯坦（Verner von Heidenstam）在一篇论文中也对这种做法批判道：“建筑师们做了野蛮人都想不出来的事。”[⑤] 德国艺术史学家威翰姆·吕伯克（Wihelm Lubke）曾控诉慕尼黑圣母院的修复：“对修复的兴致已转为狂热，正疯狂地准备将先人遗留的宝贵古迹摧毁殆尽。”[⑥]

---

① 源自：Jukka Jokilehto.A History of Architectural Conservation. 1986.266，275，277.

② （芬）尤嘎 · 尤基莱托著 . 建筑保护史 . 郭旃译 . 中华书局，2011. 200.

③ （芬）约翰 · H · 斯塔布斯著 . 永垂不朽：全球建筑保护概观 . 电子工业出版社，2016. 215.

④ （芬）尤嘎 · 尤基莱托著 . 建筑保护史 . 郭旃译 . 中华书局，2011.191.

⑤ 转引自：（美）约翰 · H · 斯塔布斯、（美）艾米丽 · G · 马卡斯著 . 欧美建筑遗产保护经验和实践 . 中国工信出版集团 / 电子工业出版社，2015. 148.

⑥ （德）米歇尔 · 佩赛特 .（德）歌德 · 马德尔著 . 古迹维护原则与实务 . 华中科技大学出版社，2015. 28.

图 2-10 英国的圣奥尔本大教堂风格修复性使得其从粗犷的诺曼风格变成了华美臆想的哥特风格[①]

维奥莱·勒·杜克倡导的这种理论和方法，后来就被称为“风格修复派”，或被称为“法国派”。由于这一理论很容易被建筑师理解和接受，所以又被称为“建筑师派”。这种理论在 19 世纪的欧洲占主导地位，影响甚广。在这一修复理论指导下的不当修复，使得欧洲建筑遗产蒙受了巨大损失。许多在 19 世纪之前还保留真实历史面貌的古建筑，在所谓的风格性修复后，面目全非，变成了新时期的作品。如英国的圣奥尔本大教堂（St Albans Cathedral）从粗犷的诺曼风格变成了华美臆想的哥特风格（图 2-10）。

二、英国的“反修复”运动

19 世纪时，英国是世界上最强大的国家，经济繁荣，城市快速发展，与之相应的修复和建设也较多，许多古老的建筑面临消失的危险。但英国人生性保守，尊重传统，在建筑的修复中也更为谨慎。

19 世纪下半叶，法国的修复理论主宰整个欧洲，英国也不例外。1842 年，英国《教堂建筑研究家》（Ecclesiologist）杂志发表了修复的一些原则，其中提到：

“我们必须，无论是依据确切的证据还是推测，将历史建筑物按其最初建筑师的构思，或由他创始的、继而由他的继任者发展而成的建构组合予以复原；或者，另外一种选择，我们必须保留随时间推移而产生的添加或更改，在需要时修缮它们，或者，甚至可能只以口述的方式来对其完整的建筑构思进行阐释。……作为我们自己，坚定地选择前者；不过，也要铭记以下因素的重要性：后期更改或添加工作的年代和纯真性特征、添加的缘由、对使用者的适应以及在便利层面的内在优势等。”

图 2-11 1945 年前后萨尔文修复的剑桥圆形教堂中，圆锥形顶代替了之前的防备碉楼

这里倡导的就是法国的风格修复。如前所述，这种修复经常导致建筑改头换面、一些非流行的元素被“纠正”，甚至被拆毁或重建。如建筑师安东尼·萨尔文（Anthony Salvin，1799~1881 年）在参与剑桥圆形罗马式教堂——圣墓（Holy Sepulchre）的修复过程中，拆除了所有后期添加的构件并依据詹姆斯·艾塞克斯早期的假设，在建筑上建造了一个锥形顶（图 2-11），同时，按照新的礼拜要求对室内进行了重新安排[②]。这与其说是修复，不如说是重新创造。

① 陆地．风格性修复理论的真实与虚幻．建筑学报，2012. 6.

② （芬）尤嘎·尤基莱托著．建筑保护史．郭旃译．中华书局，2011. 216 ~ 218.

在这一时期，乔治·吉尔伯特·斯科特爵士（George Gilbert Scott，1811~1878年）是英国文物建筑保护最权威的人物（图2-12），曾主持或参与800多座建筑物的修复，拥有丰富的教堂修复经验。他也是维多利亚时代最成功的建筑师，其大部分工作与历史建筑有关。他在1850年写道："一项真实性的特征，不管是晚期的或是制作粗糙的，都比早期依靠推测修复出的精美部分更为珍贵。可以说，一个平凡的事实，胜于一处装饰性的推测。总之，我所要表达的是，在修复中绝对不允许个人心血来潮，例如，一位修复专家不恰当地偏好某一时期的遗存，仅仅因为这些是他个人最中意的风格，而其他时期的遗存不是他所喜好便心存偏见。"[①]但遗憾的是，他在实践中没有践行这些理念，经常打破这些著述中的原则。有时，为了风格的统一或为宗教和使用的目的而随意改动文物建筑，致使大量历史建筑的真实性遭到不同程度的破坏，甚至彻底丧失，引起了各种谴责和批判。

图2-12 乔治·吉尔伯特·斯科特爵士

在这样的背景下，"反修复"运动（Anti-restoration Movement）应运而生。这场运动的主要倡导者是英国著名艺术评论家约翰·拉斯金（John Ruskin，1819~1900年，图2-13）。拉斯金与维奥莱·勒·杜克基本上是同时代人。他们都是中世纪哥特式建筑的崇拜者，都竭力研究并甚为推崇中世纪哥特式建筑。但是，与维奥莱·勒·杜克的理性主义不同，拉斯金是一个不折不扣的浪漫主义者。他之所以热爱中世纪，是因为憎恶他所在的那个时代的工业化和大机器生产。他崇尚的是经历岁月洗礼、充满历史痕迹的废墟。拉斯金论述道："威力足够大者，以致能战胜人类忘性的征服者，唯独二者而已：一为诗歌，另一则为建筑；后者又能以某种方式涵括前者"；"每当见有人在兴建自家住屋时，竟然只企求它维持一代之久，我还是不禁认为这乃是一个民族的恶兆"；"建筑最可歌可泣者，最灿烂辉煌之处，着实不在其珠宝美玉，不在其金阙银台，而是在其年岁。在于它渴望向我们诉说往事的唇齿，在于它年复一年、不舍昼夜地为我们守望的双眼"[②]。

图2-13 约翰·拉斯金（英国国立肖像馆）

拉斯金激烈地抨击风格修复，认为即使是用最忠实的修复，都会对建筑承载的历史信息的"惟一性、真实性"造成破坏。1849年，拉斯金在其著述中[③]指出：

修复（restoration）这个词儿，群众不懂，关心公共纪念物的人们也不懂。它意味着一幢建筑物所能遭受到的最彻底的破坏，一种一扫而光什么都不留下的破坏，一种给被破坏的东西描绘下虚假形象的破坏。再也不要在这件重大事情上自欺欺人了，根本不可能修复建筑中过去的伟大和美丽了，就像不能使死者复活一样……不要再提修复了，所谓修复，从头到尾是个骗局……其实，只要适当地照顾你们的纪念性文物建筑，你们就没有必要去修复它们了。及时地盖一块铁皮到屋顶上，及时把残枝败叶从水沟里清理出去，就能把屋顶和墙保住，不致损坏。要小心翼翼地爱惜一幢古建筑物，尽一切努力、不计工本地去保护它，不要让它受到任何损伤。像对待王冠上的宝石那样去对待古建筑物中的每一块石头，像城池被围困时派人守住

---

① （芬）尤嘎·尤基莱托著．建筑保护史．郭旃译．中华书局，2011.224 ~ 226.

② 约翰·拉斯金著．建筑的七盏明灯．谷意译．山东画报出版社，2012. 288、289、301.

③ 即《建筑的七盏明灯》，也译为《建筑七灯》，融汇了建筑七原则（"牺牲原则"、"真理原则"、"权力原则"、"美的原则"、"生命原则"、"记忆原则" 和 "顺从原则"），该书不仅为建筑设计提供了思路，也为历史建筑的保护理论提出了独特的视角。

图 2-14　英国约克郡北部建于 1132 年的 Rievaulx 修道院在“二战”中被炸毁，后来人们并没有复建，而是围绕其整理成遗址公园（左）

图 2-15　苏格兰的尼斯湖（Loch Ness）边上的厄克特城堡（Urquhart Castle）建于 13～15 世纪，后来毁于战乱，但并没有修复，而是保留其遗址，现成为苏格兰著名的旅游景点（右）

城门那样去守住古建筑物。石头松动了，就用铁条箍上，歪了就支上木撑，不要怕铁条和木撑难看，用拐杖比断腿好。这些工作要做得细致，做得诚心诚意，要坚持不懈，那么，就还会有许许多多代的人在这古建筑物的庇护下出生，成长，再安静地死去。古建筑物总有一天会临到末日的，就让这一天公开地来吧，我们发讣告好了，不要用假造的替身去剥夺它的令人怀念的葬礼[①]。

拉斯金认为历史建筑逐渐老化并最后坍塌，是事物发展的自然规律，任何人为的努力都无法改变这个必然的过程，所以，对历史建筑只需要进行经常性的维护和保养就可以了，即使破败不堪，也没有必要去修复。

在这种思想的影响下，英国经常采用保存废墟的做法，即在一座中世纪的堡垒、教堂或修道院倒塌之后，不是去修复它，而是拆除掉木材等容易腐烂的东西，留存下砖石原封不动，然后，种上常青藤等，追求残迹之美，诱发思古之情。如约克郡北部 Rievaulx 修道院（图 2-14）和苏格兰厄克特城堡（图 2-15）。

图 2-16　莫里斯

拉斯金的学生威廉 · 莫里斯和拉斯金有着同样的修复理念。1877 年，莫里斯（William Morris，1834~1896 年，图 2-16）发起并领导成立了英国古建筑保护协会（Society for the Protection of Ancient Buildings，SPAB），旨在抵制对中世纪建筑实行的极具破坏性的“重建”。这一协会的成立，标志着英国学派的形成。莫里斯撰写的“古建筑保护协会宣言”这样写道：

一座 11 世纪的教堂，可能在 12、13、14、15、16 或者甚至在 17 或 18 世纪扩建或改建。但每一次改变，不论它毁灭了多少历史，它留下了自己的历史，它在它以自己当时的样式所作所为中活下来了，这样，结果是，常常有一些建筑物，虽然经过许多粗糙的、历历可见的改变，由于这些改变之间存在着对比，仍然是很有意思的、很有益处的，而且绝不会叫人弄错。但现在那些人，他们以“修复”（restoration）为名进行改变，声称要把建筑物带回它历史上最好的情况，但他们并没有科学根据，仅仅根据他们自己的狂想，决定什么是有价值的，什么是没有价值的。他们的工作的性质迫使他们破坏一些东西，迫使他们用想象出来的原先的建筑者应该或可能做过的东西来填补空白。而且，在这个破坏和增添的双重过程中，建筑物的表面必然会遭到篡改，因此，古物的面貌被从它保留下来的古老的身上弄掉了……因此，为了这些建筑物，各个时代、各种风格的建筑物，我们抗辩、呼吁处理它们的人，用“保护”（protection）

① 陈志华著 . 文物建筑保护文集 . 江西出版集团，2008. 217. 引文：译自拉斯金的《建筑七灯》。

替代“修复”，用日常的照料来防止败坏，用一眼就能看出是为了加固或遮盖而用的措施去支撑一道摇摇欲坠的墙或者补葺漏雨的屋顶，而不假装成别的什么[①]。

这一宣言成为英国学派的纲领性文件。莫里斯在宣言中谴责了当时的修复理论，认为这些修复只是打着让古建筑回到历史中某个时间点的旗号，而将其修成“一个假古董”。莫里斯在宣言中强调，历史建筑是人类活动的印迹，必须真实妥善地保护，而不是“修复”，因为中世纪（当时修复针对的主要是中世纪建筑）和现在是两个不同的历史时期，二者在历史上有差别，在社会、文化、经济条件各方面都有差别，现在是无法做出中世纪的东西来的，除非把现在的社会条件恢复到那个时期的样子。莫里斯提出保守性整修（Conservation Repair），认为修复不应该定格在某一时期的某种风格，模仿历史风格会造成古迹真实性的丧失；修复中新旧应有所区别；古迹要勤于维护，要将真实材料原样原址保存。值得注意的是，古建筑保护协会成立100多年来，英国一直奉行“保守性修复”理念。

总体来说，英国学派“保存现状”和法国学派“恢复原状”的主张恰好相反，认为对于历史建筑，应该保持真实性，任何必须的修缮或修复决不应使历史见证失真；强调用保护代替修复，用经常的维护来防止破坏；现代的、为加固而用的措施应该明确显示为现代的，决不能伪装和模仿建筑风格。这种修复观可以概括为“修旧如现（现状）”。与法国学派较多的人为干预相比，英国学派更多地表现出“无为”，主张不以过多的人为手段与措施改变历史建筑。以拉斯金为代表的英国文物建筑保护理论，后来被称为“反修复派”、“英国派”或者“浪漫主义派”。必须指出的是，由于文物建筑必将受外力及环境影响而不断损毁，因此适当的局部修复有时是必要的，而“保存现状”理论几乎排斥了一切必要的干预手段，因此其片面性也是显而易见的。

三、意大利的“文献性修复”和“历史性修复”

意大利派的形成稍晚，它汲取了英国派和法国派的合理部分，先后提出了不同侧重的修复方式。其中，在19世纪主要为文献性修复和历史性修复。

1.“文献性修复”

所谓文献性修复，简单说就是风格性修复与反修复理论的中和理论，但更偏向于拉斯金的反修复理论。从19世纪60年代末至70年代，“恢复原状派”与“保存现状派”展开了激烈的争论。19世纪80年代，意大利的两位建筑遗产保护专家，即卡米洛·博伊托（Camillo Boito，1836~1914年，图2-17）[②]和他的学生L.贝特米（Luca Beltrami，1854~1933年），提出了关于保护的新观念，既反对法国学派的“恢复原状”，也不同意英国学派的“保持现状”。

图2-17 卡米洛·博伊托

这一派的代表人物博伊托认为，建筑遗产应被视为一部历史文献，它的每一部分都反映着历史，故其理论观点称为“文献式修复”（Philological

① 陈志华著．文物建筑保护文集．江西出版集团，2008. 222. 引文：莫里斯：英国文物建筑保护协会的成立宣言。

② 博伊托是19世纪末意大利建筑遗产保护领域最有影响的理论家和实践家，出生于意大利的罗马，毕业于威尼斯艺术学院。

Restoration)。博伊托认为：

像维奥莱·勒·杜克建议的那样，要求修复工程师将自己想象成最初的建筑师，这是非常危险的；相反地，我们应该竭尽全力保存古迹悠久的艺术性和画意风格，而不能有任何弄虚作假的企图。越好的修复意味着越多的谎言。历史建筑如同手稿的残片，如果文献学家试图将手稿中缺失的部分补充上去，并且不将添加部分和原始部分作必要的区分，那将犯下严重的错误。

博伊托也批评拉金斯不对历史建筑采取任何措施，任由建筑变成废墟的观点，认为这只是被动地维护建筑遗产而不做主动的修复，所谓“只护不修”，只会对建筑遗产产生更深的损害。博伊托一直试图在追求完美的浪漫主义和崇尚真实的历史主义的对立中寻找平衡和出路。

他提到：“历史建筑遗迹不仅适用于建筑研究，还可被用于撰写一些重要的研究文献，从而可以阐明和解释不同时期和不同地区人民的方方面面，因此可以得到应有的尊重，如同文献的内容一样，即使对其进行微小的改变，也容易造成‘失之毫厘，谬以千里’的影响。”[①] 博伊托非常坚决地反对为了所谓风格的“纯正”而取消建筑中的历史添加物，认为修缮首要的是加固，要争取只做一次以后不用再做；在不得不添加的时候，绝不可以改变文物建筑的原貌。

博伊托的另一个重要观点就是原作与新修部分材料的可识别性原则，禁止对建筑装饰进行复原。博伊托提出：“建议修复最小化，并建议明确地标示出所有新的部分，标示的方法可以通过使用不同的材质、标明时间，或采用简单的几何造型（就像在提图斯凯旋门案例中使用的一样）（图 2-18）。新添加部分应该采取现代样式，但也不可与原始构件反差过大。所有的工作都应该作详细的记录，实施各种干预的日期也应该在古迹上简要地说明。”[②]

博伊托按照年代，“将建筑分为古物级、中世纪和自文艺复兴以来的现代建筑三类。第一类建筑具有卓越的考古学价值，第二类建筑具有画意风格的外观，第三类建筑具有建筑学之美。相应的，确定保护和修复的目标时，应该考虑到每类建筑

图 2-18　由意大利人斯特恩和瓦拉迪埃在 1817 ~ 1823 年间修复的提图凯旋门已经成为建筑遗产修复的经典案例，细节显示出原始（大理石）和新材料（石灰华）之间的区别

① （芬）尤嘎·尤基莱托著．建筑保护史．郭旃译．中华书局，2011.296.

② 同上 .282.

各自的特征，因此，这三类建筑修复的目标应分别为‘考古学修复’（Archaeological Restoration）、‘画意风格式修复’（Pictorial Restoration）和‘建筑学修复’（Architectual Restoration）”[①]。也就是说，建筑遗产修复应当根据建筑的时代性质，依据上述三个不同的侧重点来决定具体的实施措施。

2.“历史性修复”

历史性修复的代表性人物是L. 贝特米。贝特米是博伊托的学生，深受法国修复政策和实践的影响，充分认识到文献档案作为修复基础的重要性，以尊重历史为前提，认为历史建筑应该恢复到原貌，但要根据历史史料真实地恢复。贝特米所倡导的这种修复，被称为“历史性修复”（Historical Restoration），一定程度上可以说，“历史性修复”理论是博伊托“文献性修复”理论与杜克“风格性修复”理论的折中与调和。

贝特米认同杜克关于修旧如旧的观点，不过他极力反对风格性修复中自我臆造的手法，要求把保护工作建立在坚实的科学基础上，要尽可能多地收集有关资料，彻底研究，根据确凿的证据进行工作，决不允许毫无根据地自我分析和盲目推论。他认为，维修工作者必须同时是历史学家、文献学家，能够阅读并且真正懂得有关的一切文件、著作、图录等，而不仅仅是个建筑师。他同时强调，在严格尊重历史原真性的基础上，在材料和结构方面可突破传统观念，大胆采用新材料和新结构。

贝特米继承了博伊托的思想，即根据古迹的类型（古物、中世纪建构或现代建筑）采用不同的方法。对于古物级建构的修复必须极其精确，如对于一个罗马时期的遗迹，修复工作只限于砖石结构，要避免对装饰性大理石作过于细节的修复，但对中世纪或文艺复兴时期的建筑的修复，情况就不太一样。贝特米允许对历史建筑进行局部重建，但一定得基于历史资料的确凿实证，而不应依靠想象来追求风格的统一。

贝特米主持修复了米兰斯福尔扎城堡（Sforza Castle，1893 ~ 1905 年）和威尼斯圣马可教堂钟塔（Campanile of San Marco）。斯福尔扎城堡建于 1355 ~ 1499 年，最初是个军事防御工事，后来演变成公爵府，整个城堡是方形平面的，四周有高墙。1893 年时，该城堡几乎要变成废墟，业主将其交给了政府。由于当时城堡的状况非常糟糕，所以政府决定干脆将其拆除。贝特米极力反对，并最终对城堡进行了修复。修复过程中，贝特米四处收集资料，包括建筑师的原始设计图、达·芬奇的绘画草图等，以严谨的考古学态度，修复了这座城堡（图 2-19）。

图 2-19　米兰斯福尔扎城堡（Sforza Castle，1893 ~ 1905 年）（引自当地宣传册）

贝特米最著名的实践应是威尼斯圣马可教堂钟塔的修复。1902 年圣马可教堂钟塔坍塌，之后有人支持复建，也有一些人反对复建。最后还是采用“原址原样”重建，但采用了混凝土这种历史上从未在钟塔上出现过的材料。整个复建还是建立在文献档案的基础上，立面形式和细部也均脱模于原塔（图 2-20、图 2-21）。

① （芬）尤嘎·尤基莱托著. 建筑保护史. 郭旃译. 中华书局，2011.283.

图 2-20 意大利威尼斯圣马可教堂钟塔（左）
图 2-21 意大利威尼斯圣马可教堂钟塔 1902 年倾毁时[①]（右）

一定意义上，历史性修复实际上是风格性修复的修正，即在遵循文献史实的基础上，进行风格性修复。这种用当代材料与结构进行的“整新如旧”的修复方式，是制造了假古董还是保存了史料的原真性，一直是一个争议不断的话题。

纵观这些修复理论，法国修复派和英国反修复派在具体看法上大相径庭：一个是坚定的修复派，另一个则是坚定的反修复派；一个是艺术风格的还原论者，另一个是历史印记的保全论者；一个是“修旧如初”，另一个是“修旧如现”[②]。但意大利学派综合了“恢复原状”派与“保存现状”派中的精华，既反对一味追求恢复文物建筑的原始风格，也反对“臆造”其根本不存在的形式。意大利学派吸收各自的合理成分，形成统一的思想系统，强调修复工作的重要性，强调应保护文物建筑的全部历史信息。这些标志着建筑遗产保护理论日趋理性和科学。

第三节 20 世纪上半叶欧洲建筑遗产保护

20 世纪上半叶，对人类影响最大的两件事无疑是两次世界大战。第一次世界大战（1914 年 8 月 ~1918 年 11 月），主要发生在欧洲但波及全世界，破坏空前。第二次世界大战（1939 年 9 月 ~1945 年 9 月），主要发生在欧洲和亚洲，先后有 61 个国家和地区、20 亿以上的人口被卷入战争（图 2-22、图 2-23），破坏力远超第一次世界大战。在这两次世界大战期间，欧洲的建设活动近乎停顿，保护工作也很难开展。

20 世纪上半叶，对于欧洲乃至世界，都是一个非常独特的时期。这一时期城市蓬勃发展，技术成就卓越，同时，战乱不断，社会动荡不安。建筑遗产保护逐渐成为社会的共识，其保护理念在继承 19 世纪精神的基础上作了很多修正，相关理论逐

---

① John Cramer, Stefan Breitling. Architecture in Existing Fabric. Atelier Fischer, Berlin, P45.
② 李军 . 文化遗产保护与修复：理论模式的比较研究 . 文艺研究，2006（2）：111.

英国考文垂一座 14 世纪的教堂被摧毁

德国柏林中心的议会大厦被轰炸后

德国汉堡市被空袭后的场景

德国科隆大教堂周边建筑物几乎被炸平

德国柏林被轰炸后

英国伦敦圣保罗大教堂附近被轰炸破坏

德国汉堡市被空袭后的场景

荷兰阿姆斯特丹被狂炸后

突尼斯古城苏塞被轰炸后

德国圣索弗尔镇激战场景

图 2-22 “二战”中被破坏的场景①

① 根据《西方战地记者镜头中的第二次世界大战》、《二次大战照片精华》等出版物整理。

图 2-23 德国德累斯顿（Dresden）在 1945 年 2 月遭轰炸前后的景象（左：轰炸前；右：轰炸后）[①]

步趋于成熟和完善；同时，受战乱以及现代主义建筑思潮的影响[②]，遗产保护经常面临各种窘境。

这一时期，以意大利学派为代表的学术探讨和实践活动继续深入发展，并在国际文件中得到充分体现，影响深远。一些国家在制度法令方面继续深化。如法国在 1913 年颁布了《历史古迹法》，保护包括文物建筑在内的各种古迹；1943 年通过了《古迹周边环境法》，用以保护古迹周边的环境。美国在 1906 年颁布了《古物保护法》；1935 年颁布了《历史古迹和建筑法》，等等。这一时期，由于深受两次世界大战的影响，保护工程实践较少，但还是有一些成功的案例，如 20 世纪 20 年代瑞典对首都斯德哥尔摩的老城修复成为后世的范例。

一、意大利学派理论的完善

图 2-24 古斯塔沃·乔凡诺尼

在实践和争论中，意大利学派继续完善和发展，到了 20 世纪 30 年代已经基本成熟。这一学派在 20 世纪上半叶最有代表性的是“科学性修复”和“鉴定性修复”。这些修复理念也成为后来多个国际宪章或宣言的基本精神。

1.“科学性修复”

进入 20 世纪，意大利建筑师古斯塔沃·乔凡诺尼（Gustavo Giovannoni，1873~1947 年）发展了博伊托的观点[③]，强调批判和科学的方法，提出“科学性修复”理论（图 2-24）。

乔凡诺尼早年追随维奥莱·勒·杜克的理念，后来在博伊托文献修复理论的影响下，观点逐渐发生了改变，认为杜克的“恢复原状”派的理论方法不仅是反科学，而且会造成伪造。乔凡诺尼一直强调，修复是一个“科学问题”，其目的是保护历史古迹和周边环境。他强调，一座城市经过长时间的发展，在不同时期必然会产生不

---

① 引自文献：宋毅主编．二战中的德国．时代文艺出版社，2015.185；John H Stubbs.Time Honored: A Global View of Architectural Conservation. 2009.P6.

② “一战”后，现代主义建筑蓬勃发展。现代主义又被称为“功能主义”或“理性主义”，主张建筑师要随时代而发展，要摆脱传统建筑形式的束缚；大胆创造适应于工业化社会的条件和要求的崭新建筑；强调建筑师要研究和解决建筑的实用功能和经济问题；主张积极采用新材料、新结构。

③ 乔凡诺尼是一位土木工程师、建筑师、城市规划师和建筑保护理论家，1895 年毕业于罗马大学土木工程专业。

同类型的建筑形式，其中的“平民建筑”比那些曾经重要且辉煌的宫殿更能代表民众和他们的意志。他还强调，历史建筑重在日常维护、修补和加固，在这些措施后，若确实有必要，则可以考虑使用现代技术。这样做的目的是为了保存建构物的真实性，尊重古迹整体的“艺术生命力”，而并非停留在古迹的初始建造阶段，但任何现代的添加物都应明确标注日期[①]。

乔凡诺尼根据建筑本体的不同状况，总结性地提出建筑的五种修复方法：(1) 简单结构加固（Consolidation）：将历史建筑上面那些遭受残损破坏的以至于不堪重负的结构部分进行加固，使其恢复承载荷重的能力，这种修复基本属于建筑维修的范畴；(2) 落架复位维修（Anastylosis）：将历史建筑的受损或倒塌的部位拆除，主体结构落架后经过重新加固和维修再复位，进而实施全面的维修和保护，这种做法在国外现在常称为“原物重建法”；(3) 恢复建筑原状（Liberation）：将后期附加在历史建筑上面的赘余物去除，恢复历史建筑的原貌或原状；(4) 缺失补全复原（Completion）：利用严谨的科学考据将历史建筑上面的缺失部分施行补全，恢复建筑局部或整体的完整性；(5) 创新做法（Renovation）：提倡以积极的态度看待历史建筑在修缮和维修过程中采用新方法、新技术、新措施以及现代材料，可以用实验进行可行性的论证，不赞成孤立地或绝对地看待建筑的历史性[②]。

如果说博伊托看重的是保护“历史”，其对新元素的属性要求仅仅是以保护老元素为前提，且越简单越好，那么，乔凡诺尼则对新元素赋予更大的时代寄托，认为历史建筑生命的延续对城市文明以及整个人类社会都将有着重要意义。在工程实践中，乔凡诺尼认为在必要时，可以在新和旧之间进行必要的调整，而不要将修复方案僵化地固定在某些标准上。如他能接受拆除罗马万神庙主入口上面两座中世纪加建的钟楼，目的就是展现万神庙的原状(图 2-25)。乔万诺尼的科学性修复理论强调“保护”，但比博伊托的观点更具时代特征。

乔凡诺尼在 1931 年起草了意大利的《文物建筑修复规则》，由意大利文物和美术品最高顾问委员会通过。这些原则成为《雅典宪章》（*Athen Charter*）的主要内容。

图 2-25　罗马万神庙（左：钟楼拆除前；右：钟楼拆除后）[③]

① （芬）尤嘎·尤基莱托著．建筑保护史．郭旃译．中华书局，2011. 309.
② 刘临安．意大利建筑遗产保护的三个杰出人物．中国建筑文化遗产（1）．天津大学出版社，2011.153.
③ John Cramer，Stefan Breitling. Architecture in Existing Fabric. Atelier Fischer，Berlin. P45.

2.“评价性修复”

所谓评价性修复，就是强调修复和保护工作中最重要的不是技术水平，而是对历史与技术的理解、感悟和评价。评价性修复理论，“是基于对文物建筑的历史价值进行鉴定的评估，是对文物建筑经历的所有历史过程进行考虑的一种相对保守的方法；同时，应考虑到历史与艺术审美两方面的价值。另外，如果条件允许的话，则无需再去建造只具有艺术性或只具有历史性的假古董，可以尝试在特定情况下将历史与艺术两方面价值重新糅合到文物中”①。评价性修复对现代保护理论作出了巨大贡献，并出现在后来的各种国际文件中。

图 2-26　彻萨尔·布兰迪

彻萨尔·布兰迪（Cesare Brandi，1906~1988 年）是评价性修复的代表人物。彻萨尔·布兰迪是一位哲学家、艺术评论家、教育家（图 2-26），却对国际修复理论与实践产生了深远影响②。他一生著作繁多，主要是在美学、诗学领域，仅出版过一本关于修复的书，即《修复理论》，但这本书日后却成为他最著名的书。布兰迪认为，“从传给后代的角度考虑，修复由认识艺术作品的方法论组成，存在于其物理一致性和美学与历史学的双重极性中”；“我们能修复的仅仅是艺术作品的材质”；“修复的目的应是重建艺术作品的潜在一致性，只要能做到不对艺术或历史进行造假、不随意抹杀艺术作品的流传痕迹，就有可能达到这一目的”③。布兰迪提出了修复的三条原则：“(1) 任何补全应遵循近距离‘可识别性’的原则，同时也不应干扰所恢复的统一性；(2) 构成图像的材料中，用以形成外观而不是结构的那部分材料是不可替换的；(3) 任何修复都不得妨碍未来可能进行的必要干预措施，而应为将来必要的干预提供便利”④。

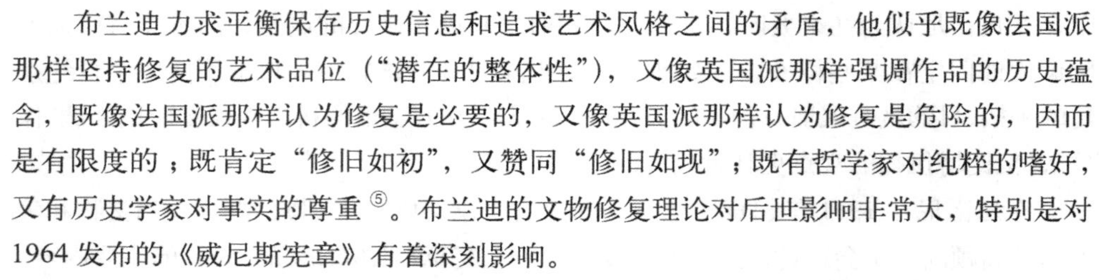
布兰迪力求平衡保存历史信息和追求艺术风格之间的矛盾，他似乎既像法国派那样坚持修复的艺术品位（“潜在的整体性”），又像英国派那样强调作品的历史蕴含，既像法国派那样认为修复是必要的，又像英国派那样认为修复是危险的，因而是有限度的；既肯定“修旧如初”，又赞同“修旧如现”；既有哲学家对纯粹的嗜好，又有历史学家对事实的尊重⑤。布兰迪的文物修复理论对后世影响非常大，特别是对 1964 发布的《威尼斯宪章》有着深刻影响。

总之，意大利学派奠定了现代建筑遗产保护理论的科学基础，至今仍是建筑遗产保护的主流。科学理论的发展往往是曲线式前进的，最初的认识可能是片面的、模糊的、偏激的，只有经过不断的实践和认识，在总结经验、吸取教训的基础上，才可能对事物有一个较为全面和合理的认识。如果没有法国学派曾经风靡欧洲的“风格性修复”，就不会有英国学派矫枉过正的“反修复”运动，也就不会有后来更为合理成熟的意大利派。

二、两部雅典宪章

20 世纪 30 年代初，在希腊雅典先后产生了两部宪章，两部国际宪章对后世均

① 转引自：张英琦著. 建筑遗产保护中几个重要概念考辨. 天津大学建筑学院硕士论文，2010. 200.

② 布兰迪毕业于佛罗伦萨大学文学专业，1939 年担任意大利文物修复中央研究院院长，达 23 年之久。卸任之后，分别在巴勒莫大学和罗马大学教授艺术史和建筑遗产保护。

③（芬）尤嘎·尤基莱托著. 建筑保护史. 郭旃译. 中华书局，2011.325.

④ 同上.329.

⑤ 李军. 文化遗产保护与修复：理论模式的比较研究. 文艺研究，2006（2）.111.

产生了重要影响。其中一部为1931年的《雅典宪章》，该宪章是20世纪60年代以后关于文化遗产保护的一系列国际文件的基石，历史地位非常重要。另一部为1933年的《雅典宪章》，该宪章是现代城市规划理论和方法的纲领性文件，其中关于城市建筑遗产保护的论述也颇为重要。值得注意的是，这两部雅典宪章的制订者分属不同领域，其关注点也有很大的差异。其中一拨人关注的是历史古迹的保护，着眼于如何保护老的；另一拨人关注未来城市的发展，着眼于如何建设新的，眼光完全是向前看的。但是，在讨论如何建设新的同时，必然会涉及如何对待、处理那些旧的、古的建筑，这样，这两部宪章就有了交叉点。

1.《关于历史性纪念物修复的雅典宪章》（1931年）

1914~1918年的第一次世界大战，摧残了许许多多的城市和街区，无数历史建筑毁于战火。战争结束后，对于如何修复城市、街区和建筑的问题，引起了许多争论。在这样的背景下，1931年10月21～30日，"第一届历史性纪念物建筑师及技师国际会议"（the First International Congress of Architect and Technicians of Historical Monument）在雅典召开。会议最后通过了《关于历史性纪念物修复的雅典宪章》（*the Athens Charter for the Restoration of Historic Monuments*），又称为修复宪章[①]。

《雅典宪章》提出了一些基本原则：通过创建一个定期、持久的维护系统来有计划地保护古建筑，摒弃整体重建的做法；当由于坍塌或破坏而必须修复时，应尊重过去的历史和艺术，不排斥任何一个特定时期的风格；为了延续纪念物的生命，必须继续使用它们，但使用的目的是为了保护其历史和艺术特性；赞成谨慎运用已掌握的现代技术资源，加固部分应尽可能隐藏起来，以保证修复后的纪念物原有特征和外观得以保留。

《雅典宪章》在意大利学派的基础上，第一次以国际文件的形式确定了古迹遗址保护的原则（虽然会议参加者大部分来自欧洲），是一个对于遗产保护具有重要指导意义的国际性文件。从某种意义上讲，这是国际共识形成的开始，规范了建筑遗产保护的观念与行动。这一宪章的主要宗旨被1964年的《威尼斯宪章》继承并进一步补充和完善。

2. 国际现代建筑协会（CIAM）的《雅典宪章》（1933年）

"一战"后，欧洲现代建筑运动蓬勃兴起，日益被社会和公众所接受，其中，德国的德意志制造联盟、荷兰的风格派、苏联的构成派等逐渐成为领导力量。但是，现代主义倡导的城市和建筑，与传统城市与建筑经常格格不入。

现代建筑大师勒·柯布西耶（Le Corbusier，1887~1965年）（图2-27）在1922年发表了他的名著《明日之城市》，将工业化的思想带入城市规划中，较为全面地阐释了他对未来城市的设想。柯布西耶曾构想了一个300万人口的当代城市规划方案，其中路网为方格和对角线，天际线是几何形体，空间是标准的行列式（图2-28）。他对欧洲传统城市街道也非常反感，曾直言不讳地说，应该将这些街道"抹去"，因为"人是照直线走路的，驴子则是扭来扭去转着圈走的……只有驴子才会画出包

图2-27　勒·柯布西耶

① 《雅典宪章》由七个部分组成，分别是"学说和普遍原理"、"保护历史性纪念物的行政和立法措施"、"提升文物古迹的美学意义"、"纪念物的修复"、"纪念物的老化"、"保护的技术"、"纪念物保护与国际协作"。

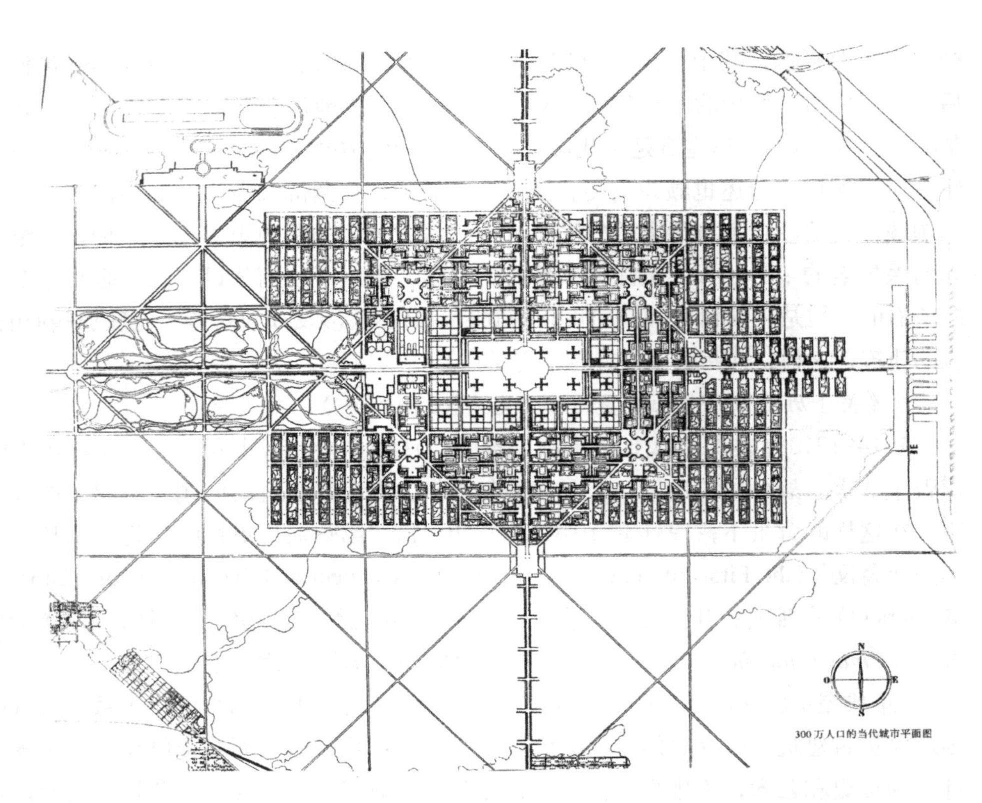

图 2-28 柯布西耶规划 300 万人的现代城市[①]

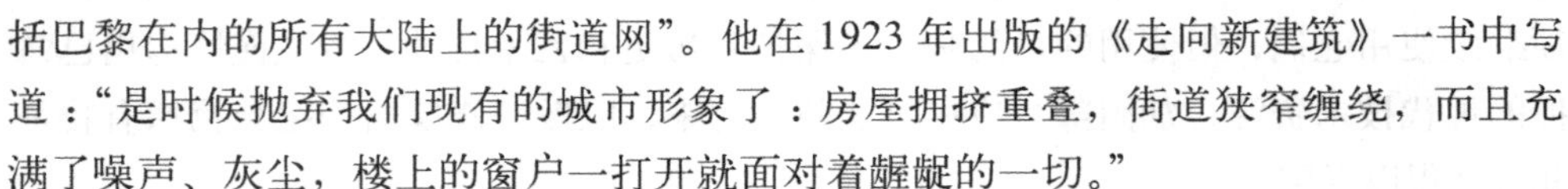

括巴黎在内的所有大陆上的街道网”。他在 1923 年出版的《走向新建筑》一书中写道：“是时候抛弃我们现有的城市形象了：房屋拥挤重叠，街道狭窄缠绕，而且充满了噪声、灰尘，楼上的窗户一打开就面对着龌龊的一切。”

勒·柯布西耶虽然对希腊时期最杰出的古建筑群雅典卫城遗址偏爱有加，但对城市中更多的历史古迹的保护则毫无兴趣。1925 年，他曾提出一个巴黎塞纳河畔中心区的改造计划，即伏埃森规划（Voison），认为应将旧建筑全部推倒，只剩下卢浮宫等几处孤立的历史建筑，腾出空地修建高层塔式办公楼或层数较低的密集型建筑，建立一个全新的城市。他还主张在巴黎市中心的东部规划 18 栋高达 200 米的塔式建筑，这些塔楼主要用来安置行政机构，每栋大约可容纳 2 万~3 万人。这样，巴黎城市中心每公顷土地的人口密度可以由原先的 800 人提高到 3500 人（图 2-29）。当然，如果真的按照这个计划实施了的话，那么现在巴黎的建筑遗产将会荡然无存，美丽的巴黎也就不存在了。这一规划在当时就已经遭到了普遍批评，城市历史学家刘易斯·芒福德（Lewis Mamford，1895~1990 年）就曾专门撰文加以批驳。

图 2-29 勒·柯布西耶的巴黎伏埃森规划[②]

1929 年，美国股票市场的崩溃，直接拖累了欧洲经济，各国纷纷开始寻找政治解决方案，不少国家选择了右翼。1930 年，苏联的“构成派”被取缔；1933 年，希特勒在德国掌权，包豪斯被解散。现代建筑在欧洲进入一个相对低潮的时期，但城市中现代与历史的矛盾则日益突出。在现代城市中，如何对待和处理历史古迹，已经成为城市规划理论和实践无法回避的问题。1933 年 7 月 27 日，国际现代建筑协会

---

① （法）勒·柯布西耶著 . 明日之城市 . 中国建筑工业出版社，2009.

② （瑞士）W 博奥席耶，O 斯通诺霍编著 . 勒·柯布西耶全集 · 第 1 卷 . 中国建筑工业出版社，2005.102；西方城市建设史纲，第 238 页。

（CIAM）在雅典召开会议，中心议题是“功能城市”（Functional City），专门研究建筑与城市的规划问题，会议通过的《雅典宪章》是第一个获国际公认的城市规划纲领性文件。

实际上，这个宪章最初仅仅是一个声明（Constatations），由吉迪翁（Sigfried Giedion，1888~1968 年）等人起草，后经勒·柯布西耶修订和编辑，在 1943 年才正式以《雅典宪章》的名称发表。该宪章最大的特点是从城市规划的层面考虑历史建筑和历史城区的保护，这成为后来很多国际文件的理念支撑。值得注意的是，尽管勒·柯布西耶在雅典会议的主题演说中未提及与历史古迹保护有关的内容，但 1943 年经过柯布西耶整理后发表的《雅典宪章》将“城市的历史文化遗产”列为核心问题之一。其中提到：

有历史价值的古建筑应保留，无论是建筑单体还是城市片区；代表某种历史文化并引起普遍兴趣的建筑应当保留；历史建筑的保留不应妨害居民享受健康生活条件的要求；不仅要治标，还要治本，譬如应尽量避免干道穿行古建筑区，甚至采取大动作转移某些中心区；可以清除历史性纪念建筑周边的贫民窟，并将其改建成绿地；借着美学的名义在历史性地区建造旧形制的新建筑，这种做法有百害而无一利，应及时制止。

如果说 1931 年的《雅典宪章》是第一份有关历史保护的国际文件，那么 1933 年的《雅典宪章》就是第一份在国际上具有重大影响的城市规划理论和方法的纲领性文件。这两部雅典宪章着眼点和出发点完全不同，观察问题的角度亦完全不同，但所提出的解决方案却相互补充，并在后来逐渐融合，成为历史城市和历史建筑保护的重要理论基础。

回顾 19 世纪中叶到 20 世纪中叶的一百年，文物建筑保护经历了早期的以“为美毁真”发展到后来的“以真为美”，从现代萌芽到逐步成熟。在这一百年中，保护理念的争论，实际上是对于审美价值和历史价值不同偏重的争论，如果偏重审美价值，就是风格修复；如果强调历史价值，就会导致在真实性的教条下把文物建筑完全供奉起来。但实际上，还有许许多多的中间组合形式，有许多折中和妥协。

第四节　20 世纪下半叶至今的建筑遗产保护

一、重建和再利用

经过两次世界大战，欧洲的建筑遭遇了严重破坏，很多城市沦为废墟，不少乡村惨遭蹂躏，遍体鳞伤。一些重要的古城如伦敦、柏林、华沙、佛罗伦萨等，遭受了严重的损坏，有些区域甚至变成一堆瓦砾。以法国为例，就有 46 万座建筑物遭到毁坏，列入保护名录的建筑物中有 15% 受到损坏，其中有一半受损严重[①]。再以德国为例，最惨重的纽伦堡（Nuernberg），城里 2580 座历史建筑有 90% 已经面目全非。德累斯顿和汉堡（Hamburg）同样也遭受了毁灭，从中世纪保留下来的历史中心区成了一片焦土[②]。

① （芬）尤嘎·尤基莱托著．建筑保护史．郭旃译．中华书局，2011.394.

② 转引自：（美）约翰·H·斯塔布斯、（美）艾米丽·G·马卡斯著，欧美建筑遗产保护经验和实践．中国工信出版集团 / 电子工业出版社，2015.209.

图 2-30　德累斯顿的圣母大教堂[①]
建于 18 世纪上半叶，是巴洛克时期的杰作，1945 年被炸毁，在烈火中燃烧了两天之后坍塌，剩下一堆黑碎石和两道十几米高的残壁，后来一直以断壁残垣状的废墟保留下来。在 20 世纪末开始重建，在战争结束后 60 周年时的 2005 年竣工，废墟残件和复原后的教堂融合在一起，也有些人对这一重建持批评态度。

战争之后，首要任务是满足人们基本生活和推进经济复苏，但建筑遗产的迅速消失，致使人们怀旧情绪和保护意识增强，建筑的重建也很快被提到了议事日程。对于已经惨遭破坏的建筑，由于实际情况千差万别，所以采取的措施也不尽相同，有被遗弃荒废者，有被保持原状精心呵护者，也有复原重建者，还有用新建筑取而代之者。如德国德累斯顿的茨温格宫（Zwinger）在 1945 年轰炸后的当年即开始重建。也有的是在经历很长时间后才开始重建，如德累斯顿的圣母大教堂（Frauenkirche）（图 2-30）1945 年被炸毁后，在时隔 60 年后的 2005 年才重建竣工。

在“二战”后的修复和重建中，以波兰的华沙（Warsaw）重建最为典型和著名。华沙始建于公元 13 世纪，当时是维斯瓦河渡口上的一个市镇。1596 年，皇室和政府迁至华沙，始定为首都。18 世纪末，华沙成为欧洲最大的城市之一，甚为繁荣。“二战”末期，华沙举行反纳粹起义，起义总指挥部设在古城。起义失败后，希特勒下令把华沙从地球上抹掉，华沙古城遭受了毁灭性的破坏，几乎被夷为平地，80% ~ 90% 的地面建筑被毁，基础设施也破坏严重，到处是残垣断壁（图 2-31），城市人口从战前的 126.5 万剧减至战后的 16.2 万。

“二战”后，关于如何重建首都华沙，存在着激烈争论。一种主张是重新建造一座新城，认为另建新城总比扒开大堆的瓦砾碎石以及未爆炸的炮弹好得多。另一种主张是按历史面貌恢复古城。绝大多数居民赞成后一种观点。1945 年 2 月，波兰政府决定在城市原址上原样重建华沙，制定了《华沙重建规划》[②]。这样的选择主要有两方面的原因：一是政治原因，有利于重塑波兰的民族精神、鼓舞人民；二是经济原因，修复被破坏的给水排水系统、街道和桥梁等，比新建的成本低很多。当恢复老华沙城的消息传开后，流浪在外的华沙人一下子归来了 30 万，急切地展开了重建工作，整个国家掀起了爱国的热潮。五年后，重建基本完成，并因此赢得了“华沙速度”的美誉。重建后的老城保持了原来中世纪的风貌，随处可见狭窄的街道、古朴的建筑和喧闹的广场（图 2-32）；新城则遍布宽敞的大道、宽阔的广场和高大的现代化建筑。

① 转引自：常青．对建筑遗产基本认知的几个问题．建筑遗产，2016（1）．

② 重建规划对城市原有布局和结构进行了更新与改造，保持了中世纪古城的风貌，修复了历史古迹。对于居住建筑的平面布局和卫生设备，按新的生活需要进行改造和设计。一些被毁的地段开辟为绿地，这样也缓解了老城中绿地面积少的问题。

图 2-31　“二战”中被轰炸后的华沙一片废墟

图 2-32　重建前后的华沙对比

华沙人为自己的古城的重现而自豪。

世界遗产委员会一般不会将重建的建筑或城市列入世界遗产，但 1980 年将“新”的华沙老城作为特例列入《世界遗产名录》。世界遗产委员会评价道：“在纳粹德国占领军的空袭下，百分之八十五的历史建筑遭到毁灭。‘二战’之后，华沙人民用长达五年的时间重建家园，他们修建了教堂、宫殿和贸易场所。华沙的重生是 13 至 20 世纪建筑史上的不可抹灭的一笔。”

20 世纪 60 ～ 70 年代，随着《威尼斯宪章》和《世界遗产公约》的出台，保护建筑遗产成为国际的共识。但建筑遗产保护并没有成为社会上占据绝对主导的观念，而是充满了挫折、抗争和无奈。其中最大的挑战是，随着城市人口的增加，住房问题越来越迫切，导致以大拆大建为表征的城市更新在欧洲各国如火如荼地展开，大量老建筑被拆除。这种更新方式遭到很多人的批评，如简·雅各布斯（Jane Jacobs，1916 ～ 2006 年，图 2-33）在 1961 年出版的《美国大城市的死与生》中呼吁：“老建筑对于城市是如此不可或缺，如果没有它们，街道和地区的发展就会失去活力。所谓的老建筑，我指的不是博物馆之类的老建筑，也不是那些需要昂贵修复的气宇轩昂的老建筑——尽管它们也是重要部分——而是很多普通的、貌不惊人和价值不高的老建筑，包括些破旧的老建筑”。

图 2-33　简·雅各布斯

1961 年《美国大城市的死与生》的出版曾在美国社会引起巨大轰动，虽然起初受到不少非议，但逐渐为许多美国规划师接受，在战后的美国城市规划理论、实践乃至社会发展中扮演了一个非常重要的角色，对历史城市的保护同样有很大影响。简·雅各布斯认为，老建筑的不断更新和功能转化会给社区带来活力。她充满激情地写道：

在大城市的街道两边，最令人赞赏和最使人赏心悦目的景致之一是那些经过匠心独运的改造而形成新用途的旧建筑。联体公寓的店堂变成了手艺人的陈列室，一个马厩变成一个住宅，一个地下室变成了移民俱乐部，一个车库或酿酒厂变成了一家剧院，一家美容院变成了双层公寓的底层，一个仓库变成了制作中国食品的工厂，一个舞蹈学校变成了印刷店，一个制鞋厂变成了一家教堂，那些原本是穷人家的肮脏的窗玻璃上贴着漂亮的图画，一家肉铺变成了一家饭店：这些都是小小的变化，但只要城市的地区具有活力，并且能够回应居民的需要，那么这些变化就会在这些地方永远延续下去[①]。

20 世纪 70 年代，工业文明因为资源和生态的原因而遭遇了挫折。在第一次石油危机（1973~1974 年）和第二次石油危机（1979~1980 年）的沉重打击与影响下，大规模“拆旧建新”式的更新模式已经行不通。英美等国纷纷开始出台扶持政策，促进建筑遗产保护与再利用，将废弃的历史建筑重注入生命的活力。

也就是从 20 世纪 70 年代中后期开始，建筑遗产保护更多地开始进入大众的社会生活，与社会复兴紧密联系在一起。到了 80 年代，“城市再生”（Regeneration）的概念渐渐取代了传统的城市更新，强调通过“历史建筑再利用”，实现城市的复兴。如爱尔兰的海关大厦（Custom House）就是典型的案例。该建筑修建于 1791 年，在 1921 年被大面积烧毁。到了 20 世纪 80 年代，公共事务部（Office of Public Works）并没有拆毁这座建筑，而是进行再利用，将坍塌的穹顶重建，外表用石料修复。现在这里是环境、遗产和地方政府部之国家遗址服务中心（the National Service of the Department of the Environment，Heritage and Local Government）的办公室（图 2-34）。

二、重要文件

1. 国际组织和相关文件

20 世纪后半叶至今，建筑遗产保护的一个重要趋势是越来越国际化，成立了很多国际组织，很多保护工作是在国际层面展开的。

1945 年，联合国教科文组织（UNESCO）成立，总部设在巴黎，旨在促进科学、教育和文化方面的国际合作，包括文化遗产保护的国际合作。之后，又陆续成立了国际文物保护与修复研究中心（ICCROM，1958 年）[②]、国际古迹遗址理事会（ICOMOS，1965 年）[③]、国际工业遗产保护委员会（TICCIH, 1978 年）[④]、联合国教科文组织世界遗产委员

图 2-34 爱尔兰首都都柏林的海关大厦（Custom House）位于都柏林的利菲河畔（River Liffey），新古典主义风格，在 20 世纪 80 年代修复后做了国家遗址中心的办公室

① （加拿大）简 · 雅各布斯著 . 美国大城市的死与生 . 金衡山译 . 凤凰出版集团，2006.170~176.
② 英文全称为 International Centre for the Study of the Preservation and Restoration of Cultural Property。
③ 英文全称为 International Council On Monuments and Sites。
④ 英文全称为 The International Committee for the Conservation of the Industrial Heritage。

会（UNESCO-WHSC，1976年）[①]、现代主义运动记录与保护国际组织（DOCOMOMO，1988年）[②]、世界遗产城市联盟（OWHC，1993年）[③]、国际蓝盾委员会（ICBS，1996年）[④]等官方或非官方的国际组织，促进文化遗产的保护工作。这样，以联合国教科文组织、国际古迹遗址理事会和国际文物保护与修复研究中心等国际组织为中心，一个包含全球各个国家，覆盖建筑遗产保护各个领域的制度化的网络逐渐建立。

在这些国际组织的主导下，出台了一些颇有影响的宪章、建议、宣言、公约和指南等，引导和指导全球建筑遗产的保护。据不完全统计，这类文件至今大约有100余件，其中重要文件如表2-1。这些文件对建筑遗产保护都起到了宣传和指导作用。

国际古迹理事会和联合国教科文组织等国际组织颁布的文件一览表　　表2-1

序号	中文名称	通过组织	通过地点	时间
1	《关于历史性纪念物修复的雅典宪章》	第一届历史纪念物建筑师及技师国际会议通过	雅典	1931年10月
2	《雅典宪章》	国际现代建筑协会（CIAM）第四次会议通过	雅典	1933年8月
3	《武装冲突情况下保护文化财产公约（海牙公约）》	UNESCO通过	海牙	1954年5月
4	《关于适用于考古发掘的国际原则的建议》	UNESCO第九届会议通过	新德里	1956年12月
5	《关于保护景观和遗址的风貌与特性的建议》	UNESCO第十二届会议通过	巴黎	1962年12月
6	《关于古迹遗址保护与修复的国际宪章（威尼斯宪章）》	第二届历史纪念物建筑师及技师国际会议通过	威尼斯	1964年5月
7	《关于保护受公共或私人工程危害的文化财产的建议》	UNESCO第十五届会议通过	巴黎	1968年11月
8	《关于在古建筑群中引入当代建筑的布达佩斯决议》	ICOMOS第三届全体大会通过	布达佩斯	1972年6月
9	《保护世界文化和自然遗产公约》	UNESCO第十七届会议通过	巴黎	1972年11月
10	《关于在国家一级保护文化和自然遗产的建议》	UNESCO第十七届会议通过	巴黎	1972年11月
11	《关于历史性小城镇保护的决议》	ICOMOS第四届全体大会通过	罗登堡	1975年5月
12	《阿姆斯特丹宣言》	欧洲委员会采纳	阿姆斯特丹	1975年10月
13	《建筑遗产欧洲宪章》	欧洲委员会采纳	阿姆斯特丹	1975年10月
14	《关于历史地区的保护及其当代作用的建议（内罗毕建议）》	UNESCO第十九届会议通过	内罗毕	1976年11月
15	《马丘比丘宪章》	建筑师及城市规划师国际会议通过	马丘比丘山	1977年12月

① 英文全称为UNESCO-World Heritage Committee。
② 英文全称为International Committee for the Document and Conservation of Buildings，Sites and Neighborhoods of the modern movement。
③ 英文全称为Organization of World Heritage Cities。
④ 英文全称为The International Committee of the Blue Shield。

续表

序号	中文名称	通过组织	通过地点	时间
16	《巴拉宪章》	ICOMOS 澳大利亚国家委员会通过	巴拉	1979 年 11 月
17	《关于有文化意义的场所保护的巴拉宪章》	ICOMOS 澳大利亚委员会等通过	巴拉	1981 年（1999 年修改）
18	《佛罗伦萨宪章》	ICOMOS 通过	佛罗伦萨	1982 年 12 月
19	《保护历史城镇与城区宪章（华盛顿宪章）》	ICOMOS 第八届全体大会通过	华盛顿	1987 年 10 月
20	《考古遗产保护与管理宪章》	ICOMOS 第八届全体大会通过	洛桑	1990 年 10 月
21	《奈良真实性文件》	世界遗产委员会第十八次会议通过	奈良	1994 年 11 月
22	《新都市主义宪章》	新都市主义协会第四次会议通过	查尔斯顿	1996 年
23	《保护和发展历史城市国家合作苏州宣言》	中国 – 欧洲历史城市市长会议通过	苏州	1998 年 4 月
24	《北京宪章》	国际建筑师协会第二十次大会通过	北京	1999 年 6 月
25	《关于乡土建筑遗产的宪章》	ICOMOS 第十二届全体大会通过	墨西哥	1999 年 10 月
26	《国际文化旅游宪章（重要文化古迹遗址旅游管理原则和指南）》	ICOMOS 第十二届全体大会通过	墨西哥	1999 年 10 月
27	《木结构遗产保护准则》	COMOS 第十二届全体大会通过	墨西哥	1999 年 10 月
28	《北京共识》	中国文化遗产保护与城市发展国际会议通过	北京	2000 年 7 月
29	《中国文物古迹保护准则》	ICOMOS 中国国家委员会通过	承德	2000 年 10 月
30	《保护水下文化遗产公约》	UNESCO 第三十一届会议通过	巴黎	2001 年 11 月
31	《世界文化多样性宣言》	UNESCO 第三十一届会议通过	巴黎	2001 年 11 月
32	《保护水下遗产公约》	UNESCO 第三十一届会议通过	巴黎	2001 年 11 月
33	《关于世界遗产的布达佩斯宣言》	UNESCO 通过	布达佩斯	2002 年 6 月
34	《关于蓄意破坏文化遗产问题的宣言》	UNESCO 第三十二届会议通过	巴黎	2003 年 10 月
35	《保护非物质文化遗产公约》	UNESCO 第三十二届会议通过	巴黎	2003 年 10 月
36	《建筑遗产分析、保护和结构修复原则》	ICOMOS 第十四届全体大会通过	维多利亚瀑布市	2003 年
37	《壁画保护、修复和保存原则》	ICOMOS 第十四届全体大会通过	维多利亚瀑布市	2003 年
38	《关于工业遗产的下塔吉尔宪章》	国际工业遗产保护联合会通过	下塔吉尔	2003 年 7 月
39	《保护非物质文化遗产公约》	UNESCO 第三十二届大会上通过	巴黎	2003 年 10 月
40	《实施〈保护世界文化与自然遗产公约〉的操作指南》	UNESCO 于 2005 年修订通过	/	2005 年
41	《维也纳保护具有历史意义的城市景观备忘录》	世界遗产与当代建筑国际会议通过	维也纳	2005 年 5 月

续表

序号	中文名称	通过组织	通过地点	时间
42	《保护具有历史意义的城市景观宣言》	UNESCO 第十五届《世界遗产公约》缔约国大会通过	巴黎	2005 年 10 月
43	《会安草案——亚洲最佳保护范例》	UNESCO 通过	会安	2005 年 12 月
44	《西安宣言》	ICOMOS 第十五届全体大会通过	西安	2005 年 10 月
45	《绍兴宣言》	第二届文化遗产保护与可持续发展国际会议通过	绍兴	2006 年 5 月
46	《北京文件》	东亚地区文物建筑保护理念与实践国际研讨会通过	北京	2007 年 5 月
47	《城市文化北京宣言》	城市文化国际研讨会通过	北京	2007 年 6 月
48	《文化线路宪章》	ICOMOS 第十六届全体大会通过	魁北克	2008 年 10 月

这些保护文件，往往是针对当时全球遗产保护中的突出问题，提出了相应的保护措施，起到达成共识的作用。如 1954 年的《武装冲突情况下保护文化财产公约》出台的背景是："认识到文化财产在最近武装冲突中遭受到严重的损失，而且由于作战技术的发展，毁灭的危险日益增加"，主要目的是解决万一发生武装冲突时如何保护文化遗产；1972 年的《世界遗产公约》拉开了全球保护最有"突出普遍价值"的遗产的序幕；2008 年《文化线路宪章》主要"针对文化线路这一特殊遗产类型，制定区别于现有文化遗产范畴的基本研究原则和方法"。这些文件的出台，都具有非同寻常的意义，限于篇幅，仅列表说明部分重要文件的主要的内容（表 2-2）。

有国际影响的重要文件　　表2-2

名称	时间和组织	主要内容
《威尼斯宪章》	1964 年 5 月国际古迹理事会在威尼斯召开国际会议通过	该宪章重申了 1931 年第一次大会通过的《雅典宪章》关于文物建筑的价值观念、保护方法和保护原则，其在基本概念和具体规定上更加全面、严谨和明确
《世界遗产公约》	1972 年 11 月联合国教科文组织在法国巴黎举行的第十七届会议通过	该公约首次提出了"世界遗产"的概念，是联合国教科文组织在全球范围内制定和实施的一项具有深远影响的国际准则性文件，旨在促进各国之间的合作，以保护人类共同的遗产
《内罗毕建议》	1976 年 11 月联合国教科文组织大会在肯尼亚内罗毕第十九届会议通过	全称为《关于历史地区的保护及其当代作用的建议》，核心思想是"整体保护"，定义了历史地段的概念和类型，明确指出历史地区保护的普遍价值，提出具体的保护措施，有很多操作性很强的措施，是对《威尼斯宪章》所确定的原则与理念的补充和扩大
《马丘比丘宪章》	1977 年 12 月建筑师及城市规划师国际会议发表	这一宪章是《雅典宪章》（1933 年）之后第二个关于城市规划的理论与方法的国际文件，是对《雅典宪章》（1933 年）的延伸和完善。该宪章第八部分是"文物和历史遗产的保存和保护"，强调遗产保护和城市建设的结合的有机发展思想，并提出在历史地区的更新中应包括设计优秀的当代建筑

续表

名称	时间和组织	主要内容
《巴拉宪章》	1979年8月国际古迹遗址理事会澳大利亚委员会在巴拉通过	全称为“澳大利亚国际古迹遗址委员会文化重要性地方保护宪章”。该宪章后来修订过几次，目前通行版本为1999年修订版。《巴拉宪章》的特别之处，是以“场所”（Place）的概念来诠释遗产，没有沿用以往国际遗产界采用的古迹、遗址等概念。该宪章提出了一套遗产的科学保护程序，并因其通俗易懂、详细规范、可操作性强，而被其他国家所纷纷效仿，产生了较大的国际影响。我国2000年公布的《中国文物古迹保护准则》亦在内容和形式上借鉴了《巴拉宪章》
《佛罗伦萨宪章》	1982年12月国际古迹遗址理事会登记通过	该宪章为历史园林的保护确定了基本准则，在基本思想观念上和《威尼斯宪章》一脉相承。其中指出“作为古迹，历史园林必须根据《威尼斯宪章》的精神予以保存。然而，既然它是一个‘活’的古迹，其保存亦必须遵循特定的规则进行”
《华盛顿宪章》	1987年10月，国际古迹遗址理事会第八届全体大会在美国华盛顿通过	全称《保护历史城镇与城区宪章》，其中提到：“国际古迹遗址理事会认为有必要为历史城镇和城区起草一国际宪章，作为《国际古迹保护与修复宪章》（通常称之为《威尼斯宪章》）的补充”。《华盛顿宪章》在基本原则和精神上与《威尼斯宪章》是一致的，汲取了《威尼斯宪章》（1964年）后20余年的科研和实践成果，成为这一时期的集大成者
《关于原真性的奈良文件》	1994年11月世界遗产委员会第十八次会议在日本古都奈良发布	该文件的制订是为了对文化遗产的“真实性”概念以及在实际应用中作出详细的阐述。《奈良文件》强调了文化和文化遗产的多样性，并大力倡导保护和增进世界文化与遗产的多样性，同时，强调必须从真实性的原则出发，寻找各种文化对自己文化遗产保护的有效方法
《关于乡土建筑遗产的宪章》	1999年10月国际古迹遗址理事会在墨西哥第十二届全体大会通过	该宪章认为，“由于文化和全球社会经济转型的同一化，面对忽视、内部失衡和解体等严重问题，全世界的乡土建筑都非常脆弱”。该宪章还提出乡土建筑的“保护原则”、“实践中的指导方针”等
《下塔吉尔宪章》	2003年7月，国际工业遗产保护委员会在俄罗斯北乌拉尔市通过	该宪章宣告：“那些为工业活动而建造的建筑物和构筑物，其生产的过程与使用的生产工具，以及所在的城镇和景观，连同其他的有形或无形的表现，都具有重大价值。”宪章的内容包括工业遗产的定义、工业遗产的价值、鉴定、记录和研究的重要性、法定保护、维护和保护、教育与培训、陈述与解释等
《西安宣言》	2005年10月国际古迹遗址理事会在中国西安通过	全称为《西安宣言——保护历史建筑、古遗址和历史地区的周边环境》。该宣言正式明确了环境（Setting）的概念，将环境对于遗产和古迹的重要性提升到一个新的高度，认为相关环境是遗产完整价值不可缺少的组成部分，不仅应该保护文化遗产本体自身，也应该保护与其相关联的周边环境
《会安草案——亚洲最佳保护范例》	2005年12月联合国教科文组织通过	草案强调了在亚洲背景下展示和评估原真性，将亚洲文化遗产分为五大类，并对每类遗产的原真性保护提出指导意见。会安草案是继《奈良文件》后，又一部以真实性为主体的重要国际文件，为亚洲遗产的保护工作提供了实用性的操作指南，为亚洲地区的建筑文化遗产建立了高标准的保护规范

2.《威尼斯宪章》（1964 年）

在上述文件中，以《威尼斯宪章》的影响最为深远，是后来一系列文件的基石。

1964 年 5 月 25~31 日，国际古迹理事会（ICOM）在威尼斯召开了第二届历史古迹建筑师及技师国际会议[①]，来自全球 61 个国家的 600 多名代表参加了这一会议，探讨古迹的保护。这次会议通过了著名的《国际古迹保护与修复宪章》（*The International Charter for Conservation and Restoration of Monuments and Sites*），即通常所称的《威尼斯宪章》，标志着遗产保护的一个新时代的开始。

该宪章由一个以欧洲人为主的委员会起草，主要内容如下：

（1）强调真实性和整体性："世世代代人民的历史古迹，饱含着过去岁月的信息留存至今，成为人们古老的活的见证。人们越来越意识到人类价值的统一性，并把古代遗迹看作共同的遗产，认识到为后代保护这些古迹的共同责任。将它们真实地、完整地传下去是我们的职责。古代建筑的保护与修复的指导原则应在国际上得到公认并作出规定，这一点至关重要。"

（2）扩大了文物古迹的范畴："历史古迹的要领不仅包括单个建筑物，而且包括能从中找出一种独特的文明、一种有意义的发展或一个历史事件见证的城市或乡村环境。"这些内容反映出文化遗产开始重视历史地段的保护。

（3）强调古迹环境的重要性："古迹不能与其所见证的历史和其产生的环境分离。除非出于保护古迹之需要，或因国家之间或国际为重要利益而证明其有必要，否则不得全部或局部搬迁古迹。"

（4）明确保护的宗旨和原则："修复过程是一个高度专业性的工作，其目的旨在保存和展示古迹的美学与历史价值，并以尊重原始材料和确凿文献为依据。一旦出现臆测，必须立即予以停止。此外，即使如此，任何不可避免的添加都必须与该建筑的构成有所区别，并且必须要有现代标记。无论在任何情况下，修复之前及之后必须对古迹进行考古及历史研究。"

《威尼斯宪章》篇幅不长，中译版不足 2000 字，但意义重大，是自 19 世纪中叶到 20 世纪中叶百年文化遗产保护及修复理论的一次全面性总结，明确了文化遗产保护的基本概念、理论和方法，成为世界范围内建筑遗产保护的"宪法"性文件，标志着遗产保护运动步入成熟并受到国际范围内的普遍重视，是之后众多宪章形成的理论基础，对许多国家的文化遗产保护都产生了深远的影响。

《威尼斯宪章》也受到了一些批评和质疑，如认为保护方法过于严格、过于欧洲化。包括中国在内的亚洲国家的不少学者认为该宪章是基于当时欧洲的文化背景和遗产特点，是针对欧洲文化遗产保护的需求而制定的。争论的焦点是，该宪章是仅适合于欧洲以石构建筑为主的遗产保护，还是具有普世的价值。

三、保护政策

从 20 世纪下半叶至今，有越来越多的国家对建筑遗产保护表现出越来越浓厚的

---

① 在本次会议中，国际古迹理事会（ICOM）更名为国际古迹遗址理事会（ICOMOS，International Council of Monument and Sites）。

兴趣，也有越来越多的人参与建筑遗产保护中。总而观之，半个多世纪来，主要有如下一些工作：

其一是法律体系的建立。几乎所有国家都逐步建立了或正在努力建立着比较完善的法律体系、管理体系、监督体系和资金保障体系，用以支持建筑遗产保护工作。大部分国家出台了有关遗产保护的法律文件，无非是有的国家的法律比较宽松，有的国家的法律（如意大利和英国）则比较苛刻；有的国家是以一部法律为主，有的国家针对不同的遗产类型出台了不同的法律，采用不同的保护措施。而且，这些国家为了适应遗产保护的新情况、新问题、新局面，不断调整和修正法律。如爱尔兰在1922年从英国独立后，在1930年修订了《国家古迹保护法案》（*National Monuments Acts*），之后又数次修订和补充该法案，最新的是2004年版的《国家古迹保护法案》。丹麦在1918年首次通过《建筑保护法案》（*Preservation of Buildings Act*）后，在20世纪60年代、70年代和80年代也进行了多次修正。

一些国家的法律往往也会给别的国家带来启示。如法国1962年制订的《保护历史性街区的法令》，曾在那个年代引导很多国家将"历史街区"或"保护区"列入法定保护范畴。该法令的制订者为时任法国文化部部长的马尔罗（Andre Malraux，1901～1976年），因此又被称为《马尔罗法令》。该法令的主要意义在于明确了"历史性街区保护"的设置，当城市的某些区域"体现出历史的、美学的特征，或其建筑群整体或局部应该得到保护、修复和价值重现"时，国家就可以建立"历史街区"，并在这一区域内实行特别的管理制度和审批程序。

其二是管理机构的建立。在建筑遗产保护中，管理机构至关重要。20世纪下半叶至今，各国纷纷加强原有的管理机构或新建专门的管理机构，并根据保护的实际需要以及政治的变化，不断进行调整修正。如丹麦为了加强遗产保护，于2002年在文化部下面新成立了遗产局（Heritage Agency）。除了政府外，各国很多私人组织、非政府组织、准非政府组织等也陆续加入遗产保护中，这些组织甚至在有些国家中起到中流砥柱的作用。代表性的非政府组织有世界文化遗产基金会（纽约）、盖提保护中心（洛杉矶）、英国国家信托基金等。

其三是保护名录的大幅扩充。各国不断充实和完善保护名录，有数量庞大的建筑遗产被列入法定保护。早在18和19世纪特别是在20世纪上半叶，就有一些国家（如意大利、英国、法国等）建立了保护名录。到了20世纪下半叶，则有更多的国家建立了保护名录，并不断进行完善和补充。以英国为例，截至2010年，已有近2万处在册古迹（Scheduled Monuments）、近4万处登录建筑（Listed Buildings）、1万余处保护区（Conservation areas）。又如爱尔兰政府，截至2010年直接拥有大约1000处的国家古迹，这当然只占登记古迹的一小部分。

其四是保护类型更加多元。从各国列入的保护建筑的类型来看，越来越呈现多元的趋势。"二战"前，建筑遗产保护的对象主要是著名的建筑单体，即古建筑废墟、中世纪宗教建筑、古堡等。1966年的《威尼斯宪章》则明确指出"历史纪念物"的概念"不仅适用于伟大的艺术作品，而且亦适用于随时光流逝而获得文化意义的过去一些较为朴实的作品"。这意味着保护内容从王室、宗教和政治的纪念物扩大到有意义的大众建筑。1976 年的《内罗毕建议》提出了历史地区的概念，认为历史地区是各地人们日常环境的组成部分，代表着日常环境形成过程的生动见证；1979 年的《巴拉宪章》以“场所”（Place）取代“文物遗址”（Monument and Site）；1982 年的《佛罗伦萨宪章》将保护延伸到历史园林，认为“历史园林指从历史或艺术角度而言民众所感兴趣的园艺和构造，鉴于此，它应被看作是一古迹”；1999 年的《乡土建筑宪章》提出了乡土建筑保护的范畴，强调“乡土建筑遗产在人类的情感和自豪中占有重要的地位，它已经被公认为有特征的和有魅力的社会产物”。可见，建筑遗产从注重单体建筑的保护，逐渐发展到重视街区、城市、园林、乡村等空间体系。

除此之外，建筑遗产正呈现近期化的趋势。以往对建筑遗产的判断标准主要为“年代久远”，诸多近现代建筑并没有纳入保护范围。但“二战”之后逐渐认识到，这些近现代建筑同样是“历史见证”。如 1960 年建成的巴西首都巴西利亚，建成之后不足 30 年，在 1987 年列入世界文化遗产名录。建于 1940 ～ 1945 年的波兰奥斯维辛集中营在 1979 年列入世界文化遗产名录。这些都标志着人们对近现代建筑保护的重视和认可。建筑遗产的判定时间从古代跨越到了“距今 50 年以上”，甚至“距今 30 年以上”。对现代建筑的保护修缮也逐渐受到重视，如法国对建筑大师勒·柯布西耶设计的著名的萨伏伊别墅的保护、芬兰对建筑大师阿尔托作品的保护、德国对建筑大师格罗皮乌斯设计的包豪斯建筑的保护，等等。

其五是保护技术和手段逐渐提高。随着建筑遗产保护内容扩展到普通、多样的历史建筑，保护的方式也从博物馆式过渡到全面、灵活、综合、审慎的方式，更加强调建筑遗产的再利用。现代科技在建筑遗产保护中也发挥着越来越重要的作用，保护工作的科技含量不断增加。多学科联合已经成为常规保护手段之一。联合国教科文组织为了表彰为遗产保护作出贡献的地方政府组织或个人，在 2000 年开始设立“亚太地区文化遗产保护奖”，分为“卓越奖”“优秀奖”“荣誉奖”“佳作奖”“创新奖”五类奖项。欧洲从 2002 年起设立“欧洲文化遗产保护奖”（The EU Prize for Cultural Heritage / Europa Nostra Awards），主要奖励遗产保护实践、研究、教育培训等，截至 2015 年已经有 415 项遗产保护项目获奖。这些奖项的设立，无疑有利于提高遗产保护实践的项目水平，促进遗产保护工作的顺利开展。

第三章　中国建筑遗产保护历程

第一节　引述

在中国漫长的封建社会中，古建筑长期未被列入保护之列。每当改朝换代之时，那些前朝遗留下的宫殿、城池等建筑，往往被视为前朝的象征而被拆除破坏，并美称为“革故鼎新”。在这之中，仅有两个朝代是特例，沿用了前朝的宫殿，即唐继承了隋的皇宫、清继承了明的皇宫，但大多数的朝代则是将前朝的宫殿付之一炬，或是有意加以拆毁。

如在公元前206年，项羽领导的起义军推翻秦朝统治后，就纵火焚毁了当时秦朝留下的宫室。这一件事在汉代司马迁所著的《史记》中多处提到：一是《秦始皇本纪》载：“遂屠咸阳，火烧其宫室”；二是《项羽本纪》载：“居数日，项羽引兵西屠咸阳，杀秦降王子婴，烧秦宫室，火三月不灭”；三是《高祖本纪》载：“项羽遂西，屠烧咸阳秦宫室，所过不无残破”。

无独有偶。北宋末年，金人攻占宋朝京都汴梁（现河南开封）以后，曾极其残酷地洗劫了这座当时极其奢华的都城，但未焚烧汴梁宏伟的“大内”（即宫室）和“艮岳”（即苑囿），而是将这些木料拆下来，用牛车拉到燕京（现北京），用以修建燕京的宫殿。南宋王朝覆亡不久，元朝下令拆毁诸州县的城墙，以威示天下之一统，南宋首都临安的城墙亦未能幸免于难。

对于中国各代对古建筑之态度，梁思成（1901~1972年）在20世纪40年代完成的《为什么研究中国建筑》一文中这样总结道：

这些无名匠师，虽在实物上为世界留下许多伟大奇迹，在理论上却未为自己或其创造留下解析或夸耀。因此一个时代过去，另一时代继起，多因主观上失掉兴趣，便将前代伟创加以摧毁，或同于摧毁之改造。亦因此，我国各代素无客观鉴赏前人建筑的习惯。在隋唐建设之际，没有对秦汉旧物加以重视或保护。北宋之对唐建，明清之对宋元遗构，亦并未知爱惜。重修古建，均以本时代手法，擅易其形式内容，不为古物原来面目着想。寺观均在名义上，保留其创始时代，其中殿宇实物，则多任意改观[①]。

可见，在古代建筑修缮中，一般不会有意保持其原来的形式。一座唐代的大殿在宋代塌毁后，人们在重建这座大殿时，一般会采用宋代风格。一座宋代的塔在明代塌毁后，人们在重建时，也多采用明代风格。古人在重建时，总是愿意采用当时最时髦的形式，不断进行革旧从新，不会泥古守旧。另外，以木构为主的中国古建，由于木材自身容易腐朽，以致维修更为频繁。各种庙宇碑文中，随处可见“修葺”、

---

① 梁思成著．梁思成文集（第3集）．中国建筑工业出版社，1982.377.

“大修”“岁修”“重建”等字样。甚至古人拜神求福，其所许之愿，很多情况就是“重修殿宇，再塑金身”。这些修缮工程的共同特征是，都使用与新建房屋时相同的技术手段和材料，采用当朝的形式，一般不会“仿古”。至于重修后的效果，在那些重修碑文中，几乎不约而同地提到重修后“焕然一新”。这说明，这些修缮的目的是非常明确的，是为了延续建筑的使用年限，完全从实用主义出发。正如梁思成先生所说：“以往的重修，其唯一的目标，在将以破敝的庙庭，恢复为富丽堂皇：工坚料实的殿宇，若能拆去旧屋，另建新殿，在当时更是颂为无上的功业或美德。”[①] 所以，传统的修葺和现代建筑遗产保护，在其出发点和立足点上有着根本的区别。

到了20世纪后，很多情况发生了巨大变化，建筑遗产保护开始提出并付诸实施。回顾中国的20世纪，一方面，这个世纪是一个大发展的世纪，也是一个大破坏的世纪，另一方面，各时期之政府多竭力保护文化遗产，并结合各时期的实际情况，出台了一系列法律法规，促进了遗产的保护（表3-1）。一个多世纪来的建筑遗产保护，成就和遗憾并存，成果和失误兼有。

中国的建筑遗产保护，从其发展阶段而言，大致可以分为三个阶段，即清末至1949年期间、1949~1977年期间、1978年至今。

我国百余年来发布的有关文化遗产保护的重要文件一览表 **表3-1**

序号	名称	发布时间	发布机构	性质
1	《保存古物推广办法》	1906年	晚清政府	部门章程
2	《保存古物暂行办法》	1916年	北洋政府民政部	部门章程
3	《名胜古迹古物保存条例》	1928年	国民政府内政部	行政法规
4	《古物保存法》	1930年	中央古物保管委员会	法律
5	《古物保存法施行细则》	1931年	中央古物保管委员会	行政法规
6	《文物保护管理暂行条例》	1960年	国务院	行政法规
7	《文物保护单位保护管理暂行办法》	1963年	文化部	部门章程
8	《关于革命纪念建筑、历史纪念建筑、古建筑石窟寺修缮暂行管理办法》	1963年	文化部	部门章程
9	《古遗址古墓葬调查发掘暂行管理办法》	1964年	文化部	部门章程
10	《文物保护法》	1982年	全国人大	法律
11	《关于保护我国历史文化名城的请示》	1982年	国家建委、城建总局、文物局	规范性文件
12	《纪念建筑、古建筑、石窟寺等修缮工程管理办法》	1986年	文化部	部门章程
13	《水下文物保护管理条例》	1989年	国务院	行政法规
14	《文物保护法》修订	1991年	全国人大	法律
15	《文物保护法实施细则》	1992年	全国人大	部门章程
16	《历史文化名城保护规划编制要求》	1994年	建设部	部门章程
17	《黄山市屯溪老街历史文化保护区管理暂行办法》	1997年	建设部	规范性文件
18	《中国文物古迹保护准则》	2000年	国家古迹遗址理事会中国国家委员会	国家文物局推荐发布
19	《中华人民共和国文物保护法》修订	2002年	全国人大	法律

① 梁思成著．梁思成文集（第2集）．中国建筑工业出版社，1982.68.

续表

序号	名称	发布时间	发布机构	性质
20	《中华人民共和国文物法实施条例》	2003年	国务院	行政法规
21	《城市紫线管理办法》	2003年	建设部	部门章程
22	《文物保护工程管理办法》	2003年	国家文物局	部门章程
23	《全国重点文物保护单位保护规划编制要求》	2004年	国家文物局	部门章程
24	《长城保护条例》	2006年	国务院	行政法规
25	《风景名胜区条例》	2006年	国务院	行政法规
26	《世界文化遗产保护管理办法》	2006年	文化部	部门章程
27	《历史文化名城名镇名村保护条例》	2008年	国务院	行政法规
28	《中华人民共和国非物质文化遗产法》	2011年	全国人大	法律
29	《中华人民共和国文物保护法》修正	2015年	全国人大	法律

第二节　清末和民国时期的建筑遗产保护

20世纪上半叶，中国社会动荡不定，战乱不断，各地文化遗产饱受蹂躏，破坏严重。但也在这一阶段，政府和民众逐渐开始重视建筑遗产的保护，并建立机构，出台制度，开展调查，所以这个阶段被认为是中国建筑遗产保护体系的孕育阶段。

一、清代末期（1900~1912年）

清光绪二十六年（1900年）八国联军入侵，清末的实际统治者慈禧（1835~1908年）弃城不顾，北京城沦陷，清政府风雨飘摇，朝不保暮。第二年，清政府签订了严重损害中国主权的《辛丑条约》，使得帝国主义增强了对中国的控制和掠夺，标志着中国已完全沦为半殖民地半封建社会。

世纪之交的中国，命运多舛，内忧外患，自然无暇顾及文化遗产的保护，很多文化遗产遭到破坏。这逐渐引起一些社会开明人士的担忧。康有为（1858~1927年）曾呼吁："古物存，可令国增文明；古物存，可知民敬贤英；古物存，能令民心感兴。"①以"保存国粹"为宗旨的"国学保存会"也呼吁："我国若不定古物保存律，恐不数十年古物荡尽矣，可不惧哉！"②

清末政府顺应时局，审时度势，开始推进文化遗产的保护。光绪三十二年（1906年），清朝中央政府在新设立的民政部麾下设"营缮司"，负责"掌督理本部直辖土木工程，稽核京外官办土木工程及经费报销，并保存古迹调查祠庙各事项"③。这应该算是中国第一个与文物古迹保护相关的政府机构。

清光绪三十四年（1908年），清政府发布《城镇乡地方自治章程》，其中将"保存古迹"与救贫事业、放粥、义仓积谷、贫民工艺、救生会、救火会等一同作为"城镇乡之善举"，列为城镇乡的"自治事宜"。这应该是我国最早涉及保存古迹的法律文件。

① 康有为. 欧洲十一国游记二种. 岳麓书社出版社，1985.155.
② 邓实. 史学通论·（三）. 壬寅政艺丛书·史学文编卷（1）.
③《民政部奏部厅官制章程折》，商务印书馆编译所编：《大清光绪新法令·第二类官制一·京官制》，第3册，商务印书馆，1909年，第27页。

清光绪三十五年(1909年),民政部门拟定《保存古物推广办法》,并通令各省执行。该文件的起草者在给皇帝的奏折中沉痛地说,中国“求数千年之遗迹,反不如泰西之多者,则以调查不勤,保护不力故也”[①],可谓言辞切切,用心良苦!该办法规定,对于古代帝王陵寝、先贤祠墓,由督抚“建设标志,俾垂永久,其著名祠庙之完固者,则设法保护,其倾圮者,由地方择要修葺”;对于非陵寝祠墓而为故迹者,“或种树株,或立碑记,务使遗迹有所稽考,不致渐泯”[②]。这是我国历史上关于文物保护的第一个专门文件,开启了我国文物保护的法制化进程,意义重大。但该办法也有一些明显缺陷,如与1897年日本颁布的《古社寺保存法》相比较,就存在一些不足:日本《古社寺保存法》规定每年由国库拨付一定的经费,而清末的《保存古物推广办法》规定由地方筹措,导致本来就财政拮据的地方政府很难执行;日本的《古社寺保存法》规定根据破坏行为情节轻重,给予相应的民事和刑事惩罚,规定较为详细;而《保存古物推广办法》中的处罚条款则极为笼统,除了追究州县官失察之罪外,只称“从严惩罚”,没有详细规定,缺少威慑力。

民政部门在发布《保存古物推广办法》的同时,还发布文告“咨行各省调查古迹”,制定统一表格,要求按表格填注,限期送部。山东省为了推进这一工作还成立了从事文物调查的专门机构“古迹调查局”,对山东境内的重要文物古迹进行考查,并于1910年出版了《山东省古迹调查表》,其中包括历代陵寝祠墓(1420处)、名人遗迹(870处)等[③]。宣统二年(1910年),民政部门再次通知各省“饬将所有古迹切实调查,并妥拟保存之法”。不过,由于清末社会动荡,兵戈扰攘,各地革命活动风起云涌,清王朝风雨飘摇,这次文物调查工作实际开展的覆盖面极为有限,收效甚微。但这是中国由政府主导的第一次较大规模的文物调查,其意义非同寻常。

二、北洋政府时期(1912~1928年)

清宣统三年(1911年),辛亥革命爆发,延续了二百年的清王朝被推翻。第二年,宣统皇帝退位,袁世凯任大总统,晚清北洋派控制了北京中央政府。这一时期的特点是国家贫弱,军阀混战,政局政权更迭频繁。在袁世凯死后的短短13年中,就有38届内阁,最短的两届只有六天[④]。

北洋政府建立后,开始将文化遗产保护作为文化建设的重要内容。新的“内务部”取代原来的“民政部”,接管文化遗产保护工作,对遗产保护显示出从未有过的热情。

当时在中国发行的英文报纸《字林西报》批评中国古迹破坏严重,称“中国古物以龙门地方为可贵,现已半数毁坏,四川、陕西、云南、福建等省文物,也多数凋残。非得政府禁令,不易保存”。这引起了政府的担忧,认为:“中国古物,本国不能自保,而令外人设法保存,有非国体所宜”。民国5年(1916年)3月,北洋政府内务部发

---

① 《民政部奏保存古迹推广办法另行酌拟章程折并清单》,上海商务印书馆编译所编纂、蒋传光点校《大清新法令(1901~1911)》点校本,第六卷,商务印书馆,2011年,第186页。

② 上海商务印书馆编译所:《大清新法令(1901~1911年)》,第187~188页。

③ 徐苏斌.近代中国文化遗产保护史纲(1906~1936年).中国紫禁城学会论文集(第七辑).424.

④ 李殿元.论北洋政府的“硬”和“软”——应该重新认识和评价北洋政府.文史杂志,2012(3).

布《为切实保存前代文物古迹致各省民政长训令》，其中提到："通饬各属于该管之地，所有前代古物均应严申禁令，设法保存"[①]。这是从国家层面由主管部门向各省民政长发出保护古物的指令。

北洋政府时期，对文化遗产的调查作了很多努力。清末的民政部曾令各省调查古迹，可惜中遭事变，册报不全，半途而废，最后不了了之。民国政府的内务部认识到，"谋全国古物之保存，自当以分类调查为起点"[②]，所以民国5年（1916年）10月，内务部发布《为调查古物列表报部致各省长、都统文》之文告。内载："兹特准酌国情，制定调查表及说明书，咨送查照。即希通饬所属，认真调查，按表填注，限期送部。"项目分12类，包括建筑、遗迹、碑碣、金石、陶瓷、植物（古树）、文玩、武装（古）、服饰、雕刻、礼器、杂物。这是内务部组织的一次全国范围内的古物调查。

在北洋政府时期的文化遗产保护中，最值得提到的工作之一就是民国5年（1916年）10月颁布《保存古物暂行办法》。内务部颁布的这一办法内容具体，责任明确，"兹酌定暂行保管办法五条，除通行各省外，合行令知该尹通饬所属，一面认真调查，一面切实保管"。关于建筑遗产保护，办法中提到："古代城廓关塞、壁垒岩洞、楼观祠宇、台榭亭塔、堤堰桥梁、湖池井泉之属，凡系名人遗迹，皆宜设法保存"。该办法是由政府颁布的在全国范围内实行的条规，使得文物保护有了一定的依据。

同时，一些地方政府也积极推动文化遗产保护工作。早在民国2年（1913年），河南省发布《河南保存古物暂行规程》，其中第十五条规定，各县行政长官负有保存古物之责，令各县知事遵照执行。这是一个省率先制定文化遗产保护的专门文件。还有如民国18年（1929年）《大同县政府布告》中声明："（云冈石窟）既为吾国著名之古迹，自应加意保护，俾垂永久。"

各种政府文件中也竭力强调保护工作之重要性。民国3年（1914年）《内务部训令妥善保护龙门古迹》认为："坐令国粹消失，外邦腾笑，微特贤士大夫之责，抑亦中华民国之羞也。"民国5年（1916年）《内务部为调查古物列表报部致各省长、都统文》中提到："凡古代品物之遗留，实一国文化之先导。"民国16年（1927年）《大总统令妥订禁止古物出口办法》提到："所有京外各地方从前建筑、树木及一切古物，迄今存在者，如何防护保存，著该部署汇集成案，垂订专章，呈请通行遵照。"

有关文化遗产保护的呼吁也经常见于报端。如1923年吴新吾撰写的《古美术品有保存之必要及其方法》中就提到，对于历史建筑，"倒塌一件，就少一件"，"就是重修起来，也是新建筑，不成为古迹了"，"国民就是古迹的主人翁，保护之责，就在国民"[③]。

总之，北洋政府时期，一方面政府开始制订有关文化遗产的政策条规，把文化遗产保护作为新文化建设的重要工作内容，迈出了开创性的一步；但另一方面，由于军阀势力割据，北洋政府的很多政令在各地难以实施，很多文件变成一纸空文，遗产保护步履维艰，流于形式，难有成效。

---

① 转引自：李晓东著．民国文物法规史评．文物出版社，2013.5.

② 《内务部为调查古物列表报致各省长都统咨》，载中国第二历史档案馆编《中华民国史档案资料汇编》第三辑文化，第200页。

③ 吴新吾．古美术品有保存之必要及其方法．晨报五周年纪念增刊，1923年12月1日.52.

三、南京国民政府时期（1928~1937 年）

民国 17 年（1928 年），国民革命军第二次北伐成功，结束了军阀混战、时局动荡的局面，国家进入相对稳定统一时期，至少从形式上结束了四分五裂的局面。由于政局相对稳定，各种建设随之大规模开展，导致保护和拆除之间的矛盾在这一时期较为突出。政府在推行各项建设事业的同时，对文化遗产保护也给予了极大关注。主要表现在下面几个方面：

1. **建立文化遗产保护的相关机构。**

在南京民国政府建立之初，遗产保护的行政管理由北洋政府时期的“内务部”转移到新政府的“内政部”。民国 17 年（1928 年），设立了“大学院古物保管委员会”。该委员会为全国最高学术教育机关“大学院”下设的专门委员会之一，负责“计划全国古物古迹保管研究及发掘”，委员包括傅斯年、蔡元培、胡适、陈寅恪、顾颉刚等[①]。但这时的“古物保管委员会”主要是学术机构，没有行政职能。民国 19 年（1930 年）国民政府颁布《古物保存法》时，明确了拟建立“中央古物保管委员会”。民国 21 年（1932 年），国民政府公布了《中央古物保管委员会组织条例》，该条例规定：“中央古物保管委员会，直隶于行政院，计划全国古物、古迹之保管、研究及发掘事宜”。

民国 23 年（1934 年）7 月 10 日，“中央古物保管委员会”正式成立，成为国家文物管理体制中的核心部门，并将文物的学术管理与行政管理统一起来，成为具有完整行政建制的中央文物管理机构，这对于推动中国文物保管事业的发展具有很大作用。其宗旨是：“国家保管古物之机关未臻统一，以致碑碣建筑，剥蚀巧毁；鼎彝图书，输流海外；采掘出于自由，奸商巧夺牟利；摧残国宝，殊堪痛心。为统筹保管计，故有中央古物保管委员会之设立。”[②]

该机构是我国历史上由国家设立的第一个专门负责文物保护和管理的机构，其在短短的几年时间里，做了大量工作，成绩斐然。中央古物保管委员会在民国 24 年（1935 年）发布的《古物之范围及种类草案说明书》中说明了政府和民众的责任：“一切古物，皆应保存，故当规定范围，略陈种类，使国人加意爱惜，毋使自然消灭，任意毁弃。如古代建筑之任其风雨摧残，古代器物之任其销毁变卖，政府与国民共负责任者也。”[③] 抗日战争爆发后，因经费紧张，中央古物保存委员会于 1937 年 10 月 29 日被裁撤。

一些文物较集中的省份还成立了地方性的机构，如山东设立了山东省名胜古迹古物保存委员会，河南省设立了由国立中央研究院与河南省政府合组的河南古迹研究会。

2. **建立文化遗产保护的相关法规制度。**

南京“民国”政府的十年，出台了一系列关于文化遗产保护的文件，促进文化遗产保护。

---

① 大学院古物保管委员会组织条例并委员名单．中国第二历史档案馆．中华民国史档案资料汇编·第五辑第一编·文化（二）．江苏古籍出版社，1994.580.

②《礼俗：古物保存事项》．《内政公报》1934 年第 7 卷第 51 期，第 42~44 页。

③ 中央古物保管委员会．古物之范围及种类草案说明书．中国第二历史档案馆编．中华民国史档案资料汇编第 45 册第五辑第一编．江苏古籍出版社，1991.637~638.

民国18年（1929年）内政部发布《名胜古迹古物保存条例》。该条例所指的“名胜古迹”分为三类，即：“湖山类，如名山名湖及一切山林池沼，有关地方风景之属。建筑类，如古代名城、关塞、堤堰、桥梁、坛庙、园囿、寺观、楼台、亭塔，及一切古建筑之属。遗迹类，如古代陵墓、壁垒、岩洞、矶石、井泉，及一切古胜迹之属”。该条例是南京国民政府建立后公布的第一个保护古迹古物的法规，较之民国5年（1916年）内务部发布的《保存古物暂行办法》，形式上更为规范，内容更为具体丰富，理念也更为先进。条例还明确将“古代名城”作为保护对象，这应该是我国第一次在法规中提出名城保护。

在颁布该条例的同时，还附加了调查表，要求各省调查古迹古物。这是自晚清和北洋政府之后开展的第三次全国性文物调查。难能可贵的是，这次调查基本得到了落实，而且调查范围明显扩大。截至1933年12月，全国除了贵州、吉林、黑龙江、甘肃、西康五省之外，都进行了调查。

民国19年（1930年），国民政府颁布了《古物保存法》。这是民国时期公布的有关遗产保护的内容最全面、层级最高的文物保护文件，吸收了西方近代文物立法的成果，标志着现代意义上的遗产保护事业在中国的正式起步。之所以说层级最高，是因为清光绪三十五年（1909年）的《保存古物推广办法》是由民政部公布的，民国5年（1916年）10月颁布的《保存古物暂行办法》是由内务部公布的，而这次是由国民政府公布的。另外，《古物保存法》中“古物”的概念较过去又有了一定的拓展，“包括与考古、历史、古生物等学科有关的一切古代遗物”。

民国20年（1931年），行政院颁布《古物保存法施行细则》。该细则是对《古物保存法》中的一系列规定的细化，以利于实施。其中第12条规定：“采掘古物不得损毁古代建筑物、雕刻、塑像、碑文及其他附属地面上之古物遗物或减少其价值”；第15条规定：“凡名胜古迹古物应永远保存之”。同年，还颁布了《保护城垣办法》，意在保护各地城墙。其中规定，如因市政发展需要或有重要建设需拆除、填平，则需地方政府呈请行政院交由内政部等审核。

民国24年（1935年），中央古物保管委员会拟定《暂定古物范围及种类草案》，内容涉及12类“古物”，其中“建筑”一类，包括“城郭、关塞、宫殿、衙署、学校、第宅、园林、寺塔、祠庙、陵墓、桥梁、堤闸及其一切遗址”。民国25年（1936年），颁布《非常时期的古物保管办法》。

在这一时期，很多地方政府也出台了文化遗产保护的相关文件。如山西在1935年制定了《山西省各县历代先贤遗物及名胜古迹古物保管办法》，其中第18条提到：“各县县长于交代时，应将公私先贤遗物及名胜古迹古物正式列表交代”。文件中规定，县长卸任之时，须先清点文物，将全县文物清单交给下一任，以对历史负责。这种做法在保护法规中实属罕见，具有一定的独创性。该办法在第11条中还提到：“倘须改变其原状或转移地点，应先由县政府叙明理由，呈报省政府核准办理”。换言之，未经说明理由和省政府核准，不能改变之。另外如云南省泸西县在1934年出台《泸西县保存会拟具保管县境名胜古迹、古物章程》，其中第六条提到：“本会各管理员每季轮流二人到胜迹地，稽查一次有无损坏之处及古物之存在否”。1934年云南省昆阳县发布《昆阳县名胜古迹、古物保存会暂行规则》，其中第18条规定：“凡保护建筑物寺庙，如遇军队匪党前去该寺庙驻扎时，负保护之责者，应随时前往照料，并买柴薪供给，以免军队拆烧匾联窗格扇并砍伐树木作薪”[①]。总之，截至抗战爆发，立法工作、各地制度建设已初具规模。

3. 开展建筑遗产的调查和修缮

这一时期，除了政府组织的文物调查以外，民间学术团体开展了较多的文物调查，其中最有代表性的是中国营造学社。民国19年（1930年）1月，中国营造学社正式成立，其主旨是“研究中国固有之建筑术、协助创建将来之新建筑”，“欲举吾国古营造之瑰宝公之世界”。该组织由朱启钤（图3-1）创办[②]，梁思成（图3-2）担任法式部主任，刘敦桢（图3-3）担任文献部主任。中国营造学社成立后开展了大规模的古建筑田野调查工作，搜集了大量珍贵数据，并用现代科学方法研究，构建了中国建筑史学研究的基本框架，影响深远（图3-4）。仅在1932~1937年，中国营造学社就调查了华北和华东的2700余处古建筑，测绘了其中的206组建筑（图3-5）。另外，中国营造学社在研究中国建筑史的同时，还提出了文物建筑的一些维修原则。

这一时期保护修缮工程以“旧都文物整理委员会”主导的北京古建筑的修缮最有代表性。

由于民国后北京古建多损坏严重，亟需修缮。1929年9月1日，由北平民社主编的《北平指南》在“宫殿庙坛建筑之修葺”一条中指出：“美欧各邦对于古代建筑物异常保护，我国虽有保存古物明令颁布，但系一纸空文，行者极少。北平为我国近数百年之首都，建筑伟大，西人艳美，宜如何设法修葺，以留历史上之荣光。兹则有将倾者、塌陷者，倘不及时修补，将见数十年后荡然无存。真正爱国者，宜为国家计长久也”。文中陈述了修缮这些建筑遗产的迫切性。

1934年，国民政府主席蒋介石（1887~1975年）来到北京，见坛庙多有损毁现象，密电行政院：“查平京各坛庙，均属具有悠久历史之伟大建筑，足以代表东方文化。此次抵平，就闻见所及，此项建筑多失旧观，长此以往，恐将沦为榛莽，至深惋惜。

图3-1　朱启钤（1872~1964年）

图3-2　梁思成（1901~1972年）

图3-3　刘敦桢（1897~1968年）

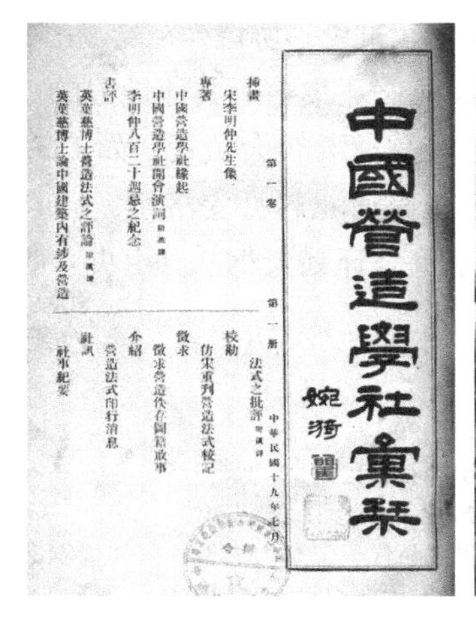

中國營造學社彙刊
婉漪
第一卷　第一册
中華民國十九年七月
插畫
宋李明仲先生像
專著
中國營造學社緣起
中國營造學社開會演詞
李明仲八百二十週忌之紀念
書評
英葉慈博士營造法式之評論
英葉慈博士論中國建築內有涉及營造
法式之批評
校勘
仿宋重刊營造法式校記
徵求
徵求營造佚存圖籍啟事
介紹
營造法式印行消息
社訊
社事紀要

图3-4《中国营造学社汇刊》第一卷第一期书影[③]（左）
图3-5　20世纪30年代中国营造学社的田野考察工作照片，图为1937年林徽因在山西五台山佛光寺内测绘经幢[④]（右）

---

① 何玉菲.民国时期云南省泸西、昆阳、易门三县保护文物古迹规定.云南档案，1997（1）.
② 朱启钤曾官至代理国务总理，后因为支持袁世凯复辟而饱受非议，并因之退出政坛。之后，朱启钤专注于中国传统建筑的研究与保护，并最终投资创办了中国营造学社。
③ 朱启钤著.营造论——暨朱启钤纪念文选.天津大学出版社，2009.
④ 梁从诫编.林徽因文集·建筑卷.百花文艺出版社，1999.文前图版.

现各坛庙系由内政部属北平坛庙管理所保管，考其以往情形，腐败不堪，殊未周妥，而地方政府不负管理之责，诚属非计……所有平市各坛庙及天然博物院以拨归北平市政府负责管理为妥”[①]。行政院接到密令后，指示北平市长预为筹划，接收坛庙管理所，制定整理办法。1935年1月，北平市政府正式接收坛庙，并着手整治管理。

1935年1月，“旧都文物整理委员会”及其执行机构“北平文物整理实施事务处”（简称“文整会”）成立。“文整会”由工程技术人员及著名古建筑匠师等组成，负责古建筑保护与修缮工程的设计施工事宜，并聘请中国营造学社梁思成、刘敦桢为技术顾问。该组织无论在机构规模、资金配置、设备支持，还是技术力量、工程项目与管理运行流程等方面，在当时都已达到很高的水准。

在1935~1937年期间，旧都文物整理委员会共修缮重要古建筑20余处，其中包括明长陵[②]、天坛祈年殿[③]、圜丘、皇穹宇、北京城东南角楼、西直门箭楼、国子监、中南海紫光阁等多处重大保护工程。这一时期，由于对于古建筑的修缮，无以往成功经验可供参考，所以，其难度还是很大的。但这些修缮工程实践，最后取得了较好的成效，积累了一定的经验，也代表着当时中国古建筑修缮的最高水平，亦属于现代意义下的建筑遗产保护工作。

以1935年开工的祈年殿修缮工程为例[④]。这一工程由当时名噪一时的基泰建筑事务所负责实施和督导[⑤]，杨廷宝为工程总负责，施工方为“恒茂木厂”[⑥]。期间，聘请了朱启钤、梁思成、刘敦祯以及林徽因作为技术顾问，这几位都是中国建筑史学研究领域的开山先辈。如此多的重量级学者同时出现在这一修缮工程中，是同期其他修缮保护工程中绝无仅有的（图3-6）。据杨廷宝先生口述，作为当时年轻一代的归国建筑师，他对中国的古建筑尚不太熟悉，但为了做好修缮工作，他只有聘请当时一些参加过故宫修葺的老工匠和师傅到工地上来，从而获益匪浅[⑦]。杨廷宝在修缮工程实施中，多方查考文献资料，亲临现场拍照测绘，并不断地向工匠师父请教，以工匠为师。在修缮天坛皇穹宇内部时，杨廷宝按原样补齐的原则，采用“修旧如旧”的方法，亲自与工匠师傅们调配色彩，使整个建筑色彩协调。

除北京外，1935~1936年间，南京国民政府还集中对其他地方的一些重要建筑进行了修缮和维护工作，具体工作由中央古物保管委员会负责。如1935年4月，中国营造学社梁思成拟请中央古物保管委员会重修河北赵县安济桥、蓟县独乐寺观音阁山门和山西云冈石窟三处古迹，并提交了重修计划大纲[⑧]。中央古物保管委员会

---

① 袁兆晖．紫禁城．北京：故宫博物院紫禁城出版社，1999.19.

② 北京市政府公务局编．明长陵修缮工程纪要．怀英出版社，民国25年．

③ 北平游览区古迹名胜之第一期修葺计划，档案编号J1-5-116，北京档案馆。

④ 北京天坛初建成于明永乐十八年（1420年），是明清两代皇帝祭天之地，因其规制之高、结构之巧、艺术之美，可谓中国古代礼制建筑的巅峰之作。但当时天坛内建筑倾圮破败，院落杂草丛生。

⑤ 基泰工程司，近代中国最大的建筑事务所，由关颂声（1892~1960年）创办于1920年。1927年，杨廷宝先生归国后即加入基泰工程司并担当总建筑师。

⑥ “恒茂木厂”，其前身是清代赫赫有名的擅于皇家营造的八大柜之一的兴隆木厂。另外，一批老匠师参与了本次天坛修缮工程。这些老工匠曾经参加过清末皇家营造工程，具有精湛的技艺。

⑦ 南京工学院建筑研究所．杨廷宝建筑作品集．中国建筑工业出版社，1983.2.

⑧《中央古物保管委员会第二次全体会议记录》，《中央古物保管委员会议事录》，第一册，第25页。

图 3-6　北京天坛祈年殿的修缮及梁思成、林徽因等在修缮工程现场[①]

采纳了梁的提议，并将修缮工作委托中国营造学社。

4. 在修缮实践中逐步完善保护理念。

这一阶段，中国的建筑遗产保护的意识逐渐明确，进行了大量的现场调查和测绘，并展开了一定的保护实践工作，为理论探索奠定了一定的基础。同时，在修缮实践和吸收国际思潮的基础上，提出了具有前瞻性的保护理念与思路，一定程度上奠定了中国建筑遗产保护的基本理念。

这一时期中国保护修复理论最有代表性的人物非梁思成莫属。梁思成在 1932 年发表的《蓟县独乐寺观音阁山门考》一文中，有“今后之保护”一节（图 3-7）。其中至少有下面几个方面的内容值得关注。首先，该文强调了国民教育对于遗产保护的重要性，其中提到：“保护之法，首须引起社会注意，使知建筑在文化上之价值……而此种认识及觉悟，固非朝夕所能奏效，其根本乃在人民教育程度之提高”。其次，该文强调了立法保护之重要性，文中提到：“在社会方面，则政府法律之保护，为绝不可少者。军队之大规模破坏，游人题壁窃砖，皆须同样禁止。而古建保护法，尤须从速制定，颁布，施行”[②]。其三，该文强调了修复之前调查工作的重要性，文中提到：“古建筑复原问题，已成建筑考古学中一大争点，在意大利教育部中，至今尚为悬案；而愚见则以保存现状为保存古建筑之最良方法，复原部分非有绝对把握，不宜轻易施行”。

图 3-7　1932 年梁思成绘制的蓟县独乐寺观音阁南立面[③]

1935 年，梁思成发表《曲阜孔庙之建筑及其修葺计划》一文（图 3-8），阐述了古代建筑修葺应“延年益寿”，其中提到：“在设计以前须知道这座建筑物的年代，须知这年代间建筑物的特征；对于这建筑物，如见其有损毁处，须知其原因及其补救方法；须尽我们的理智，应用到这座建筑物本身上去，以求现存构物寿命最大限度的延长，不能像古人拆旧建新，于是这问题也就复杂多了”[④]。

---

① 崔勇 .1935 年天坛修缮纪闻 . 建筑创作，2006（4）.

② 梁思成全集（第一卷）. 中国建筑工业出版社，2001.221.

③ 陈明达著 . 蓟县独乐寺 . 天津大学出版社，2007.

④ 梁思成全集（第 3 卷）. 中国建筑工业出版社，2001.27.

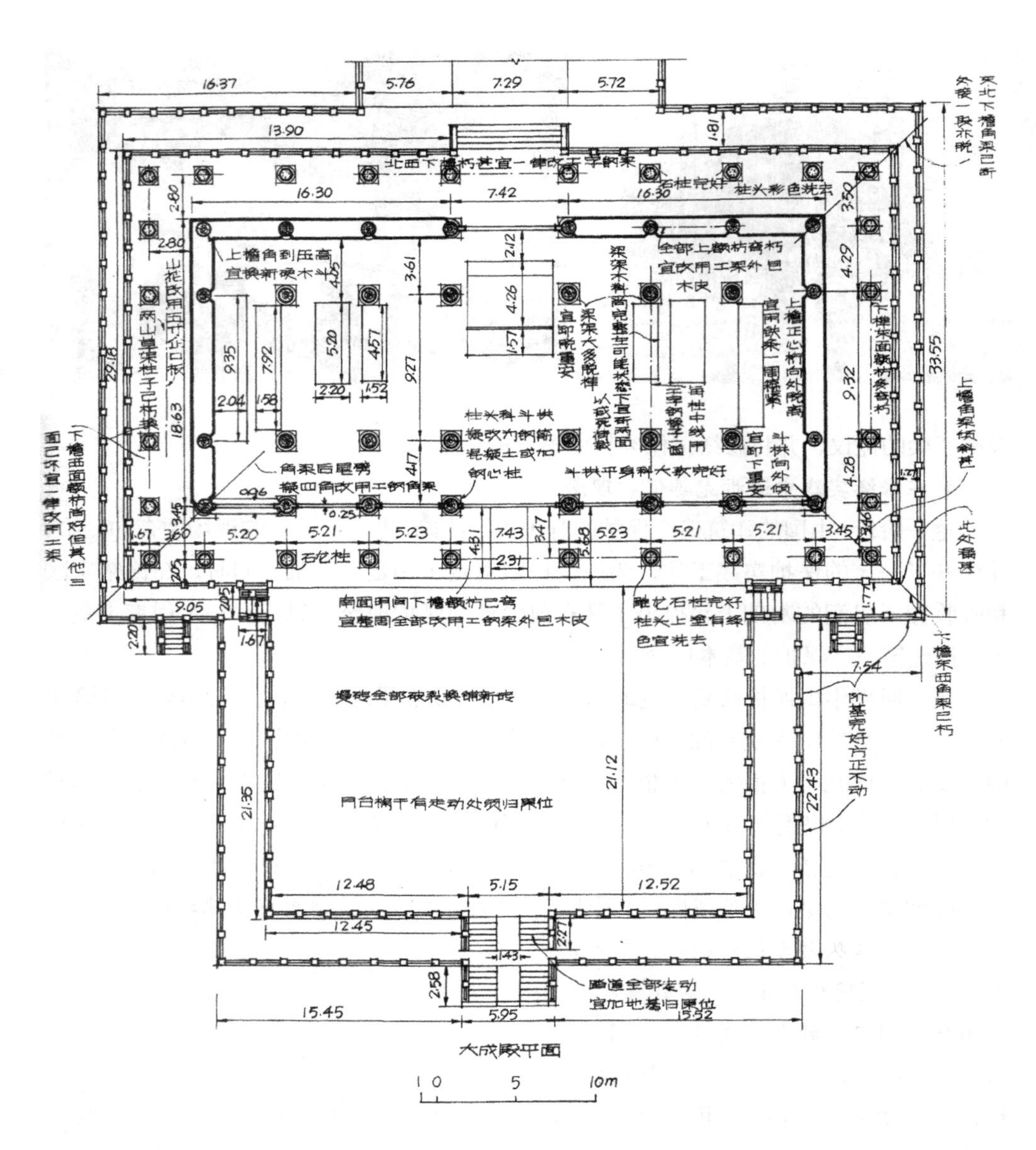

图 3-8 梁思成在《曲阜孔庙之建筑及其修葺计划》所附的修葺图纸①

梁思成在这一阶段发表的几篇文章中，较为完整地阐述了他的建筑遗产修复观念。这些观念与当时国际上主流的修复思想即《雅典宪章》的精神是基本吻合的（表 3-2）。

《雅典宪章》（1931年）与20世纪30年代中国建筑遗产保护思想的对比　表3-2

相关问题	1931 年《雅典宪章》	梁思成等在 20 世纪 30 年代的保护思想	来源
立法保护	引述："所有国家都要通过国家立法来解决历史古迹的保存问题"	"古建保护法，尤须从速制定，颁布，施行"	1932 梁思成《蓟县独乐寺观音阁山门考》
维护和复建	第 1 条摘录："应创立一个定期、持久的维护体系来有计划地保护建筑，从而摒弃整体重建的做法"	"求现存构物寿命最大限度的延长，不能像古人拆旧建新"	1935 梁思成《曲阜孔庙之建筑及其修葺计划》

① 梁思成全集（第 3 卷）. 中国建筑工业出版社，2001.17.

续表

相关问题	1931 年《雅典宪章》	梁思成等在 20 世纪 30 年代的保护思想	来源
不同时期的历史信息	第 1 条摘录："当由于坍塌或破坏而必须进行修复时，应该尊重过去的历史和艺术作品，不排斥任何一个特定时期的风格"	(1)"以保存现状为保存古建筑之最良方法，复原部分非有绝对把握，不宜轻易施行"	1932 年梁思成《蓟县独乐寺观音阁山门考》
		(2)"不修六和塔则已，若修则必须恢复塔初建时的原状，方对得住这钱塘江上的名迹"	梁思成《杭州六和塔复原计划》
		(3)在单幢建筑的维修中建议拆除清式栏杆，恢复完整的辽代建筑风格	1932 年梁思成《蓟县独乐寺观音阁山门考》
不同价值	第 2 条摘录："保护具有艺术、历史和科学价值的纪念物"	"古物本身有科学的、历史的或艺术的价值"	1935 年《暂定古物范围及种类草案》
公共权力	第 2 条摘录："在尊重私有权问题的同时，还要认可某些公共权力的存在"	"私有之重要古物，应向地方主管行政官署登记，并由该管官署汇报教育部、内政部及中央古物保管委员会"	1930 年《古物保存法》
整体保护	第 3 条摘录："在建造过程中，新建筑的选址应尊重城市特征和周边环境，特别是当其邻近文物古迹时，应给予周边环境特别考虑"	"采掘古物，不得损坏古代建筑、雕刻塑像、碑文及其他附属地面上之古物遗物或减少价值"	1931 年《古物保存法施行细则》
强调新技术	都 4 条摘录："赞成谨慎运用所有已掌握的现代技术资源"	"在将今日我们所有对于力学及新材料的智识，尽量的用来，补救孔庙现存建筑在结构上的缺点"	1935 年梁思成《曲阜孔庙之建筑及其修葺计划》
新技术应隐藏	第 4 条摘录："强调这样的加固工作应尽可能地隐藏起来，以保证修复后的纪念物其原有外观和特征得以保留"	"在不露明的地方，凡有需要之处，必尽量的用新方法新材料，如钢梁，螺丝销子，防腐剂，隔潮油毡，水泥钢筋等等，以补救旧材料古方法之不足；但是我们非万万不得已，绝不让这些东西改换了各殿宇原来的外形"	1935 年梁思成《曲阜孔庙之建筑及其修葺计划》
原物归位	第 6 条摘录："对废墟遗址要小心谨慎地进行保护，必须尽可能地将找到的原物碎片进行修复，此做法称为原物归位（Anastylosis）。为了这一目的所使用的新材料必须是可识别的"	"修理古物之原则，在美术上，以保存原有外观为第一要义。故未修理各部之彩画，均宜仍旧，不事更新。其新补梁、柱、椽、檩、雀替、门窗、天花等，所绘彩画花纹色彩，俱应仿古，使其与旧有者一致"	1933 年刘敦桢、梁思成《修理故宫景山万春亭计划》
强调教育	第 7 条摘录："大会坚信，保护纪念物和艺术品最可靠的保证是人民大众对它们的珍惜和爱惜；公共当局通过恰当的举措可以在很大程度上提升这一感情"	"保护之法，首须引起社会注意，使知建筑在文化上之价值。……而此种认识及觉悟，固非朝夕所能奏效，其根本乃在人民教育程度之提高"	1932 年梁思成《蓟县独乐寺观音阁山门考》
档案记录	第 7 条摘录："应出版一份有关文物古迹的详细清单，并附照片和文字注释"	"古物保存处所每年应将古物填表造册，呈送教育部、内政部、中央古物保管委员会及地方主管行政官署"	1931 年《古物保存法施行细则》

但梁思成的文物建筑保护思想，也呈现出矛盾性和两重性。他一方面提出"保存现状"，要使文物建筑"老当益壮""益寿延年"，但有时又提出把文物建筑恢复、统一到早期的风格形式上。1935 年，梁思成在《杭州六和塔复原计划》一文中，认为六和塔对于"杭州之风景古迹至为重要"[①]，所以，"不修六和塔则已，若修则必须

① 六和塔位于西湖之南，钱塘江畔的月轮山上，是杭州的著名风景点之一。北宋开宝三年（970 年），僧人智元禅师为镇钱塘江怒潮而创建，取佛教"六和敬"之义，命名为六和塔。塔于宋宣和三年（1121 年）毁于兵火。南宋绍兴二十二年（1152）在原址重建。现在的六和塔，塔身是南宋的遗物，木檐是清光绪二十六年（1900 年）重建的。1961 年被公布为全国重点文物保护单位。六和塔高 60 米，平面八角，塔身七层，砖砌而成，分外墙、环廊、内墙和中心小室四个部分。外层木廊十三层，每隔一层封闭一层，形成"七明六暗"的格局。

图 3-9　杭州开化寺六和塔复原图[②]

恢复塔初建时的原状，方对得住这钱塘江上的名迹”，并提到，“我们所要恢复的，就是绍兴二十三年重修的原状”，其中的重要前提是：“推测六和塔的原形，尚不算是很难的事”[①]。对于六和塔的修复而言，梁的观点有些类似于欧洲在 19 世纪比较流行的“风格式修复”的做法（图 3-9）。

梁思成的“恢复原状的”理念和《雅典宪章》（1931 年）中的有关精神有较大差异。如果要溯源的话，这可能和梁思成偏爱唐宋风格有关。虽然当时法国“风格修复”受到很多抨击，但还是有着巨大的影响。而且，一定程度上可以说，我国传统的建筑修缮理念与西方的“风格性修复”理念有诸多相通之处，追求建筑的完整性，注重恢复到原状，或多或少忽视真实性，保护理念有浪漫主义倾向，追求修复到“原状”，一定程度上损害遗产的真实性和完整性。

总之，南京国民政府十年，是中国现代文化遗产保护的关键时期，各项工作逐渐发育成型，中央古物保管委员会等全国性的文物保护机构出现，一些法律法规出台，保护框架初步构建。正由于此，一般认为，我国现代意义上的建筑遗产保护工作开始于 20 世纪 20~30 年代。

四、抗日战争和解放战争期间（1937~1949 年）

1937 年 7 月 7 日，日本帝国主义发动全面侵华战争，形势发生了巨大变化，各方主要精力集中于抗日，建筑遗产的保护工作几乎处于停滞状态，使得刚刚成型的遗产保护体系遭受挫折，许多重要的建筑遗产毁于战乱（图 3-10 ～图 3-14）。

战争初期，日军每攻占一地，多会肆意纵火焚烧各类建筑。战争进入相持阶段后，日军推行“烧光、杀光、抢光”的三光政策，许多古建筑化为灰烬。八年抗战期间（1937~1945 年），据不完全统计，“全国有 930 余座城市被日军先后攻占，占全国（除东北和港台以外）城市百分之四十七以上，其中大城市占全国大城市数百分之八十以上，广大乡村亦遭日军蹂躏，全国除新疆、西藏等几个省区基本未受战火侵袭外，其他地区都受到了日军的攻击，特别是沿海发达地区和广大中原地区”，综合全国古建筑损失概况统计和古建筑与房屋损毁量比关系分析可知，“自九·一八事变以迄日本战败投降，由于侵华日军的军事进攻和肆意焚烧行为，遭日军毁坏的中国古建筑至少应在 10000 处以上”[③]。如 1939 年 4 月 19 日，日军一把火将山西沁县县城全部烧毁，城中古建筑无一幸免。另外，内蒙古喇嘛庙王爱召被焚烧也是典型的案例[④]。1941 年 2 月 9 日（农历正月十四），日军攻进王爱召，疯狂搜索各种文物，洗劫之后，在召庙各建筑物上浇洒汽油，堆遍干柴，进行焚烧，使其成为一片废墟。

在战乱期间，中国营造学社迁至西南大后方。在 1938 ～ 1941 年期间，中国营造学社对西南地区的古建筑进行了调查和测绘。1940 年，国民政府公布《保存名胜

① 梁思成全集（第 2 卷）. 中国建筑工业出版社，2001.356.

② 梁思成全集（第 2 卷）. 中国建筑工业出版社，2001.357.

③ 戴雄 . 侵华日军对中国古建筑的损毁 . 民国档案，2000（3）.

④ 王爱召修建于万历十三年（1585 年），是我国著名的古代建筑，是中国宝贵的少数民族文化遗产和宗教中心庙，占地面积约 50 亩，共有寺庙建筑物约 259 间，外建有 9 座大庙，内供奉伊克昭盟七族祖先等 13 座塔坟，各塔坟大小不一，形式各异，全部采用银质建造并镀金。

图 3-10　济南城西门外的瓮城城楼，摄于 1928 年，不久之后，在济南惨案中被日军炮火毁坏（左：炮轰前；右：炮轰后）①

图 3-11　老明信片中的南京总理陵园管委会，为南京近代建筑的代表，后被日军破坏无遗②

图 3-12　1932 年、1937 年上海北站两度遭日军轰炸③

图 3-13　1941 年 5 月 3 日重庆市政府门口遭到轰炸图（左图）

图 3-14　太原省府内的进山楼建于民国初期，民国以来一直为太原城标志性建筑之一，被日军轰炸④（右两图）

古迹暂行条例》，但由于战乱动荡，条款徒具虚文，收效甚微。

1937 年抗日民族统一战线建立后，原陕甘革命根据地改名为陕甘宁边区，中共

① 严强，王金环主编．济南旧影．人民美术出版社，2001.14、83.

② 于吉星主编．老明信片·建筑篇．上海画报出版社，1997.131.

③ 姚丽旋编著，美好城市的百年变迁——明信片看上海．上海大学出版社，2010.575.

④ 刘永生主编．太原旧影．人民美术出版社，2000.16、72.

中央和边区政府对文化遗产保护较为重视。如1939年3月2日中共中央宣传部发出《关于保存历史文献及古迹古物的通告》。《通告》指出：“一切历史文献以及各种古迹古物，为我民族文化之遗产，并为研究我民族各方面历史之重大材料，此后各地方、各学校、各机关和一切人民团体，对于上述种类亟宜珍护。”这是中国共产党目前所知最早有关保护文物的文件。同年11月23日，签发了《陕甘宁边区政府给各分区行政专员、各县县长的训令》，其中提到“本政府现在决定对边区所有古物、文献及古迹加以整理发扬，并妥予保存”，“各级政府人员在进行调查中办事出力或发现出重大价值之古物、文献、古迹者，亦当酌予奖励”。

在1947~1949年期间，一些解放区政府颁布了一系列保护文物的规定（表3-3），有些地方成立保护文物委员会。如1948年在哈尔滨成立了东北文物管理委员会。

解放区政府有关文物保护的文件　　表3-3

序号	发布时间和文件名称	内容摘录
1	1948年1月13日华北人民政府发出《关于文物古迹征集保管问题的规定》	“凡各地名胜古迹：如知名古刹及其附属建筑、地下建筑、古佛像、碑碣、壁画、古冢墓及其附属建筑、古迹发掘遗址、名人故居等不可移动文物及不便移动者，可留原地保管，并责成当地政府负责保护”
2	1948年2月5日晋察冀中央局发布《为征集与保管文物古迹通知》	“各地名胜古迹即建筑，应妥为保护，不得破坏，并望将其情形报告”
3	1948年3月26日陕甘宁边区政府、陕甘宁晋绥联防军区、中共中央西北局联合颁布了《关于保护各地文物古迹布告》	“西北为我中华民族发祥之地，历代文物古迹甚多，凡我党政军民人等对于一切有关民族文物的古迹名胜均应切实保护，不许有任何破坏”
4	1948年4月3日东北行政委员会颁布《东北解放区文物古迹保管办法》	“名胜古迹应由当地政府负责妥为保护，严禁破坏、樵牧或折售，并将情形具报东北文物保管委员会备查”
5	1948年7月31日晋冀鲁豫边区人民政府发布《文物征集保管暂行办法》	“各地在土地改革中，凡遇名胜、古迹、古代碑碣、建筑物及有艺术价值之雕刻、塑像、壁画等，由当地政府责成专人保护，严禁破坏”
6	1949年1月14日华北人民政府发布《为保护各地名胜古迹、严禁破坏由》	“凡具有历史文化价值之名胜古迹，如古寺、庙、观、庵、亭、塔、牌坊、行宫建筑等，碑、碣、塑像、雕刻、壁画、冢墓、古迹发掘遗址、名人故里等特殊建筑，及其有纪念意义之附属物等，均属于保护之列”

图3-15 《全国重要建筑文物简目》封面

1948年12月～1949年3月，受中国人民解放军有关部门委托，梁思成先生主持编写了《全国重要建筑文物简目》（图3-15），共450条①。编写该简目的主要目的是供中国人民解放军作战及接管时，保护文物建筑之用。该简目也成为以后公布第一批全国重点文物保护单位的基础，其中提出将“北京城全部”作为一个项目列入保护范围，这应该是我国较早提出的历史城市保护思想。梁思成在发表的《北平文物必须整理和保存》一文中提到：“北平市之建筑布署，无论由都市计划、历史或艺术的观点，都是世界上罕见的瑰宝，这早经一般人承认。至于北平全城的体形秩序的概念与创造——所谓形制气魄——实在都是艺术的大手笔，也灿烂而具体地放在我们面前”②。

在战乱之中，抢救文化遗产自然成为文化遗产保护的主要任务。1949年1月16日毛泽东主席在为中央军委起草的关于积极准备攻城（北平）部署中，给平津战役前线总前委聂荣臻等负责人的电报中，强调指出：“此次攻城，必须做出精密计划，

① 梁思成全集（第4卷）. 中国建筑工业出版社，2001.317~365.

② 梁思成全集（第4卷）. 中国建筑工业出版社，2001.307.

力求避免破坏故宫、大学及其他著名而有重大价值的文化古迹”，“要使每一部队的首长完全明了，哪些地方可以攻击，哪些地方不能攻击，绘图立说，人手一份，当作一项纪律去执行。”1949 年 5 月，解放浙江奉化时，毛泽东指示部队：“在占领奉化时，不破坏蒋介石的住宅、祠堂及其他建筑物”[①]。

总体而言，清末和民国时期，由于社会政局动荡，民不聊生，国力衰弱，所以尽管颁布了一些保护法律法规，建立了相应的国家保护机构，但由于这些机构不够稳定，一些法规基本没有得到执行，并没有在全国范围内大面积推动保护工作，也没有建立起完备的法律体系和政策体系，一些修葺方案亦多停留在纸面，大量文物基本上处于无人管理的状态。但同时，在内忧外患的刺激下，救亡图存，强烈的民族忧患意识促使人们对保护先代遗物予以深切关注，用先人留下的遗产激励民族精神，开启民智，增进文明。政府通过国家机构和法制手段来保护文物，尽管因时局动荡而效果受限，却不懈努力，迈出了中国建筑遗产保护事业的第一步。

第三节 1949~1977 年期间的建筑遗产保护

1949~1977 年期间，大致为中国建筑遗产保护体系的初创阶段。中华人民共和国成立之初，千疮百孔，百废待兴。1956 年毛泽东曾在《论十大关系》一文中论道：“我们一为‘穷’，二为‘白’。‘穷’，就是没有多少工业，农业也不发达。‘白’，就是一张白纸，文化水平、科学水平都不高。”但是，全国上下通过致力发展生产，推进工业化，民众的生活水平逐步得到改善。在这一阶段，中国在经济建设上实行计划配置资源的经济体制，对于文化遗产的保护，也采取完全由国家财政负责的体制和政策。

一、中华人民共和国成立初期（1949~1965 年）

随着社会生活的稳定，中央政府逐渐开始更多地关注文化遗产（包括建筑遗产）的保护，随之一些相关的法律法规制度陆续出台，促进了建筑遗产的保护。但是，由于经济基础薄弱，人们对文化遗产的认识还比较粗浅，保护观念也比较淡薄，所以，保护经费的投入也较少，和需求相比，可谓杯水车薪。另外，由于土地革命和房屋产权的再分配，导致房屋所有人的变化，给建筑遗产的保护带来一定困难。

中华人民共和国成立初期的文化遗产保护，主要表现在以下几个方面：

1. 直面主要问题，出台相关文件，加强保护管理。

这些出台的文件都是针对当时的实际情况，旨在解决面临的突出问题。如中华人民共和国成立初期，由于新的建设的开展以及保护意识的薄弱，“拆”风盛行。在这样的背景之下，中华人民共和国成立之后不到一年，政务院就迫不及待地发布《关于保护古文物建筑的指示》（1950 年 7 月 6 日），其第一条规定：“凡全国各地具有历史价值及有关革命史实的文物建筑，如革命遗迹及古城廓、宫阙、关塞、堡垒、陵墓、

① 王舜祈．毛泽东下令保护蒋氏遗址．红枫，2001（9）．

图 3-16 大同钟楼建于明代，位于市内交通要道的中央，为了解决交通堵塞，1951 年夏天拆除[①]

图 3-17 1954 年北京西长安街的庆寿寺双塔因拓宽长安街被拆[②]

楼台、书院、庙宇、园林、废墟、住宅、碑塔、石刻等以及上述各建筑物内之原有附属物，均应加意保护，严禁毁坏”。次年，内务部、文化部又发布《关于地方文物名胜古迹的保护管理办法》，再次强调古迹保护的重要性，并提出一些具体的保护措施。这些文件对古建破坏起到了一定遏制作用，但破坏的情况还是时有发生，如 1951 年山西大同市为了改善交通，拆除了钟楼（图 3-16）。这样的事绝非个案，而是在各个地方极为普遍。

中华人民共和国成立初期，经过短暂的调整后，开始了第一个国民经济五年计划（1953~1957 年），展开大规模的社会主义基本建设。这时文物保护和基本建设之间的矛盾开始凸显，对文物建筑的破坏日益严重。在这样的背景下，1953 年 10 月 12 日，政务院发布了《关于在基本建设工程中保护历史及革命文物的指示》，其中规定：“一般地面古迹及革命建筑物，非确属必要，不得任意拆除；如有十分必要加以拆除或迁移者应经由省（市）文化主管部门报经大区文化主管部门批准，并报中央文化部备查”。但基本建设还是导致很多文化遗产遭到破坏，如 1954 年北京西长安街路北的元代庆寿寺非常精美的双塔，因拓宽长安街被拆（图 3-17）。

1955 年全国农业合作化进入高潮，大搞农田基本建设，文物保护又一次面临挑战。1956 年，国务院审时度势地发布了《关于在农业生产建设中保护文物的通知》，强调了在基本建设和农业发展中保护文化遗产的重要性，其中规定：“必须在全国范围内对历史和革命文物遗迹进行普查调查工作。各省、自治区、直辖市文化局应该首先就已知的重要古文化遗址、古墓葬地区和重要革命遗迹、纪念建筑物、古建筑、碑碣等，在本通知到达后两个月内提出保护单位名单，报省（市）人民委员会批准先行公布，并且通知县、乡，做出标志，加以保护”。根据文件精神，各省进行了文物普查。这次普查是中华人民共和国成立后的第一次文物普查，虽规模小，也不够规范，但意义不容小觑。该通知还提出了“保护单位”的概念，成为后来广泛实行的“文物保护单位”制度的雏形。

这一时期法规制度的建设以《文物保护管理暂行条例》的出台最有代表性。

《文物保护管理暂行条例》的出台是基于对“大跃进”的反思。1958 年全国各条战线掀起了“大跃进”高潮。在“大办人民公社”“大炼钢铁”的浪潮中，很多文化遗产遭到破坏。如 1958 年 9 月山西隰宁县把省级文物保护单位金泰和八年（1208 年）铸造的大钟破坏后，用作炼钢原料[③]。与此类似的情况在全国屡见不鲜。但到了 1959 年，全国开始总结“大跃进”的经验教训，纠正“左”的思想，强调按照科学办事，按照规律办事。在这样的背景下，1960 年 11 月 17 日国务院通过了《文物保护管理暂行条例》。该条例成为 1982 年《中华人民共和国文物保护法》颁行之前，级别最高的指导法规，初步奠定了我国文化遗产保护的理论基础，具有重要的意义，具体表现在下面几个方面：

（1）明确文物价值主要体现为历史、艺术和科学价值，俗称“三大价值”。其第一条就规定：“在中华人民共和国国境内，一切具有历史、艺术、科学价值的文物，

① 罗哲文，杨永生主编．失去的建筑（增订本）．中国建筑工业出版社，2002.62.

② 罗哲文，杨永生主编．失去的建筑．中国建筑工业出版社，2016.

③ 山西省人民委员会关于对原隰宁、安邑等县破坏铜、铁铸造文物的通报．太原：山西政报，1959（7）．

都由国家保护，不得破坏和擅自运往国外。各级人民委员会对于所辖境内的文物负有保护责任。一切现在地下遗存的文物，都属于国家所有。”

（2）明确文物的具体内容。其第二条规定，国家保护的文物的范围如下：“①与重大历史事件、革命运动和重要人物有关的、具有纪念意义和史料价值的建筑物、遗址、纪念物等；②具有历史、艺术、科学价值的古文化遗址、古墓葬、古建筑、石窟寺、石刻等；③各时代有价值的艺术品、工艺美术品；④革命文献资料以及具有历史、艺术和科学价值的古旧图书资料；⑤反映各时代社会制度、社会生产、社会生活的代表性实物。”

（3）明确了文物保护保护单位的建构。该条例规定根据其价值，分为三级，即全国重点文物保护单位、省级文物保护单位和县（市）级文物保护单位，这标志着我国文物保护单位制度的初步形成。

（4）提出文物保护纳入城市规划。该条例第六条规定：“各级人民委员会在制定生产建设规划和城市建设规划的时候，应当将所辖地区内的各级文物保护单位纳入规划，加以保护。”

（5）提出文物保护的基本原则。该条例第十一条规定：“一切核定为文物保护单位的纪念建筑物、古建筑、石窟寺，石刻、雕塑等（包括建筑物的附属物），在进行修缮、保养的时候，必须严格遵守恢复原状或者保存现状的原则，在保护范围内不得进行其他的建设工程。”

根据《文物保护管理暂行条例》，文化部于1963年颁布了《文物保护单位保护管理暂行办法》《革命纪念建筑、历史纪念建筑、古建筑、石窟寺修缮暂行管理办法》；1964年，国务院批准《古遗址、古墓葬调查、发掘暂行管理办法》。这些都是对《文物保护暂行管理条例》的补充和完善，标志着我国文物保护制度的基本创立。

2. 设立管理机构，建立文物保护单位制度。

1949年11月中央政府在文化部内设立文物事业管理局。此后，虽然名称几经变更，但国家一直设有专门的文物行政部门。一些地方政府也陆续设立了专门的文物管理机构。在1951年5月文化部、内务部颁布的《关于地方文物名胜古迹的保护管理办法》中指示：“文物古迹较多的省、市设立‘文物管理委员会’，直属该省市人民政府。文物管理委员会以调查、保护并管理该地区的古建筑、古文化遗址、革命遗迹为主要任务。”

文物保护单位制度的实施是这一时期卓有成效的工作之一。在1956年的《关于在农业生产建设中保护文物的通知》中，就指令各省、自治区、直辖市文化局，“在本通知到达后两个月内提出保护单位名单，报省（市）人民委员会批准先行公布，并且通知县、乡，做出标志，加以保护”。1958年2月，以各省、市、自治区的保护单位为基础，编辑出版了《全国各省、自治区、直辖市第一批文物保护单位名单汇编》（文物出版社出版），收录文物保护单位达5572处。

1961年3月4日，国务院在出台《文物保护管理暂行办法》的同时，公布了第一批180处全国重点文物保护单位。这一名单的公布，毋庸置疑，对于中国文化遗产的保护具有里程碑式的意义，这意味着，“在我们国家几千年历史中，文物建筑第一次真正受到政府的重视和保护”[①]。

① 梁思成. 闲话文物建筑的重修和维护. 文物，1964（7）.

图 3-18 山西省高平县人民委员会于 1963 年 3 月为西李门村二仙庙制作的标志

1963 年 3 月 4 日，文化部颁布《文物保护单位保护管理暂行办法》指出："各级文化行政部门应经常组织力量，对本地区的文物进行系统的调查研究，作出鉴定和科学记录。对于其中具有历史、艺术、科学价值和纪念意义而必须就原地保护的文物如革命遗址、纪念建筑物、古建筑、石窟寺、石刻、古文化遗址、古墓葬等，要进行分类排队，并根据它们价值和意义的大小，按照条例规定的标准程序公布为文物保护单位。"该办法出台后，一批建筑遗产被确定为文物保护单位，并悬挂保护标志（图 3-18）。

"文物保护单位"的名号，在后来的"文革"中往往成为免于被破坏的"护身符"。如 1966 年 11 月 1 日《山西省人民委员会关于在无产阶级文化大革命运动中注意保护文物和处理有毒书籍的通知》中就强调："凡是中央和省明文公布的重点历史文物保护单位（包括古建筑、雕塑像、石刻等），虽然都是历代反动统治阶级用来麻醉和剥削劳动人民的工具，对人民有毒害影响，但它也可以起到揭露旧社会黑暗统治，提高人民的无产阶级觉悟，为社会主义建设服务的作用。同时，这些历史文物又是古代劳动人民智慧的创造，是研究古代阶级斗争和生产斗争的重要的实物资料，应按照党的政策和国务院关于文物保护条例的规定予以保护。各市、县级文物保护单位的保护问题，由各市、县参照上述精神研究决定。"[①]

3. 遏制拆毁事件，加强保护工作。

总体而言，中华人民共和国成立初期建筑遗产的损毁，多是由于拆旧建新，或自然损毁。北京在解放初期有王府和官邸古建筑 160 处，到 1964 年时减少为 50 处[②]。另外，如 1960 年哈尔滨新建客运站时，拆毁了老火车站。哈尔滨老站（图 3-19、图 3-20）是中东铁路初建时唯一的一等大站，其建造技术采用了当时欧洲最先进的铁路建造技术；建筑风格采取的是当时国际上流行的新艺术风格，堪称世界级精品。

图 3-19 哈尔滨老站正立面图[③]（上）

图 3-20 哈尔滨老站老照片[④]（下）

这一阶段影响最大的事件，莫过于北京城墙的拆毁（图 3-21）。从 1952 开始，北京的外城城墙陆续被拆除。1953 年 8 月 12 日，毛泽东在全国财经工作会议上说："拆除城墙这些大问题，就是经中央决定，由政府执行的"[⑤]。1953 年 5 月，朝阳门和阜成门的城楼及瓮城被拆掉。1954 年，中轴线上的地安门被拆除。1956 年，永定门城楼周围城墙被拆掉。1957 年，永定门城楼箭楼被拆掉。到 1957 年时，外城墙已经基本

① 山西省人民委员会关于在无产阶级文化大革命运动中注意保护文物和处理有毒书籍的通知（晋文字 203 号）. 山西政协，1966（12）.

② 郑孝燮著 . 留住我国建筑文化的记忆 . 中国建筑工业出版社，2007. "开篇及大事之回顾".

③ 武国庆 . 建筑艺术长廊——中东老建筑寻踪 . 黑龙江人民出版社，2008.2~8.

④ 罗哲文，杨永生主编 . 失去的建筑（增订本）. 中国建筑工业出版社，2002.102.

⑤ 毛泽东 . 反对党内的资产阶级思想 . 毛泽东选集第 5 卷 . 人民出版社，1977.

图 3-21　北京各城门拆毁图

拆毁，内城墙拆了一半。1959 年，中轴线上的中华门被拆除。1965 年，地铁工程开始动工，内城城墙又被拆了一部分。1969 年，内城城墙在修建地铁和备战备荒中被彻底拆除。其中北京各城楼和箭楼，近一半拆于 20 世纪 50 年代。

更为遗憾的是，在北京城墙拆毁的影响下，全国数以千计的古城墙也接连被拆毁（图 3-22、图 3-23）。这些城墙的拆除，有其特定的社会背景，如“工业化”“破四旧”“大生产”，但主要还是由于当时的思想认识问题，特别是决策者的思想认识

图 3-22　苏州城墙，现大部分被拆毁[②]（左）
图 3-23　老明信片中的济南南关的城楼和城墙，现已荡然无存[③]（右）

问题。1958 年 1 月 28 日，毛泽东在第 14 次最高国务会议上说："南京、济南、长沙的城墙拆了很好，北京、开封的旧房子最好全部变成新房子"[①]。

当然，也有个别城墙得以保护，如西安城墙（图 3-24）。1958 年夏，已被列入省级文物保护单位的西安城墙面临拆除的危险。这年 9 月，西安市委向陕西省委请示，认为西安城墙可以不予保留，今后总的方向是拆，只保存几个城门楼子。10 月，陕西省委复函表示"原则同意"。但很多人对拆除西安城墙感到惋惜，力主保护。1959 年 7 月 1 日，文化部向国务院提交《关于建议保护西安城墙的报告》，认为西安城墙"建筑宏伟，规模宏大，是我国现存保存最完整而规模较大的一座封建社会城市的城墙"，"我部认为应该保存，并加以保护"。7 月 22 日，《国务院关于保护西安城墙的通知》表示"国务院同意文化部的意见，请陕西省人民委员会研究办理"[④]。这样西安城墙才得以完整保留，并于 1961 年公布为全国重点文物保护单位。

4. 开展古建修缮，总结修缮经验。

20 世纪 50 年代，文化部北京文物整理委员会主持修缮了一批古建筑，如北京阜成门、安定门（图 3-25）、德胜门箭楼、东便门箭楼修缮工程（1951 年），山西五台山佛光寺文殊殿修缮工程（1951 年），北京天安门修缮工程（1952 年）、雍和宫修缮工程（1952 年），山西大同九龙壁修缮工程（1953 年）、善化寺普贤阁修缮工程（1953 年）、太原晋祠修缮工程（1954 年），等等[⑤]。

在修缮实践中，逐渐形成了较为科学的理念，如保护工作必须以研究考证为基础，文物建筑最好得到适当的利用，保护措施要可靠，要考虑城市的整体价值、文物建筑周边环境的价值、文化遗产的普世性价值等。

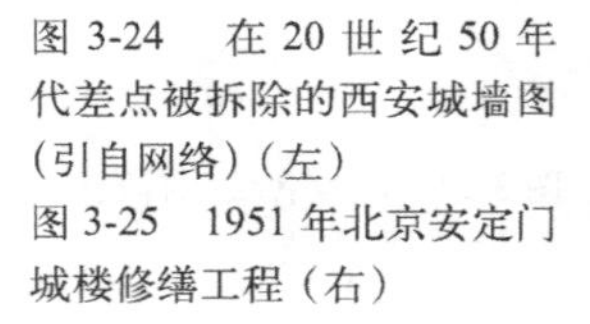

图 3-24　在 20 世纪 50 年代差点被拆除的西安城墙图（引自网络）（左）
图 3-25　1951 年北京安定门城楼修缮工程（右）

① 朱正 .1957 年夏季：从百家争鸣到两家争鸣 . 河南人民出版社，1998.74.
② 罗哲文，杨永生主编 . 失去的建筑 . 中国建筑工业出版社，1999.66.
③ 于吉星主编 . 老明信片 · 建筑篇 . 上海画报出版社，1997.119.
④ 文化部关于建议保护西安城墙的报告，《中华人民共和国国务院公报》1959 年第 17 期。
⑤ 中国文物遗址保护协会秘书处编 . 古迹遗址保护的理论与实践探索 . 科学出版社，2008.35.

在这一阶段，梁思成提出“修旧如旧”的修复理念。从其字面意义理解，所谓“修旧如旧”，就是一件“旧”的建筑修缮后，这个建筑还像“旧”的。1963 年梁思成在扬州关于古建保护的报告上，举了一个非常形象的例子：“我的牙齿没有了，在美国装这副假牙时，因为我上了年纪，所以大夫选用了这副略带黄色，而不是纯白的，排列也略稀松的牙，因此看不出是假牙，这就叫做‘整旧如旧’”[①]。

1964 年，梁思成在《闲话文物建筑的重修与维护》一文中，详细论述了“整旧如旧”的思想。他认为尽管历史上的重修都是追求“焕然一新”，但现在“重修具有历史、艺术价值的文物建筑，一般应以‘整旧如旧’为我们的原则”，“把一座文物建筑修得焕然一新，犹如把一些周鼎汉镜用擦铜油擦得油光晶亮一样，将严重损害到它的历史、艺术价值”。文中还强调了文物的利用，“我们保护文物，无例外地都是为了古为今用，但用之之道，则各有不同……文物建筑不同于其他文物，其中大多在作为文物而受到特殊保护之同时，还要被恰当地利用”[②]。

从梁先生的论述中，我们基本可以理解“整旧如旧”的基本思路：首先，古建筑修复，不能拆旧建新，不是返老还童，而是延年益寿；其次，必须尊重古建筑原貌，保存、加固是第一位的，而复原、重建是第二位的，尽量保留建筑的历史信息，不可轻易改动；其三，允许新建筑技术和新材料的应用，但其不可随意外露，不得破坏传统形式。

但在实践中，梁思成更倾向于复原式保护。梁在《闲话文物建筑的重修与维护》一文中提及正定县开元寺钟楼的修缮：“许多同志都认为这座钟楼，除了它上层屋顶外，全部主要梁架和下檐都是唐代结构。这是一座很不惹眼的小楼。我们很有条件参照下檐斗栱和檐部结构，并参照一些壁画和实物，给这座小楼恢复一个唐代样式的屋顶，在一定程度上恢复它的本来面目。”[③]

在这一时期，典型案例如 20 世纪 50 年代对正定隆兴寺转轮藏殿去除“腰檐”的局部“恢复原状”。转轮藏殿位于河北正定隆兴寺内，基本被认定为宋代遗构，但其平座上层“腰檐”以及一层副阶推断应为清代所加。1953 年，北京文物整理委员会对转轮藏殿再次进行了详细勘察，制定修缮方案。经过 1954 年专家会议讨论，转轮藏殿修缮最终将平座上层“腰檐”拆除（图 3-26），以“恢复原状”，而由于“认识

图 3-26 20 世纪 50 年代，正定隆兴寺宋代建筑转轮藏殿修复中，去除了清代的“腰檐”，恢复到所谓的原状（左：20 世纪 30 年代的转轮藏殿、右：修缮后的转轮藏殿）[③]

① 林洙．建筑师梁思成．天津：天津科学技术出版社，1997.

② 梁思成全集第五卷．中国建筑工业出版社，2001.444.

③ 高天．中国“不改变文物原状”理论与实践初探．建筑史第 28 辑．清华大学出版社，2012.178.

不足”和经济等方面原因，对一层副阶以及屋面等部分作了保留。

恢复原状的观念，和1964年通过的《威尼斯宪章》的精神有所区别。在《威尼斯宪章》中，强调历史的“真实性”，提出对历史古迹，“必须一点不走样地把它们的全部信息传下去”，修复“目的不是追求风格的统一”，“补足缺失的部分，必须保持整体的和谐一致，但在同时，又必须使补足的部分跟原来部分明显地区别，防止补足部分使原有的艺术和历史见证失去真实性”。梁思成提出的“修旧如旧”的修复原则，使古迹的新旧部分难以区分，从而也损失了部分历史的真实性。

总体而言，中华人民共和国成立后的十几年中，由于结束了全国的动荡局面，社会趋于稳定，在全国范围内逐步开始建立相对完整的管理体系，并开展了系统的文物普查和保护工作。这一阶段虽然没有诞生正式的法律文件，但颁布的行政法规、指示、通知明显增加。

这一阶段的中后期，在以政治思潮为导向的批判和论战中，古代建筑被贴上“复古主义”和“形式主义”的标签，否定建筑遗产，直接影响到建筑遗产的保护。梁思成等曾大声疾呼文物和古城的保护，但这一呼吁很快就被淹没在对“复古主义”的批判浪潮中。而且，政府和民众对于建筑遗产的认识多有偏见。在相当多的人们心目中，文物古迹、古建筑是旧社会与旧制度的产物，采取了漠视（甚至排斥和敌视）的态度。如在“大跃进”时期，头脑极度狂热，“亩产万斤粮”，在《关于故宫博物院进行革命性改造问题的请示报告》（1958年10月13日）中提出，对故宫的宫殿建筑拟大肆清除，保留重要的主要建筑，以及70%以上的面积园林化等。另外，随着城市建设的开展，城市建设和遗产保护之间的矛盾日益突出，造成了许多建设性破坏，使得许多建筑遗产类型几乎消失殆尽。

二、“文化大革命”时期（1966~1976年）

1966年5月16日中共中央政治局扩大会议通过《中央委员会通知》（简称“五·一六通知”），同年8月8日中共中央八届十一中全会通过纲领性文件《中国共产党中央委员会关于无产阶级文化大革命的决定》（简称“十六条”），成为“文化大革命”全面发动的标志。“十六条”中第一条就强调要“破四旧”：“资产阶级虽然已经被推翻，但是，他们企图用剥削阶级的旧思想、旧文化、旧风俗、旧习惯，来腐蚀群众，征服人心，力求达到他们复辟的目的。”

“文化大革命”初期的“破四旧”（图3-27），使得刚刚建立起来的文物保护制度形同虚设，遭到重挫。在“破旧立新”思想的指导下，大量的建筑遗产遭到打砸和洗劫，受到前所未有的人为破坏，文庙、佛寺、宗祠、园林等被毁者不计其数，其损失不可估量（图3-28、图3-29）。如西藏有200多座寺庙被毁坏[①]。福建省在“文革”时期，初步统计在“红卫兵”的倡议下各地共打掉菩萨53.8万多个，烧毁耶稣像、十字架、神牌等80万件[②]。山东孔庙当时已经是全国重点文物保护单位了，后来又被列入世界遗产，但在不到一个月的时间里，据不完全统计被红卫兵毁坏了大型塑像17座、孔

① 郑孝燮著．留住我国建筑文化的记忆．中国建筑工业出版社，2007.2.

②《关于破四旧的情况》（参考资料），中国共产党福建省委办文件（二），福建省档案馆藏。

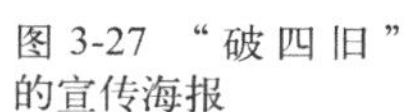
图 3-27 “破四旧”的宣传海报

图 3-28 清华大学的红卫兵试图砸掉“清华园”三个字[④]

图 3-29 苏州报恩寺塔及其大雄宝殿，其中大雄宝殿拆毁于“文革”期间[⑤]

图 3-30 1966 年 11 月 28 日曲阜孔庙大成殿的“万世师表”匾额被红卫兵烧毁

庙大型匾额 20 多块（图 3-30）、孔林墓碑 2000 余块，等等[①]。北京的法海寺，在“文革”期间被“反封建、破四旧”的红卫兵闯入，砸毁了大雄宝殿内的三世佛及十八罗汉，一位守寺者冒着被批斗的风险，与红卫兵对抗，并进行劝说，使得红卫兵只顾砸塑像，而未触及壁画，珍贵的壁画才免遭破坏[②]。山西五台山在中华人民共和国成立之初尚有一百几十处庙宇，到“文革”结束时仅存五十余处[③]。

当时很多建筑遗产命悬一线，如河南洛阳的龙门石窟、杭州的灵隐寺就险遭破坏，后者由于周恩来的干预才免遭破坏[⑥]。“破四旧”开始后，故宫也被批判为封建主义的堡垒，红卫兵准备冲入故宫砸烂封建余孽。周恩来于 1966 年 8 月 18 日得知后连夜召开会议，作出立即关闭故宫的指示，并通知北京卫戍区派一个营的部队前去守护。但总体而言，“文革”中对于建筑的破坏，集中体现为捣毁各种塑像和雕刻（图 3-31）。

图 3-31 在“文革”中农村的各种人物雕刻几乎所有的头部都被敲掉，本图为山西省沁水县郭壁村一宅院照壁上的雕刻

“破四旧”运动开始后不久，中央就认识到文物破坏的严重性，开始制定政策，采取措施，纠正运动中出现的错误。1967 年 3 月 16 日，中共中央、国务院、中央军委、中央文革联合下发《关于保护国家财产、节约闹革命的通知》，提到要“对文物、图书加强保护”，并提醒该通知可以在城市、农村和部队各单位普遍张贴。这个通知区区百字，但在那个动乱的年代中对疯狂破坏文物的风气起到了一定遏制作用。同年 5 月 14 日，中共中央又下发《关于在无产阶级文化大革命中保护文物图书的几点意见》，其中提到：“各地重要的有典型性的古建筑、石窟寺、石刻及雕塑壁画都应当加以保护。目前不宜开放的，可以暂行封闭，将来逐步使这些地方成为控诉历代统治阶级和帝国主义罪恶的场所，向人民群众进行阶级教育和爱国主义教育”。山西早在 1966 年 11 月 1 日就发布《山西省人民委员会关于在无产阶级文化大革命运动中注意保护文物和处理有毒书籍的通知》，其中强调：“我们应当注意在这次运动中要严格区分破除封建迷信和保护祖国民族文化遗产的界限，防止人为的破坏，做好文物保护工作”[⑦]。

---

① 《中共曲阜地方史》第 2 卷，第 356 页。
② 王丽霞.“文革”期间北京古建保护的几件事.当代北京研究，2014（4）.
③ 见《国务院转批国家文物事业管理局、国家基本建设委员会关于加强古建筑和文物古迹保护管理工作的请示报告》。
④ 王毅力.“文革”初期发生在贵阳的破四旧运动.文史天地，2011（5）.
⑤ 罗哲文，杨永生主编.失去的建筑（增订本）.中国建筑工业出版社，2002.116.
⑥ 王革新.杭州灵隐寺缘何免遭破四旧一劫.百年潮，2007（2）.
⑦ 山西省人民委员会关于在无产阶级文化大革命运动中注意保护文物和处理有毒书籍的通知（晋文字 203 号）.山西政协，1966（12）.

到了“文革”后期，文物保护开始逐渐恢复。为加强对文物事业的管理和领导，1973年2月14日，国务院恢复国家文物事业管理局，归国务院文化组领导。1974年8月8日，国务院发布《加强文物保护工作的通知》，其中提到：“保护古代建筑，主要是保存古代劳动人民在建筑、工程、艺术方面的成就，作为今天的借鉴，向人民进行历史唯物主义的教育。对于全国重点文物保护单位，要切实作好保护和维修工作，分轻重缓急订出修缮规划。对于古代建筑的修缮，要加强宣传工作，说明保护文物的目的和意义，批判封建迷信思想，防止阶级敌人造谣破坏。在修缮中要坚持勤俭办事业的方针，保存现状或恢复原状。不要大拆大改，任意油漆彩画，改变它的历史面貌。对已损毁的泥塑、石雕、壁画，不要重新创作复原”。这一通知对于纠正错误思想，遏制破坏文物之风起了一定作用。

时隔不到两年，国务院在1976年5月又发布了《关于加强历史文物保护工作的通知》，其中总结了当时存在的问题：“近十几年来，由于林彪‘四人帮’推行极左路线，煽动极左思潮，鼓吹历史虚无主义，严重破坏法制，使祖国历史文物经历了一场浩劫，很多历史文物遭到破坏。有的重点文物保护单位被夷为平地，有的地区以搞副业为名乱挖古墓，有的博物馆制度不严，造成文物损失、丢失。特别值得注意的是，这些现象至今在一些地区仍在继续发展，如不采取有力措施，加强管理，制止破坏，将使我国珍贵文化遗产遭到不可弥补的损失。”

这一阶段实施的典型保护工程，有山西大同云冈石窟修缮和五台山南禅寺修缮等。在南禅寺的修复中，在“恢复原状”和“保存现状”的权衡中，最终选择了“全面复原”的修缮方案（表3-4）。南禅寺大殿建于唐建中三年（782年），是我国目前已知年代最早的木结构建筑。但由于历代的改动，在发现前其面貌已经发生了很大的改变，门窗、瓦顶、出檐等部分均被改为晚期做法。到20世纪70年代修复时，在殿内木构架基本保持现状前提下，对台明、月台、檐出、椽径、殿顶、脊兽、门窗等各个部分采取了全面“恢复原状”的修缮方式（图3-32）。

20世纪70年代南禅寺在修缮中的“复原”内容 表3-4

位置	复原内容
台明	依据发掘结果，扩大台明尺寸，拆除压在原有台明上的两座清代建筑（伽蓝殿与罗汉殿）
檐出	原有椽头外端有明显锯痕存在，出檐尺寸明显较短。参照台明发掘的尺寸，根据早期建筑中的出檐与柱高比例和宋《营造法式》规定，推算出檐出总长应该恢复为234厘米，并付诸实施
椽径	现存实物尺寸较大者与宋《营造法式》规定“径九分至十分”相符，依照实物对椽径小的进行复原
屋脊	参照佛光寺东大殿19层瓦条规制，按宋《营造法式》每减两间，正脊瓦条减低二层的规定，将南禅寺大殿定为15层瓦条
鸱尾	参照西安大雁塔门楣线刻佛殿、晋城青莲寺碑首唐代线刻佛殿、陕西乾县懿德太子墓壁画阙楼和敦煌壁画中唐代殿宇鸱尾样式等，制作安装
悬鱼博风	参照宋《营造法式》复原
瓦件	殿顶现状瓦件规格有两种样式，其中尺寸较大的与《营造法式》规定大体相符，修复中选尺寸大的进行补齐替换
门窗	现状是拆除后砌砖券，复原中依据残留榫卯结构并参照周边早期建筑实例以及敦煌唐宋时期窟檐形制进行了恢复，并按唐代常见式样取消了现存的三个门簪

图 3-32 20 世纪 70 年代，五台山南禅寺修复中，采用了"全面恢复原状"的思路（20 世纪 50 年代的南禅寺大殿、修缮后的南禅寺大殿）[①]

第四节 1978 年至今的建筑遗产保护

1978 年至今，为中国建筑遗产保护体系逐步成熟阶段。本阶段的开始以十一届三中全会（1978 年 12 月）为标志。"文革"后，中国社会混乱的局面逐步得到纠正，转入了"以经济建设为中心"的新时代，把"发展社会生产力"摆在一切工作的首位。中国开始改革高度集中的计划经济体制，逐步建立和完善社会主义市场经济体制，实施了灵活的经济政策，充分调动了人民群众的积极性，人民生活得到了极大提高。中国的经济持续高速发展，国内生产总值占全球的比重由 1978 年的 1% 上升到 2015 年的约 15.5%。也就在这一时期，保护和拆除之间的矛盾非常突出，前所未有。

一、社会主义建设新时期（1978~1999 年）

在这一阶段实施的对外开放政策，使得国际上的遗产保护理念和技术逐渐被国内所熟悉，并和中国的实际情况进行融合。1986 年《世界建筑》杂志出版"文物建筑保护"专刊，第一次完整地介绍了 1964 年的《威尼斯宪章》。虽然这一宪章在中国的引入晚了 20 多年，但宪章的思想和精神还是促进了中国建筑遗产的保护。

改革开放以来，随着城镇化的加快，大规模的房地产开发和资源掠夺式的文化旅游开发，使得文化遗产面临空前危险的局面。很多历史文化名城开始大规模的旧城改造，肆意开发旧城，带来了很多"建设性破坏"。"拆"成为当时街道上最常见的字（图 3-33）。正如冯骥才所说，20 世纪 70 年代末 80 年代初以来对城市历史文化遗产的这一轮冲击，"不亚于以往'大革命的洗礼'。如果说大革命是恶狠狠地砸毁它，这次则是美滋滋地连根除掉它，因为这是一次'旧貌换新颜'"。冯骥才进一步论述道："神州城市正在急速地走向趋同。文化的损失可谓十分惨重！世界许多名城都以保持自己古老的格局为荣，我们却在炫耀'三个月换一次地图'这种可怕的'奇迹'！毫不夸张地说，现在每一分钟，都有一大片历史文化遗产被推土机无情地铲去。而每一个城市的历史特征都是千百年来的人文创造才形成的。"[②] 随着国家的重点转向经济建设，城市化进程明显加快，遗产保护与城市建设的关系日益突出，很多地方拆旧建新，或在建筑遗产周边不合理地建设。

图 3-33 "拆"字成为当时街道上最常见的字[③]

① 高天．中国"不改变文物原状"理论与实践初探．建筑史第 28 辑．清华大学出版社，2012.178.
② 冯骥才．手下留情——现代都市文化的忧虑．上海：学林出版社，2000.
③ 王军著．拾年．生活·读书·新知三联书店，2012.148.

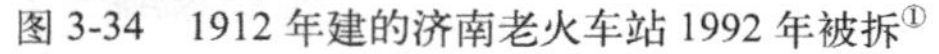

图 3-34　1912 年建的济南老火车站 1992 年被拆[①]

图 3-35　1914 年建的长春火车站 1992 年被拆[②]

如济南老火车站被拆就是这一时期最典型的案例之一。济南老火车站（图 3-34）于 1912 年建成并投入使用，由德国建筑师赫尔曼·菲舍尔（Hermann Fischer）设计，中国工程队伍施工，具有浓郁的日耳曼风格，是当时远东地区最为著名的火车站之一，是中国早期欧式火车站建筑中的成功案例。国家文物局原局长单霁翔称赞其“曾经是济南市的标志，是建筑学教科书中的范例，其坚固的构造足以再支撑两个世纪”[③]。而令人感到惋惜的是，这座曾经辉煌一时的建筑，于 1992 年被拆除。无独有偶，同年，长春火车站也被拆除（图 3-35）。

后来被列入“世界遗产”的“平遥古城”，也曾在 1981 年像周围的城市一样，制定了“宏伟”的大拆大建规划，拟在古城中纵横开拓几条大马路，城中心开辟广场，原有的市楼周围做成环形的交叉口。如果按照这一规划实施的话，现在的“平遥古城”早就不存在了。经过同济大学阮仪三等人的呼吁，重新编制总体规划，在古城的西面和南面，开辟了一块新区，使得平遥古城得以较好保留[④]。这也促使相关部门逐步认识到，必须妥善处理文物保护与城市建设二者之间的关系，使其紧密配合，相得益彰。

总体而言，随着城市建设的大规模推进，保护的问题日益突出。1980 年 5 月 15 日，《国务院批转国家文物事业管理局、国家基本建设委员会关于加强古建筑和文物古迹保护管理工作的请示报告的通知》指出：

> 目前，全国各地重要的古建筑和文物古迹，经过一场浩劫之后，完整保存下来的已经为数不多了，保护管理工作的任务是十分艰巨的。一个时期以来，新华社和各报内参，以及许多群众来信，都不断反映古建筑和文物古迹仍在继续被破坏的情况。国际上有的著名建筑专家和港澳报纸，也对我国在城市建设中损坏古建筑的情况很有意见。最近很多人大代表、政协委员、建筑专家还发出了“救救古建筑”的强烈呼吁！我们认为这些意见都是正确的。我们如果不采取有力措施，制止破坏，加强保护，就可能使这份珍贵遗产在我们这一代人手中毁掉。这是既对不起祖先，也对不起子孙的事情。

这份通知言词铿锵，号召全国保护珍贵的建筑遗产。就在两天之后，国务院又发布《关于加强历史文物保护工作的通知》，要求“认真保护各种有历史意义和艺术价值的古建筑、石刻、石窟等历史文物”。

---

① 罗哲文，杨永生主编. 失去的建筑（增订本）. 中国建筑工业出版社，2002.139.
② 刘凤楼，李贵忠主编. 长春旧影. 人民美术出版社，2003.33.
③ 引自：单霁翔. 为剧变的 20 世纪留下历史坐标，2008 年 5 月 5 日《瞭望东方周刊》。
④ 阮仪三著. 护城纪实. 中国建筑工业出版社，2003.23~25.

经济建设、城市发展与文化遗产保护之间的矛盾，始终是这个阶段无法回避的问题。1987年11月，国务院发布《关于进一步加强文物工作的通知》："在名胜古迹的中心地带和文物保护单位附近兴建高楼大厦，是对环境风貌的破坏，不仅不利于文物保护，而且也不利于发展旅游事业。要在积极为发展旅游创造条件的同时，切实防止因开展旅游可能给文物保护带来的有害影响"；"把文物的保护管理纳入城乡建设总体规划，文物的保护管理要纳入全国和各地区的城乡建设总体规划"。

1997年3月，国务院发布《关于加强和改善文物工作的通知》，"正确处理好文物保护与经济建设的关系、文物事业发展中社会效益和经济效益的关系，建立与社会主义市场经济体制相适应的文物保护体制"；"保护好历史文化名城是所在地人民政府及文物、城建规划等有关部门的共同责任。在历史文化名城城市建设中，特别是在城市的更新改造和房地产开发中，城建规划部门要充分发挥作用"。

国务院在1980年、1987年和1997年发布的这几个通知的核心问题只有一个：在经济发展和城市建设中，要切实保护好文化遗产。

这一阶段就是在"保"和"拆"的博弈中，卓有成效地推进了一些工作。

其一，加强法律制度，出台《中华人民共和国文物保护法》。

1982年11月19日，全国人大常委会通过了《中华人民共和国文物保护法》，这是我国文化领域第一部由国家最高立法机构颁布的法律，标志着我国文物保护制度的创立，对于提高全民保护文物的意识，加强文物保护工作等都具有重要的意义。该法规定："革命遗址、纪念建筑物、古文化遗址、古墓葬、古建筑、石窟寺、石刻等文物，应当根据它们的历史、艺术、科学价值，分别确定为不同级别的文物保护单位"，并规定"各级文物保护单位，分别由省、自治区、直辖市人民政府和县、自治县、市人民政府划定必要的保护范围，作出标志说明"。该法将中国文物保护的总体方针调整为"保护为主、抢救第一、合理利用、加强管理"。1982年《中华人民共和国文物保护法》的出台，标志着中国以文物保护为中心的文化遗产保护制度已经形成。

其二，完成第二次全国文物普查，扩充保护对象。

1981~1985年间，国家文物局组织了第二次全国文物普查，其规模和成果均远远超过第一次，是全国范围内文物家底的大调查，成果显著，意义重大。在这次文物普查的基础上，我国共登记不可移动文物40余万件。根据这次普查的成果，国家文物局按省（直辖市、自治区）出版了33册的大型图书《中国文物地图集》（图3-36）。

图3-36　国家文物局根据第二次全国文物普查出版了《中国文物地图集》（共33册），上图为《中国文物地图集·西藏自治区分册》封面

从20世纪80年代开始，历史文化名城的保护得到了一定重视。1982年2月，国务院批准国家建委、国家城建总局、国家文物局提交的"关于保护我国历史文化名城的请示"，并公布了第一批24个国家级历史文化名城。这样，"历史文化名城"的概念正式确立。1982年的《文物法》规定："保存文物特别丰富、具有重大历史价值和革命意义的城市，由国家文化行政管理部门会同城乡建设环境保护部门报国务院核定公布为历史文化名城"，在法律上确定了我国历史文化名城保护制度。在这之后，1986年、1994年公布了第二批（38个）和第三批国家历史文化名城（37个），这样国家历史文化名城达到99座。

全国重点文物保护单位的数量也得到较大增加。1982年3月，国务院批准公布了第二批全国重点文物保护单位，共计62处。之后，1988年和1996年，分别公布了第三批258处，第四批共250处。到20世纪末时，全国文物保护单位总数达到570处。

同时，列入世界遗产名录的数量实现了零的突破。1985年11月，中国加入《世界遗产公约》，并于1987年12月成功申报故宫等6处遗产为世界遗产，标志着我国文化遗产保护事业和国际接轨。截至1999年，中国的世界遗产达到23处。

这一时期还有一个重要变化是对近现代建筑保护的加强。1988年11月，建设部和文化部联合发出《关于重点调查、保护近代建筑物的通知》，要求各地通过调查研究提出第一批优秀近代建筑作为文物保护单位上报。通知中强调："具有重要纪念意义、教育意义和史料价值的近代建筑物是近代文化遗产的重要组成部分。这些建筑无论在建筑史上还是在中国历史和文化发展史上都有其一定的地位。一些近代建筑物已经成为城市的标志和象征，其建筑形式和风格已经构成了城市的独特风貌，展现了城市建筑艺术和技术发展的历史延续性，对培养人民群众热爱家乡、热爱祖国的高尚情操有重要作用。"通知将"近代建筑"作为单独项目提出，意义重大，而且，对于近代建筑价值的认定，也突破了革命历史意义的范畴，从而扩大到历史、艺术和科学价值。之后，各地根据通知要求，陆续调查统计本地区的近代建筑遗存，极大地促进了近代建筑的保护。

其三，接受西方保护观念，反思保护修复理念。

20世纪80年代初，随着对外开放政策的实施，以《威尼斯宪章》为代表的国际宪章（或宣言）以及欧洲（如意大利、法国、英国）的文物保护观念，被介绍到中国。中国在了解熟悉西方文物保护理论和实践的基础上，开始反思中国自身的文物建筑保护原则和实践。

如对于真实性的讨论促使学者反思国内建筑遗产保护领域的复原设计。所谓复原设计，就是基于文物建筑的时代风格、地方做法，而恢复建筑上缺失的构件，或重建建筑群中缺失的建筑。这种复原设计曾经是中国文物建筑保护中的一个重要的方法。这种做法与中国传统观念中追求"圆满""完美"有关，亦受到苏联的文物修复观念的影响。但这种修复，必然损害建筑遗产的真实性，和国际上主流的遗产保护理念相违背。

经过讨论和争论，国内对于中国"不改变原状"的原则也有了新的认识，开始对历史信息更为重视。学术界相当一部分人认为，"原状就是现状，就是将它确定为文物时的状况。不改变原状就是不改变现状。如一座唐代建筑保存到今天不知修过多少回了，肯定与唐代原状不同。我们今天修，就是要按照现存状况去修，而不能再改回到唐代的状况"，"保护文物应该是保护它的全部历史信息，任何一点的改变都会失掉它的一部分信息"[①]。如在实践中，20世纪90年代对于独乐寺观音阁的修缮，并没有将清代添加的"擎檐柱"去掉，而是将其保留，使其保留了清代维修时的更多信息（图3-37）。

图3-37　20世纪修缮的独乐寺保留了清代添加的擎檐柱[②]

① 何洪．建立有中国特色的文物保护理论——全国文物建筑保护维修理论研讨会综述．中国文物报，1992.

② 陈明达著，王其亨、殷力欣增编．蓟县独乐寺．天津大学出版社，2007．彩版．

在这一时期，建筑领域的复古主义思潮比较严重。很多真正的文化遗产被毁，代之以假古董。一些城市热衷于使用复古主义风格，以拆除古老的传统街区为代价，“打造”仿古一条街。如北京琉璃厂西区的改造等一批项目，成为这一时期争论的热点问题。“真古董”和“假古董”的争论，使得学术界越来越强调真实性的保护，而排斥仿古建筑。

二、21世纪初期（2000年至今）

进入21世纪后，文化遗产保护所面临的压力并没有缓减，甚至更加严峻。有关文化遗产被破坏的各种报道也经常见之于报端。如2006年3月11日《中华建设报》登载了《全国政协委员联合提案，呼吁保护前门地区古建筑》，其中提到：“北京前门历史文化保护区内的古建筑及街景布局，正在遭受着一场比拆城墙还要严重的浩劫，如果再不引起有关部门重视并加以保护，北京将会痛失古都的历史风貌”。党和政府直面这些问题，不断加强文化遗产保护。中国共产党十七大报告（2007年）提出：“加强对各民族文化的挖掘和保护，重视文物和非物质文化遗产保护”。而且，经济的快速发展，经济实力的增强，可以为文化遗产的保护提供较多的经费支持。应该说，这一阶段建筑遗产保护取得了一定成就。工作主要围绕下面几个方面展开：

1. 修改完善相关法律法规，发布相关文件。

2002年10月，全国人大常务委员会通过了修订后的《中华人民共和国文物保护法》。这一次修订，对内容作了大幅度的修改和补充，全文从原来的33条增加到80条，增幅近一倍半。针对上版《文物法》实施二十年来出现的新问题、新要求、新理念，作了很多补充、修改和完善，较好地处理了经济建设与文物保护之间的关系。《文物法》在“总则”中强调:“文物工作贯彻保护为主、抢救第一、合理利用、加强管理的方针”。后来根据情况变化，又经过多次修正，最新版本为2015年修订的。

2005年12月，国务院发布《关于加强文化遗产保护的通知》，确定每年六月第二个周六为全国性的“文化遗产日”（表3-5），以唤醒社会大众对文化遗产保护的关注，增强民众的文化遗产保护意识。时隔十余年之后的2016年3月，国务院又发布《关于进一步加强文物工作的指导意见》，其中强调：“随着经济社会快速发展，文物保护与城乡建设的矛盾日益显现，随着文物数量大幅度增加，文物保护的任务日益繁重，文物工作面临着一些新的问题和困难”，并强调“面对文物保护的严峻形势和突出问题，必须增强紧迫感和使命感，本着对历史负责、对人民负责、对未来负责的态度，采取切实有效措施，进一步加强新时期的文物工作”。

2006年设立文化遗产日以来各年文化遗产日的主题　表3-5

序号	年份	主题
1	2006年	“保护文化遗产，守护精神家园”
2	2007年	“保护文化遗产，构建和谐社会”
3	2008年	“文化遗产人人保护，保护成果人人共享”
4	2009年	“保护文化遗产，促进科学发展”

续表

序号	年份	主题
5	2010 年	“文化遗产，在我身边”
6	2011 年	“文化遗产与美好生活”
7	2012 年	“活态传承”
8	2013 年	“文化遗产与全面小康”
9	2014 年	“让文化遗产活起来”
10	2015 年	“保护成果，全面共享”
11	2016 年	“让文化遗产融入现代生活”

为了规范和指导保护实践，国际古迹遗址理事会（ICOMOS）中国国家委员会于 2000 年制定了《中国文物古迹保护准则》。该准则是在中国文物保护法规体系的框架下，以《中华人民共和国文物保护法》和相关法规为基础，参照 1964 年《威尼斯宪章》等国际准则制定的，较好地处理了国际文化遗产保护的原则与中国文物古迹保护实践之间的关系。该准则虽然不是法规性文件，但可以作为文物古迹保护工作的重要依据。国家文物局在推荐意见中说：“《准则》是文物古迹保护事业的行业规则。凡是从事文物古迹保护的人员，包括政府公务员和管理、研究、测绘、设计、施工、教育、传媒的一切人员，必须在专业行为和职业道德上受到《准则》的约束。”该《准则》在 2015 年进行了修订。

2. 公布中国历史文化名镇名村和中国传统村落名录，加强乡村遗产保护。

早在 1964 年的《威尼斯宪章》中就明确提出保护“乡村”，但国内从政府层面对乡村聚落保护的真正实施，是到了 21 世纪。2003 年 10 月 8 日，建设部和国家文物局发布了《中国历史文化名镇（村）评选办法》，并于 2003 ～ 2014 年期间公布了六批 528 个中国历史文化名镇名村。2012 年 4 月 16 日，住建部等部门又下发《关于开展传统村落调查的通知》，指导各地开展大规模的摸底调查，并于 2012 ～ 2016 年期间，公布了四批 4156 个中国传统村落。

为了使名城名镇名村保护工作更加有法可依，有章可循，国务院于 2008 年出台了《历史文化名城名镇名村保护条例》，内容涉及名城名镇名村的申报、批准、规划和保护。这一条例的出台，标志着我国名城名镇名村的保护工作又上了一个台阶，其保护纳入了国家遗产保护的法律框架之下。

3. 开展调查和普查，扩展保护名录，增加经费投入。

2007 年 6 月 ~2011 年 12 月，开展了第三次全国文物普查。与前两次普查相比，此次普查规模更大，涵盖内容更丰富，普查成果更加真实。在普查中，“根据全面调查和专题调查相结合、文物本体信息和背景信息相结合、传统调查方法和新技术应用相结合的原则，确定文物普查的技术路线”，强调统筹规划、统一标准、突出重点、县为单位、控制质量等[①]。这次普查，“历时 5 年，近 15 亿元经费投入，近 5 万名普查队员”。通过普查得知，“不可移动文物总量：全国共登记不可移动文物 766722 处（不

① 引自国家文物局《第三次全国文物普查实施方案》。

包括港澳台地区，以下同)。数量变化：在全国登记的不可移动文物总量中，新发现登记不可移动文物 536001 处，复查登记不可移动文物 230721 处。新发现登记占登记总量的 69.91%”[①]。

这一时期各种文化遗产保护名录都得到较大扩充，历史上从来没有在如此大的范围内保护过建筑遗产。截至 2016 年底，建设部和国家文物局公布了六批 528 个中国历史文化名镇名村，公布了 4156 个中国传统村落；国务院公布了七批 4296 处全国重点文物保护单位，其中 21 世纪公布的三批的数量是 20 世纪公布的四批数量的将近 5 倍；中国的世界遗产达 50 处，比 1999 年时的 23 处翻了一番；国务院先后公布了八批 225 处国家级风景名胜区，其中后五批 106 处是进入 21 世纪后公布的；国务院公布的国家历史文化名城在 2016 年底达到 130 座。

遗产类型继续扩充，乡土建筑、工业遗产、二十世纪遗产、大遗址、农业遗产、文化景观、文化线路等遗产类型得到更大重视。2006 年 5 月 12 日，国家文物局发布《关于加强工业遗产保护的通知》；2007 年 4 月 30 日，国家文物局发布《关于加强乡土建筑保护的通知》；2008 年 4 月 22 日，国家文物局发布《关于加强 20 世纪遗产保护工作的通知》。

随着国家经济实力的增强，遗产保护意识的提高，遗产保护的经费投入大幅增加。中央财政对文物保护的经费逐渐增加（表 3-6）。“十一五”期间，“中央财政文物支出累计达 183 亿元，年增长 40%；全国公共财政文物支出累计达 572.5 亿元，年增长 38%，实施各类文物保护项目超过 26000 个，第一批至五批全国重点文物保护单位险情基本排除，第六批和第七批全国重点文物保护单位抢救保护工程正在抓紧推进”[②]。“十二五”期间，“全国一般公共预算文物支出累计 1404 亿元，年均增长 16.51%。其中，中央财政文物支出累计 607 亿元，年均增长 17.1%，实施各类文物保护项目超过 20000 个”[③]。另外，2005 至 2012 年，“中央财政大遗址保护专项经费共计安排资金 50.13 亿元，共安排项目 1151 个”[④]（图 3-38）。2014 年，中央财政决定用 3 年时间集中投入超过 100 亿元推动传统村落保护工作。

图 3-38　河南安阳殷墟遗址是世界上规模最大的都城遗址，属于奴隶社会商朝后期，1961 年被公布为第一批全国重点文物保护单位；2006 年 7 月被联合国教科文组织批准列入世界遗产名录[⑤]

① 踏寻遗珍——第三次全国文物普查工作全面完成．光明日报，2012 年 2 月 2 日．
② 国家文物局．中央财政大力支持文物保护工作．中国财政，2014（6）．
③ 惠梦．中央财政为文物保护“添砖加瓦”．中国财经报，2016 年 5 月 19 日．
④ 李游．城镇化背景下国家文物保护的补偿机制研究．学习和实践，2016（8）．
⑤ 单霁翔著．城市化发展和文化遗产保护．天津大学出版社，2006.92.

中央财政文物支出　　表3-6

实践	经费
“四・五”期间（1970~1975年）	681.1万元
“五・五”期间（1976~1980年）	3160.2万元
“六・五”期间（1981~1985年）	13583.2万元
“七・五”期间（1986~1990年）	25180.8万元
“八・五”期间（1991~1995年）	54824.0万元
“九・五”期间（1996~2000年）	7.33亿元
“十・五”期间（2001~2005年）	17.3亿元
“十一・五”期间（2006~2010年）	183亿元
“十二・五”期间（2011~2015年）	607亿元

4. 开展大量保护工程，总结保护理念，加强国际交流。

图3-39　故宫百年大修照片①

很多亟需保护的遗产得以修缮，如西藏布达拉宫、罗布林卡、萨迦寺，山西应县木塔、云冈石窟，河北承德避暑山庄及周围寺庙，四川大足石刻千手观音造像等维修保护工程。一些大型系列维修工程陆续启动：国家文物局于“十・一五”期间完成105处山西南部早期建筑保护工程；从2003年启动拟到2020年结束故宫大修工程（图3-39）；北京市在2012年启动了“‘百项’文物保护修缮工程”。

针对维修工程实践中遇到的问题，国内展开了热烈讨论。如2005年10月28～30日，有丰富实践经验的学者和“艺匠工师”汇聚山东曲阜，“就我国以木构建筑为主体的文物古建筑的保护维修理论与实践问题进行了深入的讨论”，发表了《曲阜宣言》。该文件从我国古建筑保护维修的实际出发，在总结保护修缮中正反两个方面经验教训的基础上，侧重阐释了建筑遗产修缮中的保护要求和操作方法，并对一些敏感问题（如保护原则、落架大修、原址重建、彩画保护等）进行说明。该宣言一定程度上是这些人多年工程经验的总结，对我国建筑遗产的保护和维修具有一定的指导意义。

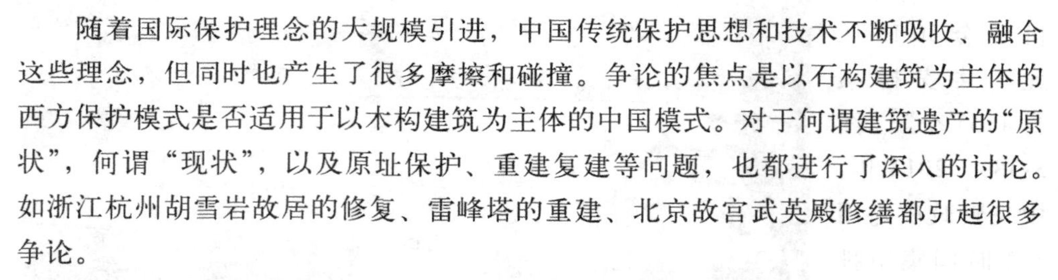

随着国际保护理念的大规模引进，中国传统保护思想和技术不断吸收、融合这些理念，但同时也产生了很多摩擦和碰撞。争论的焦点是以石构建筑为主体的西方保护模式是否适用于以木构建筑为主体的中国模式。对于何谓建筑遗产的“原状”，何谓“现状”，以及原址保护、重建复建等问题，也都进行了深入的讨论。如浙江杭州胡雪岩故居的修复、雷峰塔的重建、北京故宫武英殿修缮都引起很多争论。

有关文化遗产保护的国际交流不断拓展加强。如在2005年10月17~21日，国际古迹遗址理事会第15届大会在我国西安举行，来自联合国教科文组织等众多国际组织和全球85个国家和地区的1200多名代表会聚西安（图3-40），会议以“背景环境中的古迹”为主题，通过了《西安宣言》，该宣言第一次系统地确定了古迹遗址周边环境的定义，为有关古建筑、古遗址和历史区域周边环境保护立下了准则。

① 张克贵，崔瑾著．故宫三百年．科学出版社，2015.222.

图 3-40　国际古迹遗址理事会第 15 届大会现场①

2007 年 5 月 24 ～ 28 日，国家文物局、国际文物保护与修复研究中心、国际古迹遗址理事会和联合国教科文组织世界遗产中心在北京联合举办了“东亚地区文物建筑保护理念与实践国际研讨会”，通过了《北京文件：关于东亚地区文物建筑保护与修复》，文件主要针对以中国为代表的东方建筑遗产保护，一定程度上是《威尼斯宪章》的补充文件，弥补其局限性。

总体而言，这一阶段，中国进一步加强了建筑遗产保护，但面临的问题依然很多，保护和建设之间的矛盾不断加剧，破坏建筑遗产的事件时有发生，保护的阻力极大。城市老城的过度开发改造，老建筑大片被拆除，城市记忆逐渐消失；新农村建设中粗暴地“拆旧建新”，许多具有地方民族特色的乡土建筑受到破坏。

① 国家文物局编 . 中国文物事业改革开放三十年 . 文物出版社，2008.

第四章　建筑遗产保护的原则

保护领域有句流传甚广的话："贫穷是文化遗产的最佳保护者。"很多人对这句话不以为然，坚决予以反驳。但不得不承认，经费充裕之后不恰当的修复非常容易对文化遗产造成致命的破坏。例如从 20 世纪 90 年代到 21 世纪初，全国各地乡村修复了成千上万座庙宇，但修复成功者寥寥。最常见的错误就是将原来普通的灰色小青瓦变成拙劣的黄色琉璃瓦，致使原来灰沉、质朴、低调的乡间小庙变成金光灿灿、光鲜照人的"高档"庙宇，历史感无存，真实性全无。某种意义上，这样修复一座，就是破坏一座。所以，在建筑遗产保护中必须坚持一些原则，否则，不恰当的修复会适得其反地造成破坏。这些原则包括基本原则，即真实性原则和整体性原则，也包括由这两个基本原则衍生的一些原则。

第一节　建筑遗产保护的基本原则

真实性（Authenticity）与完整性（Integrity）是建筑遗产保护的两个核心原则。如果说真实性侧重遗产保护的"深度"（或时间轴），那么，完整性则侧重遗产保护的"广度"（或空间轴）。同时二者互为依托：完整性应以真实性为前提，因为真实性是遗产价值存在的前提，没有真实性，遗产也就失去了核心价值，完整性也就无从谈起；真实性则要以完整性为基础，如果遗产没有了完整性，其真实性也会大打折扣。

一、真实性原则

1. 国际文件中对于真实性的描述

"真实性"（或翻译为"原真性"）（Authenticity）[①]，其字典释义包含三种含义，即"真实的"（Real）、"原初的"（Original）、"有价值的"（Worthy）。在遗产保护领域，一般指真实的、可靠的、原生的等。真实性原则要求在建筑遗产保护实践中，注意保存一切有价值的历史信息。

对于在遗产保护中要保持真实性，基本上没有什么争议。但如何保护真实性，以及在多大程度上保持真实性，则一直是关注的热点，也是争论的焦点。早在 19 世纪后半叶，法国以杜克为首的"恢复原状派"和英国以拉斯金为首的"保持现状派"曾进行过激烈的争论。这两派似乎都在争取建筑遗产的真实性，无非前者追求在历

---

① 一些学者如徐嵩龄、张杰和张成渝等在谈遗产保护时使用了"原真性"一词，"原"代表原初，"真"意为真实，这种翻译强调为建筑物原来的状态。而另一些学者如常青、王景慧等则认为用"真实性"一词作为翻译更为精确，因为"真实性"强调了原文词义中的真实状态，而"原真性"只强调了建筑物的原初状态忽略了历史沿革的影响。参见：张成渝 ."真实性"和"原真性"辨析 . 建筑学报，2010（2）.

史上某个时间点的真实性（当然也有很多臆想），最终导致真实性的丧失，而后者强调整个历史过程的真实性。

各个时期、各种类型的国际文件大多对真实性提出了要求。1931年的《雅典宪章》虽未明确指出“真实性”原则，但提出：“当由于衰败和破坏使得修复不可避免时，对于任何特定时期的风格，均应当尊重遗迹的历史和艺术的特征。”这说明该宪章已经强调应保留古迹的原状，而不要过多干预。之后，真实性一直是国际遗产保护领域最重要的原则（表4-1）。

部分国际文件中对于真实性的描述 表4-1

序号	内容	出处
1	世世代代人民的历史古迹，饱含着过去岁月的信息留存至今，成为人们古老的活的见证。人们越来越意识到人类价值的统一性，并把古代遗迹看作共同的遗产，认识到为后代保护这些古迹的共同责任。将它们真实地、完整地传下去是我们的职责	《威尼斯宪章》（1964年）前言
2	历史园林的真实性不仅依赖于其各部分的设计和尺度，同样依赖于其装饰特征和它每一部分所采用的植物和无机材料	《佛罗伦萨宪章》（1982年）第9条
3	这些对象的价值在于它们建构的特点，在于它们能像历史文献那样起见证作用，所以，它们的价值在于真实性	《文物建筑保护工作者的定义和专业》（国际博物馆理事会）（1984年）
4	有关文化遗产价值及相关信息源可信性的一切判断，在不同文化之间可能是不同的，甚至在同一文化内，也可能不同。因此，不可能依据固定标准进行价值和真实性的基本评判。相反的，为了尊重所有文化，则要求对遗产的特性必须在其所隶属的文化环境中加以思考和评判	《奈良真实性宣言》（1994年）第11款
5	新的构件或其组成部分应采取与原置换构件相同或（在合适的情况下）更好的木材。条件允许的情况下，也应包含类似的自然特征。选取的置换木材的湿度和其他物理特征应与现存古迹结构相兼容协调	《木结构遗产保护准则》（1999年）“具体干预措施”
6	保护的基础是尊重现有构件、用途、联系和内涵，这要求采取一种谨慎的方法，只做最必要且尽可能少的改变；对一个地点的改变既不应当歪曲其所提供的自然的或者其他的证据，也不应当以猜想为基础	《巴拉宪章》（1999年）
7	建筑遗产的价值和真实性不能建立在固定标准的基础上，因为尊重文化多样性要求物质遗产需在其所属的文化背景中被考虑	《建筑遗产分析、保护和结构修复原则》（2003年）“总标准”

真实性也是“世界文化遗产”评定的基本标准之一。早在1979年，世界遗产委员会第一次会议就确定，申请进入世界遗产名录的文化遗产，必须进行真实性的检验。两年后的第三次会议，又重申了这一原则：“文化遗产的真实性依然是根本的标准。”从此以后，各版的《实施〈世界遗产保护公约〉操作指南》中，真实性一直是遗产保护最重要的评估标准。实际上，也正是世界文化遗产的申报、评选和保护工作的开展，才使得“真实性”概念在保护领域得到广泛推广。

值得注意的是，早期的很多国际文件（如宣言、宪章等）制定的标准和使用范围主要是针对西方的以石构为主的建筑，而对于东方的木构建筑并没有给予充分的考虑，所以，在实践中难免产生矛盾。如《威尼斯宪章》中的修复原则强调尊重原始材料，但亚洲的木构建筑必须不断更换材料。如日本伊势神宫（Naign Shrine）就

图 4-1 新殿与旧殿并置的神宫内宫全景鸟瞰①

是非常典型的案例。伊势神宫是日本神道教最重要的神社（图 4-1），采用的“造替”制度，即每隔 20 年就在相邻基址上重建。这一传统可以追溯至天武十四年（685 年），截至 2013 年 10 月的第 62 次迁宫，已传承了 1300 多年。神宫内外宫正殿各有两块并排的基址，交替使用（图 4-1）。在每个轮回的最后八年，在旧殿照常使用的同时，工匠已经开始在另一基址上营建新殿。营建好的新殿将同旧殿一起矗立 6 个月，直到标志着神灵降临的“御樋代”从旧殿移至新殿后，旧殿才被拆除。这种“造替”制度的优点是在保留一种古老的宗教仪式和建筑样式外，更重要的是以其独特的方式培养着一代又一代的工匠，有利于营造技艺的活态传承。但是，按照有些国际文件进行解读，伊势神宫仅有 20 年的历史。这样的建筑遗产显然不符合世界文化遗产的登录标准，相关国际宪章中的“真实性”原则也无法解释。中国木构建筑经常采用的“落架大修”，被西方认为是“推倒重建”，也有悖于真实性原则。

可见，《威尼斯宪章》关于真实性的论述不是特别适合亚洲的木构建筑。为了更好地适应亚洲文化遗产的保护，1994 年 12 月，在日本古都奈良通过了《关于真实性的奈良文件》(*Nara Document on Authenticity*)，围绕《实施〈世界遗产公约〉操作指南》中的“真实性检验”形成了一定的共识，对“真实性”概念作了新的解读。文件的核心宗旨是提出文化多样性，提出应该重视植根于各自的文化环境的文化遗产的真实性。《奈良文件》很大程度上是《威尼斯宪章》的补充和修正，认为“真实性”应充分考虑文化的多样性。

2007 年 5 月 28 日，“东亚地区文物建筑保护理念和实践研讨会”通过的《北京文件》，是《奈良文件》的发展和具体应用，主要目的是解决亚洲建筑中彩画修复、木构件替换、古建筑复原等问题，其对“真实性”的理解主要基于中国的木构建筑。以彩画的保护为例，西方一般强调严格的现状保护，但该文件提到：“在可行的条件下，应对延续不断的传统做法予以应有的尊重，比如在有必要对建筑物表面重新进行油饰彩画时。这些原则与东亚地区的文物古迹息息相关。”

中国传统建筑主要采用木构，而木材是有机的，容易腐朽侵蚀，需要维修保养，方可延年益寿。在这些木构建筑的传统修复中，往往不对原始构件和复制品进行本质的区别，常常直接替换构件和材料，以保持建筑的整体性和传统工艺的延续性。这种长期形成的做法，导致中国长期存在“复原”的倾向，重视建筑的完整性和艺术性，而忽视历史信息和历史价值。

---

① Felicia G Bock.The Rites of Renewal at Ise[J].Monumenta Nipponica，Vol.29，No.1（Spring，1974）:55 ~ 68.

也正由于此，对于《威尼斯宪章》等国际文件关于真实性的论述，国内有很多争议。有的学者认为，“木结构建筑不是西方的砖石建筑，让残柱露天很快就会墙倒屋塌，彻底毁掉，也就谈不上保护了。所以木结构古建筑只能是作为一个整体来修复。”[①]也有的学者认为，“文物建筑的根本价值是作为历史的实物见证，在这一个核心问题上，木构建筑和石质建筑有什么不同吗？作为历史的实物见证，它们携带的历史信息的真实性是它们价值的命根子，这不是逻辑的必然推理吗？为了保证历史信息的真实，必须遵守那些文物建筑保护的‘道德守则’，不是理所当然的吗？这一个逻辑严谨的理论体系，和文物建筑是什么材料的、用什么结构，有什么关系呢？”[②]总之，尽管对于真实性原则本身没有争议，但对于如何实现真实性，尚有一定的争议。

2. 对于真实性的检验

既然真实性是遗产保护的核心原则，那么，真实性具体体现在哪些方面呢？关于真实性的检验标准，最早来源于美国“国家登录评价标准”（the National Register Evaluation Criteria）。该标准列举了适用于街区（Districts）、遗产点（Sites）、建筑（Buildings）、构造（Structures）和实物（Objects）的7项要素：地点（Location）、设计（Design）、环境（Setting）、材料（Materials）、技艺（Workmanship）、感情（Feeling）、关联（Association）等，其中4项要素和真实性有关，即设计、材料、技艺、环境。

《关于真实性的奈良文件》也提出了真实性的判断依据：“依据文化遗产的性质及其文化环境，真实性判断会与大量不同类型的信息源的价值相联系。信息源的内容，包括形式与设计，材料与质地，利用与功能，传统与技术，位置与环境，精神与情感，以及其他内部因素和外部因素。对这些信息源的使用，应包括一个对被检验的文化遗产就特定的艺术、历史、社会和科学角度的详尽说明。”这一论述后来被《实施〈世界遗产公约〉操作指南》的各个版本所采用。

关于真实性的具体内容，在《会安草案——亚洲最佳保护范例》（2005年）有更为详细的论述。草案认为，真实性是一个多维度的集合体，主要相关要素如表4-2。

真实性的各个方面　　表4-2

主要大类	位置与环境	形式与设计	用途和功能	本质特性
具体体现	场所	空间规划	用途	艺术表达
	环境	设计	使用者	价值
	“地方感”	材质	联系	精神
	生境	工艺	因时而变的用途	感性影响
	地形与景致	建筑技术	空间布局	宗教背景
	周边环境	工程	使用影响	历史联系
	生活要素	地层学	因地制宜的用途	声音、气味、味道
	对场所的依赖程度	与其他项目或遗产地的联系	历史用途	创造性过程

那么，如何判断建筑遗产的真实性呢？真实可靠的信息来源有哪些呢？《奈良

① 林楠，章苒．木构古建：保残还是复原．瞭望新闻周刊，2002年10月14日.52~53.
② 陈志华．文物建筑保护中的价值观问题．世界建筑，2003（7）.

文件》强调，为了解某场所的真实遗产价值，我们必须采用真实可靠的信息来源，“一切有关文化项目价值以及相关信息来源可信度的判断都可能存在文化差异，即使在相同的文化背景内，也可能出现不同。因此不可能基于固定的标准来进行价值性和真实性评判。反之，出于对所有文化的尊重，必须在相关文化背景之下来对遗产项目加以考虑和评判。因此，在每一种文化内部就其遗产价值的具体性质以及相关信息来源的真实性和可靠性达成共识就变得极其重要和迫切。”

根据《会安草案——亚洲最佳保护范例》，真实的信息来源是多方位的，有历史来源、社会来源、科学来源、艺术来源、类推、语境等（表 4-3）。

真实性信息来源基本清单 表4-3

历史来源	社会来源	科学来源	艺术来源	类推	语境
原始文件（地契、户籍调查记录等）	口传历史	传统的本地知识	特定时期的艺术品	人类学记录	空间整体性
碑铭	宗教文献和背景	考古调查	当代文学	人种学收藏	使用的持续性
宗谱、族谱	对当前使用者的社会—经济调查	地理调查	旧式材质和风格取样	试验性研究	社会—文化背景
陈年照片	人口统计数据	遥感成像	传统工艺手册和建造指南		
陈年地图	宗族、邻近地区和其他团体的记录	几何学调查和摄影测量	古色		压力和精神创伤的历史根源
编年史	对使用、居住连续性的分析	定量及统计分析	艺术评论	诠释性研究	周围空间
旅游者	对手工业组织的研究	实验室分析	风格分析		政治背景
历史记录和评论	政治舆论分析	断代法	对同类遗址和来源的研究	使用邻近地区分析等模型	经济
日记、通信	社会评论	材质分析		文化轶事研究	技术变革背景
		工程学和结构研究			

那么真实性面临的主要威胁是什么呢？如何对付这些威胁呢？根据《会安草案——亚洲最佳保护范例》，对于纪念物、建筑物、构筑物真实性而言，主要威胁及其对策主要如表 4-4。

真实性面临的主要威胁及其对策 表4-4

主要威胁	标识	行动
疏忽	建筑结构出现问题或崩溃，装饰性元素被侵蚀，受到虫害的破坏，植被生长和不加控制的水上活动	管理规划
环境退化	污染、酸雨或石癌带来的化学侵蚀	专家技术评估
误导性的保护	丧失原始构造，代之以“新版过去”；试图让遗产地“面目如新”	保护规划和培训
脱离背景／扩侵	在制定缓冲区内进行非法建筑和土地征用	影响评估、规划控制和社区行动

1751 年乾隆南巡天安门绘图。

1900 年八国联军侵占北京，城楼弹痕累累。

1900 年八国联军总司令在城楼前摆姿势留影。

1913 年城楼前首次出现特大素彩牌楼。

1919 年在城楼前声讨日本残害福州人民的暴行。

1925 年在城楼前举行五卅遇难同胞追悼会。

1928 年城楼上贴着速废除不平等条约的标语。

1937 年城楼上贴着庆祝日伪政府成立的标语。

1937 年城楼上贴着建设东亚新秩序的标语。

1940~1943 年城楼上贴着剿共和平建国的标语。

1945 年抗战胜利后的城楼上悬挂蒋介石像。

1949 年，城楼上悬挂中共领袖像。

1949 年城楼上悬挂毛泽东和朱德两位领袖像。

1949 年成为开国大典的主席台。

1950 年召开庆祝中苏缔结新条约大会。

1950 年城楼上悬挂共和国国徽。

1976 年举行毛主席追悼大会。

1997 年搭建舞台庆祝香港回归。

图 4-2　不同时期的天安门照片说明真实性有其相对性

值得注意的是，建筑遗产的真实性是一个相对的概念，不存在绝对的真实性。建筑的存在过程，本身就是真实性不断消亡的过程。如北京的天安门，始建于明永乐十五年（1417 年），最初名为“承天门”，在至今的 600 年中，见证了无数的惊世大事，其建筑本身不可能一成不变。在 20 世纪的一百年中，天安门随着时移事迁，也历经修缮，不断变化（图 4-2）。又如上海工人文化宫（图 4-3），不同历史时期呈

图 4-3 不同时期的上海工人文化宫（左：20 世纪 50 年代时；中：60 年代时；右：80 年代时）
1993 年被列入上海市优秀近代建筑第二批保护单位名单。从图可知，该建筑不同时期的信息，不同的一些信息会消失，所以，真实性也是相对的[①]。

现不同的面貌，在保护中不可能留存全部的历史信息。

建筑只要存在，就需要不断的维修，而每次维修，都必然会使得历史信息或多或少地消失。就算建筑本身的真实性被完全地保留了下来，使用者的生活方式也会发生变化。如旧城的居民家里买了空调，就要在“建筑”上打洞，这时真实性就受到影响。

另外，保留“真实性”往往需要付出一定的代价。如果保留所有的历史信息，我们可能无法实现或很难承受，这时就需要作出选择，选择那些更重要的历史信息。在保护建筑遗产的真实性时，既不可漠视历史信息，也不可不切实际地去追求保留全部的历史信息。保护真实性，永远只能是有目的的选择。

3. 我国“不改变原状”的原则

“不改变原状”是中国文物古迹保护的主导理念。这一理念和真实性原则应该是一脉相承的，也是基本一致的。早在 1932 年，刘敦桢就指出：“延聘专家详订修理方针，以不失原状为第一要义。”[②]《中华人民共和国文物法》（2002 年）强调：“对不可移动文物进行修缮、保养、迁移，必须遵守不改变文物原状的原则。”《文物保护工程管理办法》（2003 年）也提到：“文物保护工程必须遵守不改变文物原状的原则，全面地保存、延续文物的真实历史信息和价值；按照国际、国内公认的准则，保护文物本体及与之相关的历史、人文和自然环境。”《中国文物古迹保护准则》（2015 年修订）也强调：“不改变原状是文物保护的要义。”

那问题是：什么是“原状”呢？实际上，所谓的原状，可以有很多不同的理解（表 4-5）。“不改变原状”主要包括“保存现状”和“恢复原状”两种（表 4-6）。

① 姚丽旋编著 . 美好城市的百年变迁——明信片看上海 . 上海大学出版社，2010.462~463.
② 刘敦桢 . 日本古代建筑物之保存 . 中国营造学社会刊（第 3 卷第 2 册）. 1932.

文物古迹的几种"原状"状态[1]　表4-5

1	实施保护工程以前的状态
2	历史上经过修缮、改建、重建后留存的有价值的状态，以及能够体现重要历史因素的残毁状态
3	局部坍塌、掩埋、变形、错置、支撑，但仍保留原构件和原有结构形制，经过修整后恢复的状态
4	文物古迹价值中所包涵的原有环境状态
5	情况复杂的状态，应经过科学鉴别，确定原状的内容：①由于长期无人管理而出现的污渍秽迹，荒芜堆积等，不属于文物古迹原状；②历史上多次进行干预后保留至今的各种状态，应详细鉴别论证，确定各个部位和各个构件价值，以决定原状应包含的全部内容；③一处文物古迹中保存有若干时期不同的构件和手法时，经过价值论证，可以按照不同的价值采取不同的措施，使有保存价值的部分都得到保护

"不改变文物原状"所包括的"保存现状"和"恢复原状"两方面的内容[2]　表4-6

必须保存现状的对象	①古遗址，特别是尚留有较多人类活动遗迹的地面遗存； ②文物古迹群体的布局； ③文物古迹群中不同时期有价值的各个单体； ④文物古迹中不同时期有价值的各种构件和工艺手法； ⑤独立的和附属于建筑的艺术品的现存状态； ⑥经过重大自然灾害后遗留下的有研究价值的残损状态； ⑦在重大历史事件中被损坏后有纪念价值的残损状态； ⑧没有重大变化的历史环境
可以恢复原状的对象	①坍塌、掩埋、污损、荒芜以前的状态； ②变形、错置、支撑以前的状态； ③有实物遗存足以证明为原状的少量的缺失部分； ④虽无实物遗存，但经过科学考证和同期同类实物比较，可以确认为原状的少量缺失的和改变过的构件； ⑤经鉴别论证，去除后代修缮中无保留价值的部分，恢复到一定历史时期的状态； ⑥能够体现文物古迹价值的历史环境

不改变文物原状，就要求尽可能多地保留历史信息。如在建筑修缮中，地面、墙体、石质构件等，应最大限度地保存；木构梁架尽量避免落架大修，多进行日常检修，最大限度地减少干扰；糟朽的木柱尽量用墩接的方式；屋面瓦拆卸时应严格编号。有些有价值的"原状"，需要谨慎评估，认真对待。如山西碛口古镇旧时商铺柱子留下来的"油垢"，在修复时不应去掉，因为这些"油垢"是当时商人装卸粮油后在柱子上常年抹手的记录（图 4-4）；娘子关古道上的"车辙"则记录了当时车马穿行于此的盛况（图 4-5）；"文化大革命"时期的标语在修复时也千万不可涂抹，因为这些标语是那个特殊年代的印迹（图 4-6）。

但实践中，"不改变"也是一个相对的概念，很难有绝对的"不改变"。如建筑遗产的抗震加固、建筑设备的更新改造、室内装饰的翻新、消防设施的安装，都会或多或少地改变建筑遗产的原状。而且，如果过于严格要求"不改变文物原状"，会限制文物建筑的合理使用，降低社会对建筑遗产保护的积极性。

---

① 国际古迹遗址理事会中国国家委员会制定．中国文物古迹保护准则（2015 年修订）．文物出版社，2015.10.

② 国际古迹遗址理事会中国国家委员会制定．中国文物古迹保护准则（2015 年修订）．文物出版社，2015.10.

图 4-4　碛口古镇“四合堂”柱子上的油垢

图 4-5　山西娘子关古镇车辙印迹

图 4-6 “文化大革命”时期的标语，也应该注意保护

在中国的建筑遗产修缮中，经常采用“复原”方式，即修复到创建之初的状态。早在 1935 年，梁思成在《杭州六和塔复原计划》一文中明确提出原状即是初建时的状况，“我们所要恢复的，就是绍兴二十三年重修的原状”。这一复原工程虽未能实施，但反映了我国一直以来的复原理念。侧重维修实践的《曲阜宣言》（2005 年）提到：“‘原状’应是文物建筑健康的状况，而不是被破坏、被歪曲和破旧衰败的状况。衰败破旧不是原状，是现状。现状不等于原状。不改变原状不等于不改变现状。对于改变了原状的文物建筑，在条件具备的情况下要尽早恢复原状。”宣言虽然并未说必须要恢复到“原始状态”，但其态度还是比较鲜明的，倾向于恢复到“原始状态”。长期以来，中国建筑遗产的保护实践倾向于奉行“则例”“法式”恢复式的修复。

在实践中，有更多的建筑遗产被恢复到了“原状”。20 世纪 70 年代，五台山南禅寺大殿大修，力求恢复唐建中三年（782 年）初建时原状[①]。杭州胡雪岩故居的修复，也“按原样、原结构、原营造工艺、原使用材料的要求”，恢复到同治年间初建的原状。

“恢复原状”的修复，很容易导致历史信息的消失。山西临汾市东羊村后土庙元代戏台的修缮就是典型案例。该戏台建于元至正五年（1345 年），到了清光绪三十年（1904 年）时增筑卷棚式抱厦和两侧八字影壁，扩大了前台。但在 20 世纪 90 年代的维修中，拆除了清代增补部分，恢复到了元代“旧观”[②]（图 4-7）。如果在修缮中保留下清代增建部分的话，则更能反映戏台之变迁过程，更能体现戏曲之演出变化。更为遗憾的是，山西现存的几座元代戏台，多采用了这一种恢复原状的方式。另外如在山西阳城县皇城相府的修复中，也做了大量的复原，其中有很多复原是没有根据的（图 4-8）。

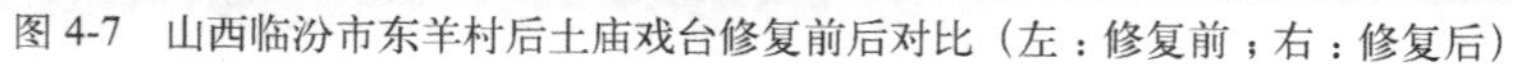

图 4-7　山西临汾市东羊村后土庙戏台修复前后对比（左：修复前；右：修复后）

图 4-8　山西阳城县皇城相府修复前后照片（左：修复前；右：修复后）

① 祁英涛，柴泽俊. 南禅寺大殿修复. 文物，1980（11）.

② 柴泽俊. 试论古建筑修缮“不改变文物原状”原则. 文物世界，1996（1）.

几乎所有的建筑遗产，在其创建之后都经过漫长的历史，因此多有修缮、重修或重建，留下了各个时期的痕迹，很难（也没必要）恢复到某一时期的状况。如现存的杭州六和塔（图 4-9），塔身是南宋遗构，塔刹是元代重铸，外部 13 层木檐为清光绪二十六年（1900 年）重建。六和塔是各个时期状态的汇集，虽然已经不是最初的和原始的，但它是真实的。

图 4-9 浙江杭州六和塔

再以宁波鼓楼的维修为例（图 4-10）①。宁波鼓楼重建于清咸丰五年（1855 年），但到了民国时又在歇山顶中央加建了一个西式的钟楼。在 1988 ～ 1989 年修缮时，有人认为这样不“中”不“西”，不协调，应该拆除。但后来还是保留了这一西式构件，成为一道独特的历史遗存，其真实性亦得到较好的维护。

图 4-10 宁波钟楼修缮后照片

而且，对于名城、街区、村落、民居等遗产，由于自身历史轨迹的复杂性以及不断的发展变化，很难有某个时间点的原状。如“北京城中轴线”，既有元代的遗存，又有明清的遗存，还有现代重要纪念物，都见证了真实的历史，并非一朝一夕完成的巅峰之作，不存在所谓原状的历史时刻。

坚持真实性原则，就要真实地保护各个历史时期的历史信息。《威尼斯宪章》（1964 年）强调：“各个时代为一古迹之建筑物所做的正当贡献必须予以尊重，因为修复的目的不是追求风格的统一。当一座建筑物含有不同时期的重叠作品时，揭示底层只有在特殊情况下，在被去掉的东西价值甚微，而被显示的东西具有很高的历史、考古或美学价值，并且保存完好足以说明这么做的理由时才能证明其具有正当理由。”

需要附加说明的是，现在经常提到的“修旧如旧”，与“真实性原则”以及“不改变文物原状”还是有较大差别的。“修旧如旧”从字面上理解，就是修完了和旧的一样，偏重表象要求，主要针对修葺完后“焕然一新”的情况而提出的。但现在这一概念经常被拿来做仿古修复的依据，在各种规划中也经常把“修旧如旧”作为重要的原则，是不妥当的。

二、完整性原则

“完整性”一词来源于拉丁词根，从字面理解，就是表示尚未被人扰动过的原初状态（Intact and Original Condition）。完整性原则（Integrity）是建筑遗产保护的基本原则之一。不过，在很长时间内，完整性主要作为自然遗产的评估标准，并未在文化遗产领域得到重视。但在不断的保护实践中，人们逐渐认识到，完整性对于文化遗产同样是非常重要的。后来，国际和国内的很多文件都强调了文化遗产保护中的完整性原则（表 4-7）。

---

① 宁波鼓楼，现为浙江省重点文物保护单位，始建于唐长庆元年（821 年），是宁波唐时正式置州治机构和建立城市的标志性建筑。元初，鼓楼遭拆毁，后又重建。至元末，又遭大火烧毁。明宣德九年（1434 年），在唐宋旧址上重建。清代，又经数次修建。现存建筑是清咸丰五年（1855 年）由巡道段光清所督建。民国 24 年（1935 年），在鼓楼三层楼木结构建筑中间，建造了水泥钢骨正方形瞭望台及警钟台。

国际和国内相关文件中对于整体性的论述　表4–7

序号	内容	出处
1	应注意对历史古迹周边地区的保护；在具有艺术和历史价值的纪念物的邻近地区，应杜绝设置任何形式的广告和树立有损景观的电杆，不许建设有噪声的工厂和高耸状物	《雅典宪章》（1931 年）
2	古迹的保护包含着对一定规模环境的保护。凡传统环境存在的地方必须予以保存，决不允许任何导致改变主体和颜色关系的新建、拆除或改动；古迹不能与其所见证的历史和其所产生的环境分离	《威尼斯宪章》（1964 年）
3	古迹与其周围环境之间由时间和人类所建立起来的和谐极为重要，通常不应受到干扰和毁坏，不应允许通过破坏其周围环境而孤立该古迹；也不应试图将古迹迁移，除非作为处理问题的一个例外方法，并证明这么做的理由是出于紧迫的考虑	《关于在国家一级保护文化和自然遗产的建议》（1972 年）"保护措施"一节
4	每一历史地区及其周围环境应从整体上视为一个相互联系的统一体，其协调及特性取决于它的各组成部分的联合，这些组成部分包括人类活动、建筑物、空间结构及周围环境。因此一切有效的组成部分，包括人类活动，无论多么微不足道，都对整体具有不可忽视的意义	《内罗毕建议》（1976 年）"总则"
5	历史地区及其周围环境应得到保护，避免因架设电杆、高塔、电线或电话线、安置电视天线及大型广告牌而带来的外观损坏。在已经设置这些装置的地方，应采取适当措施予以拆除。张贴广告、霓虹灯和其他各种广告、商业招牌及人行道与各种街道设备应精心规划并加以控制，以使它们与整体相协调。应特别注意防止各种形式的破坏活动	《内罗毕建议》（1976 年）"技术、经济和社会措施"
6	在对历史园林或其中任何一部分的维护、保护、修复和重建工作中，必须同时处理其所有的构成特征。把各种处理孤立开来将会损坏其完整性	《佛罗伦萨宪章》（1982 年）第 10 条
7	建筑遗产的价值不仅体现在其表面，而且还体现在其所有构成作为所处时代特有建筑技术的独特产物的完整性。特别是仅为维持外观而去除内部构件并不符合保护标准	《建筑遗产分析、保护和结构修复原则》（2003 年）"总标准"
8	不同规模的古建筑、古遗址和历史区域（包括城市、陆地和海上自然景观、遗址线路以及考古遗址），其重要性和独特性在于它们在社会、精神、历史、艺术、审美、自然、科学等层面或其他文化层面存在的价值，也在于它们与物质的、视觉的、精神的以及其他文化层面的背景环境之间所产生的重要联系	《西安宣言》（2005 年）第 2 条
9	一座文物建筑，它的完整性应定义为与其结构、油饰彩画、屋顶、地面等内在要素的关系，及其与人为环境和/或自然环境的关系。为了保持遗产地的历史完整性，有必要使体现其全部价值所需因素中的相当一部分得到良好的保存，包括建筑物的重要历史积淀层	《北京文件》（2007 年）"完整性"

早期所谓的完整性，是指不仅要保护建筑遗产本体，还要保护其整体的环境，注意建筑物和周边自然环境的结合。早在 1931 年的《雅典宪章》中就指出："应注意对历史古迹周边地区的保护。"1964 年的《威尼斯宪章》也提到："古迹的保护包含着对一定规模环境的保护。"但是，这些宪章中的"古迹"主要指单个的、价值相对较高的纪念物，当时对于那些占地面积较大的历史环境，并没有予以足够重视，所以，这些宪章没有认识到"历史环境"作为"整体"存在的重大意义，也并没有对"完整性"作出更详细的解释和说明。

随着人类对遗产概念认识的深化，遗产逐渐被看作复合的、多维的"整体"，而非独立、一元的"对象"，这时，遗产"完整性"的含义已经有了很多扩充，包括社会、功能、结构和视觉等方面的内容。2005 年的《西安宣言》提到："历史建筑、古遗址或历史地区的环境，界定为直接的和扩展的环境，即作为或构成其重要性和独特性的组成部分。除实体和视觉方面含义外，环境还包括与自然环境之间的相互作用，过去的或现在的社会和精神活动、习俗、传统知识等非物质文化遗产方面的利用或活动，以及其他非物质文化遗产形式，它们创造并形成了环境空间以及当前的、动态的文化、社会和经济背景。"从《雅典宪章》到《威尼斯宪章》再到《西安宣言》，完整性的内涵有了很大扩展。

关于“完整性”的界定,《实施〈世界遗产公约〉的操作指南》第八十八条有如下论述：

完整性用来衡量自然和／或文化遗产及其特征的整体性和无缺憾状态。因而，审查遗产完整性就要评估遗产满足以下特征的程度：

a）包括所有表现其突出的普遍价值的必要因素；

b）形体上足够大，确保能完整地代表体现遗产价值的特色和过程；

c）受到发展的负面影响和／或被忽视。

上述条件需要在完整性陈述中进行论述。

美国的“国家登录评价标准”中有三项和完整性有关，即地点、环境、关联。

中国在有关文件中，也强调了遗产保护的整体性原则，特别是文物古迹周边环境的保护。《文物保护法》（2015 年修正）第二十六条规定：“对危害文物保护单位安全、破坏文物保护单位历史风貌的建筑物、构筑物，当地人民政府应当及时调查处理，必要时，对该建筑物、构筑物予以拆迁。”《文物保护法实施条例》（2013 年）第九条规定：“文物保护单位的保护范围，是指对文物保护单位本体及周围一定范围实施重点保护的区域。文物保护单位的保护范围，应当根据文物保护单位的类别、规模、内容以及周围环境的历史和现实情况合理划定，并在文物保护单位本体之外保持一定的安全距离，确保文物保护单位的真实性和完整性。”

完整性不是要求“完美无缺”，如古城遗址，虽然实体形象残破不全，但整个空间格局的存在就是完整性的体现。

有时为了维护遗产的完整性，需要跨国界合作。截至 2016 年，全球已经有 30 余处世界遗产为跨国界的遗产。如 2014 年登录世界遗产的“丝绸之路”，就跨越了六个国家（中国、哈萨克斯坦、吉尔吉斯斯坦、塔吉克斯坦、乌兹别克斯坦、土库曼斯坦）。

根据国内的相关文件（表 4-8），我国的文物保护单位一般实行两级保护区划，

国内相关法律法规等文件中关于保护范围的规定 **表4-8**

序号	相关规定	来源
1	“各级文物保护单位，分别由省、自治区、直辖市人民政府和市、县级人民政府划定必要的保护范围，作出标志说明，建立记录档案，并区别情况分别设置专门机构或者专人负责管理。全国重点文物保护单位的保护范围和记录档案，由省、自治区、直辖市人民政府文物行政部门报国务院文物行政部门备案”	《中华人民共和国文物保护法》第 15 条
2	“文物保护单位的保护范围，是指对文物保护单位本体及周围一定范围实施重点保护的区域。文物保护单位的保护范围，应当根据文物保护单位的类别、规模、内容以及周围环境的历史和现实情况合理划定，并在文物保护单位本体之外保持一定的安全距离，确保文物保护单位的真实性和完整性”	《中华人民共和国文物保护法实施条例》（2013 年）第 9 条
3	“文物保护单位保护规划应根据确保文物保护单位安全性、完整性的要求划定或调整保护范围，根据保证相关环境的完整性、和谐性的要求划定或调整建设控制地带”；“保护范围可根据文物价值和分布状况进一步划分为重点保护区和一般保护区。建设控制地带可根据控制力度和内容分类”	《全国重点文物保护单位保护规划编制要求》（2007 年）第 8 条
4	“历史文化街区、名镇、名村内传统格局和历史风貌较为完整、历史建筑和传统风貌建筑集中成片的地区划为核心保护范围。在核心保护范围之外划定建设控制地带”	《历史文化名城名镇名村保护规划编制要求（试行）》（2012 年）（第 19 条）
5	“世界文化遗产中的文物保护单位，应当根据世界文化遗产保护的需要依法划定保护范围和建设控制地带并予以公布。保护范围和建设控制地带的划定，应当符合世界文化遗产核心区和缓冲区的保护要求”	《世界文化遗产保护管理办法》（2006 年）第 10 条

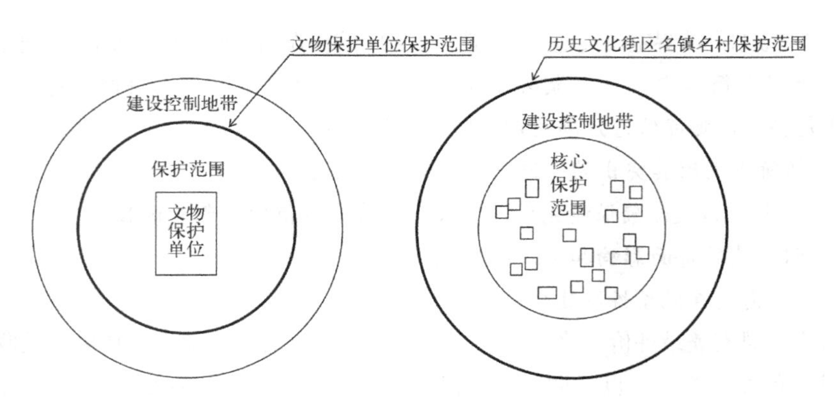

图 4-11 文物保护单位和历史文化街区名镇名村保护区划

即“保护范围”和“建设控制地带”（图 4-11）。这两个范围都是由相应的人民政府划定和公布的，是具有法律意义的概念。根据《文物保护法》，“保护范围”和“建设控制地带”在保护政策上有较大差别：“保护范围”内原则上不得进行建设，受上一级文物主管部门制约；“建设控制地带”内可以进行有约束的建设，并不必受上一级文物主管部门的制约（表 4-9）。

《文物保护法》中关于文物保护单位的保护范围和建设控制地带的规定 **表4–9**

区分名城	具体内容	来源
保护范围	不得进行其他建设工程或者爆破、钻探、挖掘等作业。但是，因特殊情况需要在文物保护单位的保护范围内进行其他建设工程或者爆破、钻探、挖掘等作业的，必须保证文物保护单位的安全，并经核定公布该文物保护单位的人民政府批准，在批准前应当征得上一级人民政府文物行政部门同意；在全国重点文物保护单位的保护范围内进行其他建设工程或者爆破、钻探、挖掘等作业的，必须经省、自治区、直辖市人民政府批准，在批准前应当征得国务院文物行政部门同意	《文物保护法》第 17 条
建设控制地带	根据保护文物的实际需要，经省、自治区、直辖市人民政府批准，可以在文物保护单位的周围划出一定的建设控制地带，并予以公布。在文物保护单位的建设控制地带内进行建设工程，不得破坏文物保护单位的历史风貌；工程设计方案应当根据文物保护单位的级别，经相应的文物行政部门同意后，报城乡建设规划部门批准	《文物保护法》第 18 条

图 4-12 北京故宫及其周边环境[3]

高度控制一直是建筑遗产整体性保护的重要手段。很多位于市区的遗产，都面临着高度控制的问题。以故宫为例，其周边的高度控制一再被突破（图 4-12），如东方广场高 70~80 米，北京饭店新楼高 65~75 米，新东安市场高 40~45 米，北京百货大楼高 40~45 米，王府井大饭店高 40 ～ 45 米。站在故宫太和殿台阶上眺望，王府井地区超高建筑已成围合之势[1]。2015 版的《故宫保护总体规划》提出了故宫周边建筑限制高度的愿景，根据远期计划，2025 年之后，故宫周边的一类建设控制地带限高 0 米，二类建设控制地带不得超过 3 米，三类建设控制地带在 9~12 米[2]。

① 李斐丽．故宫四望——北京城市中心区建筑高度控制探讨．北京规划建设，2003（2）．
② 王珏．故宫首推保护总规．人民日报，2015 年 6 月 25 日第 012 版．
③ 引自：单霁翔．紫禁城百年大修与“平安故宫”工程概述．建筑遗产，2016（2）．

第二节　建筑遗产保护的衍生原则

建筑遗产保护除了基本原则（即真实性原则和完整性原则）外，还有一些衍生的原则，如合理利用原则、最小干预原则、日常维护保养原则、可识别性原则、可逆原则、原址保护原则、慎重选择保护技术原则、不提倡重建原则、档案记录原则等。

1. 合理利用原则

遗产的合理利用，是以保护遗产真实性、完整性为基础的可持续利用。保护和利用是一种动态关系，二者密不可分。保护的目的就是为了利用，而利用又不能脱离保护。一定意义上讲，利用是重要的保护方式之一。英国伦敦塔在建成后，就根据实际需求，不断进行功能转换，曾被作为堡垒、军械库、国库、铸币厂、宫殿、天文台、避难所和监狱等（图 4-13）。

图 4-13　英国伦敦塔在建成后，曾作为堡垒、军械库、国库、铸币厂、宫殿、天文台、避难所和监狱等，可谓一直在进行着“再利用”

从国际文件来看，对建筑遗产利用的方式、内涵和强度都在不断深化，保护的态度也是越来越积极（表 4-10）。国内的相关文件，也强调合理利用原则。《文物保护法》（2015 年修正）就明确提出：“文物工作贯彻保护为主、抢救第一、合理利用、加强管理的方针。”《中国文物古迹保护准则》（2015 年修订）第 40 条强调：“合理利用是文物古迹保护的重要内容。应根据文物古迹的价值、特征、保存状况、环境条件，综合考虑研究、展示、延续原有功能和赋予文物古迹适宜的当代功能的各种利用方式。利用应强调公益性和可持续性，避免过度利用。”

除了个别特别重要的建筑遗产应以原状展示为主外，其他更多的建筑遗产，尤其是村落、街区等活态遗产，只要不损害其特征和价值，就可以进行适当的修缮和改造，以满足其现实的功能需求。在合理利用时，难免会增加一些现代化设施，如加装新的暖气设备、电器设备、卫生设备等。这时，要注意把对建筑遗产的损伤降到最低，要合理确定管线，在日后移除时，尽量不造成损坏。因此，各种措施要尽量以“温和”的方式进行。

国际文件中关于“合理利用原则”的阐释　　**表4-10**

序号	内容	出处
1	建筑物的使用有利于延续建筑的寿命，应继续使用它们，但使用功能必须以尊重建筑的历史和艺术特征为前提	《雅典宪章》（1931 年）第 1 条
2	为社会公用之目的使用古迹永远有利于古迹的保护。因此，这种使用合乎需要，但决不能改变该建筑的布局或装饰。只有在此限度内才可考虑或允许因功能改变而需做的改动	《威尼斯宪章》（1964 年）第 6 条
3	在适当情况下，这些文化和自然遗产的组成部分应恢复其原来用途或赋予新的用途，只要其文化价值并没有因此而受到贬损	《关于在国家一级保护文化和自然遗产的建议》（1972 年）“保护措施”一节
4	为空闲建筑寻找合适的新的利用形式，否则将面临衰败的威胁	《关于历史性小城镇保护的国际研讨会的决议》（1975 年）

续表

序号	内容	出处
5	保护、恢复和重新使用现有历史遗址和古建筑必须与城市建设过程结合起来，以保证这些文物具有经济意义并继续具有生命力	《马丘比丘宪章》（1977年）
6	虽然历史园林适合于一些娴静的日常游戏，但也应毗连历史园林划出适合于生动活泼的游戏和运动的单独地区，以便可以满足民众在这方面的需要，又不损害园林和风景的保护	《佛罗伦萨宪章》（1981年）
7	房屋的改进应是保存的基本目标之一	《华盛顿宪章》（1987年）第9条
8	针对应甄别出遗产地的一种或多种用途或旨在保存其文化重要性的使用局限。遗产地的新用途应将重要构造和用途改变减至最少；应尊重遗产地的相关性和意义；在条件允许的情况下，应继续保持为其赋予文化重要性的实践活动	《巴拉宪章》（1999年）第7条
9	当使用或功能上的任何改变被提出，将必须仔细考虑所有保护工作需求和安全状况	《建筑遗产分析、保护和结构修复原则》（2003年）"原则"

2. 最小干预原则

最小干预原则是"真实性原则"衍生出的一项原则，认为在建筑遗产保护中，能不动就尽量不要动，只有为了停止或延缓建筑遗产的破坏，即关乎建筑遗产存亡时，才可采取必要的干预手段。因为任何对于建筑遗产本体的干预措施，都有可能对建筑遗产产生不同程度的伤害，对其原状产生干扰，难免混淆历史信息，降低其价值。即使一旦需要干预，也应该采取最为可靠、最为有效的方法，尽量减少对其价值造成伤害。而且，能小修小补解决的，决不大修大补。

对于建筑遗产的保护和修复，不太可能一劳永逸，也不可能一次解决一切问题。有些问题，这一代解决不好，如果不关乎存亡，就留给以后解决。随着科学技术水平的发展，相信后人会有更好的方法处理这些问题。

国际和国内文件中对这一原则多有论述（表4-11）。贯彻这一原则，关键是把握好"度"（图4-14）。一方面，要避免过度干预，特别要警惕打着"再现盛世"、"再现辉煌"的旗号，对建筑遗产进行过度修缮。越是重要的建筑遗产，越要审慎保守地保护。另外一方面，"最小干预"并不代表着不干预。为了保护或延长建筑遗产的留存，相应的维修还是非常必要的。如山西万荣县孤峰山旱泉塔的顶部在开始毁坏时，如果不采取措施，会危及整个塔（图4-15）。

国际和国内文件中对于"最小干预原则"的论述　　表4-11

序号	内容	出处
1	任何添加均不允许，除非它们不至于贬低该建筑物的有趣部分、传统环境、布局平衡及其与周围环境的关系	《威尼斯宪章》（1964年）第13条
2	在对木结构历史遗存的保护上，尽可能少的干预是最理想的做法。在某些特定的情况下，尽可能少的干预可以指为了保护和修复木结构遗存而进行的必要的整体或部分拆卸和重新组装	《木结构遗产保护准则》（1999年）"具体干预措施"

续表

序号	内容	出处
3	每次干预应与安全目标相称，这样可保持最少干预，从而最小伤害遗产价值，保证其安全和耐久性	《建筑遗产分析、保护和结构修复原则》(2003年)"原则"
4	古建筑的修缮有多种方法，应根据损坏状况采取不同方法。在确保文物建筑的安全性、完整性、真实性的同时，要将对文物建筑的干预减小到最低限度，不得任意扩大修缮范围	《曲阜宣言》(2005年)
5	只有在需要采取相应的措施，替换腐朽或破损的构件或构件的某些部位，或需要修复时，方可进行更换	《北京文件》(2007年)"保养和维修"
6	应当把干预限制在保证文物古迹安全的程度上。为减少对文物古迹的干预，应对文物古迹采取预防性保护	《中国文物古迹保护准则》(2015年)第12条

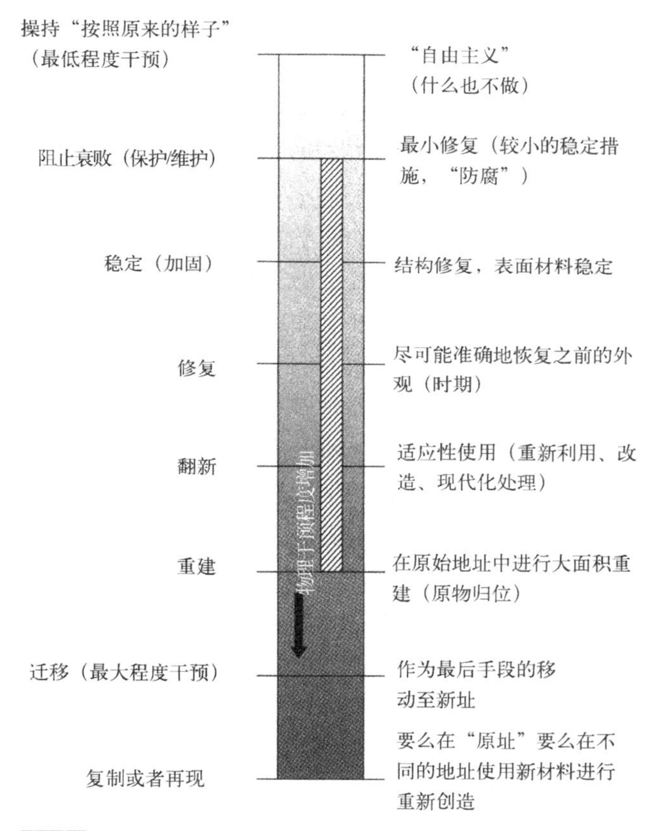

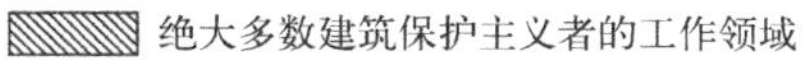

图 4-14　对建筑不同程度的干预[①]（左）
图 4-15　山西万荣县孤峰山旱泉塔的塔顶损坏严重（右）

3. 日常维护保养原则

强调防微杜渐式的日常维护是建筑遗产保护的重要原则，应避免盲目的、大动干戈的保护工程。房子哪些地方容易出问题，就应该定期检查一下；房子哪里破损了，哪里出现了问题，就应该进行维护，延缓其毁坏过程。国际和国内文件，对这一原则也多有阐释（表 4-12）。

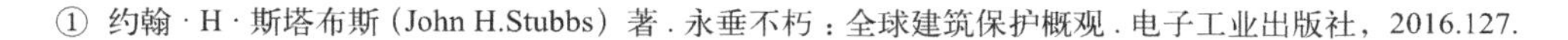

① 约翰·H·斯塔布斯（John H.Stubbs）著．永垂不朽：全球建筑保护概观．电子工业出版社，2016.127.

国际和国内文件中关于“日常维护原则”的论述　表4-12

序号	内容	出处
1	古迹的保护至关重要的一点在于日常的维护	《威尼斯宪章》（1964年）第四条
2	各成员国应经常对其文化和自然遗产进行精心维护，以避免因其退化而不得不进行的耗资巨大的项目	《关于在国家一级保护文化和自然遗产的建议》（1972年）“保护措施”一节
3	对历史园林不断进行维护至为重要，既然主要物质是植物，在没有变化的情况下，保存园林既要求根据需要予以及时更换，也要求一个长远的定期更换计划	《佛罗伦萨宪章》（1982年）第11条
4	日常维护对有效地保护历史城镇和城区至关重要	《华盛顿宪章》（1987年）第7条
5	定期的防护保养至关重要。材料和结构的替换或更新应保持在合理的最小的程度，以便尽可能多地保留历史材料。所有的工程均应做好恰当的档案记录	《北京文件》（2007年）“保养和维修”
6	保养维护及监测是文物古迹保护的基础。保养维护能及时消除影响文物古迹安全的隐患，并保证文物古迹的整洁。应制定并落实文物古迹保养制度	《中国文物古迹保护准则》（2015年修订）第25条

这一原则强调尽量不要等到建筑遗产出现问题后才采取应急处理，而应预防性保护，强调对建筑遗产的监测。这有点像预防医学，有点像汽车的保养，建筑遗产也需要预防性保护和保养。在日常监测中，注意探明建筑遗产面临的损毁、衰老等问题，并对风化腐蚀、洪涝灾害、环境污染、温度湿度等方面的风险进行评估，然后采取必要的预防措施。2016年《国务院关于进一步加强文物工作的指导意见》指出：“加强文物日常养护巡查和监测保护，提高管理水平，注重与周边环境相协调，重视岁修，减少大修，防止因维修不当造成破坏。”

图4-16　窑洞屋顶在下雨后需要碾压

房子的损毁是必然的过程，每栋房子都有一定的使用年限。实际上，不同历史阶段的人类，对这些房子都进行着不同方式的维护。民间的居民或多或少都懂一些房屋维护常识，都能进行必要的日常维护，如定期清理排水沟，替换损毁的瓦件，木构重新上漆，等等。如窑洞在下雨前后均需对其屋顶进行碾压，以避免雨水渗下去（图4-16）。

4. 可识别性原则

所谓可识别性原则，是指在建筑遗产采取修复和加固措施时，其增补的部分均应和原迹有所区别，而不可与之混淆，避免以假乱真。通俗一点，就是说修复后的建筑遗产，能让人分辨出哪些部分是“历史的”，哪些部分是现在“还原的”。这一原则认为，如果改动的部分让人误读成原有部分，则会影响真实性。应该做到远看“基本一致”，近看“新旧有别”。欣赏一座历史建筑，如同阅读一本史书，要读出各个时代留下的痕迹，看出各个时代的叠加物。

这一原则在欧洲早有运用。如在罗马大角斗场漫长的修复历史中[①]，1807年

① 陆地．罗马大斗兽场：一个建筑，一部浓缩的建筑保护与修复史．建筑师，2006（4）.29~33.

图 4-17　意大利罗马大角斗场，上侧为新补修，下侧为原来的，采用不同颜色（左）
图 4-18　19 世纪罗马的很多古迹的修复中，采用砖头和原来的大理石相区别[2]（右）

和 1808 年两次给古罗马大角斗场加固，为了区分新加上去的部分，加固砌筑的材料采用了红砖，明显区别于原来的灰白色石灰石（图 4-17）。当时，罗马的很多古迹修复都采用了这一方式（图 4-18）。再如，1817~1823 年提图斯凯旋门（Titus Triumphal Arch）的修复，采取了编号拆解再重新砌筑的方式，而且使用石灰华（Travertine）[1] 新建了大量遗失部分，但省略了复杂的装饰。由于采用的这种石灰华表面比原来的大理石略浅，这样，既与原件相区别，实现了可识别性，又保持了相对协调。波兰华沙老城每幢重建的建筑上都有明确的重建标识牌，标明重建部分已非原物。

目前，可识别性作为一条原则，已经被写入许多国际保护文件当中（表 4-13）。在我国，这一原则一直存在一定争议，其焦点是在实践中“要不要可识别性”和“多大程度上实现可识别”。这主要缘于两点：

其一，中国传统建筑维修频繁，客观上给做到可识别性带来一定的难度。中国传统建筑的某些材料耐久性差，必须频繁更换。如木构部分作为有机物，容易受到水蒸气作用而受潮，导致细菌的繁殖而出现糟朽损坏，因此，木构的修缮比国外石构建筑频繁得多。另外，如黏土瓦使用寿命大概在 20 年左右，瓦屋面就得经常修缮和更换。还如彩画，由于传统普通广漆的寿命一般在 8 ~ 12 年，传统矿物颜料的彩画寿命也只在 20 年左右，而油饰彩画本身起着保护木构件作用，也有色彩装饰作用。这些易损的构件每隔一定的年份，就需要维修。所以现在也有人认为，可识别性不适合中国的传统木构，因为如果每次维修时都按照“可识别”处理，如果每次都采用新旧截然区分的做法，会使得整个建筑零乱，会影响传统建筑和谐性、一体性，不符合传统审美观念。例如木质构件损坏后，在更换时采用“留白”实现可识别，会使得建筑很“难看”。况且，如果采用传统的漆作工艺，表面工作完成后，新旧已经不具有可识别性了。有的学者更提出，“比如说北京故宫的琉璃瓦均为黄色，这是一代封建王朝高贵和权力的象征。如果每修复一次换一批不同颜色的瓦，过若干年后，恐怕只能作黑色的变换了，令人无法想象，几十年、几百年后的故宫屋面将会成什么样子”[3]。

① 石灰华又名孔石，一种多孔的碳酸钙，一般是奶油色或淡红色，由温泉的方解石沉积而成。
② Aylin Orbasli. Architectural Conservation. Blackwell publishing，2008.p20.
③ 高念华 . 关于中国古建的修复问题——对《威尼斯宪章》有关条款的认识 . 中国文物报，2002 年 7 月 26 日第五版 .

图 4-19 山西泽州县西黄石村成春令院倒座的脊枋题记："旹大清道光二十九年岁次己酉，创修南楼房三间、东南门楼一间、门房一间。选吉五月十八日辰刻上梁。宅主成春令。暨侄宝麟、庆麟。石匠萧随印、泥水匠牛春生。自修之后，永保家业兴隆，合宅平安，书此以垂不朽耳。"

其二，中国传统建筑修复理念崇尚"补全"和"作旧"，追求"完美和谐"和"天衣无缝"。究竟哪儿是原来的，哪儿是新加的，不做标识，后人很难知晓。这种观念导致我们一直对"原物唯一性"的重视不够，对真实性不够珍惜，在实际操作中混淆了原物和替代物。如果"假"和"真"的一样了的话，那么，就无所谓真假，"真"也沦落到和"假"一样的境地了。当然，"假的"和"真的"永远不可能一样，无非是掩人耳目，混淆一时罢了。

对于木构的可识别性，尚在探索和摸索中，不能照搬西方的具体做法，但随着科技的发展，想必会有较好的方法实现这一原则，可以更好地保护建筑遗产的真实性。罗哲文提出，修复部分"乍看起来不刺眼，仔细一看有区别"就可以了，不必故意强调其强烈的对比①。当然，如何实现这种微小的"区别"，在实践中还是需要探讨的，还得具体问题具体分析。中国传统建造活动中的"题记"做法（如在琉璃瓦、城砖、脊枋上面多有印记或题记），实际上也起到"可识别"的作用（图 4-19）。这些题记为后人对该建筑的始建、维修情况的鉴定提供了非常有价值的资料。我们现在的修复中，也可以借鉴这一做法。《古建筑木结构维护与加固技术规范》（1993年）"第六章木结构的维修"中就提到："凡必须更换的木构件，应在隐蔽处注明更换的年、月、日"。

国际和国内相关文件中对于"可识别性原则"的阐释　　表4-13

序号	内容	出处
1	任何不可避免的添加都必须与该建筑的构成有所区别，并且必须要有现代标记。无论在任何情况下，修复之前及之后必须对古迹进行考古及历史研究	《威尼斯宪章》（1964年）第9条
2	缺失部分的修补必须与整体保持和谐，但同时须区别于原作，以使修复不歪曲其艺术或历史见证	《威尼斯宪章》（1964年）第12条
3	对更换原有构件，应持慎重态度。凡能修补加固的，应设法最大限度地保留原件。凡必须更换的木构件，应在隐蔽处注明更换的年、月、日	《古建筑木结构维护与加固技术规范》（1993年）"第六章木结构的维修"
4	添加的新构件或组成部分应谨慎的做标记，采取在木材上刻记、烙印或其他方式使其日后容易识别	《木结构遗产保护准则》（1999年）"修缮和替代"
5	只要可能，损毁的构件应被修复，而不是被取代	《建筑遗产分析、保护和结构修复原则》（2003年）"治疗措施和控制手段"
6	补配部分应当可识别	《中国文物古迹保护准则》（2015年修订）第27条

① 罗哲文．关于建立有中国特色的文物建筑保护维修与合理利用理论与实践科学体系的意见．古建园林技术，2006（1）．

5. 可逆性原则

可逆性原则由真实性原则衍生而来，是指在保护中所采用的技术手段、措施以及其他改动，都应该是暂时的，一旦条件允许或变化时，可以对其进行撤销，且不伤害原物的真实性（表 4-14）。可逆性原则认为，“任何行动都不应该，也不可能一劳永逸地解决问题”。当有了新的技术、材料和理念的突破，可以更好地保护建筑遗产的真实性时，就可以去除之前的干预部分，进行新的保护；当保护对象需要功能转换，实现再利用时，也能够清除相应的附加措施，而该遗产的真实性没有减弱。

这一原则的主要目的是，可以及时纠正、弥补修缮中可能发生的错误。例如，不提倡用环氧树脂浇灌开裂的墙体裂缝，因为一旦老化，就不能挽救。还有例如修缮文物建筑时，尽量不要用水泥，其中一条非常重要的理由是，一旦用上水泥，再要除去它，就会损伤文物建筑的原来材料，而且，这种损伤无法挽回[①]。

国际和国内相关文件中对于“可逆性原则”的阐释　　表4–14

序号	内容	出处
1	可能削弱文化重要性的改变措施都应该是可逆的，在条件允许的情况下，可将其恢复到改变前的状态	《巴拉宪章》（1999 年）
2	任何要采取的干预措施都尽量：采用传统做法；如果技术允许，是可逆的；或在干预是必需的情况下，至少对未来的保护工作不造成不利影响或妨碍；不阻碍之后的保护工作者了解干预证据的可能	《木结构遗产保护准则》（1999 年）
3	如果可能，任何被采取的措施应是“可逆的”，当获得新的认识时，可将其取消或代之以更合适的措施。如果并非完全可逆，现有的干预不应限制进一步的干预	《建筑遗产分析、保护和结构修复原则》（2003 年）“治疗措施和控制手段”
4	改造应具有可逆性，并且其影响应保持在最小限度内	《关于工业遗产的下塔吉尔宪章》“维护和保护”（2003 年）
5	所有保护措施不得妨碍再次对文物古迹进行保护，在可能的情况下应当是可逆的	《中国文物古迹保护准则》（2015 年修订）第 14 条

6. 原址保护原则

原址保护原则由完整性原则衍生而来，指不能割裂建筑遗产和其赖以生存的环境（表 4-15）。因为建筑遗产一旦脱离了其所在的环境，完整性和真实性就会遭到很大破坏，所以，易地保护作为一种特殊的保护方式，被认定为一种“保留做法”，只有在面临不可抗拒的自然威胁或至关重大的利益时，迁址成为唯一的选择，这时才可以全部或部分迁移，实施易地保护。但是，特别要注意，对于建筑遗产的保护而言，易地保护属于被动性的穷途之策，要慎之更慎，不到万不得已，决不可采用。

① 陈志华．修缮文物建筑不要用水泥．古建园林技术，1988（2）．

国际和国内文件中关于“原址保护原则”的阐释 表4–15

序号	内容	出处
1	除非出于保护古迹之需要，或因国家或国际之极为重要利益而证明有其必要，否则不得全部或局部搬迁古迹	《威尼斯宪章》第七条
2	任何一件作品和物品按一般原则都不应与其环境相分离	《关于在国家一级保护文化和自然遗产的建议》（1972年）“总则”一节
3	除非在极个别情况下并出于不可避免的原因，一般不应批准破坏古迹周围环境而使其处于孤立状态，也不应将其迁移他处	《内罗毕建议》（1976年）“技术、经济和社会措施”
4	原址保护应当始终是优先考虑的方式。只有当经济和社会有迫切需要时，工业遗址才考虑拆除或者搬迁	国际工业遗产保护联合会《关于工业遗产保护的下塔尔宪章》（2003年）
5	迁移古迹应是不可能原址保护的情况下作为最后手段加以考虑	《会安草案》（2005年）“V. 纪念物、建筑物与构造物”
6	建设工程选址，应当尽可能避开不可移动文物；因特殊情况不能避开的，对文物保护单位应当尽可能实施原址保护	《中华人民共和国文物法》第20条

《中国文物古迹保护准则》（2015年修订）第29条规定：“迁建是经过特殊批准的个别的工程，必须严格控制。迁建必须具有充分的理由，不允许仅为了旅游观光而实施此类工程。迁建必须经过专家委员会论证，依法审批后方可实施。必须取得并保留全部原状资料，详细记录迁建的全过程”。

迁建工程的复杂程度等同于重点修复工程，应当遵守以下原则：

①允许迁建的文物古迹，必须符合以下条件：（a）特别重要的建设工程需要；（b）由于自然环境改变或不可抗拒的自然灾害影响，难以在原址保护；（c）单独的实物遗存已失去所依托的历史环境，又很难在原址保护；（d）文物古迹本身的构造具有可以迁移的特征。

②迁建新址选择的环境应当尽量与迁建前环境的特征相似。

③迁建后必须排除原有不安全的因素，恢复有依据的原状。

④迁建应当保护各时期的历史信息，尽量避免更换有价值的构件。迁建后的建筑中应当展出迁建前的资料。

⑤迁建必须是现存的实物。不允许依据文献传说，以修复的名义增加仿古建筑。[①]

我国在城市开发建设和大型工程的建设中，为了“腾出空间”，平衡矛盾，很多建筑遗产只好搬到其他地方，而采取“异地保护”。对于这一问题也多有争议。罗哲文（1924~2012年）认为：“我不反对异地搬迁，但反对乱搬乱迁。古民居原则上要原地保存，但有一种情况可以例外，那就是作为私产的民宅。农民拆旧建新改善生活的愿望可以理解，这种情况下，与其毁掉还不如异地保护。异地保护在国内外都有成功先例。”[②] 谢凝高认为：“异地搬迁也是一种保护，总比拆掉或毁掉好，不过应该有前提条件：首先，数量不能大，少量的一两栋可以；其次，价值不能太高。那些重要的国家级保护建筑，尤其是一片一片完整的古村落，绝对不能搬。一个古花瓶放在哪里都可以，古建筑如

① 国际古迹遗址理事会中国国家委员会制定．中国文物古迹保护准则（2015年修订）．文物出版社，2015.10.

② 拿什么保护你，我们的古民居？人民日报，2007-4-13.

果离开了周边环境，它的价值和展示效果就大不一样。”[①]

新中国成立后，实施迁址保护的建筑遗产较多。如山西永乐宫的迁址就是非常典型的案例。永乐宫现址在山西芮城县城北2公里的龙泉村，是中国现存著名元代道教宫观，为道教全真派的三大祖庭之一[②]。但永乐宫原来的位置并不在这里，而是在芮城县西南的永乐镇（旧属永济县），距离现址20公里。20世纪60年代，修建黄河三门峡水库，因原来所在的永乐镇位于水库淹没区，遂按原貌搬迁于现址。搬迁工程从1958年春开始，到1965年春竣工，前后历时7年[③]。在搬迁中，中轴线上的建筑严格按原来尺度、式样重新组建（图4-20）。各个构件按照图纸和编号一一对位，均做到“原卸原搭”。糟朽的梁、柱被更换，残损的门、瓦等构件被添配。藻井由于非常繁杂细致，采取整体搬迁的方式。在搬迁过程中，壁画的处理是难点，采用了切割锯下运输的方式[④]。这次迁建是中国首次完成的大规模古代建筑群的整体迁建，为后来一系列古代建筑的迁建提供了经验，于1978年荣获国家科学大会奖。

另外，如安徽歙县民居的迁建也是典型案例。国家文物局自1982年起，历时六年，将分散在歙县各地不宜就地保护的明清古民居与祠堂，迁建至黄山市紫霞峰下，形成潜口民宅博物馆（图4-21）。1988年，“潜口民宅”被公布为第三批全国重点文物保护单位。另外，如在2001年至2006年，湖北省秭归县因三峡工程将境内的24处文物整体迁建至凤凰山，其中包括15幢建筑（10幢民居、2座祠堂、2座庙宇以及1座牌坊）。2006年，“凤凰山古建筑群”被列入第六批全国重点文物保护单位。

图4-20 山西运城市永乐宫的迁建工程现场[⑤]
图4-21 安徽黄山市潜口民宅博物馆

① 拿什么保护你，我们的古民居？人民日报，2007-4-13.
② 其中龙虎殿和三清殿是大型人物画，纯阳殿和重阳殿为连环故事画。
③ 对于新址的选择，主要考虑了两点：其一是希望新址在地形地貌方面与原址相似，其二是距离较近，便于运输。
④ 宫内中轴线上从南到北依次为山门、龙虎殿、三清殿、纯阳殿和重阳殿。除山门外，其余四座建筑均为典型的元代木构建筑。1961年，被公布为第一批全国重点文物保护单位。殿内的壁画近1000平方米，甚为精美，是彰显中国古代壁画艺术的精品杰作。这些壁画绘制在砂泥涂抹的墙体上，由于经历七百年的岁月，受到自然侵蚀，墙体已经脆弱，壁画凹凸不平。搬迁之初，原想整块揭取，但由于其面积较大，壁画高度都在3米以上而且，局部地方又很酥松，很容易破碎。所以，最终采用分块揭取的方法，即分块约1～4平方米。在分割画面时，尽量避开人物密集的地方，因为这些人物的头、手、冠戴等非常精致，担心切割时损伤。用锯片极细微地将附有壁画的墙壁逐块锯下，全部壁画分为341块，依次编号，每一块都标上了记号。新址的主要建筑复原以后，再将壁画按原来的位置、式样、排列顺序，安装在原来建筑物的墙面上。
⑤ 永乐宫古建筑群搬迁保护.中国文化遗产，2004（3）.

7. 不提倡原址重建原则

不提倡原址重建，是为了尊重遗产的真实性，所以也是基于“真实性原则”形成的。该原则认为，已经消失的历史建筑即使拥有最翔实的历史依据，也不可能真正复原，历史就是历史，所以不提倡在原基址上重建。而且，重建的“建筑遗产”会干扰人们的判断，容易被人们“误判”“误读”“误解”，对遗产的“真实性”构成威胁，“假作真时真亦假”。保存遗址的意义一般高于重建。

遗产重建是遗产保护领域非常敏感和热门的话题。国际和国内文件中对遗产重建多持否定和谨慎的态度，一般建议已毁的建筑进行“遗址展示”（表 4-16）。

国际和国内相关文件中关于“不提倡重建原则”的阐释 表4–16

序号	内容	出处
1	应通过创立一个定期、持久的维护系统来有计划地保护建筑，从而摒弃整体重建的做法，以避免出现相应的危险	《雅典宪章》（1931 年）第 1 条
2	必须采取一切方法促进对古迹的了解，使它得以再现而不曲解其意。然而对任何重建都应事先予以制止，只允许重修，也就是说，把现存但已解体的部分重新组合	《威尼斯宪章》（1964 年）第 15 条
3	在一园林彻底消失或只存在其相继阶段的推测证据的情况，重建物不能被认为是一历史园林	《佛罗伦萨宪章》（1982 年）第 17 条
4	只有当遗产地因破坏或改造已残缺不全，以及对复制到早期构造有充分把握时，才能进行重建。在个别情况下，重建也可用作保留遗产地文化重要性的用途使用和实践的一部分	《巴拉草案》（1999 年）第 20 条
5	在真实性问题上，考古遗址或历史建筑及地区的重建只有在极个别情况下才予以考虑。只有依据完整且翔实的记载，不存在任何想象而进行的重建，才会被接纳	《实施〈保护世界文化与自然遗产公约〉的操作指南》第 86 条
6	不可移动文物已经全部毁坏的，应当实施遗址保护，不得在原址重建。但是，因特殊情况需要在原址重建的，由省、自治区、直辖市人民政府文物行政部门报省、自治区、直辖市人民政府批准；全国重点文物保护单位需要在原址重建的，由省、自治区、直辖市人民政府报国务院批准	《中华人民共和国文物法》第 22 条
7	不提倡原址重建的展示方式。考古遗址不应重建。鼓励根据考古和文献资料通过图片、模型、虚拟展示等科技手段和方法对遗址进行展示	《中国文物古迹保护准则》（2015 年修订）第 43 条
8	已损毁的文物古建筑能否重建，要具体问题具体分析，不能一概而论。应根据已损毁的古建筑所处的环境、地位、对建筑群体的作用以及文物建筑群体的完整性、真实性进行具体分析和评价。损毁建筑的重建应经过专家论证和文物主管部门批准，严格按程序办事	《曲阜宣言》（2005 年）

早在 1943 年，由勒·柯布西耶修订的《雅典宪章》中就明确反对重建：“借着美学的名义在历史地区建造旧形制的新建筑，这种做法有百害而无一利，应及时制止”，并解释道：“这样的方式恰是与继承历史的宗旨背道而驰的。时间永是流失的，绝无逆转的可能，而人类也不会重蹈过去的覆辙。那些古老的杰作表明，每一个时代都有其独特的思维方式、概念和审美观，因此产生了该时代相应的技术，以支撑

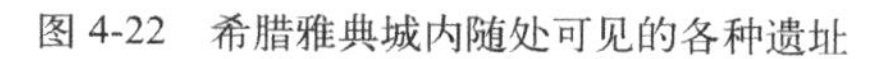

图 4-22　希腊雅典城内随处可见的各种遗址

图 4-23　意大利罗马街头随处可见的各种遗址

这些特有的想象力。倘若盲目地模仿旧形制，必将导致我们误入歧途，发生根本方向上的错误，因为过去的工作条件不可能重现，而用现代技术堆砌出来的旧形制，至多只是一个毫无生气的幻影罢了。这种‘假’与‘真’的杂糅，不仅不能给人以纯粹风格的整体印象，作为一种矫揉造作的模仿，它还会使人们在面对至真至美时，却无端产生迷茫和困惑”①。

欧洲主要为砖石建筑，崇尚实施残状遗址（或残状构件）的现状保存。如希腊的雅典、意大利的罗马，有很多建筑遗产残存的台阶、柱子、柱础，充满了遗迹之美，也保存了历史信息（图 4-22、图 4-23）。

当然也有例外。有时为了保证遗产地的完整性，以及恢复公众的记忆，也会进行重建，如现在波兰的华沙城是在“二战”废墟上按照历史原样重建的城市，1980 年依然被收入《世界遗产名录》。

中国的相关文件，也多对重建持否定态度。2005 年《国务院关于加强文化遗产保护的通知》更是审时度势地强调：“要对文物‘复建’进行严格限制，把有限的人力、物力切实用到对重要文物、特别是重大濒危文物的保护项目上。”但在实践中，国内重建之风甚为风靡，这大概是由于向来对遗址的“残状”不大能接受。鲁迅在 1924 年的《论雷峰塔的倒掉》一文中写道：“后来我长大了，到杭州，看见这破破烂烂的塔，心里就不舒服。”这大概很能代表民众的心理。也许正是基于这种心理，改革开放以来，我国一直热衷于对古迹遗址的重建，而且往往打着“恢复历史”的旗号。有的重建甚至毫无根据，受到了学界的一致批评，如徐州沛县的汉代一条街。实际上，我国汉代以“市”为商业交易场所，到宋代才出现了商业街的形式，汉代的商业街实际上是无稽之谈。

有些建筑的重建，还基本上得到了各方的认可。一些有特殊意义的建筑已经毁灭了，但很多人希望重建，是因为这些建筑有重要的纪念意义、情感寄托等。曾拟申报世界遗产的“十大名楼”中，有一半是 20 世纪 80 年代后重新修建的（表 4-17）。这些楼阁久负盛名，高耸大气，为各地的标志性建筑，但由于多采用木结构，特别容易毁于火灾或战乱，只能不断重建。

① 国际文化遗产保护文件选编．文物出版社，2007.23.

曾拟申报世界遗产的“十大名楼” 表4–17

名称	省份	始建年代	现存建成年代
钟鼓楼	西安	明洪武十七年（1384年）	明洪武十七年（1384年）
天一阁	宁波	明嘉靖四十五年（1566年）	明嘉靖四十五年（1566年）
蓬莱阁	蓬莱	宋嘉祐六年（1061年）	明清
大观楼	昆明	清康熙年间（1690年前后）	清同治五年（1866年）
岳阳楼	岳阳	三国时期	清光绪六年（1880年）
天心阁	长沙	乾隆十一年（1746年）	1983年
黄鹤楼	武汉	三国时期	1985年
滕王阁	南昌	唐永徽四年（653年）	1989年
鹳雀楼	永济	北周（557~580年）	1997年
阅江楼	南京	明朱元璋拟建但仅建成楼基	2001年

如1989年重建的南昌滕王阁（图4-24、图4-25），为“江南三大名楼”之一，“于唐永徽四年（653年）开阁以来，至1989年期间历经1336年，重修重建29次。平均46年即重修或重建一次，几乎始终屹立在赣江之畔”①。各朝各代的重修重建采用了不同的形式，唐阁、宋阁、元阁、明阁、清阁异彩纷呈，可谓对唐代著名诗人王勃《滕王阁序》意境的不同理解和阐释。

另外如黄鹤楼（图4-26~图4-30），最早的文字记载见祖冲之（429~500年）《述异记》：“憩江夏黄鹤楼”。唐代李白有诗云：“故人西辞黄鹤楼，烟花三月下扬州”。唐代诗人崔颢则有诗云：“昔人已乘黄鹤去，此地空余黄鹤楼”。宋画中黄鹤楼形态美奂多姿。但千余年来，黄鹤楼屡毁屡建，仅在明清两代就被毁七次。最近一次重建是同治七年（1868年），又毁于光绪十年（1884年）。1957年，建武汉长江大桥武昌引桥时，占用了黄鹤楼旧址，所以，20世纪80年代重建黄鹤楼时，选址于距旧址约1000米左右的蛇山峰岭上，采用钢筋混凝土框架仿木结构。还有如北京复建了中轴线上的永定门，也是典型案例（图4-31）。永定门建于明嘉靖十二年（1533年），1957年以妨碍交通、占据建设用地等为由将其拆除，2004年在原址重建。

图4-24 宋代画中的滕王阁②

图4-25 1989年重建后的滕王阁

图4-26 宋代画中的黄鹤楼③

图4-27 元代画中的黄鹤楼④

① 萧世荣，樊迺麟，葛缘怡．漫话滕王阁之重建．新建筑，1992（2）.
② 陈同滨等主编．中国古代建筑大图典．当今中国出版社，1996.1063.
③ 陈同滨等主编．中国古代建筑大图典．当今中国出版社，1996.1064.
④ 陈同滨等主编．中国古代建筑大图典．当今中国出版社，1996.1089.

图 4-28 明代画中的黄鹤楼①

图 4-29 清同治七年（1868 年）所拍的黄鹤楼②

图 4-30 20 世纪 80 年代重建后的黄鹤楼

图 4-31 2004 年复建的北京中轴线上的永定门

有些重建则引起了很多争论，成为颇敏感的话题。如杭州雷峰塔的重建（图 4-32~图 4-34）③，曾引起很大争议④，有人认为"新塔是文物保护与当代需要的有机结合"⑤，也有人认为，"这种'雷峰塔现象'的最大危害在于盲目追求文物古迹的完整性和所谓的观瞻需要，忽视了文物古迹的原真性对实物遗存的保护，其实质是降低了文化遗产的价值，应当引起人们的警醒和重视"⑥。在政府内部，文物保护部门坚决不同意重建，旅游开发部门力主重建。实际上，这次所重建的雷峰塔，已不属于文物保护的范畴，它不是历史上任何一个时期的雷峰塔，而是建筑师完全重新创作的雷峰塔。有意思的是，早在 1925 年，鲁迅就预料到该塔的重建，在其《再论雷峰塔的倒掉》一文中写道："倘在民康物阜时候，因为十景病的发作，新的雷峰塔也会再造的吧"。

图 4-32 民国时期的雷峰塔远景⑦

图 4-33 民国时期的雷峰塔近景⑧（拍于 1917~1919 年期间）

图 4-34 新设计的杭州雷峰塔⑨

---

① 陈同滨等主编 . 中国古代建筑大图典 . 当今中国出版社，1996.1097.
② 罗哲文，杨永生主编 . 失去的建筑（增订本）. 中国建筑工业出版社，2002.155.
③ 雷峰塔，因位于西湖南岸夕照山的雷峰上而得名。该塔曾是西湖的标志性景点，每当夕阳西下，塔影横空，被称为"雷峰夕照"，是西湖八景之一。清朝末年到民国初期，民间盛传雷峰塔的砖具有"辟邪"等的特异功能，因而屡屡遭到盗挖。1924 年 9 月 25 日，砖塔身终于轰然坍塌。2000 年 12 月～2002 年 10 月，雷峰新塔建在遗址之上，采用了南宋初年重修时的风格和规模。
④ 张杰 . 旧城遗产保护制度中"原真性"的谬误与真理 . 城市规划，2007（11）.
⑤ 郭黛姮，李华东 . 杭州西湖雷峰新塔 . 建筑学报，2003（3）.
⑥ 阮仪三，林林 . 文化遗产保护的原真性原则 . 同济大学学报（社会科学版），2003（2）.
⑦ 罗哲文，杨永生主编 . 失去的建筑 . 中国建筑工业出版社，1999（75）.
⑧ 沈洪著 . 西湖印象——美国传教士甘博民国初年拍摄的杭州老照片，山东人民出版社，2010.140.
⑨ 郭黛姮，李华东 . 杭州西湖雷峰新塔 . 建筑学报，2003（3）.

图 4-35 北京圆明园遗址局部

关于圆明园是否重建（图 4-35）[①]，从 20 世纪 80 年代至今，已经争论了 30 余年。其中主要可分为三派，即力主“让废墟成为民族耻辱历史教科书”的“废墟派”、主张“重建圆明园昔日辉煌”的“复建派”以及主张部分复建的“整修派”。如主张废墟保存的叶廷芳认为：“无论这片废墟现在所具有的东西的多寡，都不影响这部史书丰富和苦涩的内涵及其无上的宝贵价值……保留并展露这片废墟，比用辉煌的古建筑取代或部分取代她要有意义得多！我之所以一直主张对圆明园废墟实行整体保留，就是因为她既是入侵强盗活的历史见证，又是中国近代史的‘大地纪念碑’。”[②] 主张重建的人认为：“我们有志气、有能力在帝国主义破坏的废墟上整修、再现圆明园这一优秀的历史园林”[③]。主张整修的王道成：“保护好西洋楼残迹，使人民群众不忘屈辱的历史，是爱国主义教育；再现一些景区昔日的辉煌，增强人民群众的自尊心、自信心、自豪感，也是爱国主义教育。把二者结合起来，岂不比只知道屈辱的历史更好？”[④]

建筑遗产是否应该复原，应该具体问题具体分析，不能一概而论，要严格控制，除了经过特殊批准的个别工程，尽量不重建。但下面几种情况可以考虑重建：该建筑在人们心中有极为重要的地位，是很多人心里的寄托，如黄鹤楼、鹳雀楼等；或该建筑在空间上特别重要，如北京的永定门；或一片建筑群非常完整，只有比例较小的局部已毁。是否应该重建，主要决定于两个因素：现存的实物信息的多少和价

---

① 圆明园位于北京市西郊海淀区，与颐和园紧相毗邻，始建于康熙四十六年（1707 年），由圆明园、长春园、绮春园三园组成，有园林风景百余处，建筑面积约 16 万平方米，是清朝帝王在 150 余年间倾心营造的一座大型皇家宫苑。曾以其宏大的规模、精美的建筑、优美的园林而享誉于世，有“万园之园”之称。1860 年，圆明园遭到英法联军的洗劫抢掠和纵火焚烧，大火三天三夜不灭，园内寺庙建筑也大多被毁于火。据同治十二年（1873 年）冬查勘，园内尚存有建筑 13 处。1900 年，八国联军侵入北京，圆明园又一次遭到破坏，再次放火烧圆明园，使这里残存的 13 处皇家建筑又遭掠夺焚劫。

② 引自：叶廷芳、汪之力、谢辰生、王道成、李舫．争议声中的圆明园．人民日报，2008 年 2 月 29 日．

③ 引自：1980 年宋庆龄、沈雁冰等 1583 人联名发表的《保护、整治及利用圆明园遗址倡议书》。

④ 引自：叶廷芳、汪之力、谢辰生、王道成、李舫．争议声中的圆明园．人民日报，2008 年 2 月 29 日．

值；复原的资料信息的多寡。实物遗存的价值越大，信息越多，越不应该复原；资料信息越多，越逼真（如图纸、照片等），越有利于复原。

8. 慎重选择保护技术原则

恰当的保护技术对于遗产保护至关重要（表 4-18），不恰当的技术往往会适得其反，有害无益。保护技术可以分为传统技术和现代技术。

国家文件中关于修复中“慎重选择保护技术原则”的论述　　表4-18

序号	内容	出处
1	在修复工程中，允许使用现代技术材料； 新材料的使用尤适合于以下情况：当需要保护的部分采用新材料能够避免解体和复原的威胁	《雅典宪章》（1931 年）“序”和第 4 条
2	当传统技术被证明为不适用时，可采用任何经科学数据和经验证明为有效的现代建筑及保护技术来加固古迹	《威尼斯宪章》第十条
3	在进行重要构造的保护时，倾向于使用传统的技术和材料。在某些情况下，则可能更适合使用能提供重大保护效果的现代技术和材料	《巴拉草案》（1999 年）第 4 条
4	在使用当代材料（如环氧树脂）和现代技术（如结构加固钢架）时应极其谨慎，并仅在材料和建造技术的持久性和结构表现已经得到足够验证后才能进行	《木结构遗产保护原则》（1999 年）“当代材料的技术”
5	根据安全性和耐久性要求，“传统”和“创新”技术间的选择应在一个个案例的基础上进行估量得出，并优先考虑那些对遗产价值有最小侵入性和最大协调性的选择	《建筑遗产分析、保护和结构修复原则》（2003 年）“治疗措施和控制手段”

传统技术在遗产保护中往往受到青睐，这是因为传统技术、材料、经验、措施和工艺等较为成熟，有悠久的使用历史，已经经过历史的检验，是一种较为稳妥的维修方式。《中国文物古迹保护准则》（2015 年修订）14 条就提到：“使用恰当的保护技术：应当使用经检验有利于文物古迹长期保存的成熟技术，文物古迹原有的技术和材料应当保护。对原有科学的、利于文物古迹长期保护的传统工艺应当传承。”以壁画为例，敦煌莫高窟的有些壁画至今千余年，山西高平的开化寺壁画至今九百余年，色彩仍旧，既没有褪色，也没有变色。所以这些壁画的修复，应该尽量采用传统材料和技术。另如，假使老房子原来是用传统灰泥营建的，在修复时最好也用传统的灰泥。

在遗产保护中并不完全排斥现代技术。科技的发展不断为建筑遗产保护提供了新的机会和可能。20 世纪 30 年代开始，国际上的主流修复理念就认为，一些新的技术和材料也可以运用到历史建筑的修复中。例如，有时可以用纤细的钢铁结构技术加固石木结构，一旦有更好的处理方法时，又可以拆除（图 4-36）。但由于建筑遗产的不可再生性，所以在

图 4-36　德国维斯比（Visby）19 世纪中叶时建造，为了避免城墙倒塌，下面用生铁柱支撑，简单有效[①]

① John Cramer, Stefan Breitling. Architecture in Existing Fabric. Atelier Fischer, Berlin, P168.

采用新技术时要慎之又慎，必须经过前期试验，证明对建筑遗产保护确实无害和有效方可实施。

《会安草案》（2005 年）中强调了审慎使用新材料的注意事项：

如果保护措施包括新材料的使用，应特别加以注意。所用新材料的兼容性是维护真实性的基础。应对以下方面的兼容性加以考虑，以保证新材料不对纪念物产生负面影响：

（1）化学兼容性：两种材料不应发生化学反应，例如水泥和硫酸导致膨胀现象；

（2）物理兼容性：新旧材料不会因时期变化产生膨胀而发生差动；新旧材料的密度对应和现有材料存在很大差别；

（3）机械兼容性：新材料的强度和硬度应和原始材料相同或低于原始材料。

9. 档案记录原则

建筑遗产不可能永存，它每时每刻，或快或慢地都在走向衰亡。保护工作可以延缓这种衰亡，但不能彻底阻止这种衰亡。但是，我们可以记录这些历史信息，并比较容易地永久保存下去，所以相关的国际文件强调，建筑遗产都应该有相应的档案，特别是保护修复中要做好详细的记录（表 4-19）。建筑遗产的调查、维修、保护等各项专业技术工作，都应该有各种图片或文字记录。这些记录资料对于建筑遗产的保护管理和合理利用，都是极其珍贵的科学依据。建筑遗产本体离不开与之息息相关的原始资料。如果没有这些原始资料，建筑遗产所包含的大量重要信息也会丢失，致使建筑遗产的价值降低，也会致使建筑遗产的真实性受到影响。而且，当建筑遗产遭受不可抗力被破坏时，这些档案可以发挥重要作用，即为修复提供详细的基本资料。如果没有这些资料，仅靠记忆，很难进行可靠的修复。

国际文件中关于档案记录原则的阐述　　表4–19

序号	内容	出处
1	一切保护、修复或发掘工作永远应有用配以插图和照片的分析及评论报告这一形式所做的准确的记录。清理、加固、重新整理与组合的每一阶段，以及工作过程中所确认的技术及形态特征均应包括在内	《威尼斯宪章》（1964 年）第 16 条
2	所获信息的所有方面，包括安全评估在内的诊断，以及干预的决定都应在“说明性报告”加以阐述	《建筑遗产分析、保护和结构修复原则》（2003 年）“研究和诊断”
3	任何不可避免的改动应当存档，被移走的重要元件应当被记录在案并完好保存	《关于工业遗产的下塔吉尔宪章》（2003 年）“维护和保护”
4	对纪念物和建筑物采取的所有介入活动都应得到全面记录	《会安草案》（2005 年）“V. 纪念物、建筑物与构造物”

早在 1961 年国务院公布第一批全国重点文物保护单位名单时，就提出了要建立文物保护单位的记录档案：“各省、自治区、直辖市人民委员会应当根据《文物保护管理暂行条例》的规定，在短期内组织有关部门对本地区内的全国重点文物保护单位划出保护范围，作出标志说明，并逐步建立科学纪录档案”。但由于种种原因，从 1961 年以来陆续公布的全国重点文物保护单位，在公布后的很长时间大部分都没有建立起科学系统、全面翔实的记录档案。

到了 2003 年国家文物局开始更为积极地推动这一工作，提出要在 2003~2005

年的三年时间内，完成第一至第五批全国重点文物保护单位记录档案的建档和备案工作，并在北京建立“全国重点文物保护单位记录档案库”。为了规范建档工作，国家文物局发布了《全国重点文物保护单位记录档案工作规范（试行）》（2003 年）。其中规定：“记录档案包括对全国重点文物保护单位本身的记录和有关文献。内容分为科学技术资料和行政管理文件。形式有文字、图纸、照片、拓片、摹本、电子文件等”；“记录档案必须科学、准确、翔实”。《中国文物古迹保护准则》（2015 年修订）第 24 条也论及：“所有技术和管理措施都应记入档案。相关的勘查、研究、监测及工程报告应由文物古迹管理部门公布、出版”。总之，建档是一项基础工程，能够对遗产保护产生深远影响。特别是在每次保护修缮工程中，都应该做好详细的工程记录。

第五章　建筑遗产保护工程

世间的大部分建筑，除了纪念性建筑（如人民英雄纪念碑）外，都没有期望长久留存，总是具有一定寿命的。但建筑遗产因为其特殊的价值，则希冀能够永久留存。这样，就衍生出一个问题，如何才能使其不被破坏，即需要采用什么样的保护措施。另外，建筑遗产的类型很多，丰富多彩，有木构的，有石构的，有砖砌的，有金属的；有体量巨大的，有小巧玲珑的；有位于偏僻山区的，有位于喧嚣闹市的；有留存了成千上百年的，也有建成仅三五十年的。不同的建筑遗产，在保护中面临着不同的问题，其保护措施自然也会千差万别。

如果说前四章主要阐释建筑遗产保护的相关知识和基础理论，那么本章和下一章则重点说明建筑遗产保护的实践、应用和操作。本章主要讨论保护工程，偏重保护；下一章主要讨论再利用工程，侧重活化。当然二者密不可分，利用必须是在保护的基础上，保护的主要目的也是为了“利用”。

第一节　保护工程概论①

建筑遗产保护工程，简单地说就是为了保护建筑遗产所进行的工程。由于建筑遗产属于文物古迹，所以本节主要选录《中国文物古迹保护准则》（2015年修订）中的相关内容，用以说明建筑遗产保护工程中的保护程序和保护措施。

一、保护程序

文物古迹的保护和管理涉及多个可能的学科领域，是一项复杂的系统性工作，必须符合相关法律和技术规范，不得对文物古迹造成损害。文物古迹保护和管理工作程序是保证文物古迹保护依法合规，技术上具有可行性和合理性，能够有效保护文物古迹的基本保障。

文物古迹保护和管理工作程序分为六步，依次是调查、评估、确定文物保护单位等级、制订文物保护规划、实施文物保护规划、定期检查文物保护规划及其实施情况。前一个步骤往往是下一个步骤的基础。

1. 调查

调查包括普查、复查和重点调查。一切历史遗迹和有关的文献，以及周边环境都应当列为调查对象（图5-1）。遗址应进行考古勘查，确定遗址范围和保存状况。

调查的主要对象是文物古迹的实物遗存，同时应注意以下内容：（1）环境，包括自然环境、人文环境现状及变迁历史；（2）重要历史事件和重大自然灾害的

① 本节文字引自：《中国文物古迹保护准则》（2015年修订）中的“第四章、保护措施”，包括正文和阐释，有适当的删减。插图为著者配。

图 5-1 全国重点文物保护单位福建省华安县二宜楼及其壁画

遗迹；(3) 设计、施工者，材料供应地和所有者或使用者的基本情况；(4) 文物古迹修缮及历代改建情况；(5) 当时具有特殊社会意义的历史遗迹；(6) 附属文物和题记；(7) 与文物古迹相关的历史文化传统。

2. 评估

评估包括对文物古迹的价值、保存状态、管理条件和威胁文物古迹安全因素的评估，也包括对文物古迹研究和展示、利用状况的评估（图 5-2）。

评估对象为文物古迹本体以及所在环境，评估应以勘查、发掘及相关研究为依据。评估是根据对文物古迹及相关历史、文化的调查、研究，对文物古迹的价值、保存状况和管理条件做出的评价。评估包括：(1) 文物古迹的主要价值；(2) 对文物古迹的现有认识和研究是否充分；(3) 威胁文物古迹安全的因素；(4) 现有的保护和管理措施是否能够确保文物古迹安全；(5) 现有的文物古迹价值展示是否能够被人们充分理解和认识；(6) 现有的利用方式是否能够在保证文物古迹安全的前提下充分发挥其社会效益。

图 5-2 韩国庆州佛国寺的两座石塔，在 2010 年 12 月定期检查时发现其中一座石塔（右图）东北侧上层有裂痕，经过有关文物委员会和专家研讨，决定进行解体维修

图 5-3　辽宁省鞍山市析木城石棚“全国重点文物保护单位”和“省级文物保护单位”的标牌（左）
图 5-4　上海南洋公学旧址建筑群的“区级文物保护单位”的标牌（中）
图 5-5　上海市外白渡桥“优秀历史建筑”的标牌（右）

3. 确定文物古迹的保护等级

文物古迹根据其价值实行分级管理。价值评估是确定文物古迹保护等级的依据。各级政府应根据文物古迹的价值及时公布文物保护单位名单（图 5-3~ 图 5-5）。公布为保护单位的文物古迹应落实保护范围，建立说明标志，完善记录档案，设置专门机构或专人负责管理。保护范围以外应划定建设控制地带，以缓解周边建设或生产活动对文物古迹造成的威胁。

根据文物古迹的价值实行分级保护，是有效保护文物古迹的重要方法。提请政府公布文物保护单位是文物古迹管理机构的职责。有保存价值、尚未公布为保护单位的文物古迹，应作为一般保护对象进行详细登记、公布并加以保护。对列入保护单位的文物古迹必须建立档案，包括文物古迹的基本情况、始建和修缮时间、附属文物情况、测绘图纸、照片、相关历史文献等；应设立专门的文物保护管理机构进行管理，对于规模较小的保护点可设专人负责管理；保护范围应包括体现文物古迹价值的全部相关要素。建设控制地带是保护范围与周边建设区域之间的缓冲区，其作用是消除周边地区建设或发展项目对文物古迹造成的压力。建设控制地带可根据不同的控制要求划分等级。有特定环境或景观保护要求的，还可划定环境或景观控制区，其性质等同于建设控制地带。文物古迹的保护范围和建设控制地带应纳入所在地的城乡规划。文物古迹应树立保护标志，并设置说明牌，说明文物古迹的价值、历史及相关基本情况。

4. 编制文物保护规划

文物古迹所在地政府应委托有相应资质的专业机构编制文物古迹保护规划。规划应符合相关行业规范和标准。规划编制单位应会同相关专业人员共同编制。涉及考古遗址时，应有负责考古工作的单位和人员参与编制。文物古迹的管理者也应参与规划的编制，熟悉规划的相关内容。规划涉及的单位和个人应参与规划编制的过程并了解规划内容。在规划编制过程中应征求公众意见。文物保护规划应与当地相关规划衔接。文物保护规划一经公布，则具有法律效力。

文物保护规划是文物古迹保护、管理、研究、展示、利用的综合性工作计划，是文物古迹各项保护工作的基础。编制文物保护规划应根据工作程序，针对文物古迹的具体情况进行详细调查、勘察，全面收集相关资料，对文物古迹的价值和现状进行评估，分析存在的问题，提出解决这些问题的方法和计划。文物保护规划应根据文物古迹的价值、类型划定或调整能够确保文物古迹安全及真实性、完整性的保护范围和建设控制地带，提出管理、控制要求和指标。对考古遗址则需要划定可能的地下文物埋藏区域，提出相应的管理要求。对环境或景观有控制要求的文物古迹，可以划定环境或景观控制区域。环境和景观控制区具有建设控制地带的性质，应纳入当地城乡规划。

文物保护规划还应考虑安防、消防、避雷等保护设施的建设，文物古迹价值展示等规划内容。若适当的利用有利于文物古迹的保护，则应制定专项规划，确定利用的方式和强度。已开放旅游的文物古迹，应确定能保证文物古迹安全的游客承载量，制定控制游客数量的管理规划。

文物保护规划应作为相关建设、发展规划的基础。文物保护规划应与文物古迹所在地已有的城乡规划相关联，应考虑与所在地社会、经济发展之间的关系。

所在地政府和文物古迹的管理者作为文物保护规划的执行者，需要充分理解文物保护规划，这是规划能否得到有效执行、真正提高文物古迹保护管理水平的基础。承担编制文物保护规划的专业机构应在规划编制过程中与文物古迹管理者及规划涉及的相关方面充分沟通。文物古迹的管理者应积极参与编制文物保护规划的全过程。文物古迹是全社会的共同财富，公众应了解文物古迹的保护情况，有责任和义务对文物古迹的保护、管理提出建议，实施监督。应让公众了解规划的主要内容，并征求公众的意见。

编制文物保护规划是所有文物保护单位必须履行的程序，依法经过批准的文物保护规划具有法律效力，并且是行政管理和实施保护工作的依据。文物保护规划包括的项目和文件格式、表述形式应符合规划编制管理要求。

5. 实施文物保护规划

通过审批的保护规划应向社会公布。文物古迹所在地政府是文物保护规划的实施主体。文物古迹保护管理机构负责执行规划确定的工作内容。应通过实施专项设计落实文物保护规划。列入规划的保护项目、游客管理、展陈和教育计划、考古研究及环境整治应根据文物古迹的具体情况编制专项设计。规划中的保护工程专项设计必须符合各类工程规范，由具有相应资质的专业机构承担，由相关专业的专家组成的委员会评审。

文物保护规划批准公布后，文物古迹所在地政府应将保护规划纳入当地城乡建设规划，纳入经济和社会发展计划，纳入财政预算，纳入体制改革，纳入各级领导责任制。文物古迹的管理者应根据规划确定的工作内容和时间实施规划。应根据规划确定的时间顺序委托具有相应资质的专业机构编制专项设计。专项设计包括文物本体维修、环境整治、安防、消防、避雷、展示陈列、利用、考古调查以及其他相关基础设施的调整和建设、文物古迹价值的推广、教育等内容。文物保护规划中规定的保护项目，都必须根据相关的规章制度、行业规范严格执行。

6. 定期评估

管理者应定期对文物保护规划及其实施进行评估。文物行政管理部门应对文物保护规划实施情况予以监督，并鼓励公众通过质询、向文物行政管理部门反映情况等方式对文物保护规划的实施进行监督。当文物古迹及其环境与文物保护规划的价值评估或现状评估相比出现重大变化时，经评估、论证，文物古迹所在地政府应委托有相应资质的专业机构对文物保护规划进行调整，并按原程序报批。

定期评估是保证落实文物保护规划、验证规划实施效果的重要措施，也是文物行政管理部门监督、促使文物保护规划实施，提高文物古迹保护管理水平的基本方法。定期评估应根据文物保护规定的进度逐项评估落实情况和效果，解决未能按规划落实的问题。

公众的关注是全社会文物古迹保护意识提高的反映，是文物古迹社会价值的体现。文物古迹是社会的公共财富。公众有权利和义务对文物古迹的保护状况进行监督。文物行政管理部门应鼓励公众监督文物保护规划的落实情况，并及时回应公众质询，说明文物保护规划的实施情况。

文物保护规划的定期评估应与文物古迹监测体系建设相结合。在实施文物保护规划或完成一定阶段的工作后，应及时总结，发现问题，经过论证、评估后可修订或调整规划。

二、保护措施

保护措施是通过技术手段对文物古迹及环境进行保护、加固和修复，包括保养维护与监测、加固、修缮、保护性设施建设、迁移以及环境整治。所有技术措施在实施之前都应履行立项程序，进行专项设计。所有技术和管理措施都应记入档案。相关的勘查、研究、监测及工程报告应由文物古迹管理部门公布、出版。

保护措施是通过保护工程对文物古迹进行直接或间接的干预，是对文物古迹蜕变过程的管理和干预。这种干预可以改善文物古迹的安全状态，减缓或制止文物古迹的蜕变过程，但无法恢复已经损失或遭到破坏的历史信息。不恰当的保护措施可能会加剧对文物古迹的损害。

对文物古迹采取技术性保护之前应当履行立项程序，对项目合理性、必要性以及可能采用的技术的可行性进行分析、评估。立项批准后，应针对要解决的问题进行深入、细致的勘察研究和专项设计，经过充分论证，报批后实施。施工前应制订质量责任制度和保修制度。施工中如发现新的重大问题，应立即停工，修改设计，重新报批。

文物保护工程方案的选定，工程的招投标，应当首先考虑最为适宜和安全的技术方案，避免片面强调经济指标的做法。

任何保护措施都必须经过深入、细致的勘察、研究、评估和试验。只有经过实验证明对需要解决的问题确实有效并不会造成对文物古迹破坏的措施才能使用。

保护措施涉及专业知识和经验，设计与施工都应由具有相应资质的专业机构进行。保护措施的实施过程和效果是文物古迹保护的重要经验，相关报告的公布、出版有助于文物古迹保护经验的交流和总结，有助于文物古迹保护技术的研究和推广，有助于文物古迹保护事业的发展。

保护措施主要包括下面几个方面的内容：

1. 保养维护及监测

保养维护及监测是文物古迹保护的基础。保养维护能及时消除影响文物古迹安全的隐患，并保证文物古迹的整洁。应制定并落实文物古迹保养制度。监测是认识文物古迹蜕变过程、及时发现文物古迹安全隐患的基本方法（图 5-6）。对于无法通过保养维护消除的隐患，应实行连续监测，记录、整理、分析监测数据，作为采取进一步保护措施的依据。保养维护和监测经费由文物古迹管理部门列入年度工作计划和经费预算。

监测包括人员的定期巡视、观察和仪器记录等多种方式。监测检查记录包括：

（1）对可能发生变形、开裂、位移和损坏部位的仪器监测记录和日常的观察记录；

（2）对消防、避雷、防洪、固坡等安全设施的定期检测的记录；

（3）旅游活动和其他社会因素对文物古迹及环境影响的记录；

（4）有关的环境质量监测记录。

图 5-6　应县木塔文物监测①

保养维护是根据监测及时或定期消除可能引发文物古迹破坏隐患的措施。及时修补破损的瓦面，清除影响文物古迹安全的杂草植物，保证排水、消防系统的有效性，维护文物古迹及其环境的整洁等，均属于保养维护的内容。

作为日常工作，保养维护通常不需要委托专业机构编制专项设计，但应制定保养维护规程，说明保养维护的基本操作内容和要求，以免不当操作造成对文物古迹的损害。文物古迹管理者在编列经费预算时应考虑保养维护和监测工作的需要。文物古迹所在地方政府、文物行政主管部门应给予相应的支持。

2. 加固

加固是直接作用于文物古迹本体，消除蜕变或损坏的措施。加固是针对防护无法解决的问题而采取的措施，如灌浆、勾缝或增强结构强度以避免文物古迹的结构或构成部分蜕变损坏（图 5-7）。加固措施应根据评估，消除文物古迹结构存在的隐患，并确保不损害文物古迹本体。

图 5-7　山西省朔州市崇福寺弥陀殿台明砖风化状况②

加固是对文物古迹的不安全的结构或构造进行支撑、补强，恢复其安全性的措施。加固措施通常作用于文物古迹本体。加固应特别注意避免由于改变文物古迹的应力分布，对文物古迹造成新的损害。由于加固要求增加的支撑应考虑对文物古迹整体形象的影响。非临时性加固措施应当做出标记、说明，避免对参观者认识文物古迹造成误解。加固必须把对文物古迹的影响控制在尽可能小的范围内。

若采用表面喷涂保护材料，损伤部分灌注补强材料，应遵守以下原则：

（1）由于此类材料的配方和工艺经常更新，需防护的构件和材料情况复杂，使用时应进行多种方案的比较，尤其是要充分考虑其不利于保护文物原状的方面；

（2）所有保护补强材料和施工方法都必须在实验室先行试验，取得可行结果后，才允许在被保护的实物上作局部的中间试验。中间试验的结果至少要经过一年时间，

① 侯卫东主编．应县木塔保护研究．文物出版社，2016.121.

② 柴泽俊，李正云编著．朔州崇福寺弥陀殿修缮工程报告．文物出版社，1993.103.

图 5-8 江苏省徐州市孙泰故居上院修缮前后（左：修缮前；右：修缮后）[①]

图 5-9 五台佛光寺文殊殿局部落架[②]

得到完全可靠的效果以后，方允许扩大范围使用；

（3）要有相应的科学检测和阶段监测报告。

当文物古迹自身或环境突发严重危险，进行抢险加固时，应注意采取具有可逆性的措施，以便在险情舒解后采取进一步的加固、修复措施。

3. 修缮

修缮包括现状整修和重点修复。现状整修主要是规整歪闪、坍塌、错乱和修补残损部分，清除经评估为不当的添加物等。修整中被清除和补配部分应有详细的档案记录，补配部分应当可识别。重点修复包括恢复文物古迹结构的稳定状态，修补损坏部分，添补主要的缺失部分等（图 5-8）。

对传统木结构文物古迹应慎重使用全部解体的修复方法。经解体后修复的文物古迹应全面消除隐患（图 5-9）。修复工程应尽量保存各个时期有价值的结构、构件和痕迹。修复要有充分依据。附属文物只有在不拆卸则无法保证文物古迹本体及附属文物安全的情况下才被允许拆卸，并在修复后按照原状恢复。由于灾害而遭受破坏的文物古迹，须在有充分依据的情况下进行修复，这些也属于修缮的范畴。

现状整修和重点修复工程的目的是排除结构险情、修补损伤构件、恢复文物原状。应共同遵守以下原则：

（1）尽量保留原有构件。残损构件经修补后仍能使用者，不必更换新件。对于年代久远，工艺珍稀、具有特殊价值的构件，只允许加固或做必要的修补，不许更换；

（2）对于原结构存在或历史上干预造成的不安全因素，允许增添少量构件以改善其受力状态；

（3）修缮不允许以追求新鲜华丽为目的重新装饰彩绘；对于时代特征鲜明、式样珍稀的彩画，只能作防护处理；

（4）凡是有利于文物古迹保护的技术和材料，在经过严格试验和评估的基础上均可使用，但具有特殊价值的传统工艺和材料则必须保留。

现状整修包括两类工程：一是将有险情的结构和构件恢复到原来的稳定安全状态，二是去除近代添加的、无保留价值的建筑和杂乱构件。现状整修需遵守以下原则：

（1）在不扰动整体结构的前提下，将歪闪、坍塌、错乱的构件恢复到原来状态，拆除近代添加的无价值部分；

（2）在恢复原来安全稳定的状态时，可以修补和少量添配残损缺失构件，但不

① 孙统义，孙继鼎编著．徐州孙泰故居上院修缮工程报告．科学出版社，2012.136、164.

② 柴泽俊．柴泽俊古建筑论文集，文物出版社，1999.

得大量更换旧构件、添加新构件；

（3）修整应优先采用传统技术；

（4）尽可能多地保留各个时期有价值的遗存，不必追求风格、式样的一致。

重点修复工程对实物遗存干预最多，必须进行严密的勘察设计，严肃对待现状中保留的历史信息，严格按程序论证、审批。重点修复应遵守以下原则：

（1）尽量避免使用全部解体的方法，提倡运用其他工程措施达到结构整体安全稳定的效果。当主要结构严重变形，主要构件严重损伤，非解体不能恢复全稳定时，可以局部或全部解体；解体修复后应排除所有不安全的因素，确保在较长时间内不再修缮。

（2）允许增添加固结构，使用补强材料，更换残损构件；新增添的结构应置于隐蔽部位，更换构件应有年代标志。

（3）不同时期遗存的痕迹和构件原则上均应保留；如无法全部保留，须以价值评估为基础，保护最有价值部分，其他去除部分必须留存标本，记入档案。

（4）修复可适当恢复已缺失部分的原状。恢复原状必须以现存没有争议的相应同类实物为依据，不得只按文献记载进行推测性恢复。对于少数完全缺失的构件，经专家审定，允许以公认的同时代、同类型、同地区的实物为依据加以恢复，并使用与原构件相同种类的材料。但必须添加年代标识。缺损的雕刻、泥塑、壁画和珍稀彩画等艺术品，只能现状防护，使其不再继续损坏，不必恢复完整。

（5）作为文物古迹的建筑群在整体完整的情况下，对少量缺失的建筑，以保护建筑群整体的完整性为目的，在有充分的文献、图像资料的情况下，可以考虑恢复建筑群整体格局的方案。但必须对作为文物本体的相关建筑遗存，如基址等进行保护，不得改动、损毁。相关方案必须经过专家委员会论证，并经相关法规规定的审批程序审批后方可进行。

4. 保护性设施建设

通过附加防护设施保障文物古迹和人员安全（图 5-10）。保护性设施建设是消除造成文物古迹损害的自然或人为因素的预防性措施，有助于避免或减少对文物古迹的直接干预，包括设置保护设施，在遗址上搭建保护棚罩等。监控用房、文物库房及必要的设备用房等也属于保护性设施。它们的建设、改造须依据文物保护规划和专项设计实施，把对文物古迹及环境影响控制在最低程度。

图 5-10　长治县虹霓村大慧寺塔上面加盖保护设施

保护性设施应留有余地，不求一劳永逸，不妨碍再次实施更为有效的防护及加固工程，不得改变或损伤被防护的文物古迹本体。添加在文物古迹外的保护性构筑物，只能用于保护最危险的部分。应淡化外形特征，减少对文物古迹原有的形象特征的影响。

增加保护性构筑物应遵守以下原则：

（1）直接施加在文物古迹上的防护构筑物，主要用于缓解近期有危险的部位，应尽量简单，具有可逆性；

（2）用于预防洪水、滑坡、沙暴自然灾害造成文物古迹破坏的环境防护工程，应达到长期安全的要求。

建造保护性建筑，应遵守以下原则：

（1）设计、建造保护性建筑时，要把保护功能放在首位；

（2）保护性建筑和防护设施不得损伤文物古迹，应尽可能减少对环境的影响；

（3）保护性建筑的形式应简洁、朴素，不应当以牺牲保护功能为代价，刻意模仿某种古代式样；

（4）保护性建筑在必要情况下应能够拆除或更新，同时不会造成对文物古迹的损害；

（5）决定建设保护性建筑时应考虑其长期维护的要求和成本。

消防、安防、防雷设施也属于防护性设施。由于保护需要必须建设的监控用房、文物库房、设备用房等，在无法利用文物古迹原有建筑的情况下，可考虑新建。保护性附属用房的建设必须依据文物保护规划的相关规定进行多个场地设计，通过评估，选择对文物古迹本体和环境影响最小的方案。

5. 迁建

迁建是经过特殊批准的个别的工程，必须严格控制（图 5-11）。迁建必须具有充分的理由，不允许仅为了旅游观光而实施此类工程。迁建必须经过专家委员会论证，依法审批后方可实施。必须取得并保留全部原状资料，详细记录迁建的全过程。

迁建工程的复杂程度等同于重点修复工程，应当遵守以下原则：

（1）特别重要的建设工程需要；

（2）由于自然环境改变或不可抗拒的自然灾害影响，难以在原址保护；

（3）单独的实物遗存已失去依托的历史环境，很难在原址保护；

（4）文物古迹本身具备可迁移特征。

迁建新址选择的环境应尽量与迁建之前环境的特征相似。迁建后必须排除原有的不安全因素，恢复有依据的原状。迁建应当保护各个时期的历史信息，尽量避免更换有价值的构件。迁建后的建筑中应当展示迁建前的资料。迁建必须是现存实物。不允许仅据文献传说，以修复名义增加仿古建筑。

6. 环境整治

环境整治是保证文物古迹安全，展示文物古迹环境原状，保障合理利用的综合措施（图 5-12）。整治措施包括：对保护区划中有损景观的建筑进行调整、拆除或置换，清除可能引起灾害的杂物堆积，制止可能影响文物古迹安全的生产及社会活动，防止环境污染对文物造成的损伤。绿化应尊重文物古迹及周围环境的历史风貌，如采用乡土物种，避免因绿化而损害文物古迹和景观环境。

图 5-11　为了三峡水库四川云阳县张飞庙实施迁建[①]

图 5-12　山西晋城市青莲寺下寺及其周边环境

---

① 吕舟编 . 文化遗产保护 100 例 . 清华大学出版社，2011.75.

影响文物古迹环境质量的有以下三个主要因素：

（1）自然因素。包括风暴、洪水、地震、水土流失、风蚀、沙尘等。

（2）社会因素。包括周边建设活动、生产活动导致的震动；污水、废气污染；交通阻塞；周边治安状况以及杂物堆积等。

（3）景观因素，主要指周边不谐调的建筑遮挡视线等。

对可能引起灾害和损伤的自然因素，重点应做好以下工作：

（1）建立环境质量和灾害监测体系，提出控制环境质量的综合指标，有针对性地开展课题研究；

（2）编制环境治理专项规划，筹措充足的专项资金；

（3）制订紧急防灾计划，配备救援设施；

（4）整治应首先清除位于保护区划内，影响文物古迹安全的建设和杂物堆积，根据规划和专项设计有计划地实施整治维护；

（5）对可能损害文物古迹的社会因素进行综合整治；对直接影响文物古迹安全的生产、交通设施要坚决搬迁；对污染源头要统筹疏堵；

（6）与有关部门合作，通过行政措施对严重污染并已损害文物古迹的因素实施积极的治理；

（7）对交通不畅，周边纠纷和治安不良等因素，可通过"共建"、"共管"，建立协作关系加以治理；

（8）对可能降低文物古迹价值的景观因素，应通过分析论证逐步解决；

（9）改善景观环境，应在评估的基础上清理影响景观的建筑和杂物堆积；

（10）通过科学分析、论证、评估确定视域控制范围，并在保护区划的规定中提出建筑高度、色彩、造型等的控制指标，通过文物保护规划和相关城乡规划实现视域保护。

第二节　案例分析

案例1：意大利罗马大斗兽场保护修复工程

斗兽场，原称竞技场、圆形剧场，是罗马帝国时期举行各种庆典和竞技表演的活动场所。后因人兽角斗出现的频率最高，场面最为惊心动魄，故逐渐改名为斗兽场。规模最大、知名度最高的斗兽场当属罗马大斗兽场（Flavian Amphitheatre），堪称史诗般的工程奇迹，每年有数百万游客到此参观。然而，在其将近2000年的历史中，分别经历了建造、维护、废弃、毁坏、改造、再毁坏、修复的历程，不仅是时代历史的凝固，更是建筑遗产保护史的缩影。因此，罗马大斗兽场的遗产保护历程极具代表性。

1. 帝国时期的兴盛

大斗兽场始建于约公元70~72年。平面为7个石灰华基础上砌筑的同心椭圆，每一环由80个拱形门洞连接，环向为人行道和看台，垂直环向设楼梯（图5-13）。看台席位按等级尊卑，由低到高分为四组，实际可容纳4~7万观众（图5-14）。整个建筑地上四层，地下一层，顶部设有木板和布顶棚遮阳。外部柱廊用大理石贴面，整个立面延绵不绝，雕刻精美。

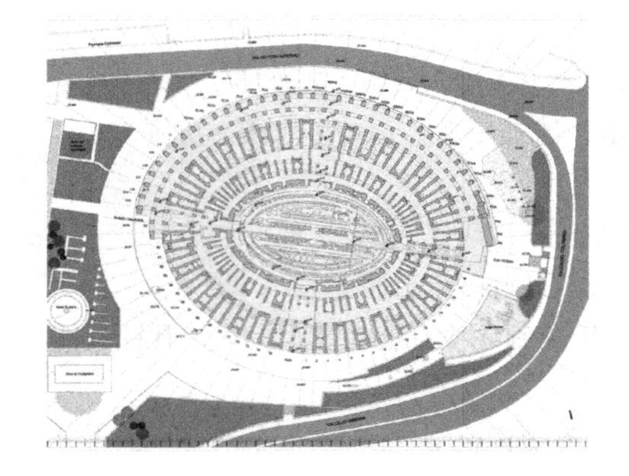

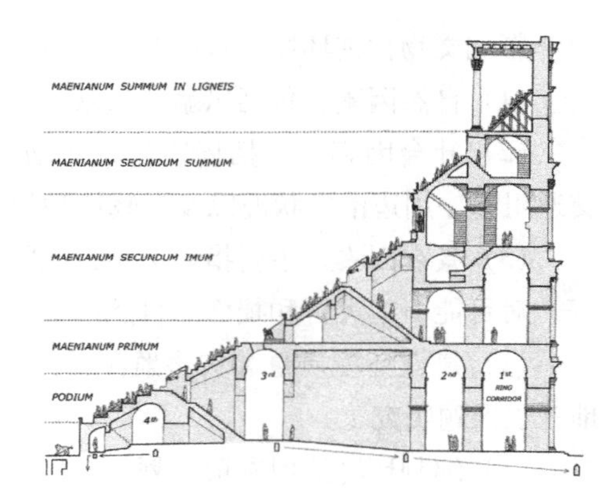

图 5-13 罗马大斗兽场平面图[①]（左）
图 5-14 罗马大斗兽场剖面图[②]（右）

斗兽场的兴盛从公元前 1 世纪持续到公元 4 世纪前后。每逢庆典活动，场内上午是人兽搏斗，中午是集体处决，下午是人与人角斗，三项表演相当血腥、野蛮和惨烈。这既是罗马帝国的皇帝们震慑世界的方式，也是最为流行的全民娱乐方式，甚至有观众集体奔向斗兽场导致歌剧表演中断的记载，其狂热程度可见一斑。据记载，公元 80 年，大斗兽场落成之际，提图斯（Titus）皇帝曾在其内专门举行 100 天庆典，无数角斗士死去，格杀了 9000 多头牲畜。公元 107 年，图拉真（Trajan）皇帝举行了 123 天的庆典活动，有 11000 头野兽和更多的角斗士在人兽搏斗中丧生，一万多名角斗士进行了角斗士生死对决。类似的“狂欢”数不胜数。

在此期间，大斗兽场也进行了一次次的加固、修复或局部改造。如建成后不久，提图斯皇帝的弟弟图密善（Domitian）将中央表演区的地下进一步改造为关押野兽、战俘、奴隶的牢房，由凝灰岩和砖石砌筑，其上覆盖木地板及沙子，他还在建筑顶部新建了一圈木廊道以增加座席数量。可惜公元 217 年，大斗兽场遭雷击失火，顶层烧毁，整体损坏严重，直到约公元 240 年才完全修复，并在约公元 250-252 年间、公元 320 年进一步修复。公元 248 年，为庆祝罗马建成 1000 年，人们还曾在中央表演区引水成湖表演海战。伴随着罗马帝国的灭亡，大斗兽场建成仅仅二三百年便开始走向衰败，最后一次提到的角斗表演大约在公元 435 年。公元 443 年，罗马大地震，大斗兽场受损，其后的几十年间虽然多次修复使用，但由于维护成本过高，约 6 世纪初，大斗兽场已经被完全废弃。

2. 中世纪到现代的废弃（6~19 世纪）

中世纪的大斗兽场经历了几次重要转变。首先，入侵的北方蛮族和日耳曼民族对这座巨大的建筑物进行了疯狂掠夺和摧毁，部分墙体被破坏，精美雕刻、大理石贴面被运走。6 世纪末，内部的中央表演区甚至新建了一个小教堂。后来大斗兽场又被转换为平民公墓。再后来，看台下的拱形空间被改造为住宅和工坊出租。除人为因素外，自然因素的破坏也非常大，如公元 1349 年的大地震对建筑结构造成严重损害，导致原本就位于不稳定的冲积地形上的南侧外环墙体崩塌。从此，外部坍落的石料和内部露天剧场裸露的石料，不断地被运走并重复利用于建造其他宫殿、教堂、医

---

① 图片来源：http://restaurocolosseo.it/lo-stato-di-fatto/

② http://archeoroma.beniculturali.it/sites/default/files/brochure_colosseo_UK.pdf

图 5-15　罗马大斗兽场坑坑洼洼的表面[②]（左）
图 5-16　1727 年的罗马大斗兽场雕刻版画[③]（中）
图 5-17　1832 年的罗马大斗兽场油画作品[④]（右）

院等建筑。剩余的外墙大理石贴面还被用于煅烧生石灰。石料之间起牵拉固定作用的青铜构件被撬走，成为今日建筑物坑坑洼洼的表面（图 5-15）。实际上，自文艺复兴时期起，罗马教廷就已经开始颁布法令保护古迹，但并未得到贯彻实施。其后的二三百年间，斗兽场一直处于轻保护、重改造的边缘。直到公元 1749 年，教廷将斗兽场定为圣地，这一年也被认为是保护大斗兽场的真正开始。同年人们在表演区四周建造了一些永久性壁龛以纪念耶稣受难的苦，又在表演区中央竖立了一尊十字架。[①]但此时的斗兽场早已经风雨飘摇，极度萧条（图 5-16、图 5-17）。

3. 复兴：19 世纪的三次修复

（1）拉斐尔·斯特恩（Raffaele Stern，1774~1820 年）的修复

1803 年罗马地震，大斗兽场外墙及结构再次受到强烈冲击，紧急干预刻不容缓。1804 年，负责监管文物古迹的专员（兼考古学家与艺术品收藏家）费阿（Carlo Fea）视察大斗兽场。紧接着，教皇成立了大斗兽场的考古与修复特别委员会，由拉斐尔·斯特恩（Raffaele Stern）、康波莱斯（Giuseppe Camporese）、帕拉琪（Giuseppe Palazzi）组成专家团，启动挖掘、勘测等准备工作。此时的大斗兽场外环西侧接近崩溃，东侧受损严重，拱脚移位，拱心石下陷，柱子开裂，墙体倾斜，二三层外墙面碎石坍落，岌岌可危。

1806 年，第一次大规模修复正式展开，代表着大斗兽场从废墟正式化身为古迹遗址。斯特恩提出的修复方案是在东端原有结构内嵌入一个带有石灰华基础的斜向、砖砌的实心扶壁，阻止破损部分侧向运动，形成坚固支撑。同时有意保留因地震而造成的裂缝、碎片，以及即将倒塌崩溃的瞬间写照（图 5-18）。斯特恩在给康波莱斯的信中指出其目标是"修复、保存任何东西——哪怕是最小的碎块"。[⑤]另一位人士提出的方案是，沿一条斜线在受损的拱内直接砌筑填充墙体，模仿废墟效果。但斜线以上的部分，如二层的半个拱，三层的一个拱，以及最上层的两个拱将会被拆除，斜线以下的部分则会被补砌。

当时罗马古迹保护与修复的权威人士——时任圣卢卡学院院长、新古典主义雕塑家卡诺瓦起到了决定性作用。卡诺瓦的修复理念一直是"极少主义"，认为最好的保护

① 陆地．罗马大斗兽场——一个建筑，一部浓缩的建筑保护与修复史 [J]. 建筑师，2006（4）:29~33.
② ［英］约翰·B·沃德 - 珀金斯著．罗马建筑．吴葱等译．中国建筑工业出版社，2015.55.
③ 图片来源：https://en.wikipedia.org/wiki/Colosseum#/media/File:Giovanni_Battista_Piranesi，_The_Colosseum.png
④ 同上．
⑤ 陆地．罗马大斗兽场——一个建筑，一部浓缩的建筑保护与修复史 [J]. 建筑师，2006（4）:29~33.

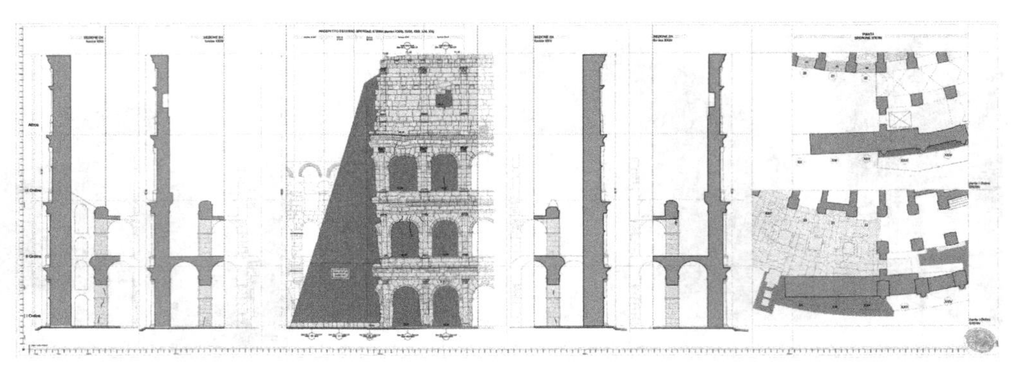

图 5-18 斯特恩的大斗兽场修复方案[1]

图 5-19 斯特恩的大斗兽场修复方案完成效果[2]

图 5-20 斯特恩的大斗兽场修复方案完成效果-砖扶壁侧面[3]

就是基本的维护，对待古迹遗址，能不动就不动。两个方案最大的区别是：斯特恩只在受损部分后贴一个保护层，完整保存了古迹；方案二则是拆除部分受损古迹，而这被认为是对古迹最大的亵渎与破坏。受卡诺瓦决策的影响，同时考虑到施工速度、耗费资金等因素，教皇很快批准了方案一。首先在破损部分后面修建了砖扶壁提供结构支撑，并用石灰华色的石膏抹面，避免与真实部分过度对比；其次在每层的前两个拱洞内砌筑砖墙填充，保留开裂坍落的历史细节；最后在扶壁后部垂直修建纵墙及拱洞，将其与斗兽场内部结构关联（图 5-19、图 5-20）。在没有想到更好解决方案的前提下，扶壁没有建成拱洞形式，而是一堵巨大的实墙，因此有人讽刺地称其为“拐杖”。

客观地评价，这次修复最大的特色在于，注重保存遗产的原真性以及所有的历史碎片，没有任何重建部分，这对于遗产的科学保护及修复影响深远。

（2）朱泽培 · 瓦拉迪埃（Giuseppe Valadier，1762~1839 年）的修复

1820 年，斗兽场外环的西侧也岌岌可危。此时斯特恩已经去世，同是圣卢卡学院专家的瓦拉迪埃先修建了一个临时木支架进行支撑。1823 年，瓦拉迪埃提交了完整的修复方案并获得专家委员会通过。瓦拉迪埃的设计方案更进一步，将斜向加固的扶壁墙体，设计为继承原有拱洞形式的局部重建（图 5-21）。整个修复工程似乎偏向新古典主义风格的装饰工程。建筑材料除基础和首层重要位置采用石灰华外，主要为砖块（图 5-22、图 5-23）。不过这主要是因为资金紧张，并非出于修复材料可识

① 图片来源：http://restaurocolosseo.it/lo-stato-di-fatto/

② 图片来源：http://restaurocolosseo.it/lo-stato-di-fatto/

③ 图片来源：https://it.wikipedia.org/wiki/Colosseo#/media/File:Sperone_in_laterizio.jpg

别的目的，否则也不需要再做仿古处理。

斯特恩与瓦拉迪埃的修复意境形成明显区别，一个仿佛在即将崩溃的危险中释放，另一个则在平静淡然的安全中实践。修复理念也有较大改变，一个是对古迹原始面貌最大限度的保留，另一个则模仿重建了缺失部分。大斗兽场东西两侧不同的处理方式，可从以下两个层面进行分析：

其一，社会层面。18 世纪末到 19 世纪初，拿破仑时代的意大利是法国最大的仆从国，必然深受法国精神的影响。1812 年，法国曾派吉索尔前往罗马进行“指导”。吉索尔认为“历史性建筑所有的坍塌部分应被重建，至少能给出它们原始形式及比例的确切概念，以石材或砖做这项重建工作，但以我们想要确定的轮廓准确地重建”①。他对第一次加固大斗兽场的斯特恩方案责难有加，认为古迹应以同样的方式被“完形”，就像 16 世纪人们对拉奥孔群雕的整合修复，他将伯尼尼对万神庙门廊的重建整合当作修复应当遵循的典范②。而作为对立面、提倡极少主义的卡诺瓦也已经去世，这间接促使瓦拉迪埃的修复方案得以实现。

其二，个人层面。瓦拉迪埃是意大利新古典主义的领军人物。瓦拉迪埃出生于罗马金匠世家，从小受到艺术熏陶，曾设计过家具、银器及其他装饰艺术等。与斯特恩相比，瓦拉迪埃必然多了许多艺术浪漫气息。

（3）加斯帕 · 萨尔维（Gaspare Salvi）和路易吉 · 卡尼娜（Luigi Canina）的修复

从 19 世纪 30 年代到 19 世纪中叶，大斗兽场的修复工作由萨尔维和卡尼娜负责，开始触及整个建筑物损毁最严重的部分。萨尔维的第一次干预性修复是面向圣 · 乔治

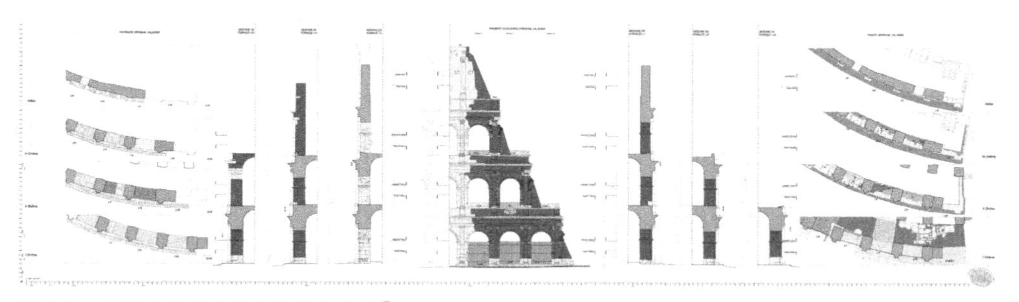

图 5-21 瓦拉迪埃的大斗兽场修复方案③

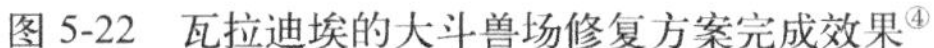

图 5-22 瓦拉迪埃的大斗兽场修复方案完成效果④

图 5-23 瓦拉迪埃的大斗兽场修复方案完成效果 - 正立面⑤

① 陆地，方冉，周彬．论建筑遗产修复中的差异性完形——以提图斯凯旋门为例 [J]. 新建筑，2007(1):89~92.

② 陆地．罗马大斗兽场——一个建筑，一部浓缩的建筑保护与修复史 [J]. 建筑师，2006（04）:29-33.

③ 图片来源：http://restaurocolosseo.it/lo-stato-di-fatto/

④ 图片来源：http://restaurocolosseo.it/lo-stato-di-fatto/

⑤ 图片来源：https://en.wikipedia.org/wiki/Colosseum#/media/File:Colosseo_2008.jpg

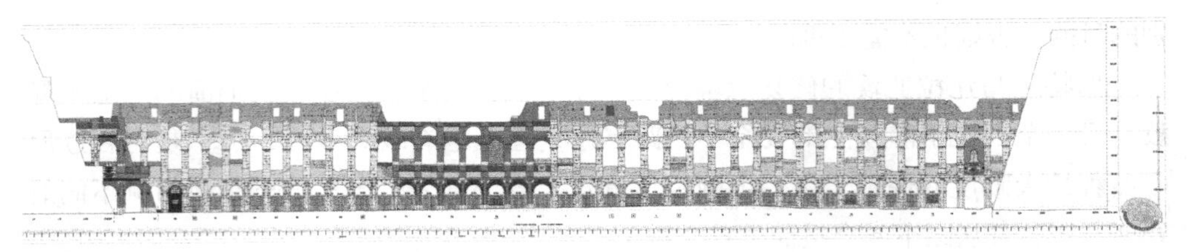

图 5-24 萨尔维和卡尼娜的大斗兽场修复方案[1]

图 5-25 萨尔维和卡尼娜的大斗兽场修复方案完成效果[2]

亚街（Via di San Gregorio）一侧的第三环结构（东南方向），在原有石灰华石墩的基础上，用砖重建了完整的拱券、柱子、径向墙体和楼梯（图 5-24）。萨尔维去世后，卡尼娜继承这一工作，1844 年重建了斗兽场南侧内环的一部分，1852 年修复完成了西侧入口。最后一次修复是在朝向安妮巴尔迪街（via di Annibaldi）一侧的墙体（西北方向），由于顶层偏离轴线约 60 厘米，故在第二环新建砖柱和铁架支撑以保持平衡。

这一时期的修复工程延续并发展了瓦拉迪埃的创作手法，同时更加具有新古典主义的韵味。整体采用拱洞形式，材料采用仿古砖，只在重要部位采用石灰华。不同的是，细部处理不再原样复制，如南侧拱券上方的放射性砖肌理，四层故意保留的缺口等，这些可谓具有重要突破的修复创作（图 5-25）。

4.20 世纪的发展和现阶段的修复

1938~1939 年，大斗兽场的地下结构开始大规模完整发掘和部分重建。自 2002 年以来，大斗兽场被描绘在由意大利共和国铸造的 5 欧分硬币背面。2007 年，大斗兽场被列入世界古代七大奇观。今天的斗兽场，成为全世界的重要旅游资源，是罗马的象征。

然而，保护与修复从未停止。2011 年，意大利奢侈品牌 TOD'S 宣布出资赞助大斗兽场的修复工作，包括清洁石灰华外墙，恢复地下结构，增设安保设施等，工程越来越深入与细化（图 5-26、图 5-27）。古迹的修复将会对意大利旅游业产生积极影响，创造更多就业机会。同时作为回报，TOD'S 也将换取大斗兽场的广告经营权。

案例 2：法国巴黎近郊萨伏伊别墅保护工程

2016 年 7 月 10 日，联合国教科文组织（UNESCO）宣布将瑞士 - 法国建筑师勒·柯布西耶（Le Corbusier）设计的十七座建筑列入世界遗产名录，以纪念柯布西耶“对现代主义运动的杰出贡献”。世界遗产委员会评价其成就称，“实现了建筑技术的现

---

① 图片来源：http://restaurocolosseo.it/restauro/

② 图片来源：https://it.wikipedia.org/wiki/Colosseo#/media/File:Colosseo_-_panoramica_-_Scuba_Beer.jpg

图 5-26　斗兽场外墙清洁[②]（左）
图 5-27　斗兽场外墙修复[③]（右）

代化，满足了社会及人们的需求，影响了全世界”[①]。入选的十七座建筑包括马赛公寓、萨伏伊别墅和昌迪加尔建筑群等。这其中萨伏伊别墅可以说是勒 · 柯布西耶设计的最著名、最广为传颂的住宅之一，也是全球每位建筑师及建筑系学生建筑学启蒙及旅行朝拜的对象之一。

萨伏伊别墅完美地诠释了勒·柯布西耶的设计理论和美学思想，特别是其提出的“新建筑五点”即底层架空、屋顶花园、自由平面、带形条窗和自由立面。可以说在 20 世纪 20~30 年代勒 · 柯布西耶的众多实验性建筑中，萨伏伊别墅是唯一一栋满足以上五个特性的住宅建筑。

别墅位于法国普瓦西，距离巴黎约 50 英里，由勒 · 柯布西耶（1887~1965 年）和皮埃尔 · 让那雷（1896~1967 年）合作设计，并于 1931 年完成。作为萨伏伊一家人周末度假的乡村住宅，这座建筑位于一大片开敞空地的中间，周边围绕着树木（图 5-28）。按照柯布西耶的观点，建筑不应该有正面，因此住宅的四个立面都类似，但并不完全相同。

图 5-28　萨伏伊别墅外观

建筑的外观看起来比较统一，但住宅内部却是按照一定的流程来安排，满足了业主提出的各项功能上的需求。服务功能被放置在一层，包括车库、洗衣间、司机和女佣房。主要的居住空间包括起居室、主卧室、儿童房及客房被放置在二层，且分布集中。部分屋顶平面被用作日光浴室，另一部分则没有使用，屋顶上的几个小型天窗为包括主卫在内的下部的室内空间提供了光线（图 5-29）。在整栋别墅中，坡道及屋顶花园可以说是别墅中最为让人印象深刻的（图 5-30）。正是这些革新设计，

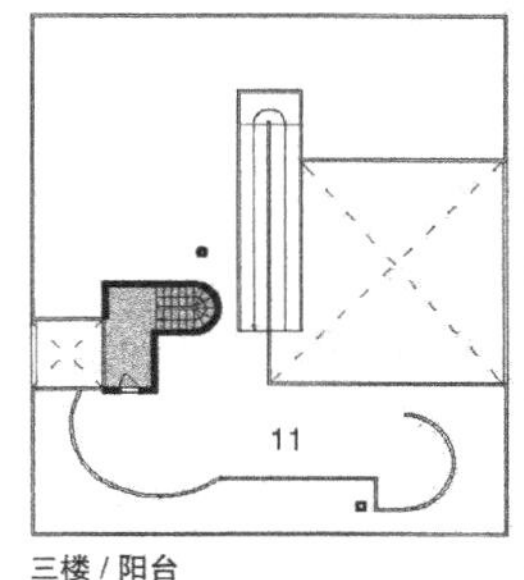

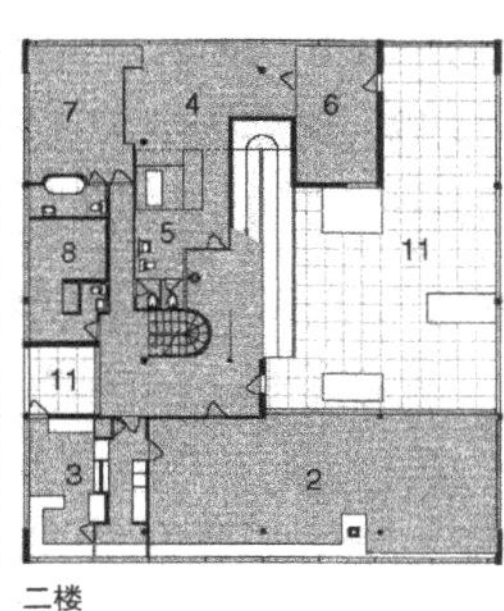

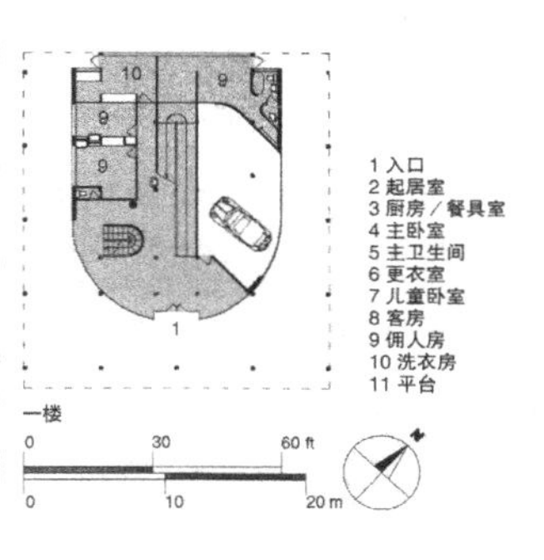

图 5-29　萨伏伊别墅平面[④]（左）
图 5-30　萨伏伊别墅的屋顶花园（右）

① 林培 . 柯布西耶的十七座建筑终被列入世界遗产名录 [J]. 建筑设计管理，2016（9）：36，38.
② 图片来源：http://www.amicidelcolosseo.org/2014/index.php?lang=en
③ 图片来源：http://www.amicidelcolosseo.org/2014/index.php?lang=en
④ Theodore H M Prudon. 现代建筑保护 [M]. 永昕群，崔屏译 . 北京：电子工业出版社，2015.217.

使得萨伏伊成了20世纪私人住宅领域最具代表性的建筑作品。

萨伏伊别墅虽然看起来是一个很朴素的建筑，事实上它的结构系统即使从目前看来也是极度复杂的。因此，萨伏伊在建设伊始就面临着重要的技术难题，而建成之后频频漏水及结露等问题更是让修复工作未曾间断。在别墅使用初期的十几年时间里，萨伏伊夫人曾多次就水管设备、中央暖气及电气方面的问题与勒·柯布西耶进行通信交涉。在建筑师的斥责与督促下，施工方为了弥补一些建筑中的技术缺陷多次对建筑作出修整，不间断的修复直至二战爆发。战争期间别墅被主人遗弃，后来被德军霸占，接着在战争结束后又被美军长期占用。到了1958年，普瓦西当局将其用作一个服务于青年人的公共场所，长远的计划是打算将其拆除，在原址兴建一所学校。总体而言，前期施工缺陷导致的多次修复以及作为青年中心期间所作的修改使得萨伏伊别墅遭受了严重的破坏。到了20世纪50年代末，由于缺乏必要的维护，别墅保存现状不容乐观。

尽管建筑实体遭受了一系列的破坏，但萨伏伊别墅在国际上依然是备受赞美与推崇，这为之后的保护工作奠定了一定的基础。到了1959年，萨伏伊别墅的保护工作开始有了转机。在年初，萨伏伊夫人和他的儿子将普瓦西当局对萨伏伊别墅的征收计划告知了勒·柯布西耶。为了避免别墅被拆除，柯布西耶本人开始组织"营救计划"。他给希格弗莱德·吉迪翁（Sigfried Giedion）（著名的现代建筑史学者、哈佛大学教授）写信求助，并暗示吉迪恩联合国教科文组织已经筹措必要资金来重新购买别墅。吉迪翁采取了各种手段，甚至还推动《时代周刊》撰写了一篇名为"萨伏伊别墅的故事"的文章。在柯布西耶强大的关系网的推动下，法国文化和建筑方面的官员的案头都堆满了相关的信函。之后，很多国际组织如国际现代建筑协会（GIAM）等也参与到这场争论中。终于，在各方的周旋下，教育部作出了让步，别墅最终摆脱了被拆除的命运。但这些前期的努力多依赖个人的积极性，政府并未提供援助，并且尚没有具体的修复计划。时值法国境内一系列现代建筑面临拆迁的绝境，在文化部部长安德烈·马尔罗（André Malraux）的带领下全国范围内掀起了针对现代建筑的保护运动，萨伏伊别墅正是在这种背景下于1965年被列级为文物建筑。别墅成为国家法定保护的建筑遗产，这是紧随其后的一系列维修别墅行动的开端。

依据法国遗产保护的重要法典《历史文物保护法》（the Historic Monuments Act），保护对象除了萨伏伊别墅，还包括周边一定范围的缓冲区（155.585公顷），以确保对别墅周边视廊进行保护（图5-31）。针对别墅建筑单体，从1977年开始，一个强调尽可能使之接近原始设计的维修工作被实施了。在许多建筑师的监督下，外墙和平台在1985~1992年被修理；1996~1997年，装修面层和色彩被修复，机械和电力系统被翻新。为了修复室内，插座和开关随后被移除，给安装在恰当位置的原始配件让路。另外，新的照明设施和摄影机也被安装了。①

总的来说，修复工作一直受到赞扬，但对萨伏伊别墅颜色的修复一直遭受着质疑。过去几十年的屡次修复使得原始的材料遭到破坏，只留下了很少的原始装饰面层以供研究。实际上，柯布西耶经过将近10年的实验性建筑的设计，已经形成了一套惯用的

---

① Theodore H M Prudon. 现代建筑保护[M]. 永昕群，崔屏译. 北京：电子工业出版社，2015.218.

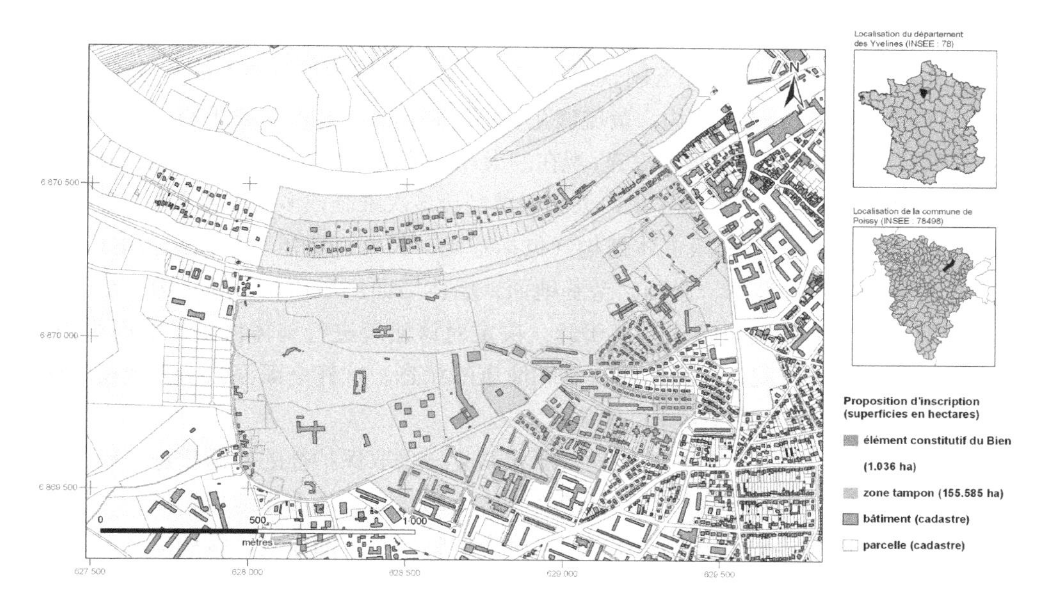

图 5-31　萨伏伊别墅保护范围[①]

用色方案，在萨伏伊别墅方案设计的原始文件中，提到了诸如烧赭石、灰色和黑色用于某些混凝土构件，蓝色用于客厅墙面等关于颜色的信息，这为 20 世纪 90 年代开展的颜色修复工程提供了依据。修复人员对现场作了充分的调查，结合别墅的详细记录和勒 · 柯布西耶基金会提供的原始档案，尽可能地还原了最初建造时期各部分的颜色。

总体而言，最初的保护工作可以说是勒 · 柯布西耶为挽救他的一个建筑作品所作的努力。他的想法是将别墅修复、改造后再另作他用，但到了后期，保护主体变成了政府，保护重点放在了勒 · 柯布西耶的设计意图和理念上。可以说，对萨伏伊别墅的保护方法实际上更偏向考古学的方法，出于建筑物的重要性及其历史价值，选择将房子作为博物馆展品本身进行保护。

案例 3：北京故宫太和殿保护工程[②]

太和殿俗称“金銮殿”，位于紫禁城中轴线上最显要的位置，屹立在高台之上。在我国现存的宫廷建筑中，太和殿体量最大，等级最高，大木结构最复杂，建筑技

图 5-32　故宫太和殿修缮前

① http://whc.unesco.org/en/list/1321/documents/

② 图文节选自：王俪颖执笔 . 故宫太和殿维修工程施工纪实（2006-2008 年）. 古建园林技术，2009（3）.
王俪颖执笔 . 故宫太和殿维修工程施工纪实(2006~2008 年)(二). 古建园林技术,2009(4).
晋宏逵 . 故宫的建筑特征和维修技术选择 . 古建园林技术，2009（3）.
部分插图引自：张克贵、崔瑾著 . 故宫三百年 . 科学出版社，2015.

术最全面，装饰最华丽（图 5-32）。太和殿台基东西宽 64 米，南北深 37.2 米，面阔九间，东西夹室各一间，进深五间，殿高 27.0 米（台基下皮至正脊上皮），建筑面积 2381.44 平方米，单层砖木结构，黄琉璃瓦重檐庑殿顶。太和殿建成于明永乐十八年（1420 年），此后数次因火灾被毁重建，现在的太和殿是清康熙三十六年重建后的形制。在最后一次重建至今的 300 余年里，太和殿曾经历多次维修，多为保养和局部维修。

2006 年检修时，太和殿主体结构（包括基础、大木、墙体、屋顶）基本稳定，但大木构架、斗栱、装修、彩画、台基地面、墙体墙面、屋顶瓦面等，均存在不同程度的残损、变形和安全隐患。基于此，决定对该建筑进行整体保护，全面维修，恢复外檐彩画历史原貌，保持建筑完整和健康的状态。这样全面深入、大规模的保护维修是太和殿重建 300 多年来的第一次。

本次修缮的原则是尽量减少扰动，原状修复。采取保护性的修缮措施，确保做到古建筑的结构性安全，确保不同时期文物价值的信息，最大化地保留保护，使其自身价值更多更高。施工中严格遵守“不改变文物原状”的原则，按照原形制、原结构、原工艺、原材料进行修缮施工。修缮主要过程如下：

1. 搭材作。太和殿修缮施工，必须确保文物不受损害，因此，搭设一个整体防护罩棚（图 5-33），防止雨雪侵蚀建筑木构件和保留的油饰彩画，是十分必要的。罩棚搭设在确保太和殿安全的同时，还考虑了施工脚手架搭设和物料运输的组织，以及尽量减少对景观的影响。

2. 石作。维修将走错须弥座进行归安，并将走闪严重、造成一定安全隐患的抱鼓石进行归安，消除安全隐患。将破损严重的台明石按原有台明石的材质、规格进行更换。

3. 地面。太和殿前檐廊内靠近檐头部位部分金砖因雨水侵蚀酥碱残坏，修缮尽可能多地保留原物，采用局部挖补、镶贴的方法进行维修，先由破损中间部分向四周剔除酥碱残坏的旧砖，再把结合层泥、灰清理干净至灰土垫层。

4. 墙体。由于太和殿外墙干摆下肩个别部位出现断裂、酥碱的单砖，维修将外墙干摆下肩个别砖采用剔凿挖补的方法维修。剔凿具体方法是：先用錾子将需修复部位剔除，剔除面积应是单个整砖的整数倍，从残损砖的中部开始，向四周剔凿，不得损伤相邻砖体。按原位下肩砖的规格重新砍制，以老浆灰背实补砌。

图 5-33 太和殿修缮过程中所搭的整体防护罩棚

为了探明太和殿东、西夹室内4根后檐柱子是否糟朽，决定拆除部分干摆墙体，用木钻将4根后檐柱子分别钻孔取样。取样后发现4根后檐柱均糟朽严重，需进行维修。柱子修整完毕后，原样回砌，并采用传统方法，恢复墙体原有面貌。

5. 屋面。太和殿的屋面为黄琉璃重檐庑殿顶，上层屋面面积2400平方米，下层1266.43平方米，是我国古代建筑屋顶的最高形制。前期勘察发现太和殿屋面瓦顶捉节灰、夹垄灰部分开裂脱落，瓦件、脊兽件脱釉现象严重，鎏金铜制吻锁、吻链、瓦钉脱金现象严重。上层檐山面瓦垄数量不一，局部瓦面有塌陷现象。维修将太和殿瓦顶全部揭瓦至灰背；琉璃构件进行清洗、粘接；补配缺失铜瓦钉，铜构件重新镀金；灰背、望板等处理方法根据具体情况进行维修。

在瓦面拆除前，利用传统与现代相结合的手段，详实地记录屋面现状，确保屋面恢复后确实与原来相同。大面积揭瓦过程坚持“不改变文物原状”原则，保证最大限度地保护原有琉璃瓦件并使每块瓦都能回到原来的位置，真正做到“物归原位”，使文物建筑保留更多的历史信息（图5-34）。

脊兽件的拆除比瓦面拆除更具难度。为防止拆卸过程中吻兽件已碎裂部位继续开裂，每一件琉璃脊兽件都用扎绑绳、木枋捆扎牢固，由专人对吻、兽件所在位置进行标注编号，最后将脊下剩余的瓦面拆除，拆除脊件时注意对脊桩的保护（图5-35）。

在屋面恢复过程中，严格采用传统工艺和传统做法，使用传统材料，依据勘查时获取的原状资料施工，尽可能恢复建筑的原有面貌和建筑特色（图5-36）。

维修时为贯彻保护古建筑本体并着力保护古建筑蕴含的传统文化观念的理念，遵循传统进行了“合龙口”仪式，尽可能全面保护建筑的真实性和完整性。

6. 油漆作。油饰工程主要针对椽望、下架柱、槛框、门窗装修等部位。维修在保证地仗传统工艺技术的基础上，坚持传统材料与传统工艺。油饰材料以光油为主，加入不同颜料来改变颜色。为了使颜色准确，将调好的色油刷在木板上进行比对，确定色油颜色后进行搓油，保证油饰上的颜色与指定色标颜色准确无误。

8. 彩画作。太和殿彩画是皇家最高等级的“金龙和玺”彩画，是太和殿历史原貌最直接的反映者，是维修工程中的重中之重。为准确反映太和殿彩画的真实性、完整性，以内檐现存清中早期和玺彩画的颜色、纹饰排列为据，重做了外檐彩画，恢复外檐彩画的历史风貌。

9. 木作。在前期检查中，发现太和殿大木结构整体状态良好，局部需要加固。维修将有开裂、需要加固的梁进行加固，在瓦面灰背拆除后，对连檐、瓦口以及椽

图5-34　太和殿修缮中瓦件打号记录（左）
图5-35　太和殿修缮中绑扎脊件（中）
图5-36　太和殿修缮中调垂脊（右）

图 5-37　太和殿东北角包镶柱心柱糟朽及分层墩接

望进行了整修，将糟朽严重的构件按原规格、原材质、原特征进行更换，局部糟朽的构件采用原材料进行挖补。

在揭露检查中发现，由于年代久远，受干湿影响，太和殿四根后檐柱子糟朽严重，影响太和殿的安全与健康，因此将柱子糟朽部分按原式原样进行维修。太和殿后檐柱子是多拼的合拼柱，即以一根原料为轴心柱，外用多根扁料合抱而成，经勘察测量，柱子内芯为内径 580 毫米、外径 780 毫米，如此大体量的合拼柱进行墩接在古建筑维修当中是十分少见的。此次柱子修缮以尽可能少地扰动文物本体为原则，内柱采用干燥落叶松墩接，外层按杉木包镶加铁箍做法进行修缮。先牢固支顶，剔除糟朽部位，再进行墩接，最后用杉木板进行包镶（图 5-37）。

案例 4：北京清华大学工字厅保护工程[①]　**设计：吕舟等　清华大学建筑学院**

工字厅原名工字殿，是清华园的主体建筑。曾有清朝皇帝题写的“清华园”牌匾。因院内前后两个大殿中间以短廊相接，俯视如同一个“工”字，故得名“工字厅”。工字厅建于清乾隆年间，采用中国北方典型的园林格局。工字厅共有房屋 100 余间，总建筑面积约 2750 平方米，院内曲廊缦折，勾连成一座座独立的小套院。

工字厅建筑群的价值主要体现在以下几个方面：

首先，工字厅建筑群作为清华大学最古老的建筑群，是中国近代社会发展、变革的重要历史见证，同时也是清华大学的历史见证。中国近代史上许多文人、学者曾在这里活动。

其次，工字厅建筑群是北京现存最完整、资料最齐全的清代赐园建筑群。其中大门部、穿堂、工字殿部分基本为原构件，部分彩画、室内装修保存较好，具有较高的历史价值。工字厅建筑群作为原清华园的主要建筑群保存相对完整，且有充分

① 图文选自：吕舟编著．文化遗产保护 100：2000-2010. 清华大学出版社，2011 年；吕舟．清华大学工字厅建筑群的保护．中国文物报，2006 年 5 月 19 日第 8 版．

的档案资料可以对原有情况进行充分的展示，在具有历史价值的同时也有重要的艺术价值，使人们能够更深入地认识传统的园林艺术。

其三，工字厅建筑群中，一些重要建筑还保存了部分晚清或民国初年的装修做法，同样表现了中国社会在一个重要的转型期和受到西方文化强烈影响的情况下审美趣味的变化。

还有，工字厅建筑群的文化价值还体现在情感价值的方面。由于工字厅建筑群在清华大学历史上的重要地位，它已成为清华大学具有象征意义的建筑。它与清华大学的教师、学生以及曾在这里工作过的人员之间有一种感情上的认同。

新中国成立以后，工字厅建筑群长期作为校机关的工作地点。由于工字厅建筑群的使用功能多次变化，从王府花园中的园林建筑先后变为学校的办公建筑、宿舍、教室、接待室和校机关用房。随着这种功能的变化，建筑本身也被多次改动，特别是"文化大革命"期间工字厅建筑群的许多建筑被大规模改动，使整个建筑群的完整性受到严重的破坏。现状与20世纪50年代测绘档案相比，有较多改动，包括：

工字厅大门和穿堂之间的东、西两座厢房被从五间改为七间，且原结构形式也被改动；大门与厢房之间的游廊被取消；园内的游廊被改造，柱础被全部去除，台明石被去除，改做散水，廊子的铺地全部被改造为水泥方砖；大量后期添建的建筑存在；除大门和穿堂之外，其他建筑的屋顶已被全部更换为水泥板瓦，穿堂的瓦号也存在着不统一的现象；除工字殿、穿堂和大门及藤影荷声之馆之外，其他建筑的台明部分都被改造。

除了以上问题外，由于从前一次维修到现在已有20年时间，许多建筑出现糟朽、酥碱等问题，因此对工字厅建筑群进行维修和总体整理已成为一个需要尽快解决的问题。

工字殿的维修和保护工程主要包括三个方面（图5-38、图5-39）。一是去除以往的不当干预造成的历史原貌改变，如主入口门楼屋面形制的简化、部分影响原有庭院空间的建筑布局变化、道路铺装材质的改变、内部园艺培植的变化等。在工程设计中，根据对历史原貌的研究，逐一确定这些要素的历史形态以及原有院落的空间关系，通过总平面的规划调整和建筑方案设计，重新展现工字厅的完整风貌。二是由于常年的使用，部分砖木结构已经出现较为严重的残损，影响到建筑安全。在工程设计中通过勘查评估制定基本的维修策略，并在工程实施中，结合实际情况，采用传统的工艺和材料对残损问题进行维修。三是由于使用功能的变化，原有的建筑

图5-38　工字厅正堂修缮方案图（左）
图5-39　工字厅中轴线修缮后（右）

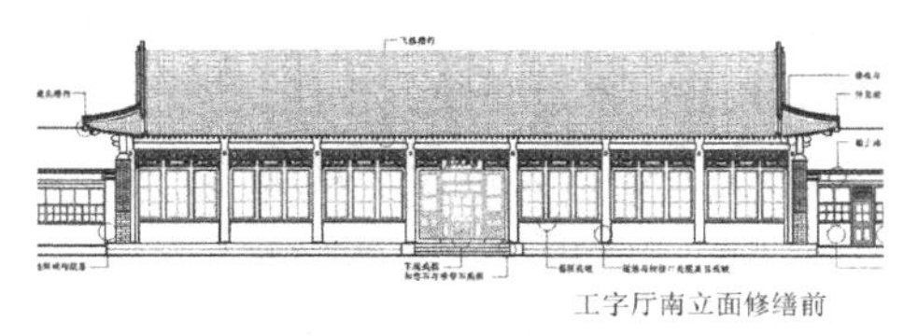

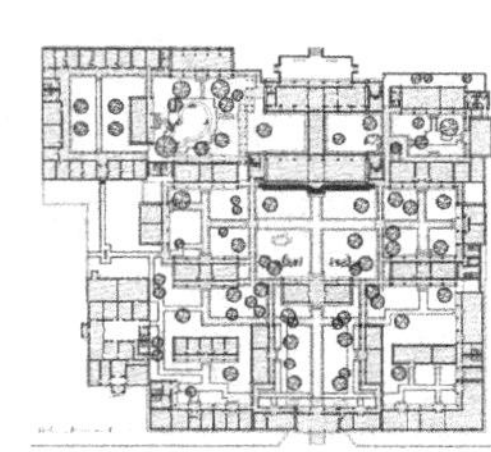

空间已不堪重负，在工程规划设计中，对复原和保护后工字厅的使用功能进行了合理的调整，并通过保护工程，适当改善了这一传统建筑院落的功能。

工字厅建筑群的维修工程于2001年清华大学90年校庆前夕完成。在修缮设计中坚持了文化遗产保护的基本原则，使建筑群的历史信息和风貌得到了完整的保护和展现，同时满足了现代功能的需要。2004年该保护修缮工程获联合国教科文组织（UNESCO）亚太地区文化遗产保护荣誉奖。评委会的评语认为："工字厅项目作为北京的历史建筑和园林的保护，清楚地反映了相关的保护策略、研究和最小干预的保护理念所形成的一个完整的保护理论与实践的体系。通过对传统材料和工艺的运用。这一建筑群和周围环境得到了完好的保护，工字厅的历史面貌和重要的文化价值得到了完好的体现"。

案例5：贵州安顺市鲍家屯水碾房保护工程　设计：吴庆洲等　华南理工大学建筑学院

鲍家屯水碾房修复工程所运用的修复技术和工艺并不十分复杂，但该项目却在2011年获得亚太文化遗产保护奖的最高奖项卓越奖，成为亚太地区非常重要的遗产保护示范项目。该项目之所以能获得国际奖项，在于其新的保护理念与方法，即把对特定房屋的保护干预扩展到更大范围的系统保护。前期研究了村落及整个水利系统的发展历史，设计团队充分了解了水碾房在农业生产生活中发挥的重要作用，将保护对象由水碾房扩展至整个水利系统及传统碾磨技艺。具体的修复工作则交由当地村民完成。修缮后的水碾房保持了原始的特征及功能，这使得本地年轻一代可以认识到传统碾磨技艺这种非物质文化遗产的价值，这一系列的做法可以说是当代遗产保护中非常值得推广的经验。

鲍家屯（也称鲍屯）位于贵州省安顺市东北部，始建于明朝洪武年间（1369年），距今已有600余年的历史，其形成过程可以说与明朝初年的军屯制度紧密相关[①]。在"调北征南"的大军中，一位祖籍安徽的鲍福宝将军带领其家人和部下经过仔细调研，选择了现在鲍家屯所在的这块风水宝地留守驻扎。战争结束后，他们便在此地扎根繁衍，屯田生活。为了拦水灌溉以及溢流泄洪，鲍将军充分利用家乡（皖南）建设水利的经验，在这里筑起了一道拦河低坝，采用"鱼嘴分水"的方式，向下游方向开了一条1.33公里长的新河，把下游河道一分为二。顺河而下，又修建5座拦水低坝和5条引水渠，使村中大部分田地都能得到自流灌溉。同时，6座拦河坝旁设立了6座水碾房，利用水能来碾米磨面，进行农产品加工（图5-40）。

整套水利系统集灌溉、防洪泄洪和生产功能于一体，与自然环境相协调，而水碾房正是该系统中与人们日常生活息息相关的重要设施，也是当地二十四景之一"碾房听音"景点中的主要建筑。经过长达600年的历史变迁，大多数水碾房都已废弃，保留下来的仅剩三座，这其中只有离村最近的一座尚在使用。这座水碾房位于进村必经之路的左侧，村前水稻田中间，北边是河，南边有一处小院，西北处有石桥一座，

---

① 明朝初年，朱元璋为了彻底消灭元朝梁王的残余势力，派30万大军进攻西南。为了解决军队庞大的供给问题，实行了建设水利、发展农业和驻军屯垦的政策，即所谓"三分戍守，七分屯耕，遇有紧急，朝发夕至"。"征南平滇"结束后，朱元璋为了西南地区的长治久安，将20万大军留镇贵州，实行屯戍。为了长期稳定屯守，他下了一道"就地屯田养兵，家属随后遂焉"的帝令。

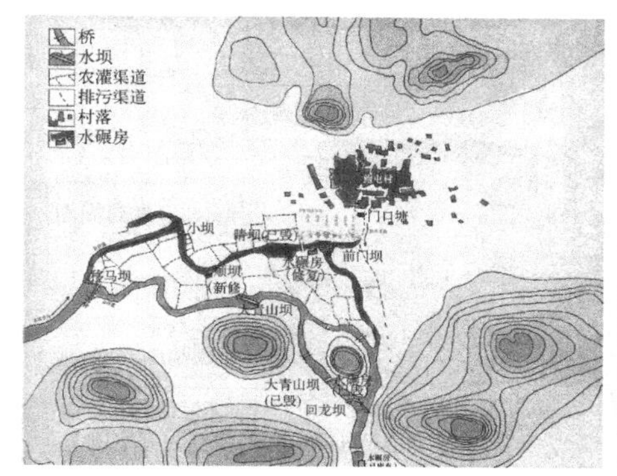

图 5-40 鲍家屯水利工程总平面图[①]（左）
图 5-41 鲍家屯村前水碾房（维修前）（右）

是全村的标志性建筑之一（图 5-41）。水碾房的修复可以说对展示鲍家屯的历史文化内涵有重要的意义。

在保护修复工作启动之时，水碾房并不是文物保护单位，保护修复工程得以实施还要得益于中国水利水电科学研究院水利史研究所的一次偶然发现。2004 年，水利史研究所对鲍家屯古代水利工程及其价值进行研究；2008 年这一项目得到了国家文物局指南针计划支持，并列入该计划的示范项目；同一年，中国城市科学研究会及水利水电科学研究院的专家们对鲍家屯进行考察，并就水碾房的修复方案发表意见。由于水碾房并未列为文保单位，大部分专家建议将其拆除并重建钢筋混凝土水闸取而代之。随后被邀请的吴庆洲教授在考察完现场后提出了不同的看法，他主张按照文物古迹的修复原则，由当地工匠使用原有的建筑材料和本地技术，依据原样修复水碾房，并保持水碾房的原有功能。该意见最终被采纳，保护修复工作正式展开。

具体保护修复的对象锁定为保存较完整、尚在使用的位于村口的水碾房。修复之初，整个建筑的穿斗木结构已经倾斜，堂屋的台阶、门和屋内的石磨保存尚好。两侧次间东西各有一扇窗保留，东侧一间立面的维护结构已不是传统的木板，被现代的煤灰砖填补。西侧下部较为完整，上部坍塌。其他立面的外墙，石板已经破损，木板也已腐朽，缺口处被各种现代材料填塞。屋面石板瓦，除东侧一间部分倒塌以外，其余保存尚好。[②]

面对如此现状，修复严格按照当地传统建筑的做法进行，分六个方面逐层开展：1. 针对房屋结构倾斜的现状，施工人员进行大修将其扶正。2. 对于破损的南北立面，采用“不同高度不同做法”的做法。勒脚部分，为了防止洪水冲刷，用石条砌筑；窗台以下用“水层板”维护；窗间墙用木板拼接；窗上部用“竹篾墙”，用于外墙非承重的围护结构，墙面有木框架，中部用竹片进行编织，表面采用传统工艺，在竹篾墙上面涂抹牛粪[③]。3. 对于东西山墙面，由于西立面的墙体位于河流来水方向，为抵抗洪水冲击，采用“平穿墙”做法[④]；东立面则按原样修复。4. 对于屋顶，采用古

---

① 本案例插图选自：吴庆洲，冯江，徐好好. 鲍家屯水碾房 · 兆祥黄公祠 [M]. 北京：中国建筑工业出版社，2015.
② 吴庆洲，冯江，徐好好. 鲍家屯水碾房 · 兆祥黄公祠 [M]. 北京：中国建筑工业出版社，2015.8.
③ 吴庆洲，冯江，徐好好. 鲍家屯水碾房 · 兆祥黄公祠 [M]. 北京：中国建筑工业出版社，2015.10.
④ 平穿墙，竹篾墙外的石砌矮墙，高度与屋檐的穿枋同高，起到维护墙身和抗击洪水的作用。

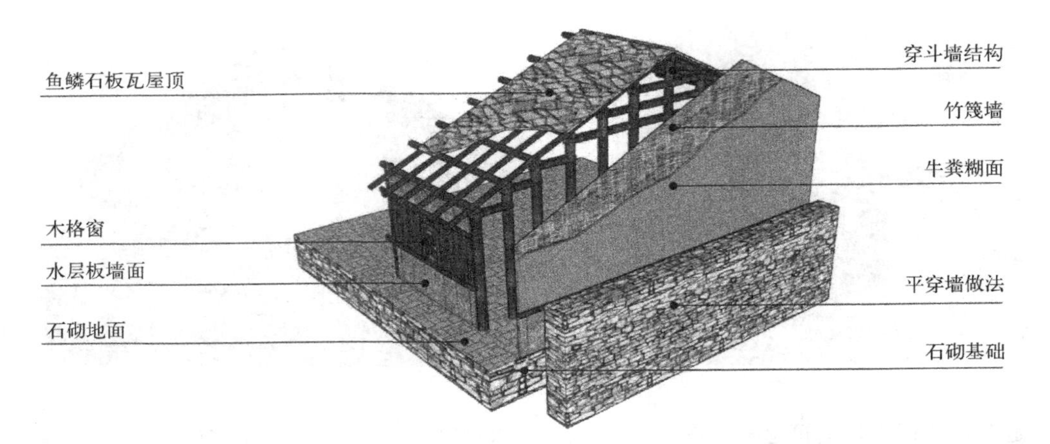

图 5-42 水碾房修复详图

图 5-43 水碾房修复使用的当地材料

图 5-44 水碾房修复前后对比（上为修复前，下为修复后）

老的工艺，仍用石板瓦[①]。5. 水碾房内原来的水车及水磨均比较完好，仍保持原样。6. 门窗装饰则参照保留的西侧次间窗花重做（图 5-42、图 5-43、图 5-44）。

修复工程坚持就地取材的原则，并尽可能利用旧料。整个工程不仅消除了众多不安全的因素，恢复了建筑的历史风貌，还延续了水碾房的生产等功能，带动了当地的旅游经济，使得鲍家屯这一古村重新焕发了生机。修复项目复原了水碾房这个

① 石板瓦，早期石板不规则，铺砌比较自由，晚期石板较规则，铺砌呈鱼鳞状。水碾房采用的早期的、古老的工艺做法。

有着600年历史的水利设施，它与有关的堤坝、灌溉水渠一起，使实例灌溉系统恢复了正常的运行。亚太遗产保护奖评委这样评价：鲍家屯水碾房修复项目，树立了在中国进行农业景观保护的卓越范例。

案例6：上海市北京东路2号房屋保护工程[1]　设计：唐玉恩　华东建筑设计研究院有限公司

上海市北京东路2号大楼位于中山东一路与北京东路相交处（图5-45），1994年被列为上海市第二批优秀历史建筑，1996年作为上海“外滩建筑群”的重要组成部分被公布为全国重点文物保护单位。该大楼（原格林邮船大楼）由公和洋行设计，1922年落成，采用具有新古典主义装饰特征的折中风格，设计手法成熟，立面比例严谨，层次丰富，是公和洋行代表作之一。

图5-45　上海市北京东路2号大楼外观

北京东路2号大楼原为办公大楼。新中国成立后，经多个单位交替使用。在20世纪80年代为了增加使用面积，直接在原建筑的顶层增建了两层，原建筑典型的古典南立面受到破坏。建筑的东面外滩一侧主入口在历次装修改建中被填平门廊，同时，将原东侧大厅搭建了夹层，空间受到破坏。南立面的古典花饰在“文革”期间被损毁。整个外墙因年久失修，原水刷石外墙多处空鼓脱落，又经多次随意填补，表面斑驳不齐。原内天井也被后期搭建填埋，精美的彩色玻璃窗被砌进了后期隔墙内。后期使用中，对原楼板、地基、屋面多次进行局部调整，特别是顶层朝西侧的两层加层，导致西侧的部分梁柱结构承载力不足，出现裂缝。原室内多处存有古典式木墙裙、开片釉面砖、柱饰等装饰，但因多次装修，很多装饰部位被拆除损坏。到了2011年，上海清算所获得大楼使用权，修缮后作为总部办公楼使用。

整个修缮工程在启动之初，即秉承“保护历史、重塑功能”的设计思想，对应该进行重点保护的部位进行严格的保护修缮；而对于部分价值相对较低、历史原物已不存的部分，协调原有建筑和再利用之间的矛盾，在保护的基础上，给使用者提供了一个较舒适、安全的使用环境（图5-46）。此次修缮工程主要包括如下内容：

图5-46　上海市北京东路2号大楼修缮后室内效果[2]

其一是外立面、屋面保护复原设计。

1. 复原东入口门

① 文字部分改编自：上海市北京东路2号房屋修缮工程，中国文物报2014年12月26日第5版。本修缮工程在近代文物建筑保护与利用方面作出了有益的探索，被评选为“2013年全国十佳文物保护工程”和“2015年度全国优秀工程勘察设计行业奖（传统建筑类）二等奖”。

② 引自“2015年度全国优秀工程勘察设计行业奖获奖项目（传统建筑类）”成果展示。

廊空间。建筑东厅入口门廊空间被封堵，根据实际使用需求，按照历史图纸对门斗及金属转门进行复原，结合室内空间提升入口空间档次。外滩人行道标高逐年升高，原东厅入口处爱奥尼柱柱础已埋入地坪下，本次修缮恢复原入口立柱柱础。通过这些修缮手段以求尽量完整呈现原英式新古典建筑入口部分的空间层次和建筑细节。

2. 整治南立面中段顶部加建。20 世纪 80 年代的南立面六至七层中部加建因设计过于简陋且与建筑整体风貌不符，本次修缮对其进行整治设计。施工过程中发现原加建部分结构体系较混乱，因此设计对加建部分进行重点加固，以确保结构安全。对加建部分进行整合并重新设计立面形式，突出建筑原立面轮廓。

3. 东、南立面整治以清洗、清理为主，拆除外墙后期附加物（电缆管线、各类支架挂件等）。基本完整保留并修缮外立面原石材墙面和水刷石墙面；采取水清洗、化学锚栓加固等方式尽可能保留原有各个时期的水刷石墙面，尽可能保留丰富的历史信息，避免过度修缮。

其二是室内重点保护房间保护复原设计。

1. 底层南门厅及门斗。完整保护天花及梁的花饰，并对南门厅墙面、地坪等进行复原设计。墙面、地面为后期改造，按历史样式，选取优质石材对墙面及地面重新铺设。木门套现状为后期改造，依据历史图纸剖面图与一层的现存门套，对门厅通往东西两侧走廊的木门及木门套进行复原设计。大厅立柱柱头为历史原物，保留修缮原柱头，柱身参照一层的柱子柱身及历史图纸，新做石材柱础，复原柱式。

2. 主楼梯。保护并修缮主楼梯天花装饰线脚、铸铁镂空栏杆、木质扶手等历史原物。

3.601 房间。601 房间是这栋建筑保存下来最精美的房间。木墙裙到顶，木墙裙和壁炉中间留存五幅精美的木雕，分别暗示了当时格林邮船公司的标志和业务到达范围。保护修缮后作为贵宾接待室使用。墙面木墙裙为历史原物，后期改漆为白色，保留现状，恢复原有柚木的本色。

4. 六层彩色玻璃窗走廊。木窗套与铅条彩色压花玻璃窗系历史原物，原位置保护修缮窗套及铅条彩色玻璃窗。天花现状为后期改造，重新设计天花及线脚，布置灯具。

其三是非重点保护房间保护设计。

在各个非重点保护房间内，修缮设计中将精美的梁饰天花、装饰柱式作为重点元素予以保护。新的室内吊顶设计、灯光设计结合进新增的设备管线设施，将新的室内空间感觉和传统经典空间元素融为一体。

在整栋大楼的修缮过程中，也遇到不少的难点。比如：采用石膏花饰的建筑立柱部分因结构加固，需要拆除至结构层后采用钢结构加固，加固后柱身增大，会形成同一区域内柱身有大有小的状况。出于整体效果的考虑，对同一分隔空间内的所有立柱统一大小，基层处理完毕后，通过翻模、等比例放大，对不同分割区域内立柱的石膏花饰重新制作，制作过程要求严格，确保新制作的花饰无论是细节还是整体效果都能够最大程度接近原花饰。现在再看那些新的花饰，已与原有花饰融为一体，难以分辨。

第六章　建筑遗产再利用工程

第一节　概论

一、引述

“再利用”（reuse）在国外常被称为再生（rehabilitation）、延续使用（extended use）、重生（reborn）、可适应性再利用（adaptive reuse）等。在国内，大陆多用“再利用”，香港多用“活化”，台湾多用“培育”。简单而言，建筑遗产再利用，就是将闲置或废弃的建筑遗产，在保护的基础上延续原有功能或置换成新的功能，使其焕发新的生命力。譬如把本来已经荒废的建筑遗产开发为酒店、餐厅、博物馆、书院、电影院、社区活动中心等。人类所有的建设活动，除了新的建设外，就是建筑的再利用。

某种意义上，利用是最好的保护方式，因为只有合理的利用才能为建筑遗产保护带来持续的动力。建筑遗产与可移动文物（如瓷器、古画）不同，只有在不断利用中才能得到长期有效的保护。各种可移动的古董，可以放在展柜中保护，但各种建筑遗产如果无人使用，闲置上几十年，自然就会倒塌。日常经验证明：越是不用的老房子，往往坏得越快。反之，如果建筑遗产有人使用和维护，寿命就会长很多，所以建筑遗产应在任何可能的情况下进行再利用。现行《文物保护法》奉行“保护为主、抢救第一、合理利用、加强管理”十六字方针，其中就明确强调“合理利用”。《中国文物古迹保护准则（2015 年修订）》也强调：“合理利用是文物古迹保护的重要内容。应根据文物古迹的价值、特征、保存状况、环境条件，综合考虑研究、展示、延续原有功能和赋予文物古迹适宜的当代功能的各种利用方式。”

建筑遗产“再利用”与建筑遗产“保护”既有联系又有区别。保护是再利用的前提，再利用应在保护的基础上进行。但任何保护归根结底是为了利用，为了满足当代或未来的社会需求，不存在完全抛开利用的保护。在不损害建筑遗产本体的前提下，应对建筑遗产进行合理的开发利用。要避免两种错误倾向：一是所谓凝固化的保护，就是像博物馆里的展品一样“冷冻式”保存起来，供奉起来，变成一个没有生命的美丽躯壳，成为社会的沉重负担；二是无视历史价值，消极保护或者破坏性使用，没有得到有效保护。

二、再利用的发展过程

建筑再利用的历史和建筑的历史同样悠久。但是，19 世纪以前，人们对建筑的再利用主要是为了延续其物质功能，其出发点不是为了保护建筑遗产的历史价值。

图 6-1 被土耳其人在四角加建了高耸的邦克楼之后的圣索菲亚大教堂图①

比如，15 世纪后的土耳其人把拜占庭帝国的宫廷教堂改作清真寺，只是简单地在四角加了尖塔（图 6-1）；帕提农神庙被改作过基督教堂，后又被土耳其人改作清真寺。

“二战”中大量建筑被毁，战后大规模的建设工程随之展开。这一时期，尽管保护老建筑的呼声很高，但新建建筑占据了绝对的主角。对待战争中遗留下的老建筑，更多的是推倒建新，用一栋栋新建筑取而代之。不过人们对建筑遗产的兴趣不断增加，但主要关注单个文物建筑，并将其当作古董一样冰冻式地保护起来。除此之外，还是有一些改建、扩建行为，如 1964 年改造完成的美国旧金山吉拉德里广场（Ghirardelli Square），由原巧克力厂改建为购物餐饮市场，首次提出了“建筑再循环（Architectural Recycle）”理论。另外如卡洛 · 斯卡帕（Carlo Scarpa）的维罗那城堡博物馆改建和威尼斯奎瑞尼艺术馆改扩建等也是这一时期建筑遗产再利用的典型案例（图 6-2）。

到了 20 世纪 70 年代，随着生态、环境和能源问题的凸显，西方逐渐摒弃了大拆大建的城市发展模式，开始注重建筑的再利用，以建筑遗产再利用为核心的新城市复兴理念逐渐占据了主导地位。当时，波士顿昆西市场改建（图 6-3）和伦敦女修道院花园市场改建（图 6-4）最具影响力。

20 世纪 80 年代以后，建筑遗产再利用开始成为建筑实践的一个重要方向。在英国，国家资金用于新建和改建的比例已经从 70 年代的 3:1 提高到 90 年代的 1:1⑤。在美国，1985 年的所有建筑施工中，大约有一半属于改建和复原工程⑥。1989 年巴黎为纪念法国大革命 200 周年的九大国庆工程中，涉及历史性建筑改造与再利用的就有三项，即大卢浮宫的扩建、由废弃火车站改建而成的奥尔赛美术馆及利用旧有拍卖场改建的科学城。另外根据统计，“当代美国建筑师 70%的工作都涉及老建筑

图 6-2 卡洛 · 斯卡帕改造后的维罗那城堡博物馆外景图②（左）

图 6-3 昆西市场由原来的帆布棚改建而来的玻璃廊③（中）

图 6-4 伦敦女修道院花园市场改建后南翼大厅的下沉式广场④（右）

① 图片来源：陆地 . 建筑的生与死——历史性建筑再利用研究 [M]. 南京：东南大学出版社，2003.3.

② 图片来源：陆地 . 建筑的生与死——历史性建筑再利用研究 [M]. 南京：东南大学出版社，2003.49.

③ 图片来源：陆地 . 建筑的生与死——历史性建筑再利用研究 [M]. 南京：东南大学出版社，2003.81.

④ 图片来源：陆地 . 建筑的生与死——历史性建筑再利用研究 [M]. 南京：东南大学出版社，2003.81.

⑤ Shorban Cantacuzino.Rearchitecture:Old Building New Use.N.Y.:Abbeville Press，1989.8. 转引自：陆地 . 建筑的生与死——历史性建筑再利用研究 [M]. 南京：东南大学出版社，2003.6.

⑥ R. 兰德尔·沃斯毕克 . 变化中的美国建筑 . 世界建筑，1987（2）:75~76. 转引自：陆地 . 建筑的生与死——历史性建筑再利用研究 [M]. 南京：东南大学出版社，2003.6.

的再利用”[①]。

和世界上许多国家一样，20 世纪以前，中国对建筑的再利用大多数出于纯粹的经济利益。而在 20 世纪的绝大部分时间里，对于旧建筑也主要采取推倒重建的方式。一直到 20 世纪 90 年代，建筑遗产再利用才有了初步的态势。1990 年，日本建筑师将上海建于 1926 年的“法国俱乐部”改建为上海花园饭店的裙房，并在后面建起了高层旅馆，这可谓我国建筑遗产再利用较早的案例之一。不过，这一时期的改建再利用多体现在商业建筑上，许多老商业企业对老楼进行改扩建，或者将其部分老工业建筑改扩建为办公楼、商场、餐馆等。在世纪之交，我国建筑遗产再利用出现了更多的探索，如上海“新天地”改建、上海外滩再利用、北京“798”改建、广州中山纪念堂改建等。但总体而言，我国的很多建筑遗产并没有得到很好的利用。根据国家文物局 2009 年“文物保护单位管理体制调研”，当时“无人使用”的文物保护单位比例在五分之一以上[②]。如此多的文物保护单位处于“无人使用”的状态，缺乏必要的合理利用，值得深思。

总之，如何正确对待和妥当处理建筑遗产是一个十分热门的课题。合理利用建筑遗产，实现真正意义上的城市与建筑的可持续发展，是未来发展的趋势。

三、再利用的意义

建筑遗产的再利用主要有以下几个方面的意义：

其一，有利于建筑遗产的保护。当前很多建筑遗产都面临着丧失原有功能或不能满足原有功能的问题，如原来的大量庙宇不再作为祭祀场所了，原来的大量民居不再能满足现代生活的需要了，原来的工厂废弃不用了，等等。这些建筑遗产应该被赋予新的功能，也只有这样才能保护好这些建筑遗产。设想一样，如果全球的建筑遗产没有通过再利用而要实现保护，那需要付出多么高昂的代价，这几乎是不现实的。这些建筑遗产只有发挥作用，体现价值，才能实现有效保护。《巴拉宪章》（1999 年）提到：“延续性、调整性和修复性再利用是合理且理想的保护方式”。

其二，有利于可持续发展。很多建筑在拆除时，远远未达到其自身物质寿命的极限，结构依然坚固，这时应通过建筑遗产再利用，延长建筑寿命，实现可持续。2008 年颁布的《中华人民共和国循环经济促进法》第二十五条规定：“城市人民政府和建筑物的所有者或者使用者，应当采取措施，加强建筑物维护管理，延长建筑物使用寿命。”辩证地看，“旧建筑功能更新是基于可持续性发展观念的活动，强调的是建筑物的持续利用，任何改建都不是最后的完成，也从没有最后的完成，而是处于持续的更新中”[③]。

其三，有利于提高经济效益。经济因素是推动建筑遗产再利用的重要因素之一。尽管建筑遗产再利用的项目千差万别，成本不尽相同，但一般而言，其投入与新建

---

① Kenneth Powell.Architecture Reborn:Converting old buildings for new uses.Rizzoli International Publications，1999.10. 转引自：陆地 . 建筑的生与死——历史性建筑再利用研究 [M]. 南京：东南大学出版社，2003.6.

② 金瑞国等 . 文物保护单位管理体制调研与分析 . 引自：2017 年 2 月 10 日中国文物信息咨询中心网站。

③ 吴良镛 . 北京旧城与菊儿胡同 . 北京：中国建筑工业出版社，1994.68.

建筑相比较，所消耗的人力、物力、财力等往往比较低，因此，对建筑遗产的再利用一般可以降低成本。

四、再利用的原则

在建筑遗产再利用中，如果措施不当，就会对建筑遗产造成不可弥补的破坏，所以应坚持一些原则：

其一，要尊重建筑遗产的真实性原则。

在再利用中，要遵守“保护为先”的方针，要保护好建筑遗产本体。如果建筑遗产本体不存在了，其历史、科学和艺术价值自然也就不存在了，所谓的再利用也就无从谈起，所以保护遗产的真实性是前提和基础。《巴拉宪章》（1999年）提到：“应当尊重包括精神价值在内的遗产地的重要意义。应当探寻并利用机会以延续或复兴遗产地的意义”，并强调“针对应甄别出遗产地的一种或多种用途或旨在保存其文化重要性的使用局限。遗产地的新用途应将重要构造和用途改变减至最少；应尊重遗产地的相关性和意义；在条件允许的情况下，应继续保持为其赋予文化重要性的实践活动”。国际古迹遗址理事会《关于乡土建筑遗产的宪章》（1999年）论述道：“为了与可接受的生活水平相协调而改造和再利用乡土建筑时，应该尊重建筑的结构、性格和形式的完整性。”

其二，要坚持合理、适度、可持续的原则。

要在确保建筑遗产安全的基础上，采取恰当方式，进行适度的利用，应处理好有效保护、合理利用、传承发展之间的关系。一方面，要避免建筑遗产陷入“维修、空置、衰败、再维修”的怪圈，要避免陷入“一座庙、一位老人、一条狗、一把锁”的状况。只有通过活化这些建筑遗产，才能使其宝贵价值得以实现。但另一方面，在再利用中不能唯经济利益是论，忽视建筑遗产的公益属性和社会效益，不能竭泽而渔，不能只顾眼前利益。既要坚持保护为先，也要避免保护对利用形成不必要的束缚。要在强化保护的基础上进行合理利用，实现“保护、利用、保护”的良性循环。

在建筑遗产再利用中，进行必要的“改造”是必然的。譬如为了使老建筑符合现代功能要求，增加适度的现代设备不可避免。但在改造实践中，一定要注意平衡二者之间的关系。有些居民为了增加室内舒适性，增加空调、风扇等设施，会进行打孔、凿空等作业，难免会损害建筑遗产，但这些基本上是可以接受的。有时使用者为了保护遗产也应该作出必要的牺牲，如在很多传统民居的改造中，就不宜为了增加舒适性将原来的木门窗换为塑钢窗。另外，在建筑遗产再利用中，添加部分可以采用轻巧的新材料（如钢材、玻璃等），新老材料形成对比，既不抹杀历史，也没有制造假古董。

在建筑遗产再利用中，为了适应新功能，常见的改造措施包括：（1）局部增建，如为了满足消防要求，在建筑外面增加走廊；为了改善或增加室内空间，在庭院上面搭建屋顶；（2）分隔空间，即将大空间通过水平或竖向分隔，变成小空间，这在工业遗产再利用中非常多见；（3）整合空间，即将原来分散的空间，通过连廊搭接、加盖屋顶等方式，整合成连续空间。但注意上述改造不应破坏建筑遗产的主体结构，不得改变建筑遗产的外观、色彩等。

中国传统建筑再利用的难度相对大一些，往往不容易适应现代使用要求：在空间上，如其面积、高度、跨度一般较小，在再利用中受到很多限制；在室内环境上，如其保温隔热性能一般较差，很难达到国家规范对室内热环境指标的规定；在采光上，传统建筑出檐较深，导致采光条件一般也较差。

第二节 案例分析

再利用的方式大致可以分为两大类，一类是延续原有功能，一类是实施功能置换。在后一类中，置换为博物馆者占比很高，所以下面单独列为一类。

一、原功能延续模式

如果建筑遗产延续原来的功能，往往需要改造的部分就会少一些，而且原有功能本身就是建筑遗产保护的内容，所以应鼓励这种模式。相反如果改变建筑遗产的原有功能，难免会在一定程度上损坏建筑遗产的价值，破坏建筑遗产的真实性。

案例 1：上海和平饭店北楼再利用 设计：唐玉恩等 上海建筑设计院有限公司 ①

和平饭店北楼原名“沙逊大厦”，由犹太人维克多·沙逊（Elice Victor Sassonn，1881~1961 年）于 1929 年投资所建，矗立在最繁华的南京东路路口北侧（图 6-5），是当时上海外滩的标志性建筑（图 6-6）。沙逊大厦由公和洋行（Palmer & Turner）上海分部负责人 G·L·威尔逊（G.L. Wilson）主持设计，东立面高 13 层，塔顶高 77 米，采用“装饰艺术派”（Art Deco）风格，精致典雅，是高层建筑和装饰艺术派的完美结合，因其高度和奢华品质曾被誉为“远东第一楼”。整个大厦平面呈 A 字形，东面端部设有著名的九国特色套房。外墙采用花岗石块砌成，金字塔式的尖顶用绿色铜皮瓦楞装饰。大厦的室内装饰豪华精致，丰富多彩，其材料、色彩和图案尽显高贵典雅：地面和墙面主要采用乳白色大理石，各种铁栏杆、金属暖气罩主要采用艺术派风格，精致的灯具成为室内的点睛之笔。应该说，沙逊大厦的建筑和室内是 20 世纪 20~30 年代建筑技术和艺术的集大成者。

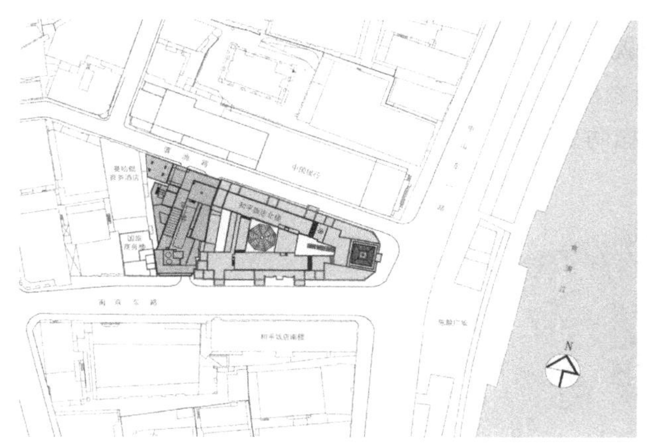

图 6-5 保护整治后的和平饭店北楼总平面图（左）
图 6-6 沙逊大厦设计图（中）和 1930 年的沙逊大厦（右）

① 本案例缩减自：唐玉恩主编．和平饭店保护和扩建．中国建筑工业出版社，2013。部分插图为作者拍摄。“和平饭店修缮与整治工程”获“2015 年度全国优秀工程勘察设计行业奖（传统建筑类）二等奖”。

1956 年沙逊大厦改名为和平饭店。1989 年和平饭店被公布为上海第一批优秀历史建筑；1996 年被公布为第四批全国重点文物保护单位。然而至 21 世纪初时，经过 80 多年的岁月沧桑，当年豪华精致的和平饭店北楼已经不能满足高端酒店的要求，面临很多问题。如受产权分置的影响，大楼底层和夹层原有的公共空间支离破碎，很不完整；功能流线混乱，内部后勤服务流线不畅；各种杂乱搭建，南立面各单位招牌、广告牌林立；硬件设备陈旧老化，客房舒适性差；大楼机电系统陈旧，无法满足正常使用；后勤用房面积不足。和平饭店北楼面临着如何保护与利用的问题，即如何在真实、整体保护的前提下，满足现代生活各方面的要求。终于在 2007~2010 年，利用世博会前外滩整体改造的契机，和平饭店得以全面地保护、利用和扩建。

在和平饭店北楼保护改造的方案阶段，经过专题论证，确定了重点保护部位。外部重点保护部位包括东立面、南立面、北立面以及方锥体塔楼（图 6-7）。内部重点保护部位包括：(1) 底层整体保护（含外滩及南京路入口门厅、饭店大堂及其夹层，玻璃顶廊走棚、酒吧等）；(2) 三层会议室；(3) 五、六、七层各三套（共九套）特殊装修客房，即九国特色套房；八层和平厅、龙凤厅及其前厅等特色装修（含老艺术墙裙、浮雕玻璃门等）；(4) 九层九霄厅；(5) 十层小宴会厅（原沙逊 4 间套房），即沙逊阁；(6) 每层原有楼梯间厅、电梯间及其装修；(7) 外贸商场的原有空间格局及其八角玻璃天棚；(8) 荷兰银行、花旗银行和中国银行的原有空间格局，装修风格应采取可逆措施。

在重点保护上述内容的基础上，为了可持续利用，适应功能需求，做了如下改进提升工作：

其一是全面提升酒店功能，完善交通流线。利用原西侧内院的位置扩建新楼，补充其作为高档酒店所需的各类设施、后勤用房、机动车停车库、设备机房等功能（图 6-8）。将酒店主入口改至“八角中庭”南京东路入口，并在西端增设一车行可到达的客人入口，机动车入口与酒店的后勤入口均设在新楼区域。

其二是全面保护，整治总体环境与外立面。整治酒店沿街环境，拆除、清理原来杂乱无序的店招、广告牌、外露设备管线、搭建物等。最具标志性的四方锥顶原位保留、修复，仅替换个别锈蚀的铜皮。东立面清除广告牌、搭建的雨篷，恢复钢窗。南、北立面均恢复三个入口雨篷的历史原貌，并根据现有墙面深、灰、浅三种色调的大致比例，清洗修复泰山面砖。西立面位于新老楼交界处，考虑到消防，在保留窗台及窗洞轮廓的前提下将外窗封堵，新楼一层则做防火玻璃，展示北楼西墙的历史风貌。

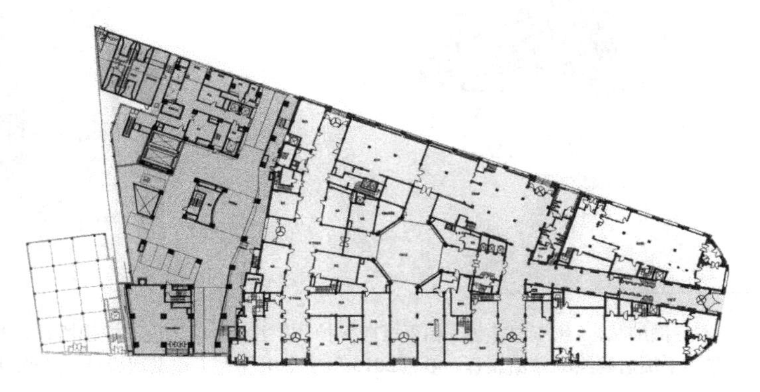

图 6-7 和平饭店整治后外观（左）
图 6-8 和平饭店底层平面保护设计图（右）

图 6-9 和平饭店八角厅中庭顶部（左）
图 6-10 和平饭店西侧廊道（右）

其三是恢复底层公共空间的历史原貌。在充分研究沙逊大厦历史设计图之后，迁出底层、夹层各单位，拆除搭建的夹层、螺旋楼梯，恢复“丰”字形外廊、“八角中庭”的历史原貌（图 6-9），将公共空间彻底贯通（图 6-10）。其中“八角中庭”的恢复为本次保护工程的重点。除恢复、修补缺损的细部外，拆除搭建物后新出现的四周墙面装饰成为一个很关键的问题。依据文物建筑修缮的“可逆性”原则，最终确定在中庭四周墙面做巨幅浮雕装饰，内容以沙逊大厦历史照片为蓝本。

其四是精心保护各重点部位、全方位提升舒适度。各厅室内重点保护部位是和平饭店北楼建筑艺术的精华之一，不少装修特色在上海可谓绝无仅有。因此，既要整体保护原有饰面的历史风貌，又要增加设备管线的布置。以酒店最主要的中餐厅龙凤厅为例（图 6-11），其吊顶是室内最具特色的部位。经再三权衡和现场踏勘，在龙凤厅西南角，先拓模、再拆除原服务厅吊顶，待风管等设备安装完毕后再按原样复原，最终在几乎完整保留其吊顶与立面装饰的前提下，通过空调侧送风、布置侧喷喷头的方式，提高室内的安全舒适度。

其五是二至七层普通客房层的恢复与更新。拆除原有二至七层平面隔墙（各重点保护部位除外），新辟二层为客房层，重新设计客房层平面。恢复客房原有走廊的历史格局——南、北两侧主要安排标准房，沿内天井设置标准房与小套房，二至四层东端设置可将黄浦江景尽收眼底的豪华套房（图 6-12）。维持客房区走廊弧形拱顶造型、墙面壁灯等反映原有历史风貌的细部装饰。

其六是其他历史遗存部位的保护与利用。如东端楼梯等重要的交通枢纽，保留、修复其木扶手铸铁栏杆、平台与踏面的马赛克面层、踢面的地砖面层等。再如北楼历史遗留门窗，建筑施工图中均采用“一门（窗）一名”的方法，并列“老门老窗表”针对每一樘门窗的保护加以说明。

图 6-11 和平饭店龙凤厅餐厅

图 6-12 美国式套房对比（左：历史照片；右：现状）

图 6-13 20 世纪 50 年代的“雷生春”旧貌[③]

除了上述工作外，还进行了大楼结构加固以及暖通空调、给排水、电气、消防和节能等方面的改进。

案例 2：香港雷生春活化工程，2008~2012

香港“雷生春”位于人口稠密的九龙中心地带道路交叉口[①]，楼高 4 层，总建筑面积约 600m^2。20 世纪二三十年代，钢筋混凝土建筑刚开始普及，很多唐楼仿照统一蓝图设计建造[②]，美学价值并不高，但“雷生春”的设计别具一格，糅合了中西建筑艺术，既受西方新古典主义的影响，如柱子、栏杆装饰等，同时又采用大量中式元素，如顶层镶嵌家族店号的石匾、“走马大骑楼”等，是香港为数不多的战前唐楼优秀作品（图 6-13~ 图 6-15）。

原主人雷亮为香港九龙汽车（1933 年）有限公司的创办人之一，祖籍广东，经营运输及贸易生意，是 20 世纪初来港华人的成功典范。1929 年，雷氏向政府购入土地并聘请建筑师布尔（W.H.Bourne）为其设计建造铺居。1931 年，房屋落成。底层临街为“雷生春”药房及后院，出售的跌打药一度名扬海内外。楼上各层则作为雷氏家人居所。1944 年，雷亮先生去世，加之香港沦陷，“雷生春”结业，一层曾出租作为洋服店。60 年代后期，雷氏后人相继迁出，大楼自 1980 年起完全空置。此时的建筑立面虽然残破，但基本保留了原始风貌。可以说，“雷生春”作为时代地标，不仅见证了名门家族的发展史，更见证了香港城市的发展、中医药的兴衰。

2000 年，香港古物咨询委员会评定“雷生春”为一级历史建筑[④]。同年，雷氏后人为保存故居并回馈社会，决定把“雷生春”捐予政府。2003 年，政府正式接

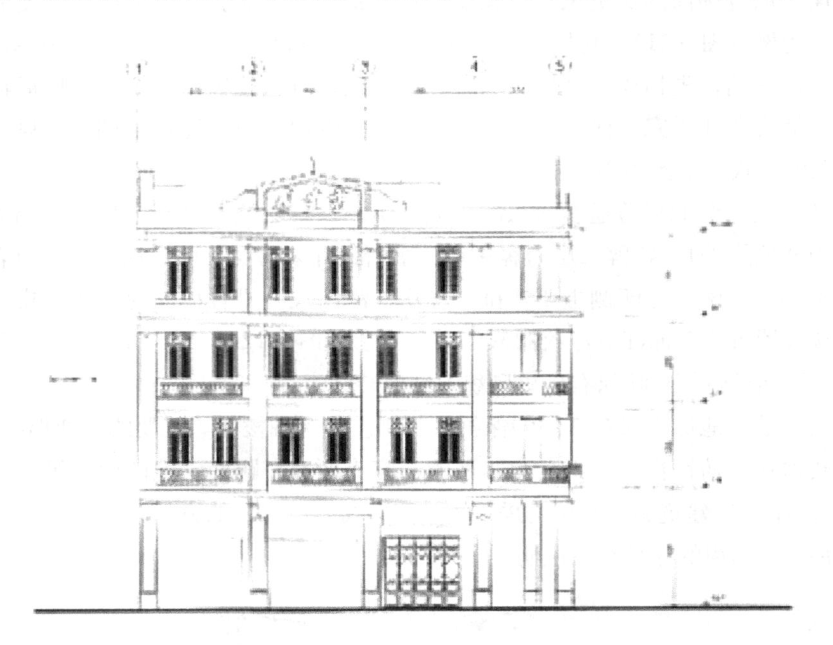

图 6-14 “雷生春”立面图

① 项目地址：香港九龙旺角荔枝角道 119 号

② “唐楼”是港式铺居的本地名称，相对外国人居住的洋楼而言。

③ 图片来源：香港浸会大学中医药学院 - 雷生春堂官网 -http://scm.hkbu.edu.hk/lsc/tc/layout.html

④ 香港历史建筑被分为三个级别，一级为具有特别重要价值，须尽一切努力予以保存，可以考虑予以法定保护地位；二级为具有特别价值，须有选择性地予以保存；三级为具有若干价值，并宜于以某种形式予以保存，如保存不可行则考虑其他方法。

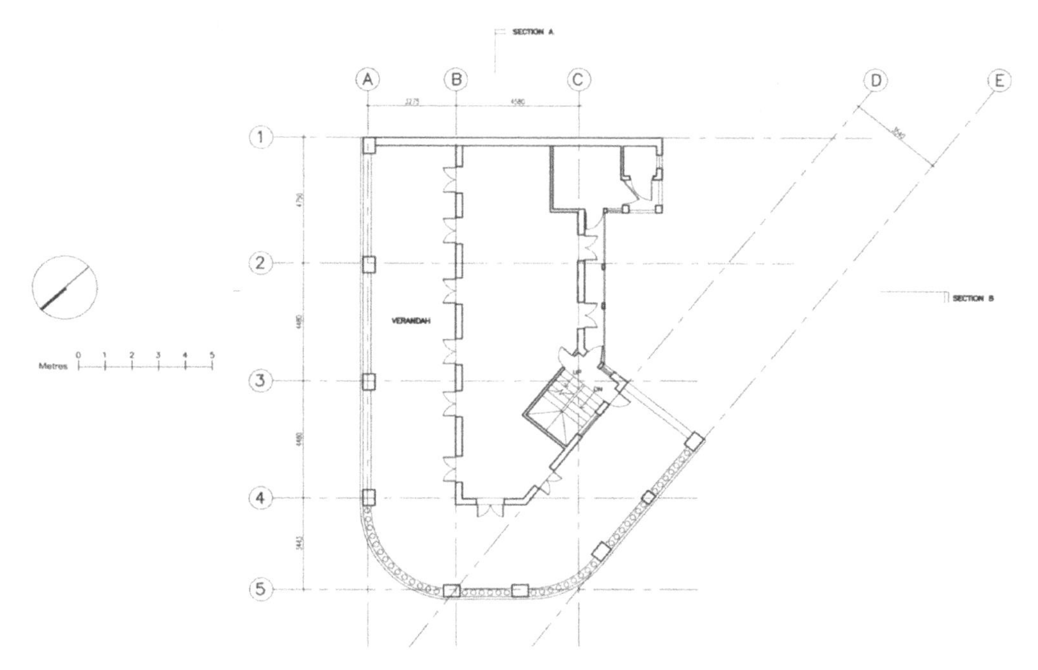

图 6-15 “雷生春”三层平面图①

手“雷生春”，建筑署曾对“雷生春”进行了第一轮的大型修葺与修复工程，如基础的结构加固与修缮，清理拆除早期加建、改建部分，参照原有设计将内部布局还原，开放外廊，安装新的结构钢柱辅助原来受损严重的支柱等（图 6-16）。同时，根据《古物及古迹条例》（香港法例第五十三章）的相关要求，制订了须予保存的建筑特色列表、须予处理的建筑特色列表、建议建筑特色应进行的处理列表等，主要涉及结构、外立面、构件等体现风貌特色的重点部分。这些对历史建筑详细的保育规定，可以有效避免后期活化改造工作中对历史建筑的破坏。

图 6-16 修复后的“雷生春”新貌③

2008 年，政府又将“雷生春”纳入第一期《活化历史建筑伙伴计划》。该计划是香港特区政府在当年推出的一项新政策，其工作目标是为了在文物保育②与发展之间取得平衡，为历史建筑注入新生命。既要保存历史建筑，发挥其历史价值，又要真正营

① 图片来源：香港发展局文物保育专员办事处官网 - 历史建筑资料册 http://sc2.devb.gov.hk/gb/www.heritage.gov.hk/tc/rhbtp/application_arrangements.htm

② 文物保育是将古旧的建筑物修复、翻新、改建及现代化；保存及再利用这些对历史、建筑及文化价值有重大意义的建筑部分。

③ 图片来源：香港发展局文物保育专员办事处官网 -http://www.heritage.gov.hk/tc/rhbtp/buildings.htm

运历史建筑，供市民大众享用，使社区受益，并且实现财务独立。具体的运作模式为：

（1）在政府持有的历史建筑及法定古迹中选出适合活化利用的对象，将其纳入计划，寻求社会合作伙伴；

（2）由政府和非政府专家组成活化历史建筑咨询委员会（委员会），负责审议建议书以及就相关事宜提供意见；

（3）再次，文物保育专员办事处会向成功申请的机构提供一站式咨询服务，以推行其建议计划，服务范畴涵盖文物保护、土地用途和规划、楼宇建筑，以及遵从《建筑物条例》（第 123 章）的规定；

（4）政府还提供一定的资金支持，包括用于建筑物大型翻新工程的一次性拨款（全部或部分费用），用于应付开办社会企业前两年运营期间出现财务赤字的一次性拨款（上限 500 万港币，其后自负盈亏），只收取象征性的微租金等。

2009 年，香港浸会大学凭着中医药大学的平台及过去复修活化建筑的经验，成功入选为活化“雷生春”计划的合作伙伴。用于申请的活化策略是：在保留建筑特色的前提下，注入中医药的保健服务，将其改造为社区中医药保健中心。这与原有氛围及功能更加吻合，既能延续雷先生当年悬壶济世的历史文化理念，也可为地区人士提供福利与就业岗位，使文物保育的社会价值得到彰显。具体的功能包含“医疗服务 + 健康教育 + 历史展览”：通过日常开诊来获得自给自足、收支平衡，为社区居民提供定期健康讲座，为香港浸会大学中医药学院学生提供实习岗位，为游客提供预约参观等。

香港浸会大学申请成功后，结合政府规定的保育指引及新的功能定位，邀请建筑师对“雷生春”进一步细化设计：

（1）立面。由于“雷生春”位于荔枝角道和塘尾道交界处，噪声及空气污染较为突出，因此以清玻璃将走马骑楼围合，既不破坏立面效果，又增大可利用的室内空间。

（2）平面。由于建筑物每层使用面积较小，故利用骑楼作为候诊室及展览厅，室内空间作为诊疗室，以保障病人隐私。

图 6-17 “雷生春”活化改造效果图[①]

（3）设施。在原有建筑物内部和后院，分别加设电梯、消防楼梯和公共设施（空调系统等），以符合现行的建筑物条例及营运需求，提升安全舒适度，同时保存原有建筑真实性（图 6-17）。

改造的过程非常注意保护原有建筑构件，如每一块旧砖、每一扇木门都小心处理，先拆卸编号并包装收藏，

① 图片来源：香港发展局文物保育专员办事处官网 -http://www.heritage.gov.hk/tc/rhbtp/ProgressResult_Lui_Seng_Chun.htm

等工程接近完工、场地清理完成后再装回，并进一步保护和美化。条件许可的话尽量使用和装配原有材料，以恢复建筑物原有历史风貌。同时，所有的改动均可在需要时还原，以期把改动带来的影响减至最低。

活化工程于2012年初竣工，同年4月，作为香港浸会大学中医药学院下设分诊院的“雷生春”堂正式投入服务。活化后的“雷生春”，不但孕育新的社区功能，同时展现昔日辉煌，使历史建筑重新建立与社区中断已久的联系。

案例3：上海同济大学大礼堂改造工程，2005~2007年 设计：陈剑秋、袁烽等 同济大学建筑设计研究院

同济大学大礼堂位于校园中心地带[①]，始建于1961年，正值大跃进、大调整的特殊时期。当时的工作纲领是：以快速施工为纲，大搞群众运动，大搞技术革命，大搞多种经营[②]。即方案设计鼓励采用新技术、新材料，最大限度地降低造价、缩短工期，以“多快好省”地建设社会主义。在这样的时代背景下，设计人员仅用一年时间完成了“落地拱”及“钢筋混凝土联方网架”的技术创新，在国内外结构领域引起了积极反响，其净跨40米的拱形网架结构被誉为当时的“远东第一跨”。大礼堂从设计到建造，凝聚了集体的智慧和力量，学校许多教职工也都曾亲自参与大礼堂的施工建造，感情深厚。到了“文革”期间，上海市的许多会议都在这里举行，也有许多人在这里接受批斗。因此，大礼堂既是新中国成立初期探索新技术浪潮的建筑代表作，也是新中国坎坷命运的见证者。1999年10月，同济大礼堂获“新中国50年上海经典建筑”提名奖，2005年被列入上海市第四批优秀历史建筑名单。

大礼堂建成后，先作为校园食堂，后主要用于电影放映及演出。经过几十年的老化，建筑物外立面围护结构破损，保温隔热性能差，内部设施老化，观演效果较差，各方面性能无法满足大型综合演出的需求。2005年，为迎接同济百年华诞，学校启动了大礼堂保护性改造工程，拟将其作为主会场。经检测，大礼堂结构性能完好，仅大梁、拱架出现局部开裂变形，在施工过程中进行了结构加固。

保护方面，根据价值分析可知，大礼堂独特的建筑外立面及结构体系是最重要的保护内容。因此，大跨度拱形薄壳主体结构、屋顶通气窗、主立面和两侧立面、钢窗框、室内露明顶棚和舞台口形式等均得到妥善保留和修缮[③]。主要做的修缮处理如：东立面（主立面）的入口门廊、折形雨篷和细部装饰，做了粉刷处理；南北立面，保留原有屋顶通气窗，在原有外墙的外侧，利用结构构件围合一圈玻璃外廊，将大面积开窗的建筑立面则改为实墙，以改善室内环境；原有木窗的普通玻璃换为中空隔热玻璃，木窗框改为金属骨架外贴木皮，增强其耐久性[④]；改善屋顶防水，同时铺设20cm厚的菱形聚苯保温板，突出屋顶结构的韵律之美（图6-18~图6-20）。

---

① 原名“同济大学学生饭厅”，由建筑师黄家骅、胡纫茉和结构师俞载道、冯之椿等主持建造。2008年，“同济大学大礼堂保护性改建”获第五届中国建筑学会建筑创作奖优秀奖。

② 1958年建筑工程部召开的快速施工经验交流会指出这一原则。

③ 左琰．历史与创新博弈——同济大学大礼堂保护性改造设计[J].时代建筑，2007（3）:100~105.

④ 袁烽，姚震．更“芯”驻“颜”——同济大学大礼堂保护性改建的方法和实践[J].建筑学报，2007(6):80~84.

图 6-18 改造后的大礼堂建筑东立面（主立面）（左）
图 6-19 改造后的大礼堂建筑南立面（中）
图 6-20 改造后的大礼堂建筑南立面加建的玻璃外廊[①]（右）

更新改造方面，大礼堂建筑围绕演艺功能分别进行了内部空间的改建及外部空间的加建。

由于原礼堂观众厅内部高差较低，无法满足后排观众的观赏需求，更新过程中根据原来地面基础的情况，进一步向地下开挖，将观众席升起 6.15 米，成为有一定高差的前中后三个分区，同时利用地下空间作为设备用房（图 6-21）。室内设施方面，从声音、光学、空调系统等方面分别对原有设施进行升级。如建筑声学设计方面，原设计采纳了声学专家王季卿吸声木丝板的提案，经济实用，既充分展露网架结构，又降低屋面的热辐射率。更新改造中对木丝板的构造进行了保留和翻新，同时还对大厅内的体形进行了优化：在台口两侧增加了耳光和一些附属用房；侧墙上部回风管道外面的墙面向观众席倾斜提供有益反射声；后墙采用折线形状；对其他可能产生声音的部位加大吸声控制等[②]（图 6-22）。

另外，改造前的大礼堂缺乏排练厅、化妆室及休息室，卫生间面积局促，无法满足正常的演出需求，必须增加新的空间来容纳更多的功能。由于原有后台建筑年久失修，且历史价值不高，故拆除西侧辅助用房，新建两层建筑，地下为消防水池和泵房，地上满足后台功能。新建部分整体建筑体量简洁，立面采取灰色的干挂石材，

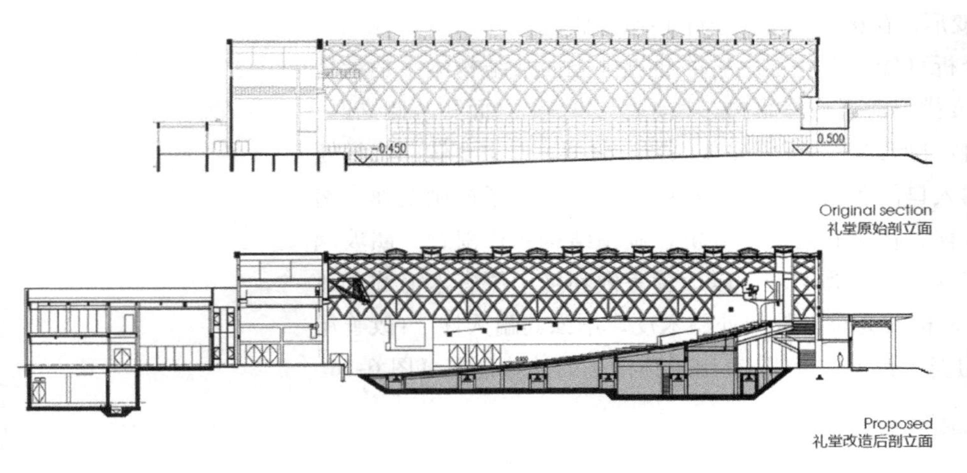

图 6-21 改造后的大礼堂建筑剖面图[③]（左）
图 6-22 大礼堂建筑室内空间改造前后对比[④]（右）

① 左琰 . 历史与创新博弈——同济大学大礼堂保护性改造设计 [J]. 时代建筑，2007（3）：100~105.
② [会议论文] 祝培生，王季卿 2008 - 2008 年全国声学学术会议。
③ 图片来源：http://www.ikuku.cn/project/tongji-dalitang-gaijian-yuanfeng
④ 左琰 . 历史与创新博弈——同济大学大礼堂保护性改造设计 [J]. 时代建筑，2007（3）：100~105.

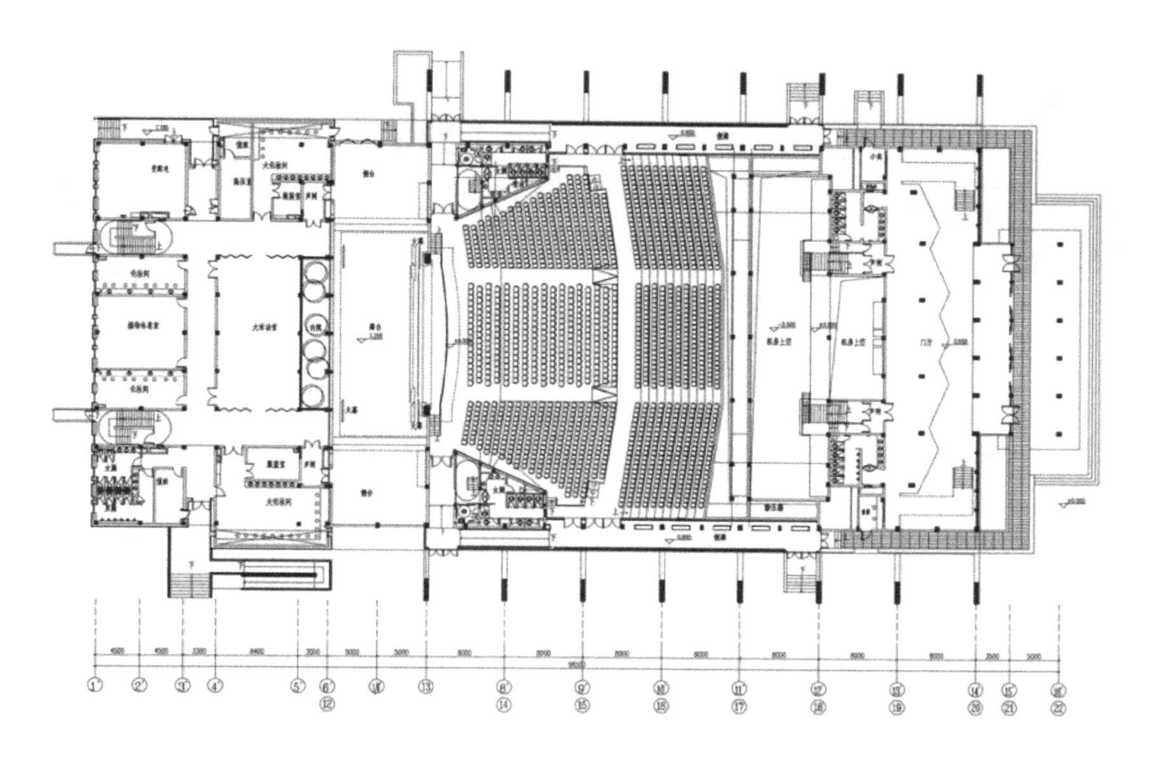

图 6-23　改造后的大礼堂建筑平面[1]

门窗采用灰色窗框，既与原有建筑木色门窗相区别，又协调统一。2007 年，装修等工程结束，改造后的大礼堂重新投入使用（图 6-23、图 6-24）。

案例 4：英国国家博物馆改造，1994~2000 年　设计：福斯特等

英国国家博物馆位于伦敦中心闹区格雷·拉塞尔大街北侧（图 6-25），始建于 19 世纪 20~50 年代，是世界上历史最悠久、规模最宏伟的综合性博物馆，与美国纽约大都会博物馆、法国卢浮宫博物馆并称世界三大博物馆。英国国家博物馆的建筑是分批建造而成的，1823 年至 1828 年由罗伯特·斯莫克爵士设计建造的“皇帝图书馆”是最古老的建筑，以后因为收藏扩大又兴建了建筑物的两翼，到 1852 年完成了主体建筑。1857 年，中央庭园被用作阅览室及仓库，由此又兴建一系列的建筑物。1888 年，为收藏阿布多·美吉特王赠送的摩索拉斯陵寝的大理石，特别扩建新的回廊。1914 年，博物馆成了爱德华七世大厦，1938 年为展示帕提农神庙的雕刻又兴建了西侧回廊。至此，博物馆基本形成了现在的宏伟面貌。

图 6-24　大礼堂建筑加建前后效果对比[2]

英国国家博物馆原来由全国考古和人类学博物馆、国家图书馆和英国出版物、绘画收集博物馆三部分组成。1973 年，图书馆部分与英国其他图书馆合并成了英国图书馆，只在英国国家博物馆内保留了四个图书室和阅览厅。这次改造英国国家博物馆的一个重要因素就是为了收藏其收藏品：1970 年到 1997 年间，由于缺乏陈列空间，大英博物馆不得不将民族志学部分（大英博物馆主要分为古代埃及部、书籍与抄本部、东方书籍与抄本部、古代英国及中世纪部、古代西亚部、东方部、古代希腊罗马部、版画素描部、民族志学部、货币与纪念章部）改存他处。

① 文化和记忆的延续——同济大学大礼堂 [J]. 中国建筑装饰装修，2011（3）:76~81.

② 图片来源：http://www.ikuku.cn/project/tongji-dalitang-gaijian-yuanfeng/09-41

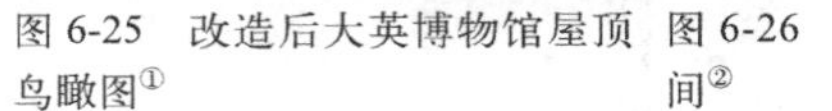

图 6-25 改造后大英博物馆屋顶鸟瞰图[①]

图 6-26 改建后阅览室四周区域的流通空间[②]

图 6-27 改造后大英博物馆中庭全景图

图 6-28 改造后大英博物馆中庭屋顶细部图

在 1994 年夏的设计大赛中，福斯特和帕特纳斯建筑设计所脱颖而出。福斯特的改建设计方案保留了阅览室的功能。原来的阅览室是一个巨大的独立部分，四周为一行行的楼梯，从这些楼梯可以进入到二楼的画廊。设计师在鼓形的阅览室四周新建了服务设施，并以博物馆的中心大英图书馆为重心，将图书馆改建为围绕阅览室的大展厅，大展厅的中楼被改为书库、饭店和咖啡店。这一巨大的展厅有一个轻盈的玻璃顶棚，巨大的顶棚使投入的日光变成漫射光而使大厅不至于过热，改善了空间的舒适度（图 6-26、图 6-27、图 6-28）。整个改建项目耗资 9700 万美元，改建后的博物馆被视为整个伦敦中心的新“文化景点”。

案例 5：圣潘克勒斯火车站（St.Pancras Station）改造，1996~2001 年

圣潘克勒斯火车站站台建于 1863~1865 年，长 689 英尺，高 100 英尺，跨度达 243 英尺，是英国火车站中最大的单跨屋面。车站于 1868 年向公众开放，以其宏伟的结构成为伦敦的地标之一（图 6-29~ 图 6-31）。圣潘克勒斯火车站的拱顶由 R.M.Ordish 和 W.H.Barlow 设计，站房及站房上的旅馆由英国维多利亚时期最著名的建筑师乔治 · 吉尔伯特 · 斯科特（George Gibert Scott）设计。整个车站铺满了奇异的雕饰面砖和陶板，丰满华丽，充满异国情调。

圣潘克勒斯火车站是伦敦最华丽的建筑之一，是英国除滑铁卢火车站外最大的车站综合体。但由于设施陈旧、经营不善，圣潘克勒斯火车站的旅馆于 1935 年关闭，后来一直被临时用作各种机构的办公楼。20 世纪 60 年代，圣潘克勒斯火车站面临被拆除的危险。这时，人们自发地组成了圣潘克勒斯火车站保护协会并占据了车站。在约翰 · 贝杰曼（John Betjeman，1906~1984 年）爵士等一批人的呼吁下，这座差点被拆除的建筑被列为英国一类保护建筑（Grade I Listed Building），但是车站一直未得到改建和修复。到了 20 世纪 80 年代，已经成为办公楼的旅馆因未通过防火审查而关闭。之后，业主对旅馆的外部做了整修，并重新作为办公楼使用。1996 年，车站被另外一家公司收购，新业主对旅馆的内部进行整修。建筑下部重新恢复成了旅馆，上部三层被改建成了“楼阁”式公寓，车站也扩建了一些。

从 2001 年 7 月开始，圣潘克勒斯火车站重获生机，车站周围的交通枢纽被整合为一个巨无霸的轨道交通中心，而圣潘克勒斯火车站被改为“欧洲之星”的伦敦大门，重新成为欧洲最大的旅客中转站。改造项目由福斯特设计，改造工程历时 6 年。设计

---

① Jason Hawkes.London From The Air[M].2007.p30.

② 图片来源：肯尼思·鲍威尔著 . 旧建筑改造和重建 [M]. 于馨，杨智敏，司洋译 . 大连：大连理工大学出版社，2001.243.

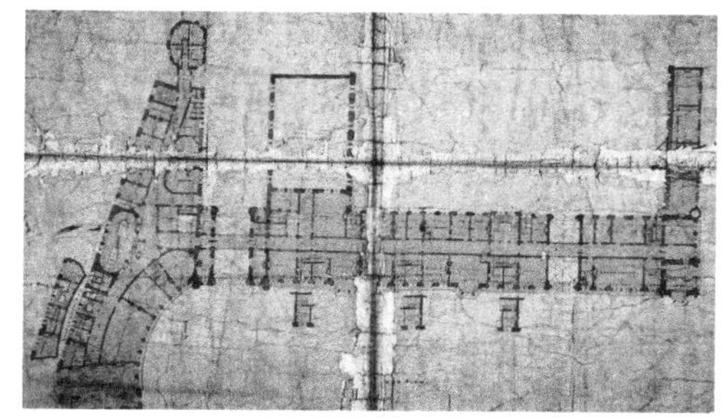

图 6-29　1866 年时圣潘克勒斯火车站的站房和旅馆的一层平面图①

图 6-30　1866 年时圣潘克勒斯火车站的站房和旅馆的立面图②

图 6-31　R.M.Ordish 和 W.H.Barlow 设计的圣潘克勒斯火车站拱顶图③

图 6-32　改造后圣潘克勒斯火车站拱顶结构细部图

图 6-33　改造后圣潘克勒斯火车站拱顶下的室内场景图

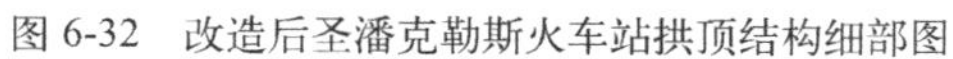

师进行了车站内部的附属功能更新，主要是商业空间的设计。将车站分为不同的四个区域：拱廊、圆顶地下室、环形通道、新扩建部分的商业区（图 6-32、图 6-33）。为了提高位于圆顶地下部分的商业可行性，店铺退后于柱廊 1.5 米布置，形成一个连续的商业界面；为了扩大商业面积，店铺后方的走廊被拆除，形成开敞的空间。在设计中，设计师还着重考虑了材料的选择和应用，以保证他们符合安全防火规范。在人流较大的区域，采用了耐磨的水磨石地板，并一直延伸到零售领域。改建后的圣潘克勒斯火车站成为具有国际水平的现代化火车站，创造出了一个吸引旅客和游客的空间。

二、博物馆模式

建筑遗产本身具有一定的历史价值，自身就是一种展览品，将其改建为博物馆顺理成章，成为再利用的常见模式。置换为博物馆后所陈列的内容，一般和原来建筑功能有一定关系，如火车站往往改为铁路博物馆，酿酒车间改为啤酒博物馆，等等。这种再利用模式虽然严格而言是功能置换，但一定程度上也算延续了原有功能。由于博物馆建筑的展厅一般需要有一个大的空间，这就要求原建筑本身也要有一个比较大的功能空间。一般火车站、大教堂等建筑类型有较大的空间，容易改造为博物馆。

① The Transformation of ST Pancras Station [M]，2008:168.

② The Transformation of ST Pancras Station [M]，2008:169.

③ The Transformation of ST Pancras Station [M]，2008:13.

案例1：巴黎奥塞火车站改造，1983~1986年　设计：奥伦蒂（G.Aulenti）

奥塞火车站坐落于巴黎市中心塞纳河左岸，始建于20世纪初。当时，奥塞火车站是巴黎重要的陆路交通枢纽。车站大厅长138米，宽40米，高32米。车站主体建筑是由建筑师拉卢（Victor Laloux）设计，结构大胆新颖，采用石质、钢与玻璃的组合和新古典雕塑品的装饰外表，是融合了古典主义与近代工程技术的作品。

奥塞火车站借1900年万国博览会之机兴建，但是在之后的几十年里，因为车站发挥不了应有的功能而形同废置。1945年后，曾被改造为野战医院、大会堂、讲演厅、戏院等。许多建筑师主张拆除这个火车站，但因其与卢浮宫隔河相望而保存下来。20世纪60年代末期，许多法国人认为卢浮宫的收藏是以古典主义作品为主，蓬皮杜艺术中心的展示是以现代作品为主，而众多19世纪的油画、雕刻等艺术作品缺少一个合适的专门收藏展示场所。恰值1804年建造的奥塞博物馆在一场大火中烧掉，随后其土地归奥雷安地铁公司所有，因此，1971年季斯卡总统提出将奥塞火车站改建成美术馆的建议，1978年通过提案。这样，奥塞火车站被重新改造利用。

改造方案有三个要求：一、保持拉卢设计的建筑外形结构，保留内部主要空间特色造型和装饰；二、改造后的博物馆内部装修风格，要符合展示浪漫主义到前卫主义这一阶段的艺术作品的要求；三、将奥塞火车站改建为奥塞博物馆要符合设计规范[①]。最终，法国的A·C·T设计事务所负责博物馆建筑改建设计，意大利女设计师奥伦蒂负责博物馆的室内设计。

图6-34　改造后奥塞博物馆中庭内景图（从端头向门厅方向看）[②]

改造设计充分尊重车站原有建筑的特色，以华美的玻璃天棚作为展馆入口，将过去的走道作为主要的展厅区，整栋建筑宏伟唯美，与展出的印象派画作相映成趣。1986年底，改建的博物馆开馆。博物馆的使用面积5.7万多平方米，其中长展厅1.6万平方米。整个展馆强调钢筋力学结构，用自然光以突显展厅本身的宽阔空间。

改造方案充分发挥原建筑空间高大的中庭空间、廊道与夹层、屋中屋等丰富的功能空间特点，室内空间更新协调并得到完满利用，使原建筑特征体现在新建筑更新设计中（图6-34）。具体方案有以下几点：

一是中庭。奥塞博物馆的中庭，可以说是整个新馆最为出彩的地方。奥塞火车站旧建筑的中庭空间为轨道与上下站台，在改造设计中，充分利用原建筑的空间层高特点，将此区域设计成为坡地层级景观座位，将适于三维展示的代表性雕塑作品置于中部，间歇地带的隔断壁面挂上大幅油画。观众由相对低矮的门厅进入较宽大的展厅后，视域豁然开朗，随着小区域地面抬高，观众仰视前行并被一步步带入核心展区。中庭空间的利用，既满足了建筑物新的功能需要，获得了必要的内部公共空间，活跃了内部气氛，解决了交通、采光通风问题，又完整保护了历史建筑的特点。

二是局部夹层与悬挑廊道。改造方案在旧建筑华丽的拱连廊中部设计了夹层展廊，夹层入口处采用整体几何形状和起伏变化的灰色钢结构门套和钢网隔断，在屋顶天棚衬托下呈现出现代建筑构造的风韵。钢桁架悬挑廊道将两端夹层平台连贯。这不仅提

① 卫东风．从奥塞车站到奥塞博物馆的启示．南京艺术学院学报，2007（7）．

② 陆地．建筑的生与死——历史性建筑再利用研究[M]．南京：东南大学出版社，2003.184.

供了更多的使用空间，而且还造成了空间的对比，形成了丰富、动人的空间层次。

三是屋中屋。“屋中屋”是指在原建筑内用围合的方式构筑出具有特殊功能的空间。改造后的奥塞博物馆，在大厅两侧及夹层底部围合了一系列小空间，有的用于展出不同风格的绘画、摄影、设计和工艺美术品，有的用于临时性展览、休闲咖啡屋、书店。屋中屋围合方式虽然没有增加建筑使用空间，但是使旧建筑的空间更加丰富合理，使博物馆功能空间更加变化多端，提高了空间的利用率。

四是材质、色调和建筑装饰。设计者把原建筑外观中的米黄、米灰色作为基本色调引进建筑内部，和室内使用的大理石隔断、台阶、围栏、雕塑基座、休息座位、木质画框材料呈现的中性暖色混成一片，从而营造了一个清新典雅、既简单又富有变化的室内空间。中庭建筑隔断立面的造型、光洁的石材连成一层半围合观看休息区，深灰色钢桁架悬挑廊道，给人一种不同的感觉。用灰色石材勾勒墙体轮廓线，对大面积的米灰色墙体作几何分割。这种对比强烈、干净利索的几何装饰手法，娴熟地融入新空间的设计中，演绎出传统建筑构造的精神特点和时代精神。

案例2：卢卡圣·马丁大教堂改造，1989~1992年 设计：佩莱格里尼（Pietro Carl Pellegrini）

位于意大利卢卡的圣·马丁大教堂，因其令人惊叹的内部装饰和珍藏的稀世珍宝而著称——诸如以神圣的沃勒特而著名的古老的基督画像，还有法衣、金银餐具、祈祷书、手稿和绘画等珍宝。紧挨大教堂侧面的一些建筑一直归教会所有，后来也被用作储藏大教堂的珍贵文物[①]。这些建筑包括了一组仓库，经过几个世纪已经有了很大的改变。大教堂的对面是一座封闭的庭院和一间已经废弃的圣·约瑟夫祈祷室，它庄严、神圣，一直保留着原有的结构。这一群建筑，都具有卢卡的地方特色。虽然这些建筑牢固却凌乱不堪，拥挤着许多小房间，狭窄的石制楼梯是通向楼顶的唯一通道。大教堂改建项目必须解决这些问题。

佩莱格里尼完成的设计具有大胆而又精密的现代风格，满足了现代社会的审美情趣，把大教堂改建成了一座既尊重意大利传统又大胆引进新理念的历史性综合建筑（图6-35、图6-36）。改建设计目的不仅是要为游客提供一个宜人的现代化的参观环境，还要向人们展示原建筑的特色。在竖向交通上，改造方案通过嵌入独立轻便的新型钢制楼梯，让楼梯可以通向楼顶，同时还在原来的空地上建了一个楼梯。在建筑材料的选择方面，为了遵循当地的传统，也是为了与大量使用的钢制栏杆协调一致，改建建筑的地面使用了磨光的灰色大理石。钢制栏杆划分出展览区并起到隔断作用，还可以在其上方悬挂绘画作品和其他的作品。这样做的目的是要与裸露的砖、用素灰简单修复的墙面和木制天棚形成强烈的对比。而博物馆的展厅很朴素，使用了钢制框架和木材。博物馆展览空间方面，设计的随意性和迂回性，使所有的展品都得到了最佳的展示。随意、迂回的空间激起了人们的好奇心，而建筑物的横向和纵向的视觉效果比较增强了人们的好奇心。

佩莱格里尼的改造不但满足了文物与建筑保护者不能改变建筑外表的要求，还改造出令人满意的新建筑形式，使许多像圣·马丁大教堂这样的建筑有了方向。

---

① 肯尼思·鲍威尔著. 旧建筑改造和重建. 于馨等译. 大连理工大学出版社，2001.188.

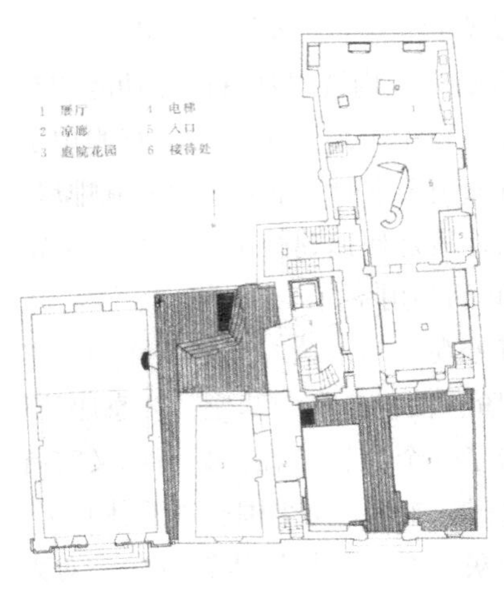

图 6-35 改建后卢卡圣·马丁大教堂博物馆的一层平面图[①]（左）
图 6-36 改建后卢卡圣·马丁大教堂博物馆展厅的视觉效果图[②]（右）

三、功能置换模式

功能置换是建筑遗产再利用中最常见的方式之一。有的建筑遗产原有功能退化，为了赋予其新的功用，对其进行功能改造置换是必然的。实际上，有很多建筑从其产生，经历过很多次功能的置换。再利用应根据现状条件，选择合理的方式，须进行全面评估，并进行多种方案的比较。为了满足当代功能要求，有时会增加一些设备，增加改善节能、保温材料，或增加必要的结构加固措施。这些措施都应是可逆的，在必要时可以恢复到建筑遗产再利用之前的状态。《中国文物古迹保护准则》(2015 年）强调："赋予文物古迹新的当代功能必须根据文物古迹的价值和自身特点，确保文物古迹安全和价值不受损害。利用必须考虑文物古迹的承受能力，禁止超出文物古迹承受能力的利用。因利用而增加的设施必须是可逆的。"另外，一般改建前后的建筑空间具有一定的通用性、兼容性和可调节性，有利于具体实施。

案例：由海鲜鱼类批发市场到大型交易市场——比林斯格特交易市场改造　设计：理查德·罗杰斯（Richard George Rogers），1985~1988 年

比林斯格特市场前身是伦敦市一处废弃的海鲜鱼类批发市场，1874~1877 年由建筑师霍勒斯·琼斯建造。这个维多利亚女王时期的市场包括一楼的交易大厅（周围三面是一间间办公室，屋顶由木材、铁和玻璃等建造）、一个一直延伸到二楼的南北朝向的长廊（"黑线鳕"长廊）、一处支撑上部结构的砖结构拱形地下室，地面由 3 米厚的混凝土浇筑而成[③]。建筑以铁制品和玻璃为主要材料，功能齐全，内部结构优雅，外表装修精美，但因长期没有修复，许多原始的特点丧失殆尽并遭受了严重的破坏。

比林斯格特市场是 20 世纪 80 年代英国自然资源保护主义运动发起的诱因，不过多年来其一直没有受到重视。后来，市政当局要在港口住宅区新建一个市场，决

---

① 图片来源：肯尼思·鲍威尔著．旧建筑改造和重建．于馨等译．大连理工大学出版社，2001.192.

② 图片来源：肯尼思·鲍威尔著．旧建筑改造和重建 [M]. 于馨等译．大连：大连理工大学出版社，2001.190.

③ 肯尼思·鲍威尔著．旧建筑改造和重建 [M]. 于馨等译．大连：大连理工大学出版社，2001.55.

定拆除这一旧建筑重建一座办公大楼。保护主义者要求保留这个建筑，并请求政府把它列入保护。这一请求在当时遭到政府的强烈反对，不过后来还是将建筑列入了保护之列。受不列颠遗产拯救组织的委托，世界顶级建筑公司——蝶蛹建筑设计公司为比林斯格特市场建筑再利用设计了一套切实可行的方案。

改造方案把比林斯格特市场改造为一个高水准的交易大厅。改造项目面临的问题是改造后的空间既要容纳长期在此工作的五百多名员工，又容纳大量的电子设备。设计师保留了主要的内部空间，采用恢复与创新相结合的改建方法。设计者清除掉了新文艺复兴时期具有折中主义色彩的正立面，把原建筑多年被忽视的品质特征显露出来，使市场从外表恢复到了1877年的样子。古典风格的临街正面带有高雅的铁制门，后面是无框的玻璃结构，为新建筑提供了自然光线，在建筑里面的人也可以看到外面的情景。建筑的主要屋顶和"黑线鳕"长廊上的传统玻璃换成了棱柱样玻璃，既避免了阳光的直射，又保证了从北面来的光线的透入。为了保证隔声效果，无框架玻璃墙面使用25毫米厚的玻璃，并缩到街面标示以内。这也进一步保证了室内的自然光线，给人以接触到外面世界的感觉。改建后的交易大厅的人工照明采用的是能向上向下射出荧光光线的可变化灯，既为在屏幕前工作提供了理想的光线条件，又突出了原建筑的特点。

项目对原建筑的主要改造是在一楼和二楼之间新建一处轻型精美的钢筋混凝土楼层（图6-37~图6-39）。新建楼层悬在"黑线鳕"长廊之上，提供了额外的膳宿之处。同时，方案也加固了"黑线鳕"长廊地面的结构，以承受较重的荷载。新楼层一直修进周围作为管理办公室和会议室的侧厅。加固的混凝土地面厚度为250毫米，铺设在砖拱形地下室的上面，这就使得上部新结构的负荷转移到现有的下层建筑。方案还在地下室一层进行了大规模的改建，部分横跨空间增加了中间楼层，提供了公共设施空间。另外，新建筑还安装了完整的空调设备，在主要楼层进行空气调节。

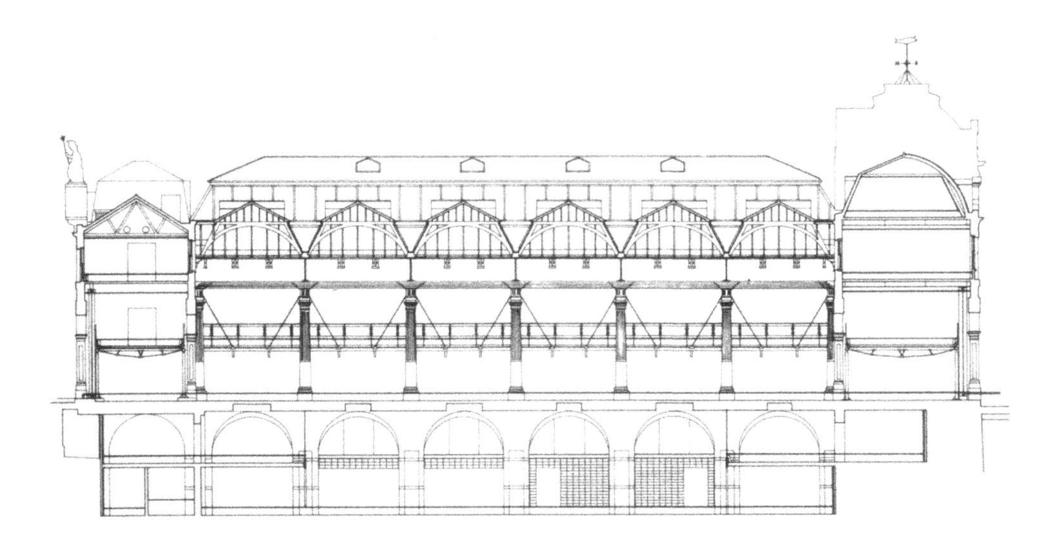

图6-37　改造后交易市场剖面图[①]（底层和二楼之间地板悬浮在空中，增加了使用空间）

① 本案例插图引自：肯尼思·鲍威尔著.旧建筑改造和重建.于馨等译.大连理工大学出版社，2001.54~56.

图 6-38　改造后交易市场气势宏伟的内部空间（左）
图 6-39　改造后交易市场建筑临街立面细部效果，带有高雅的铁制门，其后面是无框架的玻璃结构，为大厦提供了自然光（右）

相对于建筑遗产再利用要与周围建筑及环境“相协调”的观点来说，罗杰斯的设计是一种挑战。该建筑的改造再利用，保持了新旧建筑的明显区别，证明了人们对于原建筑物尊严的尊重。这个改造再利用不但保证了建筑遗产的未来，而且为它提供了连续的实用性。

第七章　历史文化名城保护

第一节　国外历史城市的保护

从1900年至今的一百多年时间里，全球城市发生了翻天覆地的变化：数量猛增，规模剧扩，形态巨变。同时，在这一阶段几乎每个城市都有大量建筑遗产遭到破坏。如荷兰的阿姆斯特丹有近1/4的地标建筑被夷为平地，埃及的开罗有一半的伊斯兰标志性建筑被毁掉[①]。全球的其他大部分城市与这两座城市的情况类似。有些城市甚至更为严重，历史遗存几乎已经荡然无存。

回顾历史，纵而观之，影响历史城市保护的不利因素主要有几个方面：

其一是人口的迅猛增加，给历史城市的保护带来很大压力。

自人类产生后，人口一直以非常缓慢的速度增长，经历了无比漫长的过程后，直到1830年才达到10亿人。但从19世纪开始，特别是二战之后，人口增长速度明显加快，到2011年全球人口已经达到70亿[②]（图7-1）。在短短不到200年的时间里，人口就增加了6倍。这些增加的人口绝大多数被城市所吸纳。除此之外，还有很多人口从农村转移到城市。这就导致城市人口以更为迅猛的速度增加。1900年时，全世界大约有2.2亿人口居住在城市地区，约占世界总人口的13.6%，当时最大的

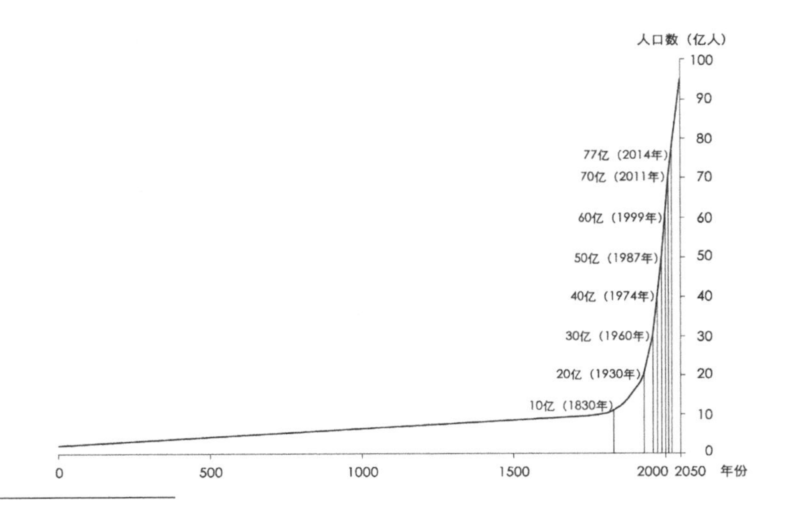

图7-1　全球人口增加图[③]

① 安东尼·滕(Anthony M.Tung)著.世界伟大城市的保护.清华大学出版社，2014.16.

② 世界人口公元1年时为2亿，1340年4.5亿，1830年达到10亿，1930年增到20亿，1960年增至30亿，1974年增至40亿，1987年增至50亿，1999年达到60亿，2011年增至70亿，2014年达到77亿。预计到21世纪中叶，世界人口将达到90亿至100亿。每增加10亿人口所需要的时间，大幅缩短，从10亿~20亿是100年，从20亿~30亿是30年，从此之后，大概每隔十多年就增加10亿人。

③ 安东尼·滕(Anthony M.Tung)著.世界伟大城市的保护.清华大学出版社，2014.450.

城市伦敦也只有 650 万人，且全球只有 8 个城市的人口接近或超过 100 万，但到了 2000 年，城里人口和城外人口基本持平，人口超过 100 万的城市增加到 323 个。仅仅一百年，全球城市人口增长超过 10 倍[①]。根据联合国人居署《2016 世界城市状况报告（The World Cities Report）》，截至 2015 年底，居住人口超过 1000 万的“超级城市”数量增加到 28 个。如埃及开罗，在 1882 年为 39.8 万，1917 年为 70.9 万，1994 年为 1200 万，2003 年大开罗人口 1665 万，在 120 多年的时间里人口增加了 40 多倍[②]。希腊的雅典在 1870 年时为 4.45 万，1896 年为 12.30 万，到 21 世纪初为 400 万，在不到 150 年的时间里人口增加了近 100 倍（图 7-2）[③]。俄罗斯的莫斯科和意大利的罗马的情况也类似（图 7-3、图 7-4）。城市人口如此爆炸式增长，必然导致建筑的爆炸式增长。那些几百年、几千年来一直缓慢发展的城市，突然迅猛膨胀，几倍、几十倍甚至几百倍地扩充面积。除了摊大饼式的扩充城区外，老城区往往也难免拆旧建新，拆“低”建“高”，见缝插针，增加建筑密度。这些都特别容易造成建设性破坏，给历史城市的保护带来极大困难。

其二是现代建筑的蓬勃兴起，给历史城市保护带来了很大冲击。

在从 20 世纪初至今的一百多年中，城市形象发生了翻天覆地的变化。以欧洲为例，在古希腊、古罗马、罗马风、文艺复兴、巴洛克、洛可可以及各种形式的古典复兴之后，现代建筑顺势而现，全新的材料，全新的技术，迥异的尺度，从未有过的造型，现代建筑由于普遍采用钢铁和玻璃，所以建筑形象表现为高耸、轻巧、通透等，迥异于传统建筑形态。在天南地北大大小小的城市中，一批全新形象的工厂、仓库、住宅、铁路建筑、办公建筑、商业建筑、博物馆、展览馆、电影院、剧院等在城市里大批涌现。这些新式的建筑更好地满足了人们生产生活的需要，普遍受到欢迎。但现代建筑的兴起，对建筑遗产的保护确实带来不利影响。一些老城区开始大量拆除古老建筑而代之以现代建筑，或现代建筑见缝插针式地在老城区兴建，破坏了原来的肌理和整体风貌。如罗马在实现现代化中，城墙内 1/3 的历史建筑被拆毁（图 7-5）。

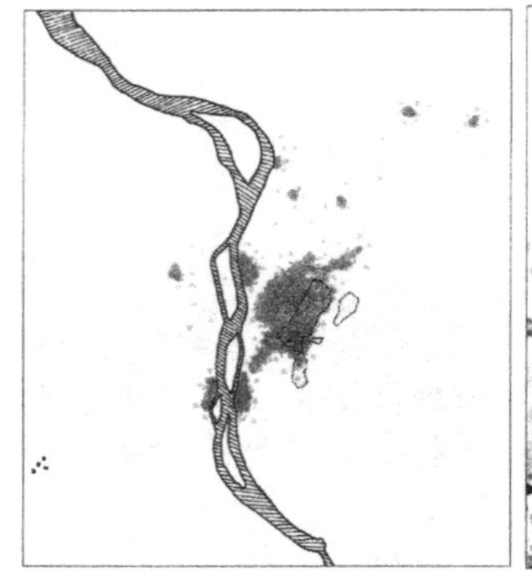

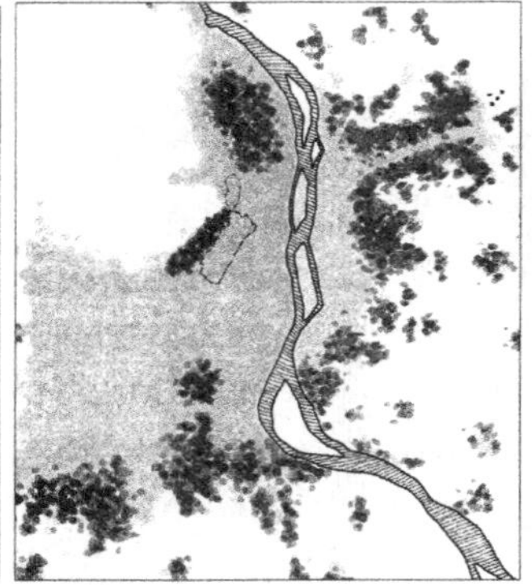

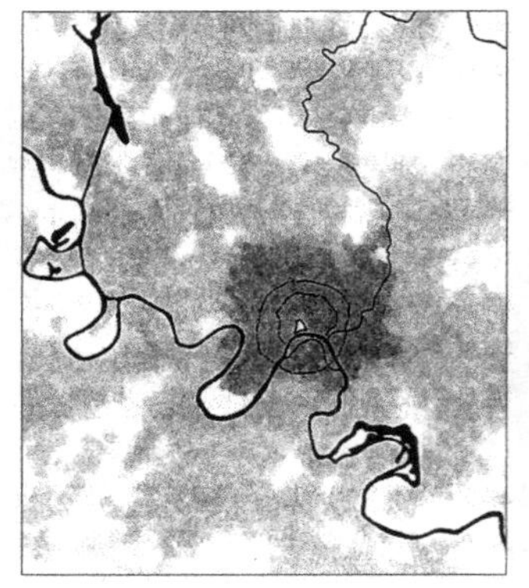

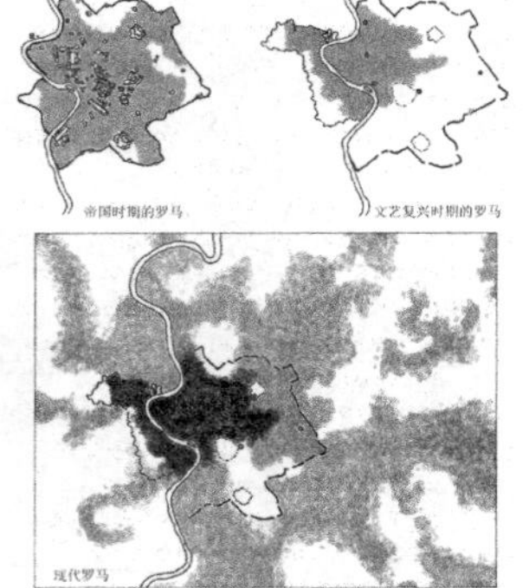

图 7-2　埃及开罗的扩展（左图：1900 年的开罗；右图：当代的开罗），右图深灰色区域代表 1986~1947 年建成的定居点，浅灰色区域为 1947 年后建成的区域[④]（左）

图 7-3　当代的莫斯科，深灰色表示的是 1900 年建成的区域，浅灰色是到 2000 年为止大概的建成区。虚线为环形路，白色小三角为克里姆林宫[⑤]（中）

图 7-4　罗马变迁（下图中深灰色为文艺复兴时的建成区，浅灰色为当代的建成区）[⑥]（右）

---

① 安东尼·滕 (Anthony M.Tung) 著 . 世界伟大城市的保护 . 清华大学出版社，2014.18.

② 车效梅、张亚云 . 开罗都市进程中的人口问题 . 西亚非洲，2009（5）.

③ 安东尼·滕 (Anthony M.Tung) 著 . 世界伟大城市的保护 . 清华大学出版社，2014.283.

④ 安东尼·滕 (Anthony M.Tung) 著 . 世界伟大城市的保护 . 清华大学出版社，2014.124~125.

⑤ 安东尼·滕 (Anthony M.Tung) 著 . 世界伟大城市的保护 . 清华大学出版社，2014.164.

⑥ 安东尼·滕 (Anthony M.Tung) 著 . 世界伟大城市的保护 . 清华大学出版社，2014.60~61.

图 7-5　意大利罗马古城，在现代化过程中拆除了很多历史建筑

很多现代建筑大师也对历史城市的保护并不感兴趣，如法国著名建筑师勒 · 柯布西耶（1887~1965 年）就赞成完全拆除莫斯科 ：“莫斯科的每样东西都必须重做，在此之前首先要拆掉一切”[①]。

其三是现代交通的快速发展，使历史街巷的保护面临困境。

自 19 世纪末产生汽车以来，其数量一直以较快的速度增长。2011 年 8 月全球汽车保有量已达 10 亿辆，至 2013 年底全球汽车保有量达到 12 亿辆多，数量非常庞大。而且，美国能源部估计，到 2050 年将增长到 35 亿辆[②]。这种历史上从未出现过的交通工具提高了城市的运行效率，但同时也给历史城市带来很大冲击。因为无论是欧洲还是亚非的历史城市，其街道一般都是在内燃机发明之前形成的，主要考虑行人和马车通行，非常狭窄，不能同时容纳行人和汽车（图 7-6）。但现代交通出现后，这些狭窄的街道就完全不能满足通行要求，问题开始凸显出来。如法国巴黎在 1940 年到 1990 年期间机动车从 50 万辆增加到 450 万辆[③]，即使是奥斯曼主导拓宽的林荫大道，也无法满足汽车如此迅猛的增加。狭窄的街道与迅猛增加的机动车之间，有了几乎不可调和的矛盾 ：是拆除两侧的历史建筑以拓宽道路，还是牺牲交通可达性以保护历史建筑？这给历史城市带来两难的抉择。很多城市不得不为了改善交通而拆除了大量历史建筑。

图 7-6　瑞典斯德哥尔摩国王岛上的狭窄的街巷，机动车无法通行

其四是战争的巨大破坏，给许多历史城市的保护造成不可挽回的损失。

在两次世界大战以及大大小小的地区冲突中，几百万吨或几千万吨炸弹陆陆续续炸向几十个、几百个甚至几千个美丽的城市，使得许多历史城市毁于一旦。特别是在第二次世界大战中，欧洲和亚洲的许多古城被战争摧毁。如法国的勒阿弗尔（Le Havre）遭受了 172 次轰炸，城市的 4/5 被夷为平地 ；日本的 60 个最大城市中有 40% 的城市被毁 ；德国柏林在盟军 387 次轰炸行动中，5 万多吨炸弹投在这个城市，20% 的建筑无可挽回了，70% 的建筑需要不同程度的修复，市中心的大部分只剩下建筑

① 安东尼 · 滕 (Anthony M.Tung) 著 . 世界伟大城市的保护 . 清华大学出版社，2014.70、165.
② 王哲 . 国内外新能源汽车发展现状及趋势 . 交通与港行，2015（6）.
③ 安东尼 · 滕 (Anthony M.Tung) 著 . 世界伟大城市的保护 . 清华大学出版社，2014.331.

图 7-7 德国柏林在“二战”中被轰炸后（左）
图 7-8 丹麦首都哥本哈根，其独特的魅力吸引了大批游客（右）

骨架[①]（图 7-7），如此等等，不胜枚举。“二战”之后，尽管再没有发生世界大战，但大大小小的地区战争和冲突亦给历史城市带来很大破坏。

在上述这些不利因素的影响之下，历史城市的保护面临着前所未有的挑战，可谓举步维艰。人类不得不面对一个棘手问题：是保护这些古老而优美的城市，还是取而代之以高楼林立的现代城市？人类最终还是基本达成了共识：不能接受像巴黎、伦敦、北京、开罗、威尼斯、罗马、爱丁堡、莫斯科、维也纳、魁北克、斯德哥尔摩、哥本哈根（图 7-8）、阿姆斯特丹、京都、耶路撒冷等古老而极富个性的城市消失。这是因为人类逐渐认识到，留存有大量遗产的历史城市，是人类文明的重要载体，是全人类珍贵的物质财富。尽管保护这些历史城市需要付出代价，需要作出牺牲，但这种代价和牺牲是值得的。

从 20 世纪中叶至今，人类对历史城市的保护意识明显增强。很多城市开始竭力保护城市特色和建筑遗产，甚至出台了很多优惠政策。如荷兰在 1961 年通过了一部权威性的《历史建筑保护法》，最终促使阿姆斯特丹的 9000 处房屋作为纪念性建筑列入保护，一套保护资助系统得以创立。在 20 世纪 60 和 70 年代的高峰时期，合格的房产主获得的补助多达修复成本的 70%（30% 来自联邦，10% 来自省里，剩余的 30% 来自市政府）。意大利的罗马也规定：“每一处列入历史名录的房屋免交地产税和遗产税，并且国家还给予保护开销的 40% 作为补贴。相应地，所有者为了得到维修费的补贴，必须随时做好准备以接待公共访问。另外，国家可以要求所有者进行强制性维修；而且如果所有者想要出售房产，国家可以以一个合理的市场价格买下来。”[②]

当然，任何一个城市的保护都不是一帆风顺的，有争论，有停顿，有矛盾，时紧时松，呈现阶段性，即在某一阶段被严格保护，到了另一阶段可能被严重破坏。如莫斯科在列宁时期，得到了相对较好的保护。列宁（1870~1924 年）曾发出指示，号召人民携手保护遗产：“公民们，古代的大师已逝去，留下了一份巨大的遗产。现在，保护这些纪念碑、老建筑、文物、文件资料——这些都是你们的历史，你们的骄傲。记住，所有这一切都是沃土，上面即将生长出你们的新的人民艺术”。但斯大

① 安东尼 · 滕 (Anthony M.Tung) 著 . 世界伟大城市的保护 . 清华大学出版社，2014.331、401、428.
② 安东尼 · 滕 (Anthony M.Tung) 著 . 世界伟大城市的保护 . 清华大学出版社，2014.261、73.

林（1878~1953 年）执政期间，很多遗产遭到破坏。在 1924~1940 年期间，莫斯科大约 50% 的具有历史意义的建筑被清除了[①]。

各个城市的命运也不尽相同，有的城市很幸运，基本没有遭到伤筋动骨的破坏，保存较为完好；有的城市则没那么幸运，几乎所有的历史建筑已经被破坏得荡然无存。但就全球总体而言，整个 20 世纪，是大规模建设和大规模破坏并存的一个世纪。各种战争（尤其是二战）摧毁了很多经典的建筑，令人惋惜不已。二战之后曾经风靡全球的旧城更新，更是摧枯拉朽般地毁掉了无数的文化遗产，范围之广，过程之快，破坏之彻底，甚于战争。这种秋风扫落叶般的破坏，引起人类对古迹的无比怀念，促使人类反思城市遗产的保护，促使人类逐渐认识到，一些经典的建筑应该永久保留，作为未来城市的一部分。尽管一块土地不能同时容纳两个建筑，兴衰枯荣，轮回交替，老的建筑不断消失，新的建筑不断产生，这是必然规律，但同时城市也应该注意留存记忆，留存文明，保持多样性。从 20 世纪初开始，特别二战后，国际社会一直在关注历史城市的保护，出台了一系列相关文件（表 7-1）。

相关国际文件中关于历史城市保护的论述摘录 表7-1

序号	内容摘录	来源
1	“有历史价值的古建筑应保留，无论是建筑单体还是城市片区。城市的布局和建筑结构塑造了城市的个性，孕育了城市的精魂，使城市的生命力得以在数个世纪中延续。它们是城市的光辉历史与沧桑岁月最宝贵的见证者，应该得到尊重”	《雅典宪章》（1933 年）
2	“历史古迹的要领不仅包括单个建筑物，而且包括能从中找出一种独特的文明、一种有意义的发展或一个历史事件见证的城市或乡村环境”	《威尼斯宪章》（1964 年）
3	“（历史地区）划分为以下各类：史前遗址、历史城镇、老城区、老村庄、老村落以及相似的古迹群”	《内罗毕建议》（1976 年）
4	“本宪章涉及历史城区，不论大小，其中包括城市、城镇以及历史中心或居住区，也包括其自然的和人造的环境。除了它们的历史文献作用之外，这些地区体现着传统的城市文化的价值。今天，由于社会到处实行工业化而导致城镇发展的结果，许多这类地区正面临着威胁，遭到物理退化、破坏甚至毁灭”	《华盛顿宪章》（1987 年）
5	“制定有效的保护政策，特别是通过城市规划措施，保护和修复历史城镇地区，尊重其真实性，一方面，是因为历史城镇地区集中保存着对不同文化的记忆；另一方面，这类城区能够使居民体验到文明由过去向未来的延续，可持续发展就是建立在这个基础上的”	《苏州宣言》（1998 年）
6	“生机勃勃的历史城市，特别是世界遗产城市，要求城市规划与管理政策将文物保护作为核心内容。在这一过程中，决不能损害历史城市的真实性和完整性，这种真实性和完整性是由多种因素决定的”	《维也纳保护具有历史意义的城市景观备忘录》（2005 年）
7	“专家一致认为，我们的历史城区正在经济发展和演变的威胁下快速地消失。必须采取措施来平衡发展和遗产保护之间的关系，将文化与可持续发展有效结合，以保护历史中心城区的真实性”	《会安草案 – 亚洲最佳保护范例》（2005 年）
8	“城市是全人类的共同记忆。文化遗产见证着城市的生命历程，承载和延续着城市文化，也赋予人们归宿感和认同感。城市文化建设要依托历史，坚守、继承和传播城市优秀传统文化，减少商业化开发和不恰当利用对文化遗产和文化环境带来的负面影响”	《城市文化北京宣言》（2007 年）
9	“历史城镇和城区由物质的和非物质的要素组成。物质要素除城市结构之外还包括建筑要素，城镇内部的和外围的景观，考古遗迹，城市全景，天际线，视线以及地标。非物质要素包括活动，象征的与历史的功能，文化习惯，传统，记忆，以及文化参照物，这些构成了它们的历史价值的基本内容”	《瓦莱塔原则》（2011 年）

① 安东尼 · 滕 (Anthony M.Tung) 著 . 世界伟大城市的保护 . 清华大学出版社，2014.165.

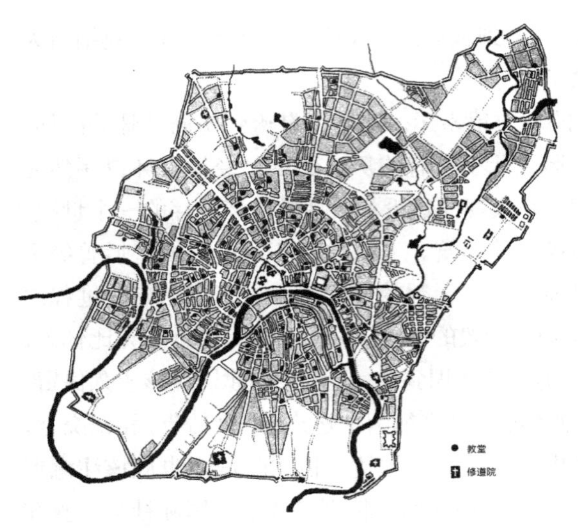

图 7-9 1836 年的莫斯科，环形路已经建成[②]

很多国家为了加强历史城市的保护，就遴选了一些有价值的城市，公布保护名录。如苏联在 1949 年首次正式公布 20 座"历史城市"的名单，包括莫斯科(图 7-9)、列宁格勒(即今圣·彼得堡）等，"作为具有全苏联意义的城市"。这些城市置于"建筑纪念物保管总局的管理之下"，"当这些城市进行'设计、规划'工作的时候，对集中在这些城市中具有历史、建筑艺术的建筑组合体和个别建筑纪念物的保护与展示,进行特别的监督"[①]。另如日本在 1966 年指定京都市、奈良市等六市为"古都"。[②]

一些国际组织也致力于历史城市的保护。其中影响最大的是世界遗产城市联盟（Organization of World Heritage Cities，简称 OCPM）。该组织成立于 1993 年，总部设在加拿大的魁北克市，是联合国教科文组织的一个下属组织机构，属于非营利性、非政府的国际组织[③]。该组织的宗旨是负责沟通和执行世界遗产委员会会议的各项公约和决议，借鉴各世界遗产城市在文化遗产保护和管理方面的先进经验，进一步促进各遗产城市的保护工作。截至 2014 年,该组织共有 250 个世界遗产城市。所谓"世界遗产城市"是指城市类型的世界遗产，一定程度上类似于中国的"国家历史文化名城"，也可以说是世界级的名城。

第二节　中国历史文化名城的概念和基本情况

一、历史文化名城保护综述

中国历史城市的特点,主要表现在下面几个方面。首先,中国的历史城市历史悠久，有的数百年，有的数千年，洛阳的城市史和都城史均始于夏末，迄今 4000 余年。其次，中国的历史城市数目众多。以县城为例，秦代有 400 多个，汉代为 1500 余个，隋代为 1200 余个，唐代又增至 1500 余个，北宋为 1200 余个，明代为 1100 个，清代又增至 1500 余个，如果再加上县治以上的郡、府、州治所，则城市的数量会更多[④]。其三，中国历史城市类型众多。由于中国幅员辽阔，民族众多，文化背景不同，因此形成了许多形态各异、颇具特色的城市（图 7-10~ 图 7-13)。其四，中国历史城市多按照儒家理念规划，多从政治、军事统治的角度，按照统治阶级的意图规划，布局较为规整。早在《周礼 · 考工记》中，就记载："匠人营国，方九里，旁三门，国中九经九纬，经涂

① 见《苏联部长会议建筑委员会第 327 号命令》(1949 年 10 月 8 日颁布，莫斯科)。引自：罗哲文著 . 罗哲文历史文化名城与古建筑保护文集 . 中国建筑工业出版社，2003.8~12.

② 安东尼 · 滕 (Anthony M.Tung) 著 . 世界伟大城市的保护 . 清华大学出版社，2014.149.

③ 由世界遗产城市市长参与的全体大会为最高事务决策机构，全体大会每两年一次；指导委员会由其中的 8 位城市市长组成，每年举行一次会议；总秘书长由全体大会选举产生，另外设有七个区域秘书处。

④ 庄林德，张京祥编著 . 中国城市发展与建设史 . 东南大学出版社，2002.161.

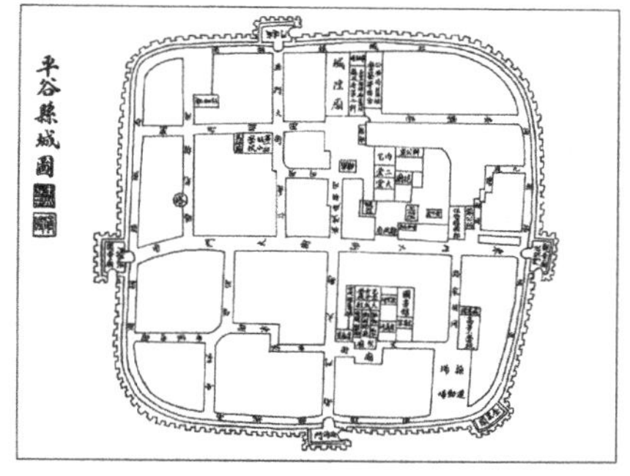

（a）平谷县城图

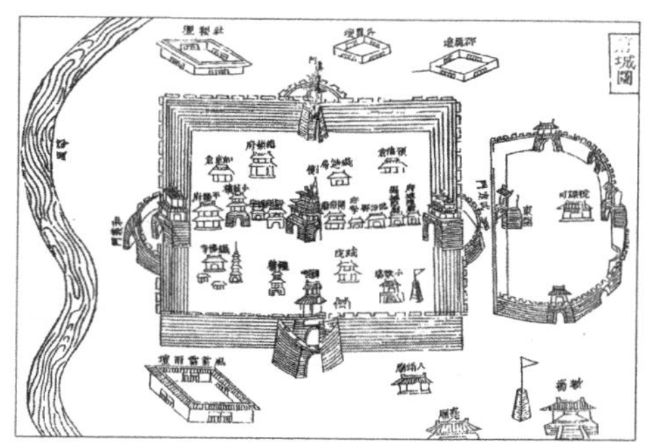

（b）平阳县城图

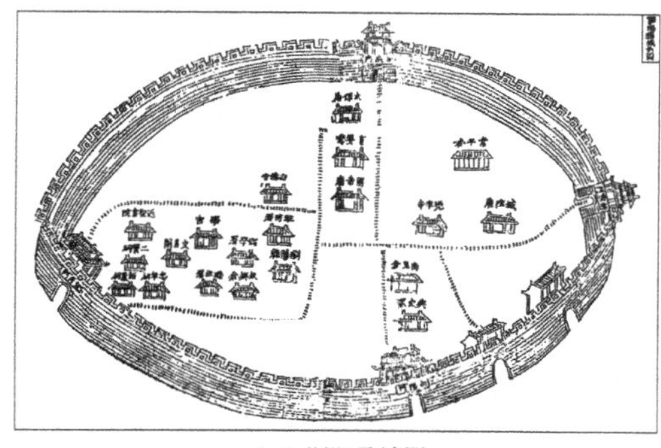

（c）浏阳县城图

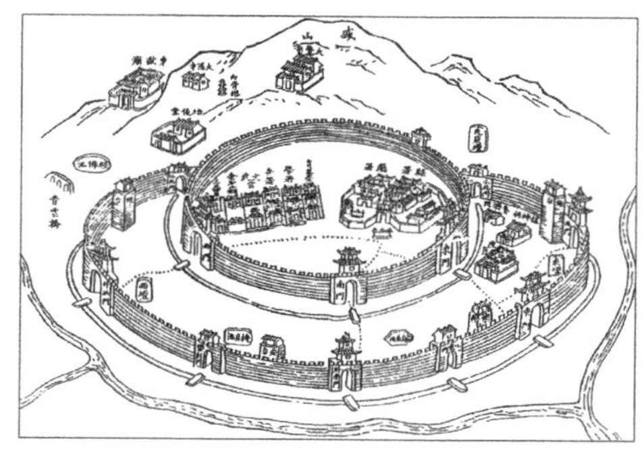

（d）开县县城图

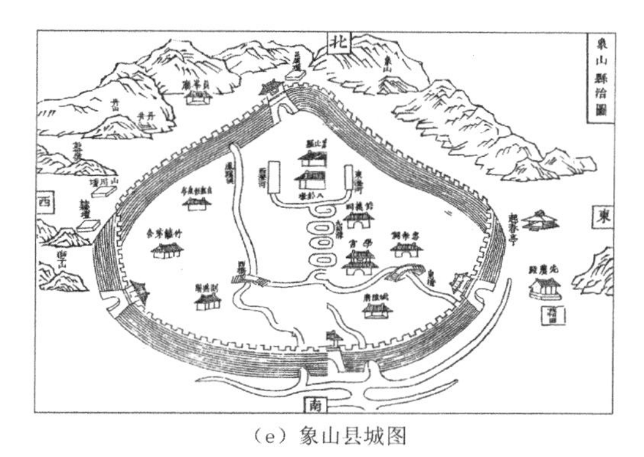

（e）象山县城图

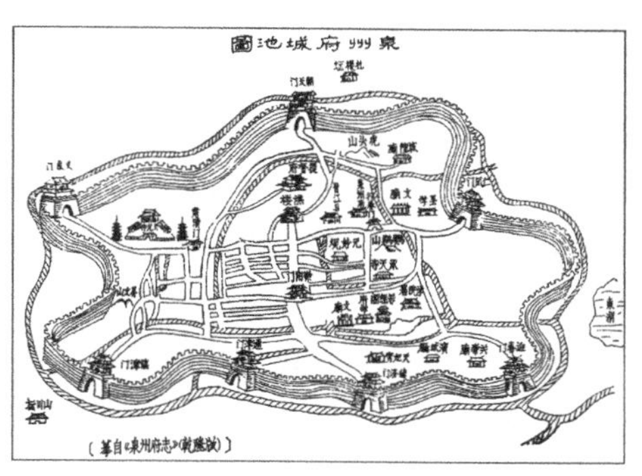

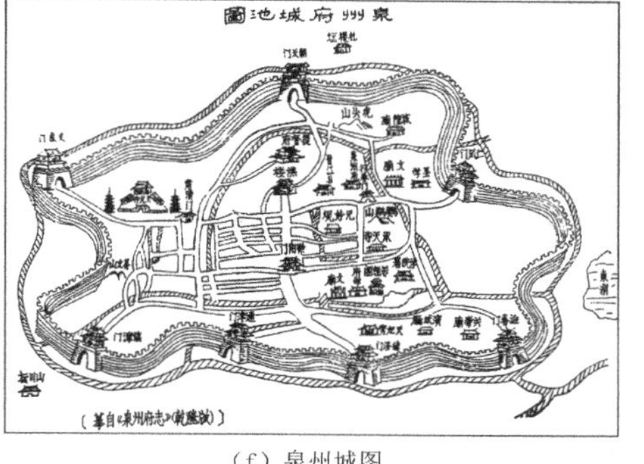

（f）泉州城图

图 7-10　地方志中形态各异的中国古代城市

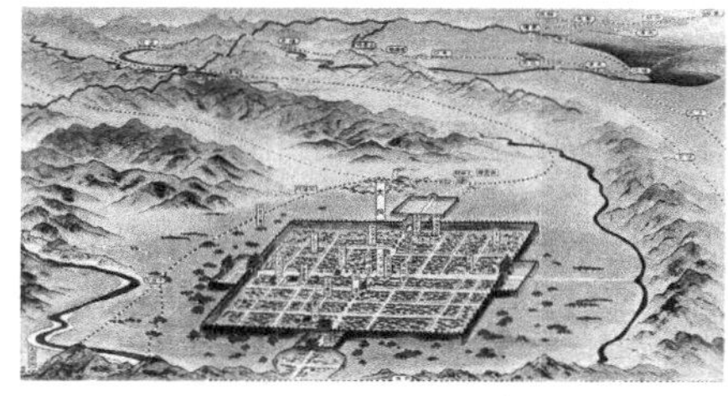

图 7-11　1940 年所绘的大同城①

图 7-12　1938~1939 年所绘的苏州城（局部）②

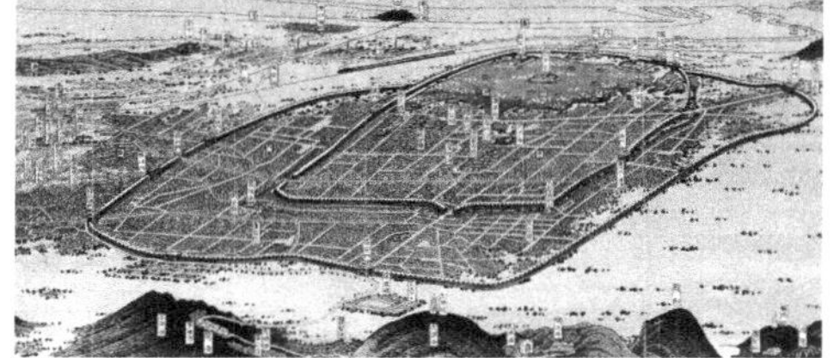

图 7-13　1938 年所绘的济南城（局部）③

九轨，左祖右社，面朝后市”。其五，中国历史城市延续性好。由于中国大部分时间处于大统一时期，所以，由于经济文化长期不衰，所以城市发展一般没有发生剧烈变化，不像欧洲曾出现过几次城市的衰落。

① 钟翀编著．旧城胜景．上海书画出版社，2011.29.
② 钟翀编著．旧城胜景．上海书画出版社，2011.113.
③ 钟翀编著．旧城胜景．上海书画出版社，2011.25.

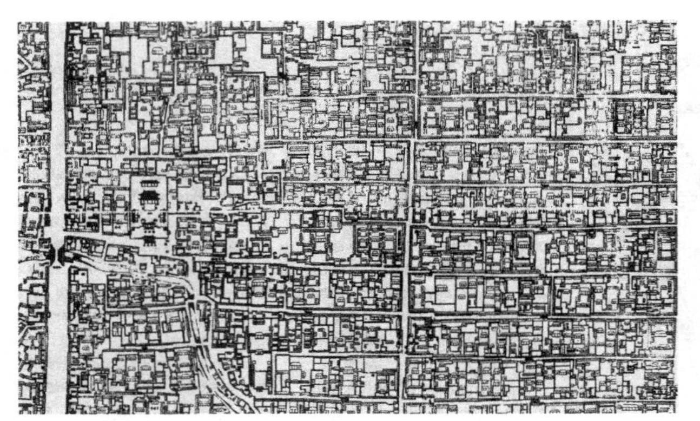

图 7-14 清朝乾隆年间绘制的北京地图（城西北角）[③]

国内关于历史城市的保护，最早明确提出保护一座城市整体的正式文件是《全国重要建筑文物简目》（1949 年）。1949 年初，根据毛泽东和周恩来的指示，解放军派人到清华大学，请梁思成组织编制《全国重要建筑文物简目》[①]。1949 年 3 月，梁思成等人完成了这一使命，并在该书的说明中明确写道："本简目的主要目的，在供人民解放军作战及接管时保护文物之用"。《简目》中提出的第一项文物就是"北平城全部"，并加上标志最重要的四个圆圈。在此款的说明中写道："详细地点：北平市；文物性质：都市；建筑或重修年代：元代（1280）初建，明初改建，嘉靖间（约 1530 年）瓮砖加外城，清代历次重修；特殊意义及价值：世界上现存最完整、最伟大之中古都市，全部为一整个设计，对称均齐，气魄之大，举世无比。"[②]（图 7-14）

这之后的三十年里，北京古城并没有得到有效保护。全国各地古城的命运也大致差不多，基本都是"破坏"多于"保护"。不过，虽然破坏很多，但这种破坏并没有伤筋动骨，即基本格局往往没有被改变。但改革开放以来，城市的迅猛发展，同时人们又缺乏对古城价值的充分认识，导致许多城市把文化遗产当作发展和扩张的"绊脚石"，一些历史城市短时间内"脱胎换骨"，开始遭受更大规模的建设性破坏。在这样的背景下，1981 年 12 月，国家基本建设委员会等单位向国务院提交了《关于保护我国历史文化名城的请示》。这也是在政府文件中首次提出"历史文化名城"的概念。

从 20 世纪 80 年代开始，政府越来越认识到历史文化名城保护的重要性，出台了很多文件，做了很多努力（表 7-2）。截至 2016 年底，前前后后公布了 130 座国家历史文化名城。

20世纪80年代以来关于历史文化名城的重要文件　　表7–2

时间	内容
1981 年 12 月	国家基本建设委员会、国家文物事业管理局、国家城市建设总局向国务院提交了《关于保护我国历史文化名城的请示》
1982 年 2 月	国务院转批《国家基本建设委员会等部门关于保护我国历史文化名城的请示》，并公布了第一批国家历史文化名城，共计 24 个城市
1982 年 12 月	通过的《中华人民共和国文物保护法》第十四条第一款，将"历史文化名城"定义为"保存文物特别丰富并且具有重大历史价值或革命纪念意义的城市"

① 由清华大学与私立中国营造学社合设之建筑研究所编制，共收录 22 个省、市的 465 处重要的古建筑、石窟和雕塑等文物，并标注了详细的所在地、性质种类、创建或重修年代及特殊意义和价值，用圆圈的多少表示其重要程度。

② 梁思成全集（第九卷）. 中国建筑工业出版社，2001. 317.

③ 华揽洪著 . 重建中国——城市规划三十年（1949~1979）. 三联书店，2006.21.

续表

时间	内容
1983 年 2 月	城乡建设环境保护部发布《关于加强历史文化名城规划工作的通知》。该通知总结了当时名城保护工作面临的主要问题，并分析了原因；对历史文化名城保护规划的原则、内容、方法给出了几点意见
1986 年 4 月	国务院转批《建设部、文化部关于请公布第二批国家历史文化名城名单报告的通知》，公布 38 座国家历史文化名城
1994 年 1 月	国务院转批《建设部、国家文物局关于审批第三批国家历史文化名城和加强保护管理的请示通知》，公布 37 座国家历史文化名城
1994 年 9 月	建设部出台了《历史文化名城保护规划编制要求》，明确了历史文化名城保护规划的编制技术要求
1998 年 9 月	财政部出台《关于国家历史文化名城保护专项资金管理办法》。专项补助国家历史文化名城中历史文化街区的基础设施改善和建筑维修
2002 年 10 月	修订后的《中华人民共和国文物保护法》第二章第十四条规定："保存文物特别丰富并且具有重大历史价值或革命意义的城市，由国务院核定公布为历史文化名城"
2005 年 9 月	颁布了《历史文化名城保护规划规范》GB 50357—2005，进一步完善了历史文化名城保护专项规划编制的内容
2008 年 7 月	《历史文化名城名镇名村保护条例》实施，标志着历史文化名城名镇名村的保护与管理进入了一个新的历史时期，意义深远
2012 年 11 月	住房和城乡建设部与国家文物局联合下发通知，对山东省聊城市等 8 个名城因保护工作不力，致使名城的历史文化遗产遭到严重破坏、名城的历史文化价值受到严重影响的情况进行了通报批评，并将视整改情况决定是否请示国务院将其列入濒危名单
2012 年 11 月	住房和城乡建设部和国家文物局印发《历史文化名城名镇名村保护规划编制要求（试行）》
2014 年 12 月	住房和城乡建设部办公厅印发关于贯彻落实《历史文化名城名镇名村街区保护规划编制审批办法》的通知

1982 年 2 月，国务院公布了第一批国家历史文化名城，共计 24 座城市。这些公布的城市，或者是我国古代政治经济文化中心，或者是近代重要的革命城市，大多具有重大的历史价值和革命意义。第一批名城的公布标志着我国历史文化名城制度基本确立。

1986 年国务院公布了第二批 38 座国家历史文化名城。在国务院转批的文件中强调评审国家历史文化名城的原则："第一，不但要看城市的历史，还要着重看当前是否保存有较为丰富、完好的文物古迹和具有重大的历史、科学、艺术价值；第二，历史文化名城和文物保护单位是有区别的，作为历史文化名城的现状格局和风貌应保留着历史特色，并具有一定的代表城市传统风貌的街区；第三，文物古迹主要分布在城市市区或郊区，保护和合理使用这些历史文化遗产对该城市的性质、布局、建设方针有重要影响。"[①] 这后来成为评价和审核历史文化名城的重要依据。

1994 年国务院公布了第三批 37 座国家历史文化名城，使得我国历史文化名城的数量增加到 99 座，这也是我国到目前为止最后一次集中公布国家历史文化名城。在

① 1986 年 12 月 8 日《国务院批转城乡建设环境保护部、文化部关于请公布第二批国家历史文化名城名单报告的通知》

这一时期，国家的形势发生了变化，所以国务院在转批的文件中提到："近年来，城市开发建设速度很快，一些历史文化名城，片面追求近期经济利益，在建设时违反城市规划和有关法规规定的倾向又有所抬头，必须引起各级政府和有关部门的高度重视，及时予以纠正和处理"[①]。

1994年至今，一直再没有成批公布国家历史文化名城。但从2001年开始，陆续增补公布了31座国家历史文化名城。截至2016年12月底，国家历史文化名城已达130座。

二、国家历史文化名城的申报和评审

对于国家历史文化名城的申报，《历史文化名城名镇名村保护条例》(2008年)规定："申报历史文化名城，由省、自治区、直辖市人民政府提出申请，经国务院建设主管部门会同国务院文物主管部门组织有关部门、专家进行论证，提出审查意见，报国务院批准公布。"[②]

历史文化名城的评价标准主要包括下面几个方面：

（1）保存文物特别丰富。城区应该有数量较多的文物保护单位、登记的不可移动文物、历史建筑等。如第三批国家历史文化名城正定城区内有全国重点文物保护单位8处、省保单位2处、县保单位10处，经县政府公布的历史建筑41处[③]。

（2）历史建筑集中成片。名城应该有较多的文物古迹，但如果某些城市没有文物保护单位，而有成片的普通历史建筑，老城的整体格局和整体风貌较为完整，这样的城市也可公布为历史文化名城。反之，如果有些城市没有成片的历史街区，只有彼此没有联系的文物保护单位，那么这些城市也不一定要公布为历史文化名城，因为通过文物保护单位的保护就可以实现文化遗产保护的目的。所以，申报历史文化名城的城市应当有2个以上的历史文化街区。

（3）历史地位较为重要。历史上曾经作为政治、经济、文化、交通中心或者军事要地；或发生过重要历史事件，出现过重要的历史人物；或其传统产业、历史上建设的重大工程对本地区的发展产生过重要影响；或能够集中反映本地区的文化特色或民族特色。

住房和城乡建设部2010年出台的《国家历史文化名城保护评估标准》中列举了更为详细的指标，具有更强的操作性（表7-3）。

① 1994年1月《国务院批转建设部、国家文物局关于审批第三批国家历史文化名城和加强保护管理请示的通知》

② 该条例还规定，对于符合条件而没有申报的城市，"国务院建设主管部门会同国务院文物主管部门可以向该城市所在地的省、自治区人民政府提出申报建议；仍不申报的，可以直接向国务院提出确定该城市为历史文化名城的建议"。

③ 耿健．正定历史文化名城保护的困境与出路．中国名城，2013（6）．

国家历史文化名城保护评估标准（备注：删减了“分值标准”一栏）　表7-3

性质	项目	子项名称	指标分解及释义	最高分值
定量评估	（一）保存文物特别丰富（总分100分）	文物保护单位	城市或县城关镇建成区内各级文物保护单位的数量	40
			城市或县城关镇建成区最高文物保护单位等级	10
			历史文化街区内最高文物保护单位等级	10
			文物保护单位保存情况	5
		其他物质遗产	城市或县城关镇建成区登记为不可移动文物和历史建筑数量	10
			世界文化遗产	10
		非物质文化遗产	非物质文化遗产的等级	5
			非物质文化遗产的数量	10
	（二）历史建筑集中成片（总分100分）	历史文化街区的规模	经省级人民政府公布的历史文化街区的数量	15
			全部历史文化街区核心保护范围占地总面积	20
			最大单片历史文化街区核心保护范围占地面积	15
		文化街区的完整性	历史文化街区不得拆除建筑的用地面积总和占核心保护范围总用地的比例	15
			50米以上历史街巷的数量	10
			历史街巷的原有走向、宽度和历史铺装的情况	5
			街区内历史建筑数量	10
			历史建筑的保护情况	5
			街区内历史环境要素如古塔、古井、牌坊、戏台、100年以上的古树名木等	5
	（三）保护管理措施（总分100分）	保护规划	保护规划的制定	15
			保护规划的实施	10
		保护管理机构	已有保护管理机构，并配备保护管理专门人员	5
		历史建筑建档挂牌	对历史建筑进行建档、挂牌保护的比例	15
		法制建设	保护条例或办法制定情况	15
		保护资金	日常管理经费	10
			历史建筑修缮和历史文化街区基础设施改造资金是否列入本级财政预算	20
		社会监督	保护规划公示、实施监督、意见反馈的公众参与机制	10
定性评估	（一）保留着传统格局和历史风貌	城市的地域历史环境	市域中能代表本地历史文化特色的古村镇，又具有重要历史意义的自然景观，以及与古城有重要历史联系的区域环境要素	
		古城格局	古城的选址特征，与周边山水自然环境关系延续的情况，古城的街巷肌理、传统格局、城墙城门，重要的公共建筑的遗存状况，古城在城市规划建设史中的典型性和影响力	
		历史风貌	城市整体的风貌特色，及其对历史文化特色的体现；历史文化街区历史风貌的保护情况	
	（二）城市历史文化特色与价值	城市在历史上的地位作用	历史上曾经作为政治、经济、文化、交通中心或军事要地，或发生过重要的历史事件，或其传统产业、历史上建设的重大工程对本地区的发展产生过重要影响，或能够集中反映本地区建筑的文化特色、民族特色	
		名城的历史、艺术和科学价值	本地文物古迹遗存具有相当的久远度与丰富性，或是在城市格局、建筑风貌、景观特色等方面具有较为典型或是独特的艺术表达，或是在城市的选址、建设、军事防卫、工程设施或工商业发展等方面体现了历史上重要的技术工艺或科学理念	
		名城保护与当代社会经济发展的关系状态评估	城市的空间布局、功能组织、产业经济等与历史文化名城保护之间的关系是否协调，城市经济社会发展对历史文化遗产保护产生的影响。新的发展是否保障了历史的延续性	

三、国家历史文化名城的名录及其分布

截至2016年12月底，国务院已经公布了130座国家历史文化名城，其分布特点(图7-15、表7-4）主要表现在两个方面：

国家历史文化名城名录（截至2016年12月底） 表7-4

省（自治区、直辖市）	第一批（1982年公布）	第二批（1986年公布）	第三批（1994年公布）	增补	小计
北京	北京				1
天津		天津			1
河北	承德	保定	正定、邯郸	山海关（2001年）	5
山西	大同	平遥	祁县、代县、新绛	太原（2011年）	6
内蒙古		呼和浩特			1
辽宁		沈阳			1
吉林			吉林、集安		2
黑龙江			哈尔滨	齐齐哈尔（2014年）	2
上海		上海			1
山东	曲阜	济南	青岛、邹城、聊城、临淄	泰安（2007年）、蓬莱（2011年）、烟台（2013年）、青州（2013年）	10
江苏	南京、苏州、扬州	镇江、常熟、淮安、徐州		无锡（2007年）、南通（2009年）、宜兴（2011年）、泰州（2013年）、常州（2015年）、高邮（2016年）	13
浙江	杭州、绍兴	宁波	衢州、临海	金华（2007年）、嘉兴（2011年）、湖州（2014年）、温州（2016年）	9
安徽		亳州、歙县、寿县		安庆（2005年）、绩溪（2007年）	5
江西	景德镇	南昌	赣州	瑞金（2015年）	4
福建	泉州	福州、漳州	长汀		4
河南	洛阳、开封	安阳、南阳、商丘	郑州、浚县	濮阳（2001年）	8
湖北	江陵	武汉、襄樊	钟祥、随州		5
湖南	长沙		岳阳	凤凰（2001年）	3
广东	广州	潮州	肇庆、佛山、梅州、雷州	中山（2011年）、惠州（2015年）	8
广西	桂林		柳州	北海（2010年）	3
海南			琼山（2007年3月变更为海口）		1
重庆		重庆			1
四川	成都	阆中、自贡、宜宾	乐山、都江堰、泸州	会理（2011年）	8
贵州	遵义	镇远			2
云南	昆明、大理	丽江	建水、巍山	会泽（2013年）	6
西藏	拉萨	日喀则	江孜		3
陕西	西安、延安	榆林、韩城	咸阳、汉中		6
甘肃		武威、张掖、敦煌	天水		4
宁夏		银川			1
青海			同仁		1
新疆		喀什		吐鲁番（2007年）、特克斯（2007年）、库车（2012年）、伊宁（2012年）	5
合计	24	38	37	32	130

首先是分布广泛。全国31个省市(港澳台除外),都至少有1座国家历史文化名城。各省数量不等,其中江苏(13座)、山东(10座)、浙江(9座)、河南(8座)、四川(8座)、广东(8座)比较多;而除直辖市外,内蒙古、辽宁、宁夏、海南、宁夏、青海等省份每省只有1座(表7-5)。

全国各区域历史文化名城分布情况 表7-5

区域	各省数量	总数	平均
华东地区	上海(1)、山东(10)、江苏(13)、浙江(9)、安徽(5)、江西(4)、福建(4)	46座	6.6座/省
西南地区	重庆(1)、四川(8)、贵州(2)、云南(6)、西藏(3)	20座	4.0座/省
西北地区	陕西(6)、甘肃(4)、宁夏(1)、青海(1)、新疆(5)	17座	3.4座/省
华南地区	广东(8)、广西(3)、海南(1)	12座	4.0座/省
华中地区	河南(8)、湖北(5)、湖南(3)	16座	5.3座/省
华北地区	北京(1)、天津(1)、河北(5)、山西(6)、内蒙古(1)	14座	2.8座/省
东北地区	辽宁(1)、吉林(2)、黑龙江(2)	5座	1.7座/省

其次是相对集中。从大的分布而言,和我国人口分布基本对应,"胡焕庸线"以东地区名城数目较多,也比较稠密,该线以西的地区名城数目较少,也比较稀疏。这很好理解,"胡焕庸线"以东地区,水源充足,土地肥沃,自古以来农业较发达,以43%的国土面积养育了中国将近95%的人口[①]。具体而言,这些历史文化名城主要分布于:(1)以浙江、江苏和上海为中心的长三角地区及辐射区域;(2)以河南为中心的中原地区及其辐射区域;(3)以四川、重庆为中心的长江上游地区;(4)以湖北、湖南为中心的长江中游地区;(5)以云南为中心的西南少数民族地区;(6)以广东、福建为中心的东南沿海地区。这种分布主要由中国古代和近代的政治、经济、交通、文化等地理分布决定的,当然也与地方政府是否重视文化遗产的保护、是否主动申报等因素有关。

就数量而言,我国公布的历史文化名城数量较多,堪称世界之最。如英国公布的国家历史城市只有约克、巴斯、切斯特与契切斯特等4座;日本《古都保存法》也只涉及京都市、奈良市、镰仓市等10个城镇;俄罗斯联邦2010年公布"历史城市"名单中也只有41座城市。

除了国家历史文化名城外,很多省(自治区、直辖市)还公布了省级历史文化名城。早在1986年国务院转批的《关于请公布第二批国家历史文化名城名单的报告》中提出省级历史文化名城的设想:"我国是一个有悠久历史和灿烂文化的国家,值得保护的古城很多,但考虑到作为国家公布的历史文化名城在国内外均有重要影响,为数不宜过多,建议根据具体城市的历史、科学、艺术价值分为两级,即国务院公布国家历史文化名城,各省、自治区、直辖市人民政府公布省、自治区、直辖市一级的历史文化名城。"随后,很多省份开展了省级历史文化名城的评选。

① 戚伟,刘盛和,赵美风."胡焕庸线"的稳定性及其两侧人口集疏模式差异[J].地理学报,2015(4):551~566.

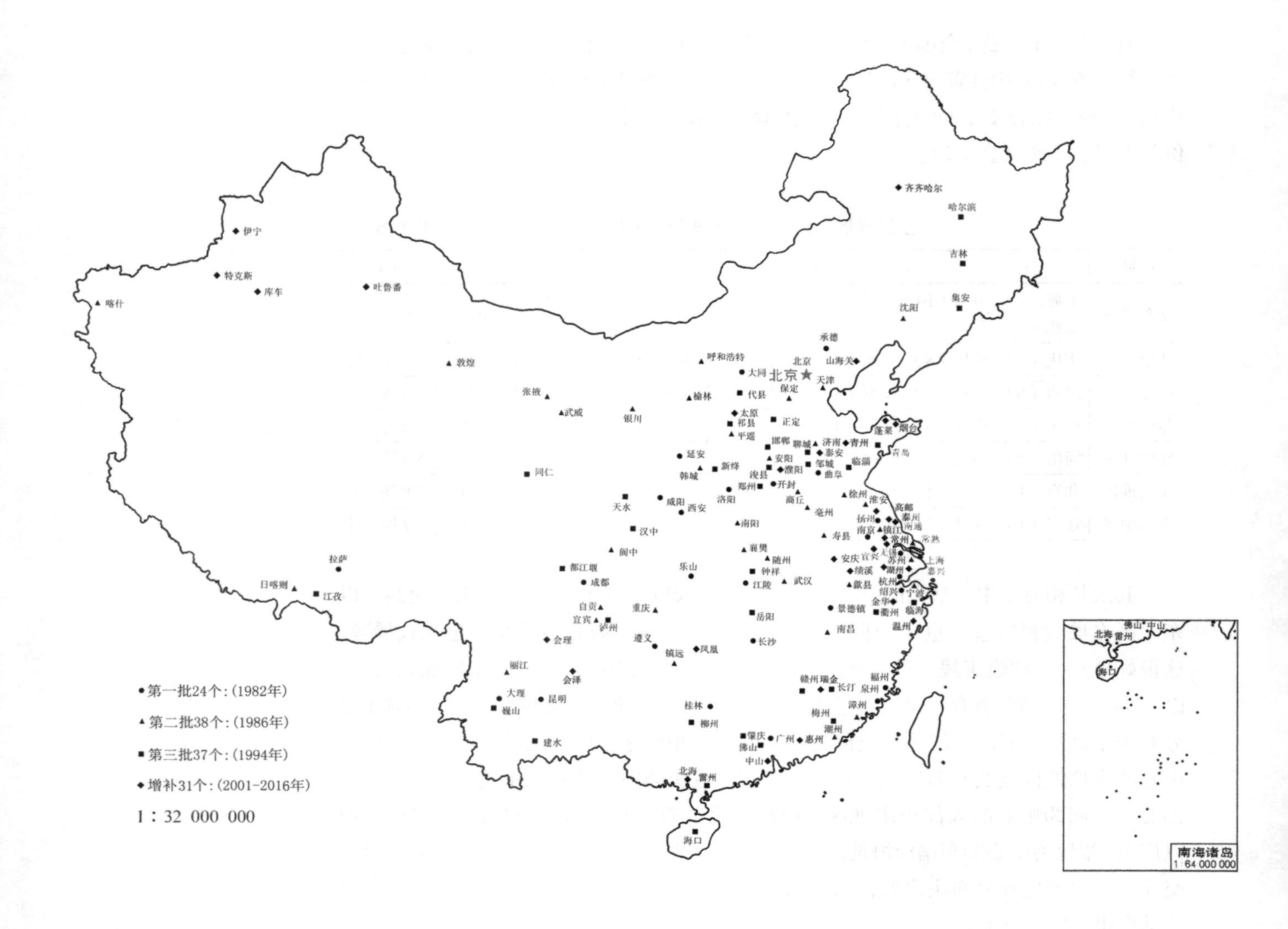

图 7-15 130座国家历史文化名城分布图

四、国家历史文化名城的类型

中国的名城数量较多，其在历史沿革、保存状况、等级规模、性质特色等方面有很多差异。不同的学者，对这些名城采用了不同分类方法。其中同济大学阮仪三根据名城的性质和特点，把名城分为七种类型，即古都型、传统城市风貌型、风景名胜型、地方特色及民族文化型、近现代史迹型、特殊职能型、一般史迹型（表 7-6）。[①] 这样的分类方法，常常使有些城市兼具几种类型的特点，因此划分时只能按其主次来确定。

国家历史文化名城类型表 表7–6

城市类型	特征	主要城市	次要城市
古都类	以都城时代的历史遗存物、古都的风貌或风景名胜为特点的城市	北京、西安、洛阳、开封、南京、杭州、安阳	咸阳、邯郸、福州、重庆、大同
传统建筑风貌类	具有完整地保留了某时期或几个时期积淀下来的完整建筑群体的城市	平遥、韩城、镇远、榆林、阆中、荆州、商丘、祁县	大理、丽江、苏州

① 阮仪三著．中国历史文化名城保护与规划．同济大学出版社，1995.

续表

城市类型	特征	主要城市	次要城市
风景名胜类	自然环境对城市的特色起了决定性的作用，由于建筑与山水环境的叠加而显示出其鲜明的个性的城市	桂林、承德、扬州、镇江、苏州、绍兴、常熟、敦煌、曲阜、都江堰、邹城、乐山、天水、昆明	北京、西安、南京、杭州、大理、青岛
民族及地方特色类	同一民族由于地域差异、历史变迁而显示出的地方特色或不同民族的独特个性，而成为城市风貌的主体的城市	拉萨、喀什、日喀则、江孜、大理、丽江、银川、呼和浩特、建水、潮州、福州、巍山、同仁	
近代史迹类	以反映历史的某一时间或某个阶段的建筑物或建筑群为其显著特色的城市	武汉、遵义、延安、上海、重庆、天津、哈尔滨、青岛、长沙、南昌	广州
特殊职能类	城市中的某些职能在历史上占有极突出的地位，并且在某种程度上成为这些城市的特征	泉州、广州、宁波（海外交通）、自贡（井盐）、景德镇（瓷都）、亳州（药都）、武威、张掖（边防）、寿县（水防）、大同	榆林、阆中（边防）、佛山（冶炼和陶瓷）
一般古迹类	以分散在全城各处的文物古迹作为历史体现的主要方式的城市	徐州、长沙、济南、成都、吉林、沈阳、郑州、淮安、保定、襄樊、宜宾、正定、肇庆、漳州、临淄、邯郸、衢州、赣州、聊城、泸州、南阳、咸阳、钟祥、岳阳、雷州、新绛、代县、汉中、佛山、临海、浚县、随州、柳州、琼山、集安、梅州	

还可以根据保护状况进行分类，这些名城大致可分为三种：一是较完整保护型，即通过另建新区保护古城，使整个老城得到较为完整的保护，如平遥、丽江等；二是风貌保护型，即古城格局基本完整，保护数片历史文化街区，如苏州、扬州等名城；三是文物保护型，仅存重点保护文物古迹，古城格局已有较大改动，历史风貌几乎全面改观，如南昌、长沙、沈阳等城市[①]。

从行政级别而言，这些历史文化名城分为直辖市、省会城市、地级市、县级市等。其中，4 个直辖市均为国家历史文化名城，约 70% 的省会或首府、约 21% 的地级市、约 1.3% 的县城或县级区县市为国家历史文化名城。

第三节　国家历史文化名城的保护

我国在 20 世纪 80 年代初建立了历史文化名城保护制度，当时很多城市留存得还相对比较完整。但随着大规模的建设开始，几乎所有古城都受到极大的冲击，很多古城没有得到有效保护。时至今日，不得不承认，绝大多数名城的传统格局和历史风貌已然不存，只有“盛名”，其实难副。一定程度上，“中国城市文明”的根基已经被撼动。现实已经如此，虽多有遗憾，令人惋惜，但我们必须面对，不能放任自流！

一、保护的意义

保护名城，首先要回答的一个问题就是：“为何要保护？”其实原因很简单，就是因为这些城市集中体现了中华民族的悠久历史、灿烂文化和光荣传统，是先辈留下来的极其宝贵的物质和精神财富。国务院在 1982 年转批国家基本建设委员会等部门《关于保护我国历史文化名城的请示的通知》中强调了保护历史城市的重要性：

① 张松．历史城区的整体性保护——在“历史性城市景观”国际建议下的再思考．北京规划建设，2012（6）．

我国是一个历史悠久的文明古国，许多历史文化名城是我国古代政治、经济、文化的中心，或者是近代革命运动和发生重大历史事件的重要城市。在这些历史文化名城的地面和地下，保存了大量历史文物与革命文物，体现了中华民族的悠久历史、光荣的革命传统与光辉灿烂的文化。做好这些历史文化名城的保护和管理工作，对建设社会主义精神文明和发展我国的旅游事业都起着重要的作用。

该通知还进一步强调了名城保护的迫切性：

随着经济建设的发展，城市规模一再扩大，在城市规划和建设过程中又不注意保护历史文化古迹，致使一些古建筑、遗址、墓葬、碑碣、名胜遭到了不同程度的破坏。近几年来，在基本建设和发展旅游事业的过程中，又出现了一些新情况和新问题。有的城市，新建了一些与城市原有格局很不协调的建筑，特别是大工厂和高楼大厦，使城市和文物古迹的环境风貌进一步受到损害。如听任这种状况继续发展下去，这些城市长期积累起来的宝贵的历史文化遗产，不久就会被断送，其后果是不堪设想的。

具体而言，保护名城的意义，至少表现在以下两个方面：

首先，保护名城是保护文化遗产的需要。

我国的名城，多具有悠久历史，荟萃了文化遗产的精华。名城的类型丰富多彩，或为历代王朝的旧都古城，或是兵家必争的军事重镇，或为自古繁荣的商贸中心，或为历史悠久、文化厚重的文化古城，或为中外交流的重要港埠，或为风景秀丽的古迹胜地，或为民族特色的边疆古城。这些名城是我国文化遗产的重要组成部分。保护名城就是留住城市的珍贵记忆，留下城市的历史痕迹。而且，名城中的文化遗产资源非常珍贵，孕育着巨大的社会效益、文化效益和经济效益。

其次，保护名城是塑造城市特色的需要。

名城一般非常有特色，独具魅力。但经济的全球化以及城市建设中的抄袭和模仿，使得现代城市越来越没有特色，千城一面，“南方北方一个样，大城小城一个样，城里城外一个样”。周干峙院士曾指出，“要从城市工作的整体上看待历史文化保护工作。一个没有自己历史特色的城市，将被人们看作是一个没有文化的城市，也不可能是一个真正现代化的城市”①。在全球化和城市化的浪潮下，保护城市特色虽然异常艰难，但我们需要冷静思考，慎重选择，维护城市个性。

二、存在的问题

从 1982 年公布第一批国家历史文化名城起，至今已经 30 余年。经过不懈努力，名城保护逐渐受到社会各界的重视。国家和地方出台了相关的法规条例，各地在保护工作中积累了较为丰富的实践经验。这项工作得到了越来越多的关注。

但存在的问题依然很多，面临的困难并没有减少，错误的做法也甚嚣尘上。特别是大规模、高强度的旧城改造，使得很多名城的整体风貌遭到了或正在遭受着严重破坏。从这三十年来的保护历程来看，名城保护主要受到三个方面的冲击，即经济政策、土地财政、城市化。

---

① 阮仪三著．护城踪录——阮仪三作品集．周干峙序言．上海：同济大学出版社，2001.

首先是经济政策。从20世纪70年代末改革开放以来，中国经济快速发展，到2010年一跃成为全球第二大经济体。在这30多年中，我国基本上一直坚持“以经济建设为中心”，在实践中有时会倾向于“经济决定一切”，追求国内生产总值（GDP）的快速增长，有意或无意地忽视了文化遗产的保护。一旦投资建设和名城保护发生矛盾和冲突，多以牺牲文化遗产为代价，名城保护让路于开发建设。这主要是由于没有充分认识到文化遗产的重要性和价值，甚至觉得旧城区房屋低矮破旧，是城市文明进步与发展的包袱。错误地认为，花钱保护，成本昂贵，代价巨大，得不偿失，不符合“以经济建设为中心”的政策。

其次是土地财政。2001年至2010年间，全国土地出让总收入占地方财政总收入的比例已从16.6%上升到了76.6%①。通过土地资源的所谓最优化利用，土地上的建筑不断地进行着拆除和新建的循环（图7-5）。如果改变用地功能或增加建筑密度，一般都可以获得巨大的经济利益。但旧城区作为文化遗产集中区域，一方面，是占地大、高度低，对土地的利用便显得十分“低效”；另一方面，这些旧城区往往位于城市核心位置，寸土寸金。这样，旧城区自然成为房地产开发争夺的黄金地段。在开发商主导下的旧城改造中，追求高密度、高容积率，伴随着“隆隆”的推土机声，很多历史街区被夷为平地，很多传统民居被无情摧毁，并被新建筑取代。“拆”字成为中国城市街道中最为常见的一个字。2012年初梁思成故居的被拆就是典型的例子②。有时，即使建筑遗产本体由于法律法规的保护，没有被破坏，但周边高楼林立，历史环境也遭到了严重的亵渎。

其三是城市化。从20世纪80年代初开始，名城保护和较快的城市化一直形影相随。我国在1982年时，城镇化是21%，到2014年提高到54.77%，城市的变化可谓翻天覆地。各座名城的面积也迅速扩大（表7-7），所面临的建设压力之大前所未有，有的以古城为中心向外扩展，有的沿交通轴线带状扩展，有的另建新区。在面积扩充的同时，老城也不断被填充，加盖很多高楼，被“垂直加厚”。如在2003年，“全国城镇共拆迁房屋1.61亿平方米，同比增长34.2%，相当于当年商品房竣工面积3.9亿平方米的41.3%；我国是世界上最大的建筑工地，每年建成的房屋面积高达16亿至20亿平方米，超过发达国家年建成建筑面积的总和”，在2004年，“我国消耗了占世界产量36%的钢材和50%的水泥”。

中国若干历史文化名城城市建成区扩展情况（平方公里）③　　表7-7

城市	新中国成立初期	1978	1994	2001	2005	2009	扩展倍数
苏州	19.5	26	66	109	195	324	16.6
扬州	5.09	15	43	53	67.3	79	15.5
开封	15	34.8	46	67	75	79	5.2
洛阳	4.5	41	68	108	133	166	36.9
承德	6	15	34	37	77	86	14.3
泉州	7.5	7.74	14.5	45	62	98	13.07

① 徐彬．转型期地方政府行为失范与社会冲突衍生的关联性研究[J]．社会科学，2012（8）．
② 李韵．“梁林故居”被拆之痛．光明日报，2012年1月29日．
③ 数据来源：国家统计局城市社会经济调查司．中国城市统计年鉴．北京：统计出版社，1985~2012．

图 7-16 山东聊城拆除成片历史街区拟新建仿古建筑（左）

图 7-17 云南昆明。旧城更新与新区开发将历史城区挤压到尴尬境地，并迫使它们迅速走向消亡[②]（右）

在以上三股力量作用下，再加上各种错误的理念误导，名城保护举步维艰，谬误百出。很多历史城市的整体风貌没有得到维护，古迹周边的历史环境遭到破坏。一些尚未列入保护等级的建筑遗产遭到拆毁，建造了一批毫无价值的假古董等。如聊城“将历史文化街区全部拆掉，统一地建仿古建筑，而且仿古建筑非常丑陋”（图7-16）。还有如安阳，“为了满足机动化需要，在古城里生硬地突出两个大道，破坏了原有格局，隔断了文脉和原有的历史文化街区的传承有序的脉络，城市的历史格局已经消失了，十分可惜”。还有如著名的大理古城，“为了迎合某某影视大师的需要，在古城东北角建立了一个‘大理之眼’建筑，严重破坏了古城的整体风貌”[①]。云南昆明保护中也存在一些问题(图 7-17)。这种大拆大建，一方面确实使得城市“日新月异”，但同时也给名城带来永远的遗憾、伤痛和损失。

对于这种建设性破坏，很多人表达了担忧和质疑（图 7-18、图 7-19，表 7-8）。瑞典前驻华大使傅瑞东曾表达了他对北京历史文化名城保护的意见：“老墙之内的城区部分仅占现北京规划市区总面积的 5.9%，对这区区的 5.9% 还要拆，还要占，盖高楼，扩马路，难道真的有这个必要，非这么做不可吗？”[⑤] 针对历史城区的大拆

图 7-18 漫画：千城一面[③]（左）

图 7-19 漫画：我们看日出的最佳时间[④]（右）

① 仇保兴．中国历史文化名城保护形势问题及对策．中国名城，2012（12）．

② 张松著．为谁保护城市．三联书店出版社，2010.61.

③ 王启峰．“千城一面”（图）．华商报网络版，2007 年 6 月 14 日．

④ 单霁翔．文化遗产保护与城市文化建设．中国建筑工业出版社，2009.33.

⑤（瑞典）傅瑞东．留恋老北京．人民日报，2002 年 4 月 2 日第 12 版．

大建，吴良镛院士曾说："这无异于将传世字画当做'纸浆'，将青铜器当做'废铜来使用'"[①]。前英国皇家建筑学会会长帕金森（Parkinson）论道："我看来，全世界有一个很大的危险，我们的城镇正在趋向同一个模样，这是很遗憾的，因为我们生活的许多乐趣来自多样化和地方特色。我希望你们研究中国文化城市的真正原有特色，并且保护、改善、提高它们。中国历史文化传统是太珍贵了，不能允许它们被西方传来的这种虚伪的、肤浅的、标准的、概念的洪水所淹没。我相信你们遭到了这种危险，你们需要用你们的全部智慧、决心和洞察力去抵抗它。"[②]日本著名建筑师矶崎新在谈到杭州时说："如果我不是身处西湖湖面之上，那么，今天我眼中看到的杭州，根本就没有什么特别，它只是一个哪里都有的城市。"[③]著名作家、民间艺术家冯骥才论述道："似乎在不知不觉之间，曾经千姿百态的城市已经被我们'整容'得千篇一律，大量的历史记忆从地图上被抹去，节日情怀日渐稀薄，大量珍贵的口头相传的文化急速消失。但我们毕竟是东方的文明古国和大国，对文化的命运是敏感和负责任的。"[④]

截至 2016 年，世界遗产名录中的遗产，大致有三分之一是历史城市或历史城区，但我国很多历史城市遭到摧残式的破坏，保存完整的历史城市或城区寥寥无几，目前只有丽江古城和平遥古城被列入世界遗产名录。而且，从目前看来，我国此后也很难有哪座名城整体能够进入世界遗产名录。

公开出版物中有关历史文化名城中建筑遗产毁坏的论述举例　　表7-8

序号	名城	有关建设性破坏	引文来源
1	北京	统计表明，1949 年北京有大小胡同七千余条，到 20 世纪 80 年代只剩下三千九百条，近一两年随着北京旧城区改造速度的加快，北京的胡同正在以每年 600 条的速度消失着	每年消失 600 胡同，北京地图两月换一版．北京晚报，2001 年 10 月 19 日第 4 版．
2	上海	近 7 年来，上海拆除了大约 3000 万平方米的老建筑，也就是说，上海的近代建筑大约 70% 已经拆除。如果按照城市核心地区的建设目标计算，几年之内还将拆除几百万平方米的历史建筑	郑时龄．为明天的发展打好基础．文汇报，2003 年 4 月 10 日．
3	天津	天津的文化遗产拆毁之多、后果之严重，令人触目惊心。自 1980 年以来，已经拆毁的天津市文物保护单位有 4 个、区县文物保护单位 16 个、文物保护点 160 个，约占全市文物保护单位的 1/6	方赵麟等．历史建筑：天津如何将你留住？人民政协报，2006 年 9 月 18 日：第 B1 版．
4	南京	1990 ~ 1991 年我们调查了 200 幢相对完好的近代建筑，到 2001 年复查时，40 多幢因各种原因被拆除了。如果长此以往，以十年 20% 速度递减，可谓数字惊人	刘先觉．近代优秀建筑遗产的价值与保护．中国近代建筑研究与保护（三）．清华大学出版社，2004.4.

① 吴良镛．北京市旧城区控制性详细规划辨．吴良镛学术文化随笔．北京：中国青年出版社，2001.169.
② 吴良镛．吴良镛学术文化随笔．中国青年出版社，2005.205.
③ 张辉．尊重文化才能保持城市特色．中国建设报，2005 年 12 月 14 日第 8 版．
④ 路强．站在国家的立场上思考．人民政协报，2006 年 8 月 9 日第 1 版．

续表

序号	名城	有关建设性破坏	引文来源
5	苏州	苏州历史城区也曾遭遇过粗暴的破坏，其中最大的遗憾和教训，一是城墙被拆毁大半。原有10个城门，现在只剩下盘门、胥门和金门3个。二是作为古城灵魂的河道被填。短短几年的时间里，在历史城区内先后填埋河道23条，总长度达16.3公里，使古城的水环境一度被严重污染。三是修建了横穿历史城区的交通干道，拆毁了长达数公里的宋、元、明、清、民国时期的街道、小巷、建筑、石桥，拦腰切断了长达2500年的古城的历史文脉	单霁翔．文化遗产保护与城市文化建设．中国建筑工业出版社，2009.33.
6	绍兴	浙江绍兴原是一个规模并不大、河网纵横、保存得也相当完整的历史文化名城，与苏州分庭抗礼，分别是越文化与吴文化的代表，对绍兴不难进行整体保护，甚至有条件申请人类文化遗产，可是决策者却偏偏按捺不住“寂寞”，去赶时髦，在名城中心开花，大拆大改，建大高楼、大广场、大草地，并安放两组体量庞大的建筑，不久前我旧地重游，叹惜不已	吴良镛．论中国建筑文化研究与创造的历史任务．城市规划，2003(1).
7	福州	（福州）在旧城改造中，这里的文化遗产遭到多种方式的破坏，最主要两种方式：一是成街连片“旧屋”大规模拆除，使许多传统建筑灭失；二是所谓文物建筑的“异地重建”、“异地复建”，使众多文化遗产丧失了真实性和完整性。目前，历史城区内近70%的历史街区和传统建筑被夷为平地，如此大规模的拆迁改造，使历史城区和特色风貌遭到无可挽回的破坏	单霁翔．文化遗产保护与城市文化建设．中国建筑工业出版社，2009.33.

三、保护原则

和单个的建筑遗产相比，名城保护会复杂很多。这是因为名城中的遗产类型丰富，遗产数量众多，价值多元丰富，利益诉求众多，各种关系错综耦合，各种问题纠缠一起，各种理念和各种思路对错难辨。但万变不离其宗，在名城保护中，也要坚持真实性和完整性两个基本原则。

1. 真实性原则

从1931年《雅典宪章》至今有关文化遗产保护的国际文件成百上千，但几乎无一例外地会强调真实性，这说明真实性是文化遗产保护中的最重要的原则。对于名城保护，同样要坚持真实性，特别要注意下面两个方面的问题：

其一，不要“拆旧造假”，要留存历史信息。

时至今日，各界对于名城有了一定的认识，过去曾经屡禁不止、甚为风靡的“建设性破坏”有所收敛，但是，由于理念错误、知识欠缺、措施不当造成的“保护性破坏”的事例却更多了。还有很多地方热衷推倒重来式的“旧城改造”，拆古建新，导致很多历史建筑快速消失；很多地方建造“仿古一条街”（仿“汉”一条街、仿“唐”一条街、仿“宋”一条街等），拆旧建新，导致很多真实的建筑遗产被毁，而建造了很多假古董；很多地方在“夺回”历史风貌，追求表象外观，导致大屋顶泛滥；很多城市打着“振兴城市文化”旗号，为了追求所谓的“盛世辉煌”而臆造城市历史片段。复制重建的建筑和街道只能混淆历史信息，损害真实的文化内涵，和保护名城的宗旨背道而驰。

有的名城为大刀阔斧"改造古城"寻找着各种理由和借口。如强调这些老房已经岌岌可危，无以维修，一旦地震或大风，会屋倒墙塌，危及居民性命，但实际上这些老房存在了几十几百年，只要维护得好，是没有问题的。有的名城认为老城基础设施差，百姓生活于水深火热之中，所以要进行大规模拆建。但实际上如基础设施差，只要改善基础设施就好了。这些"拆旧建新"行为往往都高举"民生问题"的旗号，强调民众的生存权、发展权，将其作为挡箭牌，占据道德制高点，但其行为背后往往是觊觎老城独特的地理区位，垂涎寸土寸金的土地补偿。

其二，不要"整齐划一"，要"多元并存"。

名城保护要基于现状，摸清已存的家底。现在有一种错误倾向，就是追求视觉风貌的统一，认为这就是完整性。但实际上国内大多所谓的老城，由于 20 世纪 50 年代以来不断见缝插针的建设，破坏了整体风貌。老城中往往既有古代建筑，又有近代建筑，还有现代建筑；既有中式建筑，又有西式建筑，还有中西结合的建筑。这是客观的，是既成事实，也是真实的，没必要生硬地"扳回"去。不能将现代建筑简单地一拆了之，代之以所谓传统风格的建筑。不要"整齐划一"，要"多元并存"。历史城区的集合体"是一个有机的单位，通常由代表不同时期的建筑构成。不能将所有建筑都恢复到某个单一的历史时期；而是应该清晰展现出该城区随着岁月变迁的过程，以参观者辨认出城区的多个层次，解读相关建筑群落的历史"①。不同时期的所有事件、信息往往会显性或隐性地印刻在城市中。《会安草案》(2005 年) 强调："大多数亚洲城市的历史城区已损耗；历史街区或建筑群被不悦目的现代建筑所截断，破坏了历史城区集合体的遗产价值。然而，在用历史建筑复制品或传统风格插入建筑来取代侵入的现代建筑时，也应该加以慎重的考虑。"②

在保护修复中，应该采用"原材料、原工艺、原型制、原结构"，不能仅凭一腔热情、一张图纸、一种形式、一种做法在很短的时间内复建整条街道，甚至整座"古城"。这种整治方法有其优势，即技术要求低、施工见效快，风貌整齐划一，但伤害了真实性，使得遗产的价值损耗殆尽。

2. 整体性原则

对于名城而言，应该保护什么呢？简言之，凡是有价值的都应该保护，大到山水格局、整体风貌，小至一房一巷、一砖一瓦，凡目之所及，都应该纳入保护范畴。但"保护"永远是一个相对的概念，所谓"整体保护"，并不等同于"全部保护"。新的事物总要出现，旧的事物总会消失。

《历史文化名城名镇名村保护条例》(2008 年) 规定，名城"应当整体保护，保持传统格局、历史风貌和空间尺度，不得改变与其相互依存的自然景观和环境"。所谓整体保护，至少有下面两个方面的含义：

其一，从空间上而言，是保护整个老城。即既不是仅仅保护几个文物保护单位或历史建筑，也不是仅仅保护几片历史街区。名城是一个有机的整体，其突出价值在于其成片成组成群的文化遗产，在于其整体性和综合性。而单个遗产，仅是其构

① 2005 年联合国教科文组织通过《会安草案——亚洲最佳保护范例》中"历史城区和遗产聚落"
② 2005 年联合国教科文组织通过《会安草案——亚洲最佳保护范例》中"历史城区和遗产聚落"

成元素。而且，零零星星的建筑遗产如果脱离其历史环境，淹没在高大成片的楼群中，就会沦为"文化孤岛"，形单影孤，没有历史氛围，其景观价值和历史价值就会大打折扣。所以保护名城，一定要坚持整体性原则。如果仅仅保护文物古迹，那么依靠文物保护单位的保护措施就满足要求了。之所以强调名城保护，就是要整体保护。以北京为例，《北京城市总体规划（2004~2020年）》第七章强调："应进一步加强旧城的整体保护，制定旧城保护规划，加强旧城城市设计，重点保护旧城的传统空间与风貌"。2005年通过的《北京历史文化名城保护条例》亦进一步强调了"旧城保护应当坚持整体保护的原则"。即使有的老城已经几乎高楼林立，只剩下几个"点"，也得从整体空间入手，做好保护工作。

其次，从内容上而言，要保护所有有价值的遗产。不能厚古薄今，即既要保护古代遗址、唐宋元明清建筑，也要保护新中国成立初期、"文化大革命"时期及改革开放时期的代表性建筑。既要保护一直备受关注的寺庙亭塔，也要保护容易忽视的传统民居以及工业遗产等；既要保护看得见摸得着的物质文化遗产，也要保护各种技艺或手艺性的非物质文化遗产。这就要求进行深入调查，分析其价值，确定保护内容。如北京在前门街区整治中发现，在东城区大江胡同有一处破败杂院，但这座毫不起眼的杂院是著名的"台湾会馆"，并在此发生过"五人上书"等爱国事迹，是台湾自古就是中国不可分割的一部分和日本帝国主义侵占台湾的历史见证，体现出台湾同胞与祖国大陆血浓于水的感情，具有重要的历史价值和情感价值[①]。所以在保护调查中要深入分析，明辨秋毫，尽可能保存一切应该保护的文化遗产。

四、保护策略

加强名城保护，最重要的是要有保护意识。如果没有保护意识，一切都无从谈起。政府需扛起这份责任，"各级领导要充分认识当前做好保护历史文化名城工作的重要性和紧迫性，从国家和民族的长远利益以及城市发展的全局出发，肩负起历史赋予的责任"[②]。2006年，时任浙江省委书记的习近平在中国第一个文化遗产日讲道："应该说这些年来，大家的认识在逐步提高、逐步到位。现在的各级领导已经不是当年的'吴下阿蒙'，都有一定的知识、文化背景。如果说，以前无知情况下的不重视还可以原谅，那么，现在有认识情况下的不重视，那就是意识问题、政绩观问题"。2014年习近平在北京市考察工作强调，"历史文化是城市的灵魂，要像爱惜自己的生命一样保护好城市历史文化遗产"。除了政府以外，社会各界也要积极参与，形成合力，才能保护好名城。

在保护实践中，要注意以下一些策略：

1. 分区保护

"发展新区，保护旧城"，是名城保护的一种重要思路。

在老城外另建新城，是非常有效的一种保护方式，既有利于新城放开手脚发展，又有利于老城谨慎保护。在新中国成立初期针对北京提出的著名的"梁陈方案"，就是分区保护的思路，其他如洛阳、韩城、苏州、平遥等也都采用了这一模式。洛阳在新

---

① 转引自：邱跃．论历史文化名城保护工作十要点．北京规划建设，2013（2）．

② 引自《国务院批转建设部、国家文物局关于审批第三批国家历史文化名城和加强保护管理的请示通知》（1994年1月4日）

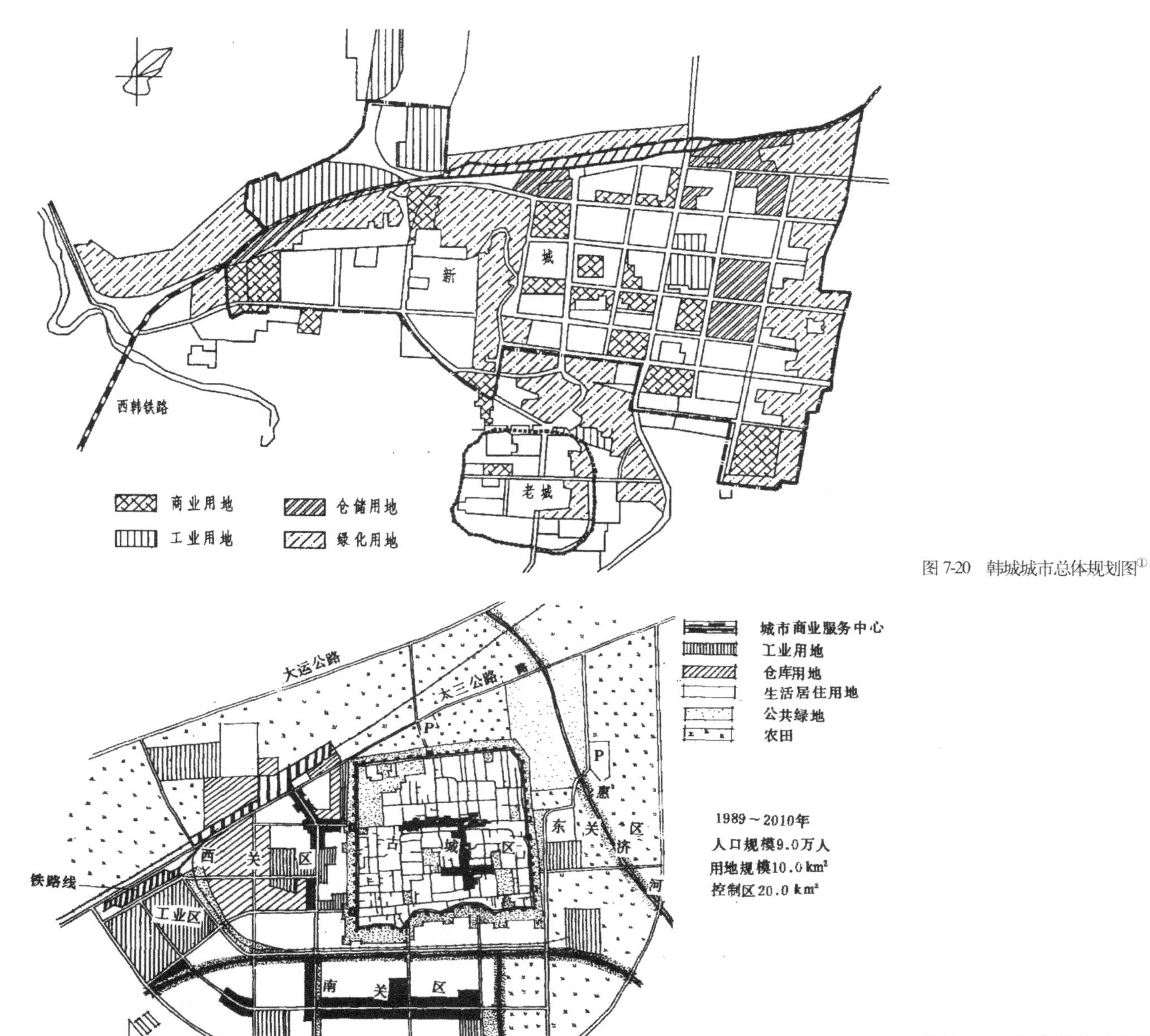

图 7-20　韩城城市总体规划图①

图 7-21　1989 年版的《平遥历史文化名城保护规划》②

中国成立初期，即脱开老城建了新城。当时，洛阳被国家确定为重点发展的重工业城市。在其规划中，没有采用以旧城为中心、“摊大饼”的发展模式，而是避开旧城，在距离旧城 8 公里的涧河西岸新建工业区。这种格局在当时独具一格，曾引起规划界很大关注，被誉为“洛阳模式”。

陕西的韩城在 1985 年城市总体规划中，也采用了“新旧分离”的保护模式，即在老城东北塬上开辟新城，使新旧城分离，二者之间有大约 70 米的地形高差作为天然屏障，各自的发展不致相互牵制和影响（图 7-20）。另外，苏州和平遥等名城也采

① 刘临安，王树声．对历史文化名城“新旧分离”保护模式的再认识．西安建筑科技大学学报（自然科学版），2002（1）．

② 李锦生．平遥历史文化名城保护规划．城市规划，1992（2）．

用了新旧分区的模式。1982年平遥编制了《平遥县城总体规划》，确立了全面保护古城历史风貌的建设方案，制定了“保护古城、开辟新区”的总体布局。1989年重新编制了《平遥县历史文化名城保护规划》遵照了这一思路（图7-21）。

2. 分级保护

如果整体保护是原则，那么分级保护就是手段。整体保护并不排斥重点保护，有些“片区”要实施重点保护，有些“点”也要实施重点保护。所以，为了更好地保护名城，往往要进行分层级保护。一般从微观到宏观分为“点”、“片”和“面”三个层级。所谓“点”就是“文物古迹”，所谓“片”就是“历史街区”，所谓“面”就是“名城整体”。

第一个层级是“文物古迹”，包括各级文物保护单位、文物部门登记的不可移动文物以及政府公布的历史建筑。对于文物保护单位和不可移动文物的保护，应该执行文物保护方面的法律法规。历史建筑的价值一般低于文物保护单位以及其他不可移动文物，但数量更多，对整个名城的影响更大，也是名城的有机组成部分。所以，需要重视政府公布的历史建筑（所谓狭义的历史建筑）的保护，甚至要重视普通历史建筑（所谓广义历史建筑）的保护。

第二个层级是“历史街区”，是指保留文物古迹、历史建筑、传统建筑比较集中，能够较为完整、真实地体现传统格局和风貌，并具有一定规模的地区。这一区域的特点是其单个“点”不一定具有很高的价值，但由很多“点”组成的群体反映了某一历史时期的整体环境和社会秩序，所以，这一区域的价值也就得到极大的提升。

第三个层级是“历史名城”，即从宏观层面保护整个名城，主要包括空间格局、自然环境和历史风貌等。“空间格局”主要指历史上形成的物质文化遗产本体和自然景观构成的布局形态，包括城市的几何形态、空间构成、街巷组织、历代变迁以及城市和自然环境的关系等，主要构成要素有街巷、轴线、水系、山丘等。空间格局的形成一方面受历史沿革过程、社会文化模式等的影响，另一方面，又受城市所在区域地形地貌、气候条件等的影响。“自然环境”主要包括特定的地形地貌、山河水系、风水选址等。如保护西安古城，首先必须保护渭河流域和秦岭北麓地区的自然环境。“历史风貌”主要是指建筑特色和建筑风格。

值得注意的是，保护名城不是要保护城市的全部区域。如保护北京是指保护北京老城区，不是指保护北京市所辖行政区域的全部。实际上，在公布历史文化名城的文件中没有称“北京市”、“上海市”、“平遥县”等，而直接用“北京”、“上海”、“平遥”，也是有深刻政策意义的。

3. 活态保护

城市是动态发展的，始终处于不断的新陈代谢中。今日活动之印迹，必成明日之历史痕迹。名城作为一种特殊类型的城市，因为有大量的人在其中生活，所以其保护中面临的问题和挑战不同于一般的建筑遗产，不同于古城遗址，应该采用更为积极动态的保护，避免静止、消极的保护。要注意处理好保护和发展的关系，即一方面要发展，一方面要保护；一方面要提升优化经济实力，一方面要保护文化遗产。二者之间要找到平衡点，协调发展，相得益彰，共同促进。

老城往往是一座城市中人口最密集、商业最繁荣、地段最优越的部分，但由于这些老城建筑破败、基础设施薄弱，所以越来越不适应现代生活。那么，这些老城如何在再生中保护，如何在保护中再生，就成为一个关键问题。其中最核心问题就是要解决好“传统建筑”和“现代生活”之间的矛盾。既要坚持真实性原则和完整性原则，珍视文化遗产，发扬传统文化，也要充分考虑居民的生活需要和价值观念，提高人居环境。

2005年联合国教科文组织通过《会安草案-亚洲最佳保护范例》强调：“应尽可能地保护、改善并以协调的方式重新利用历史建筑。应注重帮助历史建筑的现有居民进行合理的持续居住利用。在很多时候，持续居住利用并不一定可行或理想。从前的住房可能需要重新加以改造，以适应现代的商业或社区用途。然而，类似改造不应以人口迁移以及多样化城区的同质化或商业化为代价。”[①]

4. 特色保护

一个城市的特色的形成，一般需要经历几十年、几百年甚至上千年的积累和沉淀。这一过程往往是漫长的、精细的，但城市特色的丧失往往是很快的，而且一旦毁坏就很难恢复。现在全球几乎所有的城市都面临一个问题：没有特色。纵观全球，东南西北，很多城市大同小异，形态趋同。正如英国皇家建筑学会帕金森（Parkinson）所言：“全世界有一个很大的危机，我们的城市正在趋向同一个模样。这是很遗憾的，因为我们生活中许多情趣来自多样化和地方特色。”[②]（图7-22）保护名城就要维护城市特色。

图7-22 典型的现代城市：香港

如云南省的省会昆明，作为第一批国家历史文化名城，其价值特色主要表现在几个方面：(1) 西南要会、南中首邑、通达中外的关口；(2) 山环水聚、地质奇观、气候宜人的滇中盆地；(3) 形胜宏大、依山就势、清晰独特的古城形制及其山水格局；(4) 民居多样、地方特征突出、主题鲜明的历史村镇与街区；(5) 积淀深厚、影响巨大、价值突出的文化景观与文化线路；(6) 波澜壮阔、遗存众多、影响深远的近代文化与抗战文化；(7) 兼容博大、多民族交融、类型丰富的非物质文化遗产[③]。保护名城昆明，就是要保护昆明的这些特色。

5. 规划先行

保护规划是名城保护与监督工作的基本依据。《历史文化名城名镇名村保护条例》第13条规定：“历史文化名城批准公布后，历史文化名城人民政府应当组织编制历史文化名城保护规划”，并规定保护规划应当在批准公布之日起一年内编制完成。国内已经公布的名城，大多数已经编制了保护规划，并纳入了城市总体规划。这些规

---

① 2005年联合国教科文组织通过《会安草案——亚洲最佳保护范例》中“历史城区和遗产聚落”

② 转引自：杨小波、吴庆书等编著．城市生态学（第2版）．科学出版社，2006.209.

③ 李婷等．破解现实困境、推动名城保护——以昆明历史文化名城保护规划研究为例．住区，2014（5）．

划的作用是指导名城文化遗产保护工作，协调文化遗产保护与城市建设的关系。科学的规划应充分调查名城的资源、现状、问题等方面，明确遗产保护和经济社会发展的关系，明确保护的原则、重点，制定严格的保护措施（表 7-9）。

《历史文化名城名镇名村保护规划编制要求（试行）》（2012年）中关于名城保护规划的要求　表7-9

分类	内容
规划深度	历史文化名城保护规划与城市总体规划的深度相一致，重点保护的地区应当进行深化
规划内容	（1）评估历史文化价值、特色和现状存在问题； （2）确定总体目标和保护原则、内容和重点； （3）提出市（县）域需要保护的内容和要求； （4）提出城市总体层面上有利于遗产保护的规划要求； （5）确定保护范围，包括文物保护单位、地下文物埋藏区、历史建筑、历史文化街区的保护范围，提出保护控制措施； （6）划定历史城区的界限，提出保护名城传统格局、历史风貌、空间尺度及其相互依存的地形地貌、河湖水系等自然景观和环境的保护措施； （7）提出继承和弘扬传统文化、保护非物质文化遗产的内容和措施； （8）提出在保护历史文化遗产的同时完善城市功能、改善基础设施、提高环境质量的规划要求和措施； （9）提出展示和利用的要求与措施； （10）提出近期实施保护内容； （11）提出规划实施保障措施
方法框架	编制历史文化名城保护规划应根据历史文化名城、历史文化街区、文物保护单位和历史建筑的三个保护层次确定保护方法框架
区域控制	编制历史文化名城保护规划，应当对所在行政区范围内具有历史文化价值的村镇、文物保护单位、已登记尚未核定公布为文物保护单位的不可移动文物、历史建筑、古城的山川形胜及其他需要保护的内容提出保护要求。其中对文物保护单位提出的保护要求应符合文物保护规划的规定
总体要求	编制历史文化名城保护规划，应从总体层面上提出保护规划要求，包括城市发展方向、山川形胜、布局结构、城市风貌、道路交通、基础设施等方面，协调新区与历史城区的关系
规划控制	编制历史文化名城保护规划，应当提出历史城区的传统格局和历史风貌的保护延续，历史街巷和视线通廊的保护控制，建筑高度和开发强度的控制等规划要求

第四节　案例分析：北京名城保护

北京从周武王分封蓟国起距今有 3000 多年的建城史，从金朝定都起距今已有 860 多年的建都史，历史悠久。现北京市域范围内分布着众多文物和历史遗存，包括世界文化遗产 6 处；各级各类文物约 360 处（含第七批文物保护单位）；历史文化保护区 43 片，其中旧城内 33 片，占地 1940 公顷，占旧城总用地的 31%。在讨论北京如何发展过程中，对北京旧城的保护与更新始终占有重要地位。自从 1949 年决定将行政中心放在旧城后，北京市的规划工作就一直面临着如何正确处理旧城保护与城市发展之间关系的难题。总体规划作为指导城市建设及旧城保护的纲要性文件，随着政治、经济和社会思潮的变化，不断进行调整，反映了不同时段对北京旧城的保护思路。但在规划编制及实施过程中，大规模的拆除行为也在同时进行，导致北京旧城的传统风貌逐渐消失。尽管保护的道路走得很曲折，但近些年随着保护机制的健全及人们保护北京旧城意识的增强，整个保护工作从片面到全面，渐渐趋于完善。

图 7-23 北京城墙（德国人恩斯特·伯施曼摄于 1906~1909 年期间）[①]（左）
图 7-24 旧北京街景（摄于 1956 年）[②]（右）

一、新中国成立初期至“文革”前北京名城保护

1. 新政中心之争

抗日战争胜利后的北平市政府，已经对旧城保护给予了一定的关注（图 7-23、图 7-24）。1946 年编制的《北平都市计划大纲》（图 7-25），把城市性质定为“将来中国之首都，独有之观光城市”，并强调，“整理故都文物，保存名胜古迹，提高文化水准。增进审美观念，实属北平市都市计划中不可或缺之要件”。

1949 年 1 月 31 日，北平和平解放。同年 5 月，成立了“都市计划委员会”，叶剑英、聂荣臻市长先后兼任主任。当时，市政府一方面邀请梁思成（曾留学美国）、陈占祥（曾留学英国）、华南奎（曾留学法国）等研究规划方案；另一方面，还邀请了以莫斯科市苏维埃副主席阿布拉莫夫为首的苏联专家协助北京的城市规划。鉴于苏联是第一个社会主义国家，而且莫斯科又和北京一样是一个历史古城，已有 30 年的规划建设经验，自然，苏联专家的意见举足轻重。

很快，规划焦点问题凸显出来，就是将行政中心放到何处的问题，也就是“以旧城为中心发展”还是“发展新区，保护旧城”。这将会决定城市的不同布局结构，涉及北京的战略抉择，影响深远，并将世代延续，可谓事关重大。当时主要存在两种意见。

一种意见是主张把行政中心放到旧城内。持这种意见者主要包括苏联专家阿布拉莫夫和巴兰尼克夫等，中国专家华南圭（1877~1961 年）、朱兆雪（1899~1965 年）、赵冬日（1914~2005 年）等，认为利用老城，可以利用已有的建筑，节约成本。

1949 年 5 月，华南圭提出《北京新都市计划第一期计划大纲》，在其规划示意图中，城墙被拆除修筑环路，市区内除故宫、天坛、地坛等少数点外，其余均被横平竖直地切割成密密麻麻的小方格（图 7-26）。

1949 年 12 月，在聂荣臻市长的主持下，北京召开城市规划会议。苏联专家巴兰尼科夫作《关于北京市将来发展计划的问题的报告》，认为：“北京是足够美丽的城市，有美丽的故宫、大学、博物馆、公园、河海、直的街道和若干其他贵重的建设，已是建立了装饰了几百年的首都。建筑良好的行政房屋来装饰北京的广场和街道，可

① （德）恩斯特·伯施曼著. 中国的建筑与景观（1906~1909）. 中国建筑工业出版社，2010.5.
② 华揽洪著. 重建中国——城市规划三十年（1949~1979）. 三联书店出版社，2006.21.

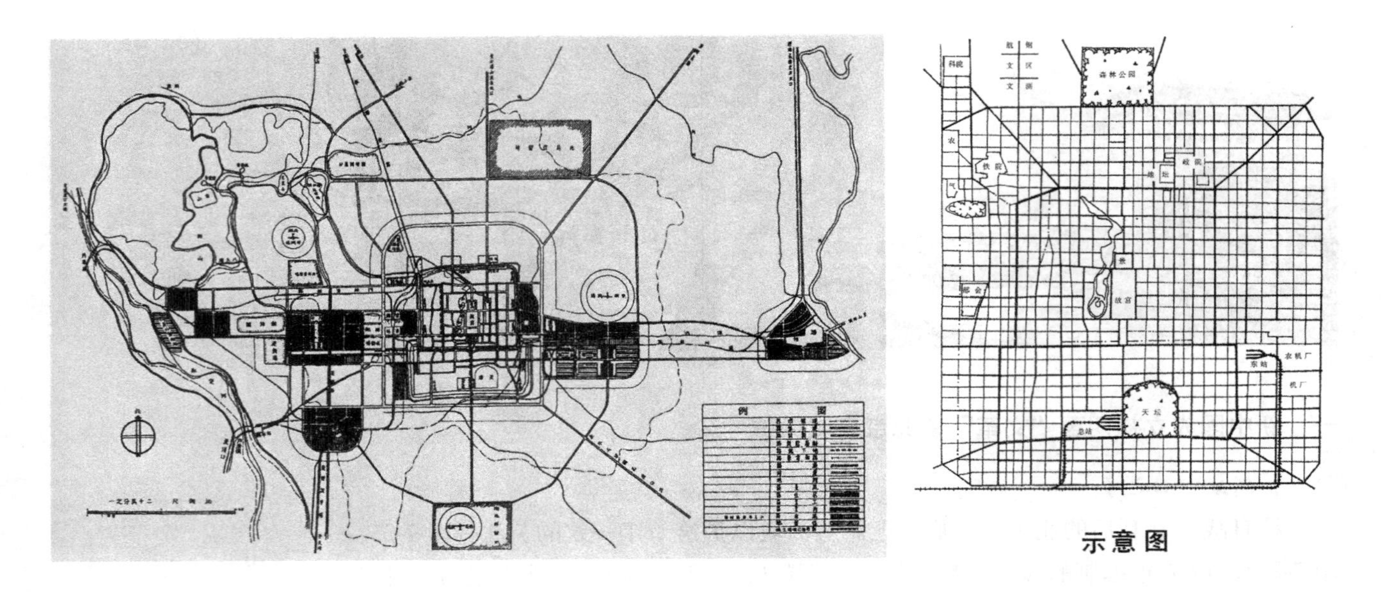

图 7-25　北平市都市计划大纲简图[4]（左）
图 7-26　华南主示意图方案[5]（右）

增加新中国首都的重要性”（图 7-27）。苏联市政专家组组长阿布拉莫夫在这次会议上，也发表了观点：“拆毁北京的老房屋，你们是早晚必须做的，三轮车夫要到工厂工作，你们坐什么车通过胡同呢”；“北京是好城，没有弃掉的必要，需要几十年的时间，才能将新市区建设得如北京市内现有的故宫、公园、河海等建设规模”[1]。阿布拉莫夫还谈道：“市委书记彭真同志曾告诉我们，关于这个问题曾同毛主席谈过，毛主席也曾对他讲过，政府机关在城内，政府次要的机关设在新市区。我们的意见认为这个决定是正确的，也是最经济的。”[2] 在这次会议上，苏联专家团提出《关于改善北京市市政的建议》，认为在西郊建设新市区的设想是不经济的，并建议“新的行政房屋要建筑在现有的城市内，这样能经济的、并能很快的解决配布政府机关的问题，并美化市内的建筑”。建议书还以莫斯科的经验阐述说：“当讨论改建莫斯科问题时，也曾有人建议不改建而在旁边建筑新首都，苏共中央全体大会拒绝了这个建议，我们有成效的实行了改建莫斯科。只有承认北京市没有历史性和建筑性的价值情形下，才放弃新建和整顿原有的城市。”[3]

1950 年 4 月 20 日，北京市建设局工程师朱兆雪、赵冬日提出《对首都建设计划的意见》，肯定了行政中心区域设在旧城的计划：“北京旧城是我国千年保存下来的财富与艺术的宝藏，它具有无比雄壮美丽的规模与近代文明设施，具备了适合人民民主共和国首都条件的基础，自应用以建设首都的中心，这是合理而又经济的打算。是保存并发挥中华民族特有文物价值，顺应自然发展的趋势”（图 7-28）。

① 北京建设史书编辑委员会编辑部．苏联市政专家组组长阿布拉莫夫在会上的讲词（摘要）．建国以来的北京城市建设资料（第一卷城市规划），1995 年（第二版）．

② 北京建设史书编辑委员会编辑部．苏联市政专家组组长阿布拉莫夫在会上的讲词（摘要）．建国以来的北京城市建设资料（第一卷城市规划），1995 年（第二版）．

③ 北京建设史书编辑委员会编辑部．苏联市政专家组组长阿布拉莫夫在会上的讲词（摘要）．建国以来的北京城市建设资料（第一卷城市规划），1995 年（第二版）．

④ 董光器．北京规划战略思考，1998. 转引自：王军著．城记．三联书店出版，2003.47.

⑤ 董光器编著．古都北京五十年演变录．东南大学出版社，2006.6.

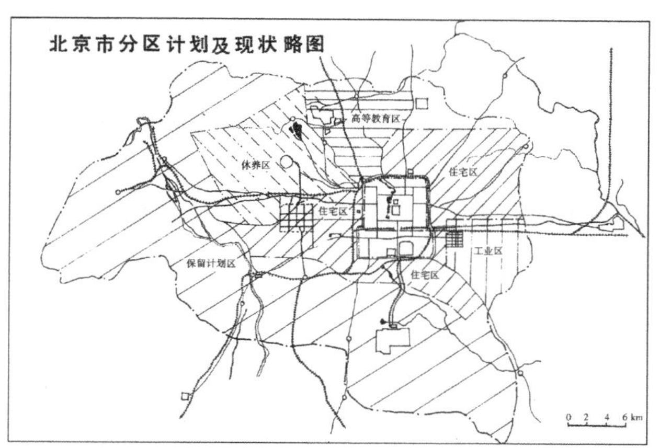

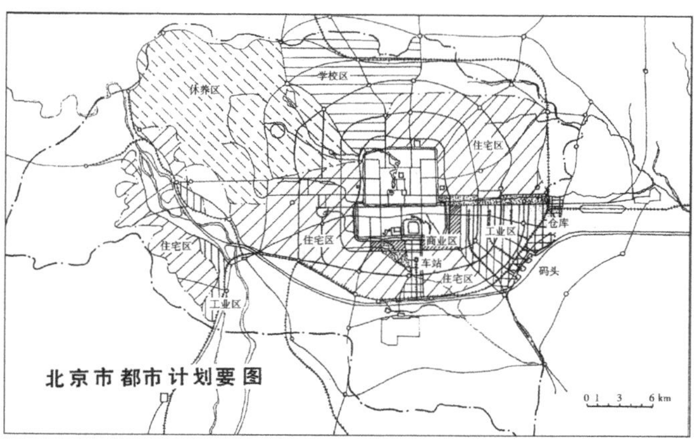

图 7-27　巴兰尼科夫方案[1]（左）

图 7-28　朱兆雪、赵冬日方案[2]（右）

另一种意见是另辟新区。持这一意见的主要是梁思成和陈占祥等，建议在西郊公主坟以东、月坛以西的适中地点，有计划开辟政府行政机关所需的用地（图 7-29、图 7-30）。1950 年 2 月，梁思成和陈占祥共同提出《关于中央人民政府行政中心区位置的建议》，史称"梁陈方案"。其中强调："北京为故都及历史名城，许多旧日的建筑已成为今日有纪念意义的文物，它们不但形体美丽，不允许伤毁，而且它们位置部署上的秩序和整个文物环境，正是这座名城壮美特点之一，也必须在保护之列，不允许随意掺杂不调和的形体，加以破坏"；"现代行政机构所需要的总面积至少要大过于旧日的皇城，还要保留若干发展的余地。在城垣以内不可能寻找出位置适当而又足够的面积"；"今日城区的拥挤，人口密度之高，空地之缺乏，园林之稀少，街道宽度之未合标准，房荒之甚，一切事实都显示着必须发展郊区的政策，其实市人民政府所划的大北京市界内的面积已 21 倍于旧城区，政策方向早已确定"；"如果把大量建造新时代的高楼在文物中心区域，它必会改变整个北京街型，破坏其外貌，这同我们保护文物的原则抵触"；"我们必须决心展拓新址，在大北京界区内，建立切合实际的、有发展性的与有秩序的计划"。

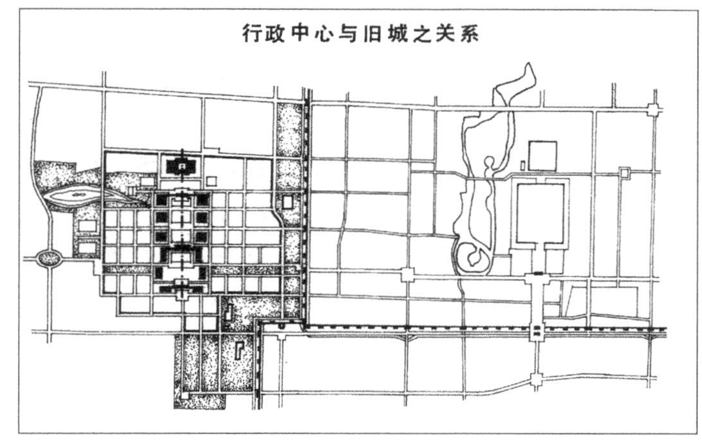

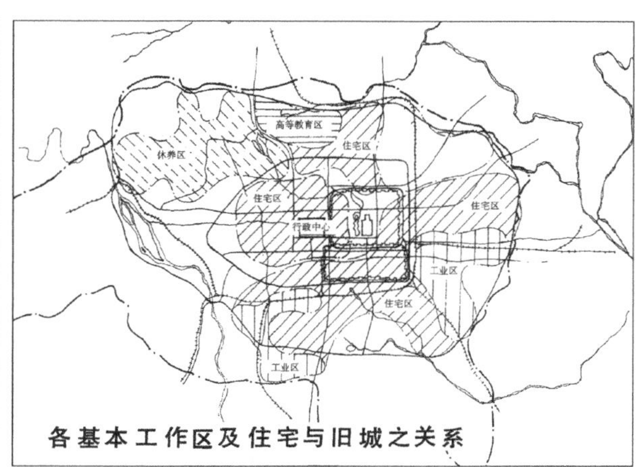

图 7-29　梁陈方案示意图[3]（左）

图 7-30　梁陈方案中各基本工作区（及其住区）与旧城之关系图[4]（右）

① 董光器编著．古都北京五十年演变录．东南大学出版社，2006.5.
② 董光器编著．古都北京五十年演变录．东南大学出版社，2006.5.
③ 董光器编著．古都北京五十年演变录．东南大学出版社，2006.5.
④ 董光器编著．古都北京五十年演变录．东南大学出版社，2006.5.

在该建议的最后，梁陈用排比句表达了其理由之充足："我们相信，为着解决北京市的问题，使它能平衡地发展来适应全面性的需要，为着使政府机关各单位间得到合理的且能增进工作效率的布置，为着工作人员住处与工作地的便于来往的短距离，为着避免一时期中大量迁移居民，为着适宜的保存旧城以内的文物，为着减低城内人口过高的密度，为着长期保持街道的正常交通量，为着建立便利而又艺术的新首都，现时西郊地区都完全能够适合条件"。当年，梁思成曾对一位领导人直言："在保护老北京城的问题上，我是先进的，你是落后的"，并强调："五十年后，历史将证明你是错误的，我是对的"①。

关于行政中心的争议，当时并没有取得一致意见。到 1952 年底，也没有拿出一个正式的城市规划方案。但是，实际的建设还是主要按照行政中心放在旧城的思路进行的。之后不久，"梁陈方案"被一些人指责为与苏联专家"分庭抗礼"，与"一边倒"方针"背道而驰"。更有甚者，有人指责设计新行政中心，是"企图否定"天安门作为全国人民向往的政治中心②。最后，还是选择将行政中心放到旧城内。1953 年，由华揽洪和陈占祥完成的两个方案，都将行政区放到了旧城。

2. 北京城市规划和名城保护

自从行政中心决定放在旧城后，为了能尽早让北京旧城的改造与更新有章可循，1953 年市委工作小组对华揽洪和陈占祥的两个方案进行综合，同年 11 月，提出了《改建与扩建北京市规划草案的要点》并上报给了党中央。规划提出了六条原则，其中的一条指出："在改建首都时应当从历史形成的城市基础出发，既保留和发展合乎需要的风格和优点，又要打破旧的格局所给我们的限制和束缚，改造和拆除那些妨害城市发展和不适于人民需要的部分使它成为适应集体主义生活方式和社会主义的城市"；还有一条原则指出："对于古代遗留下来的建筑物，我们必须加以区别对待。采取一概否定的态度显然是不对的，一概保留、束缚发展的观点和做法也是极其错误的。目前的主要倾向是后者"。可以看出，这一稿的规划，对于历史城市的保护，停留在仅保护部分"古代遗留下的建筑物"，缺少对历史城市"整体保护"的概念，有其时代的局限性。

1953 年上报中央的方案在审查过程中，国家计划委员会（简称国家计委）和北京市委在旧城更新上的认识没能达成统一，国家计委为此聘请了一批苏联专家来京协助，对现有规划作进一步深入设计。1955 年北京市委成立了都市规划委员会，经过三年的努力，于 1958 年由委员会正式提出了《北京城市建设总体规划方案》（图 7-31）。这一版规划明确提出放射性道路不斜穿进城，并且所有的放射性道路都相交于二环路（即旧城）外。保留旧城方格型道路格局，这一点对于古城保护是积极的。但该方案还提出，对古代遗留下来的建筑物应采取有的保护、有的拆除、有的迁移、有的改建的方针，主要内容包括："对北京旧城进行根本性的改造，坚决打破旧城市的限制和束缚，故宫要着手改建，把天安门广场、故宫、中山公园、文化宫、景山、北海、什刹海、积水潭、前三门、护城河等地组织起来，拆除部分房屋，扩大绿地面积。

① 梁思成，陈占祥等．梁陈方案与北京．辽宁教育出版社，2005.114.

② 陈占祥．忆梁思成教授．梁思成先生诞辰八十五周年纪念文集．清华大学出版社，1986.

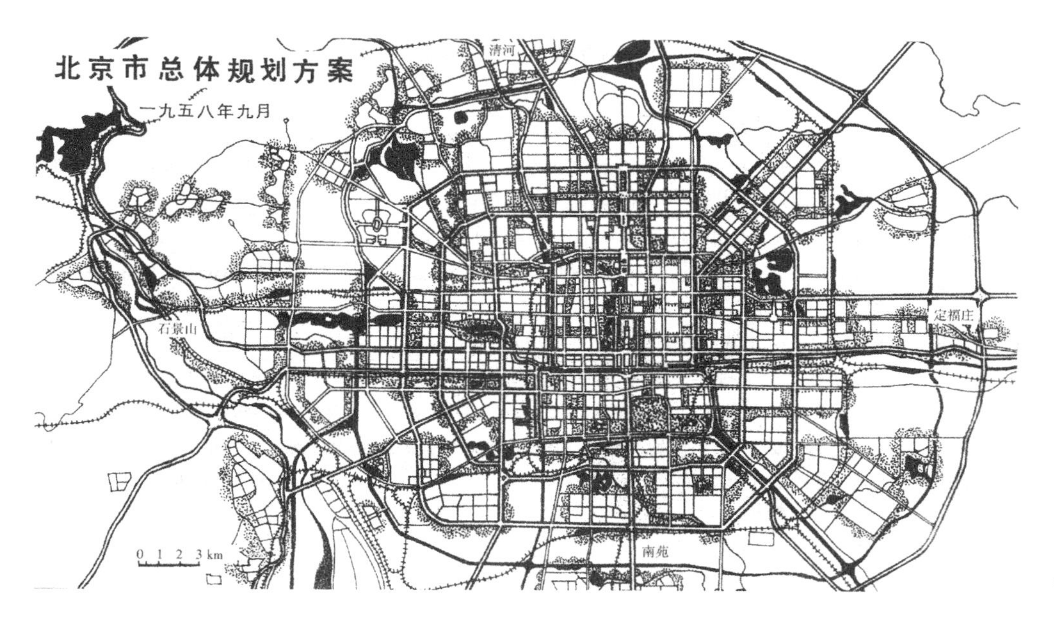

图 7-31　北京市总体规划方案（1958 年）[①]

城墙、坛墙一律拆掉”。

这一版《北京城市建设总体规划方案》的出台可以说是征询了各方意见，经过将近十年时间的讨论、探索最终形成的保护发展策略。但是由于总体规划没能及时出台，导致城市建设多以解决当前面临的现实问题为准。在 1950~1958 年间，为了解决交通拥堵问题，很多旧城城门，如内城九门之崇文门、阜成门，外城七门之永定门、东便门、西便门、右安门的瓮城被拆除，城墙两侧则多开豁口以便行人和车辆通行。1958 年城市建设总体规划正式出台，强烈地提出了改建旧城的思路，因此在新中国百废待兴之际，大量的历史古迹被拆除（表 7-10）。1959 年，为了庆祝中华人民共和国成立 10 周年，东西长安街上的三座门被拆除，并在天安门南侧建设了人民大会堂、革命历史博物馆以及民族宫、民族饭店、华侨大厦等若干公共建筑。随后，三年困难时期到来，由于经济力量的限制，旧城改造无法继续进行，大规模的拆除行为也就此放缓。

在 1960 年代初，都市规划委员会在 1958 年《北京城市建设总体规划方案》的基础上开始进入分区详细规划阶段。建筑设计院在外城的西南和东南的空地上，按照苏联的模式编制了小区规划，并先后建起了白纸坊、幸福村、龙潭、虎坊桥等住宅小区以及若干行政办公与文化设施。除此之外，建筑设计院和规划局在这一时期均对北京旧城的更新作了深入的研究，编制的众多方案概括起来都具有如下特点：即除了保留了文物保护单位外，胡同系统和成片的四合院全部被拆除，北京旧城基本上被平直宽敞的机动车道路划分成若干居住小区。尽管并不作为实施方案，但这充分体现了当时大规模改建旧城的思想以及缺乏对旧城历史环境进行整体保护的意识。

① 董光器编著．古都北京五十年演变录．东南大学出版社，2006.31.

1950~1965年北京旧城拆除的历史古迹　表7-10

年份	拆除内容
1950年	①辟西直门城楼两侧豁口；②拆崇文门瓮城，城楼两侧开辟券门；③西安门失火焚毁；④拆东西外三座门、履中蹈和两牌坊及花墙；⑤拆辟建国门北、东皇城根、何家口、旧鼓楼大街北、辟才胡同西、祖家街西等六处城墙豁口
1951年	①拆永定门瓮城，城门东侧开辟豁口；②拆东便门瓮城
1952年	①辟安定门东、崇文门东、宣武门西三处城墙豁口；②拆除长安左门和长安右门；③拆西便门城楼、箭楼、瓮城
1953年	①拆除阜成门瓮城及箭楼城台；②拆右安门箭楼和瓮城
1954年	①拆历代帝王庙牌楼；②拆东西交民巷牌楼；③拆庆寿寺双塔；④拆东西长安街牌楼；⑤拆辟左安门至龙须沟之间城墙豁口；⑥拆棍贝子府，拆东四牌楼、西四牌楼
1955年	①拆大高玄殿东西两座牌楼；②拆天安门广场东、西两侧皇城墙；③拆地安门、拆广安门箭楼；④拆德胜门城楼台基、券洞；⑤拆正阳桥牌楼；⑥拆金鳌、玉蝀牌楼；拟拆北海团城，改建金鳌玉蝀桥
1956年	①拆大高玄殿南面牌楼及两座习礼亭；②拆旧刑部街、报子街、卧佛寺街、邱祖胡同及复兴门城台、券门；③拆除朝阳门
1957年	①拆除中华门至人民英雄纪念碑之间东西两侧红墙；②拆外城西北角楼；③拆广安门北侧城墙
1958年	①拆永定门城楼、箭楼；②拆除外城城墙；③拆除和平门；④拆东、西观音寺一带老城区；⑤拆朝阳门箭楼
1959年	拆中华门
1965年	拆北海万佛楼

二、“文革”期间北京名城保护

1967年1月，国家建委通知停止执行1958年的《北京城市建设总体规划》，1968年10月规划局也宣布被撤销。从1966年至1970年之间，没有专门的机构及人员对旧城的规划问题进行系统研究。1971年，时任北京市委书记万里主持修编了一稿城市总体规划，但1973年上报市委后被搁置未予讨论，实际上这稿总体规划也基本上未涉及旧城建设。

“文革”动荡的十年，北京旧城建设处于无规划指导的状态，很多珍贵的文物古迹都在这一时期遭到严重破坏（图7-32、图7-33）。自1960年代中期开始，随着国民经济的好转，50年代暂停的修建地下铁道工程又重新被提起。当时针对修建北京地铁曾有过很多不同的方案，但由于只能采取明挖的施工方式，专家们经过反复研究，为了避免拆除大量民房，最终确定拆除城墙修建“一环两线”。另外，1969年中苏两国因边境问题冲突加剧，全市开始大修防空洞，城墙砖成了现成的建设材料。这样，在50年代末幸存下来的北京内城城墙在双重建设压力下被彻底拆除。就这样，始建于元代的北京城墙就此消失，最终仅剩正阳门城楼、箭楼及德胜门箭楼几个孤零零的单体建筑。在此期间，除了拆除旧城边缘的城墙外，旧城内建设了数十万平方米的“干打垒”式的简易住宅，无厨房、无厕所、空斗砖墙、薄屋顶，生活条件极差，形成了“新贫民窟”[①]。大规模私搭乱建及对文物古迹的拆除，严重破坏了北京旧城的整体风貌。

---

① 董光器编著．古都北京五十年演变录．东南大学出版社，2006.42.

图 7-32 北京的城墙及护城河[①]（左）
图 7-33 北京内城南城墙[②]（右）

三、1980 年代北京名城保护

1982 年，国务院公布了首批 24 个全国历史文化名城，北京名列榜首。同一年编制的《北京市城市建设总体规划》对此作出了具体要求，其主要内容为："古都风貌的保护不仅要保护古建本身，而且要保护其周围环境，还要从整体上考虑保护北京特色"（图 7-34）。1983 年 7 月 14 日，中共中央、国务院对 1982 年的总体规划作出批复，并明确规定："北京的规划和建设要反映出中华民族的历史文化、革命传统和社会主义国家首都的独特风貌，对珍贵的革命史迹、历史文物古建筑和具有重要意义的古建筑遗迹要妥善保护"，"要逐步地、成片地改造北京旧城，既要提高旧城区各项基础建设的现代化水平，又要继承和发扬北京的历史文化城市的传统，并力求有所创新"。这一版总体规划虽然并未完全脱离旧城彻底改建的影响，但将"加快旧城改建"转变为"旧城逐步改建"，客观上对旧城的保护起了一定作用。

为了落实总体规划中对文物建筑的保护要求，规划部门编制了《北京文物、古迹、古建筑保护初步设想》的专题规划。文物部门抓紧进行文物普查工作，各区县也公布了区级保护单位。从 1983 年开始，规划局和文物局对文物保护单位逐个划定保护范围及建设控制地带，对不同建筑控制地带内允许的建设行为和建筑高度进行控制。划定保护范围及控制地带，不仅保护了文物建筑所处的周边环境，同时也为今后进一步深化规划留下了余地。

随着首都建设规模日渐增加，旧城区内很多高层建筑拔地而起，严重影响了旧有的历史风貌。为此，1985 年，首都规划委员会首次公布了《北京市区建筑高度控制方案》。方案对旧城内不同区域内新建建筑高度作出规定，旧城以内新建筑不要超过 45 米，旧城以外不要超过 60 米。1987 年，规划建设委员会对建筑高度控制的内容进行调整，并进一步提出了与高度控制相关的建筑容积率以及对景观走廊和传统风貌街区进行保护（图 7-35）。

在此期间，规划工作在总结过去 13 年成果的基础上，对保留北京旧城的历史风貌提出了更高的要求。按照总体规划，在 1982~1992 十年间，北京市级文物保护单位由 78 项增加到 209 项，各区县公布的文物更是多达千项，文物建筑单体的保护工作取得了一定的成果。但在整个旧城区内，由于 1974 年政策调整，允许各单位在自己的大院内自建住宅，导致许多单位拆除平房"见缝插楼"。到了 1980 年代初，解

① 林京编著 . 寻觅旧京 . 人民文学出版社，2014.77.
② 蔡青编著 . 百年城迹 . 金城出版社，2014.298.

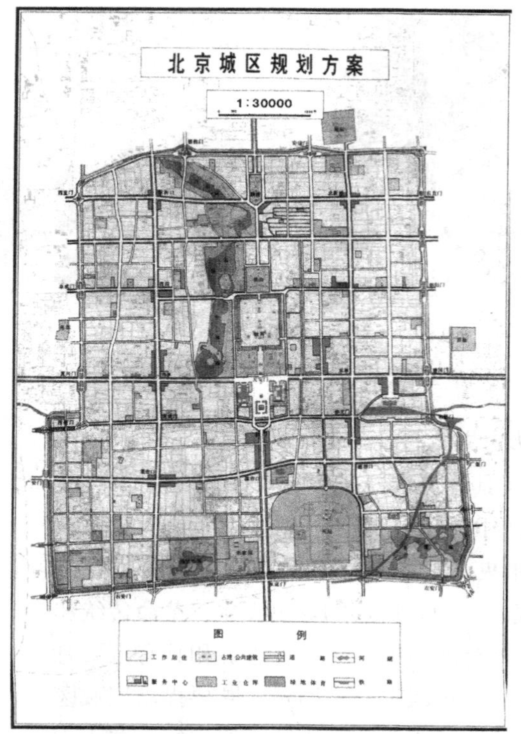

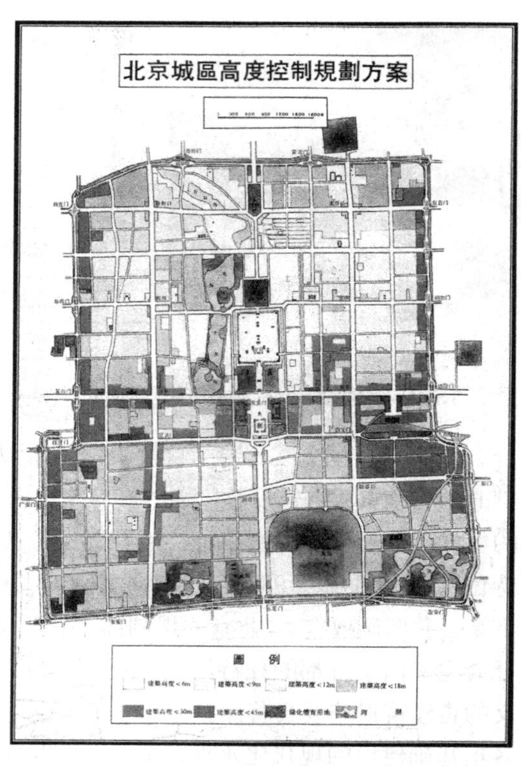

图 7-34 北京城区规划方案（1982 年）[①]（左）
图 7-35 北京城区高度控制规划方案（1987 年）[②]（右）

放后新建房屋的面积已约占旧城建筑总面积的 2/3，大量新建建筑破坏了原有旧城肌理。另外，随着建筑技术的进步与发展，高层建筑进入了快速发展期，尽管有高度控制规定，但由于旧城原有空地在 1980 年代前大部分已被开发建设完，导致建设单位在新建建筑时都想增加面积，提供更多住房，因此很多高层建筑突破了高度控制。而旧城内的四合院更是成了旧城改造工程的重点。随着人口增加，四合院出现了杂居现象，因为每户都有建设独立厨房的需要，居民纷纷搭建棚屋。据估算，由于私搭乱建，四合院内的密度提高了 15%，还有很大一部分四合院因为年久失修成了危旧破房。总体规划中虽然提到对私搭乱建及危旧破房进行管制、改造，但在实施层面，政府缺乏充足的资金，无法对数量庞大的四合院进行改造，而建设单位由于成本大但收益小，都不愿意进行改造，居民则更想通过拆迁改变居住环境，这样就造成“好房有人拆，破房无人改”的怪现象。

四、1990 年代北京名城保护

1992 年的《北京城市总体规划》指出：“北京是国家级历史文化名城，北京的建设要反映出中华民族的历史文化、革命传统和社会主义中国首都的独特风貌。”（图 7-36）这一稿总体规划吸收了历次规划的成果，比较系统地阐释了保护的范围、内容和措施。如明确了历史文化名城的保护范围，包括市域（包括以旧城区为核心的市中心区和辖区内的广大地区）全部；另外，明确了历史文化名城保护的三个层次，

① 董光器编著．古都北京五十年演变录．东南大学出版社，2006.43.
② 董光器编著．古都北京五十年演变录．东南大学出版社，2006.63.

即文物保护单位的保护、历史文化保护区的保护、历史文化名城整体保护。该稿还提出整体保护的十项要求：(1) 保护和发展传统城市中轴线；(2) 注意保持明、清北京城“凸”字形城廓平面；(3) 保护与北京城市沿革密切相关的河湖水系，如长河、护城河、六海等；(4) 旧城改造要基本保持原有的棋盘式道路网骨架和街巷、胡同格局；(5) 注意吸取传统民居和城市色彩的特点，保持皇城内青灰色民居烘托红墙、黄瓦的宫殿建筑群的传统色调；(6) 以故宫、皇城为中心，分层次控制建筑高度；(7) 保护城市重要景观线；(8) 保护街道对景；(9) 增辟城市广场；(10) 保护古树名木，增加绿地，发扬古城以绿树衬托建筑和城市的传统特色。这稿规划突出了历史城市保护的要求，从此总体规划不再把“旧城改建”作为专题，而从突出“改建”转化为突出“保护”：从“加快旧城改建”转变为“旧城逐步改建”，进而转变为“历史城市的保护与更新”；从单纯对“文物古迹的保护”发展到“要保护其周围环境”，进而发展到对旧城实施整体保护，提出十项要求，这些转变反映了城市规划对历史城市保护认识不断提高与深化的过程。①

1992 年《北京城市总体规划》中确定了 25 片历史文化保护区名单，并于 2000 年经过调整补充，编制完成了 25 片历史文化保护区的保护规划。

在城市建设方面，自从改革开放以来，经济的快速增长导致人口大量增加。由于旧城已无新的建设用地，为了解决满足住房需求，1990 年，北京市市政府作出加速危旧房屋改造的决定，提出要把工作重心从开发新区转移到开发与危改并重上来，决定在全市范围内实施较大规模的“危旧房改造”计划，同时提出了“加快危旧房改造，尽快解决人民群众住房问题”的口号。② 这一政策的实施，导致北京旧城内大部分的胡同、院落成片被拆除。据统计，1991 年底全市共确定了 120 片危改区。其中城区（二环路以内）98 片，已有 17 片正式开工，占地面积 1207 万平方米；1993 年底确定危改区 221 片；1994 年危改审批权下放到各区，改造的范围进一步扩大。直到 1999 年，共拆除危旧房屋 360 万平方米。这些被拆出的空地基本都用来建设多层或高层楼房，北京旧城的城市肌理因此受到了很大程度的损伤（图 7-37）。

1992 年开始实行土地有偿使用，房地产业迅速发展起来。开发商为了追求更大的利益，在得到土地使用权后，千方百计提高容积率，规划部门在执法过程中却是困难重重。各级政府为了避免开发商放弃投资，往往总是满足其过度建设的需求，规划部门不得不为此让步，总体规划中的高度控制屡屡被突破。不少高层建筑位于旧城核心地区，严重破坏了旧城低矮开阔的城市景观，阻断了连续的景观视廊。

五、21 世纪以来北京名城保护

2000 年以来，北京旧城保护工作得到了进一步的深化，在确定了北京旧城 25 片历史文化保护区并编制完保护规划的基础上，2002 年由北京市规划委员会、北京市文物局和北京市城市规划设计研究院组织相关部门，编制完成了《北京历史文化名城保护规划》和《北京皇城保护规划》；2003 年《北京城市空间发展战略研究》首次提出了旧城

① 董光器编著．古都北京五十年演变录．东南大学出版社，2006.80.

② 蔡青编著．百年城迹．金城出版社，2014.334.

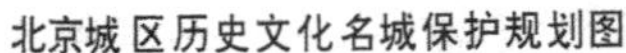

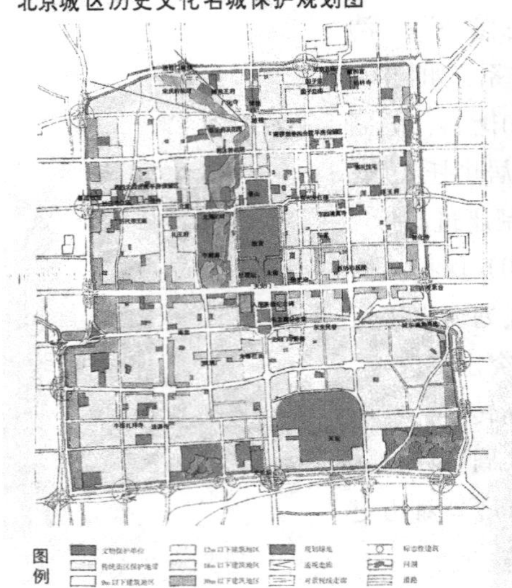

图 7-36　北京城区历史文化名城保护规划图（1992 年）[①]（左）

图 7-37　北京前门鲜鱼口、大栅栏地区鸟瞰（宋连峰摄于 1999 年）[②]（右）

整体保护的战略，并于 2004 年《北京城市总体规划》（图 7-38）中确定了强化历史文化名城的重要地位、坚持对旧城的整体保护、坚持积极保护的原则、积极探索小规模渐进式有机更新的方法，以及调整和健全历史文化名城保护管理的机制和体制的原则。规划将北京城市性质定位为："北京是中华人民共和国的首都，是全国的政治中心、文化中心，是世界著名古都和现代国际城市"。北京历史文化名城的特色和价值概括为五点即（1）独特的城市地理形态；（2）规模宏大的城市与宫殿；（3）完整的旧城风貌与格局；（4）丰富的文物与历史遗存；（5）悠久的地方传统文化。

图 7-38　北京城市总体规划（2004~2010）中的"旧城文物保护单位及历史文化保护区规划图"

在充分认识北京旧城历史价值特色的基础上，这稿规划对原旧城整体保护的十项要求作出调整，对危改模式、交通与市政基础设施改造的对策及历史文化名城的保障机制进行探索，并进一步明确提出"应加强对优秀近现代建筑进行鉴定、保护和合理利用"。2004 年的总体规划可以说是综合了以前各项保护规划的成果，是对历史文化名城保护工作的系统化的梳理与总结（表 7-11）。

---

① 董光器编著．古都北京五十年演变录．东南大学出版社，2006.74.

② 王军著．采访本上的城市．生活·读书·新知三联书店出版，2008.282.

2004年版《北京总体规划》中关于北京名城保护的主要内容　表7-11

历史文化名城保护的原则	（1）坚持贯彻和落实科学发展观的原则，正确处理保护与发展的关系。强化历史文化名城的重要地位。（2）坚持整体保护的原则。完善市域和旧城历史文化资源和自然景观资源的保护体系。重点保护旧城，坚持对旧城的整体保护。（3）坚持以人为本的原则，积极探索小规模渐进式有机更新的方法。在政府主导下妥善处理居民生活条件改善与古都风貌保护的关系。防止片面性，解决"建设性破坏"所引发的矛盾，疏解居住人口，消除安全隐患。统筹保护历史文化资源，重塑旧城优美的空间秩序。（4）坚持积极保护的原则。合理调整旧城功能，防止片面追求经济发展目标，强化文化职能，积极发展文化事业和文化、旅游产业，增强发展活力，促进文化复兴，推动旧城的可持续发展。（5）坚持保护工作机制不断完善与创新的原则。加速推进历史文化名城保护的法制化进程，调整和健全历史文化名城保护管理的机制与体制
旧城整体保护	明清北京城是在辽、金、元时期北京城的基础上发展起来的，是中国古代都市计划的杰作，是历史文化名城保护的重点地区。旧城的范围为明清时期北京护城河及其遗址以内（含护城河及其遗址）的城市区域。应进一步加强旧城的整体保护，制定旧城保护规划，加强旧城城市设计，重点保护旧城的传统空间格局与风貌。 （1）保护从永定门至钟鼓楼7.8公里长的明清北京城中轴线的传统风貌特色。（2）保护明清北京城"凸"字形城廓。沿城墙旧址保留一定宽度的绿化带，形成象征城墙旧址的绿化环。保护由宫城、皇城、内城、外城四重城廓构成的独特城市格局。（3）整体保护皇城。按照《北京皇城保护规划》，开展保护和整治工作。（4）保护旧城内的历史河湖水系。部分恢复具有重要历史价值的河湖，形成一个完整的系统。（5）保护旧城原有的棋盘式道路网骨架和街巷、胡同格局。（6）保护北京特有的"胡同—四合院"传统的建筑形态。（7）分区域严格控制建筑高度，保持旧城平缓开阔的空间形态。（8）保护重要景观线和街道对景。景观线和街道对景保护范围内的建设，应通过城市设计提出高度、体量和建筑形态控制要求，严禁插建对景观保护有影响的建筑。（9）保护旧城传统建筑色彩和形态特征。保持旧城内青灰色民居烘托红墙、黄瓦的宫殿建筑群的传统色调。旧城内新建建筑的形态与色彩应与旧城整体风貌相协调。（10）保护古树名木及大树。保持和延续旧城传统特有的街道、胡同绿化和院落绿化，突出旧城以绿树衬托建筑和城市的传统特色
旧城的保护和复兴	（1）统筹考虑旧城保护、中心城调整优化和新城发展，合理确定旧城的功能和容量，疏导不适合在旧城内发展的城市职能和产业，鼓励发展适合旧城传统空间特色的文化事业和文化、旅游产业。（2）积极疏散旧城的居住人口。综合考虑人口结构、社会网络的改善与延续问题，提升旧城的就业人口和居住人口的素质。（3）积极探索适合旧城保护和复兴的危房改造模式，停止大拆大建。制定科学合理的房屋质量评判和保护修缮标准，逐步改造危房，消除安全隐患，提高生活质量。严格控制旧城的建设总量和开发强度。逐步拆除违法建设及严重影响历史文化风貌的建筑物和构筑物。（4）在保持旧城传统街道肌理和尺度前提下，制定旧城的交通政策和道路网规划，建立并完善适合旧城保护和复兴的综合交通体系。（5）在保护旧城整体风貌、保存真实历史遗存的前提下，制定旧城市政基础设施建设的技术标准和实施办法，积极探索适合旧城保护和复兴的市政基础设施建设模式
文物保护单位的保护	各级文物保护单位是历史文化名城保护的重要内容。文物保护单位的保护必须依据《中华人民共和国文物保护法》执行，要保护历史的真实性。 （1）进一步做好世界文化遗产保护工作，继续划定世界文化遗产缓冲区，制定明确的管理和控制措施，逐步整治、改建或拆除不符合保护控制要求的建筑物和构筑物。（2）做好文物保护单位的保护工作，继续公布各级文物保护单位名单。根据文物资源的布局和特色，分类进行保护和利用。文物保护单位坚持"原址保护"的原则。（3）从保护文物周围历史环境和传统风貌出发，继续划定和完善各级文物保护单位保护范围和建设控制地带，逐步整治、改建或拆除建设控制地带内不符合保护控制要求的建筑物和构筑物。（4）加强城市考古及对地下文物的调查、勘探、鉴定和保护工作，继续划定并公布地下文物埋藏区。对地下文物埋藏区内的建设，坚持先勘探发掘、后进行建设的原则。在旧城内进行基本建设工程时，依据文物保护的有关法规，加强考古调查、勘探工作。（5）加强挂牌保护院落的保护和修缮，继续调查并公布保护院落名单，制定和完善挂牌保护院落的保护措施。挂牌保护院落应依据文物保护的有关法规实施管理。（6）加强尚未核定公布为文物保护单位的各类不可移动文物的普查与管理，继续做好登记、公布工作
优秀近现代建筑的保护	北京优秀近现代建筑，是北京近现代历史时期建造的，能够反映城市发展历史、具有较高历史文化价值的建筑物和构筑物，是历史文化名城保护的重要内容。应加强对优秀近现代建筑的鉴定、保护和合理利用
历史文化保护区的保护	历史文化保护区是保存文物古迹丰富，具有某一历史时期的传统风貌、民族地方特色的街区、建筑群、村镇等，是历史文化名城的重要组成部分。应坚持保护历史信息的真实性、保护传统风貌的整体性、历史建筑保护与利用相结合的原则，加强历史文化保护区的保护 （1）继续做好历史文化保护区的普查、划定、公布工作，及时编制历史文化保护区的保护规划。（2）对已公布的历史文化保护区，应严格依据保护规划实施规划管理。（3）进一步扩大旧城历史文化保护区的范围。根据历史文化遗存分布的现状和传统风貌的整体状况，扩大、整合旧城现有的历史文化保护区；增加新的历史文化保护区。（4）加强历史建筑的保护和再利用。以院落为单位保护和修缮历史文化价值较高的旧宅院。保护传统胡同和街巷空间。（5）根据历史文化保护区的特点，采取相应的历史环境保护和有机更新方式，逐步改善历史文化保护区的居住和生活条件。（6）逐步整治、改建或拆除历史文化保护区内不符合保护控制要求的建筑物和构筑物

续表

市域历史文化资源的保护	进一步加强对北京历史文化名城有重要意义的地质地貌、自然风景、历史及文化遗产等体现城市发展与演变的历史文化资源的保护。 （1）保护独特的自然地理形态。保持城市与山水相互映衬的格局，保护历史文化名城整体格局的宏观环境。（2）完善市域及周边地区历史文化资源和自然景观资源的保护体系。突出历史文化脉络，形成文化遗产保护体系。重点保护历史遗存及其环境，充分发掘其中的文化内涵。（3）保护各级风景名胜区。及时编制风景名胜区规划，严格依据规划实施规划管理，保护自然景观、文化古迹和生态环境。（4）保护与城市发展密切相关的历史河湖水系，划定保护范围并加以整治。重点保护护城河水系、古代水源河道、古代防洪河道、风景园林水域以及重要的水工建筑物。（5）保护辽、金、元、明、清不同时期北京城池变迁过程中遗存的历史遗迹和城池格局特征。（6）发掘、整理、恢复和保护丰富的各类非物质文化遗产，如传统地名、戏剧、音乐、字画、服饰、庙会、老字号等，继承和发展传统文化精髓，焕发古都活力
机制保障	（1）建立旧城保护、中心城调整优化和新城发展的统筹协调机制，完善旧城保护的实施机制，促进旧城的有机疏散。（2）健全北京历史文化名城保护的相关配套法规和政策。制定《北京历史文化名城保护条例》及相关法规，调整与历史文化名城保护相矛盾的规划内容、规章和规定，严格依法进行保护和管理。（3）建立健全旧城历史建筑长期修缮和保护的机制。推动房屋产权制度改革，明确房屋产权，鼓励居民按保护规划实施自我改造更新，成为房屋修缮保护的主体。制定并完善居民外迁、房屋交易等相关政策。（4）打破旧城行政界限，调整与历史文化名城保护不协调的行政管理体制，明确各级政府以及市政府相关行政主管部门对历史文化名城保护所负担的责任和义务。（5）遵循公开、公正、透明的原则，建立制度化的专家论证和公众参与机制

进入21世纪，北京市现代化建设的步伐加快。为了把北京建设成为世界一流水平的现代化大都市，危旧房改造工程依旧在推进，城市发展各项工作中的重中之重仍是发展经济。尽管总体规划中提到对旧城进行整体保护，但很多老城区内的胡同、大片的四合院还是被拆除了（图7-39）。据统计数据显示，1949年北京旧城区有胡同3250条；到1990年为2257条；经过20世纪80年代末90年代初的几次大拆大改，到2003年仅剩1571条；截至2007年就只剩下1243条了。北京的四合院也一样，在20世纪50年代，占地面积总计1700多万平方米，占当时北京建筑占地面积的90%以上。到了2012年，据北京市地方志编纂委员会办公室副主任、《北京四合院志》副主编谭烈飞的调查结果显示，完整的四合院仅剩下923座。可以说，无论在规模还是数量上，自2000年以来，北京旧城的拆迁量都达到了一个新的高峰（图7-39）。由此可见，针对北京旧城的各项保护规划并没有被严格执行，这是一个十分关键的问题。目前的保护工作需要加强执法的刚性及保护意识的普及工作，让保护规划能被各方理解并给予支持。如此，北京旧城才能维持其传统的历史风貌。

图7-39 拆除前的保安寺街①

① 蔡青编著.百年城迹.金城出版社，2014.566.

第八章　历史文化街区保护

第一节　国外的历史街区

“历史文化街区”是我国的法定名词，国际上一般称为“历史街区”（Historic Area）。所谓历史街区，简单说，就是一个城市中建筑遗产集中分布的片区。这些街区内的单个建筑可能并不具有特别高的价值，但它们组合而成的群体，具有独特风貌，是城市历史和灿烂文化的见证，因而具有很高的保护价值。

对于历史街区的保护，国际社会在20世纪以来出台了一系列宪章、宣言等，以唤起保护意识并指导保护实践。

早在1933年的《雅典宪章》中就明确提出：“有历史价值的古建筑应保留，无论是建筑单体还是城市片区。”该宪章作为城市规划的“纲领性文件”，集中反映了“现代学派”的观点，虽然并没有太多关注历史建筑，但其中已经初露历史街区的端倪。

1964年通过的著名的《威尼斯宪章》，全称就是《保护文物建筑及历史地区的国际宪章》，其中提到：“历史文物建筑的概念，不仅包含个别的建筑作品，而且包含能够见证某种文明、某种有意义的发展或某种历史事件的城市或乡村环境”。

1976年通过的《内罗毕建议》，全称为《关于历史地段的保护及其当代作用的建议》，其中提到：“历史地区及其环境被视为不可替代的世界遗产的组成部分”，并列举了详尽的保护措施。但这里所指的“历史地段”比较宽泛，包括史前遗址、历史城镇、老城区、古村落等多种类型，并不特指城市中的历史街区。

作为《威尼斯宪章》补充的《华盛顿宪章》（1987年），全称为《保护历史城镇与城区的宪章》，对历史街区保护有了更进一步的认识。其中提到：“所有城市社区，不论是长期逐渐发展起来的，还是有意创建的，都是历史上各种各样的社会的表现”。并指出“历史城区”，“无论大小，包括了城市、城镇和历史上的城市中心或者街区，以及它们的自然和人工环境”。这里所指的“历史城区”，和我国的“历史文化街区”的概念已经非常接近。

除了国际社会外，各国也陆续开始重视历史街区的保护工作。虽然各国所用的名称、保护的程序、管理的政策不尽相同，但基本精神是一致的。

1962年，法国颁布了《马尔罗法》（即《历史街区保护法令》），规定将有价值的历史街区划定为“历史保护区”。该法规定保护区内的建筑物不得任意拆除，符合要求的修整可以得到国家的资助，并享受若干减免税的优惠。截至2007年，全法有97个国家级的保护区，面积6664公顷，约80万居民[①]。这些保护区大多为法国主要城

---

① 邵勇著．法国建筑·城市·景观遗产保护与价值重现．同济大学出版社，2010.70.

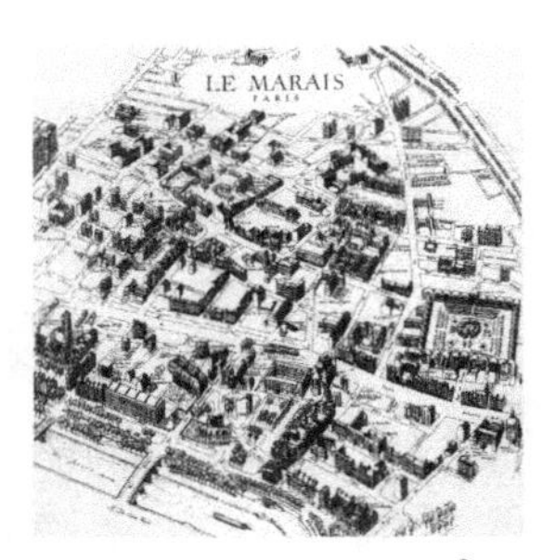

图 8-1 巴黎马莱保护区[①]

市的历史中心区，面积大小不一，如最初的巴朗斯保护区只有 6 公顷，但巴黎马莱保护区则有 126 公顷（图 8-1），凡尔赛宫保护区有 165 公顷，图卢兹保护区 230 公顷。大者的面积是小者的近 40 倍，面积相差悬殊。这些保护区内有较多的居民，所以其保护政策与文物建筑的保护政策有很大区别，采取更为灵活的保护措施。

英国在 1967 年颁布的《城市宜居法》（Civic Amenities Act）中，首次提出设立“保护区”。目前，保护区设立的法定依据是 1990 年颁布的《登录建筑和保护区法》。该法案第 69 条规定：“地方规划当局应该确定所在的区域中哪些区域具有重要的建筑价值和历史价值，其特征和外观值得保护，并将这些区域指定为保护区”。英国的保护区可以是城镇中的某个地段，也可是整个城镇，也包括一些乡村。英国保护区的数量很多，截至 2010 年，在英格兰地区已经划定了 9799 多处保护区，其内含 100 多万栋建筑。如利物浦的市区就划定了 36 个保护区（图 8-2），伦敦更是划定了百余个保护区（图 8-3）。英国设立这些保护区的目的，主要是为了改善和提高保护区的价值，并规定可以适当改变保护区内的建筑，以适应现代生活的需要。

1975 年，日本修订的《文化财保存法》增加了保护“传统建筑群”的内容。该法律规定，“传统建筑集中与周围环境一体形成了历史风貌的地区”，应定为“传统建筑群保护地区”。在实际操作中，首先由地方城市规划部门确定保护范围，制定地方一级的保护条例。然后，国家选择一部分价值较高者，作为“重要的传统建筑群保护地区”。该法律规定，在这些地区，一切新建、扩建、改建及改变地形地貌、砍树等，都要经过批准；城市规划部门要做保护规划，确定保护对象，列出保护的详细清单；城市规划部门还要主导制定保护整修的计划，对传统建筑进行原样修整，对非传统建筑进行改建或整修，对有些严重影响风貌的建筑要改造或拆除重建。

其他很多国家也采用历史街区的保护形式。如奥地利的维也纳确定了 98 个历史街区，意图保护的建筑占全市建筑总数的 6%[③]。总之，划定保护区逐渐成为城市风貌保护和建筑遗产保护的重要手段。

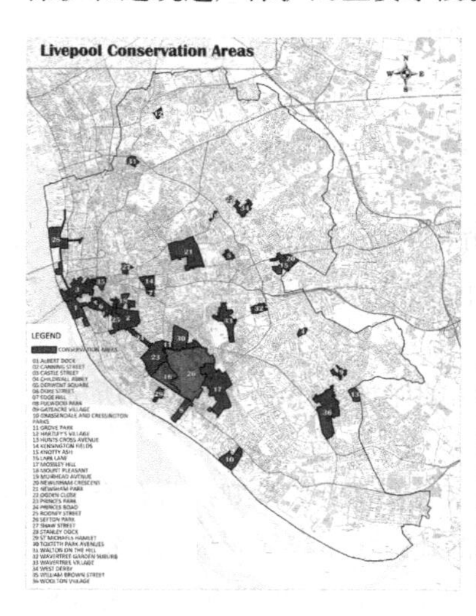

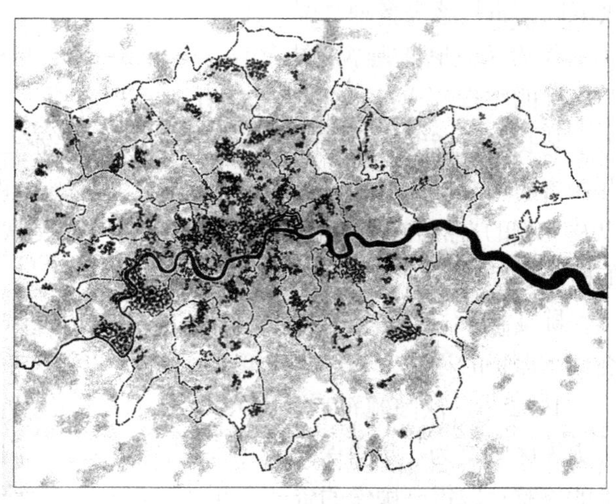

图 8-2 英国利物浦（Liverpool）市区的 36 个保护区（左）
图 8-3 英国伦敦（London）市区百余个保护区[②]（右）

① 伍江，王林主编．历史文化风貌保护规划编制与管理．同济大学出版社，2007.12.
② 安东尼·滕（Anthony M.Tung）著．世界伟大城市的保护．清华大学出版社，2014.327.
③ 安东尼·滕（Anthony M.Tung）著．世界伟大城市的保护．清华大学出版社，2014.250.

第二节　国内的历史文化街区

一、历史文化街区的发展概况

一百多年前，我国类似平遥、丽江的古城很多。这些古城各有特色，单就平面形状而言，有正方形、长方形的，有圆形、椭圆形的，有单城、双城的，有规则、不规则的，可谓千姿百态。但这些数量庞大的古城，在最近一百年中，几乎全线失守，拆毁殆尽。时至今日，纵览全国，符合历史文化名城条件的只是极少数。甚至很多城市尽管有“国家历史文化名城”的头衔，但名不副实，城内早已高楼林立，只剩下屈指可数的几个文物古迹了，传统建筑占比极低。要保护这些城市的整个老城区，已经不太现实和没有必要了。

国内从 20 世纪 80 年代开始，逐渐认识到历史文化街区保护的重要性和迫切性。

30 余年来的实践也证明，尽管把一座古城完整保护下来意义重大，但真正实施起来困难重重，往往需要付出很大的代价，很难实现。对于只剩下寥寥几个历史街区的城市，只能退而求其次，将保护的重点集中到历史街区。也就是说，历史街区的出现，某种意义上是名城保护的无奈选择和必然出路。就是对于那些保护相对完整的名城，划出一些更为精华的区域进行重点保护，也未尝不是一种好的方法（图 8-4）。这样，历史文化街区逐渐成为历史文化名城保护的重要手段和重要层次，形成宏观（历史文化名城）、中观（历史文化街区）和微观（文物建筑）三个层次的遗产保护体系。

历史文化街区从提出到现在已经三十余年（表 8-1）。1985 年由王景慧执笔的《西南三省名城调研情况报告》中就特别指出：“就我们所见，许多历史上很重要、名声较大的城市，其城市特点、传统风貌已经破坏严重，当前尚可收拾的抢救下来是完全必要的。但对于许多城市来说，就整个城市着眼，保护特点风貌已经困难了，所以建议除了历史文化名城，再设定一个‘历史性传统街区’的名目，实事求是地缩小范围，使那些整体上已不够名城条件，局部却又很好的历史文化遗存的地方也能得到恰当的保护。”[①] 这是较早提出设立历史文化街区的完整论述。

图 8-4　20 世纪 30 年代的上海外滩

① 仇保兴主编．风雨如磐．历史文化名城保护 30 年．中国建筑工业出版社，2014.17.

国内有关历史文化街区保护的重要文件　表8-1

时间	内容
1986 年	国务院在公布第二批国家历史文化名城的文件中指出："对文物古迹比较集中，或能完整地体现出某一历史时期传统风貌和民族地方特色的街区、建筑群、小镇村落等也应予以保护，可根据它们的历史、科学、艺术价值，公布为当地各级历史文化保护区"。其中就明确提出要保护有价值的街区
1994 年	发布《历史文化名城保护规划编制要求》，其中提到："对于具有传统风貌的商业、手工业、居住以及其他性质的街区，需要保护整体环境的文物古迹、革命纪念建筑集中连片的地区，或在城市发展史上有历史、科学、艺术价值的近代建筑群等，要划定为'历史文化保护区'予以重点保护"
1996 年	在安徽省黄山市屯溪区召开了"历史街区保护国际研讨会"。会议由原建设部城市规划司、中国城市规划学会、中国建筑学会联合举办
1997 年	建设部转发《黄山市屯溪老街区历史文化保护区保护管理暂行办法》，其中明确了历史文化街区的重要地位和保护原则方法。指出"历史文化保护区是我国文化遗产的重要组成部分，是文物保护单位、历史文化保护区、历史文化名城这一完整体系不可缺少的一个层次"
2002 年	修订的《文物保护法》规定："保存文物特别丰富，具有重大历史价值和革命意义的街区（村、镇）定为历史文化街区（村、镇）"，将历史街区列入不可移动文物范畴，正式明确了"历史文化街区"的概念。从文物法开始，国内官方用语中，由"历史文化街区"替代了"历史文化保护区"一词
2003 年	针对大量历史街区被破坏的状况，建设部公布了《城市紫线管理办法》。通过划定城市紫线，为历史文化街区和历史建筑保护范围的划定、规划的制定和实施等提供了重要依据
2005 年	发布《历史文化名城保护规划规范》，其中有很多内容是关于历史文化街区的
2008 年	颁布《历史文化名城名镇名村条例》，该条例的出台，使得历史文化街区的保护管理被提升到前所未有的高度，对其保护有着重要的现实意义和深远的历史意义
2012 年	住建部和国家文物局印发《历史文化名城名镇名村保护规划编制要求（试行）》
2014 年	住建部印发关于贯彻落实《历史文化名城名镇名村街区保护规划编制审批办法》的通知
2015 年	住房城乡建设部、国家文物局公布第一批 30 片中国历史文化街区
2016 年	2 月，《中共中央、国务院关于进一步加强城市规划建设管理工作的若干意见》中提道："用五年左右时间，完成所有城市历史文化街区划定和历史建筑确定工作"；7 月，住房城乡建设部印发《历史文化街区划定和历史建筑确定工作方案》的通知

国务院 1986 年公布第二批国家历史文化名城时，明确提出了设立"历史文化保护区"的想法。但当时所提的"历史文化保护区"，不仅包含城区中的历史街区，也包含城区外的历史村镇。时隔 16 年后的 2002 年，在修订后的《文物保护法》中明确规定："保存文物特别丰富，具有重大历史价值和革命意义的街区（村、镇）定为历史文化街区（村、镇）"，这里所指的历史文化街区，就是指城区中的街区，不再包含城外的历史文化村镇，标志着"历史文化街区"保护制度的正式确立。

二、历史文化街区的申报和认定

2008 年颁布的《历史文化名城名镇名村条例》对"历史文化街区"给出了明确定义："指经省、自治区、直辖市人民政府核定公布的保存文物特别丰富、历史建筑集中成片、能够较完整和真实地体现传统格局和历史风貌，并具有一定规模的区域"。将条例中的定义分解之，就成为历史文化街区的申报条件：

首先，保存文物特别丰富。历史街区作为城市文化荟萃之处，应该有丰富的文化遗产。《文物保护法》（2015 年修订）第 14 条规定："保存文物特别丰富并且具有重大历史价值或革命纪念意义的城镇、街道、村庄，由省、自治区、直辖市人民政府公布为历史文化街区、村镇，并报国务院备案。"如北京的东交民巷历史文化街区在2000年编制保护时，就有文物建筑78幢，约占总建筑面积的6.3%。

其次，历史建筑集中成片。历史街区应该具有完整的传统格局，保持原来的空间肌理。街区内除了文物保护单位外，还应该具有数量众多的普通历史建筑，而且这些历史建筑最好能集中连片、相互关联。也只有这些建筑有机组合起来，才能集中反映某一时期的风貌或某段时期的变迁，这是单个建筑不太可能做到的（图8-5）。

图8-5　天津五大道历史文化街区鸟瞰[①]

其三，具有一定用地规模。三幢或五幢历史建筑不能构成历史街区，历史街区必须具有一定的规模。一般面积越大，价值越高。但时至今日，规模较大的街区留存已经越来越少了。除此之外，还有一个纯度问题，即老房子所占的比重问题。有的街区面积很大，但留下来的老房子的比重很低，其价值自然也就低一些。《历史文化名城保护规划规范》GB　50357-2005规定："历史文化街区用地面积不小于1公顷；历史文化街区内文物古迹和历史建筑的用地面积宜达到保护区内建筑总用地的60%以上。"修改后的《历史文化街区管理办法》（2012年征求意见稿）提出："保护范围用地面积不小于2.5公顷，其中核心保护范围用地面积不小于1公顷。"[②]

历史文化街区的认定目前主要有两种途径：

一是名城保护工作中，特别是编制名城保护规划时，往往会划定历史文化街区。北京在1990年和2002年公布了两批40处"历史文化保护区",其中30片在旧城（图8-6），总占地面积约1278公顷，占旧城总面积的21%。上海在2002年确定了12处"历史文化风貌区"（图8-7），总用地面积约为27平方公里，约占上海市新中国成立初期建成区面积的三分之一[③]。天津在2005年也确定了14片历史文化街区（图8-8），占历史城区总面积的14%[④]。

由于各座名城所留存的文化遗产数量多寡不一，遗产分布情况不同，所以，划定的历史街区的数量也差别较大，多者二三十片，少者一两片，还有个别名城已经没有成片的建筑遗产了，自然也就无法划定历史文化街区了。如广东省的佛山市在《佛山历史文化名城保护规划（2011~2020）》划定了20处历史文化街区，其中有6片位于佛山老城区；广州市在2012年划定了22个历史文化街区，山东青岛市在2014年划定了13片历史文化街区；河北省的承德市仅划定了2片历史文化街区。

---

① 沈磊主编．天津城市设计读本．中国建筑工业出版社，2016.217.

② 顾秀梅，胡金华著．苏州平江历史文化街区管理和发展研究．苏州大学出版社，2015.

③ 伍江，王林主编．历史风貌保护区保护规划编制和管理．同济大学出版社，2007.4.

④《天津市总体规划（2005 ~ 2020）》划了定9片历史文化保护区和5片历史文化风貌区，2009年将其统一改为历史文化街区，并重新调整了14片历史文化街区的保护范围。

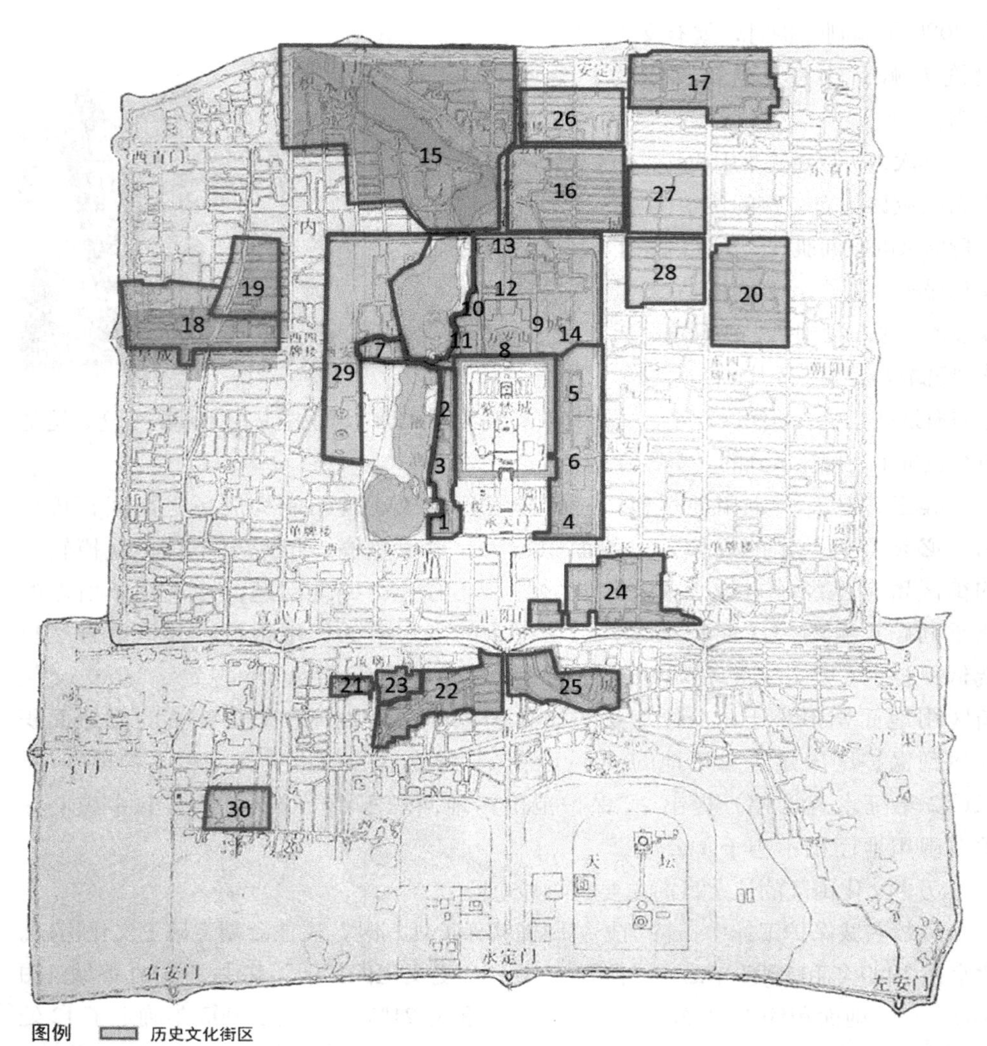

图例 ▭ 历史文化街区

01 南长街 02 北长街 03 西华门大街 04 南池子 05 北池子 06 东华门大街 07 文津街 08 景山前街 09 景山东街 10 景山西街 11 陟山门街 12 景山后街 13 地安门内大街 14 五四大街 15 什刹海地区 16 南锣鼓巷 17 国子监地区 18 阜成门内大街 19 西四北一条至八条 20 东四北三条至八条 21东交民巷 22 大栅栏 23 东琉璃厂 24 西琉璃厂 25 鲜鱼口 26 北锣鼓巷 27张自忠路北 28 张自忠路南 29 皇城 30 法源寺

图 8-6 北京旧城历史文化街区分布图

另外一种认定历史文化街区的形式是各省（自治区、直辖市）的人民政府公布的省级历史文化街区。2014 年 2 月，住房城乡建设部和国家文物局在《关于开展中国历史文化街区认定工作的通知》中规定，申报“中国历史文化街区”原则上是“省级人民政府公布的历史文化街区”。因此，最近几年，很多省份陆续开始核定和公布省级历史街区。当然，有的省份比较早地开展了这一工作。如广东截至 2012 年已经公布了三批省级历史文化街区。

这些已经公布的省级历史文化街区，绝大多数位于国家或省级历史文化名城内。如浙江省 2014 年公布的第一批 78 个省级历史文化街区中，有 50 个位于国家历史文化名城，占 64%；其余 28 个位于省级历史文化名城，占 36%。江苏省 2016 年公布的第一批 58 个省级历史文化街区中，有 50 个位于国家历史文化名城，占 86%；其余 8 个位于省级历史文化名城，占 14%。江西省 2015 年公布的第一批 18 个省级历

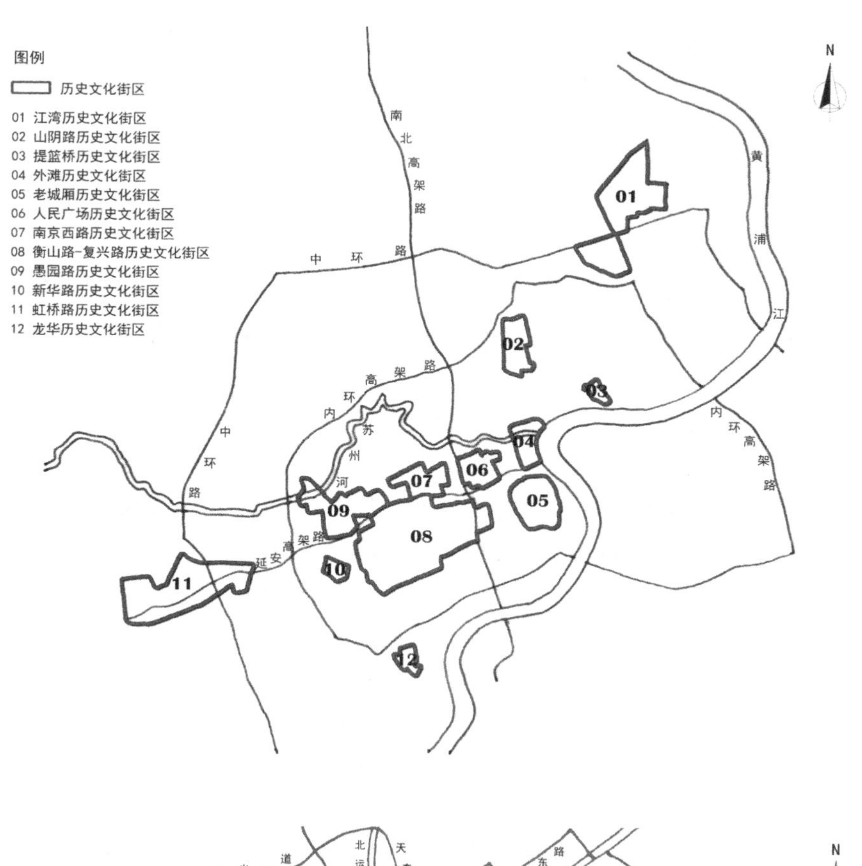

图 8-7　上海市中心城区 12 片历史文化街区分布图

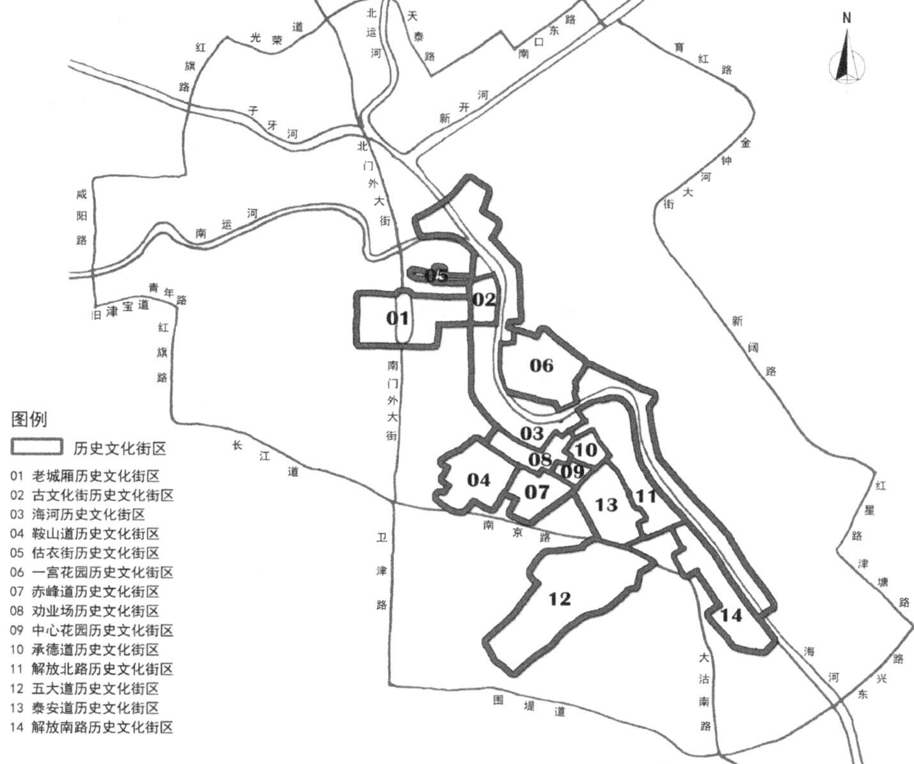

图 8-8　天津 14 片历史文化街区保护范围图

史文化街区中，有 17 个位于国家历史文化名城，占 94%；另外一个位于省级历史文化名城，占 6%。2014 年福建省公布的第一批 9 个省级历史文化街区，有 8 个位于国家历史文化名城内，另外一个在厦门市。

对于非历史文化名城的城市，如果有符合条件的街区，也应当公布为历史文化街区。如内蒙古自治区 2016 年公布的第二批 4 个自治区级历史文化街区，均位于包头和呼伦贝尔，而这两座城市现在都未被公布为历史文化名城。

关于目前国内所存历史街区的数量，2011 年住建部和国家文物局开展的历史文化名城大检查中发现，“全国共有历史文化街区 438 处，13 个城市没有历史文化街区，18 个城市只保留一个历史文化街区”[①]。由于统计口径和具体概念的差异，这一数字不一定完全准确，但估计误差不会很大。另外，作为法定概念的历史文化街区，即省（自治区、直辖市）人民政府公布的历史文化街区，其数量是个定数。但作为广义的历史街区，其数量就很难确定，主要决定于标准。其中的道理很简单，如果标准定得高了，符合条件的就少了；如果标准定得低些，那么满足条件的就多了。而且，数目也随着时间的推移、观念的改变而变化。今年还很好的街区，有可能在明年就被拆毁了。以前人们还不以为然的街区，若干年提高认识后，有可能觉得很不错，就被列为历史文化街区。如工业遗产集中的街区，以前很长时间，觉得就是一堆破厂房，没有什么价值，但现在越来越认识到其价值了。还有，如新中国成立后建设的部分街区，其价值也逐渐突显出来，有可能会被列入保护范畴。

2015 年，住房和城乡建设部、国家文物局公布了第一批“中国历史文化街区”。这是在“国家历史文化名城”、“中国历史文化名镇名村”之后，首次公布“国家级”的历史街区，意义重大（表 8-2）。

2016 年 2 月《中共中央、国务院关于进一步加强城市规划建设管理工作的若干意见》中提到：“用五年左右时间，完成所有城市历史文化街区划定和历史建筑确定工作”。可见，国家层面已经高度重视历史街区的保护。为贯彻落实这一意见，2016 年 7 月住房和城乡建设部制定了《历史文化街区划定和历史建筑确定工作方案》，作了具体安排。

第一批中国历史文化街区名单 表8–2

序号	省市	名称
1	北京市	皇城历史文化街区
2	北京市	大栅栏历史文化街区
3	北京市	东四三条至八条历史文化街区
4	天津市	五大道历史文化街区
5	吉林省	长春市第一汽车制造厂历史文化街区
6	黑龙江省	齐齐哈尔市昂昂溪区罗西亚大街历史文化街区
7	上海市	外滩历史文化街区
8	江苏省	南京市梅园新村历史文化街区
9	江苏省	南京市颐和路历史文化街区
10	江苏省	苏州市平江历史文化街区

① 赵中枢．历史文化街区保护的再探索．现代城市研究，2012（10）．

续表

序号	省市	名称
11	江苏省	苏州市山塘街历史文化街区
12	江苏省	扬州市南河下历史文化街区
13	浙江省	杭州市中山中路历史文化街区
14	浙江省	龙泉市西街历史文化街区
15	浙江省	兰溪市天福山历史文化街区
16	浙江省	绍兴市蕺山（书圣故里）历史文化街区
17	安徽省	黄山市屯溪区屯溪老街历史文化街区
18	福建省	福州市三坊七巷历史文化街区
19	福建省	泉州市中山路历史文化街区
20	福建省	厦门市鼓浪屿历史文化街区
21	福建省	漳州市台湾路－香港路历史文化街区
22	湖北省	武汉市江汉路及中山大道历史文化街区
23	湖南省	永州市柳子街历史文化街区
24	广东省	中山市孙文西历史文化街区
25	广西壮族自治区	北海市珠海路－沙脊街－中山路历史文化街区
26	重庆市	沙坪坝区磁器口历史文化街区
27	四川省	阆中市华光楼历史文化街区
28	云南省	石屏县古城区历史文化街区
29	新疆维吾尔自治区	库车县热斯坦历史文化街区
30	新疆维吾尔自治区	伊宁市前进街历史文化街区

三、历史文化街区的规模和类型

为了方便规划管理，街区一般有明确的界限。在具体划定范围时，一般以街巷、弄堂、河流为界。如果没有这些明显的线性边界，可以以整幢建筑的外墙为界。至于历史文化街区规模，从已经确认的历史街区来看，大小不一，相差悬殊。如上海城区的12片历史文化街区，最大者775公顷，最小者29公顷，最大者是最小者的26倍还多（表8-3）。北京城区的街区大者达301.57公顷，小者仅6.30公顷，前者是后者的48倍（表8-4）。

街区的类型很多，有以居住为主的，有以商业为主的；有历史悠久的，有近代发展起来的；有以传统合院为主的，也有以工业遗产为主的；有保护得完整的，也有濒临消失的。丰富的类型，也是历史文化街区的魅力所在。

上海市城区12片历史文化街区面积一览表[①]　　表8-3

名称	总面积（公顷）	核心保护范围（公顷）	建设控制范围（公顷）
老城厢	200	55	145
外滩	101	53	48
人民广场	107	27	80
南京西路	115	49	72

① 伍江，王林主编．历史文化风貌区保护规划编制与管理．同济大学出版社，2007.108.

续表

名称	总面积（公顷）	核心保护范围（公顷）	建设控制范围（公顷）
衡山路－复兴路	775	436	339
愚园路	223	116	107
山阴路	129	52	77
新华路	34	16	18
虹桥	481	190	291
龙华	45	30	11
提篮桥	29	14	15
江湾	457	64	393

北京老城区部分历史文化街区面积统计　　表8–4

名称	总面积（公顷）	核心保护范围(公顷)	核心保护范围所占比例(%)
景山八片（含8片）	140.45	127.47	90.8
南北长街、西华门大街（含3片）	30.57	30.57	100.0
西四北头条至八条	32.19	29.70	92.3
阜成门内大街	70.38	32.68	46.4
什刹海地区	301.57	178.00	59.0
南锣鼓巷	84.00	49.00	58.3
国子监、雍和宫地区	74.00	39.40	53.2
北池子地区	39.22	20.31	51.8
南池子、东华门大街（含2片）	34.50	30.20	87.5
东四三条至八条	48.80	31.90	65.4
东交民巷	62.84	30.47	48.5
大栅栏地区	47.09	15.67	33.3
东琉璃厂街	10.02	3.79	37.8
西琉璃厂街	6.30	2.20	34.9
鲜鱼口地区	38.08	10.76	28.3

第三节　历史文化街区的保护

各地独具特色的历史街区，是城市记忆留存最丰富的区域，也越来越成为一个个城市的名片，吸引着各地游客。如到北京旅游的人，想必会到大栅栏；到上海，想必会到外滩；到天津，想必会到五大道；到重庆，想必会到磁器口；到福州，想必会到三坊七巷；到成都，想必会到宽窄巷；到杭州，想必会到中山路；到广州，想必会到沙面；到厦门，想必会到鼓浪屿（图8-9），如此等等。这些老街老巷，历经沧桑岁月，尺度宜人，有各式门脸，卖着老字号，挂着老招牌，独具魅力，自然会吸引各地游客。

人有记忆，往往会对小时候有幸福的回忆；人类也有集体记忆，往往对过往充满兴趣。历史街区往往就成为这些记忆的载体。著名作家老舍(1899~1966年)在《一些印象》中这样描述过去的济南：

设若你的幻想中有个中古的老城，有睡着了的大城楼，有狭窄的古石路，有宽

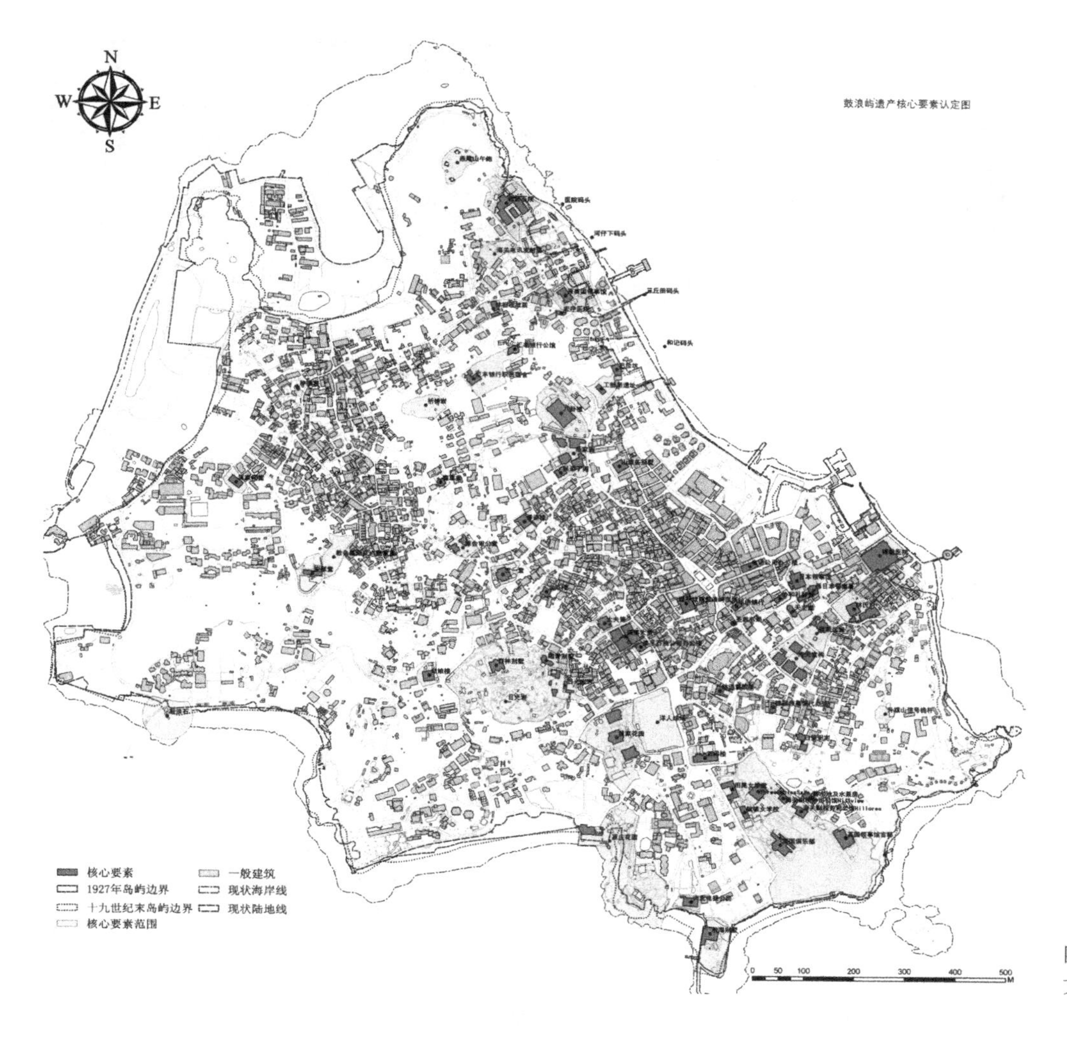

图 8-9　福建厦门鼓浪屿历史文化街区核心要素认定图[①]

厚的石城墙，环城流着一道清溪，倒映着山影，岸上蹲着红袄绿裤的小妞儿。你幻想中要是这么个境界，那便是个济南。

著名散文家朱自清（1898 ~ 1948 年）在散文《南京》中这样描写古城南京：

逛南京像逛古董铺子，到处都有些时代侵蚀的遗痕。你可以摩挲，可以凭吊，可以悠然遐想；想到六朝的兴废，王谢的风流，秦淮的艳迹。

无数的文人墨客在历史街区或古城留下了很多美好的文字记录。这不足为怪，因为历史街区是文化遗产汇集之地，是地域文化的典型代表，很容易令人浮想联翩，怦然心动。

由于历史街区的价值逐渐被认知，很多城市越来越重视历史街区的保护。但其中面临的困难也不少，因为不同历史街区在各方面的情况不尽相同，所以存在的问题也千差万别。若将这些林林总总的问题归结起来，主要有下面几个方面：真实性丧失、基础设施薄弱、建筑质量较差、交通可达性差、人口密度过大、产权关系复杂、私自搭建严重、新建混乱无序，等等。

---

① 吕舟编著．文化遗产保护 100. 清华大学出版社，2011.264.

图 8-10 苏州山塘历史文化街区局部（左）
图 8-11 杭州中山中路历史文化街区（右）

对于如何保护历史街区，近三十年来，国内做了很多理论探索和实践项目，提出了很多思路，如“持续整治理论”①、“微循环式理论”②、“愈合理论”③，等等。但现在面临的问题依然很多。比如，如何在保护和更新之间寻找平衡点就非常困难，像在钢丝上跳舞。如果一定要“原汁原味”、不改变原状地严格保护，虽然有利，但在实际操作中很难实施，处理不好就会使得这些街区逐渐沦落为“贫民窟”；反之，如果大力整治，全力更新，方法不当，不注意真实性，就会导致文化遗产损失，舍本逐末。在各地已经完成的街区整治实践中（图 8-10、图 8-11），既有严格保护原状者，也有大刀阔斧改造者，也有取中庸之道兼顾保护和更新者。

另外，复杂的产权关系也给保护工作带来很大困难。历史街区内房屋的产权一般有政府公房、企事业单位房屋和个人所有房屋等类型。个人所有房屋也非常复杂，往往一个院落分属很多户。这种由于长期历史原因形成的产权破碎化及产权人本身的多元化，极大地增加了保护实施的难度。各房屋所有者在保护意识、保护积极性、资金投入等方面都存在着较大的差异，各种利益矛盾很难调和，不同的人有不同的改造意向，同时对改造的“度”也有不同的意愿。同一个院落，甚至是同一院落的不同房屋，有人要原貌保护，有人要更新改造，有时很难达成一致。因此，只要涉及改造，就会有不同意愿、各种利益纠缠在一起，很难协调。

历史街区面临问题千差万别，不尽相同，对症下药的具体措施也会有所差别，但应坚持一些基本理念。

其一，珍惜街区的真实性。真实性遭到破坏的情况有很多种表现形式，有显性的，有隐形的；有经济驱动造成的，有理念错误造成的。如有的历史街区由于地理位置优越，寸土寸金，被拆除代之以容积率高的建筑；有的街区被“拆除重建”，即拆除成片的真正的历史遗存，而代之以重建的仿古建筑，使其沦为毫无历史价值的“仿古一条街”；有的街区在实施“危旧房改造”中，将“危房”和“旧房”不加区分，一并列入拆除范围；有的街区尽管保留了文物保护单位，但拆除了相邻的“传统建筑”；有的街区被假定为某一时代的街区，然后将这一街区的建筑都恢复到那个时代的建筑风格；有街区在保护工程中

① 王骏，王林．历史街区的持续整治．城市规划汇刊，1997（3）．
② 宋晓龙，黄艳．“微循环式”保护与更新——北京南北长街历史街区保护规划的理论与方法．城市规划，2000（11）．
③ 张鹰．基于愈合理论的“三坊七巷”保护研究．建筑学报，2006（12）．

原住民搬离，生活延续性丧失，实行“人房分离”的空巢式搬迁计划，导致生活的延续性被截断。凡此种种，都是没有重视街区真实性的表现。如 1996 ~ 1999 年，浙江舟山市定海区的一些街区被拆除[①]；1998 年，北京平安大街遭拆；2006 ~ 2009 年，南京老城南街区成片被推倒改建，如此等等，不一而足。

和所有的建筑遗产保护一样，在街区保护中要遵循真实性原则。保护历史街区，就要保存真正的历史遗构。抢救和维护历史建筑，一方面要下大力气整治历史街区，因为脏乱不堪、残墙破屋不是历史街区的代表词，但另一方面也要谨小慎微，保留尽可能多的历史信息。不要把斑驳的墙壁粉刷一新，要避免把“老奶奶化妆成年轻姑娘”；不要以“建筑质量太差无法维修”为由，大量拆除重建；不要滥用传统符号，避免整齐划一、单调乏味；不要在街巷两侧随意“破墙开洞”，避免店铺任意滋生蔓延，一个紧挨一个，业态同质化现象严重（图 8-12）。特别要慎重对待重建问题，如街区中残存一个牌坊立柱，不一定非要恢复为完整的牌坊，保留残状也不失为上策，既保留了真实性，也没影响其功能。在保护的内容上，不但要保护其中的文物古迹、历史建筑等，还要保存各种历史环境要素，如小桥、驳岸、古树等。不仅要保护物质层次的内容，也应该保护人文环境、生活常态、传统技艺等非物质文化遗产的内容。

图 8-12　黄山屯溪老街历史文化街区

其二，大力改善基础设施。很多历史街区虽然位于城市中心地带，但基础设施很差，没有享受到城市基础配套设施。一般除了给水、供电系统较为完善外，其他如排水、燃气、供热、环卫等普遍不足，卫生条件差，严重影响居民生活质量。如北京老城区在 21 世纪初时，多数居民没有自家的卫生间，每天需要去较远的公共厕所；没有燃气管道和集中供暖设施，大多数住户还采用煤炭取暖；不少院落还在使用公共水龙头，甚至在高峰用水时段供不上自来水；随着家用电器迅速增加，供电线路和设备负荷明显不足；到处可见随意缠绕的电线、胡乱放置的煤气灶等，火灾隐患严重等。居民戏称之为“十无户”：“无上水、无下水、无燃气、无暖气、无厨房、无厕所、无阳台、无壁橱、无车棚、无绿地”[②]。作家刘心武在其《四合院与抽水马桶》一文中，对现在四合院里居民们的生活状况表示担忧：“如果站在居住在北京胡同四合院里，四季（包括北风呼啸的严冬）都必须走出院子去胡同的公共厕所大小便的普通市民，他们的立场上，那么，就应该理解他们的那种迫切希望改进居住品质的心情要求。”

基础设施的老化，配给的不足，制约了街区的人居环境质量，影响了街区的活力复兴，所以，基础设施的改善是当前街区保护中面临的紧迫问题，必须妥善解决。当然，和一般城区相比，历史街区内基础设施的改造会困难很多，这是因为很多传统街巷尺度较小，常规的市政管线很难在狭窄的街巷下面敷设。目前的市政基础设施规划规范，都没有针对历史街区的条款，导致历史街区的市政管线选型及其道路

---

① 浙江省人民政府关于舟山定海历史文化名城保护问题的通报 . 浙江政协，2001（6）.

② 朱德民主编 . 北京城区角落调查 No.1. 北京科学文献出版社，2005.62~68.

布局的选线，多年来都是按照一般的城市建设标准进行规划设计和建设，在实践中很难实施。尽管面临很多问题，困难重重，但“办法”总比“问题”多。大量实践证明，在历史街区内还是可以引入各类市政基础设施。北京市通过采取一些特殊措施，如采用特殊、新型的管材、特殊的构筑物（检查井）和特殊的附件（阀门）等，以满足行业管理和安全要求[①]。浙江省的绍兴市在历史街区中采取变通的办法，即构筑了一个共同管线沟，将电力、电信、有线电视、路灯线等合建在共同沟内[②]。

其三，注意保护整体风貌。对于历史街区而言，整体风貌至关重要，也是其最大魅力。要维护街区的整体风貌，维护街区内建筑的外观特征，控制建筑的高度、体量、外观形象及色彩等，避免厚重的“历史感”淹没在一波又一波的改造中。名城规划一般都有限高要求，如《佛山历史文化名城保护规划（2011~2020 年）》中规定：“历史文化街区核心保护建筑高度一般控制在 9 米以下，最高建筑不得高于 12 米，且高于 9 米低于 12 米的建筑所占比例不超过 30%”[③]。但在具体实践中，高度和风格控制面临着很多困难。就以高度控制为例，在很多历史街区中就很难实现，各种高层建筑纷纷出现，影响到街区的总体风貌。如《西安历史文化名城保护条例》（2002 年）第 30 条规定：“钟楼至东、西、南、北城楼划定文物古迹通视走廊。钟楼至东门城楼通视走廊宽度为 50 米，通视走廊内建筑高度不得超过 9 米，通视走廊外侧 20 米以内建筑高度不得超过 12 米；钟楼至西门城楼通视走廊宽度为 100 米，通视走廊内建筑高度不得超过 9 米。”但是，实际上这条规定并没有能严格执行，现在西、北、南三条大街已经举目皆是高大建筑了。由于很多保护规划和保护条例没有得到严格执行，所以很多历史街区已经“四面楚歌”，被林立的高楼、宽阔的马路所包围。

其四，强调遗产活化利用。“利用”是最好的保护方式。对于活态的历史街区而言，在保护中尤为要重视利用。对于量大面广的普通历史建筑而言，很难像文物建筑那样实施严苛的保护，因为有大量居民生活在其中，是活态的文化遗产，所以要活态保护，要动态保护（图 8-13）。要允许居民适当改造历史建筑，使其适应现在生活的需要，保持街区活力。再利用的方式可以不拘一格：有的历史建筑可以延续原有的使用功能，比如原来是居住的，现在依然可以作为居住建筑；原来是药铺，现在依然可以卖药；原来是寺庙，依然可以作为宗教活动场所；原来是当铺，现在依然可以做典当。这样做不仅保护了物质外壳，也延续了生活，使其继续承载丰富的文化信息。但对于有些建筑，可能无法延续原来的功能，这时可以实施功能置换。总之，要防止在各种“政策条文”的框圈下，陷入“封闭冷冻”的僵局，

图 8-13 四川成都宽窄巷历史文化街区[④]

① 北京旧城历史文化保护区市政基础设施规划研究. 中国建筑工业出版社，2006.

② 仇保兴主编. 风雨如磐：历史文化名城保护 30 年. 中国建筑工业出版社，2014.189.

③ 于祥华. 划定 20 处重点保护历史文化街区. 佛山日报，2015 年 9 月 17 日.

④ 刘伯英等著. 美丽中国 · 宽窄梦——成都宽窄巷子历史文化保护区的复兴. 中国建筑工业出版社，2014.346.

使得本来“资源丰富”的街区变成“贫民窟”，游离于现代城市生活的边缘。

其五，重视文化淡化经济。历史街区具有独特的历史、科学和艺术价值，虽然表象上显得有些“破破烂烂”，但往往是一个城市的文化之根，承载了很多的历史信息，具有很高的保护价值，所以，在其保护中，不能过分强调经济，不能完全以盈利为目的，而应该本着对历史、对后人负责任之态度对待这些珍贵的文化遗产。另外，由于历史街区内一般有较高的人口密度，决定了保护和整治中不能按普通房地产开发的方式进行运作，不能完全采用商业操作模式，不能要求“土地就地平衡”。如北京2009年统计数字显示，2008年中心城区常住人口208.3万人，常住人口密度225.46人/公顷，达到全市总平均值（10.33人/公顷）的21.8倍之多，局部街区人口密度更高，南锣鼓巷保护区的居住密度为470人/公顷，鲜鱼口保护区为732人/公顷，西四北和白塔寺地区为316.7人/公顷①。这么高的人口密度，又有严格的限高，很难做到就地平衡。所以，在历史街区保护和整治中，为了更好地保护文化遗产，需要在经济方面作出一定的牺牲。

其六，不急不躁逐步推进。在现实生活的病人中，既有病情严重而得不到救治者，也有过度医疗下猛药者。对于历史街区，也有类似的问题，有的长期缺乏维修，几乎无人管理，听之任之，任凭自生自灭，现状令人担忧；有的则正好相反，正在经历大刀阔斧式的整治，动作和力度之大，致使历史信息摧枯拉朽般消失。应该注意到历史街区是长期形成的，承载了丰富的历史信息，所以，对其整治也应该采取分阶段、逐步整治的方法，避免大拆大建；要多“缝缝补补”，避免短时间内“大动干戈”；要维护不同时期建筑“混搭”在一起，避免一朝一夕恢复到所谓的清一色原貌；要遵循最小干预的原则，保存更多的历史信息，避免运动式的“涂脂抹粉”，做表面文章；要坚持长期维护，慢工出细活，避免操之过急，急功近利。对于历史街区保护再生，很难有什么灵丹妙药，很难立竿见影，要多调研，多分析，多研究，要对症下药。

其七，科学规划严格实施。根据《历史文化名城名镇名村街区保护规划编制审批办法》（2014年），历史文化街区应当单独编制保护规划。保护规划是历史文化街区的保护和管理的基础文件，为保护和发展提供行动指南。

根据《历史文化名城名镇名村保护规划编制要求（试行）》（2012年），在编制保护规划中，应当坚持“保护为主、合理利用、改善环境、有效管理”的指导思想；应当进行科学论证，并广泛征求有关部门、专家和公众的意见（表8-5）。保护规划的主要任务是：提出保护目标，明确保护内容，确定保护重点，划定保护和控制范围，制定保护与利用的规划措施。在综合评价文化遗产价值、特色的基础上，结合现状，划定历史文化街区的保护范围。历史文化街区保护范围包括核心保护范围和建设控制地带。所谓核心保护范围就是传统格局和历史风貌较为完整、历史建筑和传统风貌建筑集中成片的地区。保护范围之外划定建设控制地带。核心保护范围和建设控制地带的确定应边界清楚，便于管理。保护规划应当确定历史文化街区的保护范围和保护要求，提出保护范围内建筑物、构筑物、环境要素的分类保护整治要求和基础设施改善方案。应当在保护的前提下，明确历史文化遗产展示与利用的目标和内容，核定展示利用的环境容量，提出展示与合理利用的措施与建议。

---

① 朱永杰．北京历史文化街区保护方法研究．中国名城，2014（10）．

《历史文化名城名镇名村保护规划编制要求（试行）》（2012年）中关于历史文化街区保护规划的要求　　表8-5

分类	内容
规划深度	历史文化街区保护规划，规划深度应达到详细规划的深度
保护原则	保护历史遗存的真实性，保护历史信息的真实载体；保护历史风貌的完整性，保护街区的空间环境；维持社会生活的延续性，继承文化传统，改善基础设施和居住环境，保持街区活力
规划内容	（1）评估历史文化价值、特点和现状存在问题；（2）确定保护原则和保护内容；（3）确定保护范围，包括核心保护范围和建设控制地带界线，制定相应的保护控制措施；（4）提出保护范围内建筑物、构筑物和环境要素的分类保护整治要求；（5）提出保持地区活力、延续传统文化的规划措施；（6）提出改善交通和基础设施、公共服务设施、居住环境的规划方案；（7）提出规划实施保障措施
分类保护	对历史文化街区保护范围内的建筑物、构筑物进行分类保护，分别采取修缮、改善、整治和更新等措施。（1）文物保护单位：按照批准的文物保护规划的要求落实保护措施。（2）历史建筑：按照《历史文化名城名镇名村保护条例》要求保护，改善设施。（3）传统风貌建筑：不改变外观风貌的前提下，维护、修缮、整治，改善内部设施。（4）其他建筑：根据对历史风貌的影响程度，分别提出保留、整治、改造要求
核心保护	历史文化街区核心保护范围内，按照建筑物保护分类提出建筑高度、体量、外观形象及色彩、材料等控制要求。建设控制地带应当按照与历史风貌相协调的要求控制建筑高度、体量、色彩等
街道保护	在不改变街道空间尺度和风貌的情况下，优化历史文化街区内的交通环境，提出历史文化街区内基础设施改善和消防等防灾规划措施
规划控制	对户外广告、招牌、空调室外机、太阳能热水器等建筑外部设施以及垃圾箱、电话亭、铺地、检查井盖等街道公共设施的尺寸、形式、材料和位置等提出规划控制要求

第四节　历史文化街区的保护案例

案例1：北京市大栅栏历史文化街区保护

大栅栏历史文化街区隶属北京市西城区，位于原宣武区西北部的明清北京外城之内，保护范围总面积47.09公顷（图8-14）。历史街区东、西、北三面以胡同街巷为界，南部因东西走向的胡同少，多以大栅栏西街和铁树斜街南侧完整的院落边界为界（图8-15）。该地区始建于元代，到了明朝永乐年间，明成祖决定迁都北京，但当时的北京由于长期战乱，人口稀少，经济萧条，因此，永乐皇帝决定在外城关厢地区建造民房与商铺，为南京迁来的移民提供经商之所。于是正阳门外逐渐形成了四条东西向的街巷，由北向南依次为“廊房头条、二条、三条、四条”。清军入关定都北京后，为了安置满洲贵族和八旗兵丁，清政府下令将汉民迁往外城，实行满汉“分城而居”的政策，众多商贩和手

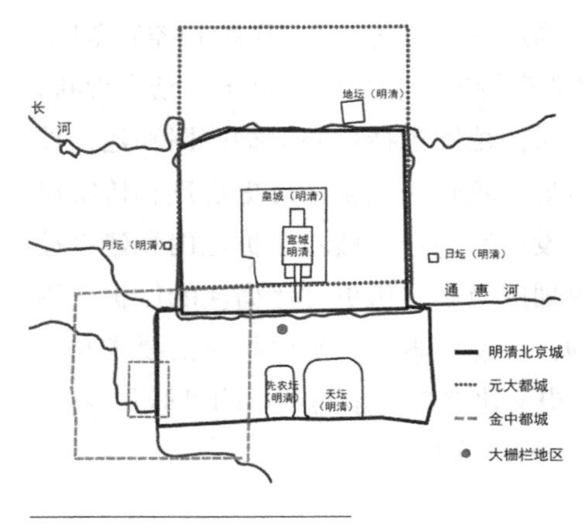

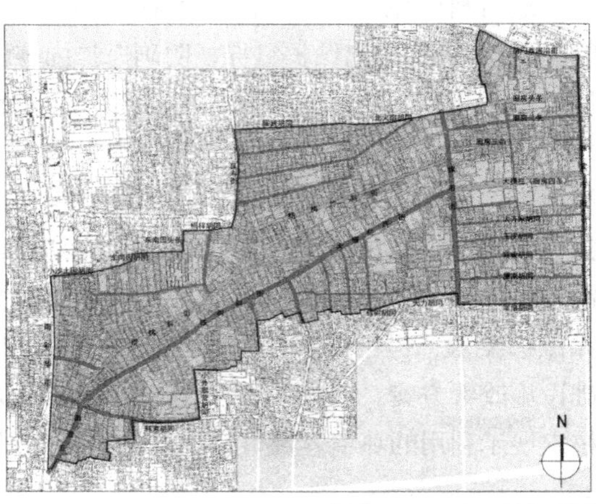

图8-14　大栅栏在北京城的位置（左）
图8-15　大栅栏历史街区范围[①]（右）

① 资料来源：结合北京旧城二十五片历史文化保护区保护规划图绘制而成

图 8-16　清《乾隆南巡图卷》（局部）中的大栅栏地区

工业者在此聚集，促进了该地商业的繁荣。另外，大清律中“内城逼近宫阙，例禁喧哗，不准在城内开设戏园”的规定也使得王公贵族、文人富贾多在此停留、聚集，致使会馆、银号汇聚，庙宇、梨园云集，大栅栏地区逐渐成为京城综合性的商业服务中心和金融中心（图 8-16）。据《北京历史纪年》，到了康熙九年（1670 年），为了加强治安管理，谕示外城也要像内城一样，在胡同口修建栅栏，昼启夜闭，实行“宵禁”。因廊房四条集中了许多大商家，栅栏修得比别处要高大，因此，老百姓习惯称这条胡同为“大栅栏”[①]。该名字沿用至今，今日的街道办事处及 1990 年北京市编制总体规划划定历史文化街区时，都以大栅栏正式命名。这样，大栅栏逐渐成了一个区域的名字。

大栅栏历史文化街区是梨园文化、京南文化、传统商业文化的荟萃之地，也是北京首批 25 片历史文化街区之一。其深厚的历史文化底蕴主要体现在以下几个方面：①中华老字号聚集区：现代大栅栏仍然保留着瑞蚨祥、同仁堂、六必居、内联升、步瀛斋、亨得利等 45 家京城百年老字号，体现了有老北京特色的商业文化。②胡同街巷完整：大栅栏整个街区内的胡同超过 60% 是明朝修建外城后发展起来的，其中有很多是因为受原来水道和地形影响而形成的斜街，如樱桃斜街、铁树斜街、杨梅竹斜街。历史街区内的众多街巷胡同，保留并延续了北京城最早的城市肌理，同时也是老北京市井生活的遗迹。③历史遗迹众多：该区域内有多处宗教寺庙遗存，一些寺庙是街道交叉口处的重要标志性建筑，如观音庙、五道庙等。④戏曲梨园之乡：大栅栏可以说见证了京剧的起源、发展和繁荣的全过程。最鼎盛的时期，街区内就拥有庆乐园、广德楼、中和园和同乐园 4 家戏园，京剧的“七大名班”、“三大科班”也都开办在大栅栏。清《同光名伶十三绝》画中的十三位名家大多居住在大栅栏或宣武地区，著名的京剧大师都曾在大栅栏留下生活的足迹，如梅兰芳祖居及谭鑫培故居。不得不说，大栅栏在京剧发展过程中起了至关重要的作用。

总之，大栅栏历史街区不仅有众多的文物保护单位，有完整的胡同街巷，而且保留并延续了老北京文化。可以说，这是一个极具传统特色的、具有北京“活化石”之称的历史街区。

① 黄宗汉．大栅栏——独具特色的老北京历史文化保护区 [J]. 北京档案，2010.43~44.

但随着经济的快速发展，人们的生活方式及购物方式发生了变化，北京的商业格局随之进行调整，大栅栏传统商业区逐渐萎缩。另外，据《北京街道发展报告——大栅栏篇》中的统计数据显示，大栅栏街道2016年常住人口36997人，人口密度为29131人/平方千米，是北京市常住人口密度的22倍①，过高的人口密度、狭小的居住面积导致大规模的私搭乱建。加之基础设施不完善，租金低廉，吸引了大量外来的流动人口，他们又大多受教育程度低，在此安家置业多开设低廉的小商店、小吃摊及小旅馆，导致大栅栏地区整体业态低端、结构单一。而留在本地的原住民多为对大栅栏充满感情的老人，这又进一步加剧了该地区的老龄化程度。综上，地区人口密度大，“五小”门店②多，老旧平房多，弱势群体多，市政基础设施相对薄弱等现状，使得大栅栏历史文化街区在保护与发展的过程中面临着房屋权属复杂、拆迁安置难、流动人口管理难以及随着原住民外迁传统工艺传承难等众多难题。

虽然面临着众多难题，但对大栅栏历史文化街区的保护却从未停止。1990年北京市政府编制《北京城市建设总体规划》，确定大栅栏为历史文化街区，保护范围为珠宝市街与煤市街之间的廊房头条至大齐家胡同区域。2000年在北京市规委的主持下完成了北京市第一批25片历史文化街区的规划。规划对大栅栏的地段性质进行定位即民俗旅游、老北京传统商业购物和居住相结合的综合性传统文化街区，并对之前的保护范围进行调整，将保护区的范围扩展到斜街部分，并将其划分为重点保护区和建设控制区两部分：其中重点保护区面积15.67公顷，建设控制区面积31.42公顷。街区内涉及历史街道、胡同共计74条，重要历史遗存102处（图8-17）。到了2002年，《大栅栏地区保护与发展规划》进行国际招标。次年《北京大栅栏地区保护、整治与发展规划设计汇总方案》通过，标志着大栅栏地区的建设工作进入了可实施阶段。2005年，大栅栏投资公司组织了四合院更新方案设计（选取传统地区，而非保护区），试图寻求适合不同地块特点的更新模式，提倡旧城区内多项功能的兼容性。2011年在北京市文化历史街区政策的指导和西城区区政府的支持下，由北京大栅栏投资有限责任公司作为区域保护与复兴的实施主体启动了大栅栏更新计划。直到2015年4月6日，大栅栏历史文化街区被正式列为首批中国历史文化街区。

综上，自1990年以来，各方都在探索适合大栅栏历史街区的保护措施及策略。总体而言，大栅栏地区保护、整治与发展规划遵循了循序渐进、分期实施的原则。街区整治以小范围渐进式的改造模式为主，通过城市建设模式、商业街改造模式、市政道路带动模式、自愿腾退模式、节点式辐射模式这五种模式③，带动街区内民居的腾退及修缮。具体而言，保护工作主要侧重用地功能调整、建筑保护更新、道路交通规划及市政设施规划四个方面：

---

① 连玉明，朱颖慧.北京街道发展报告No.1:大栅栏篇[M].北京：社会科学文献出版社，2016.27~28.

② 五小门店指小饭店、小副食店（小冷饮店）、小熟食店、小旅店（小浴池）、小理发店。

③ 城市建设模式：即在推进城市减额或过程中加强文保区保护，解决民生困难的同时保护历史街区风貌，这是大栅栏街道的主要职责；商业街改造模式：商业街改造模式重点在拆违建，通过清理违建治理环境；市政道路带动模式：通过市政道路和市政基础设施改造带动两边居民的腾退和房屋修缮，这就是市政工程带动腾退修缮改造模式；自愿腾退模式：自愿腾退模式就是居民自愿腾退修缮，这是文保区修缮的一种模式；节点式辐射模式：通过节点带动周边腾退、修缮、改造工作。（资料来源：连玉明，朱颖慧.北京街道发展报告No.1:大栅栏篇[M].北京：社会科学文献出版社，2016:35.）

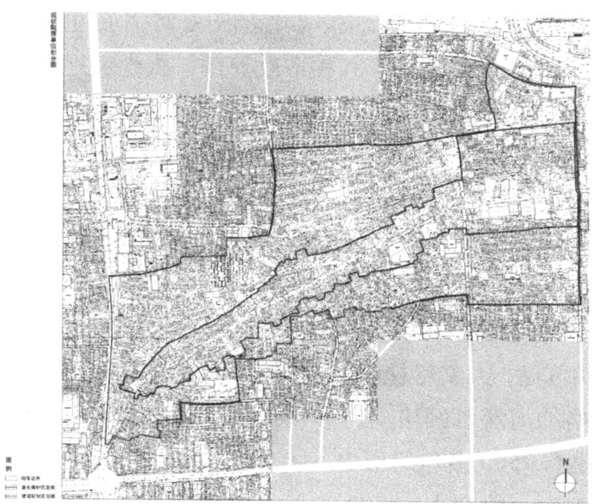
图 8-17 2000 年大栅栏历史文化街区的保护范围②

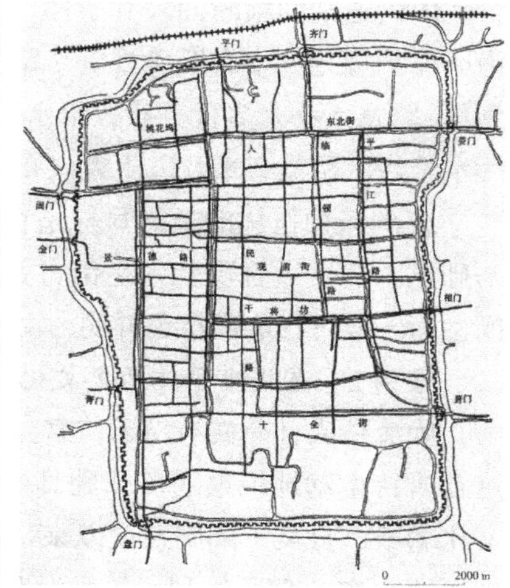
图 8-18 1949 年苏州城图③

在用地调整方面，《北京旧城 25 片历史文化街区保护规划》中强调对重点保护区内原有用地功能进行调整并适当添加新功能。具体内容为：将珠宝市街，廊房二条及与前门大街相邻的居住用地和商业居住混合用地调整为商业及服务业用地；将观音庙、五道庙以及几处梨园旧居调整为民俗旅游用地，形成大栅栏街、珠宝市街、廊房二条组成的老北京传统商业购物区与琉璃厂文化街之间的京味民俗文化观览区；将桐梓胡同和樱桃胡同间的三角地调整为公共绿地；其他地段，如铁树斜街和樱桃斜街形成的梭子形地带，保留原居住功能。在建设控制地带，适当放宽建设街区，调整新开道路两侧的用地功能，并对新的建设活动在高度及色彩方面进行控制。①

在建筑更新保护方面，历史街区重点保护区内的建筑被分为了文物类、保护类、改善类、保留类、更新类及沿街整治类共六类。对不同类别的建筑采取不同的保护更新手段：对于文物类建筑进行严格保护；保护类建筑则重点保护建筑外立面，内部可进行适当的现代化改造；对于改善类建筑，可进行翻新和修缮；对于更新类建筑，质量较差的可予以拆除，在原址重建；沿街整治类主要是改造风貌不协调的沿街立面。无论是翻新修缮还是原址重建，建筑依旧要保持传统形式，其规模及色彩均要与街区内的历史风貌相协调。

在道路交通方面，各类保护措施都强调充分利用现有的交通条件，保持传统的街巷格局和脉络。具体内容包括：对现有路面上的私搭乱建进行拆除；充分利用地下空间或者通过设计小规模分散式的停车场解决停车难问题；在人流集中的地区设置步行街，保证人车分流。

在市政设施方面：其原则就是在保护历史街区的同时尽量改善人居环境，主要考虑解决整个街区的排水、集中供暖和街区内电力线路架设及安全等问题。根据保

① 汤羽扬．时间与空间错位下的艰难选择——大栅栏历史文化保护区保护点滴 [J]. 北京规划建设，2005: 29~32.

② 单霁翔，梅宁华，朱嘉广．北京旧城二十五片历史文化保护区保护规划 [M]. 北京：北京燕山出版社，2002.287.

③ 转引自：陈泳著．城市空间：形态、类型与意义——苏州古城结构形态演化研究．东南大学出版社，2006.123.

护区内街道胡同横断面尺寸条件，合理布置市政管线。在《北京旧城 25 片历史文化街区保护规划》中有明确规定：路宽 10 米及以上者，八种市政管线一次性埋地敷设到位；路宽 5~7 米者优先布置给水、污水、雨水管线；路宽 3~4 米者，优先布置给水、污水管线；路宽 2 米及以下者仅布置给水管线。[①]

各类保护措施的最终目标是在对街区地面道路交通进行疏浚、市政设施完备的基础上，开发适合现代人生活方式的商业设施，与地上传统购物场所相结合，将大栅栏街区最终打造成特色鲜明、文化内涵丰富的商业街区。

案例 2：苏州市平江历史文化街区保护

晚唐诗人杜荀鹤有诗云："君到姑苏见，人家尽枕河。古宫闲地少，水巷小桥多"。这首唐诗生动地描绘了苏州独具一格的河流水网格局。苏州古城是我国著名的历史文化名城，自吴王阖闾建城以来，已有 2500 多年的历史。古城地处太湖流域，城内外河网密布，交通便利，气候温和湿润，物产丰富，地杰人灵，文化深厚。在城市长期发展中，由于地理环境、经济因素和人文因素的原因，形成了独特的城市风貌和地域文化（图 8-18）。1982 年，苏州被公布为首批国家历史文化名城。

1986 年国务院在批准《苏州城市总体规划》时，确定了全面保护古城风貌的城市建设方针，确定了全面保护古城、积极发展新区的措施。1986 年和 2002 年两次编制《苏州历史文化名城保护规划》（图 8-19）也遵循了这一思路。在古城内按照街道和河道的分界，划分 54 个街区，制定了保护细则，逐一确定控制性规划指标。

平江历史文化街区位于苏州古城东北隅，东起外环城河，西至临顿路，北至白塔东路，南至干将东路，面积 116 公顷，占苏州古城的八分之一。该街区具有较高的历史真实性，是苏州古城中传统城市格局、建筑风貌、生活习俗保存最完整的一个区域，被誉为苏州古城的缩影。街区内有城河、城墙、河道、桥梁、街巷、民居、园林、会馆、寺观、古井、古树、牌坊等众多历史文化遗存。街区内还保存了宋明"水陆结合、河街平行"的双棋盘街坊格局，与南宋《平江图》街坊格局基本一致，呈现出一派"小桥、流水、人家"的江南水城风貌。

图 8-19 苏州城市总体规划（1986~2000 年）[②]（左）
图 8-20 平江历史文化街区俯瞰（右）

① 单霁翔，梅宁华，朱嘉广．北京旧城二十五片历史文化保护区保护规划 [M]. 北京：北京燕山出版社，2002.295.

② 陈泳著．城市空间：形态、类型与意义——苏州古城结构形态演化研究．东南大学出版社，2006.168.

因街区相对偏僻，在20世纪80年代的旧城改造中，没有被大片拆除更新，较好地保存下来。平江历史街区中现有各级文物保护单位18处（其中全国重点文物保护单位3处，省级文物保护单位2处和市级文物保护单位13处）、控制保护建筑45处、古桥16座、古牌坊3处[①]。2015年，平江历史文化街区被公布为第一批中国历史文化街区（图8-20）。

在1986年国务院批准的《苏州市城市总体规划》中，平江历史街区被确定为历史文化保护区。在《苏州历史文化名城保护规划》（1996～2010年）中，平江历史街区是市中确定重点保护的五个历史街区之一。

20世纪90年代，平江历史街区和全国的很多街区一样，面临很多问题。首先是居住条件差，人口拥挤，基础设施薄弱；其次是用地不合理，功能不配套；其三是生活环境差，河道受污，环境脏乱；其四是建筑遗产损害严重，急需抢修性维修；其五是不协调建筑多，历史风貌建筑风貌差。

基于平江街区的重要价值，急需对其进行整治。1997年，同济大学编制了《平江历史街区保护与整治规划》。2003年，又重新修订了《平江历史文化街区保护与整治规划》（图8-21），并设计完成了街区主干道（即平江路）的整治方案。规划中采用了片、线、

图8-21　平江历史文化街区文化遗产分布图[②]

① 顾秀，胡金华著．苏州平江历史文化街区管理和发展研究．苏州大学出版社，2015.91~135.

② 中国城市规划设计研究院等编．城市规划资料集·第8分册·城市历史保护与城市规划更新．中国建筑工业出版社．160.

点的保护思路：(1) 片（整片保护），即从整体上保护与控制历史街区，包括保护范围划定、历史风貌保护、空间环境保护、建筑高度保护、保护更新要求以及历史特征的继承与发扬等；(2) 线（沿线修景），即保护与整治沿河、沿街重点地段的风貌与环境；(3) 点（重点修缮），即严格修缮各级文物保护单位、控制保护建筑、历史环境要素等，改善街区历史建筑。平江街区自 2002 年底启动保护整治工程已有十余年。

在平江历史文化街区的整治中，苏州市政府以“基础设施完善、街巷环境改善、生活设施优化、服务功能提升、文化底蕴凸显”为目标，以“污水支管到户、整修居民院落、改造环卫设施、修复破损路面”为重点，以“维护街区原生态环境、优化居民生活环境、美化苏州城市环境”为依托，全面优化了平江路的历史风貌与生态环境[①]。其整治工作经验主要表现在下面几个方面：

首先，以“真实性”作为保护与整治的基本原则。规划文本中提到：“保护街区内真实而丰富的历史文化遗存，保持历史街区的原真性，使其成为城市发展历史的见证”。在实际实施中，采用最小干预的原则，仅对非拆不可的危房按照原有样式重造。尽力保留了原有的历史细节，使得历史文脉得以很好地传承。

其二，提升原住民的生活质量。规划文本中提到：“整治街区环境，完善配套基础设施，优化人居环境，使其成为保持传统特色的文化居住社区”。改造后基本延续了原有居住功能，但通过拆迁补偿，部分居民迁出，降低人口密度，改善了“迁与留”者的居住条件。政府主导下，实施对自来水、污水管道改造。经过整治的街区，不仅满足游人和摄影爱好者需求，更满足了居民日常户外生活的需要。古木绿荫、青石板路、小船、小桥、驳岸构成了一个完整的生活场景：妇女们槌洗衣物、老人对弈品茗，孩童奔闹嬉戏，游人驻足赏析。

其三，各方合力促进其整治工作。在规划实施中，正确处理政府意志、专家意见、社会意愿三者之间的关系，形成政府理性主导，专家科学指导，公众积极参与，各方形成合力。政府是历史街区保护的主要责任者，负责保护整治管理工作，形成“政府推动、市场运作、政策扶持、部门支持”的实践模式。

其四，采取小规模、渐进式的整治方式。保护和整治是漫长的过程，是项永续性、动态性的工作，不是一朝一夕能完成的，不搞“一刀切”，不搞大拆大建，不能追求“短平快”。从 2002 年开始持续 10 余年，一直进行整治。先主街（平江路）后街区内部，先局部试验后推广到整个街区。保护性修复了平江路上的石板路、桥梁、码头等，保持原有结构，尽量使用原有石材。保护大量古井，并把不少已经填埋的河道进行疏浚开挖，修葺驳岸。

保护工程虽颇有成效，但也有一些问题，如平江路商业旅游配套设施往往局限于没有特色的咖啡馆、酒吧、茶室、饰品店等，业态的分布没有和非物质文化的保护结合起来，古城丧失了宁静淡泊的气息。

2005 年，苏州平江历史街区保护规划获联合国教科文组织亚太文化遗产保护荣誉奖。联合国教科文组织评委会的评价是：“该项目是城市复兴的一个范例，在历史风貌保护、社会结构维护、实施操作模式等方面的突出表现，证明了历史街区是可

---

① 李湞．政府主导下的乡土建筑遗产保护管理运作模式比较．南方建筑，2006（6）．

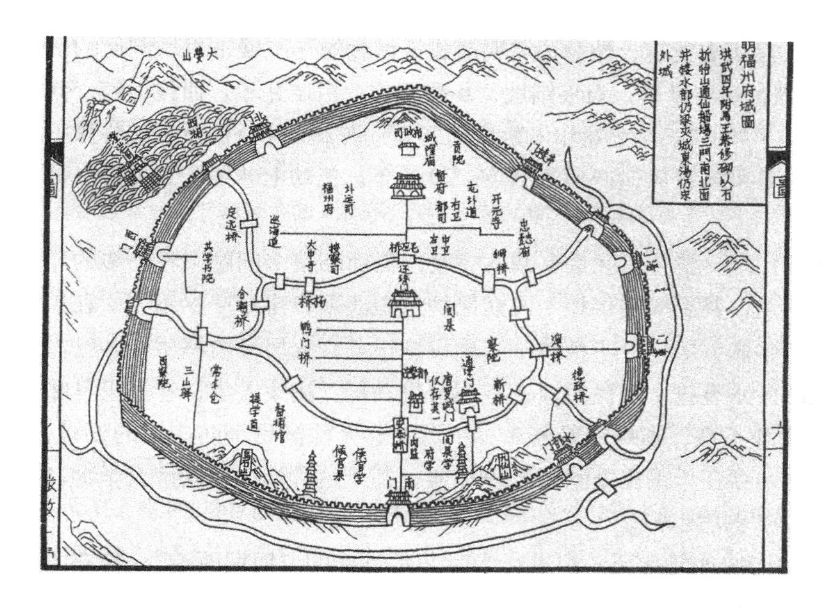

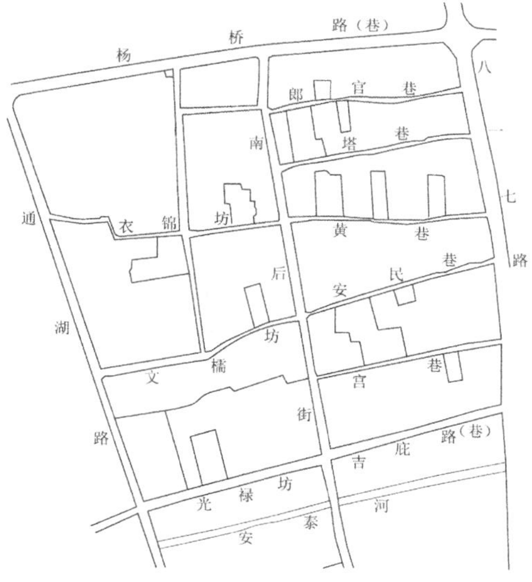

图 8-22　明福州城图[2]（左）
图 8-23　三坊七巷图（右）

以走向永续发展的”。来苏颁奖的联合国教科文组织亚太文化事务主任理查德·恩格哈德认为，“平江历史街区之所以能获奖，原因在于其展现出来的成功的合作关系和强有力的规划方法，政府、居民以及技术专家的通力合作保证了项目的成功和可持续性。苏州市政府在基础设施方面的投入改善了环境，使得该历史街区在提升居民生活的同时融合了更多功能；另一方面，居民自己积极参与和执行对历史建筑物的保护，将产生长期保护的结果，对于平江历史街区乃至苏州整个城市的可持续发展都将产生持续性的影响。平江历史街区的成功在很多方面都可以为其他地区或城市的历史建筑物保护提供借鉴”[1]。

案例 3：福州三坊七巷历史文化街区保护

福州又称榕城（图 8-22），因其留存有丰富的文化遗产，在 1986 年被公布为第二批国家历史文化名城。老城中心的“三坊七巷”是市区保存最完整的历史街区。所谓“三坊七巷”，是以北向南的南后街为中轴线，西面自北而南依次为“三坊”：衣锦坊、文儒坊、光禄坊；东面自北向南依次是“七巷”杨桥巷、郎官巷、塔巷、黄巷、安民巷、宫巷、吉庇巷（图 8-23）。由于吉庇巷、杨桥巷和光禄坊现已被改建为马路，所以现在实际保存的只有“二坊五巷”。

“三坊七巷”的格局在唐宋时已基本形成。闽王王审知(862~925 年)在修建罗城时，将“三坊七巷”划入其中。明清时期，特别是清中叶时达到鼎盛。“三坊七巷”自古社会名流聚集，人才辈出，近代更是涌现出林则徐、沈葆桢、林旭、严复、林觉民、林徽因、冰心、卢隐、郁达夫等重要人物。

三坊七巷占地约 38 公顷，完整保存并具有价值的古建筑共有 159 处，其中有 1 处全国重点文物保护单位[3]、11 处省级文物保护单位，11 处市区级文物保护单位、34

① 张甜甜 . 平江历史街区获遗产保护荣誉奖 . 苏州日报，2006 年 6 月 4 日 .
② 吴庆洲著 . 中国古城营建与仿生 . 中国建筑工业出版社，2015.378.
③ 全国重点文物保护单位“三坊七巷和朱紫坊建筑群”具体包括含水榭戏台、欧阳氏民居、陈承裘故居、林觉民故居、严复故居、二梅书屋、沈葆桢故居、林氏民居、小黄楼等。

处保护建筑、97 处一般历史建筑，被誉为“明清建筑博物馆”、“城市里坊制度的活化石”。街区布局严谨，坊巷纵横，石板铺地，小巷悠悠，白墙瓦屋，曲线山墙，甚为古朴传统。2006 年 5 月，“三坊七巷和朱紫坊建筑群”被公布为全国重点文物保护单位。2013 年三坊七巷列入世界遗产预备名录。2015 年，三坊七巷被公布为第一批中国历史文化街区。

到 20 世纪 90 年代时，整个街区保存基本完整，但面临很多问题：相当多的建筑年久失修，损害严重，甚至濒临倒塌；民众保护意识淡薄，房屋产权不明；私搭乱建普遍存在；人口膨胀，居住过于拥挤；基础设施很差，人居环境恶劣；各家没有独立卫生间，生活污水直排；居民习惯在家门前倒马桶、刷痰盂等，巷子里臭味熏天；小巷内电线凌乱不堪，蜘蛛网般密布；小街深巷无法满足消防车道的要求，缺乏必备的消防设施，存在严重安全隐患。1992 年，基于这种情况，同济大学编制了《福州历史文化名城保护规划》。

福州市政府面对老城如此状况，拟进行当时非常风靡的“旧城改造”。恰在此时，随着房地产业的发热升温，港商正好也看中了位于黄金地段的“三坊七巷”，政府和港商一拍即合，达成开发协议。1993 年 5 月福州市政府与香港李嘉诚的闽长公司签订《福州市“三坊七巷”保护改造工程国有土地使用权出让合同》、《“三坊七巷”文物保护协议》，由此启动了“三坊七巷”保护改造工程。按协议规定，所谓“保护性开发”只需保护其中 39 处古建筑[①]、名人故居和 36 棵古树名木等，将“三坊七巷”改造为集文物保护和商贸、文化、娱乐、高级公寓、写字楼一体的高标准的现代化小区。

从方案上看（图 8-24），规划拟将南后街西侧的雅道巷拓宽，将南后街西侧的“三坊”改建为由高层住宅组合的 4 个居民区；南后街东侧改建为 3 个低层“商贸坊”。列入保护的 39 座建筑只占全部古建筑的约 1/5，而且仅有其中的 13 座原地保留修复，其余则采取分片迁建的方式集中保护，集中搬迁于 3 个相对集中的文物建筑区组团[②]。其他大部分的民宅则要被全部拆除，颇有特色的石板路也将消失。在街坊四周规划盖一圈 38 层的高层建筑[③]。这一方案“把整个三坊七巷的格局和文脉全都破坏了，只留下了一幢幢的文保单位，非常牵强”[④]。如果一旦真正实施，三坊七巷街区的真实性和完整性将遭到毁灭性的破坏。

图 8-24　1993 年“三坊七巷”保护与改造方案[⑤]

该项目最终实施的第一期工程占地面积约为 5.2 公顷，由西北角建的 4 座 13 层商住楼和 1 座 26 层办公楼、1 座 6 层立体停车库组成，被命名为“衣锦华庭”。原有

① 协议指定文物原为 42 处，包括被拆除的市级挂牌保护单位翁良毓故居，改革开放后拆除的林旭故居、林尔康故居。
② 黄汉民．福州三坊七巷保护改造的实施与思考．规划师，1996（2）：96~96.
③ 这些高层后来由于缺少资金只盖了八层。
④ 阮仪三．护城纪实．中国建筑工业出版社，2003.51.
⑤ 陈力．福州“三坊七巷”历史街区保护历程的分析及其启示．华中建筑，2015（10）.

的老宅被拆除，三坊七巷被削掉一角。

如此粗暴的开发模式，令三坊七巷受到伤筋动骨的破坏，引起很多人的担忧。2000 年 4 月 30 号中央电视台《实话实说》播出了一期节目，题目就叫“阮教授的战斗”，同济大学阮仪三在节目中反映了三坊七巷面临开发破坏危机的情况。建设部后来在约谈中提出建议：“城市规划中已经划定了三坊七巷是要保护的历史街区，福州市现在的做法是违法违规的”，并要求“重新研究三坊七巷的保护与更新的具体方案”①。在各方干预下，开发商准备继续实施的项目被迫搁置下来。

负责开发的闽长公司曾表示：会重新设计新的规划方案，新方案将保留“街坊格局不变、坊巷道路不变、建筑面积不变、建筑风格不变”。2004 年，闽长公司欲再度开发一期工程中另 30 亩用地项目，这个项目建成后将紧逼林觉民故居，其他文物也会受影响。

很多学者公开谴责这一方案。《光明日报》在头版头条登载了《救救三坊七巷》的文章。民盟福建省委员会 2004 年 3 月 22 日在《人民政协报》发表《抢救福州“三坊七巷”》。2004 年 6 月，光明日报又刊载了题为《三坊七巷如何突围》的文章。一些调查研究工作也相继开展。2004 年 3 月 23 日 ~26 日，省政协与省民盟、省建设厅、省文物局组成联合调研组，以三坊七巷和朱紫坊为重点，到福州市调研，并在 2004 年 4 月形成《关于历史文化遗产保护与中心城市建设问题的调查报告》。该报告指出，三坊七巷中的很多文化遗产遭受到自然和人为因素的双重损害，并呼吁人们积极保护。

随着保护的呼声不断增强，政府也逐渐认识到其价值，故拟保护修复三坊七巷。2005 年 8 月，福州市成立了“三坊七巷保护开发利用领导小组”。2005 年 12 月，经过长时间谈判，福州市政府与闽长公司终于终止了“三坊七巷”保护改造项目合同，政府收回土地使用权，这份至 2043 年到期的 50 年合同在中途终止。这样，三坊七巷得以在推土机下喘息。

2005~2006 年，同济大学编制了《三坊七巷历史文化街区保护规划》（图 8-25），清华大学编制了《福州市三坊七巷历史街区文物保护规划》，明确了保护思路：重点保护“鱼骨状”街巷格局，保护传统街巷，不生硬拉直取齐；修整或更新院落形式，延续传统肌理；保护历史环境要素如古井、古树等。不改变原有的以居住为主的功能定位，坚持“微循环”、“有机更新”的方式；严格控制新建建筑高度。这两个规划的特点是将“保护”置于“开发”之上。

图 8-25 2006 年“三坊七巷”保护与改造方案（由同济大学阮仪三教授主持编制）

在上述两个规划的指导下，“三坊七巷保护修复工程”于 2006 年 12 月底正式全面启动，共投资近 40 亿元，于 2009 年 7 月基本完成一期保护与整治工程②。整治后的三坊七巷基本保持了其传统风貌，基础设施得以巨大改善。这次保护修复中的经验主要表现在下面几个方面：

① 阮仪三著．护城纪实．北京：中国建筑工业出版社，2003.54，55.

② 朱竞若，江宝章．保护城市古迹、延续千年文脉．人民日报 2009 年 4 月 /6 日第 004 版．

首先，政府先后批准颁布了一系列规范性文件，使保护工作有章可循。如发布了《福州市三坊七巷朱紫坊历史文化街区保护管理办法》（2006年）、《福州市三坊七巷历史文化街区古建筑搬迁修复保护办法》（2007年）、《三坊七巷保护修复资金管理使用办法》、《三坊七巷保护修复工程审核制度》、《三坊七巷文物建筑保护修复技术规范》、《文物建筑修复工程定额以及工程造价审核制度》、《三坊七巷古建筑修缮导则》等规章和文件。《福州市三坊七巷朱紫坊历史文化街区保护管理办法》还公布了尚未公布为文物保护单位的131处古建筑名单。

其二，合理疏散居民，引导居民参与修复。采取积极、持续、有效的政策和措施，合理疏散居住在违章搭建的建筑中的居民，降低人口密度，同时，尽量留住原住民，保持生活的延续性，努力解决居民居住和发展需求；让那些有代表性的民间商业，如老字号、手工艺作坊等留下来。在政府统一规划的前提下，积极组织居民参与保护修复工程，充分调动居民参与的积极性，让传统风貌的保护成为居民的自觉行动。政府补贴修复费用（文保单位政府补贴40%，历史建筑政府补贴10%）。

其三，保护建筑遗产的真实性。修复工程以“保护为主、抢救第一、合理利用、加强管理”指导思想，按照“政府主导，居民参与，实体运作，渐进改善”的思路，进行整个修复工程，保护和传承街区特有的文化内涵，延续历史文脉。其中，对于文物建筑和历史建筑的保护修复，按“不改变文物原状”的原则，同时，拆除和改建街区内不协调建筑。

其四，完善市政基础设施的配套建设。提升和整治排水、供电、供气、安防、通信、道路、河道设施，并将一些设施通过地下入户。内部空间则尽量满足当代的生活需求。

但在具体实施中，有些问题还是值得商榷。如南后街民国时扩建的联排建筑（底层商用二层居住）由于严重老化修复困难，而被拆除后代之以仿古建筑，使得真实性受损。很多原来的民居被改为办公场所或博物馆，街区的生活气息降低。但总体而言，保护修复工作还是较为成功的（图8-26）。

图8-26 整治完后的三坊七巷

2015年，三坊七巷荣膺“亚太地区文化遗产保护奖”之荣誉奖。颁奖词是这样评述的：

三坊七巷复兴工程，从即将拆除重建的命运中，挽救了这片城市历史街区，推动了人们对这片中国古代坊巷遗存重要价值的广泛认同。街区的保护修复依照国际准则，进行了大量文献研究和实地调查，无论在单体建筑还是整体景观的尺度上，都体现了保护规划的精细和全面，许多损毁严重的建议采用传统工艺与材料以尊重真实性的建造方式得到修缮。恰当的用地控制措施与良好的旅游管理延续了历史居住空间的宁静。这项历时近十年的保护工程，最终实现了社区生活的复苏，并使三坊七巷成为中国历史街区的典范[①]。

① 简讯．建筑遗产，2016（2）．

第九章　历史文化名镇名村保护

第一节　世界乡土聚落及其保护

人类产生以后，在大地上陆续出现了无数大大小小的聚落。这些聚落大致可以分为城镇和乡村两大类，二者之间差异很大，前者在规模上大于后者，在行政级别上高于后者，在经济形态、社会结构和生活方面也有很多不同。乡村聚落（Vernacular Settlement）或“乡土建筑”（Vernacular Architecture）[①]，通常被认为是“没有建筑师的建筑”，其特点是就地取材，自然质朴，风格自由（图 9-1）。英国建筑学者布伦斯科（R.W. Brunskill，1929 ~ 2015 年）是最早从事乡土建筑和聚落研究的学者之一，他将乡土建筑／聚落定义为“由未受过设计等专业训练的业余人士所建造的建筑／聚落，其建造过程往往遵循本地化的系列惯例或习俗。建筑／聚落的使用功能往往对其形态起到决定作用，而美学等的考虑则往往居于极不重要的地位。本地材料的使用十分普遍，而外来的材料往往只有在极其特殊的情况下才会被使用”[②]。

图 9-1　英国斯特拉福地（Stratford-Upon-Avon）莎士比亚妻子的故居

全世界的乡土聚落形态各异，丰富多彩，是人类宝贵的文化遗产，是文化多样性的重要体现。对于各地乡土建筑形态的差异，美国著名学者拉普卜特（Amos Rapoport）在其《宅形与文化》（House，Form and Culture）中指出[③]，“造成这种差异性的四个主要影响因素：（1）材料、技术因素——往往以当地易得的资源和当地居民掌握的建造知识为基础；（2）环境因素——为抵御恶劣气候条件的种种考虑；（3）社会文化因素——主要是居住所包含的文化意义，通常包括宗教、习俗、意识形态方面的内容；（4）经济和政治因素，比如对更广泛的社会经济、生产、就业和工作模式的思考，对财富积累（包括储蓄和投资等形式）的思考，同时还包含社会经济交换机制是如何受支配的，即政治环境”。

到了 19 世纪末 20 世纪初，伴随着工业化的快速发展，大量人口从乡村聚集于

---

① “乡土建筑”的概念有广义和狭义之分，广义的乡土建筑泛指有地域文化特色的建筑，狭义的乡土建筑多指村镇中的历史建筑。

② R W Brunskill.an Illustrated Handbook of Vernacular Architecture（4th ed.）London.pp27~28.

③ Amos Rapoport（1929~）.House，Form and Culture.1969.

城市，导致城市急剧膨胀，出现了交通拥堵、环境恶化等严重问题。这时，人类开始反思和怀念乡村聚落。19 世纪末，英国著名规划师霍华德(E. Howard，1850 ~ 1928 年）认为应该建设一种兼有城市和乡村优点的理想城市，称之为“田园城市”。20 世纪 30 年代，美国建筑师 F.L. 赖特（Frank Lloyd Wright，1869 ~ 1959 年）在目睹了城市化进程中的诸多问题之后，提出“广亩城市”的纲要，认为随着汽车和电力工业的发展，已经没有必要把一切活动集中于城市，认为城市应与周围的乡村结合在一起，保持每家拥有自己宅地的庄园生活。

20 世纪五六十年代，西方国家开始大规模展开对乡村聚落的研究和保护。几乎在同时，国际社会开始关注乡村的保护。1964 年通过的《威尼斯宪章》中指出：“历史古迹的要领不仅包括单个建筑物，而且包括能从中找出一种独特的文明、一种有意义的发展或一个历史事件见证的城市或乡村环境。”其中明确提到保护“乡村环境”，标志着国际社会对乡村聚落保护达成共识。

1975 年 5 月国际古迹遗址理事会通过《关于历史性小城镇保护的国际研讨会的决议》①，阐释了历史性小城镇保护的原则、面临的威胁和保护对策措施。其中提到，“历史性小城镇可按其普遍性、大小、文化背景和经济功能的不同，划分为很多类型。在修复和翻新这些城镇的过程中，必须尊重当地居民的权利、习俗和期望，必须对公共目的和目标负责。因此，对于政策和策略，必须根据自身特点具体情况具体分析”。

1976 年，国际乡土建筑保护专业委员会（简称 CIAV）成立②，作为国际古迹遗址理事会下属的专业委员会，旨在促进乡土建筑的识别、研究、保存、维护等方面的国际合作，分享世界各国保护乡土建筑遗产的经验。

1999 年 10 月，国际古迹遗址理事会第十二届全体大会在墨西哥通过《关于乡土建筑遗产的宪章》。该宪章是目前乡土建筑保护最为权威的文件，影响颇大。宪章前言中阐释了乡土建筑及其保护的重要意义：

乡土建筑遗产在人类的情感和自豪中占有重要的地位，它已经被公认为是有特征的和有魅力的社会产物。它看起来是不拘于形式的，但却是有秩序的。它是有实用价值的，同时又是美丽和趣味的。它是那个时代生活的聚焦点，同时又是社会史的记录。它是人类的作品，也是时代的创造物。如果不重视保存这些组成人类自身生活核心的和谐传统性，将无法体现人类遗产的价值。乡土建筑遗产是重要的；它是一个社会文化的基本表现，是社会与其所处地区关系的基本表现，同时也是世界文化多样性的表现。

该宪章还表述了乡土建筑面临的威胁：

乡土建筑是社区自己建造房屋的一种传统和自然方式。为了对社会和环境的约束作出反应，乡土建筑包含必要的变化和不断适应的连续过程。这种传统的幸存物在世界范围内遭受着经济、文化和建筑同一化力量的威胁。如何抵制这些威胁是社区、政府、规划师、建筑师、保护工作者以及多学科专家团体必须熟悉的基本问题。由于文化和全球社会经济转型的同一化，面对忽视、内部失衡和解体等严重问题，全

---

① 英文全称为：Resolutions of the International Symposium on the Conservation of Smaller Historic Town。

② 英文全称为：International Committee of Vernacular Architecture。

世界的乡土建筑都非常脆弱，因此，有必要建立管理和保护乡土建筑遗产的原则以补充《威尼斯宪章》。

该宪章对于乡土建筑遗产的特征作了较为全面的界定，即：

“乡土性可以由下列各项确认：某一社区共有的一种建造方式；一种可识别的、与环境适应的地方或区域特征；风格、形式和外观一致，或者使用传统上建立的建筑型制；非正式流传下来的用于设计和施工的传统专业技术；一种对功能、社会和环境约束的有效回应；一种对传统的建造体系和工艺的有效应用”。

该宪章还明确了乡土建筑遗产保护的五项原则，即：

（1）传统建筑的保护必须在认识变化和发展的必然性和认识尊重社区已建立的文化特色的必要性时，借由多学科的专门知识来实行；

（2）当今对乡土建筑、建筑群和村落所做的工作应该尊重其文化价值和传统特色；

（3）乡土性几乎不可能通过单体建筑来表现，最好是各个地区经由维持和保存有典型特征的建筑群和村落来保护乡土性；

（4）乡土性建筑遗产是文化景观的组成部分，这种关系在保护方法的发展过程中必须予以考虑；

（5）乡土性不仅在于建筑物、构筑物和空间的实体构成形态，也在于使用它们和理解它们的方法，以及附着在它们身上的传统和无形的联想。

为了推动乡村聚落的保护，从20世纪80年代开始，一些价值极高的村落陆续被登录为世界文化遗产（表9-1）。如韩国的回河村和良洞村在2010年被列入世界文化遗产名录（图9-2）。这两个村始建于14~15世纪，被认为是韩国最具代表性的历史村落，反映出朝鲜王朝早期鲜明的儒家文化。村中的建筑包括位于山谷之间平地上的首领家族的瓦顶宅第、其他家族的瓦顶房屋，以及位于山坡低处的平民居住的单层泥墙、茅草屋顶的住宅，还有亭台、学院、儒家学院等。韩国除了这两个列入世界遗产的村落外，还有很多村落被列入保护。如顺天乐安邑城民俗村（图9-3）在1983年被指定为国家史迹（第302号），2011年被列入世界文化遗产预备名录。

图9-2　韩国庆州北道良洞村，韩国规模最大、历史最悠久的贵族村落，庆州孙氏和骊江李氏两个家族在这里已经生活了500多年，村落均背靠青山，面向河流，自然风光优美（左）

图9-3　韩国顺天乐安邑城民俗村，内有90余户居民，每户由2~3个草屋、院子、宅旁地组成（右）

列入世界遗产的古村落　表9-1

序号	名称	所在国	登录时间
1	霍洛克古村落及其周边环境（Old Village of Holloko and its Surroudings）	匈牙利	1987年
2	阿伊特·本·哈杜筑垒村（Ksar of Ait-Ben-Haddou）	摩洛哥	1987年
3	陶斯村落（Pueblo de taos）	美国	1992年
4	特兰西瓦尼亚的村落及设防教堂（Village with Fortified Churches in Transylvania）	罗马尼亚	1993年

续表

序号	名称	所在国	登录时间
5	弗尔科利亚茨（Vlkolinec）	斯洛伐克	1993 年
6	白川乡和五箇山的历史村落（Historic Villages of Shirakawa-go and Gokayama）	日本	1995 年
7	吕勒奥的加默尔斯塔德教堂村（Church Village of Gammelstad，Lulea）	瑞典	1996 年
8	上斯瓦内提（Upper Svaneti）	格鲁吉亚	1996 年
9	霍拉索维采历史村落（Holasovice Historic Village Reservation）	捷克共和国	1998 年
10	皖南古村落：西递、宏村（Ancient Villages in Southern Anhui–Xidi and Hongcun）	中国	2000 年
11	新拉纳克村（New Lanark）	英国	2000 年
12	开平碉楼与村落（Kaiping Diaolou and Villages）	中国	2007 年
13	福建土楼（Fujian Tulou）	中国	2008 年
14	韩国历史村落：河回村和良洞村（Historic Villages of Korea: Hahoe and Yangdong）	韩国	2010 年
15	叙利亚北部古村落群（Ancient Villages of Northern Syria）	叙利亚	2011 年
16	赫尔辛兰的彩饰农舍（Decorated Farmhouses of Halsingland）	瑞典	2012 年
17	巴萨里乡村：巴萨里、富拉、贝迪克文化景观（Bassari Country: Bassari，Fula and Bedik Cultural Landscapes）	塞内加尔	2012 年

第二节 中国历史文化名镇名村

一、概述

中国传统社会尽管也有中央王朝的基层行政单位（如乡、亭、里等），但这些基层行政组织的管理效力很低，更多的得依靠以乡绅为权威的“乡绅自治”。乡绅自治下的乡村以家庭和家族为单位，有基本相同的宗教信仰、习俗风俗、生活习惯等。乡村赖以存在的基础是从事农业的村民和他们耕耘的农田，其基本经济形态是农业和家庭畜牧业，具有较强的自给自足性。每个聚落外的田地，必须足以养活相应的人口。这些都是传统社会中乡村聚落的明显特征。

各地乡村聚落最大的特点是多样性，可谓异彩纷呈。中国幅员辽阔，地貌多样，气候复杂，民族众多，文化丰富，与之相应的不同区域之间的乡村聚落也颇具特色，各美其美。但在很长的时期，国内只注重皇家和上层社会的建筑遗产的保护，而忽视乡村聚落和乡土建筑的保护。早在 1950 年代，刘敦桢先生所著《中国住宅概说》一书的前言中就特别指出：“以往只注意宫殿、陵寝、庙宇，而忘却广大人民的住宅建筑，是一件错误的事情”。到了 20 世纪 80 年代，在国际社会的影响下，中国才开始关注乡村聚落的研究和保护（表 9-2）。

有关历史文化名镇名村的重要政策文件一览表　　表9–2

时间	文件
1986 年 12 月	《国务院批转城乡建设环境保护部、文化部关于请公布第二批国家历史文化名城名单报告的通知》中指出：“对一些文物古迹比较集中，或能较完整地体现出某一历史时期的传统风貌和民族地方特色的街区、建筑群、小镇、村寨等，也应予以保护”。其中，明确提到小镇、村寨的保护
2002 年 10 月	修订的《中华人民共和国文物保护法》第十四条明确提出：“保存文物特别丰富并且具有重大历史价值或者革命纪念意义的城镇、街道、村庄，由省、自治区、直辖市人民政府核定公布为历史文化街区、村镇，并报国务院备案”
2003 年 10 月	建设部和国家文物局联合公布了第一批 22 个中国历史文化名镇(名村)，标志着中国历史文化村镇保护制度的基本确立。同时，公布了《中国历史文化名镇（村）评选办法》
2004 年	为了进一步规范中国历史文化名镇（村）的申报、监督和管理工作，建设部、国家文物局联合制定了《中国历史文化名镇（村）评价指标体系》（试行）

续表

时间	文件
2005年9月	由中国城市规划学会和山西省建设厅主办的“中国古村镇保护与发展碛口国际研讨会”在山西临县碛口古镇召开，签署发表了《中国古村镇保护与发展碛口宣言》
2005年9月	公布了第二批58个中国历史文化名镇（名村）
2007年4月	国家文物局发布《关于加强乡土建筑保护的通知》，要求各省、自治区、直辖市文物部门在第三次全国文物普查中做好乡土建筑遗产调查
2007年4月	无锡召开“中国文化遗产保护无锡论坛——乡土建筑保护”会议，会议上共同签署了“关于保护乡土建筑的倡议”，成立乡土文物建筑专业委员会
2007年6月	公布了第三批77个中国历史文化名镇（名村）
2008年4月	国务院出台《历史文化名城名镇名村保护条例》
2008年12月	公布了第四批94个中国历史文化名镇（名村）
2010年12月	公布了第五批99个中国历史文化名镇（名村）
2012年11月	住房和城乡建设部颁布了《历史文化名城名镇名村保护规划编制要求》（试行）
2014年2月	公布了第六批178个中国历史文化名镇（名村）
2014年12月	住房和城乡建设部出台《历史文化名城名镇名村街区保护规划编制审批办法》

20世纪80年代末到90年代初开始，建筑学领域的学者陆续开始对乡村聚落进行研究，如天津大学彭一刚对于传统村镇的研究①，清华大学陈志华等对于楠溪江中游古村落的研究②，同济大学阮仪三对于江南水乡古镇的调查研究和保护规划编制③，他还不断呼吁对这些聚落的保护，“不使她在我们这一代手里夭折”④。

但从国家层面保护乡村聚落，基本还是进入21世纪之后的事。具体工作主要表现在下面几个方面：

其一是正式建立了名镇名村保护体系。

2002年新修订的《中华人民共和国文物保护法》第十四条明确提出：“保存文物特别丰富并且具有重大历史价值或者革命纪念意义的城镇、街道、村庄，由省、自治区、直辖市人民政府核定公布为历史文化街区、村镇，并报国务院备案”。其中明确提出了历史文化村镇的概念，确立了历史文化村镇的法律地位。2008年国务院颁布了《历史文化名城名镇名村保护条例》，第一次专门制定国家法规，用以名城名镇名村的保护，规范了历史文化名城名镇名村的申报、批准、规划和保护工作，为历史文化名镇名村保护与管理工作带来新的机遇。

截至2014年2月，共公布了6批528个中国历史文化名镇名村。所公布的这些名镇名村，大多依然保持着较为完整的空间格局和历史环境，反映了我国不同地域、不同民族、不同经济社会发展阶段聚落形成和演变的历史过程，真实记录了传统建筑风貌、优秀建筑艺术、传统民俗民风和原始空间形态，是中国文化遗产的重要组成部分，具有很高的保护价值。

其二是更多的村落建筑群被列入全国重点文物保护单位或省级文物保护单位。

在1988年和1996年公布的第三批和第四批全国重点文物保护单位中，已经有了乡村聚落，如四川马尔康县的卓克基土司官寨、山西省襄汾县的丁村民宅（图9-4）

① 彭一刚著．传统村镇聚落景观分析．中国建筑工业出版社，1994.
② 陈志华文，李玉祥摄影．楠溪江中游古村落．北京：生活·读书·新知三联书店出版，1999.
③ 阮仪三．护城寻踪．中国建筑工业出版社，2003.61~73.
④ 阮仪三．江南水乡城镇特色环境及保护．城市，1989（3）.

等，但数量相对较少。到2001年、2006年和2013年公布的全国重点文物保护单位中，入选的乡村聚落明显增多。如2001年公布的第五批全国重点文物保护单位中有浙江省武义县“俞源村古建筑群”、安徽省黟县的“宏村古建筑群”、“西递村古建筑群”、泾县“查济古建筑群”、福建省南安市的“蔡氏古民居建筑群”、江西省乐安县“流坑村古建筑群”、湖南省岳阳县的“张谷英村古建筑群”、陕西韩城市“党家村古建筑群”等。2006年公布了第六批全国重点文物保护单位，更是有17个古村镇型建筑群列入全国重点文物保护单位，如北京市门头沟区爨底下村古建筑群（图9-5）、山西临县碛口古建筑群（图9-6）、沁水县湘峪古建筑群、窦庄古建筑群、汾西县师家沟古建筑群、安徽省泾县黄田村古建筑群，等等。2013年公布的第七批全国重点文物保护单位中也有10余个古村镇型建筑群，如江苏省南京市江宁区杨柳村古建筑群、浙江省婺城区寺平村乡土建筑、缙云县河阳村乡土建筑、河南省博爱县寨卜昌村古建筑群等。但这些村在国保名单中都没有称为“某某村”，而是称为“某某村古建筑”或“某某民居”或“某某大院”，也就是说往往是以名镇名村中的部分古建筑面目出现，面对的不是村落整体，而是其中的部分典型建筑。

其三，一些乡村聚落被入选世界遗产名录或世界遗产预备名录。

2000年“皖南古村落”（包括西递、宏村）被登录为世界文化遗产。这件事在国内引起较大的反响，促使国内对乡村聚落的保护更加重视。“皖南古村落”之后，在2007年和2008年先后有“开平碉楼”（图9-7）与“福建土楼”（图9-8）列入世界遗产。另外，还有很多古村落被列入世界文化遗产预备名录，如“山陕古民居”（包括丁村古建筑群、党家村古建筑群）、“江南水乡古镇”（包括甪直、周庄、千灯、锦溪、沙溪、同里、乌镇、西塘、南浔、新市）、“苗族村寨”（图9-9）、“侗族村寨”（图9-10）、“藏羌碉楼与村寨”（图9-11）等。

当然还有一项工作影响颇大，那就是住房和城乡建设部在2012～2016年期间公布了四批4153个“中国传统村落”。下面还会专门论述“中国传统村落”，此处就不赘述。

二、中国历史文化名镇名村的申报和批准

关于历史文化名镇名村申报条件，《历史文化名城名镇名村保护条例》（2008年）提到，具备下列条件的镇、村庄，可以申报历史文化名镇、名村：

图9-4 早在1988年就被公布为第三批全国重点文物保护单位的“丁村民宅”（左）
图9-5 2006年被公布为第六批全国重点文物保护单位的“爨底下村古建筑群”（右）

图 9-6　2006 年被公布为第六批全国重点文物保护单位的山西临县“碛口古建筑群”（左）
图 9-7　作为世界遗产“开平碉楼和村落”组成部分的自力村碉楼群（右）

图 9-8　作为世界遗产“福建土楼”组成部分的永定县初溪村土楼群（左）
图 9-9　世界遗产预备名录“苗族村寨”之一的贵州雷山县郎德镇上郎德村（右）

图 9-10　世界遗产预备名录“侗族村寨”之一的贵州省从江县增冲村（左）
图 9-11　世界遗产预备名录“藏羌碉楼和村寨”之一的四川省丹巴县莫洛村碉楼群（右）

（1）保存文物特别丰富；

（2）历史建筑集中成片；

（3）保留着传统格局和历史风貌；

（4）历史上曾经作为政治、经济、文化、交通中心或者军事要地，或者发生过重要历史事件，或者其传统产业、历史上建设的重大工程对本地区的发展产生过重要影响，或者能够集中反映本地区建筑的文化特色、民族特色[①]。

关于中国历史文化名镇名村的审批，该条例规定：“国务院建设主管部门会同国务院文物主管部门可以在已批准公布的历史文化名镇、名村中，严格按照国家有关评价标准，选择具有重大历史、艺术、科学价值的历史文化名镇、名村，经专家论证，确定为中国历史文化名镇、名村。”

2005 年建设部和国家文物局进一步细化评选标准，增加定量可比性，制定了《中国历史文化名镇（村）评价指标体系》（试行）。2016 年修正后的《评价指标体系》（表 9-3），分为价值特色和保护措施两部分。评价总分值为 100 分，其中价值特色占 70 分，保护措施占 30 分。

① 《中国历史文化名镇（村）评选办法》（建设部，2003 年）对镇和村的面积作了规定：“镇的总现存历史传统建筑的建筑面积须在 5000 平方米以上，村的现存历史传统建筑的建筑面积须在 2500 平方米以上。”

中国历史文化名镇名村评价指标体系[①] 表9-3

大类	指标	指标分解及释义	最高限分
价值特色	1. 镇或村庄建成区文物等级与数量	（1）文物保护单位数量	5
		（2）文物保护单位最高等级	5
		（3）市县政府公布的登记不可移动文物数量	3
	2. 镇或村庄建成区历史建筑数量	（4）市县政府公布的历史建筑数量	5
	3. 重要职能特色	（5）反映重要职能与特色的历史建筑保存完好情况（重要职能特色指历史上曾作为区域政治中心、军事要地、交通枢纽和物流集散地；或少数民族宗教圣地；传统生产、工程设施建设地；集中反映地区建筑文化和传统风貌；或是重大历史事件发生地或名人生活居住地）	3
	4. 镇或村庄建成区不可移动文物与历史建筑规模	（6）现存文物保护单位、登记不可移动文物、历史建筑的建筑面积	3
	5. 历史环境要素	（7）保存有体现村镇传统特色和典型特征的环境要素数量	3
	6. 历史街巷（河道）规模	（8）保存有形态完整、传统风貌连续的历史街巷（河道）数量	5
		（9）保存有形态完整、传统风貌连续的历史街巷（河道）总长度	3
	7. 核心保护区风貌完整性、历史真实性、空间格局特色功能	（10）聚落与自然环境完整度	2
		（11）空间格局及功能特色	3
		（12）核心保护区用地面积规模	5
		（13）核心保护区文物保护单位、登记不可移动文物、历史建筑用地面积占核心保护区全部用地面积比例	4
		（14）核心保护区文物保护单位、登记不可移动文物数量	4
		（15）核心保护区历史建筑数量	6
	8. 核心保护区生活延续性	（16）核心保护区中原住居民比例	5
	9. 非物质文化遗产	（17）拥有传统节日、传统手工艺和特色传统风俗类型，以及源于本地，并广为流传的诗词、传说、戏曲、歌赋的数量	3
		（18）非物质文化遗产等级	3
保护措施	10. 保护规划	（19）保护规划编制与实施	8
	11. 保护修复措施	（20）对登记不可移动文物建档并挂牌保护的比例	4
		（21）对历史建筑、环境要素登记建档并挂牌保护的比例	6
		（22）建立保护规划及修复建设公示栏情况	2
		（23）对居民和游客建立警醒意义的保护标志数量	2
	12. 保障机制	（24）保护管理办法的制定	2
		（25）保护机构及人员	3
		（26）每年用于保护维修资金占全年村镇建设资金	3

三、中国历史文化名镇名村名录及其空间分布

截至2014年3月，我国已经分6个批次公布了528个中国历史文化名镇名村，其中名镇252个、名村276个（图9-12、图9-13）。其分布有几个特点：一是南方地区多，北方地区少；东南部地区多、西北部地区少。华东地区有206个，占全国的39%；华东和华南地区一共266个，占全国的53%，而东北只有9个，占全国的2%，西北32个，占全国的6%。二是分布较为集中，呈群态分布，包括山西东南部的沁河中游和山西中南部的汾河中游古村镇群、沪苏浙交界处的太湖流域古镇群、皖南

① 本表是在住房和城乡建设部2016年修正后的《中国历史文化名镇名村评价指标体系》基础上适当简化而成。

古村落群、川黔渝交界的古村镇群、粤中古村镇群等五个区域。另外，在各省的分布也不均衡，前 10 位省份的名镇名村总数为 339 个，约占全国总数的 64%（表 9-4）。

前六批中国历史文化名镇（村）排名前10位的省份 表9-4

排序	省份	名镇数	名村数	总数
1	浙江	18	30	48
2	福建	13	29	42
3	山西	8	32	40
4	广东	15	22	37
5	江苏	27	10	37
6	江西	10	23	33
7	四川	24	6	30
8	安徽	8	19	27
9	贵州	8	15	23
10	湖南	7	15	22

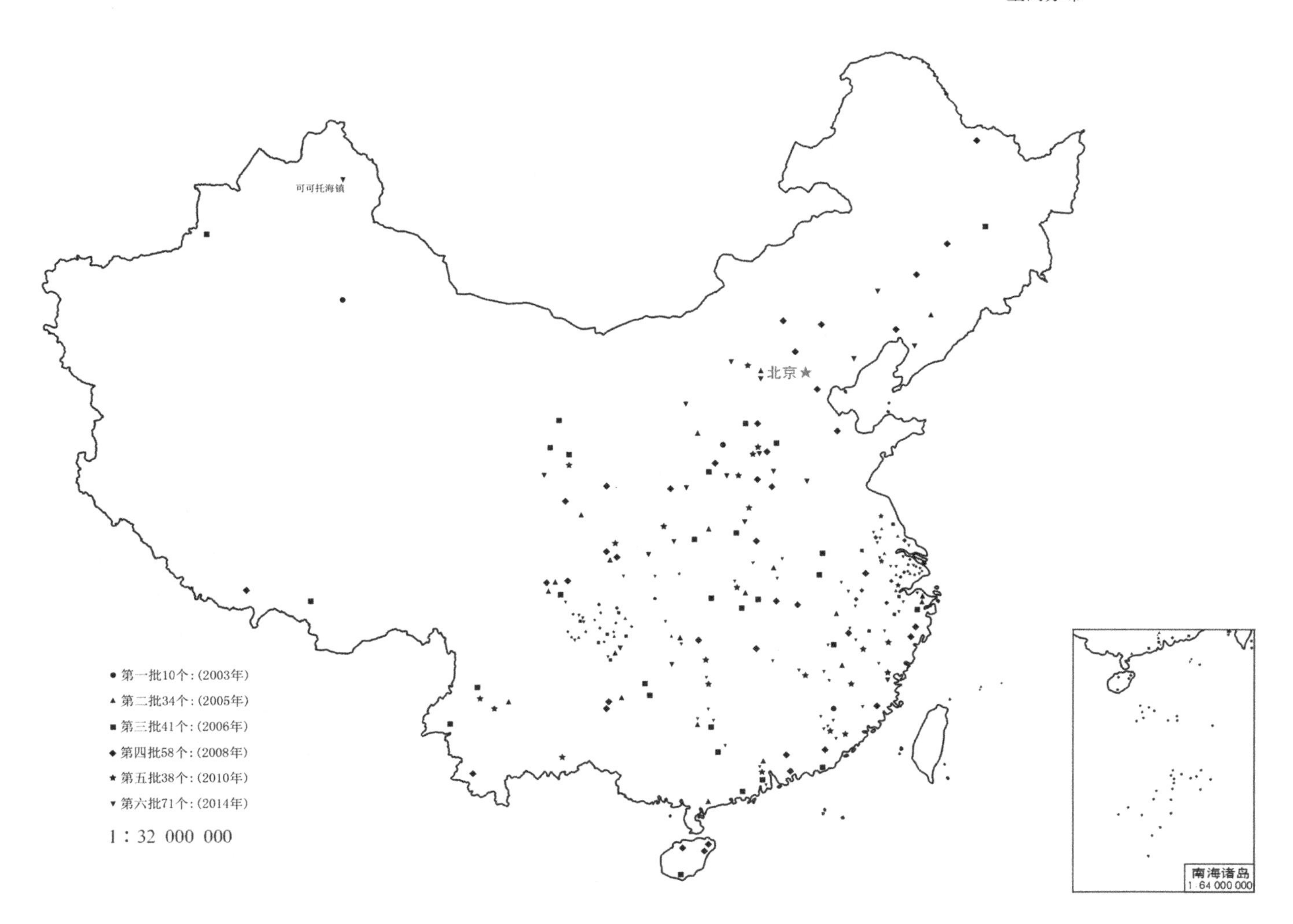

图 9-12 中国历史文化名镇空间分布

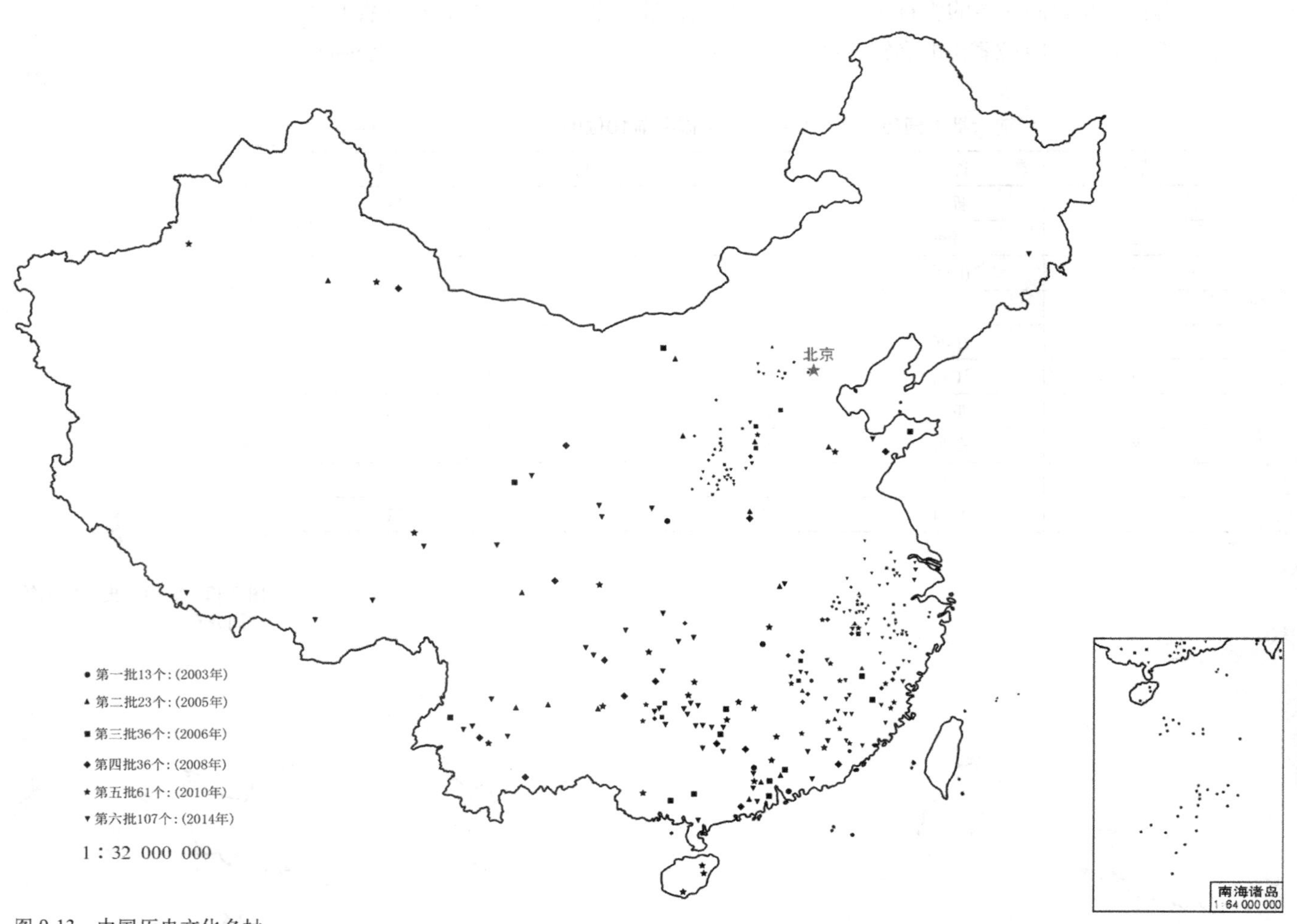

图 9-13 中国历史文化名村空间分布

第三节 中国传统村落

一、概述

名镇名村的公布在很大程度上促进了乡村聚落的保护，但名镇名村的筛选非常严格，十余年只公布了六批 528 个，和全国 270 多万个自然村相比，比例过低，覆盖面不够。

在 2011 年 9 月中央文史馆成立 60 周年座谈会上，时任国务院总理的温家宝提出："古村落的保护，就是工业化、城镇化过程中对于物质遗产、非物质遗产以及传统文化的保护"。为了贯彻讲话精神，摸清全国传统村落整体保存状况，加强传统村落的保护和更新工作，住房和城乡建设部等部门在 2012 年 4 月 16 日发布《关于开展传统村落调查的通知》，其中提到："由于保护体系不完善，同时随着工业化、城镇化和农业现代化的快速发展，一些传统村落消失或遭到破坏，保护传统村落迫在眉睫。开展传统村落调查，全面掌握我国传统村落的数量、种类、分布、价值及其生存状态，是认定传统村落保护名录的重要基础，是构建科学有效的保护体系的重要依据，是摸清并记录我国传统文化家底的重要工作"。这一文件的发布标志着"全国传统村落调查"的启动，意义重大。这之后，在住房和城乡建设部主导下出台了一系列政策和办法（表 9-5）。

关于传统村落保护的政策文件　表9-5

时间	文件
2012 年 4 月	住房和城乡建设部、文化部、国家文物局和财政部四部门联合出台《关于开展传统村落调查的通知》
2012 年 8 月	住房和城乡建设部等部门关于印发《传统村落评价认定指标体系（试行）》
2012 年 12 月	住房和城乡建设部、文化部、财政部下发《关于切实加强中国传统村落保护的指导意见》
2012 年 12 月	住房和城乡建设部、文化部、财政部公布第一批列入中国传统村落名录村落名单（共 646 个）
2013 年 8 月	住房和城乡建设部、文化部、财政部公布第二批列入中国传统村落名录的村落名单（共 915 个）
2013 年 9 月	住房和城乡建设部印发《传统村落保护发展规划编制基本要求（试行）》
2014 年 4 月	住房和城乡建设部、文化部、国家文物局、财政部下发《关于切实加强中国传统村落保护的指导意见》
2014 年 5 月	国家文物局发布《全国重点文物保护单位和省级文物保护单位集中成片传统村落整体保护利用工作实施方案》
2014 年 9 月	住房和城乡建设部、文化部、国家文物局下发《关于做好中国传统村落保护项目实施工作的意见》
2014 年 11 月	住房和城乡建设部等部门公布第三批列入中国传统村落名录的村落名单（共 994 个）
2016 年 11 月	住房和城乡建设部办公厅等部门印发《中国传统村落警示和退出暂行规定（试行）》的通知
2016 年 12 月	住房和城乡建设部等部门公布第四批列入中国传统村落名录的村落名单（共 1598 个）

住房和城乡建设部等部门在调查的基础上，核定公布了“中国传统村落”名单。“中国传统村落”的评审与“中国历史文化名镇名村”的评审类似，但有两点明显变化。其一是入选的数量更多、范围更广，旨在更大力度保护乡村聚落。名镇名村以保护精品为导向，数量少、覆盖面小，无法涵盖中国分布广泛、类型多样的乡村聚落。传统村落以广泛保护为宗旨，数量多，覆盖面大。其二是将非物质文化遗产作为重要标准，加大其评分权重，即评选标准由传统偏重静态物质层面拓展为重视活态非物质层面。另外，中国历史文化名镇名村是一个法定概念，通过立法赋予了特定的法律地位，受到国家强制力的保护，但传统村落目前还属于行政性的概念，没有纳入法制轨道。

关于“传统村落”的概念，住房和城乡建设部等部门下发布的《关于加强传统村落保护发展工作的指导意见》（2012 年）中这样解释：“传统村落是指拥有物质形态和非物质形态文化遗产，具有较高的历史、文化、科学、艺术、社会、经济价值的村落。传统村落承载着中华传统文化的精华，是农耕文明不可再生的文化遗产。传统村落凝聚着中华民族精神，是维系华夏子孙文化认同的纽带。传统村落保留着民族文化的多样性，是繁荣发展民族文化的根基”。

二、传统村落的申报和认定

2012 年 4 月住房和城乡建设部等部门下发的《关于开展传统村落调查的通知》中指出：

传统村落是指村落形成较早，拥有较丰富的传统资源，具有一定历史、文化、科学、艺术、社会、经济价值，应予以保护的村落。符合以下条件之一的村落列为调查对象：

（一）传统建筑风貌完整。历史建筑、乡土建筑、文物古迹等建筑集中连片分布或总量超过村庄建筑总量的 1/3，较完整体现一定历史时期的传统风貌。

（二）选址和格局保持传统特色。村落选址具有传统特色和地方代表性，利用自然环境条件，与维系生产生活密切相关，反映特定历史文化背景。村落格局鲜明体现有代表性的传统文化，鲜明体现有代表性的传统生产和生活方式，且村落整体格局保存良好。

（三）非物质文化遗产活态传承。该传统村落中拥有较为丰富的非物质文化遗产资源、民族或地域特色鲜明，或拥有省级以上非物质文化遗产代表性项目，传承形式良好，至今仍以活态延续。

为了更好地衡量和评价传统村落的价值，住房和城乡建设部等部门又编制了《传统村落评价认定指标体系（试行）》（表 9-6），使传统村落的认定有了一个相对统一的标准。其主要指标分为三大项，即“传统建筑”、“选址和格局”、“非物质文化遗产”，各占 100 分。每个大项又从定性评估和定量评估两个维度对其进行评价。和“中国历史文化名镇名村评价指标体系”相比，“传统村落评价认定指标体系（试行）”突出了非物质文化遗产在评价中所占的比重。

传统村落评价认定指标体系（试行）① 表9-6

<table>
<tr><th>类别</th><th>序号</th><th>指标</th><th>指标分解</th><th>满分</th></tr>
<tr><td colspan="5">一、村落传统建筑评价指标体系（合计 100 分）</td></tr>
<tr><td rowspan="6">定量评估</td><td rowspan="2">1</td><td rowspan="2">久远度</td><td>现存最早建筑修建年代</td><td>4</td></tr>
<tr><td>传统建筑群集中修建年代</td><td>6</td></tr>
<tr><td>2</td><td>稀缺度</td><td>文物保护单位等级</td><td>10</td></tr>
<tr><td>3</td><td>规模</td><td>传统建筑占地面积</td><td>20</td></tr>
<tr><td>4</td><td>比例</td><td>传统建筑用地面积占全村建设用地面积比例</td><td>15</td></tr>
<tr><td>5</td><td>丰富度</td><td>建筑功能种类</td><td>10</td></tr>
<tr><td rowspan="3">定性评估</td><td>6</td><td>完整性</td><td>现存传统建筑（群）及其建筑细部乃至周边环境保存情况</td><td>15</td></tr>
<tr><td>7</td><td>工艺美学价值</td><td>现存传统建筑（群）所具有的建筑造型、结构、材料或装饰等美学价值</td><td>12</td></tr>
<tr><td>8</td><td>传统营造工艺传承</td><td>至今仍大量应用传统技艺营造日常生活建筑</td><td>8</td></tr>
<tr><td colspan="5">二、村落选址和格局评价指标体系（合计 100 分）</td></tr>
<tr><td rowspan="2">定量评估</td><td>1</td><td>久远度</td><td>村落现有选址形成年代</td><td>5</td></tr>
<tr><td>2</td><td>丰富度</td><td>现存历史环境要素种类</td><td>15</td></tr>
<tr><td rowspan="3">定性评估</td><td>3</td><td>格局完整性</td><td>村落传统格局保存程度</td><td>30</td></tr>
<tr><td>4</td><td>科学文化价值</td><td>村落选址、规划、营造反映的科学、文化、历史、考古价值</td><td>35</td></tr>
<tr><td>5</td><td>协调性</td><td>村落与周边优美的自然山水环境或传统的田园风光保有和谐共生的关系</td><td>15</td></tr>
<tr><td colspan="5">三、村落承载的非物质文化遗产评价指标体系（合计 100 分）</td></tr>
<tr><td rowspan="5">定量评估</td><td>1</td><td>稀缺度</td><td>非物质文化遗产级别</td><td>15</td></tr>
<tr><td>2</td><td>丰富度</td><td>非物质文化遗产种类</td><td>5</td></tr>
<tr><td>3</td><td>连续性</td><td>至今连续传承时间</td><td>15</td></tr>
<tr><td>4</td><td>规模</td><td>传承活动规模</td><td>5</td></tr>
<tr><td>5</td><td>传承人</td><td>是否有明确代表性传承人</td><td>5</td></tr>
<tr><td rowspan="2">定性评估</td><td>6</td><td>活态性</td><td>传承情况</td><td>25</td></tr>
<tr><td>7</td><td>依存性</td><td>非物质文化遗产相关的仪式、传承人、材料、工艺以及其他实践活动等与村落及其周边环境的依存程度</td><td>30</td></tr>
</table>

① 根据住建部等《传统村落评价认定指标体系（试行）》基础上修改而成，如为了节省篇幅删掉了“分值标准及释义”。

根据住房和城乡建设部等部门发布的《关于加强传统村落保护发展工作的指导意见》(2012年)，“三部门根据《传统村落评价认定指标体系（试行)》，按照省级推荐、专家委员会审定、社会公示等程序，将符合国家级传统村落认定条件的村落公布列入中国传统村落名录”。

三、中国传统村落名录和空间分布

截至2016年12月底，住房和城乡建设部等部门公布了4批共4153个中国传统村落（图9-14),其中第一批646个,第二批915个,第三批994个,第四批1598个（表9-7)。中国传统村落数量超过100个的省（市、自治区）有:云南（615)、贵州（545)、浙江（401)、山西（279)、湖南（257)、福建（229)、四川（225)、江西（175)、安徽（163)、广西（161)、广东（160)、河北（145)、河南（124)、湖北（118）等。中国传统村落少于20个的省（市、自治区）有天津（3)、宁夏（5)、上海（5)、黑龙江（6)、吉林（9)、辽宁（17)、新疆（17)、西藏（19）等。

图9-14　中国传统村落分布图

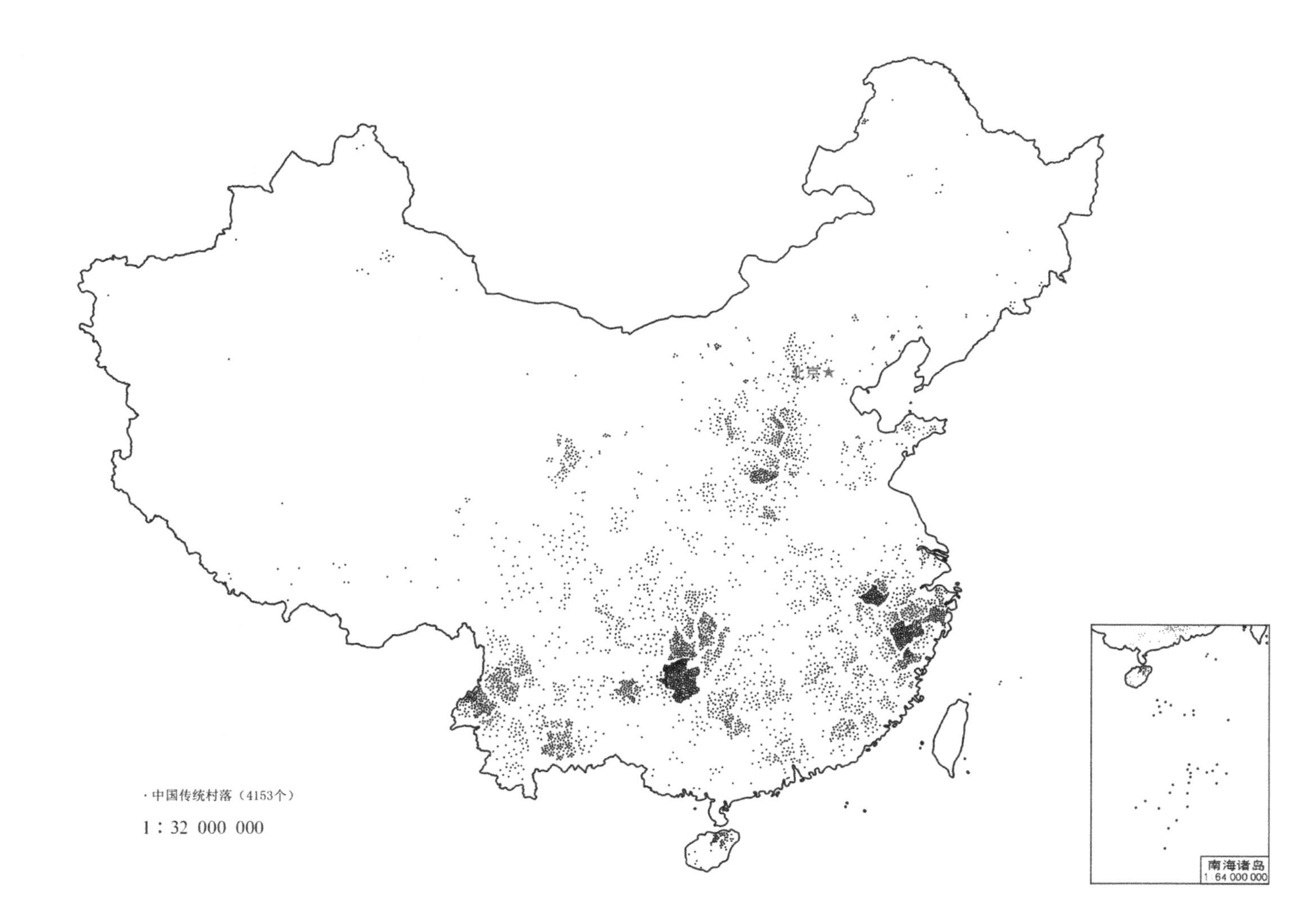

总体而言，中国传统村落区域分布很不均衡，呈聚集分布状态。上述数量排名前 14 的省份共有 3597 个中国传统村落，占全国的近 87%；前 5 的省份共 2097 个，占全国的一半多；而最少的 8 个省份共有中国传统村落 81 个，占全国总数不到 2%。中国大陆共有约 333 个地级行政单位（含地级市、州），其中拥有中国传统村落最多的 15 个地级行政单位共有 1481 个中国传统村落，约占全国的 36.7%（表 9-8）。总体而言，中国传统村落分布南方多于北方，西部多于东部；少数民族地区多于汉族地区；多分布于远离中心城市的区域，集中在发展水平中等偏下和人口密度中等的地区。

各省中国传统村落数量统计　表9–7

地级市	第一批	第二批	第三批	第四批	总数
北京市	9	4	3	5	21
天津市	1	—	—	2	3
河北省	32	7	18	88	145
山西省	48	22	59	150	279
内蒙古自治区	3	5	16	20	44
辽宁省	—	—	8	9	17
吉林省	—	2	4	3	9
黑龙江省	2	1	2	1	6
上海市	5	—	—	—	5
江苏省	3	13	10	2	28
浙江省	43	47	86	225	401
安徽省	25	40	46	52	163
福建省	48	25	52	104	229
江西省	33	56	36	50	175
山东省	10	6	21	38	75
河南省	16	46	37	25	124
湖北省	28	15	46	29	118
湖南省	30	42	19	166	257
广东省	40	51	35	34	160
广西壮族自治区	39	30	20	72	161
海南省	7	—	12	28	47
重庆市	14	2	47	11	74
四川省	20	42	22	141	225
贵州省	90	202	134	119	545
云南省	62	232	208	113	615
西藏自治区	5	1	5	8	19
陕西省	5	8	17	41	71
甘肃省	7	6	2	21	36
青海省	13	7	21	38	79
宁夏回族自治区	4	—	—	1	5
新疆维吾尔自治区	4	3	8	2	17

拥有中国传统村落最多的15个地级市　　表9-8

排序	地级市	第一批	第二批	第三批	第四批	总数
1	贵州省黔东南苗族侗族自治州	60	165	51	33	309
2	浙江省丽水市	9	12	56	81	158
3	云南省大理白族自治州	15	42	37	17	111
4	云南省红河哈尼族彝族自治州	6	10	51	40	107
5	云南省保山市	5	59	30	8	102
6	贵州省铜仁市	12	29	33	25	99
7	安徽省黄山市	16	27	25	24	92
8	广西壮族自治区桂林市	19	12	18	36	85
9	湖南省湘西土家族苗族自治州	17	8	4	53	82
10	山西省晋城市	13	4	14	38	69
11	湖南省怀化市	2	6	9	39	56
12	贵州省安顺市	4	3	27	22	56
13	浙江省金华市	11	9	4	29	53
14	浙江省丽江市	10	18	20	4	52
15	山西省晋中市	6	7	4	33	50

第四节　名镇名村和传统村落保护

一、中国乡村聚落的类型和特征

在中国漫长的农耕社会里，90%以上的人长期劳动生息在大大小小的村落里，1949年中华人民共和国建立时，城市化率也仅为10.64%，所以说乡村聚落是中华文明非常重要的历史见证。

传统村落大都聚族而居，有单姓村、主姓村、杂姓村之分，以血缘关系为纽带，凝聚于一起。理解传统村落，一定得将其放到农耕文明的大背景中。譬如，在农耕文明时代，村落的选址受到耕作半径的限制，“日出而作、日落而息”，耕作只能依靠人的徒步出行来实现，携带农具早出晚归，其距离必须在步行的适宜距离之内。这是和现代社会完全不同的情况。另外，传统村落中占主导的传统民居，与现代建筑也完全不同，由于受到地形、气候、文化、习俗等的影响，传统民居形式非常多样，大类就可分为庭院式、单幢式、窑洞式、集居式、移居式等（表9-9）。

中国传统民居的典型类型　　表9-9

形式	分类	特征	典型案例
庭院式	合院式	庭院较大，院落呈矩形或方形，各幢房屋分离	如北京民居、晋中民居
	厅井式	院落小，类似井口，故称天井，各幢房屋相互连属	如徽州民居、泉州民居
	融合式	融合了合院式和厅井式各自的特点，是二者的折中或调和	如苏州民居、丽江纳西族民居

续表

形式	分类	特征	典型案例
单幢式	干阑式	一般采用底层架空，它具有通风、防潮、防兽等优点	如傣族民居、侗族民居
	碉房式	用乱石垒砌或土筑的房屋，高三至四层，因外观很像碉堡，故称为碉房	如西藏碉房、甘南碉房
	井干式	将圆木或半圆木两端开凹槽，组合成矩形木框，层层相叠作为墙壁	主要分布地：豫西、晋中、陇东、陕北、新疆吐鲁番一带。
窑洞式	靠崖窑	多位于山畔或沟边，利用崖势，先将崖面削平，然后挖窑	
	箍窑	一种掩土的拱形房屋，有土坯拱窑洞，也有砖拱石拱窑洞。可为单层，也可建成为楼	
	地坑窑	先将平地挖一个长方形的大坑，将坑内四面削成崖面，然后在四面崖上挖窑洞	
集居类	土楼式	就是以生土版筑墙作为承重系统的任何两层以上的房屋	福建土楼
	围屋式	平房式的集居，一般中轴对称，具有一定的构图	如广东梅县民居
	竹筒屋	多见于用地紧张的地区，因其门面窄而小，纵深狭长，形似竹筒，所以称“竹筒屋”	广东珠江三角洲、潮汕沿海地区民居
移居类	毡房类	以木为骨架，毡为外皮，是游牧生活为主的牧民居住的建筑方式	蒙古包
	撮罗子	用木杆搭起尖顶屋	东北鄂伦春民居

按照综合特色，乡村聚落可以分为建筑遗产型、民族特色型、革命历史型、传统文化型、环境景观型、商贸交通型等（表 9-10）。

按照综合特色分类法划分的乡村聚落类型及其特征[①] **表9-10**

建筑遗产型	典型运用我国传统的选址和规划布局理论并已形成一定规模格局，较完整地保留了一个或几个时期沉淀下来的传统建筑群的村镇	同里镇、周庄镇、乌镇
民族特色型	能集中反映某一地区民族特色和风情的传统建筑的村镇	田螺村、肇兴侗寨
革命历史型	在历史上因发生过重大政治或战役的村镇	古田镇
传统文化型	能够代表一定时期地域传统文化或在历史上曾以文化教育著称的村镇	宏村、张谷英村
环境景观型	自然生态环境的形成或改变对村镇特色起决定性作用的村庄	西湾村、俞源村
商贸交通型	历史上曾以商贸交通作为主要职能，并对区域经济发展有较大影响的村镇	川底下村、鸡鸣驿

按照乡村聚落所在的地形地貌，可以分为平原型、山地型、水乡型等。平原型多以“十字街”为基本骨架，街道规划严谨，民居排列整齐有序，如张谷英村、鹏城村等；山地型随着地形的变化高低错落，形态自由灵活，建筑密度往往较低，道路蜿蜒曲折，如北京门头沟区的川底下村、山西临县李家山村；水乡型多沿河呈带状布局，水路和陆路平行，民居临水而建，小桥、流水、人家为其基本要素，如江苏的周庄、浙江的乌镇等。

根据其保护情况，又可以分为格局完整型、局部保存型、濒危型等。至于乡村聚落的空间构成形态，则更为多样，但大致可以分为集中式（图 9-15~ 图 9-18）、线条式（图 9-19、图 9~20）、分散式等。

① 赵勇．中国历史文化名镇名村保护理论与方法．中国建筑工业出版社，2008.61.

图 9-15　山西省介休市张壁村总体格局

图 9-16　贵州省雷山县朗德上寨总平面示意图(改绘自:《西南民居》第 14 页)

图 9-17　洛阳邙山乡冢头村平面图①

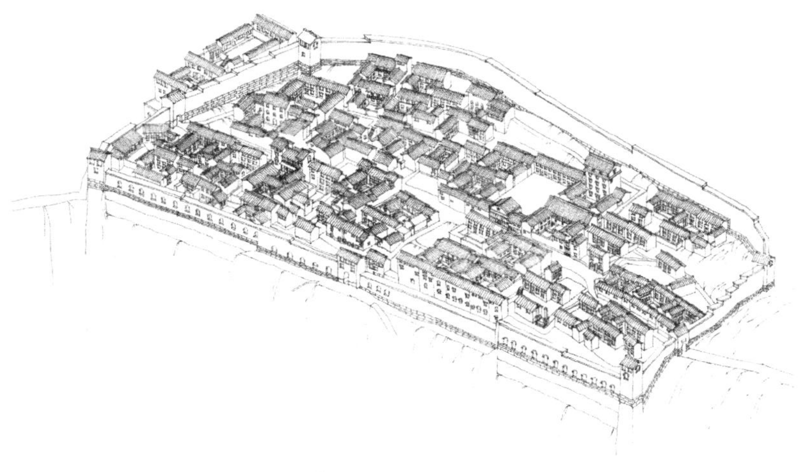

图 9-18　山西沁水县湘峪村鸟瞰

二、保护传统村落的意义

为了守护最后的家园，留住乡愁，党和国家在逐步推进名镇名村和传统村落的保护工作。在国务院四部委 2012 年启动传统村落保护工程后，中央每年关于“三农”问题的一号文件均有关于传统村落的内容（表 9-11）。

① 侯继尧．王军著．中国窑洞．河南科学技术出版社，1999.72.

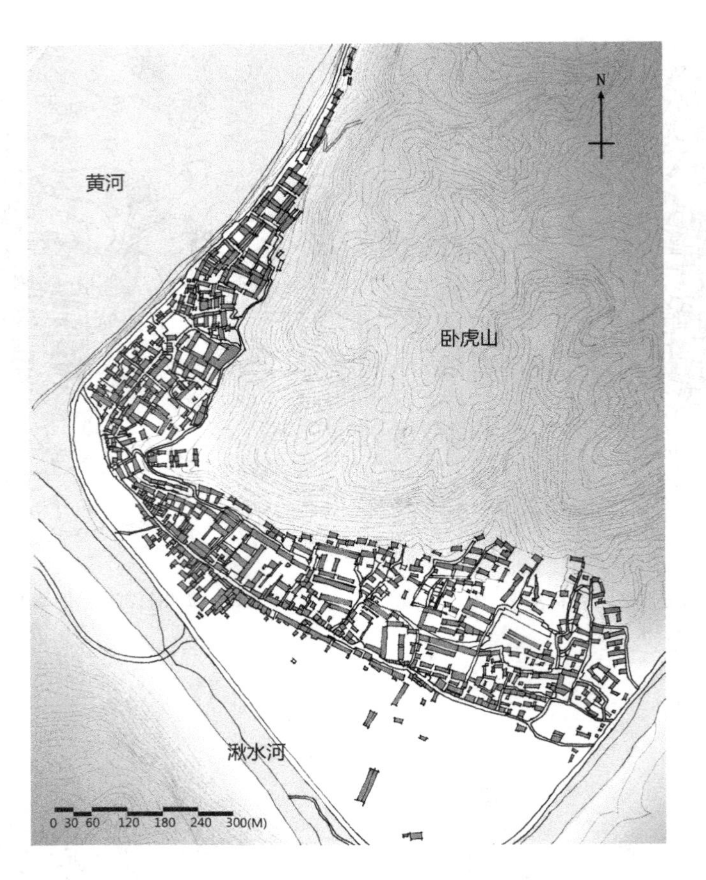

图 9-19 山西临县碛口古镇总平面图

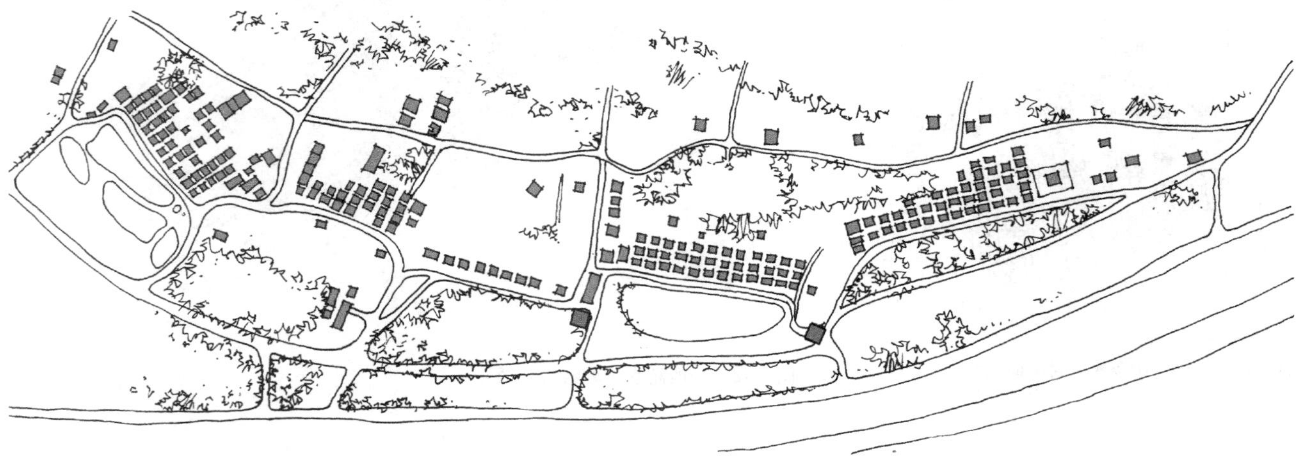

图 9-20 广东开平市马降龙村平面图（改绘自：开平碉楼与村落保护管理办公室资料）

最近五年中央一号文件关于名镇名村、传统村落和传统民居保护的表述 表9–11

年份	内容
2013 年	“制定专门规划，启动专项工程，加大保护有历史文化价值和民族、地域元素的传统村落和民居”
2014 年	“制定传统村落保护发展规划，抓紧把有历史文化等价值的传统村落和民居列入保护名录，切实加大投入和保护力度”
2015 年	“完善传统村落名录和开展传统民居调查，落实传统村落和民居保护规划，”“以乡情乡愁为纽带吸引和凝聚各方人士支持家乡建设、传承乡村文明”
2016 年	“加大传统村落、民居和历史文化名村名镇保护力度。开展生态文明示范村镇建设，鼓励各地因地制宜探索各具特色的美丽宜居乡村建设模式”
2017 年	“支持传统村落保护，维护少数民族特色村寨整体风貌，有条件的地区实行连片保护和适度开发”

最近十余年，各种会议的宣言、建议也呼吁保护传统村落。如2005年签署的《中国古村镇保护与发展碛口宣言》强调了保护的迫切性："必须清醒地意识到，这些独特的建筑历史文化遗产是极其脆弱和不可再生的。虽然我们在保护方面做了一些工作，但形势依然严峻，保护古村镇已成为国际社会广泛共识的迫切任务，势在必行、刻不容缓"，并呼吁："让人类文明和智慧的结晶在你我手中得以延续！"。

相关的政府部门也竭力呼吁推进传统村落保护工作。住房和城乡建设部等部门发布的《关于加强传统村落保护发展工作的指导意见》（2012年）中指出保护传统村落的意义："新时期加强传统村落保护发展，保护和传承前人留下的历史文化遗产，体现了国家和广大人民群众的文化自觉，有利于增强国家和民族的文化自信；加强传统村落保护发展，延续各民族独特鲜明的文化传统，有利于保持中华文化的完整多样；加强传统村落保护发展，保持农村特色和提升农村魅力，为农村地区注入新的经济活力，有利于促进农村经济、社会、文化的协调可持续发展。"

具体而言，保护传统村落，至少有下面几个方面的意义：

其一，传统村落是中华民族丰富文化遗产的重要类型（图9-21）。传统村落中留存着丰富多彩的文化遗产，是体现中华民族传统文明的重要载体，是传统文化的根和民族精神的魂。在长期的农耕文明发展过程中，传统村落凝聚了丰富的历史信息和民族记忆，具体体现在很多方面，如天人合一的选址，灵活自然的布局，不同历史时期、不同地域和民族特色、不同形态的传统民居，延续千年的传统生产生活方式等。传统村落不仅有丰富的物质文化遗产，也有地方方言、风俗、手工艺品、传统节庆等非物质文化遗产。可以说，每一个传统村落，都是活着的文化遗产，体现了一种人与自然和谐相处的文化精髓和空间记忆。陈志华曾在《楠溪江中游古村落》一书的前言中写道："乡土建筑是中国建筑遗产的大宗。不研究乡土建筑，就没有完整的中国建筑史。同样，不研究乡土生活，就没有完整的中国历史"。

其二，传统村落是生态保护、循环经济的典范。传统农业一切来自土地，最后又全部回到土地之中。传统建筑材料多就地取材，土、石、木、竹、草、树皮等材料都可以在废弃后回归自然，对自然不造成破坏，极大地保护了生态环境（图9-22）。传统村落在适应地理环境、满足生存需要等方面，也往往极富智慧。如以村落的选址为例，选址时会综合考虑获取阳光、接近水源、足够耕地、避免灾害、治水防洪等因素。出于珍惜土地，村民一般将住宅建在贫瘠或山坡上，留出肥沃的土壤作为耕地。另外，各地传统民居在采光、通风、防寒、隔热、防水、防潮、防盗等方面，也都显示出很多智慧。总之，虽然现代科技迅猛发展，但也应在传统农耕文明中汲取经验和智慧。

其三，传统村落是旅游发展的重要资源。各地千姿百态的传统村落、形态各异的传统民居、别有情趣的传统加工业、传统家具、传统服饰、非物质文化遗产等，都是潜在的旅游资源。如国内的西递、宏村、乌镇、周庄等传统村落或名镇名村，已经成为热门的景区了。另外，传统村落承载了国内外很多人的乡愁，也是全球各地华侨溯源之处，是广大华侨寻根问祖的归属地，容易吸引游客（图9-23）。

图 9-21 沁水县西文兴村，2005 年被公布为第二批中国历史文化名村；2006 年“柳氏民居”被列为第六批全国重点文物保护单位；2012 年被公布为第一批中国传统村落（上左）
图 9-22 北京门头沟区千军台村局部鸟瞰，其村内的建筑材料都采用自然材料，屋顶主要用石头（上右）
图 9-23 广东梅县客家村落：茶山村（下）

其四，传统村落是文化多样性的体现。中国五千年的农耕文明，造就了千姿百态的传统村落（图 9-24），东西南北，各个地域，不同的地理环境，不同的文化背景，不同的民族，都会有形态迥异的村落形态。传统村落是文化多样性的最好表现，如果没有这些千姿百态、各美其美的传统村落，这个世界的精彩会逊色很多。

其五，传统村落是非物质文化遗产的重要载体。我国优秀的传统文化，其大多的根脉就在传统村落。传统村落中不仅有丰富的物质文化遗产，也有民间音乐、戏剧、舞蹈、歌谣、美术、手艺、民俗、传说等非常丰富的非物质文化遗产。

图 9-24 云南西双版纳的傣族民居

三、保护的内容

乡村聚落的保护内容，主要包括物质文化遗产和非物质文化遗产（表 9-12）。

乡村聚落保护内容一览表　　表9-12

类型	大类	内容
物质文化遗产	自然环境	指村落周边或村内的山体丘陵、河流湖泊、自然植被、农田景观等；山体绿化，山体之间、山与聚落之间的视线走廊，水资源
	传统格局	是指具有历史特征和人文内涵的村镇整体布局，包括村镇边界、形态、布局、构成
	历史风貌	是指由具有地方特色的传统建（构）筑物、地形地貌、传统格局等组成的整体风貌
	历史街巷	是指具有历史特征的街巷，保护的具体内容包括街巷的走向、尺度、铺地、名称等
	文物古迹	包括文物保护单位、已登记尚未核定公布为文物保护单位的不可移动文物。文物保护单位可分为国家级、省级、县（市）级三个级别。根据文物类型，一般可分为古遗址、古墓葬、古建筑、石窟寺及石刻、近现代重要史迹及代表性建筑、其他等
	历史建筑	根据《历史文化名城名镇名村保护条例》，历史建筑“是指经城市、县人民政府确定公布的具有一定保护价值，能够反映历史风貌和地方特色，未公布为文物保护单位，也未登记为不可移动文物的建筑物、构筑物”
	传统风貌建筑	指具有一定建成历史，能够反映历史风貌和地方特色的建筑物
	历史环境要素	是指文物古迹、历史建筑之外，反映历史风貌的古井、围墙、石阶、铺地、驳岸、古树名木、古磨、古碾、铺地等
	可移动的要素	包括家谱、地契以及家具、农具等生产生活用具
非物质文化遗产	口述历史	根据老人的回忆等传承的人物典故、街巷名称、村落历史、家族谱系等
	传统表演	包括民间歌舞、戏剧、社火等
	民俗活动	包括节庆活动、祭天求神等
	传统工艺	包括泥塑、剪纸、饮食等

四、存在的问题

目前国内传统村落的保护不容乐观，面临很多困难，存在很多问题，突出表现在下面几个方面：

1. 空心村问题

传统村落面临的一个突出问题就是村落空心化。大量的传统民居废弃不用，无人料理，“人去房空”（图 9-25）。废弃的民居在风雨侵袭和时间磨蚀下，日渐衰败，残垣断壁，蒿草疯长。至于空心村的形成，主要是由于下面几个方面的原因。其一是随着城市扩张和工业的迅猛发展，大量人口从农村转移到城镇，尤其是青壮年劳力不断“外流”，离开祖祖辈辈居住生活的村庄。1990 年时我国城市的建成区面积仅有 1.22 万平方公里，到 2010 年已增长到 4.05 万平方公里，大概增加了 3 万平方公里，扩大了近 3 倍[①]。这些新增的城市面积大致就应该是村落消失的面积。其二

① 瞭望东方周刊. 卫星数据显示20年来中国城市扩张面积高达20倍[EB/OL].(2012-09-11)[2015-01-20]. http://house.southch.com/f/2012-09/11/content-54613123.com。

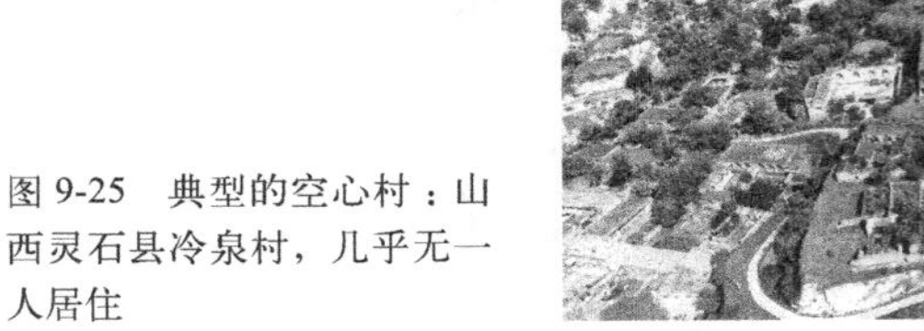

图 9-25　典型的空心村：山西灵石县冷泉村，几乎无一人居住

是，很多村民不愿意在传统民居中居住，抛弃老屋，在老村周边另建新房，改善居住条件，导致老村的传统民居大量废弃，形成空心村。其三是政府主导的撤村并点，导致很多传统村落被完全废弃。从 20 世纪 80 年代开始，大量自然村、行政村被撤并。如全国行政村数量从 1985 年的 94.1 万个下降到 2014 年时的 58.4 万个，在不到 30 年的时间里减少了 35.5%；村民小组数量从 1997 年的 535.8 万个下降到 2013 年的 497.2 万个，16 年的时间里，村民小组减少了 38.6 万个[①]。

2. 建设性破坏

建设性破坏也是传统村落保护中非常突出的问题。富裕起来的村民为了改善居住条件，追求现代生活方式，就拆除老宅，在旧址上建设新居，不断以“新”代“旧”、以“洋”代“土”（图 9-26）。一些地方政府也错误地把新农村建设理解为“新村建设”，大批拆除传统民居，推进整齐划一的住宅小区，照搬城市的规划模式，复制城市道路、广场、园林、草坪、建筑等，使得村落城市化、单一化、规则化，导致“千村一面”。这些建设活动正在破坏着各地富有特色的传统村落，现代化的装饰材料以及非本土的建筑装饰手法正在侵蚀着村落传统风貌，原本富有特色的民居、幽静的街巷等快速消失。

3. 错误的保护方法

仅有保护意识但没有正确科学的保护理念，也特别容易造成破坏。如现在盛行的复建和复原之风，就很容易造成破坏。举个案例，某民居宅院中有一精美照壁，其局部雕刻在“破四旧”时被敲毁（图 9-27）。如果在保护工程中拆除这块照壁后，按原样新刻一块放上去，就是典型的错误做法。虽然现在的技术完全可以让仿制者和原物几乎一模一样，但二者之间的价值总归是不可同日而语的。实际上，这块照壁根本无需处理，只要保持“原状”就很好，还客观记录了“文革”的历史。也就

图 9-26　建设性破坏：景洪市大渡岗镇勐满村（左）
图 9-27　在“文革”期间局部毁坏的照壁没必要复原（右）

① 刘守英．从“乡土中国”到“城乡中国”．中国乡村发现，2016（11）．

是说，如果拆旧换新，不但浪费人力物力财力，还破坏了真实性，得不偿失。所以在村落保护中，要注意“保持原状”，坚持真实性原则。

当然，由于中国古代建筑多采用木结构，有其特殊性，不宜一律采用这种保持现状的思路。如屋顶的瓦片坏了或柱子腐朽了，会影响到整个建筑的安全，必须及时修缮。但更多的时候是可以保持现状的，如有的门楼屋顶已毁，仅存下面的墙体，这时未必一定要恢复上面的屋顶，因为屋顶的毁坏并不影响总体的空间关系，而恢复门楼需要较多的资金投入。而且一定程度上“创伤”和“残缺”同样是历史，而不一定非要追求其产生时的完美状态的“历史”。

现在很多村落在保护中还有难以遏制的重建冲动，把有限的经费用于重建工程中。这些重建的建筑无非是制造了些“假古董”，价值不大，劳民伤财。当前条件下，对于大部分传统村落完全没有必要恢复那些已经破坏的建筑，应该把有限的经费用在“真古董”的维护上。妥当的做法是，已经毁坏者，仅留遗址，保持原貌。除非经济条件确实允许，原有建筑的资料又翔实，且确实有恢复的必要，才可非常慎重地恢复一些建筑。

现在很多地方还有一种不良的倾向，就是为了开发某一传统村落，将周边的村落中的民居拆除后搬迁集中到这一村落。对于这种行为是否妥当不可一概而论。有时一些古建残破和被弃，将其收集起来保护是必要的。但是，这里要特别注意两点。首先，古建筑搬迁是违背建筑遗产保护的重要原则的，是不得已而作出的无奈选择。因为建筑遗产是不能再生的，离开了原来的场所，其价值将大打折扣。其次，如确实有必要搬迁，一定要作记录，在展出时要作说明。

除了上述问题外，现在在传统村落中偷盗现象也甚为猖獗（图 9-28），各种构件，如柱础、照壁、木雕、抱鼓石等，都已流落到各种文物市场。

图 9-28　某地为了保护照壁在照壁外面加了不锈钢

五、保护策略

在国家层面保护传统村落，并不是保护所有的村落，而是保护特别有价值、有特色的传统村落。2014 年末全国大陆自然村的总数为 270.18 万个[①]，已经公布的中国传统村落为 4153 个，平均每一千个自然村中有 1.5 个中国传统村落。保护所有的村落是不现实的，也是没有必要的。所以，保护传统村落的第一件事就是明确保护哪些传统村落。这就要求在国家、省、市、县的层面进行广泛调查，摸清家底，明确保护对象。传统村落的调查和认定是一项系统工程，费时耗力，必须依靠行政力量。住房和城乡建设部等部门在 2012 年下发的《关于开展传统村落调查的通知》中强调"开展传统村落调查，全面掌握我国传统村落的数量、种类、分布、价值及其生存状态，是认定传统村落保护名录的重要基础，是构建科学有效的保护体系的重要依据，是摸清并记录我国传统文化家底的重要工作"。

对于传统村落的保护，要坚持"规划先行、统筹指导、整体保护、兼顾发展、活态传承、合理利用、政府引导、村民参与的原则"[②]。在具体保护工作中要注意下面几个问题：

其一，科学规划，明确目标。

保护规划是保护和管理工作的重要依据和法规性文件（表 9-13）。《历史文化名城名镇名村保护条例》（2008 年）规定："历史文化名镇、名村批准公布后，所在地县级人民政府应当组织编制历史文化名镇、名村保护规划。保护规划应当自历史文化名城、名镇、名村批准公布之日起 1 年内编制完成。"

编制保护规划时首先要对传统村落展开全面细致的深入调查和研究，要充分了解村落的历史和现状，客观评价遗产的价值，准确把握可能存在的问题，深刻理解村落的构成要素。好的保护规划，主要是要解决好三个问题，即为何保护、保护什么和怎么保护。第一个问题为何保护，就是价值特色的提炼，简单地说，就是要说明这个村好在什么地方。第二个问题保护什么，就是要明确保护的内容，就是要明确保护哪座山、哪条街、哪个院、哪口井、哪片铺地、哪个石磨、哪里的围墙、哪个习俗，等等。第三个问题怎么保护，就是要提出切实可行的保护措施，要让村长或村民们拿到保护规划后，一目了然，知道该做什么，不该做什么，也知道怎么做。当然，实际上还应该加上最后一个问题，即如何发展，就是要争取解决村落发展动力的问题，找到这个村的出路。

要提高保护规划的编制水平，提高保护规划的科学性、严肃性、实用性和可操作性。现在很多保护规划过于注重套路，形式化的东西多，可操作的东西少；普适的内容多，有针对性的内容少；保护强调得少，发展强调得多；调研分析的少，拍脑袋定夺的多；条条框框多，具体分析研究少。

---

① 住房和城乡建设部．中国城乡建设统计年鉴．北京：中国统计出版社，2015.191~192.

② 住房和城乡建设部、文化部、财政部《关于加强传统村落保护发展工作的指导意见》（2012 年）

《历史文化名城名镇名村保护规划编制要求（试行）》（2012年）中关于名镇名村保护规划的要求　表9-13

分类	内容
定位定性（第3条）	"历史文化名镇保护规划应单独编制。历史文化名村的保护规划与村庄规划同时编制"
主要任务（第10条）	保护规划的主要任务是：提出保护目标，明确保护内容，确定保护重点，划定保护和控制范围，制定保护与利用的规划措施
规划深度（第39条）	历史文化名镇保护规划与镇总体规划的深度要求相一致，重点保护的地区应当进行深化。历史文化名村保护规划的深度要求与村庄规划相一致，其保护要求和控制范围的规划深度应能够指导保护与建设
规划内容（第40条）	历史文化名镇名村保护规划应当包括以下内容：（1）评估历史文化价值、特色和现状存在问题；（2）确定保护原则、保护内容与保护重点；（3）提出总体保护策略和镇域保护要求；（4）提出与名镇名村密切相关的地形地貌、河湖水系、农田、乡土景观、自然生态等景观环境的保护措施；（5）确定保护范围，包括核心保护范围和建设控制地带界线，制定相应的保护控制措施；（6）提出保护范围内建筑物、构筑物和历史环境要素的分类保护整治要求；（7）提出延续传统文化、保护非物质文化遗产的规划措施；（8）提出改善基础设施、公共服务设施、生产生活环境的规划方案；（9）保护规划分期实施方案；（10）提出规划实施保障措施
镇域保护要求（第41条）	编制历史文化名镇保护规划，应当对所在行政区范围内的有历史文化价值的村、文物古迹和风景名胜等提出保护要求
总体保护策略（第42条）	编制历史文化名镇、名村保护规划应提出总体保护策略和规划措施，包括：（1）协调新镇区与老镇区、新村与老村的发展关系；（2）保护范围内要控制机动车交通，交通性干道不应穿越保护范围，交通环境的改善不宜改变原有街巷的宽度和尺度；(3）保护范围内市政设施，应考虑街巷的传统风貌，要采用新技术、新方法，保障安全和基本使用功能；（4）对常规消防车辆无法通行的街巷提出特殊消防措施，对以木质材料为主的建筑应制定合理的防火安全措施；（5）保护规划应当合理提高历史文化名镇名村的防洪能力，采取工程措施和非工程措施相结合的防洪工程改善措施;(6）保护规划应对布置在保护范围内的生产、储存爆炸性、易燃性、放射性、毒害性、腐蚀性物品的工厂、仓库等，提出迁移方案；（7）保护规划应对保护范围内污水、废气、噪声、固体废弃物等环境污染提出具体治理措施
核心保护范围提出保护要求与控制措施（第43条）	编制历史文化名镇名村保护规划，应当对核心保护范围提出保护要求与控制措施。包括：（1）提出街巷保护要求与控制措施；(2）对保护范围内的建筑物、构筑物进行分类保护，分别采取以下措施：①文物保护单位：按照批准的文物保护规划的要求落实保护措施。②历史建筑：按照《历史文化名城名镇名村保护条例》要求保护，改善设施。③传统风貌建筑:不改变外观风貌的前提下，维护、修缮、整治，改善设施。④其他建筑：根据对历史风貌的影响程度，分别提出保留、整治、改造要求。(3）对基础设施和公共服务设施的新建、扩建活动，提出规划控制措施
建设控制地带内的控制要求（第44条）	编制历史文化名镇名村保护规划，应当对建设控制地带内的新建、扩建、改建和加建等活动，在建筑高度、体量、色彩等方面提出规划控制措施
近期保护措施（第45条）	历史文化名镇名村保护规划的近期规划措施，应当包括以下内容:(1）抢救已处于濒危状态的文物保护单位、历史建筑、重要历史环境要素；（2）对已经或可能对历史文化名镇名村保护造成威胁的各种自然、人为因素提出规划治理措施；（3）提出改善基础设施和生产、生活环境的近期建设项目；（4）提出近期投资估算

其二，真实保护，珍视历史。

所有的文化遗产在保护中都应坚持真实性原则，传统村落也不例外。而且，传统村落的真实性更为复杂，更为多元，也更为容易丧失。这一方面是由传统村落本身的复杂性决定的，因为传统村落的构成要素与单个文物古迹相比会复杂很多。另一方面，是由传统村落的活态性决定的。传统村落中有很多人居住其中，给真实性保护带来一定困难。

研究和留存传统村落的重要目的之一就是了解老百姓如何住、如何吃、如何行、如何穿，留存真实的历史文化，尊重历史价值。传统村落的保护修复要最大限度保持其原状，要维护所有有价值的历史信息，强调用传统的材料，传统的工艺来保存历史信息。传统村落是在成百上千年的历史中，古人结合当地的气候和材料，在充裕的时间中精雕细琢而成的，承载了极其丰富的历史信息。所以，在传统村落保护中应遵循遗产保护规律，慢慢推进，急躁不得，不能粗暴对待。要珍惜历史建筑，避免拆毁历史建筑而搞一批仿古建筑；要尊重历史建筑的原状，尽可能避免将古朴的窗换成玻璃，将静谧的院子铺上水泥，将典雅的门楼粉刷一新。

住房和城乡建设部、文化部、国家文物局、财政部2014年下发的《关于切实加强中国传统村落保护的指导意见》强调："注重文化遗产存在的真实性，杜绝无中生有、照搬抄袭。注重文化遗产形态的真实性，避免填塘、拉直道路等改变历史格局和风貌的行为，禁止没有依据的重建和仿制。注重文化遗产内涵的真实性，防止一味娱乐化等现象。注重村民生产生活的真实性，合理控制商业开发面积比例，严禁以保护利用为由将村民全部迁出。"

其三，整体保护，完整留存。

传统村落是一个很多要素相互关联的有机整体，包括各种物质的和非物质的文化遗产。村落内众多传统民居也不是孤立的，而是相互紧密联系的。这就要求在传统村落保护中坚持整体性原则，不能将传统村落中非常丰富的要素割裂开。保护传统村落，意味着保护原有的周边环境、空间格局、街巷肌理、建筑形制、历史风貌等，保护每一幢建筑的位置、格局、结构等，还包括保护经过岁月侵蚀的一砖一瓦以及每个历史要素，等等。住房和城乡建设部等部门2014年下发的《关于切实加强中国传统村落保护的指导意见》中强调了全面整体保护的众多内容："保护村落的传统选址、格局、风貌以及自然和田园景观等整体空间形态与环境。全面保护文物古迹、历史建筑、传统民居等传统建筑，重点修复传统建筑集中连片区。保护古路桥涵垣、古井塘树藤等历史环境要素。保护非物质文化遗产以及与其相关的实物和场所。"传统村落保护中的整体保护，要注意下面几个问题：

（1）要保护传统村落的周边环境。传统社会秉持"天人合一"、"道法自然"的哲学理念，强调敬畏自然，尊重自然，适应自然。在这一理念的影响下，传统村落多巧妙利用自然条件，融于大自然，因地制宜，与山形水势、沃土良田有机融合，形成山、水、土地、村落和谐共存生态系统（图9-29）。传统村落最大的魅力之一就是其周边优美的自然环境，二者唇齿相依，不可生硬分割，所谓"青山不墨千秋画，绿水无弦万古琴"。在保护传统村落中，要维护生态美和自然美，保护好青山绿水，避免环境污染、土地毒化和生态破坏。

图9-29 保护传统村落，也要保护周边的山体、绿化和农田：梅县桥乡村德馨堂

（2）要保护传统村落的空间格局和整体风貌。这也是传统村落保护中的难点之一。大量来自传统村落的村民来到城市务工，他们目睹城市的建筑形式，当积攒了钱回乡盖房时，就模仿城乡结合部的建筑，修建缺乏乡土特色的两三层的砖混小楼。于是，这些千篇一律的小楼如雨后春笋般地，在全国各地各具特色的传统村落中耸立起来，严重破坏了传统村落的整体风貌。住房和城乡建设部等部门2014年下发的《关于切实加强中国传统村落保护的指导意见》强调："注重村落空间的完整性，保持建筑、村落以及周边环境的整体空间形态和内在关系，避免'插花'混建和新旧村不协调。注重村落历史的完整性，保护各个时期的历史记忆，防止盲目塑造特定时期的风貌。注重村落价值的完整性，挖掘和保护传统村落的历史、文化、艺术、科学、经济、社会等价值，防止片面追求经济价值。"

另外，在传统村落中，难免会增加一些公共设施，这时特别要注意维护村落的整体风貌。住房和城乡建设部等部门在《关于做好中国传统村落保护项目实施工作的意见》(2014 年) 中提出:“加强公共设施和公共环境整治项目管控。各类公共设施建设和公共环境整治项目不得破坏传统格局,要符合传统村落风貌控制要求,符合规划对设施尺度和规模的控制要求,减少不必要的浪费。污水管线、供水管线和电线改造要与道路改造统筹实施,有条件的可以一次性三线入地。”

(3) 要保护传统村落的所有有价值的要素。在传统村落的保护中,既要保护有代表性的建筑,也要保护看上去不太重要的牛棚、马圈、拴马桩、粮仓(图 9-30)、古井、山泉、水塘、磨房、碾盘、引水渠、寨墙、堤岸、道路铺装等历史要素;既要保护上述不可移动的物质文化遗产,也要保护民族服饰、传统手工艺品、传统日用品、相关的实物工具等可移动的物质文化遗产,还要保护村内丰富多彩的非物质文化遗产。所有这些要素的有机组合,才是完整真实的传统村落。1999 年 10 月,在墨西哥通过的《关于乡土建筑遗产的宪章》提出了这样的保护原则:“乡土性很少通过单幢的建筑来表现,最好一个地区又一个地区地经由维持和保存有典型特征的建筑群和村落来保护”。传统村落最重要的价值就是各种不同类型、不同功能、不同形式的建筑及其他要素在聚落里组合成一个完整的系统。

图 9-30 黎平县黄冈侗寨中的粮仓

其四,保护为先,兼顾发展。

目前传统村落的保护应该把抢救放到第一位。大批年久失修、岌岌可危的民居如果得不到及时的修缮,就会很快毁坏倒塌。但在抢救和保护的同时,也要兼顾发展。由于传统村落是活态遗产,有村民居住其中,没有生产生活的发展,也很难真正保护好。而且,保存较好的传统村落,往往位置偏僻,除了农业外没有别的产业,经济落后,贫困人口集中,人居环境往往也不容乐观,“露天厕所、漏雨房屋、泥泞街道、鸡粪满院”。这就要求在保护的前提下,注重发展,优先安排基础设施和公共设施项目,改善水、电、路、通信的基础设施,改善人居环境(图 9-31)。村落要逐渐形成特色产业,提高人均收入,提高生活质量,目的是让村民愿意留下来,过上好生活。如果村落发展停滞不前,多数村民不愿意继续留在村里,那么保护工作也无从谈起。

图 9-31 改善人居环境:云南西双版纳傣族民居内部

住房和城乡建设部等部门2014年下发的《关于切实加强中国传统村落保护的指导意见》强调："保持传统村落的延续性。注重经济发展的延续性，提高村民收入，让村民享受现代文明成果，实现安居乐业。注重传统文化的延续性，传承优秀的传统价值观、传统习俗和传统技艺。注重生态环境的延续性，尊重人与自然和谐相处的生产生活方式，严禁以牺牲生态环境为代价过度开发"。

住房和城乡建设部等部门在《关于做好中国传统村落保护项目实施工作的意见》(2014年）中提到："探索多渠道、多类型的支持措施。各地要积极探索推动补助、无息贷款、贴息贷款等多种方式综合支持传统民居保护和基础设施建设。县级人民政府要整合各类涉农资金向中国传统村落倾斜。积极探索传统民居产权制度改革，支持开展传统民居产权制度改革试点。鼓励本土能人、企业家回乡及相关社会力量通过捐资、投资、租赁等多渠道参与中国传统村落保护。"总之，在保护的前提下，要重视发展。

另外，在传统村落保护中，还要注意正确对待旅游。毋庸置疑，旅游价值是传统村落的重要价值，也是传统村落保护的重要驱动力之一。但是，要注意历史价值才是传统村落最为核心的价值，旅游价值必须依附于历史价值。在发展旅游时，要注意几个问题。其一，并非所有的传统村落都适合发展旅游。很多传统村落由于交通不便等原因，不宜将旅游业作为支柱产业，不宜大搞旅游。其二，处理好保护和旅游发展之间的关系。不少传统村落为了开发旅游投了不少钱修复堡墙，恢复角楼和堡楼，但对岌岌可危的传统民居却弃之不理。其三，要掌握旅游的度。要严格遵循"保护为主、抢救第一、科学管理、合理利用"的原则，防止因为过度开发而破坏了传统村落的真正价值。其四，要保护村民的利益。由于传统村落一般经济条件差，没有能力实施旅游开发，所以很多传统村落的旅游开发都是资本运营商、当地政府等外来主体操控，居民的参与度和发言权很小。在旅游开发中应该充分发挥村民的主体作用，充分调动村民的积极性，保证村民的知情权、话语权、决策权和监督权。

住房和城乡建设部等部门下发的《关于做好中国传统村落保护项目实施工作的意见》(2014年）强调了适当控制旅游和商业项目的必要性："严格控制旅游和商业开发项目。旅游、休闲度假等是传统村落保护利用的重要途径，但要坚持适度有序。各地要从村落经济、交通、资源等条件出发，正确处理资源承载力、村民接受度、经济承受度与村落文化遗产保护间的关系，反复论证旅游和商业开发类项目的可行性，反对不顾现实条件一味发展旅游，反对整村开发和过度商业化。已经实施旅游等项目的村落，要加强村落活态保护，严格控制商业开发的面积，尽量避免和减少对原住居民日常生活的干扰，更不得将村民整体或多数迁出由商业企业统一承包经营，不得不加区分地将沿街民居一律改建商铺，要让传统村落见人见物见生活。"

目前在传统村落保护中还有一个瓶颈问题，就是宅基地问题。如果这一问题处理不好，就会直接影响到传统村落的保护。根据《中华人民共和国土地管理法》第62条规定："农村村民一户只能拥有一处宅基地，其宅基地的面积不得超过省、自治区、直辖市规定的标准。农村村民建住宅，应当符合乡（镇）土地利用总体规划，并尽量使用原有的宅基地和村内空闲地。"由于农村长期实施"一户一宅"的政策，即“旧房宅基不拆，新房地基不批”，村民只能在原址上“拆旧建新”、“弃旧建新”，这就很容易使传统民居遭到建设性破坏。从村民的角度，这很好理解，这些传统民居有几十年、几百年的历史，往往比较破败，空间格局也不完全适应现代生活，所以改造或新建房屋自然成了外出打工挣钱回来的村民最大的诉求。在这样的情况下，如果缺乏保护规划和建设的有效引导，就特别容易给传统村落造成毁灭性的破坏。所以，宅基地问题的妥善解决，对于传统村落保护的实施至关重要。围绕这一问题，很多省份作了有益的探索。如通过另辟宅基地的方式，避免拆旧建新（表 9-14）。

有关省份关于名镇名村和传统村落宅基地问题的规定　　表9-14

序号	相关政策	政策来源
1	“省国土厅会同省住建厅，根据名镇名村保护规划确定的异地安置区实际建设需要，对重点扶持的名镇名村每镇村给予 15 亩建设用地指标，专项用于名镇名村本集体农户的搬迁安置”	2014 年福建省住房和城乡建设厅等部门发布《关于重点扶持历史文化名镇名村保护和整治的指导意见》
2	“对于愿意放弃传统建筑住房而选择在传统村落保护区域外建房安置的农户，鼓励通过村集体收回、村集体经济组织内部调剂等方式进行以旧换新或产权置换，坚决制止就地拆除、盲目改造等破坏性行为”	2016 年 7 月浙江省人民政府办公厅《关于加强传统村落保护发展的指导意见》
3	“省国土资源厅每年单列下达的农民建房专项新增建设用地计划指标，各地要重点保障传统村落中无房户、危房户、住房困难户等农户异地搬迁建房用地需求，切实防止因农户拆旧建新破坏整体风貌”	2016 年 7 月浙江省人民政府办公厅《关于加强传统村落保护发展的指导意见》

其五，活态传承，合理利用。

在传统村落保护中，要注意活态传承，合理利用，不能让传统村落成为死的“标本”。传统民居和现代生活往往有一定矛盾，有时局外人仅关注其历史价值和审美价值，但是村民生活在其中，更关注居住品质，难免会对传统民居有些抱怨，如缺少上下水，光线不足，年久失修，位置不好等。这些问题应该得到妥善的解决，村民们有权力追求现代化生活。保护并不意味着都不可以动，而应该在保持传统村落的格局、外观、院落的基础上，改造房子内部，合理增加古村的各种设施，提高居住质量和安全性等。当然，有时为了保护历史的“真实”，需要居民作出一些牺牲，比如现在传统村落的石板路，高低不平，下雨天还有水坑，但是为了保护真实性，村民应该作出必要的牺牲。

“利用”是最好的保护，对于传统村落而言也是这样。如果大量的传统民居废弃不用，就很难真正保护。所以，要尽可能活化传统民居，将新的功能置换到旧有的建筑之中。《江西省传统村落保护条例》（2016 年）第三十六条规定：“对传统建筑可以进行保护性利用。鼓励在符合消防安全的前提下，利用传统建筑开设博物馆、陈列馆、纪念馆、非物质文化遗产传习、展示场所和传统作坊、传统商铺、民宿等，对历史文化遗产进行展示。”

如浙江省桐庐县获浦村，有一个“文革”时期建造的集体牛栏，在村落改造时

图 9-32 浙江省桐庐县荻浦村牛栏酒吧内部

并没有拆除，而是别出心裁地改造成了酒吧（图 9-32），成为该村旅游业的亮点。在传统的农业社会中，牛、猪等牲畜在农业生产环节有非常重要的地位，所以会有牛栏、猪圈这类专门建筑。留下牛栏猪圈，对于后人认识完整真实的传统村落具有非常重要的意义。尽管用途改变了，不再继续养牛，但“牛栏”这个建筑得到了保护，人们可以欣赏到真实的牛栏。

其六，顺势引导，最少干预。

在传统村路保护中，要尊重村落发展的自身规律，尊重村民意愿，尊重自然生态，尊重传统文化，慎砍树、禁挖山、不填湖、少拆房，不搞大拆大建，尽可能在原有村庄形态上改善居民生活条件。要注意保护传统村落自然随意、富有野性的一面，避免所谓的标准化、统一化和模式化。

很多传统村落不具备商业开发的价值，也许不惊扰、不过度干预就是最好的保护。如果资金投入不当，突然大规模、高强度的资金投入，也有可能会毁掉一批村落。要善于通过功能置换，解决新的功能需求。住房和城乡建设部等部门下发的《关于做好中国传统村落保护项目实施工作的意见》（2014 年）提出：“有闲置传统建筑可利用时，村落公共服务设施应优先利用闲置传统建筑，不提倡新建博物馆、陈列室、卫生室、超市等公共类项目。要保持村落整体景观节点传统风貌，严禁进行不符合实际的村口改造，不得将大广场、大型游憩设施、大型旅游设施等生硬嫁接到传统村落。”

其七，因地制宜，突出特色。

传统村落最大魅力在于其多样性，一村一貌，各美其美，体现出鲜明的地域特色。各个传统村落选址不同，有的位于雄伟壮阔的高原，有的位于起伏不平的山岭，有的位于广阔无边的平原，有的位于低缓凹凸的丘陵，不同的地形地貌会塑造不同的传统村落（图 9-33）。各个传统村落的空间格局也不尽相同，有的顺着等高线逐级抬升，有的沿着等高线延伸扩张，有的沿河流纵深延展，有的在平地密集组合，有的在山间错落有致，有的星星点点疏散分布于台地，全国没有任何两个村的空间格局是完全相同的。各地传统民居也形态迥异，有厚重的福建土楼，有封闭的山西大院，有轻灵的贵州侗苗民居，有高大的广东开平碉楼，有秀美的安徽徽州民居，有轻灵的江南民居，等等。各个传统的历史沿革和文化背景也不一样，有的历史悠久，有的近现代才兴起；有的有富商巨贾，有的有达官显宦，有的村一直没有出过显赫人物，一直潜心于耕读，是平平凡凡的普通村落。有的村落规模很大，有几千上万人，有的村落只有区区几十人。有的村落交通非常便捷，有的村落位置非常偏僻。总之，每个村有每个村的情况，每个村有每个村的特征，每个村有

图 9-33 各具特色的传统村落：窑洞聚落山西临县李家山村

每个村的魅力（图 9-33）。

在传统村落的保护中，就要充分认识到这些村落的特色，认识到其地域条件、历史背景、交通区位、文化特征、资源禀赋、发展水平等方面的差异性，采取差异化的保护措施和个性化的发展模式，做到综合考虑、因地制宜、突出特色，鼓励多模式保护、多样化利用。2005 年 12 月发布的《中共中央、国务院关于推进社会主义新农村建设的若干意见》也强调，“村庄治理要突出乡村特色、地方特色和民族特色，保护有历史文化价值的古村落和古民宅”。不能套用某种模式和套路，要具体问题具体分析，提出有针对性的保护措施。

其八，重视调查，档案记录。

调查研究和立档工作是传统村落保护的基础。只有进行全面深入的调查研究，才能准确把握传统村落的特征和价值，才能提出有针对性的保护措施，所以，要重视科学深入的调查研究，并在调研的基础上，编制好档案。住房和城乡建设部等部门在《关于做好 2013 年中国传统村落保护发展工作的通知》中提出：“做好村落文化遗产详细调查，按照‘一村一档’要求建立中国传统村落档案。”调查的内容主要包括村域环境、选址与格局、传统建筑、历史环境要素、非物质文化遗产、文献资料调查、保护与发展基础资料调查等（表 9-15）。

传统村落建立档案，至少有两个方面的意义。一是留住记忆。传统村落中，无论物质文化遗产还是非物质文化遗产都在快速消亡着。可以通过建立档案，留住记忆，记录使记忆成为可能。万一将来这些遗产消逝了，至少可以在档案里寻觅其芳踪。二是便于管理。建立档案的目的在于摸清传统村落家底，记录现状，可以为规划编制、项目实施、管理督查提供依据。

传统村落调查建档的主要内容　表9–15

序号	调查类型	具体内容
1	村域环境	村域范围内的山川水系、地质地貌、植被动物等自然环境以及文物古迹、风景名胜等
2	传统村落选址与格局	与村落的选址、发展紧密关联的地形地貌以及山川水系、村落形状，主要街巷（道路）格局肌理、重要公共空间等
3	传统建筑	村落中传统建筑物（包括各级文物保护单位、历史建筑、建议历史建筑、传统风貌建筑、其他传统建筑）的位置、建成年代、面积、基本形制、建造工艺、结构形式、主要材料、装饰特点、建造相关的传统活动、历史功能、产权归属、使用状况、保存状况等
4	历史环境要素	反映村落历史风貌、构成村落特征的要素如塔桥亭阁、井泉沟渠、壕沟寨墙、堤坝涵洞、石阶铺地、码头驳岸、碑幢刻石、庭院园林、古树名木以及传统产业遗存、历史上建造的用于生产、消防、防盗、防御的特殊设施等
5	非物质文化遗产	村落中的传统民俗和文化，包括非物质文化遗产代表性项目及其他传统的生产生活方式、乡风民俗等内容以及其所依托的场所和建筑、用具实物；了解相关知识的特殊村民（如族长、寨老、非遗传承人、老手艺人、庙会主持人，传承了传统建造技术、手工艺的工匠等；传统手工艺品、食品、器具的做法工艺等）
6	文献资料调查	包括志书、族谱、历史舆图、碑刻题记、地契、匾联等；吟咏描述村落风物的诗词、游记等；村落沿革、变迁、重要人物、重大历史事件等，在历史上曾起过的重要职能、传统产业等的相关图、文、音像资料；当代有关村落研究的论文、出版物等资料
7	保护与发展基础资料调查	既有保护管理机构、规章制度、行政管理文件、乡规民约等；既有保护工程实施情况、保护资金等情况；已公布的村庄规划、保护发展规划、产业规划、旅游规划、道路交通规划、资源利用规划等的规划成果；人口、用地性质，交通状况，经济状况，基础设施和公共服务设施等社会环境

其九，重视宣传，提高意识。

传统村落能否得到有效保护，很大程度上取决于全民的保护意识。如果没有较强的保护意识，所有的政策和技术都很难得到落实实施，保护工作也就只能停留在纸面，所以保护工作中要重视宣传教育，要通过广播、电视、报刊、微博、微信、展览、讲座等多种形式，广泛开展宣传教育，增强全社会的保护意识，特别是要唤起村民的保护意识。村民是传统村落保护的主体和直接实施者，如果村民认识不到传统村落的价值，对传统村落不热爱，不认同，不引以为豪，那么保护工作就很难真实实施；如果没有村民的发自内心的呵护，那么损坏传统村落的事可能会在经意或不经意间随时发生。住房和城乡建设部在 2014 年 8 月曾专门发文《关于组织开展中国传统村落系列宣传活动的通知》，意在鼓励："宣传中国传统村落保护的重要性，包括传统村落历史、文化、科学、艺术和经济价值、地区民族特色以及传统村落风貌；传统村落保护的迫切性和面临的问题；传统村落保护工作进展和政策；保护工作的好典型、好经验"。

目前总体而言，普通村民的保护意识还是比较淡薄的。这些村民已经看惯了"老房子"，熟视无睹，司空见惯，"不识庐山真面目，只缘身在此山中"，很容易认为这些老房子是落后和贫穷的象征。一些破坏行为也随之发生，如古代的石碑被铺了地，或被垒了猪圈；古代的匾额当了床板，不少建筑构件和雕刻被变卖。有些村民之所以现在还居住在传统民居里，往往并不是因为他们喜欢这些老房子，而是由于穷困无钱修建新房。所以，要通过宣传教育，让村民认识到传统村落的价值，要让村民知道为什么保护、怎么样保护，这样保护工作才会容易开展一些。

第五节 案例分析

案例 1：日本白川乡合掌造聚落保护

日本中部的岐阜县白川乡，四面环山，庄川河自南向北穿流而过，属"特别豪雪地带"（图 9-34）。当地人为抵御严冬积雪，因地制宜，就地取材，创造出一种独特的族居建筑形式——"合掌造"（图 9-35、图 9-36）。整座房屋不使用一根钉子，仅用粗麻绳和金缕梅树枝固定，屋顶用茅草覆盖而成，因其陡峭巨大的屋顶形状像双手合掌而得名。另外，大约从 17 世纪末到 20 世纪 70 年代，养蚕业与丝绸业在此地兴盛了很长一段时间，建筑内部空间的形成也深受其影响：一层居住，二到四层由巨大的屋顶形成的阁楼空间被用作养蚕工坊。

图 9-34 白川乡合掌造建筑雪景[①]

1. 村民自发保护

合掌造建筑曾遍布庄川流域两侧，大多建于江户至昭和初期之间，最古老的至今约三百多年。由于地处山区，白

① 图片来源：白川村官方网站 -http://shirakawa-go.org/kankou/saijiki/

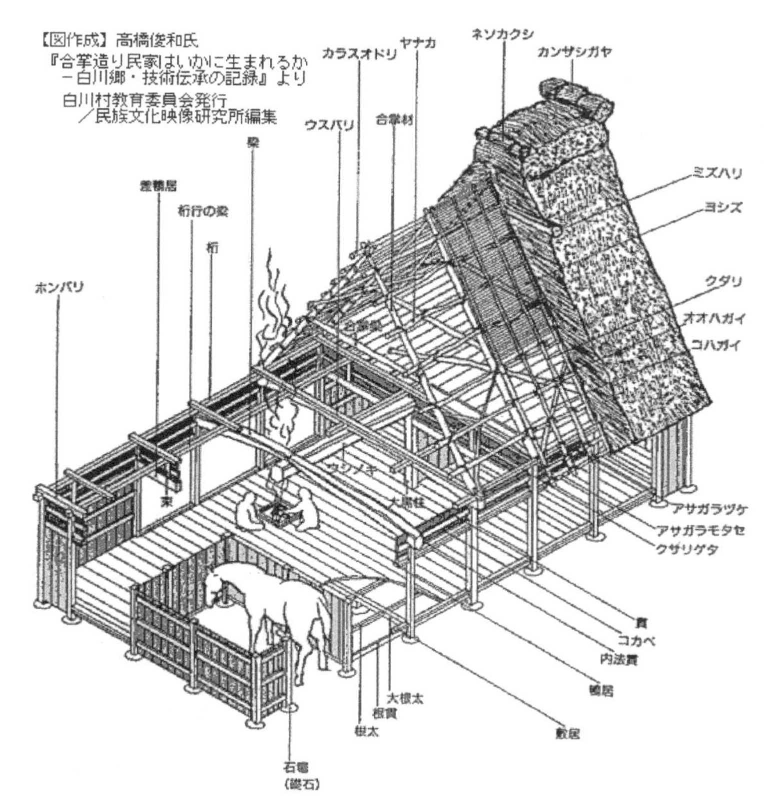

图 9-35 合掌造建筑构造图[①]（左）

图 9-36 用粗麻绳和金缕梅树枝固定的合掌造建筑屋顶（右）

川乡合掌造聚落长期与世隔绝，文化独立。直到国外建筑师、建筑学者布鲁诺·陶特（であるブルーノ・タウト氏）于 1933-1936 年旅居日本期间发现并引起全世界的广泛注意后，才渐渐受到研究者和旅行者的青睐。

然而，20 世纪 50 年代，由于庄川河流域兴建水电厂水库导致一些村落被淹没，还有一些村落则被集体拆迁或者发生火灾而销声匿迹，损毁速度急剧加快。到了 60 年代，除了近代化建设过程中的工程破坏外，还有大量合掌造房屋因其特色鲜明被高价收购或移建，开发成为酒馆、野外博物馆等。据统计，19 世纪末时，该地区 550 个町村中有将近 1860 栋合掌造建筑[②]，1924 年时，白川乡约有 300 栋。到 1961 年时，仅剩下 190 栋。[③] 其中分布最为集中的是白川村荻町地区[④]。

1965 年，白川村当地的居民同时感到了危机与契机，开始有所行动，发起了合掌造民居保存运动。板谷静夫氏和山本幸吉氏（1922~1972 年）便是这一运动的积极发动者。起初，他们在二战结束后致力于传统艺能（民谣、狮子舞等）的传承与保护，后来渐渐意识到合掌造民居的珍贵价值。但他们对合掌造民居的保护一开始就同观光旅游联系在一起，并认为这是一个可以活用的文化资源。例如，板谷氏曾提出，“开始时我只想着只要能吃上饭就行”。而他也带着常年坚持下来的荻町民谣保存会，数

---

① 图片来源：白川村官方网站 -http://shirakawa-go.org/kankou/siru/yomu/146/

② 数据来源：联合国教科文组织遗产中心合掌造聚落申报材料 -http://whc.unesco.org/en/list/734/documents/

③ 数据来源：白川村官方网站 - http://shirakawa-go.org/kankou/siru/yomu/877/

④ “町村合并”后，白川乡原有四十多个村子构成了现在的白川村和荘川村。

次到白川村观光以促进表演活动的展开[①]。

基于“开发”的保护思想必然很容易得到当地居民的认同。1971年，白川乡荻町首先成立了“白川乡荻町聚落自然环境保护协会”（以下简称保护协会），并制订了《白川乡荻町聚落自然环境保护居民宪章》（以下简称《宪章》）及《白川乡荻町聚落自然环境保护协会 - 会则》（以下简称《会则》）。

《宪章》的内容针对“保护”而言，简明扼要，如下所示[②]：

保护原则：地区内的各项资源“不出售”、“不外借”、“不破坏”，简称三原则。

自然环境保护措施：控制建筑色彩，统一定为黑色或者深棕色；控制标志、广告牌等；保护村内树木等自然景观；不得建设与聚落景观不协调的建筑物、公共设施等；实现清洁无垃圾的美丽乡村。

合掌造民居保护措施：所有者应当认识到合掌造民居是一种重要的文化遗产并积极保护；其他社区居民应当认识到合掌造民居是白川村的宝贵资源并合作保护；注意消防。

风土民情保护：保护与继承当地的乡土习俗、风俗、乡土艺能。

《会则》的内容针对“发展”而言，声明协会成立的目的——保护与继承村落的文化遗产、自然景观、风土民情，并提升村民生活品质，促进地区振兴。全体村民皆为会员，平日由委员会运营，具体架构为数名常务委员及1名会长、1名副会长、1名事务局长及4名部长组成。常务委员不超过25名，包括村民小组代表各1名，地区妇女协会代表2名，地区青年会代表1名，地区内商业代表各1名（住宿业、餐饮业、特产销售业、一般零售业）。协会每年12月举行一次保护大会，每月举行一次常务会议[③]。

图 9-37 “结”——白川乡居民合力重修合掌造屋顶[④]

《宪章》及《会则》为白川村的保护与持续发展奠定了基础。白川村村民开始合力践行保护事业。如合掌造建筑每30-40年便要进行一次大工程——翻修屋顶（图9-37）。村中没有专门从事此项工作的工匠，但是在自觉保护的过程中，村民渐渐形成了一种称为“结”的互助制度。即所有村民合力一起翻修屋顶，甚至连初中生也加入。这种特殊的制度使村民自然而然地掌握了铺设茅草屋顶的技术，同时也保证了建筑能够得到重要的日常维修。

2. 政府依法保护

1975年，恰逢日本《文化财保护法》修订，新颁布了国家“重要传统建造物群保存地区”自下而上的选定制度。1976年，由于保护活动的积极影响和保护协会的积极申请，白川乡荻町（面积45.6公顷）作为山村集落的优秀代表，成功申请为第一批选定地区（全国仅有7个）。这意味着，大量的建筑遗产开始纳入国家级保护范围，保护力度大幅提升（表9-16）。

① 才津佑美子，徐琼．世界遗产——白川乡的“记忆”[J]. 民族遗产，2008:237~253.
② 《宪章》原文详见白川村官方网站 -http://www.shirakawa-go.com/~ogimachi/sub1.html
③ 《会则》原文详见白川村官方网站 - http://www.shirakawa-go.com/~ogimachi/pdf/kaisoku.pdf
④ 图片来源：白川村官方网站 -http://shirakawa-go.org/kankou/siru/yomu/877/

1976年纳入保护范围的传统建筑物及环境物件①　　表9-16

传统建造物（共计128）	建筑物（共计117）	合掌造民居		59栋
		合掌造民居改造房屋		1栋
		非合掌造民居		7栋
		附属建筑物	稻架小屋	7栋
			便所	10栋
			板仓	25栋
			唐臼小屋	3栋
			茶室	1栋
		宗教建筑物		4栋
		工作物（鸟居·灯篭·石垣·石段）		11件
	环境物件（社叢·树木·篱笆·水系等）			8件

同年，白川村制定了《白川村传统建造物群保存地区保护条例》②（以下简称《条例》）及保存计划。《条例》规定了严格的限制措施——所有“改变现状的行为”必须得到教育委员会的许可才行。所谓“改变现状行为”包括以下几方面内容：建筑物及其他物件（以下称“建筑物等”）的新建、增建、改建、搬迁或是拆除；由于建筑物等的修缮、样式的改造以及色彩的改变所引起的建筑物外观的明显改变；改造房屋地基，以及其他可以改变土地形态及其实质的行为；竹木的采伐；土石类的挖掘；水面的填平或者干枯等。除此之外，不仅限于建筑，即便是自家的土地、庭院或是农田也不能擅自变更为停车场或是房屋基地，而且居民也无权私自砍伐庭院中的树木、随便填没自家的水池③。

尽管受到了很多限制，但保护经费却相对得到了保障。在保护修复的各个项目中，教育委员会将会提供不超过项目成本90%的经费补贴，这一资助额度是相当可观的。④1976年至1981年，白川村主要以“防火设施”为重点（图9-38）。1981年以后，“合掌造房屋的屋顶茅草更换、轴部修缮”基本上占了财政补助内容的全部。购买茅草、木材、绳子、工具的材料费以及共事费，往往耗资较大⑤。

图9-38　白川乡合掌造聚落消防训练⑦

其后，保护工作开始渐渐步入正轨。1984年，审查保存计划的实施情况。1985年，制定了选定地区的《景观保护标准》。1987年，为了应对合掌造民居保护修复中居民自己承担部分的开支⑥，成立了合掌造基金会并制订《荻町传统建造物群保存地区保存基金条例》，次年开始向民间社会力量募集资金。

① 数据来源：白川村官方网站 - http://shirakawa-go.org/kankou/siru/bunka/651/

② 条例原文：白川村官方网站 - http://shirakawa-go.org/lifeinfo/reiki/reiki_honbun/i390RG00000218.html

③ 才津佑美子，徐琼．世界遗产——白川乡的“记忆”[J]. 民族遗产，2008:237-253.

④ 详见《白川村传统建筑物群保存地区保护条例施行规则》http://shirakawa-go.org/lifeinfo/reiki/reiki_honbun/i390RG00000219.html#e000000113

⑤ 张姗．世界文化遗产日本白川乡合掌造聚落的保存发展之道[J]. 云南民族大学学报（哲学社会科学版），2012（1）:29~35.

⑥ 建筑修复工程往往耗资巨大，尽管政府资助了大部分，但许多所有者仍然承担不起个人支出部分或压力较大。

⑦ 图片来源：白川村官方网站 -http://shirakawa-go.org/kurashi/anzen/490/

3. 社会团体运营保护

起初基金会运营得并不好，但 1995 年时，白川乡连同富山县的五箇山等几处合掌造聚落（Historic Villages of Shirakawa-go and Gokayama），被联合国教科文组织列为世界文化遗产（图 9-39）。借此机会，1997 年，白川村成立了“世界遗产白川乡合掌造民居保存财团”（以下简称财团法人），作为世界遗产的一般财团法人(即非营利法人)[①]，之前的基金会顺理成章开始由财团法人运营。除此之外，政府下拨的文化财保护扶助金，以及村中停车场托管的营业额，都成为财团法人可调配的经费，数额不菲。财团法人利用这些保护经费及遗产运营产生的商业利益开拓远期业务，以系统应对各种遗产问题。现在，其主要工作内容分为修理事业、修景事业、地域活化事业、调查普及事业、受托事业五部分，涉及遗产保护的方方面面（表 9-17）。

图 9-39　世界遗产白川乡合掌造聚落保护范围[②]

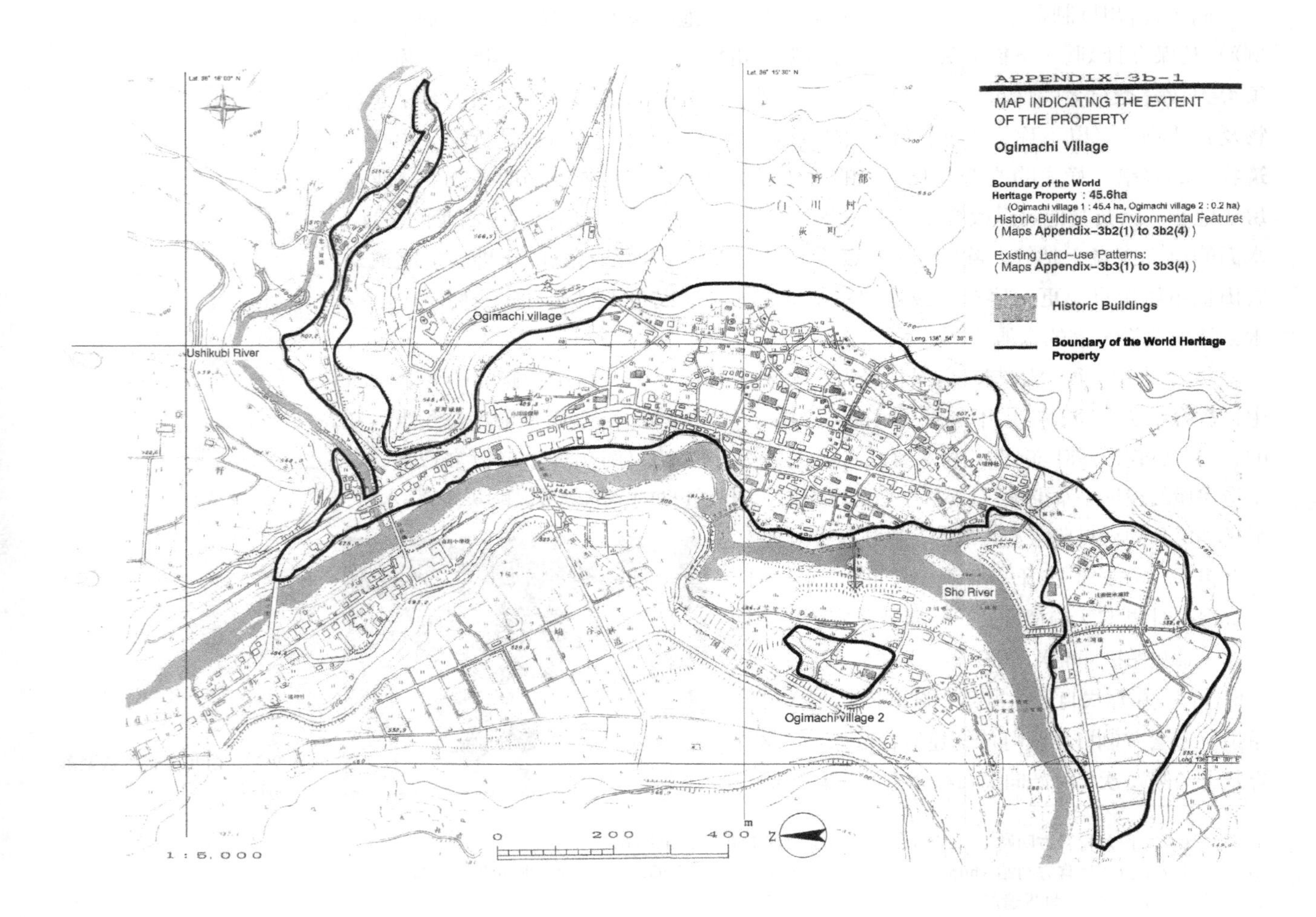

① 即 Not-for-Profit Organization，缩写为 NPO。

② 图片来源：联合国教科文组织遗产中心合掌造聚落申报材料 http://whc.unesco.org/en/list/734/documents/

世界遗产白川乡合掌造民居保存财团所运营的事业类别　　表9-17

事业类别	具体内容
修理事业（建筑）	屋脊更换（每年春天）
	腐烂茅草更换（暴雪后）
	传统建筑物修理费补助（个人承担部分）
	彩色锌钢屋顶更换补助（为与传统建筑色彩协调而进行的更换）
修景事业（景观）	修景补助（为与村落景观相协调而进行的立面改造，如更换木制门窗构件等）
	色彩补助（为与村落景观相协调而在生活或建设工程中采用棕色并避免采用蓝色）
	与修建茅草屋顶相关的技术补助（由于白川村降雪期为6个月，保存这一传统技术至关重要）
地域活化性事业	保护协会活动费用赞助
	保护协会开发项目赞助
调查普及事业	区域发展的调查与研究
	稻田恢复事业（废弃耕作的恢复）
受托事业	浅溪公园停车场运营
	寺尾停车场运营
	综合问讯处运营

以稻田恢复项目为例，由于人口老龄化导致劳动力短缺，再加上大型机械无法进入，大量稻田废弃对村落景观产生非常消极的影响。2004年，基金会与土地所有者签订土地租赁协议，直接维护和管理土地，努力恢复稻田。村民也认识到了稻田的重要性，在基金会的赞助下，通过“结”的互助制度，合力恢复稻田。收获的水稻，主要作为合作者的回报及村中学校膳食来源，以及捐赠给福利机构（图9-40）。剩余部分成立水稻品牌，将其商业化，既保护了村落景观，又提升了观光农业，带来了经济效益。

图9-40　“结”——白川乡居民合力种植水稻[①]

4. 结语

白川乡合掌造民居保护中，村民始终是保护的核心力量，也是保护的受益群体。五十多年的保护历程，经历了村民自发保护、政府法制保护、社会团体运营保护多个阶段，保护等级越来越高，保护层次也越来越立体。这对于我国古村落，特别是茅草建筑遗产的保护与活化发展，具有很大的启发。

案例2：安徽黟县宏村保护

一、宏村概况

宏村，位于安徽省南部黟县县城东北10公里处，北靠雷岗山，西傍三邑溪、

① 图片来源：白川村官方网站 -http://shirakawa-go.org/kankou/siru/yomu/1109/

羊栈河，历来为汪姓族人聚居之所。古村始建于南宋年间，其选址、布局及建筑形态，皆以风水理论为指导。明初永乐年间（约1405年），族长汪思济、汪升平父子请风水先生引西溪水入村中，开凿为“水圳”系统，经九曲十弯环绕全村房前屋后，再与村中心半月形的人工池塘月塘串联起来。万历年间又在村南开辟人工池塘南湖，引入的水系最终注入南湖（图9-41）。这种拥有400多年历史、独一无二的水系网络设计，不仅解决了村民生产生活以及消防用水，调节了生态微气候，更体现了天人合一的中国传统哲学思想。村中现存明清时期古建筑137幢，包括民居、宗族祠堂、书院、牌坊等多种类型，如以南湖书院为代表的书院建筑，以承志堂为代表的住宅建筑，以德义堂、碧园为代表的私家园林，反映了明清时期徽州儒家文化的昌盛。

2000年，宏村因“在很大程度上仍然保持着那些在20世纪已经消失或改变了的乡村的面貌。其街道的风格，古建筑和装饰物，以及供水系统完备的民居都是非常独特的文化遗存”①，与西递共同被列入世界遗产名录。2001年，宏村被列为全国重点文物保护单位。2003年，宏村被建设部、国家文物局批准为第一批中国历史文化名村（图9-42）。

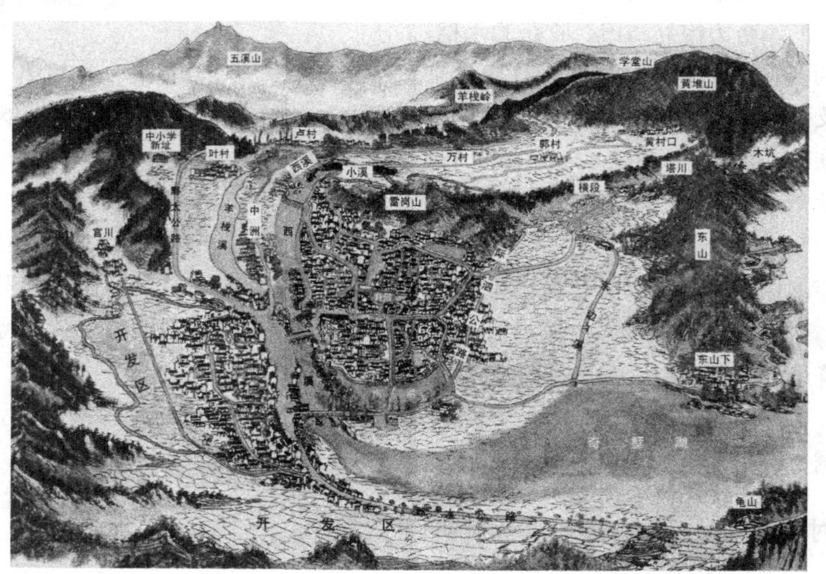

图9-41 宏村的南湖（上）
图9-42 宏村鸟瞰图②（下）

① UNESCO，澳大利亚凯恩斯24届世界遗产委员会会议
② 单德启著．安徽民居．中国建筑工业出版社，2009.36.

二、保护历程

1. 申遗前：政府主导，旅游带动（1986 ~ 1996 年）

宏村大规模保护工作始于 1980 年代中期。访旧怀古、文化寻根的旅游热和国内外学术专家的交流热等，使得皖南古村落名噪一时，访客络绎不绝。管理者们开始意识到古村落是一种可以带来经济效益的文化资源。邻村西递最早开始了“以旅游带动保护和发展”的思路，宏村紧随其后。

1986 年，黟县旅游局投资宏村筹备经营，买下承志堂并对外开放，标志着宏村旅游业和保护工作的真正起步。其后数年间，黟县旅游局增大投资，承包并修复了更多景点对外开放。1994 ~ 1996 年，因种种原因，黟县旅游局把经营权交给宏村所在乡镇——际联镇（现为宏村镇）政府，效果甚微。后来宏东村和宏西村两村委甚至开始模仿西递模式[1]，成立村办企业“宏村旅游服务有限公司”自主经营。这十年期间，政府主导，投入资金有限，再加上邻村西递旅游业快速发展的冲击，宏村总体发展缓慢。

这一时期的保护修复工作主要集中在个别典型建筑及公共设施方面。如分别对承志堂、乐贤堂、三立堂等主要古建筑投入资金，用于整修、维护；对前街等主要道路投入资金用于安装地下水管和路面整修；对人工水系——水圳、引水坝、南湖、月塘进行清淤、整修；古树名木采取专人保护，进行培土育林、限制周边建筑，并在古树木周边建设围栏进行维护[2]（表 9-18）。

申报世界遗产时宏村已有修缮、维修内容及资金情况[3]　　表9-18

项目	资金（千元）		修缮、维修内容
传统建筑	承志堂	220	大整修、清洗、部分重建：换盖、添瓦、换柱、换梁，重建 5 个门罩，前后进天花板粉饰，添彩，建鱼塘厅，美人靠，恢复所有隔舍、槛盆，门窗，兴建厕所，围墙厨房，修复倒塌天井、楼角、厨房
	乐叙堂	10	翻漏、小修，1995 年大修
	三立堂	10	翻漏、小修
街巷	前街	50	铺路，安装地下水管，铺水泥路建房让出街巷道路
	旅游线路	30	整修，铺水泥及鹅卵石路
	亭前路	50	重建
水系	水系源头碣坝	180	中等修复及重建：木石修建，石块水泥修建重建，自动控制隔水栏板制作，修路、建堤坝
	南湖月塘	110	清淤泥、修湖坝，建中坝、桥，修南湖坝，铺鹅卵石路
	水圳	40	清淤、挖泥、修整、修路、建坝
绿化		10	专人保护、培土育林

2. 申遗中——民营资本介入，整治开发（1997~1999 年）

20 世纪 90 年代中后期，宏村遗产保护的力度加强，并且基于规划方案有计划、有步骤地系统开展。

① 西递与宏村旅游开发模式截然不同。宏村由县政府投资开发，西递则由村集体成立旅游公司进行开发。
② 皖南古村落申报世界文化遗产文本——《中国皖南古村落——西递、宏村》
③ 皖南古村落申报世界文化遗产文本——《中国皖南古村落——西递、宏村》

1997年，安徽省人大通过了《安徽省皖南古民居保护条例》(1998年1月1日实施）作为皖南古村落、古民居保护的基本法则。《条例》对民居的保护与管理、维修与利用、经费、法律责任等进行了规定。

与此同时，黟县县政府决定招商引资，将经营权转包给中坤集团下属的京黟公司，京黟公司享有对宏村旅游开发独家经营权30年不变。合作意向达成后，京黟公司开始积极申报世界遗产，投入大量资金用于宏村古建筑的修缮保护以及景区设施的完善。为配合申报工作的顺利进行，安徽省人民政府会同黟县人民政府，对宏村古民居、水系、道路、广场、排水、供水等方面进行全面的保护和整治 。

这一时期的保护修复工作均以相关规划为指导。如《宏村保护与环境整治规划（1998 ~ 2010)》、《际联镇总体规划（1998-2010)》、《宏村基础设施扩初设计》、《宏村古建筑修缮扩初设计》（1999年黄山市规划设计院、黟县建设局编制）等。其中最核心的是《宏村保护与环境整治规划（1998~2010)》，该规划分为三部分：保护规划、环境整治规划和旅游规划。

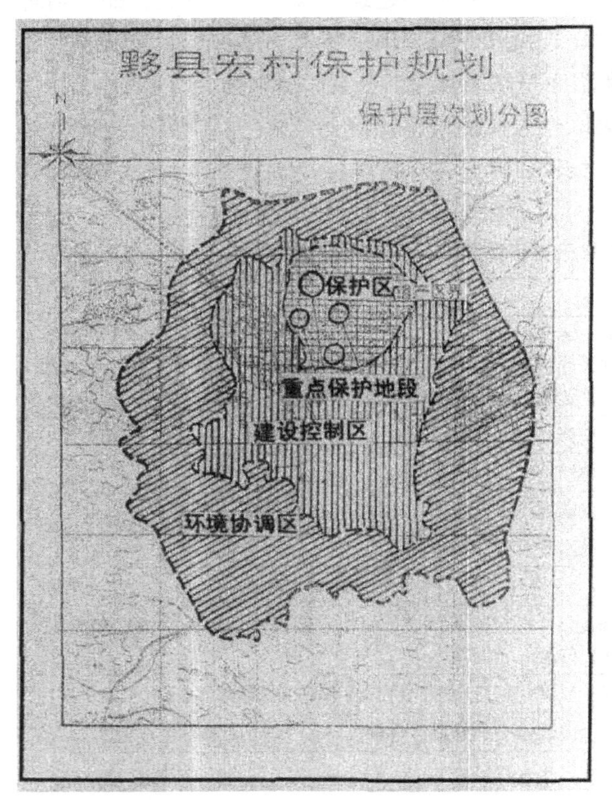

图9-43 宏村保护区划图[①]

保护规划首次界定了保护范围，将其划分为保护区（即遗产区界）、建设控制区及环境协调区（即缓冲地带）三个层次（图9-43)。保护区严格保护历史形成的村落格局、街巷肌理、传统民俗文化，以及构成风貌的各种组成要素，严格控制建设，适当调整用地结构，确须重建、改建、维修的建筑必须在建筑形式、高度、体量、色彩以及尺度、比例上严格审批。建设控制区严格控制新、改、扩建项目，同时指明了古村落重点建设区域为际村（邻村）以及宏村东南部。这种“另辟新村”的方式避免了向四周扩散式发展对古村落风貌的破坏。环境协调区以保护生态环境为主，限制大型建设及工业污染等。另外，保护区内还确定了重点保护地段和古建筑单体分级保护。重点保护地段有月塘、南湖、雷岗山、树人堂-承志堂、村口、宏东几个区域。建筑单体则分为保护建筑（传统建筑）和整治建筑（非传统建筑）两大类。保护建筑分为三级保护，整治建筑分三级整治，共分两类六级（表9-19)。

① 图片来源：程远.再探“历史文化保护区”的保护与发展——宏村保护规划举要[J].小城镇建设，2000（3）:55~57.

传统建筑分级保护措施[1] 表9-19

类别	名称	保护措施
传统建筑		
一级重点保护建筑	完全保护型	严格保护，加强维修，作为专业博物馆、艺术馆等。严格按照原样修缮、复原。严格控制并整治周围环境
二级保护建筑	复原型	内部、外观恢复原貌，定期维修、适当复原
	活用型	内部、外观基本保持原貌，定期维修。以居住为主，在不影响主体建筑的前提下可修建辅助用房以改善居住条件
三级保存建筑	再生型	重点保护外观，内部可适当调整、更新，以适应现代生活需要
非传统建筑		
甲级	改善型	指稍加改建、整治外观即可与周围环境协调的非传统建筑
乙级	改造型	指与周围环境不很协调，而其平面及立面须进行改造调整的建筑
丙级	拆除型	指与周围环境格格不入，应予以拆除全部或局部的非传统建筑

环境整治规划包括整治改造与基础设施完善两部分。其中整治改造措施包括拆除，建筑立面整饬，整修道路、桥梁、排水，疏通水系，建立完善的古村落消防体系，完善、改进给水系统，加强电力、电信设施建设，改善居民的居住生活条件，对外围山体继续进行封山育林等。基础设施完善侧重于道路水系规划、给排水规划、消防等。

3. 申遗后——多层管理体系

经过多方努力，遗产申报成功，宏村的保护工作也开始转向世界遗产保护与管理机制。

保护管理方面，黟县人民政府先后制定了《黟县西递、宏村世界文化遗产保护管理办法》及《实施细则》，《黟县西递宏村遗产区房屋维护修缮改建管理暂行办法(征求意见稿)》。镇、村层面制定了《遗产保护自律公约》、《黟县宏村古村落保护管理办法》、《宏村村规民约》等多项保护法规。保护机构设置为四级，依次由黟县世界文化遗产管理委员会及办公室、宏村镇政府、宏村村委和旅游公司、民间保护协会组成（图9-44）。监管力度变得更加严格，如1999年起，黟县建设局开始对宏村村民建房进行审批。2001~2004年，宏村仅增加了1户新建和4户重建，平均每年的房屋增加率为0.31%（全村396户）[2]。

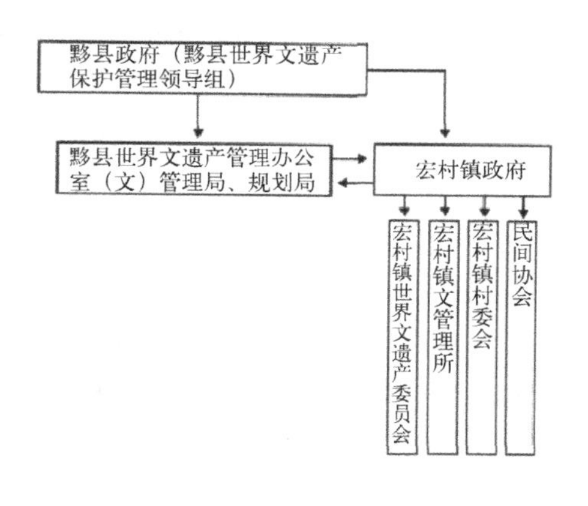

图9-44 黟县地方宏村文化遗产保护系统图[3]

保护规划方面，按照联合国教科文组织《保护世界文化和遗产公约》要求，总结了上一轮保护规划执行情况和存在问题，重新编制了《世界遗产地-皖南古村落西递、宏村保护规划（2006—2020)》。主要改变体现在

① 皖南古村落申报世界文化遗产文本——《中国皖南古村落——西递、宏村》

② 车震宇．传统村落保护中易被忽视的“保存性”破坏——以西递、宏村为例[A]. 西安建筑科技大学、中国民族建筑研究会民居建筑专业委员会．第十五届中国民居学术会议论文集[C]. 西安建筑科技大学、中国民族建筑研究会民居建筑专业委员会，2007.3.

③ 从“原真性”实践反思中国遗产保护———以宏村为例

以下几个方面[①]：

建筑分类与保护整治方式相对应。新的分类方式没有混杂功能定位（上一版的活用或再生），而是单纯根据建筑年代、建筑风貌等物质因素进行分类后，采取不同的整治方式（表9-20）。

建筑保护与整治方式 表9-20

分类	保护类建筑			非保护类建筑	
	文物建筑	保护建筑	历史建筑	与历史风貌无冲突的建（构）筑物	与历史风貌有冲突的建（构）筑物
保护与整治方式	修缮	修缮	维修、改善	保留	整修、改造、拆除

整治措施更加具体。如沿街立面整饬，不再笼统说明“保持传统建筑特征（包括建筑材料、比例、尺度、色彩、细部大样）”，而是直接要求“采用传统的马头墙等做法，小青瓦、坡屋面、石础、墙体以木、块石、青砖为主要材料，建筑以2层为主，坡屋顶形式”。再如路面维护修复，明确要求“传统街巷铺地应采用传统块石铺砌，新修道路亦采用‘黟县青’块石铺砌”。

保护对象更加明确。规划中详细列举了受保护的126处传统建筑的编号、地点、名称、年代、使用功能、层数、结构形式、建筑等级、整治模式、用地面积及建筑面积。

除此之外，遗产保护规划不再局限于有关保护规划规范确定的内容，而是针对遗产管理需求，扩大了保护规划的内涵和外延，包括新技术运用、遗产深度保护、非物质文化遗产保护、社区管理、立法计划研究、新区建设与遗产保护等内容[②]。

三、模式争议

从皖南民居到世界遗产再到旅游胜地，“宏村模式”成为全国古村镇争相模仿的典范。然而，这一称号实则源于旅游开发的巨大成功，并非保护理念的胜利。保护与发展，到底是双赢还是对立？

首先，重发展轻保护理念在初期已经显现端倪。旅游公司运营的文化遗产保护，必然是以利益为导向的。如旅游开发合作协议中资金分配的规定是，门票收入的95%归旅游公司，5%支付给宏村村镇两级单位（其中4%支付给宏村镇，1%支付给宏村），除此之外旅游公司每年支付给宏村人民币9.2万元，支付给际联镇人民币7.8万元。2001年，迫于村民压力，内容修订为，门票收入的33%支付给黟县：其中20%以“文物保护基金”名义支付给黟县政府；13%支付给宏村村镇两级单位（其中5%支付给宏村镇，8%支付给宏村）。虽然三方利益得到一定平衡，但这样的分配方式对于文物保护依然不利。

其次，遗产主体的缺席，不利于遗产的“真实性”保护。国际遗产界越来越重视建筑遗产中原住民社区生活的保护。但是由于分配利益的冲突，导致建筑遗产与遗产所有人之间，被迫处于割裂甚至对立的状态。村民对传统建筑的维修基本负有全部责任，但却享受微乎其微的权益，人居环境的改善也进展较慢。当原住民缺乏保护的原动力而脱离自己的生活环境时，文化空巢的现象应当引起重视了。

---

① 详见黟县门户网站 -《世界遗产地 - 皖南古村落西递、宏村保护规划》http//www.yixian.cn/DocHtml/1965/16/03/00159857.html

② 仇保兴．风雨如磐：历史文化名城保护30年[M]. 北京：中国建筑工业出版社，2014. 148~149.

第十章　世界文化遗产保护

第一节　世界遗产概述

一、缘起及其概念

1. 引述

人类创造了非常辉煌的物质文明，也拥有无比独特的地质地貌，但是这些遗产在现代社会中受到越来越严重的威胁。联合国教科文组织为了有效保护这些珍贵遗产，在1972年通过了《保护世界文化和自然遗产公约》（简称《世界遗产公约》）①。该公约的宗旨是，“为集体保护具有突出的普遍价值的文化和自然遗产，建立一个根据现代科学方法制定的永久性的有效制度”。《世界遗产公约》的产生，促进了国际范围的合作和援助，以全人类集体的智慧、合作、援助和制度，抢救和保护那些具有突出意义和普遍价值的遗产。自从1978年第一批12项遗产列入《世界遗产名录》以来，其数目不断扩大，到2016年7月已经达到1052项，遍布全球。世界遗产逐渐成为超越民族、地域、宗教的一项事业，成为维护世界多样化和可持续性的重要举措。每一项世界遗产的公布，都会成为这个国家的荣耀和自豪。

“世界遗产”概念的确立经历了一段较长的酝酿时间。在第一次世界大战（1914~1918年）中，欧洲许多古老的城镇和重要的文化遗址遭到破坏。战争结束后，国际联盟开始寻求保护文化遗产的有效方法，并呼吁各国应相互尊重，合作保护遗产。在第二次世界大战（1939~1945年）中，欧洲和亚洲等地区的文化遗产遭到更大的破坏，一些古城几乎被夷为平地，大量经典的建筑毁于战火。“二战”后，如何保护文化遗产成为摆在国际社会面前的重要问题。这是世界遗产产生的大的背景。

“世界遗产”概念产生的直接诱因是对濒危文化遗产的保护。1959年，埃及和苏丹共同向联合国教科文组织提交了一份紧急报告，请求帮助保护因修建阿斯旺坝水库（Aswan High Dam）而即将被水库淹没的努比亚（Nubia）的一些遗迹。这些遗迹是古埃及文明的瑰宝，弥足珍贵。在埃及和苏丹政府的强烈要求下，联合国教科文组织决定开展国际游说，努力保护这些遗产。时任总干事的意大利人维托里诺·韦罗内塞（Vittorino Veronese，1958~1961年在任）号召各国政府、组织、公共和私立的基金组织和一切有美好愿望的人共同行动起来，为保护阿布·辛贝勒神庙（Abu Simbel Temple）提供技术和财政支持。联合国教科文组织的努力得到了大约50个国家的支持，各国和国际组织共捐款8000万美元，使努比亚阿布·辛贝勒的两座神庙实现了易地保护（图10-1、图10-2）。此后联合国教科文组织还承担了数量众多的

---

① 英文全称为Convention Concerning the Protection of the World Cultural and Natural Heritage。

图 10-1 埃及的辛拜勒神庙在搬迁中[①]（左）
图 10-2 埃及的辛拜勒神庙迁建后（右）

重大的文化遗产保护项目，如巴基斯坦的摩亨佐·达罗（Mohenjo-Daro）、摩洛哥的菲斯古城（Fez）、尼泊尔的加德满都河谷（Kathmandu）、印度尼西亚的婆罗浮屠塔（Borobudur Temple Compunds）和希腊的雅典卫城（Acropolis）等著名古迹的援助保护运动。这些成功的保护案例，促使联合国教科文组织更为积极地投入文化遗产的保护中。

随着这些保护工作的开展，“人类共同的遗产”（a legacy for all）这一观念逐渐成熟。就是说，这些经典的遗产既不完全是某个人的，也不完全是某个组织和国家的，而是全人类共同享有的。随着这一概念的形成，国际社会认识到，以一个国际公约的形式来倡导、规范全球的文化遗产保护不仅十分必要，而且时机也已经成熟。终于，1972 年 12 月 16 日，联合国教科文组织第十七届会议通过了《世界遗产公约》。

关于世界遗产保护的重要性，《实施〈世界遗产公约〉的操作指南》（2015 年）（以下简称《操作指南》[2015 版]）中提道：“无论是对各国，还是对全人类而言，文化和自然遗产都是无可估计和无法替代的财产。这些最珍贵的财富，一旦遭到任何破坏或消失，都是对世界各族人民遗产的一次浩劫”。

2.《世界遗产公约》及其《操作指南》

1972 年通过的《世界遗产公约》是一个里程碑式的文件，为人类共同保护遗产提供了一种制度性的、法规性的保障，使文化与自然遗产的保护成为一项全球性的事业，标志着保护世界遗产的全球行动的开始。这一公约也成为联合国教科文组织最为热门的公约之一[②]。

《世界遗产公约》的精神要旨是：世界遗产具有“突出的普遍价值”（Outstanding Universal Value）；世界遗产是人类共同遗产的必要组成部分；保护世界遗产是人类共同的责任；要保证世界遗产世世代代传承下去。公约在充分尊重国家主权的基础上，

---

① John H Stubbs.Time Honored: A Global View of Architectural Conservation，2009.P244.

② 《世界遗产公约》的内容主要包含四部分：第一部分为“文化和自然遗产的定义”，确定了文化遗产和自然遗产的定义和被列入《世界遗产名录》的条件；第二部分为“文化和自然遗产的国家保护与国际保护”，指出缔约国在确定潜在遗产项方面所负的责任，以及他们在保护这些遗产项时所起的作用；第三部分为“保护世界文化和自然遗产政府间委员会”，阐述世界遗产委员会的功能；第四部分为“保护世界文化和自然遗产基金”，解释如何使用和管理世界遗产基金。

同时要求各缔约国承认保护世界遗产是整个国际社会的责任。

"世界遗产"(World Heritage)一词随《世界遗产公约》的建立而产生。根据该公约，所谓"世界遗产"，是指被联合国教科文组织和世界遗产委员会确认的人类罕见的、目前无法替代的财富，是全人类公认的具有突出意义和普遍价值的文物古迹及自然景观。世界遗产强调，宝贵的自然和文化遗产既是民族的、地方的，更是全人类共同拥有的。世界遗产的特质是具有全球意义的卓越性、独特性和多样性，展示了一个国家的历史和文明被世人公认的影响和贡献，或是表明了一个国家的自然景观在全球景观系统中的重要地位，因此是一个特定概念，不可将其理解为"世界的遗产"或"世界级的遗产"。世界遗产有国际法的依据，有严格的审批程序，是一个专门的概念、严格的概念、法定的概念，具有很强的技术性和实用性。

另外，为了《世界遗产公约》的顺利实施，世界遗产委员会在1977年制定了第一版的《世界遗产公约操作指南》(简称《操作指南》)[①]。之后，《操作指南》为了更好地适应新情况，不断更新和修订，从1977年至2015年共出现过24个版本。

3. 世界遗产的组织机构

世界遗产事务庞杂，需要有相应的组织管理系统。联合国教科文组织是世界遗产事务的最高管辖机关，统领世界遗产的所有工作，总部设在法国的巴黎。具体的相关组织有世界遗产委员会、世界遗产中心、专家咨询机构等。

(1) 世界遗产委员会

为了保障公约的实施，联合国教科文组织在1976年成立了政府间国际合作机构，即"世界遗产委员会"(World Heritage Committee)，专门管辖世界遗产事务，负责《世界遗产公约》的实施。世界遗产委员会由21个成员国组成，每年在不同国家至少召开一次会议。

根据《操作指南》(2015年版) 第24条，该委员会的职能是与缔约国合作开展下述工作：

(1) 根据缔约国递交的"预备名单"和申报文件，确认将按照《公约》规定实施保护的具有突出的普遍价值的文化遗产和自然遗产，并把这些遗产列入《世界遗产名录》；

(2) 通过反应性检测和定期报告，检查已经列入《世界遗产名录》的遗产保护状况；

(3) 决定《世界遗产名录》中，哪些遗产可以列入《濒危世界遗产名录》或从中删除；

(4) 决定是否将某项遗产从《世界遗产名录》中删除；

(5) 制定对提交国际援助申请的审议程序，并在作出决议之前，进行必要的调查和磋商；

(6) 决定如何发挥世界遗产基金资源的最大优势，帮助各缔约国保护其具有突出价值的遗产；

(7) 采取措施，设法增加世界遗产基金；

(8) 每两年向缔约国大会和联合国教科文组织大会提交一份工作报告；

(9) 定期审查和评估《公约实施情况》；

---

① 《操作指南》是为了保证世界遗产公约的有效实施，由世界遗产委员会基于公约的基本内容和精神，制定的相关解释性和指导性文件规定。

（10）修改并通过《操作指南》。

根据《操作指南》（2015版），该委会员“目前的战略目标”（简称5C）如下：(1) Credibility：增强世界遗产名录的信誉度；(2) Conservation：确保有效地保护世界遗产；(3) Capacity-building：促进在缔约国开展有效的能力建设；(4) Communication：通过交流沟通提高对世界遗产的共识；(5) Communities：加强社区在执行《世界遗产公约》中的作用。

（2）世界遗产中心

由于世界遗产的数量逐年增多，与世界遗产相关的日常工作也日益繁重。1992年，联合国教科文组织正式设立了“世界遗产中心”（World Heritage Center），又称为“公约执行秘书处”。该中心协助缔约国具体执行《世界遗产公约》，对世界遗产委员会提出建议，执行世界遗产委员会的决定，处理日常工作。

（3）专家咨询机构

专家咨询机构包括国际文物保护与修复研究中心（ICCROM）、国际古迹遗址理事会（ICOMOS）、世界自然保护联盟（IUCN）。其中国际文物保护与修复研究中心（ICCROM），是一个政府间组织，总部设在意大利的罗马，职能是开展文化遗产方面的调查研究、资料编撰、技术援助、专家服务等，负责检测世界遗产保护状况、审查缔约国提交的国际援助申请；国际古迹遗址理事会（ICOMOS）由世界各国文化遗产专业人士组成，是国际非政府组织，总部在法国巴黎，在全球享有很高的声誉，是世界遗产委员会在文化遗产方面的专业咨询机构，主要负责评估申报世界遗产项目，监督世界遗产保护状况，审查由缔约国提交的国际援助申请。我国于1993年加入国际古迹遗址理事会，成立了国际古迹遗址理事会中国委员会（ICOMOS China），即中国古迹遗址保护协会。

4. 世界遗产的标志

世界遗产委员会第二届大会上（华盛顿，1978年），采用了由米歇尔·奥利夫设计的世界遗产标志。中央的正方形象征人类创造，圆圈代表大自然，两者密切相连，象征着文化遗产和自然遗产之间相互依存的关系（图10-3）。标志上必须印有“World Heritage”（英语“世界遗产”）、“Patrimoine Mondial”（法语“世界遗产”）的字样。世界遗产地应该设立显示世界遗产标志的标牌，将其放在容易被游客看到的地方，同时不损害遗产景观。

图10-3 世界遗产的标志

二、世界遗产的申报

1. 申报标准

根据联合国教科文组织颁布的《操作指南》（2015年版），凡提名列入《世界遗产名录》的遗产项目，应该具有突出的普遍价值。所谓突出价值，“意味着文化或（和）自然的意义如此特殊，以至于超越了民族界限，对全人类的当代和后代都有共同的重要性。因为，对这些遗产的永久保护，对于作为一个整体的国家社会具有最高的重要性”。“文化遗产”的突出普遍价值主要有如下几项标准：

（i）代表人类创造精神的杰作；

（ii）体现了在一段时期内或世界某一文化区域内重要的价值观交流，对建筑、艺术、古迹艺术、城镇规划或景观设计的发展产生过重大影响；

（iii）能为现存的或已消逝的文明或文化传统提供独特的或至少是特殊的见证；

（iv）是一种建筑、建筑群、技术整体或景观的杰出范例，展现历史上一个（或几个）重要发展阶段；

（v）是传统人类聚居、土地使用或海洋开发的杰出范例，代表一种（或几种）文化或者人类与环境的相互作用，特别是由于不可扭转的变化的影响而脆弱易损；

（vi）与具有突出的普遍意义的事件、文化传统、观点、信仰、艺术作品或文学作品有直接或实质的联系。（委员会认为本标准最好与其他标准一起使用）。

世界遗产强调真实性（authenticity）和完整性（integrity）。无论是申报时，还是在保护中，这两点都是至关重要的。至于具体的标准，要列入世界文化遗产，必须满足上述一项或几项标准。如法国巴黎塞纳河畔（Paris, Banks of the Seine）在1991年因为满足其中的（i）（ii）（iv）而列入世界文化遗产。世界遗产委员会这样评价："从卢浮宫（the Louvre）到埃菲尔铁塔（the Eiffel Tower），从协和广场（the Place de la Concorde）到大小宫殿（the Grand and Petit Palais），巴黎的发展和它的历史从塞纳河（the River Seine）就可以得到见证。当霍斯曼的宽阔广场和林荫大道（Haussmann' s wide squares and boulevards）影响着19世纪晚期和20世纪全世界城镇规划的时候，巴黎圣母院和圣堂（The Cathedral of Notre-Dame and the Sainte Chapelle）已经成了建筑上的杰作"（图10-4、图10-5）。

另外如韩国的昌德宫（Changdeokgung Palace Complex）在1997年因为满足其中的（ii）、（iii）、（iv）而列入世界文化遗产（图10-6、图10-7）。世界遗产委员会这样评价："在15世纪早期，太宗皇帝（the King Taejong）下令在吉祥地建造了一座新的宫殿。这座宫殿被建成一个综合体，包括花园在内的办公建筑和居住建筑，巧妙地与58公顷的崎岖地形变化相融合，是远东宫殿建筑和设计的典范。"

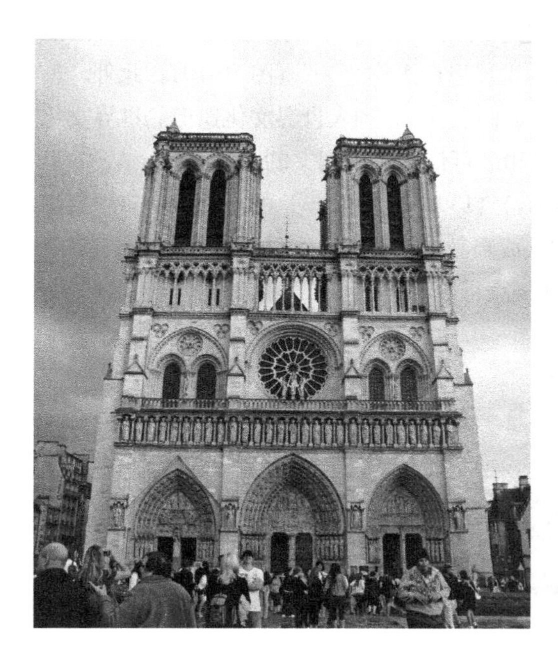

图10-4 法国巴黎塞纳河畔的巴黎圣母院外观（左）
图10-5 法国巴黎塞纳河畔的埃菲尔铁塔（右）

图 10-6 韩国昌德宫俯瞰（左）
图 10-7 韩国昌德宫中的仁政殿（右）

有个别遗产因满足全部六项标准而被列入世界遗产。如意大利的威尼斯及泻湖（Venice and its Lagoon）在 1987 年就因满足全部六项标准列入世界文化遗产。世界遗产委员会这样评价："威尼斯建于 5 世纪，由 118 个小岛组成，10 世纪时成为当时一个主要的航运枢纽。整座城市就是一个非凡的建筑杰作，甚至最小的建筑物也会含有世界上最伟大的一些艺术家，如乔尔乔涅（Giorgione）、提香（Titian）、丁托列托（Tintoretto）、韦罗内塞（Veronese）等人的作品。"（图 10-8）另外，我国的莫高窟（Mogao Caves）也在 1987 年因满足六项全部标准列入世界文化遗产。世界遗产委员会这样评价："莫高窟地处丝绸之路（the Silk Route）的一个战略要地。它不仅是贸易的中转站，同时也是宗教、文化和知识的交汇处。莫高窟的 492 个小石窟和洞穴庙宇，以其雕像和壁画闻名于世，展示了延续千年的佛教艺术。"（图 10-9）

当然满足标准的多少，并不决定遗产价值的高低。有的遗产仅满足其中一项标准，但凭借其独特的价值，也可以列入世界遗产的。如印度泰姬陵（Taj Mahal）在 1983 年因为满足标准（i）列入世界文化遗产。世界遗产委员会这样评价："泰姬陵是一座白色大理石建成的巨大陵墓，是莫卧儿皇帝（the Mughal）沙 · 贾汗（Shah Jahan）为纪念他的爱妻，下旨于 1631 年至 1648 年修建于阿格拉（Agra）的陵墓建筑。泰姬陵是印度穆斯林艺术的瑰宝和普遍为世人赞叹的世界遗产杰作之一"（图 10-10）。此外，韩国的宗庙（Jongmyo Shrine）在 1995 年因满足标准（iv）列入世界文化遗产。世界文化遗产委员会这样评价："宗庙是现存最古老和最可信的尊崇儒家的王室圣殿。从 16 世纪起，为了祭祀朝鲜王朝（the Joseon dynasty）（1392 ～ 1910 年）的先祖，宗庙一直保持着现在的形式，并收藏了刻有前王室家族成员教义的碑刻。在祭祀仪式上表演音乐、歌曲和舞蹈的传统，可以追溯到 14 世纪并一直得以延续。"（图 10-11、图 10-12）

图 10-8 意大利威尼斯圣马可广场（下左）
图 10-9 中国的莫高窟(下中)
图 10-10 印度的泰姬陵（下右）

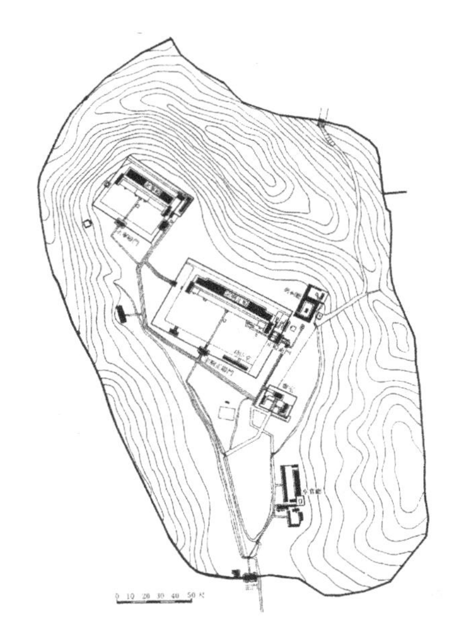

图 10-11 韩国的宗庙现状平面[①]（左）
图 10-12 韩国的宗庙永宁殿（右）

对于遗产价值的评价，往往看法不一致。如国际著名建筑师勒·柯布西耶（Le Corbusier，1887~1965 年）的作品在 2009 年和 2011 年两次申报世界遗产，都遭到联合国教科文组织的拒绝。直到 2016 年第四十届世界遗产委员会上，勒·柯布西耶分布在 7 个国家的 17 座建筑（法国 10 座，瑞士 2 座，比利时、德国、阿根廷、日本和印度各 1 座），包括萨伏伊别墅、马赛公寓、朗香教堂等，才终于入选世界遗产名录（图 10-13）。以 20 世纪著名建筑师个人系列作品跨国联合申遗，这在世界遗产名录中尚属首例。世界遗产委员会这样评介："这些建筑时间跨度长达半个世纪，在此期间勒·柯布西耶耐心研究，不断探索……无不反映了 20 世纪现代运动为满足社会需求，在探索建筑技术方面取得卓越成果，这批天才般的杰作见证了全球范围内的建筑实践的国际化。"

图 10-13 印度新城昌迪加尔议会大厦

① 李华东著．朝鲜半岛古代建筑文化．东南大学出版社，2011.358.

图 10-14 世界遗产申报程序

2. 申报程序

世界遗产的申报有着一系列规范程序。根据《操作指南》（2015 年版），世界遗产的申报程序主要包括下面几个方面（图 10-14）：

（1）获得缔约国地位。即该国签署《世界遗产公约》，成为缔约国，并保证保护本土上的文化和自然遗产。也就是说，成为缔约国，是该国申报世界遗产的前提条件和必要条件。

（2）制定国家遗产预备名录（Tentative Lists）。《世界遗产公约》第十一条规定，缔约国应向世界遗产委员会递交一份本国领土内适于列入世界遗产名录的遗产名录。《操作指南》（2015 版）第 63 段进一步明确规定："如果缔约国提交的申报遗产未曾列入该国的《预备名录》，委员会将不予考虑。"也就是说，遗产项目只有进入了国内的世界遗产预备名录，才有资格提出进入世界遗产的申请。

（3）申报文件的编制和提交。文件的内容包括：(a) 遗产确认；(b) 遗产描述；(c) 保护情况；(d) 保护情况和影响因素；(e) 保护和管理；(f) 监控；(g) 记录；(h) 负责当局的联系信息；(i) 缔约国代表签字。申报文件需用英语和法语，提交给世界遗产中心。

（4）遗产的考察和评估。遗产的考察和评估是申报过程中非常关键的一个环节。世界遗产中心秘书处收到各国的申报文件后，将回执确认收讫，并检查材料是否完整并进行登记。然后，"专家咨询机构将评估各缔约国申报的遗产是否具有突出的普遍价值，是否具有完整性或真实性，能否达到保护和管理的要求"（《操作指南》（2015 版）第 143 段）。国际古迹遗址理事会（ICOMOS）完成文化遗产的评估。通常情况下，国际专业咨询机构还会委派遗产专家赴提名地进行现场考察，并负责整理书面评估报告。国际古迹遗址理事会的建议分三类：①建议无保留列入名录的遗产；②建议不予列入名录的遗产；③建议发还待议或推迟列入的遗产。

（5）遗产的审议和确定。大约于每年的 4 月份，世界遗产委员会召开由 7 个成员国组成的主席团会议，根据国际专业咨询机构的书面评估报告，进行初步审议，并向世界遗产委员会提交推荐项目。每年的六七月份，举行世界遗产大会，根据世界遗产专家的书面评估报告，审批列入名单的遗产项目，决定列入当年的世界遗产名录。同时，在专家咨询机构的指导下，委员会将通过该遗产的《突出的普遍价值声明》。

目前，对于每个缔约国每年申报的项目数量都有一定的规定。2000 年，在澳大利亚凯恩斯举行的第二十四届世界遗产大会上作出决议：为了世界遗产名录的代表性、平衡性和可信度，减轻相关机构的工作压力，已有遗产名录的每个缔约国每年送审的申报项目被限制为一个，没有遗产项目的缔约国每年则可报 2~3 个项。2004 年通过的《凯恩斯—苏州决议》作了适当调整，规定缔约国每年可以申报两项遗产，但其中一项必须是自然遗产，拓展项目占用名额，并规定每年评定的总量不超过 45 项。同时规定：以下情形具有优先权：(1) 仍没有世界遗产的国家申报的项目；(2) 申报项目属于已有世界遗产中极度缺乏的类型；(3) 其他可享有优先权的申报项目。2007 年在新西兰基督城举行的世界遗产委员会第三十一届会议上，对《凯恩斯—苏州决议》进行评估，又作了一点调整，即由缔约国自行决定每年两项申报遗产的属性。

由于很多遗产跨越国界，具有不可分割的特性，因此世界遗产委员会鼓励不同的国家共同申报。如文化遗产中的文化线路（Cultural route），往往就是跨越国界的。截至 2016 年第四十届世界遗产大会，有 34 个跨国界的世界遗产。如在 2005 年列入世界遗产的"斯特鲁维测量地点"（Struve Geodetic Arc）就是分布在欧洲十国（芬兰、挪威、瑞典、俄罗斯、拉脱维亚、爱沙尼亚、立陶宛、乌克兰、白俄罗斯和摩尔多瓦）。这项遗产的申报中，各国相互协调和交流，各国测绘组织及政府主管部门亦给予支持。

三、世界遗产的类型

1. 世界遗产的基本类型

世界遗产的基本类型有三种，即"文化遗产"（C:Cultural Heritage）、自然遗产（N:Natural Heritage）、文化自然混合遗产（N/C: Mixed Heritage）（表 10-1）。所谓混合遗产，又称为双重遗产，指同时满足文化遗产标准和自然遗产标准的遗产。如 1983 年列入世界遗产的秘鲁马丘比丘圣地（Historic Sanctuary of Machu Picchu）就是混合遗产。世界遗产委员会这样评价："马丘比丘位于热带丛林所包围的一座美丽高山上，海拔两千四百三十米。该圣地可能是印加帝国（the Inca Empire）全盛时期最辉煌的城市建筑，那巨大的城墙、台阶、扶手都好像是在悬崖绝壁自然形成的一样。在安第斯山脉东边的斜坡上，自然环境包括亚马孙河上游的盆地，那里的植物群和动物群具有丰富的多样性。"（图 10-15）

图 10-15 马丘比丘历史圣地

世界遗产的类型（根据《世界遗产公约》和《操作指南》） 表10-1

类型	内容	举例
文化遗产	（1）文物（monuments）：从历史、艺术或科学角度看具有突出的普遍价值的建筑物、碑雕和碑画、具有考古性质成分或结构、铭文、窟洞以及联合体	如甘肃敦煌的莫高窟
	（2）建筑群（groups of buildings）：从历史、艺术或科学角度看在建筑式样、分布均匀或与环境景色结合方面具有突出的普遍价值的单立或连接的建筑群	如广东的开平碉楼
	（3）遗址（sites）：从历史、审美、人种学或人类学角度看具有突出的普遍价值的人类工程或自然与人联合工程以及考古地址等地方	如河南安阳的殷墟
自然遗产	（1）从美学或科学角度看，具有突出、普遍价值的由地质和生物结构或这类结构群组成的自然面貌（natural features）	如云南石林
	（2）从科学或保护角度看，具有突出、普遍价值的地质和自然地理结构以及明确规定的濒危动植物物种生境区（geological and physiographical formations and precisely delineated areas）	如四川大熊猫栖息地
	（3）从科学、保护或自然美角度看，具有突出、普遍价值的天然名胜或明确划定的自然地带（natural sites or precisely delineated natural areas）	如九寨沟风景名胜区
混合遗产	根据《操作指南》（2015年版），所谓混合遗产，同时满足上述文化遗产和自然遗产的定义，才能认为是"文化和自然混合遗产"。混合遗产同时包括文化与自然的内容，但并不是二者的简单叠加，而是以具有科学美学价值的自然景观为基础，自然与文化融为一体	如山东泰安的泰山

2. 四种特殊类型

世界遗产委员会明确定义了四种特殊类型遗产（Specific Types of Properties），并提出具体的评估标准。值得注意的是，将来适当时可能还会增加其他类型的遗产。根据《操作指南》（2015 年版）"附录三"，四种特殊遗产如下：

（1）文化景观（Cultural Landscapes）

文化景观代表《世界遗产公约》第一条所表述的"自然与人类的共同作品"。文化景观强调人类长期的生产、生活与大自然所达成的一种和谐和平衡，强调人与环境的共荣共存、可持续发展。根据《操作指南》（2015 版），文化景观有以下类型：①由人类有意设计和建筑的景观（landscape designed and created intentionally by man）。②有机进化的景观（organically evolved landscape）。③关联性文化景观（associative cultural landscape）。如中国的庐山风景名胜区、五台山（图 10-16）、红河哈尼梯田、花山岩画均是以"文化景观"列入世界遗产的。

（2）历史城镇和市镇中心（Historic Towns and Town Centres）

批准列入世界遗产名录的城镇建筑群分为三大类：(a) 人类不再居住的城镇。这些城镇能提供未经改变的考古学证据，总体满足原真性标准，其保护状态相对易于控制。(b) 人类仍在居住的城镇。其状况已经随着社会经济和文化变化的影响下而变化，其真实性的评估较困难，保护政策更成问题。(c) 20 世纪的新城镇，与上述两类有惊人的共同点：其原始的城市格局清晰可辨，其真实性是不可否认的，但因其发展的不可控制性，所以其未来的情况也不可预料。如法国的阿维尼翁历史城区（Historic Centre of Avignon）在 1995 年被列入世界文化遗产（图 10-17）。

（3）运河遗产（Heritage Canals）

运河是人工营建的水路，是一个巨大工程，具有线性文化景观的定义特征，或者是一个复杂文化景观的密不可分的组成部分。截至 2012 年，已列入世界遗产名录的遗产运河有法国米迪运河（Canal du Midi，1996 年）（图 10-18），加拿大里多运河

图 10-16　山西宗教圣地五台山（左）
图 10-17　法国的阿维尼翁历史城区（Historic Centre of Avignon）（右）

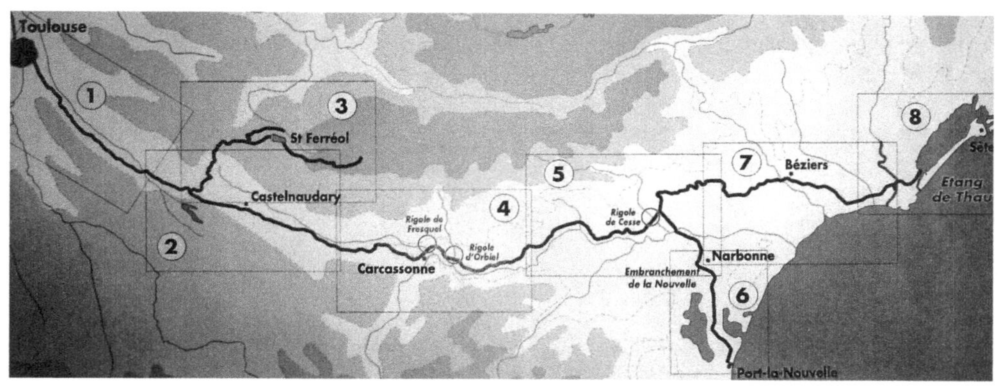

图 10-18　法国米迪运河（Canal du Midi，1996 年）

（Rideau Canal，2007 年），英国旁特斯沃泰水道桥与运河（Pontcysyllte Aqueduct and Canal，2009 年），荷兰阿姆斯特丹辛格尔运河内侧 17 世纪运河区（Seventeenth-century Canal Ring Area of Amsterdam Inside the Singelgracht，2010 年），中国的大运河（The Grand Canal，2014 年）等。从指定的年份可以看出，遗产运河列入的年份越来越密集，成为登录的热点。

（4）遗产线路（Heritage Routes）

又称为文化线路。线路整体的价值一般远远大于沿途多种单个要素的价值，突出了国家与国家之间或地区与地区之间的交流与沟通，具有多层次、多角度内涵。根据《文化线路宪章》（Charter on Cultural Routes）（2008 年），"无论是陆地上，海上或其他形式的交流线路，只要是有明确界限，有自己独特的动态和历史功能，服务的目标特殊、确定，并且满足以下条件的线路可称为文化线路：a）必须来自并反映人类的互动，和跨越较长历史时期的民族、国家、地区或大陆间的多维、持续、互惠的货物、思想、知识和价值观的交流；b）必须在时空上促进涉及的所有文化间的交流互惠，并反映在其物质和非物质遗产中；c）必须将相关联的历史关系与文化遗产有机融入一个动态系统中"①。

截至 2016 年，共有 7 处文化线路被列入世界遗产名单，即圣地亚哥 · 德 · 孔波斯特拉朝圣之路（Routes of Santiago de Compostela）西班牙段（1993 年）和法国段（1997 年），阿曼苏丹国的乳香之路（The Frankincense Trail，2000 年），阿根廷的格夫拉达 · 德 · 乌马瓦卡（Quebrada de Humahuaca，2003 年），日本的纪伊山朝圣之路

① 丁援翻译 . 国际古迹遗址理事会（ICOMOS）文化线路宪章 . 中国名城，2009（5）.

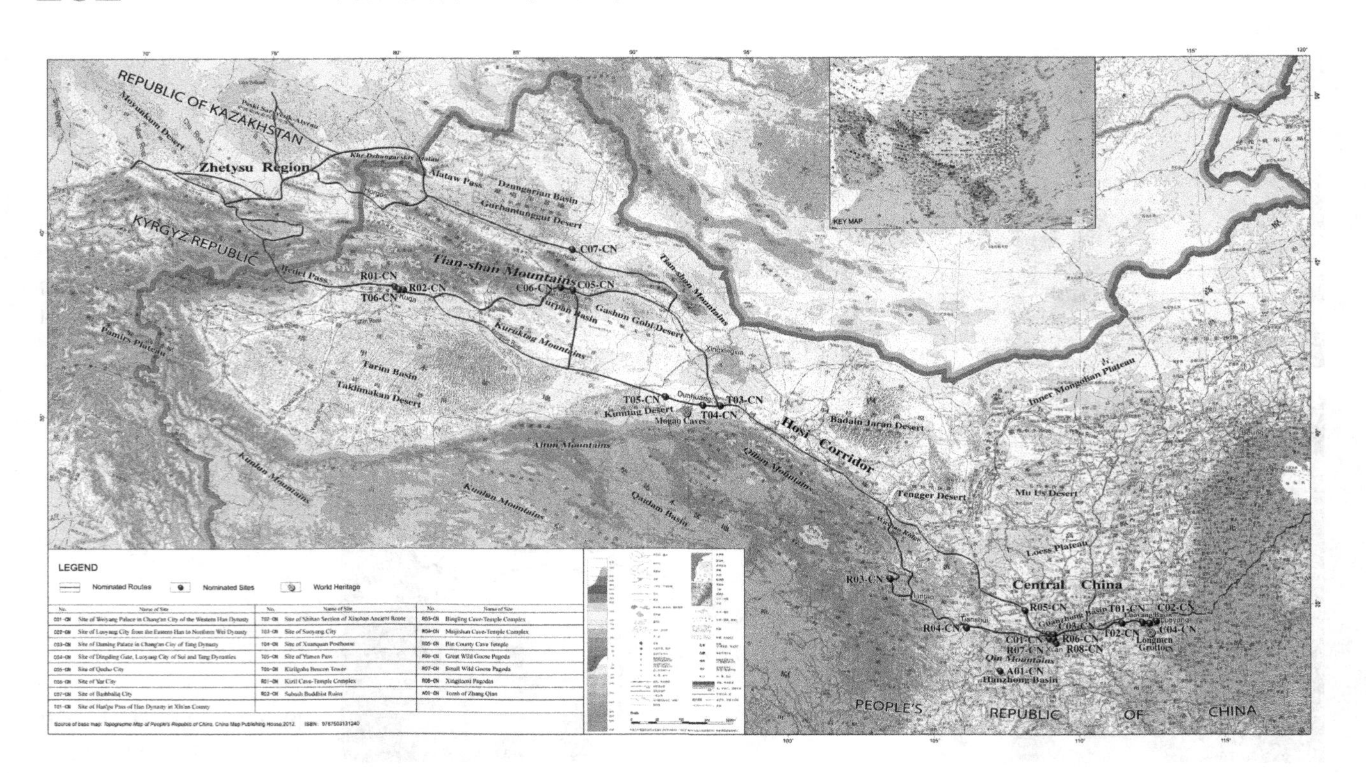

图 10-19 丝绸之路：长安 - 天山廊道路网中国段（引自世界遗产中心网站）

(Sacred Sites and Pilgrimage Routes in the Kii Mountain Range，2004 年）和以色列的香料之路 - 内盖夫的沙漠城市(The Incense Route - Desert Cities in the Negev,2005 年)，中国、哈萨克斯坦和吉尔吉斯斯坦的丝绸之路：长安 - 天山廊道路网（Silk Roads: the Routes Network of Chang’an-Tianshan Corridor，2014 年）（图 10-19）。

3. 世界文化遗产的类型

2004 年，国际古迹遗址理事会（ICOMOS）发表《世界遗产名录：填补空白—未来行动计划》(2004/2005) [①],界定了 14 种文化遗产类型（表 10-2)。从目前世界遗产名录分析，在数量上居于前三位的分别是历史建筑和建筑群、城镇和乡村聚落 / 历史城镇和村庄、宗教遗产。

ICOMOS基于类别的类型框架[②] **表10-2**

序号	类型	文物	建筑群	遗址
1	考古遗产（Archaeological heritage）	单个文物，包括未使用或未占用的土木工程、农场、别墅、寺庙和其他公共建筑、防御工事等等	未使用或未占用的居住地（城镇、村庄），防御工事等等	未使用或未占用的土木工程、墓堆、洞穴居所、防御工事、公墓、线路等等
2	岩画遗址（Rock-Art sites）			含有绘画、雕刻和凿刻的洞穴、岩石庇护所、露天表面和其他类似遗址
3	原始人类化石遗址（Fossil Hominid sites）			含有骨骼和 / 或早期原始人类占用证据的单独的遗址和景观

① 英文名称为：the World Heritage List: Filling the Gap: an Action Plan for the Future（2004/2005）。
② 邓华陵 . 世界遗产法定分类的演变、发展及认识 . 西北师大学报，2007（7）.

续表

序号	类型	文物	建筑群	遗址
4	历史建筑和建筑群（Historic Buildings and Ensembles）	单个文物、文物群、艺术品		
5	城镇和乡村聚落 / 历史城镇和村庄（Urban and Rural Settlements / Historic Towns and Villages）		城镇、市镇中心、乡村和其他居住社区	
6	乡土建筑（Vernacular architecture）	用传统建筑体系和工艺并以传统方式建造的建筑类型	以传统方式建造的建筑类型群	具有乡土聚落地的文化景观
7	宗教遗产（Religious properties）	和宗教的或精神的价值相关的建筑和结构，如教堂、修道院、圣地、避难所、清真寺、犹太教堂、寺庙，等等	与宗教或精神关联的历史居住地或城镇：圣城，等等	
8	农业、工业和技术遗产（Agricultural, Industrial and Technological properties）	工厂；桥梁、水管理体系（堤坝、灌溉系统等）	农业聚居地，工业聚居地	农田体系、葡萄园、农业景观；水管理体系（堤坝、灌溉系统等）；矿山、矿业景观、运河、铁路等
9	军事财产（Military properties）	城堡、堡垒、要塞等	要塞、城镇防御、防御体系等	防御体系
10	文化景观、公园和庭园（Cultural Landscapes, Parks and Gardens）	与文物相连的花园		明确定义的有意设计和建造的景观；有机进化的景观（文物古迹或化石景观、连续的景观）；有关联的文化景观
11	文化线路（Cultural Routes）			朝圣线路、贸易线路、道路、运河、铁路等
12	墓葬文物和遗址（Burial Monuments and Sites）	墓堆、石冢、陵墓、坟墓、纪念碑、公墓等		含有墓地、石冢、坟墓、陵墓、纪念碑、公墓等的大的区域或文化景观
13	符号遗产和纪念物（Symbolic properties and Memorials）	因为与信仰、人物或事件相关联而被提名或列入名录的文物	与信仰、人物或事件相关联的聚居地或城镇	与信仰、人物或事件相关联的景观或大的区域
14	现代遗产（Modern Heritage）	建筑、艺术品、工业遗产（从 19 世纪末以来）	19 世纪末以来的城镇、城市或乡村地区	19 世纪末以来的文化景观或类似景观

图 10-20 意大利罗马的万神庙内部（上左）
图 10-21 比萨的钟楼（斜塔）（上中）
图 10-22 英国伦敦塔桥（上右）
图 10-23 柬埔寨的吴哥窟（下左）
图 10-24 澳大利亚的悉尼歌剧院（下右）

世界文化遗产是一个国家或城市文明的象征和标志，往往也在世界建筑史上占据极其重要的位置。如中国的故宫、长城、颐和园等，法国的凡尔赛宫，意大利罗马的万神庙（图 10-20）、斗兽场，比萨的钟楼（斜塔）（图 10-21），埃及金字塔，俄罗斯的克里姆林宫，德国的科隆大教堂，英国的巨石阵、伦敦塔桥（图 10-22），希腊的雅典卫城，柬埔寨的吴哥窟（图 10-23），澳大利亚的悉尼歌剧院（图 10-24），等等。

四、世界遗产名录

截至 2016 年 7 月第四十届世界遗产委员会大会闭幕，《世界遗产名录》收录全球世界遗产总数达到 1052 项，其中文化遗产 814 项，自然遗产 203 项，混合遗产 35 项（表 10-3）。签署《世界遗产公约》的国家（缔约国）有 192 个。

世界遗产分布现状表 表10-3

区域	文化遗产	自然遗产	混合遗产	总数	百分比
非洲地区	48	37	5	90	9%
阿拉伯地区	73	5	3	81	8%
亚洲和太平洋地区	172	62	12	246*	23%
欧洲和北美洲地区	426	62	10	498*	47%
拉丁美洲和加勒比地区	95	37	5	137*	13%
总数	814	203	35	1052	100%

说明：*“乌布苏湖盆地”是跨区域的遗产，位于欧洲、亚洲和太平洋地区，在该表中计在亚洲和太平洋地区；“勒・柯布西耶的建筑作品”（阿根廷、比利时、法国、德国、印度、日本、瑞士）是跨区的遗产，位于欧洲、亚洲和太平洋地区以及拉丁美洲和加勒比地区，在该表中计在欧洲和北美地区。

从遗产的种类分布来看，欧洲的文化遗产空间分布密度最高，大洋洲和欧洲的自然遗产的空间分布密度最高。总体而言，世界遗产的分布和类型是不平衡的，主要表现在下面几个方面：

首先在类型上，文化遗产和自然遗产的数量不平衡。截至2016年7月，世界文化遗产（含文化景观遗产）814项，自然遗产203项，文化与自然双遗产35项。文化遗产远多于自然遗产。

其次在地域上，各国的数量不平衡。截至2016年7月，公约共有192个缔约国，但仅有165个国家（State Party）有世界遗产，还有27个国家没有世界遗产。拥有世界遗产数量超过10个的国家有27个，共633处，占全球的60%（表10-4）。

世界遗产数量超过10个的国家（截至2016年第四十届世界遗产委员会会议）　表10-4

排名	国家	遗产数量	文化遗产	自然遗产	混合遗产
1	意大利	51	47	4	—
2	中国	50	35	11	4
3	西班牙	45	40	3	2
4	法国	42	38	3	1
5	德国	41	38	3	—
6	印度	35	27	7	1
7	墨西哥	34	27	6	1
8	英国	30	25	4	1
9	俄罗斯	26	16	10	—
10	美国	23	10	12	1
11	伊朗	21	20	1	—
12	巴西	20	13	7	—
13	日本	20	16	4	—
14	澳大利亚	19	3	12	4
15	加拿大	18	8	10	—
16	希腊	18	16	—	2
17	土耳其	16	14	—	2
18	葡萄牙	15	14	1	—
19	瑞典	15	13	1	1
20	波兰	14	13	1	—
21	比利时	12	12	—	—
22	捷克	12	12	—	—
23	秘鲁	12	8	2	2
24	韩国	12	11	1	—
25	瑞士	12	9	3	—
26	阿根廷	10	6	4	—
27	荷兰	10	9	1	—

说明：本表根据联合国教科文组织世界遗产中心网站整理。

联合国教科文组织强调世界遗产在不同地区、不同国家间分布的均衡性，鼓励目前没有世界遗产的国家或地区，或那些在世界遗产名录中代表类型不足的类型进行申报，鼓励公约缔约国设立国家遗产名录，扩大对珍稀、脆弱的遗产资源的保护范围。早在1994年，联合国教科文组织就启动了“全球战略”（Global Strategy），其主要目的是为了保障《世界遗产名录》的均衡性与典型性，包括：（1）类型上的均衡性和典型性；（2）地域上的均衡性和典型性；（3）文化上的均衡性和典型性；（4）历史阶段上的均衡性和典型性。最近几年，工业遗产、农业遗产、文化线路、廊道遗产、海洋遗产等逐渐成为引人关注的遗产类型。

五、濒危世界遗产名录

列入《世界遗产名录》的世界遗产，一旦受到某种严重威胁，经过世界遗产委员会调查和审议，可列入《濒危世界遗产名单》（World Heritage List in Danger），以待采取紧急抢救措施。该名录是《世界遗产名录》的附属名单。《世界遗产公约》第11条第4款规定：“委员会应在必要时制订、更新和出版一份《濒危世界遗产名录》，其中所列遗产均为载于《世界遗产名录》之中、需要采取重大活动加以保护并为根据本公约要求给予援助的遗产”。这就意味着，列入世界遗产名录不是“终身制”，而随时会将有严重问题的项目列入濒危名录，提出警告，督促改善，让相关机构启动紧急保护程序，及时解决问题，改善保护状况。

根据《操作指南》（2015年版），世界遗产面临的危险主要分为两种，一种是已知的危险，即该遗产面临着具体的且确知即将来临的危险，另一种是潜在的危险，该遗产面临可能会对其固有特性造成严重损害的威胁（表10-5）。

世界遗产面临的危险 表10-5

已知的危险	（a）材料的严重受损；（b）结构和/或装饰元素严重受损；（c）建筑和城镇规划的统一性严重受损；（d）城市和乡村空间，或自然环境严重受损；（e）历史真实性严重受损；（f）文化意义严重受损
潜在的危险	（a）该遗产法律地位的改变而引起保护力度的减弱；（b）缺乏保护政策；（c）地区规划项目的威胁；（d）城镇规划的威胁；（e）武装冲突的爆发或威胁；（f）地质、气候或其他环境因素导致的渐进的变化

2016年7月第四十届世界遗产委员会大会确定的《濒危世界遗产名录》总数为55项（表10-6），其“濒危”的原因各不相同，但主要集中在两个方面（表10-7）。一是战乱及其社会动荡引起。目前列入濒危名录的世界遗产，涉及武装冲突地区的有约30处，占总数的一半左右。战争和恐怖分子的直接破坏，以及战争引起的保护体系的瘫痪，是这些遗产破坏的主要因素。如叙利亚在2011年发生内战，在2013年世界遗产大会上，叙利亚的全部六项世界遗产都列入濒危遗产名录（图10-25）。二是因为破坏性的建设项目和保护管理不善。如英国利物浦—沿海贸易之城（Liverpool-Maritime Mercantile City），2004年列入世界遗产，是因为利物浦曾拟开发“利物浦水域”项目，该项目位于城市中心北部的历史船坞区，所以世界遗产委员会担心这一大规模开发项目会造成城市中心明显扩张，在视觉上把各个船坞区域分割开来。如果计划得以实施，利物浦有可能完全失去使其得以拥有世界遗产地位的突出价值，因此，2012年，委员会决定将其列入《濒危世界遗产名录》。

2016年7月第四十届世界遗产委员会大会确定的濒危世界遗产统计　表10-6

区域	文化遗产	自然遗产	混合遗产	总数	百分比
非洲地区	4	13	0	17	31%
阿拉伯地区	21	0	0	21	38%
亚洲和太平洋地区	4	2	0	6	11%
欧洲和北美洲地区	3	1	0	4	7%
拉丁美洲和加勒比地区	5	2	0	7	13%
总数	37	18	0	55	100%

2016年7月第四十届世界遗产委员会大会确定的濒危世界遗产名录涉及国家遗产数量　表10-7

涉及国家	濒危遗产	遗产总数	濒危遗产/遗产总数	涉及国家	濒危遗产	遗产总数	濒危遗产/遗产总数
叙利亚	6	6	100%	乌干达	1	3	33%
刚果	5	5	100%	马达加斯加	1	3	33%
利比亚	5	5	100%	委内瑞拉	1	3	33%
也门	3	4	75%	格鲁吉亚	1	3	33%
马里	3	4	75%	塞尔维亚	1	4	25%
伊拉克	3	5	60%	巴拿马	1	5	20%
阿富汗	2	2	100%	乌兹别克斯坦	1	5	20%
密克罗尼西亚	1	1	100%	智利	1	6	17%
巴勒斯坦	2	2	100%	玻利维亚	1	7	14%
科特迪瓦	2	4	50%	埃及	1	7	14%
伯利兹	1	1	100%	塞内加尔	1	7	14%
几内亚	1	1	100%	坦桑尼亚	1	7	14%
耶路撒冷	1	1	100%	印度尼西亚	1	8	13%
所罗门群岛	1	1	100%	埃塞俄比亚	1	9	11%
中非	1	2	50%	秘鲁	1	12	8%
洪都拉斯	1	2	50%	美国	1	23	4%
尼日尔	1	3	33%	英国	1	30	3%

说明：（1）截至2016年7月第40届世界遗产会议，根据世界遗产中心网站资料整理；（2）宁巴山自然保护区为跨国遗产，属于科特迪瓦和几内亚。

当世界遗产不再面临威胁时，可以将其从濒危遗产名录中删除。如德国著名的科隆大教堂（Cologne Cathedral）曾在2004年被列入《濒危世界遗产名录》①。这是由于世界遗产委员会认为，大教堂周边兴建的高层建筑，威胁到了景观的完整性（integrity of urban landscape），阻挡了大教堂的主要视廊（main visual axis）（图10-26）。世界遗产委员会要求德国有关方面明确划出遗产周边的缓冲区，使其整体性得到更为妥善的保护。经过不断的沟通和努力，在2005年末，科隆市议会决定停止两项开发建

① 科隆大教堂是欧洲哥特式建筑的珍品，至今依然是世界上最高的教堂之一，始建于1248年，竣工于1880年，其建设周期长达6个多世纪，也是科隆市的标志性建筑物。在第二次世界大战中，科隆市遭受了262次空袭，有2万人伤亡，被毁坏的城市建筑占70%以上，老城几乎全部被毁。而科隆大教堂因为盟军的特别保护，竟较为完好地保留下来，并于1996年被列入《世界遗产目录》。2004年7月6日，在中国苏州召开的第二十九届世界遗产委员会会议上，科隆大教堂被列入“濒危世界遗产名单”。

图 10-25 叙利亚帕尔米拉古城遗址（Site of Palmyra）（左）
图 10-26 德国科隆大教堂（右）

设计划，并重新评估高层建筑建设选址。2006 年科隆市议会正式放弃了大教堂周边兴建高层群楼的计划，同时，重新划定了缓冲区，其面积达 258 平方公里。2006 年 7 月第三十届世界遗产会议上，科隆大教堂成功地脱离了濒危名录。

各缔约国对濒危名录的态度不尽相同，如厄瓜多尔、洪都拉斯等国曾主动将本国的世界遗产列入该名录，以呼吁国际社会帮助解决其世界遗产面临的问题。但更多的国家则将该名录看作是“黑名单”，认为一旦列入，对本国的声誉不好，所以极力避免被列入。

列入濒危的世界遗产，如拒绝整改或整改不力、难以达标，则可能被除名。如在 2009 年的第三十三届世界遗产大会上，德国德累斯顿的易北河谷被从《世界遗产名录》中除名[①]。但世界遗产委员很少会动用这种方法，截至 2012 年，仅有两项世界遗产被除名。

第二节 中国的世界遗产

一、世界遗产事务在中国的发展

世界遗产在中国发展，大致可以分为下面三个阶段[②]：

（1）初始发展阶段（1985 ~ 1990 年）

1985 年 3 月，在中国人民政治协商会议第六届三次会议上，北京大学侯仁之、中国科学院阳含熙、建设部郑孝燮、国家文物局罗哲文 4 位政协委员提交了第 663 号提案，建议我国尽早参加联合国教科文组织《世界遗产公约》。1985 年 11 月 22 日，我国第六届全国人大常委会批准中国加入《世界遗产公约》，并对国际社会作出了为全人类妥善保护中国境内世界遗产的承诺，使我国成为该公约的第 89 个缔约国。此举拉开了中国世界遗产事业的序幕。

---

① 该河谷于 2004 年被列入《世界遗产名录》，总长 18 公里，两岸村镇错落有致，景色优美。但当地政府以缓解交通为由，于 2007 年底开始在河谷内建造一条长 635 米的四车道大桥。世界遗产委员会认为，这座大桥破坏了以河岸草地为主要特征的自然风光，建议改用河底隧道方式，但当地政府未采纳这一建议。最后，世界遗产委员会将其从世界遗产名录中除名。

② 国家文物局编．中国文物事业改革开放三十年．

1987年12月11日，在法国巴黎召开的第十一届世界遗产委员会会议上，中国的第一批6项遗产（泰山、长城、明清故宫、莫高窟、秦始皇陵和周口店北京人遗址）被列入《世界遗产名录》。但是，当时国内各大新闻媒体对首次申遗成功几乎没有什么报道，说明当时国内对于“世界遗产”知之甚少。

（2）快速增长阶段（1991～2000年）

从20世纪90年代起，中国在世界遗产领域开始发挥重要作用，并推进本国世界遗产数量快速增长。从1991年到2000年的十年，中国的世界遗产增加了20项新申报项目和2项扩展项目。这十年是我国世界遗产数量增长最快的时期。到2000年时，我国的世界遗产数量达到27处，仅次于较早加入《世界遗产公约》的欧洲遗产大国西班牙（36处）、意大利（34处）、法国（28处），位居世界第四。与此同时，中国在文化遗产领域和国际社会开展了广泛的合作与交流，逐步引进国际世界遗产保护理念、手段和技术。世界遗产的研究、保护、宣传也逐渐在国内受到重视。1998年12月28日，北京大学世界遗产研究中心成立，此后，有一些高校和科研机构设立专门的文化遗产研究基地。

（3）稳步发展阶段（2001年至今）

进入新世纪，中国世界文化事业稳步推进。面对限额制的严峻挑战，中国世界遗产事业迅速调整发展策略，从前期的快速增长转而进入稳步发展和可持续发展阶段。在2001～2016年期间，每年至少有一项进入《世界遗产名录》。在这一阶段，保护工作深入开展，制度建设、技术创新、宣传教育等方面都有了长足进步。我国按照《世界遗产公约》及其《操作指南》相关规则，针对我国世界文化遗产保护管理实际，颁布了一系列世界文化遗产保护的法规、规章，使得我国世界遗产工作更加规范化、法制化。2006年9月20日，国务院常务会议，审议并原则通过《长城保护条例》，这是新中国第一次就单项文化遗产颁布的专项法规；2006年，文化部颁布《世界文化遗产保护管理办法》（文化部令第41号）；2012年，文化部颁布了《大运河遗产保护管理办法》（文化部令第54号）。

二、中国的世界遗产名录

截至2016年，我国拥有世界遗产50处（表10-8），特点如下：

（1）数量多。中国拥有的世界遗产数量仅次于意大利，位居世界第二位。中国也是拥有混合遗产最多的国家，只有中国和澳大利亚均有4项。

（2）类型全。中国拥有的世界遗产的种类齐全，文化遗产、自然遗产和混合遗产都有，而且各种亚类型也基本都有，非常丰富。

（3）分布广。中国的世界遗产分布于29个省（自治区和直辖市）和澳门特别行政区，只有上海、海南、香港特别行政区、台湾地区尚无世界遗产。

但同时，也存在一些不平衡：

（1）遗产类型上不平衡。如自然遗产和文化遗产在数量上相差较多，文化遗产远多于自然遗产。另外，中国有56个民族，但现在的世界遗产主要体现了汉族文化，少数民族中只有体现藏族文化的“布达拉宫历史建筑群”（包括罗布林卡和大昭寺）、体现纳西族文化的“丽江古城”、体现哈尼族文化的“红河哈尼梯田”，其他更多的民族并没有在世界文化遗产中得到体现。

(2) 空间分布上不平衡。文化遗产大多位于中部和东部地区，尤其是北京、西安、洛阳、开封、南京与杭州等六大古都所在的区域，呈现东密西疏的空间分布现状。这与中华文明繁荣于中原地带有很大关系，社会、经济、文化活动也大都集中在此区域内进行，在此留下众多人文遗存。自然遗产主要分布在西部。从省域分布看，北京市最多（有7处），拥有4处以上的有河南、四川、云南、河北、山西、辽宁、山东、江西、福建等地。

另外，我国的世界遗产名录中缺少一些大规模的名城，而在全世界至少有二十多个国家的首都的老城区或街区被列入世界遗产，如法国首都巴黎市中心、意大利首都罗马市中心、耶路撒冷旧城等。这些老城区的面积庞大，历史悠久，遗存众多，内涵丰富，世界上影响深远。

中国世界遗产一览表（截至2016年7月） 表10-8

序号	遗产名称	所在地域	批准年份	遗产种类
1	长城（明长城、九门口长城）	横跨17个省市自治区	1987年	文化遗产
2	明清皇宫（北京故宫、沈阳故宫）	北京东城区、辽宁沈阳	1987年	文化遗产
3	秦始皇陵及兵马俑坑	陕西临潼	1987年	文化遗产
4	莫高窟	甘肃敦煌	1987年	文化遗产
5	周口店猿人遗址	北京房山区	1987年	文化遗产
6	泰山	山东泰安市	1987年	双重遗产
7	黄山	安徽黄山市	1990年	双重遗产
8	武陵源国家级风景名胜区	湖南张家界市	1992年	自然遗产
9	九寨沟国家级风景名胜区	四川南坪县	1992年	自然遗产
10	黄龙国家级风景名胜区	四川松潘县	1992年	自然遗产
11	布达拉宫（大昭寺、罗布林卡）	西藏拉萨	1994年	文化遗产
12	承德避暑山庄及周围寺庙	河北承德	1994年	文化遗产
13	孔庙、孔府及孔林	山东曲阜	1994年	文化遗产
14	武当山古建筑群	湖北丹江口市	1994年	文化遗产
15	庐山风景名胜区	江西九江	1996年	文化景观
16	峨眉山—乐山风景名胜区	四川峨眉山市、乐山市	1996年	双重遗产
17	丽江古城	云南丽江大研镇	1997年	文化遗产
18	平遥古城	山西平遥	1997年	文化遗产
19	苏州古典园林	江苏苏州	1997年	文化遗产
20	颐和园	北京海淀区	1998年	文化遗产
21	天坛	北京东城区	1998年	文化遗产
22	大足石刻	重庆大足县	1999年	文化遗产
23	武夷山	福建南平武夷山市	1999年	双重遗产
24	青城山和都江堰	四川都江堰市	2000年	文化遗产
25	龙门石窟	河南洛阳	2000年	文化遗产
26	明清皇家陵寝（明显陵、清东陵、清西陵、十三陵、明孝陵、盛京三陵）	湖北钟祥市、河北遵化市、易县、北京昌平区、江苏南京、辽宁沈阳	2000年	文化遗产

续表

序号	遗产名称	所在地域	批准年份	遗产种类
27	安徽古村落（西递、宏村）	安徽黟县	2000 年	文化遗产
28	云冈石窟	山西大同	2001 年	文化遗产
29	三江并流	云南丽江市、迪庆州、怒江州	2003 年	自然遗产
30	高句丽王城、王陵及贵族墓葬	吉林集安市	2004 年	文化遗产
31	澳门历史城区	澳门	2005 年	文化遗产
32	四川大熊猫栖息地	四川成都市、雅安市、阿坝州、甘孜州所辖的 12 个县或县级市	2006 年	自然遗产
33	安阳殷墟	河南安阳	2006 年	文化遗产
34	中国南方喀斯特	云南石林、贵州荔波、重庆武隆	2007 年	自然遗产
35	开平碉楼与村落	广东开平市	2007 年	文化遗产
36	福建土楼	福建永定县、南靖县、华安县	2008 年	文化遗产
37	三清山	江西上饶市	2008 年	自然遗产
38	五台山	山西忻州五台县	2009 年	文化景观
39	“天地之中”历史建筑群	河南登封市	2010 年	文化遗产
40	中国丹霞	湖南新宁县、贵州赤水市、福建泰宁县、广东仁化县、江西鹰潭市、浙江江山市	2010 年	自然遗产
41	杭州西湖	浙江省杭州市	2011 年	文化景观
42	元上都遗址	内蒙古锡林郭勒盟	2012 年	文化遗产
43	澄江化石地	云南省玉溪市	2012 年	自然遗产
44	红河哈尼梯田	云南省元阳县	2013 年	文化景观
45	新疆天山	新疆维吾尔自治区	2013 年	自然遗产
46	大运河	北京、天津、河北、山东、河南、江苏、浙江	2014 年	文化遗产
47	丝绸之路：长安－天山廊道的路网	陕西、甘肃、新疆、河南	2014 年	文化遗产
48	土司遗址	湖南省永顺县、贵州省汇川区、湖北省咸丰县	2015 年	文化遗产
49	花山岩画	广西壮族自治区崇左市宁明县、龙州县、江州区及扶绥县境内	2016 年	文化景观
50	神农架	湖北省	2016 年	自然遗产

三、中国世界文化遗产预备名单

按照《操作指南》（2015 年版）的规定，“《预备名单》是缔约国认为其境内具备世界遗产资格的遗产的详细目录，其中应包括其认为具有突出的普遍价值的文化和 / 或自然遗产的名称和今后几年内要申报的遗产的名称”，“鼓励缔约国至少每十年重新审查或提交其《预备名单》”。所以，列入联合国教科文组织的《预备名单》，是申报世界遗产的先决条件。

我国于1996年向联合国教科文组织递交首批《中国世界遗产预备名单》。2006年12月，国家文物局公布并报送联合国教科文组织世界遗产中心第二批《中国世界文化遗产预备名单》。2012年11月，公布了最新的《中国世界文化遗产预备名单》，这份名单包括文化遗产45项，涵盖了古建筑、文化景观、文化线路、历史村镇等多种文化遗产类型（表10-9）。

中国世界文化遗产预备名单（国家文物局2012年11月公布）　　表10-9

序号	名称		所在地
1	北京中轴线（含北海）*		北京市
2	大运河*		北京市、天津市、河北省、江苏省、浙江省、山东省、河南省
3	中国白酒老作坊	（1）杏花村汾酒老作坊	山西省汾阳市
		（2）成都水井街酒坊	四川省成都市
		（3）泸州老窖作坊群	四川省泸州市
		（4）古蔺县郎酒老作坊	四川省泸州市
		（5）剑南春酒坊及遗址	四川省绵竹市
		（6）宜宾五粮液老作坊	四川省宜宾市
		（7）红楼梦糟房头老作坊	四川省宜宾市
		（8）射洪县泰安作坊	四川省射洪县
4	辽代木构建筑	应县木塔	山西应县
		义县奉国寺大雄殿	辽宁义县
5	关圣文化建筑群		山西省运城市
6	山陕古民居	（1）丁村古建筑群	山西省襄汾县
		（2）党家村古建筑群	陕西省韩城市
7	阴山岩刻		内蒙古自治区巴彦淖尔市
8	辽代上京城和祖陵遗址		内蒙古自治区赤峰市
9	红山文化遗址	牛河梁遗址	辽宁省朝阳市
		红山后遗址、魏家窝铺遗址	内蒙古自治区赤峰市
10	中国明清城墙	（1）兴城城墙	辽宁省兴城市
		（2）南京城墙	江苏省南京市
		（3）临海台州府城墙	浙江省临海市
		（4）寿县城墙	安徽省寿县
		（5）凤阳明中都皇城城墙	安徽省凤阳县
		（6）荆州城墙	湖北省荆州市
		（7）襄阳城墙	湖北省襄阳市
		（8）西安城墙	陕西省西安市
11	侵华日军第七三一部队旧址		黑龙江省哈尔滨市
12	金上京遗址		黑龙江省哈尔滨市
13	扬州瘦西湖及盐商园林文化景观		江苏省扬州市
14	无锡惠山祠堂群		江苏省无锡市

续表

<table>
<tr><th>序号</th><th colspan="2">名称</th><th>所在地</th></tr>
<tr><td rowspan="10">15</td><td rowspan="10">江南水乡古镇</td><td>（1）甪直</td><td>江苏省苏州市</td></tr>
<tr><td>（2）周庄</td><td>江苏省昆山市</td></tr>
<tr><td>（3）千灯</td><td>江苏省昆山市</td></tr>
<tr><td>（4）锦溪</td><td>江苏省昆山市</td></tr>
<tr><td>（5）沙溪</td><td>江苏省太仓市</td></tr>
<tr><td>（6）同里</td><td>江苏省吴江市</td></tr>
<tr><td>（7）乌镇</td><td>浙江省桐乡市</td></tr>
<tr><td>（8）西塘</td><td>浙江省嘉善县</td></tr>
<tr><td>（9）南浔</td><td>浙江省湖州市</td></tr>
<tr><td>（10）新市</td><td>浙江省德清县</td></tr>
<tr><td rowspan="2">16</td><td rowspan="2">丝绸之路*</td><td>（1）丝绸之路</td><td>河南省、陕西省、甘肃省、青海省、宁夏回族自治区、新疆维吾尔自治区</td></tr>
<tr><td>（2）海上丝绸之路</td><td>江苏省南京市、扬州市，浙江省宁波市，福建省泉州市、福州市、漳州市，山东省蓬莱市，广东省广州市，广西壮族自治区北海市</td></tr>
<tr><td>17</td><td colspan="2">良渚遗址</td><td>浙江省杭州市</td></tr>
<tr><td>18</td><td colspan="2">青瓷窑遗址</td><td>浙江省慈溪市、龙泉市</td></tr>
<tr><td>19</td><td colspan="2">闽浙木拱廊桥</td><td>浙江省泰顺县、景宁县、庆元县；福建省寿宁县、周宁县、屏南县、政和县</td></tr>
<tr><td>20</td><td colspan="2">鼓浪屿</td><td>福建省厦门市</td></tr>
<tr><td>21</td><td colspan="2">三坊七巷</td><td>福建省福州市</td></tr>
<tr><td>22</td><td colspan="2">闽南红砖建筑</td><td>福建省厦门市、南安市</td></tr>
<tr><td>23</td><td colspan="2">赣南围屋</td><td>江西省赣州市</td></tr>
<tr><td>24</td><td colspan="2">“明清皇家陵寝”扩展项目：潞简王墓</td><td>河南省新乡市</td></tr>
<tr><td>25</td><td colspan="2">黄石矿冶工业遗产</td><td>湖北省黄石市</td></tr>
<tr><td rowspan="4">26</td><td rowspan="4">土司遗址*</td><td>唐崖土司遗址</td><td>湖北省咸丰县</td></tr>
<tr><td>容美土司遗址</td><td>湖北省鹤峰县</td></tr>
<tr><td>老司城遗址</td><td>湖南省永顺县</td></tr>
<tr><td>海龙屯遗址</td><td>贵州省遵义市</td></tr>
<tr><td>27</td><td colspan="2">凤凰区域性防御体系</td><td>湖南省凤凰县</td></tr>
<tr><td>28</td><td colspan="2">侗族村寨</td><td>湖南省通道侗族自治县、绥宁县；广西壮族自治区三江县；贵州省黎平县、榕江县、从江县</td></tr>
<tr><td>29</td><td colspan="2">南越国遗迹</td><td>广东省广州市</td></tr>
<tr><td>30</td><td colspan="2">灵渠</td><td>广西壮族自治区兴安县</td></tr>
<tr><td>31</td><td colspan="2">花山岩画文化景观*</td><td>广西壮族自治区崇左市</td></tr>
<tr><td>32</td><td colspan="2">白鹤梁题刻</td><td>重庆市涪陵区</td></tr>
<tr><td>33</td><td colspan="2">钓鱼城遗址</td><td>重庆市合川区</td></tr>
<tr><td>34</td><td colspan="2">蜀道：金牛道广元段</td><td>四川省广元市</td></tr>
<tr><td rowspan="2">35</td><td rowspan="2">古蜀文明遗址</td><td>（1）金沙遗址、古蜀船棺合葬墓</td><td>四川省成都市</td></tr>
<tr><td>（2）三星堆遗址</td><td>四川省广汉市</td></tr>
</table>

续表

序号	名称	所在地
36	藏羌碉楼与村寨	四川省甘孜藏族自治州、阿坝藏族羌族自治州
37	苗族村寨	贵州省台江县、剑河县、榕江县、从江县、雷山县、锦屏县
38	万山汞矿遗址	（贵州省铜仁市）
39	哈尼梯田*	云南省元阳县
40	普洱景迈山古茶园	云南省澜沧拉祜族自治县
41	芒康盐井古盐田	西藏自治区芒康县
42	统万城	陕西省靖边县
43	西夏陵	宁夏回族自治区银川市
44	坎儿井	新疆维吾尔自治区吐鲁番地区
45	志莲净苑与南莲园池	香港特别行政区

注释：此表中标 * 的遗产已于 2013 ~ 2016 年间被列入世界遗产名录。

此次公布的45项文化遗产预备名单入选项目体现了今后世界遗产申报的新趋势，主要有以下几个方面：

其一，遗产类型丰富。涵盖了古建筑、考古遗址、文化景观、文化线路、历史村镇、农业遗产、工业遗产等多种文化遗产类型，丰富了遗产价值和类型，充分体现了世界遗产的代表性、平衡性和可信性原则。

其二，遗产分布广泛。45 个项目涉及 28 个省（自治区、直辖市）和香港特别行政区，迄今没有世界遗产项目的地区的预备遗产数量明显增加，体现了遗产的平衡性。

其三，重视联合申报。在预备清单里，联合体共有 8 项约 35 个。如“江南水乡古镇”含 10 个、“中国白酒老作坊”含 8 个、“中国明清城墙”含 8 个。

其四，突出文化线路。其中有丝绸之路①、大运河②。这些文化线路的影响力和推动力超出以往任何一个单独或单组项目，其所涉及遗产数量之多、涵盖的遗产面积之广，实属罕见。这类大型文化遗产的保护，以线状区域带动相关各点，以整体带动单体，以最少的工作量带动最多的、最大区域的相关遗产保护。

第三节　中国世界文化遗产的保护

世界遗产是人类共同的宝贵财富，是人类文明进程的重要载体。我国的世界文化遗产是展示我国悠久历史、古老文明的重要窗口和阵地，也对人类文化多样性保护作出了贡献。但是，对于世界遗产的保护，我国当前还存在这样或那样的问题。2004 年 2 月，国务院办公厅转发文化部等部门《关于加强我国世界文化遗产保护管

---

① 古丝绸之路东起中国古都长安（今陕西西安），西经南亚、中亚直达欧洲，全长 7000 多公里，在中国境内有 4000 多公里，申遗涉及我国陕西、河南、宁夏、新疆、青海、甘肃六个省市自治区，开通了世界上最长的陆上经济商贸之路、文化交融之路、科技交流之路，留下了许多珍贵的文化遗产。该遗产在 2014 年已被列入世界遗产。

② 京杭大运河是世界上里程最长、工程最大、最古老的运河之一。北起北京（涿郡），南到杭州（余杭），经北京、天津两市及河北、山东、江苏、浙江四省，全长约 1794 公里。京杭大运河和万里长城并称为我国古代的两项伟大工程，闻名于全世界。该遗产在 2014 年已被列入世界遗产。

理工作的意见》的通知中，陈述了当时世界遗产保护中面临的问题："保护管理的形势仍十分严峻，一是一些地方世界文化遗产保护意识淡薄，重申报、重开发，轻保护、轻管理的现象比较普遍；二是少数地方对世界文化遗产进行超负荷利用和破坏性开发，存在商业化、人工化和城镇化倾向，使世界文化遗产的真实性、完整性受到损害；三是管理体制不顺，管理层次总体偏低，有的地方机构重叠，职能交叉；四是保护管理法制不健全，存在有法不依和无法可依的情况；五是保护管理经费严重不足。"时至今日，这些问题仍普遍存在。

由于我国世界遗产的数量较多，且处于快速城镇化的阶段，所以，保护的任务较为艰巨。为了保护好这些遗产，主要应做好下面的工作：

首先，要将保护工作放到首位。世界遗产保护是公益性事业，不应过于追求所谓的经济效益。这些遗产都是全人类公认的具有突出意义和普遍价值的遗产，其价值极高，所以保护工作也应该最为严格。2002 年 4 月，文化部等国家 9 部委局印发了《关于加强和改善世界遗产保护管理工作的意见》（文物发「2002」16 号），其中指出："世界遗产是具有特殊重要性、珍稀性和脆弱易损性的不可再生资源，必须把对遗产的保护放在第一位，一切开发、利用和管理工作，都应以遗产的保护和保存为前提，都要以有利于遗产的保护和保存为根本。这是世界遗产事业存在和发展的基础"。《世界文化遗产保护管理办法》（2006 年）中也规定："世界文化遗产工作贯彻保护为主、抢救第一、合理利用、加强管理的方针，确保世界文化遗产的真实性和完整性。"[①] 要妥善处理保护与发展的关系，要将世界文化遗产保护纳入社会和经济发展计划，纳入城乡建设规划，将各项保护措施落到实处。

其次，要健全法制，规范管理。文化部在《关于加强我国世界文化遗产保护管理工作的意见》（2004 年）中强调："有关地区要根据遗产地的具体情况，制订和完善世界文化遗产保护的地方性法规和管理规章，明确保护管理工作的具体制度要求、保护标准和目标及相关的法律责任。要制订世界文化遗产地保护规划，明确世界文化遗产保护范围、保护措施和目标，并按程序审批。"[②] 近几年，有些世界遗产地结合本地遗产情况出台了一系列地方性保护法规及文件，如《福建省"福建土楼"文化遗产保护管理办法》（2006 年）等。

其三，要重视监督监测咨询工作。为了更好地保护世界遗产，应建立世界文化遗产的监督、监测管理体系和专业咨询制度。我国按照国际规则开展世界文化遗产的监测工作，逐步建立起世界文化遗产监测巡视体系。2006 年 12 月 8 日，国家文物局颁布了《中国世界文化遗产监测巡视管理办法》，明确了世界文化遗产的监测程序、职责和内容，规范了监测行为。通过建立国家、省和遗产地三级监测和国家、省两级巡视机制，对世界文化遗产实施有效保护和管理。《世界文化遗产保护管理办法》（2006 年）第十八条规定："国家对世界文化遗产保护实行监测巡视制度，由国家文物局建立监测巡视机制开展相关工作。世界文化遗产保护监测巡视工作制度由国家文物局制定并公布。"

其四，要重视宣传教育。世界文化遗产是全人类的共同财富，其保护也应当得到

---

① 《世界文化遗产保护管理办法》（中华人民共和国文化部令第 41 号）（2006 年 11 月 14 日）第 3 条。

② 见：文化部、建设部、文物局、发展改革委、财政部、国土资源部、林业局、旅游局、宗教局《关于加强我国世界文化遗产保护管理工作的意见》（国办发 [2004]018 号）。

全社会的支持和参与。要积极通过著作、网络、电视、报纸、展览等各种形式，开展世界遗产的宣传与教育，普及民众的世界遗产的相关知识，提高民众的认识和欣赏水平，提高民众的保护意识，形成全社会都关心、爱护并参与遗产保护的风气。青年人是社会的未来，加强对青年人的遗产知识的教育，具有重要意义。在全国中小学，应开设世界遗产欣赏和保护的科普教育，增强青少年对世界遗产及其保护的认知；在大学教程内，可增加世界遗产专业选修课程，提高公众对世界遗产的认识。在建筑学、城市规划、风景园林等相关一级学科的课程中，更应加大世界遗产及其保护的教育。《世界文化遗产保护管理办法》（2006 年）第七条规定："公民、法人和其他组织都有依法保护世界文化遗产的义务。国家鼓励公民、法人和其他组织参与世界文化遗产保护。"

其五，要合理利用世界遗产。《世界文化遗产保护管理办法》（2006 年）第十四条规定："世界文化遗产辟为参观游览区，应当充分发挥文化遗产的宣传教育作用，并制定完善的参观游览服务管理办法。"要在保护的前提下，进行科学展示，合理利用，推动发展，惠及民生。但由于世界遗产极高的价值和知名度，游客往往爆满，很容易超过遗产的承载能力。如北京的故宫博物院，2002 年时游客量为 700 万人次，2012 年剧增到 1500 万多人次，成为世界上唯一一座客流量超千万的博物馆。2012 年 10 月 2 日故宫一天的游客量超过 18 万人次。近几年的游客数量一直在 1500 万以上，庞大且持续增长的客流量，已经超过了故宫的承受力，给保护带来极为不利的影响。为了加强保护和保证游客参观的舒适度，故宫从 2015 年 6 月开始采取了限流措施，单日接待观众不超过 8 万人，达到上限即停止售票。

其六，要加强国际交流。21 世纪以来，中国政府相关部门与相关国际组织共同主办了一系列国际会议，形成了一些比较重要的、有影响的国际文件，有助于了解和引进国际上先进的保护和管理理念。例如 2004 年 7 月，我国在苏州成功承办了第二十八届世界遗产委员会会议。2004 年 8 月，中国古迹遗址保护协会（即国际古迹遗址理事会中国国家委员会）在北京正式成立。2005 年 10 月，我国在西安成功承办了第十五届国际古迹遗址理事会（ICOMOS）大会，通过了保护遗产环境的《西安宣言》。2007 年 5 月 24~28 日，国家文物局、联合国教科文组织（UNESCO）世界遗产中心、国际文化财产保护与修复研究中心（ICCROM）和国际古迹遗址理事会（ICOMOS）在北京联合召开了"东亚地区文物建筑保护理念与实践国际研讨会"，并通过关于东亚地区文物建筑保护与修复的《北京文件：关于东亚地区文物建筑保护与修复》。在世界遗产的保护方面，中国与国际社会应实现充分交流与融合，吸收和借鉴国外世界文化遗产保护管理的先进经验。

第四节　案例：雅典卫城保护

早在公元前 12 世纪，迈锡尼人在阿克罗波利斯（Acropolis）山上筑起围墙抵御外族入侵，这就是后来的雅典卫城（Acropolis，Athens）。公元前 5 世纪，主要建筑建设完成，雅典卫城最终成形。"雅典卫城包括希腊古典艺术最伟大的四大杰作——帕特农神庙、卫城山门、伊瑞克提翁神殿和雅典娜神庙，诠释了一千多年来在希腊繁荣、兴盛的文明、神话和宗教，可被视为世界遗产理念的象征"，于 1987 年被列

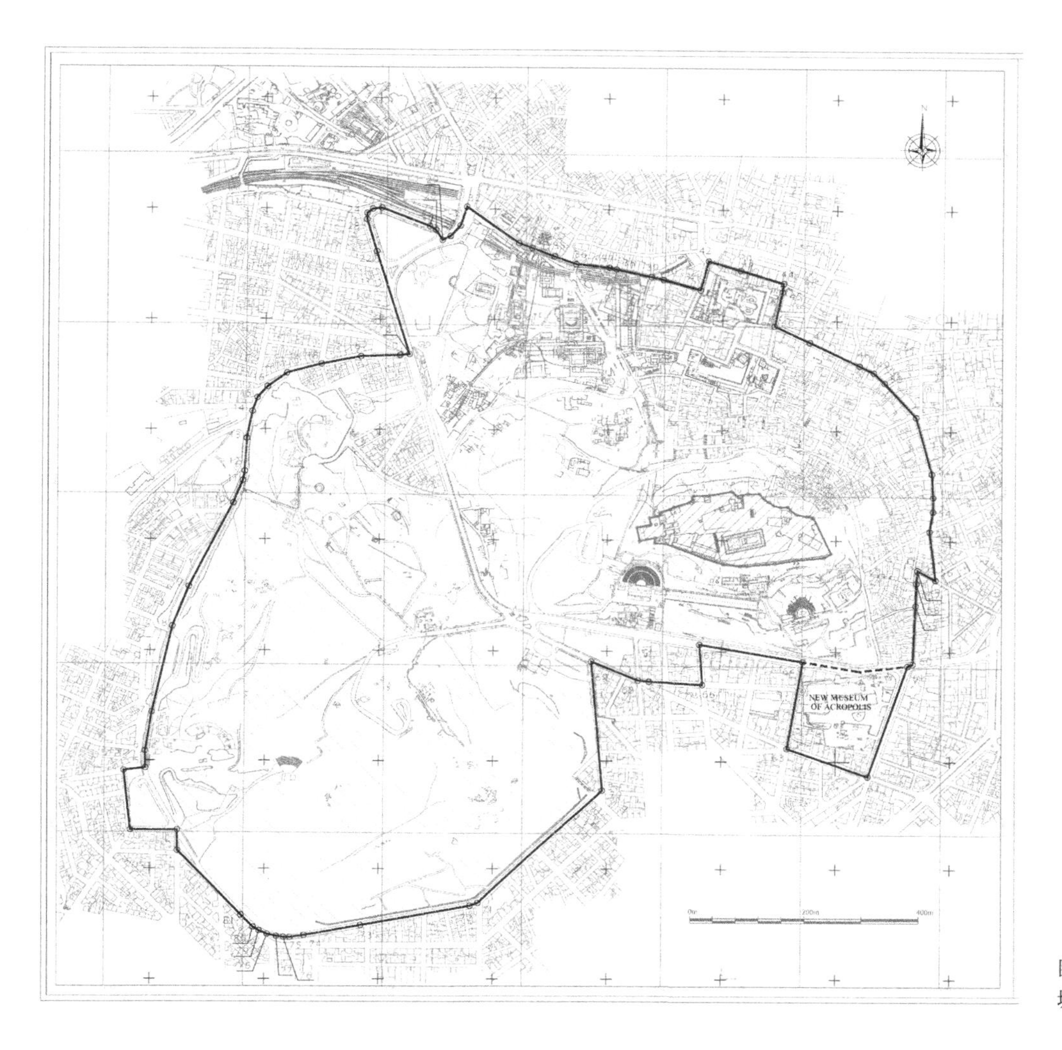

图 10-27　世界遗产雅典卫城保护区及缓冲区范围[①]

入世界文化遗产名录（图 10-27）。雅典卫城的保护工作始于 19 世纪初，经历了两个世纪漫长的曲折摸索，保护理念日趋科学。2013 年，雅典卫城的遗产保护工作获得欧洲文化遗产联盟颁发的文化保护奖，理由是希腊不仅在抢救建筑遗产方面取得了成功，而且增加了该遗产自身的社会价值。

一、破坏与掠夺[②]

自公元前 168 年开始，希腊先后经历了西罗马帝国、拜占庭帝国、奥斯曼帝国的统治，战火与自然灾害使得卫城饱经摧残，无比沧桑。

第一次巨大破坏发生在公元 267 年，来自北欧日耳曼氏族的赫鲁利人（Herulian）劫掠雅典城，建筑物大量受损。进入拜占庭帝国时期以后，尽管一段时期内相对平静，但卫城也遭受了多次损坏。由于禁止拆除异教寺庙，他们将神庙改成教堂，并把其中的艺术珍宝转移到君士坦丁堡。1204 年，拜占庭帝国沦陷后，入侵的法国人对待遗迹的态度并不像之前那样怀有敬意；1225~1308 年，封建领主驻扎在卫城山门，拉

① 图片来源：联合国教科文组织世界遗产中心网站 -http://whc.unesco.org/en/list/404/documents/

② 参照雅典卫城申报世界遗产官方文件。

丁大主教驻扎在帕特农神庙并改为雅典圣母院。1456年，奥斯曼帝国的土耳其人接管雅典城市时，神庙又被改造成为清真寺，伊瑞克提翁神殿甚至成为土耳其统治者的后宫。

最悲惨的一次破坏发生在1687年，威尼斯军队围攻雅典卫城（史称第六次威土战争），用火炮粗暴地攻击卫城，有一次大炮直接击中了被土耳其人用作弹药库的帕特农神庙，堆放的火药被引爆，建筑屋顶被炸飞。瑞典战地指挥官奥托·威廉·肯尼斯马克将军（General Otto Wilhelm Königsmarck）后来写道："已经存在了三千年的美丽神庙被摧毁，是如何地沮丧！然而，作为指挥官的威尼斯将领弗朗切斯科·莫罗西尼（Francesco Morosini），在向威尼斯政府的报告中却将这一次攻击描述为'幸运的一击'。"

莫罗西尼也是历史上有记载的第一位野蛮掠夺卫城建筑雕塑的人，而这些石刻大多出自希腊最伟大的雕塑家之手。1688年，他试图从帕特农神庙西侧山墙上掠走雅典娜及波塞冬的马和战车雕刻，结果不慎碎落一地。[①]他的野蛮介入对雅典娜神庙也造成了新的破坏。第二年，奥斯曼帝国重新夺回雅典卫城后，注意到西方人对古典艺术品的这一热求，甚至开始向他们出售这些纪念物。[②]

18世纪末到19世纪初，另一位重大掠夺者出现。被任命为英国驻奥斯曼帝国（当时希腊受奥斯曼帝国统治）的大使埃尔金伯爵（Lord Elgin），利用其外交官和贵族的特殊身份，竟然获得了官方特权，堂而皇之地在卫城中搭建脚手架，将帕特农神庙檐部雕刻拆除并运回英国宅邸。1815年，大英博物馆将这些大理石段收购并作为镇馆之宝，称为"埃尔金大理石"（Elgin Marbles），一同被掠去的还有卫城伊瑞克提翁神庙的一个女像柱[③]及诸多建筑构件。埃尔金的行为饱受争议，有人认为他间接保护了这些文物，有人则认为他抢劫了文物。近年来，希腊政府坚持不懈地向大英博物馆追讨文物，但英国至今尚未归还。

19世纪30年代，希腊取得独立战争的胜利，终于挣脱土耳其四百多年的统治，建立了希腊历史上第一个君主政权。希腊王国的新成立，对于雅典卫城的命运起了决定性作用。由于雅典卫城象征着古希腊的至高荣耀，有利于新国家形成民族认同，因此保护和修复工作变得意义重大。

二、保护和修复

1. 第一阶段（1833~1863年）

新王国成立初期，年轻的国王奥托（Otho）一世极富热情地建设和扩张疆土。国王的父亲，巴伐利亚国王路德维希一世（LUDWIG I）是一名经验丰富的政治家，主持策划了雅典卫城干预工程，并由雅典考古学会实施，具体措施包括：将所有的军事项目拆除，成为纯粹的考古遗址；只保留希腊古典时期的历史遗迹，清除前后各个阶段的所有历史遗迹；将掉落到地面的构件复位等（图10-28、图10-29）。这体现了当时全民崇尚考古的欧洲流行的古迹修复古典主义思想。

---

① Lindsay, Ivan (2013). The History of Loot and Stolen Art: from Antiquity until the Present Day. Unicorn Press Ltd. ISBN 978-1906509217.

② Encyclopædia Britannica, Athens, The Acropolis, p.6/20, 2008, O.Ed.

③ 为保护文物，剩余五个女像柱现存于雅典卫城博物馆，伊瑞克提翁神庙的女像柱皆为复制品。

图 10-28 1839 年的雅典卫城帕特农神庙（P.G. Joly de Lotniniere - Benaki Museum）[①]（左）
图 10-29 雅典卫城山门军事设施的拆除[②]（右）

就这样，卫城进行了持续数年的“清理”性质的考古发掘：雅典娜神庙（1835~1836 年，1844 年），帕特农神庙（1841~1844 年），山门（1850~1854 年）。中世纪及后期添加的所有历史遗迹被拆除，如帕特农神庙内部的小清真寺、山门南侧法兰克人统治期间改建的方塔。最大的一项干预是在东南角建造的卫城博物馆（1865~1874 年）。整个工程实际上是以业余和试验的方式进行，质量取决于当时的资金、技术和学术水平，体现了雅典地区考古学的普遍水平。

2. 第二阶段（1885~1909 年）

19 世纪末期，希腊政治稳定，经济改善，工业化和城市化进程加快，出现了广泛的复兴。这对于雅典卫城的保护和修复都非常有利。当时已经制定了今天仍然执行的法律和组织架构，大量考古遗址开始发掘，许多古迹进行了恢复性干预，整个国家建立了博物馆。1885~1890 年，整个卫城范围内被大规模发掘到岩基层（图 10-30）；1898~1902 年，帕特农神庙进行了第一次修复工程；1902~1909 年，伊瑞克提翁神庙进行了修复。

帕特农神庙的第一次修复反映了当时对古迹干预的新精神和新需求：建立跨学科委员会来确定项目和监督工作，制定初步建议，对干预进行图形记录，使用当代机械工地设备，使用不损害古迹（从国外进口）的高级材料，以及专业人员的参与。希腊工程师尼古拉斯 · 巴拉诺斯（Nikolaos Balanos）负责修复工程（图 10-31）。伊瑞克提翁神庙是他完成的第一项工程，体现了他的技术策略：拆除部分原有材料，在建筑构件中重新加入重金属材料进行加固，将散落在地面上的大量原材料不加区分地直接用作普通建筑材料，来填补和恢复古迹缺失的部分（图 10-32）。

图 10-30 19 世纪 80 年代卫城发掘与清理（左）
图 10-31 工程师尼古拉斯 · 巴拉诺斯（中）
图 10-32 雅典卫城伊瑞克提翁神庙南侧柱廊修复（右）

① 图片来源：YSMA 官方网站 -http://www.ysma.gr/en/restoration
② 图片来源：YSMA 官方网站 -http://www.ysma.gr/en/restoration

图 10-33　帕特农神庙西立面的修复工程

3. 第三阶段（1910~1939 年）

20 世纪初期，希腊王国开始动荡不安，特别是 1922 年以后，面临政治不稳定和经济危机等国家灾难。这一时期的干预工程包括：修复山门（1921~1933 年）；第二次修复帕特农神庙（东侧山墙、西侧门廊、南北柱廊）（图 10-33）；加固卫城北坡的岩石（1934~1935 年）；第二次修复雅典娜神庙（1935~1940 年）。这些工程依然由巴拉诺斯一人主导，完全延续了上一时期的方法策略。但是外部极端不利的客观条件，使得施工过程中不计后果地采用当时便于获得的材料和可实现的技术。如结构加固时使用了质量较差的铁构件，又如修复帕特农神庙柱廊时，采用水泥或类似材料替代原有材料。这些做法为后期的保护与修复埋下了巨大隐患。然而，巴拉诺斯的工作得到了国际上的促进和承认，因为他最终建立了雅典卫城的“形象”，也是现代希腊向世界传播的新形象。

4. 第四阶段（1945~1974 年）

战后时期对雅典卫城的干预也是有限的，最重要的是山门西南翼修复工程（1947~1957 年），由希腊修复界权威、古迹遗址修复委员会主任阿纳斯塔西奥斯·奥兰多（Anastasios Orlandos）负责。这一时期的卫城开始面临新的威胁：首先，巴拉诺斯不科学的干预技术和手段对古迹产生的破坏开始显现，如早期的铁构件生锈膨胀反而造成了对原有大理石材料的进一步破坏（图 10-34、图 10-35）；其次，随着雅典从中型城市提升到首都城市，大气污染和酸雨对大理石表面造成了严重侵蚀；再次，来自世界各地的游客涌入卫城，但结构不安全和表面的进一步磨损非常严重。

5. 现阶段的工作（1975 年至今）

1975 年，希腊文化部首次成立由跨学科专家组成的“雅典卫城保护委员会”，

图 10-34　帕特农神庙西侧山花背面：由于早期修复中所用的铁销膨胀和氧化（生锈）所引起的机械损害[①]（左）
图 10-35　帕特农神庙西门上部：早期修复采用的钢筋混凝土过梁清晰可见（东向视角）[②]（右）

① 图片来源：瓦西利基·艾莱夫特里乌，迪奥尼西娅·马夫罗马蒂，陈曦．雅典卫城修复工程——兼论几何信息实录的先进技术 [J]. 建筑遗产，2016（2）:71-91+2-3.

② 图片来源：瓦西利基·艾莱夫特里乌，迪奥尼西娅·马夫罗马蒂，陈曦．雅典卫城修复工程——兼论几何信息实录的先进技术 [J]. 建筑遗产，2016（2）:71-91+2-3.

系统启动“雅典卫城修复计划”（YSMA）。基于对《威尼斯宪章》的共识，新的修复原则定为：仅在绝对必要的位置施加干预；尊重建筑构件的原初材料、结构特性和原初的结构功能；使用与古迹原初材料相容的新材料；系统记录所有的干预措施。干预的可逆性原则也得到大幅重视，对大理石表面的原初加工痕迹加以保存，这样就能够对未来可能发现的碎片进行拼合，同时也提供了将古迹恢复到干预前状态的可能性①。

具体的修复方法如下：针对巴拉诺斯修复造成的破坏，修复人员拆解受损处，在实验室内清除锈蚀的铁构件、水泥等附加物，再用原始材料采集地的潘泰列克（Pentelic）大理石填充缺失部分，用耐性更强的钛合金构件重新固定；针对环境污染，卫城博物馆制作复制品，将原有重要构件替换并收藏在馆内保护起来；针对结构问题，修复人员将需要修复的建筑构件拆解下来，再用新的大理石填充缺失部分后嵌回原处，以此来矫正结构变形，保持结构稳定性（图 10-36、图 10-37）。除此之外，还有一项长期工程，便是将帕特农神庙周边散落的数千块碎石整理编号，在实验室内完成认定并嵌回原处。由此可见，卫城的保护已经进入了科学修复的新阶段（图 10-38、图 10-39）。

图 10-36　新的大理石填充材料接合到原构件并固定②

图 10-37　修复后的结构构件重新复位③

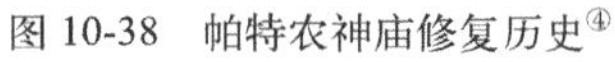

图 10-38　帕特农神庙修复历史④

图 10-39　雅典卫城现状（2013 年）

① 瓦西利基·艾莱夫特里乌，迪奥尼西娅·马夫罗马蒂，陈曦．雅典卫城修复工程——兼论几何信息实录的先进技术 [J]. 建筑遗产，2016（2）:71-91+2-3.

② 图片来源：YSMA 官方网站 -http://www.ysma.gr/en/restoration-principles-and-methods

③ 图片来源：YSMA 官方网站 -http://www.ysma.gr/en/restoration-principles-and-methods

④ 图片来源：YSMA 官方网站 - http://www.ysma.gr/en/parthenon-interventions-completed

第十一章　工业建筑遗产保护

第一节　概论

一、工业革命及其影响

工业革命（The Industrial Revolution），又称产业革命或技术革命，其特征是以机器生产逐步取代手工劳动，以大规模工厂化生产取代个体工场手工生产，所以也被称为“机器时代”（the Age of Machines）。

图 11-1　英国曼彻斯特画家 L.S.Lowry 在 1952 年所画的写实性作品，反映了当时英国的很多城市工厂林立

人类在 18 世纪以来的工业革命中创造了辉煌的工业文明。“林立的工厂”、“高耸的烟囱”成为工业时代最为鲜明的标志（图 11-1）。马克思（1818~1883 年）在《共产党宣言》中写道：“资产阶级在它的不到一百年的阶级统治中所创造的生产力，比过去一切世代创造的全部生产力还要多，还要大。自然力的征服，机器的采用，化学在工业和农业中的应用，轮船的行驶，铁路的通行，电报的使用，整个大陆的开垦，河川的通航，仿佛用法术从地下呼唤出来的大量人口，——过去哪一个世纪料想到在社会劳动里蕴藏有这样的生产力呢？”。

工业革命是生产力的根本变革，同时又是一场剧烈的生产关系的变革。工业革命导致社会、思想和人类文明的巨大进步，也促进了近代城市的兴起，城市化进程加快，人口迅速增长，人们生活方式和思想观念发生重要改变。这次工业革命“是一个历史现象的开端，它影响了有史以来最广泛的人口，以及地球上所有其他的生命形式，并一直延续至今”①。

工业革命对建筑也产生了深远的影响，推动了建筑的革命，并孕育了现代建筑。在工业革命中不断涌现的新材料、新设备和新技术，给建筑带来革命性的变革。尤其是钢铁、混凝土和玻璃在建筑上的广泛应用，使建筑在结构、形式、空间等方面有了较大的自由度。而且，随着工业革命的发展，与工业生产有密切相关度的工业厂房也大量兴建，这些工业建筑对机械化、标准化和防火性有较高的要求，往往需要大而自由的空间，所以客观上推动了新结构和新材料在建筑中的应用。

工业革命对建筑演进有很大影响。首先是生铁结构在建筑中的使用。1779 年，

① 引自国际工业遗产保护联合会《关于工业遗产的下塔吉尔宪章》（2003 年）。

图 11-2　英国最早的生铁桥塞文河单跨桥[2]

世界上第一座生铁桥在英国塞文河（Severn River）建成，采用单跨拱桥形式（图 11-2）[1]。从此之后，生铁逐渐广泛应用于建筑、桥梁、引水渠中。1796 年，英国伦敦建成了新式的单跨生铁拱桥即桑德兰桥（Sunderland Bridge），全长达 236 英尺（72 米）。1801 年，英国曼彻斯特建成了七层生产车间的萨尔福特棉纺厂，首次采用了生铁工字形断面。其次平板玻璃在建筑中的广泛使用。19 世纪 40 年代，平板玻璃开始工业化生产。出于采光的需要，铁和玻璃两种材料在建筑中广泛配合应用，如法国 1833 年第一座完全以铁架和玻璃构成的巴黎植物园的温室（设计：Rouhault）和英国伦敦 1851 年建造的“水晶宫”。其三是框架结构在工业建筑得到广泛应用，如英国在 19 世纪建造的伦敦老火车站、伦敦老天鹅院等。另外，工业建设追求建造标准化、空间功能性、造型抽象性的导向，孕育了现代建筑的基本理念。

二、工业遗产的概念和价值

《下塔吉尔宪章》（2003 年）对“工业遗产”作了定义，即“工业遗产是指工业文明的遗存，它们具有历史的、科技的、社会的、建筑的或科学的价值。这些遗存包括建筑、机械、车间、工厂、选矿和冶炼的矿场和矿区、货栈仓库，能源生产、输送和利用的场所，运输及基础设施，以及与工业相关的社会活动场所，如住宅、宗教和教育设施等”[3]。值得注意的是，工业遗产不等于工业遗存，而是工业遗存的精华部分。

在内容方面，工业遗产主要包括物质方面的工业遗产和非物质方面的工业遗产。物质方面的工业遗产又可分为不可移动的工业遗产（图 11-3、图 11-4）和可移动的

图 11-3　英国曼彻斯特科学与工程博物馆（MOSI），由原利物浦路火车站改建而成，现为英国一级登录建筑（Listed Building Grade I）（左）

图 11-4　爱尔兰都柏林市内的健力士（Guinness）黑啤厂的工业建筑（右）

① 设计人：Abraham Darby III（1750 ～ 1789）。

② John H. Stubbs.Time Honored: A Global View of Architectural Conservation，2009.P47.

③ 本章引用的《下塔吉尔宪章》参见：国际文化遗产保护文件选编．文物出版社，2007.251~255.

工业遗产。不可以移动的工业遗产包括工厂、仓库、码头等。可移动的工业遗产包括机械、工具、设备、办公用具、生活用品、招牌字号、票证簿册、契约合同、商号商标、手稿手札、照片拓片、图书资料等。非物质形态的工业遗产包括工艺流程、生产技能、原料配方、手工技能等。

在时间方面，可以分为狭义的工业遗产和广义的工业遗产。狭义的工业遗产是指18世纪英国工业革命之后的工业遗产，主要特征是采用钢铁等新材料，采用煤炭、石油等新能源，采用机器生产等。广义的工业遗产则包括工业革命以前各个历史时期反映人类技术创造的遗物遗存，如史前时期加工生产石器工具的遗址、古代资源开采和冶炼遗址、古代水利工程等。例如我国2000年列入《世界遗产名录》的都江堰水利灌溉工程，就是广义的工业遗产。当然，一般所说的工业遗产，更多的是指狭义的工业遗产。

在范围方面，也可以分为狭义的工业遗产和广义的工业遗产。狭义的工业遗产主要指生产加工区、仓储区和矿山等工业物质遗存，包括钢铁工业、煤炭工业、纺织工业、电子工业等众多工业门类所涉及的各类工业建筑物和附属设施。广义的工业遗产还包括与工业发展相联系的交通业、商贸业以及有关社会事业的相关遗存；包括新技术、新材料所带来的社会和工程领域的相关成就，如运河、铁路、桥梁以及其他交通运输设施和能源生产、传输、使用场所[①]。

以建筑物（或构筑物）形态存在的工业遗产，大致可以分为以下几类：(1) 厂房建筑，指用于工业生产、加工、维修的建筑物（或构筑物）等；(2) 仓储建筑，指专门服务于城市的工业、商业贸易、交通运输的仓库、货栈等建筑物（或构筑物）等；(3) 交通建筑：指服务于交通运输铁路、桥梁、车站、码头、装卸设施及一些辅助的建筑物、构筑物等；(4) 水利设施，如水电站、水库等；(5) 采矿设施，如煤矿、金属矿、盐矿等；(6) 能源设施如发电厂、自来水厂、污水处理厂。

全球各国的工业革命进程有先有后，水平有高有低，但都留下了或多或少的工业建筑。由于这些工业建筑在平面流线、结构跨度、空间形态等方面都要充分考虑所要容纳的工艺流程，致使工业建筑形成鲜明的个性，迥异于普通民用建筑。很多工业遗产不仅是工业技术革命的载体，而且具有很高的设计水平。如在20世纪初曾有很多建筑大师设计了一些颇有代表性的工业建筑（图11-5、图11-6）。

图 11-5　阿尔托设计的塞鲁罗斯工厂（Cellulose）[②]

① 单霁翔. 关注新型文化遗产——工业遗产的保护. 中国文化遗产，2006（4）.

② 王建国等著. 后工业时代产业建筑遗产保护更新. 中国建筑工业出版社，2008.7.

图 11-6 德国现代设计之父贝伦斯（P.Behrens）（1868~1940 年）设计的厂房（左：1907 年设计的柏林通用电气公司的透平机车间；中：1911 年和 1913 年设计的德国 AEG 的大型机械厂和新型铁路机械厂；右：1915 年设计的德国杜塞尔多夫国家汽车制造厂中央大厅）

在工业遗产的保护利用中，科学准确的价值评价至关重要。“要不要保护”以及“怎么保护”，都在很大程度上取决于工业遗产的价值。关于工业遗产的价值，《下塔吉尔宪章》（2003 年）开篇即言：“从中世纪到 18 世纪末，欧洲的能源利用和商业贸易的革新，带来了具有与新石器时代向青铜时代历史转变同样深远意义的变化，制造业的社会、技术、经济环境都得到了非常迅速而深刻的发展，足以称为一次革命。这次工业革命是一个历史现象的开端，它影响了有史以来最广泛的人口，以及地球上所有其他的生命形式，并一直延续至今。这些具有深远意义的变革的物质见证，是全人类的财富，研究和保护它们的重要性必须得到认识”。

具体而言，工业遗产的价值主要表现在以下几个方面：

（1）历史价值

工业遗产是某类工业活动产生、发展、衰落的载体，是人类所创造的文明成果。通过工业遗产的保护，可以实现传递历史信息、印证历史事件的目的。《下塔吉尔宪章》（2003 年）指出：“工业遗产是工业活动的见证，这些活动一直对后世产生着深远的影响。保护工业遗产的动机在于这些历史证据的普遍价值，而不仅仅是那些独特遗址的唯一性。”在评价历史价值时，要分析其创办年代、见证的重要事件、企业的历史地位等。如津浦铁路济南机车厂，1913 年正式投入生产，利用德国的贷款由德国人设计修建，是我国早期著名机车修理厂之一，也是中国工人运动的发源地之一，具有日耳曼建筑风格，现存第一任厂长办公楼，两栋高级职员与技术人员办公楼、厂房和水塔等，具有宝贵的历史价值。另如建于 1883 年的上海杨浦水厂（图 11-7），不仅是上海第一家自来水厂，也是全国第一家真正意义上的现代自来水厂。

图 11-7 上海建于 1883 年的杨浦水厂①

（2）社会价值

工业遗产见证了工业革命时的社会生活，特别是承载着生产者务实创新、革新竞争、励精图治、锐意进取等品质。由于生产工艺的规范性和相似性，全世界的厂房、大烟囱都非常相似，但这些厂房和大烟囱背后的故事却各不相同。《下塔吉尔宪章》（2003 年）指出：“工业遗产作为普通人们生活记录的一部分，并提供了重要的可识别性感受，因而具有社会价值。”如大庆油田第一口井，1959 年 9 月 26 日开始喷原油，

① 姚丽旋编著．美好城市的百年变迁——明信片看上海．上海大学出版社，2010.518.

图 11-8 英国利物浦阿尔伯特港（Albert Dock）的泵房，在 1986 年改为酒吧

标志着我国大庆油田的发现，见证了我国大庆石油会战的历史和新中国石油工业的成就，也见证了大庆精神。

（3）艺术价值

工业建筑大多粗犷朴实、挺拔有力，且反映了地域的或时代的艺术特征，对于维护城市历史风貌、提升城市文化品位具有特殊意义。很多高大的工业建筑遗产，往往成为城市的地标性建筑。如英国利物浦市阿尔伯特港（Albert Dock）的液压泵房（图 11-8），建于 1870 年，有高耸的烟囱，极富标志性，有利于丰富城市的形象，被列为Ⅱ类登录建筑。

（4）科技价值

工业遗产在选址规划、建筑的设计施工、机械设备的调试安装、生产工具的改进、工艺流程的设计等方面往往具有重要的科技价值，尤其是某种特定的制作工艺或具有开创意义的技术革新，则更具有特别的意义。这些工业遗产就是工程科技进步和革新的形象记录。在评价技术价值时，应该分析其是否具有“划时代”的革新，是否具有“里程碑”式的意义。如英国铁桥峡谷建于 1779 年的铁桥是世界上第一座生铁结构建筑。另如山西太原的太原重型机械厂的一金工、二金工，是中国自行设计建造的第一座重型机器厂，现存的建厂初期建筑，采用当时先进的预应力混凝土结构，这一建筑技术曾作为代表在全国范围推广，在建筑科技史上具有较高的价值。另如杭州钱塘江大桥，由中国著名桥梁设计师茅以升（1896~1989 年）主持设计，于 1937 年建成通车，它是中国自行设计的第一座公路、铁路两用特大桥，代表当时世界先进水平（图 11-9）。

（5）经济价值

工业遗产再利用可以避免资源浪费，防止大拆大建，节省建设成本，减少环境的负担，促进社会可持续发展。如爱尔兰首都都柏林的健力士黑啤厂的发酵车间，在 2000 年时改为健力士黑啤展览馆（Guinness Storehouse），吸引了大批游客参观，在 2015 年曾荣登欧洲旅游胜地的榜首（图 11-10），保护了遗产，避免了拆除原有建筑。

相对民用建筑遗产而言，工业遗产的技术价值、社会价值和经济价值更为突出。当然，对于不同的工业遗产，其价值也往往有所侧重，有的这一方面比较突出，有的则在另一方面比较突出。另外，对于工业遗产的评价，除了遵循一般的建筑遗产的评价标准外，更要注意其代表性、唯一性和濒危性。即在一定时期内，具有稀缺性、唯一性，在

图 11-9 杭州钱塘江大桥[①]（左）

图 11-10 爱尔兰首都都柏林的健力士黑啤展览馆（Guinness Storehouse），建于 1902 年，是爱尔兰第一座多层钢框架建筑，建成后一直作为发酵车间，直到 1988 年歇业（右）

① 单霁翔．关注新型文化遗产——工业遗产的保护．中国文化遗产，2006（4）．

全国或某一地域具有较高影响力，或该工业遗产格局完整或建筑技术先进，具有时代特征和工业风貌特色。如1913年由英国商人投资建成的上海杨树浦发电厂，到1924年时装机容量达12.1万千瓦，成为当时远东第一大电厂（图11-11）。

图11-11　上海建于1913年的杨树浦发电厂[①]

对于工业遗产的评价和认定，需要综合考虑上述因素。在具体操作层面，英国2013年发布的《工业遗存认定标准》（Designation Listing Selection Guide: Industrial Structures）从8个方面评价工业遗产的价值，并将工业遗存分为原料开采、加工与制造、储存与发放三大类，针对每一类中的不同类型分别给出详细的认定标注，具有很强的操作性，值得借鉴（表11-1）。

英国在工业遗产评价中需要特别考虑的因素　表11-1

序号	重要因素	阐释
1	更广泛的工业文脉（the wider industrial context）	工业遗存类型众多，应从更为宽泛的背景入手对其进行考察。以曼彻斯特的棉纺工厂为例，工厂内包括一系列的生产流程，如棉包首先运抵并储存；然后通过运河或铁路运输到工厂；在综合车间或多个独立的车间完成梳纱、织纱和纺织；储存成品、包装成品；销售给消费者；回收废品。每个流程都发挥着各自的作用，应在这一广泛过程中考察每栋相关的建筑物
2	地域因素（regional factor）	在遴选建筑或厂址时应具有地域性的视野，以使各行业均有代表性的案例。还应研究工业的地域专业化，并遴选与之相关的产业遗存，例如北安普敦的鞋厂，谢菲尔德的钢厂旧址，这些工厂通常供应全国的需求，具有很大的影响力
3	完整的厂址（integrated sites）	如果一栋建筑所从属的生产流程包含大量组成部分，则完整性就有可能很重要。在一个相对不完整的复合型厂址上，一个孤立存在的建筑物很难获得登录，除非它自身具有重要性（例如，在建筑结构方面或建筑质量方面有革新）；相反的，如果厂址非常完整（可能包括水系和战事纪念碑以及建筑），则会提高其中那些单独看不一定会获得登录的建筑物的重要性
4	建筑和生产流程（architecture and process）	工业建筑的设计通常都会反映其特定的功能（平面形式和外观）。而许多特别是20世纪的工业流程（如汽车或自行车制造厂），不一定能反映在其简单的建筑形式中。在这种情况下，建筑物通常需要一些特殊的建筑品质来获得登录
5	机器（machinery）	一些厂址的特殊价值在于其中的机器。一些构筑物如筛分装置或戈培式提升机，本身就是机器，应当对其进行完整保存。在某些特殊情况下，如位于西部康沃尔的锡矿山的动力车间，房屋的结构是国家重工业的标志、象征，即使结构不完整或者内部没有动力机器了，它也应该被登记。一般来说，机器的存在使建筑更具特殊价值，它们的缺失则会降低厂址被认定的资格
6	技术革新（technological innovational）	一些建筑物可能是率先使用某类重要生产流程、技术或工厂系统的遗址（例如，焦铁生产，机械棉纺，蒸汽动力泵等）。除了建筑内部的工业流程，建筑本身应用的技术也可能具有重要的技术价值，如早期的防火装置及金属框架、对材料进行的艺术处理运用等。一些著名技师、工程师、建筑师的作品也具有重要价值
7	重建和修复（rebuilding and repair）	程度较高的改建和重建通常会影响遗产的认定，但对于工业建构筑物，一些重建和修复有可能成为某种技术变革的物证，这样使得建构筑物具有足够的价值，并对其加以保护。因此，改变对于遗产的认定，有时是具有正面价值的
8	历史价值（historic interest）	对于工业遗产来说，能表明其历史价值的特征保存得越完好，在评级时等级就会越高，如果特征不明显，仍有评级的可能，但需要裁断。在某些情况下，与某些显著的历史成就相关就足以使其登录：当然，这很大程度上取决于其在历史发展过程中的重要性，以及所涉及的人员或产品的重要性。相当数量的工业考古遗址已被认定为古迹。过去的做法一般是登录遗址和遗迹，并登录数量庞大的建筑物。这样，就出现了相当多的重复和一些双重指定。我们目前的做法是考虑运用适当的认定方式，并考虑如何最好地管理遗址或工业遗产的结构。双重认定将作为优先事项对其进行审查，接下来对特定工业建筑类型及特殊意义进行审查，审查将分成三个步骤：收集材料；加工，整理和汇编；公开发布和存储。特别重要的是，在阅读本部分时，要考虑到上述的各种因素

① 姚丽旋编著．美好城市的百年变迁——明信片看上海．上海大学出版社，2010.519.

国内对于工业遗产价值评价，比较权威的是2014年出台的《中国工业遗产价值评价导则（试行）》中所归纳的12个指标，即：(1) 年代；(2) 历史重要性；(3) 工业设备与技术；(4) 建筑设计与建造技术；(5) 文化与情感认同、精神激励；(6) 推动地方社会发展；(7) 重建、修复及保存状况；(8) 地域产业链、厂区或生产线的完整性；(9) 代表性和稀缺性；(10) 脆弱性；(11) 文献记录状况；(12) 潜在价值。

当然，由于工业遗产的实际情况不同，各国的认定标准也会有很大差别。如英国由于是工业革命最早的国家，有大量年代较早的工业遗存，所以规定1914年至今的工业遗存一般不太可能认定为保护建筑，而我国工业革命很晚，在新中国成立后才真正大规模开始，所以我们的工业遗产以新中国成立初期的占主导。

三、工业遗产的保护历程

从20世纪70年代开始，随着世界经济一体化、产业结构调整和社会方式改变，城市中传统制造业比重开始下降，新兴产业逐渐取代传统产业。如英国曼彻斯特地区在20世纪20年代时曾有400多个棉纺厂，到了21世纪后就只剩下4个了。其他很多地方都出现了与之类似的情况，这导致各地出现了很多废弃的工厂旧址、附属设施、机器设备等工业遗存。这些工业遗存应该拆除，还是应该保护，这是几乎每个城市都无法回避的问题。

对于工业遗存的关注，一百多年前就已经开始了。早在19世纪末期，英国已经开始运用考古学的各种方法，对工业革命时期的工业遗存进行调查，但这一工作一直未受到足够关注。直到20世纪50年代，随着英国"二战"后大规模重建的开始，工业遗产的保护才逐渐得到重视，并陆续出版了一些调查报告和研究成果。

在"工业遗产"(Industrial Heritage) 概念出现以前，通常以"工业考古"(Industrial Archaeology) 称之。这一概念由英国伯明翰大学建筑史家米歇尔·李克斯 (Michael Rix) 于1955年提出。李克斯在《工业考古学》一文中，将研究工业革命遗物的学问定义为"工业考古学"，并呼吁"英国作为工业革命的发祥地，遍地都是串联重要历史事件的遗迹，其他国家都会建立起一个机制，以便将这些象征改变世界的遗迹加以登录并保存，但是除了一些博物馆中保存的片段外，我们却任由我们的古迹被人遗忘，大批地灰飞烟灭，而没有留下任何文字记录"。

从20世纪50年代开始，英国对于工业遗产的研究与关注迅速增加。1959年，英国考古理事会设立了工业考古委员会 (Council for British Archaeology，简称CBA)。1963年，英国考古学委员会 (CBA) 与"公共建筑物与工程部"(Ministry of public Buildings and work) 合作设立了"工业遗迹普查会"(Industrial Monuments Survey)，开始着手基础调查工作。1974年，英国建立了全国性的学会即工业考古学会 (The Association Industrial Archaeology，简称AIA)，开始着手在全国范围内研究工业遗产的保护政策、设立研究基金等。除了英国外，德国、法国、美国等国家也纷纷展开针对工业遗产的研究和保护工作。

随着各国对工业遗产的关注，国际社会也开始重视工业遗产的保护。1973年，在世界最早的铁桥所在地即英国铁桥峡谷博物馆 (Iron Bridge Gorge Museum) 召开了第一届国际工业纪念物大会（FICCIM），呼吁保护工业遗产。

1978年，在瑞典召开的第三届国际工业纪念物大会上，联合国教科文组织成立了国际工业遗产保护委员会（TICCIH）。该组织是世界上第一个致力于促进工业遗产保护的国际性组织，负责对工业遗产的评估与认证，同时该组织也是国际古迹遗址理事会（ICOMOS）工业遗产问题的专门咨询机构。1978年，波兰的维耶利奇卡盐矿（Wieliczka）作为第一个工业遗产被列入世界遗产名录。

2003年7月，在俄国下塔吉尔（Nizhny Tagil）召开的国际工业遗产保护委员会（TICCIH）大会上，通过了由该委员会制定并倡导的专门用于保护工业遗产的国际准则《下塔吉尔宪章》(TICCIH，Nizhny Tagil Charter for the Industrial Heritage)。该宪章由联合国教科文组织最终批准，具体内容包括：工业遗产的定义；工业遗产的价值；鉴定、记录和研究的重要性；法定保护；维护和保护；教育与培训；陈述与解释。这是迄今为止关于工业遗产保护的最为权威的纲领性文件，标志着工业遗产的保护在全球范围内基本达成共识。

2011年11月，在爱尔兰首都都柏林（Dublin），国家古迹遗址理事会第17届大会上通过了《关于工业遗产遗址地、结构、地区和景观保护的共同原则》(TICCIH Principles for the Conservation of Industrial Heritage Sites，Structures，Areas and Landscapes)（简称《都柏林原则》）。该原则成为各国政府和相关机构在工业遗产保护方面的重要执行准则。该原则强调，因其不同的生产目的、工艺设计和历史演变，工业遗产是多样化的，有的工业遗产因其在生产流程和技术、地域上或历史上的独特性而著称，有的遗产以其在全球产业演变中的贡献而闻名。

随着国际社会对工业遗产的重视，有很多工业遗产被列入世界遗产名录。早在2005年，国际古迹遗址理事会（ICOMOS）提出的研究分析报告《世界遗产名录：填补空白——未来行动计划》中，把“工业与技术项目”作为“目前世界遗产名录及预备名录中较少反映的类型之一”，提请各国注意。截至2016年7月，已有70余项工业遗产列入世界遗产，占世界遗产总数约7%以上。由于工业遗产的定义不是非常明确，这一数字不一定准确，也会有一些争议。

世界遗产中的工业遗产，从地域而言主要分布在欧洲，约占60%以上，其次是美洲、亚洲、大洋洲等。就类型而言[①]，以采矿业最多，约占38%，如德国埃森的关税同盟煤矿工业区（Zollverein Coal Mine Industrial Complex in Esse）(2001年列入)；其次是制造业，约占21%，如德国阿尔费尔德法古斯工厂（Fagus Factory in Alfeld)(2011年列入，图11-12)、德国佛尔克林钢铁厂(Volkingen Ironworks)(1994年列入)；再次是交通运输业，约占19%，如法国加尔桥（Pont du Gard，Roman Aqueduct)(1985年列入，图11-13)、奥地利塞梅林铁路(Semmering Railway)(1998年列入，图11-14)；还有是水利设施，约占12%，如荷兰迪·弗·沃达蒸汽泵站（D.F. Wouda Steam Pumping Station)；等等。另外，在这70余项中，大约2/5是18世纪以前的传统工业遗产（包括中国的都江堰水利工程）(图11-15)，大约3/5是狭义的工业遗产。

---

① 参照我国国家标准《国民经济行业分类》GB/T 4754-2002。

图 11-12 1910 年格罗皮乌斯（W.Gropius）(1883~1969 年）设计的德国法古斯工厂

图 11-13 法国加尔桥[1]

图 11-14 奥地利塞梅林铁路[2]

图 11-15 都江都江堰水利灌溉工程，建于公元前 227 年，科学地解决了江水自动分流、自动排沙、控制进水流等问题，消除了当地水患，是全世界至今为止年代最久、以无坝引水为特征的水利工程。二千多年来一直使用至今

第二节 中国工业遗产的基本情况及其保护

一、中国工业发展的基本情况

1840 年鸦片战争的失败，使清政府从“雄踞世界”的自我陶醉中惊醒，陡然面对“千年未有之变局”，满朝文武开始寻找摆脱困境、强兵富国、维护统治的路径。在“师夷之长技以制夷”的对策指导下，清政府试图引进西方近代工业，这客观上使中国走上了近代工业化之路。1865 年，李鸿章在上海创办了江南制造总局（江南造船厂前身），成为中国近代历史上最重要的军事企业（图 11-16），同时也催生了中国最早的一批技术工人。在这之后，很多工厂在沿海、沿江或内陆城市建起，传统手工业逐渐解体，社会结构骤变，中国逐步向工业化、现代化迈进，走上了具有自己特色的现代工业化道路。

总体而言，鸦片战争之后，中国的工业化道路实际上是一段反抗侵略及民族觉醒的历史，近现代工业体系从无到有，从小到大，既见证了中华之崛起，亦为中华大地留下了颇具特色的工业遗产。这些不同时期的工业遗产，是文化遗产的重要组成部分，是时代发展的标志，承载着深深的历史文化内涵，有不容忽视的独特价值。如德商库麦尔电器股份有限公司 1900 年开始建造的库麦尔电灯厂等（图 11-17）。

中国工业遗产的主要内容为：(1) 新中国成立前（1840~1949 年）的民族工业企业、中外合办企业；(2) 新中国成立后 20 世纪五六十年代“一五”及“二五”期间建设

① （德）席梅西等著．世界文化遗产．邵丽婵等译．浙江人民美术出版社，2002.36.

② （德）席梅西等著．世界文化遗产．邵丽婵等译．浙江人民美术出版社，2002.85.

图 11-16 江南制造总局大门[2]（左）
图 11-17 德商库麦尔电器股份有限公司 1900 年开始建造的库麦尔电灯厂[3]（右）

的重要工业企业；(3)“文革”期间及“三线”建设时期建设的具有较大影响力的企业；(4) 改革开放以后建设的非常具有代表性的企业[1]。

总体而言，1949 年之前中国的工业基础非常薄弱。虽然中国在 1860 年就开始了洋务运动，但是发展非常缓慢，至 1949 年时全国第二产业职工仅有 187 万人，占全国总人口 5.4 亿的 0.0034%[4]。而且，旧中国工业区域分布严重不平衡，如 1949 年上海一市的工业产值占全国总量的 23%，以沈阳为中心的东北南部占 20%，以天津为中心的京津唐占 10%[5]，其余区域所占比例则极低。因此，在一定程度上说，中国的工业革命是 1949 年以后才真正开始的。

图 11-18 甘肃兰州新兰面粉厂（1950 年代）[6]

1949 年新中国成立之初，全国一穷二白，满目疮痍，百废待兴，百业待举，工业基础非常薄弱。毛泽东曾感慨道：“现在我们能造什么？能造桌子椅子，能造茶碗茶壶，能种粮食，还能磨成面粉，还能造纸，但是一辆汽车、一架飞机、一辆坦克、一辆拖拉机都不能造。”（图 11-18）[7] 这样薄弱的工业基础，自然不利于政权的巩固，也不利于人民生活水平的提高，所以从国家层面逐渐形成统一的认识，即中国必须优先发展工业尤其是重工业。1949 年 3 月 17 日的《人民日报》发表题为“把消费城市变成生产城市”的社论，其中指出：“变消费的城市为生产的城市，是我们当前的重要任务。我们必须担负这个任务，完成这个任务”。毛泽东曾在天安门城楼上对北京市市长彭真说：“将来从天安门上望过去，四面全是烟囱。”[8] 因此，在三年国民经济恢复时期后的第一个五年计划期间（即“一五”期间，1953~1957 年），国家将发展工业作为主要任务，特别是重点建设了苏联援建

① 国家文物局关于征求《工业遗产保护和利用导则（征求意见稿）》意见的函（2014 年）。
② 姚丽旋编著．美好城市的百年变迁——明信片看上海．上海大学出版社，2010.98.
③ 哲夫，房芸芳编著．青岛旧影．上海古籍出版社，2007.54.
④ 杨茹萍，杨晋毅．工业遗产基本概念与辨析．中国工业建筑遗产调查、研究与保护（四）．清华大学出版社，2014.402.
⑤ 魏新镇．工业地理学．北京大学出版社，1982.141.
⑥ 李浩著．八大重点城市规划——新中国成立初期的城市规划历史研究．中国建筑工业出版社，2016.549.
⑦ 1954 年 6 月 14 日毛泽东在中央人民政府委员会第三十次会议上作《关于中华人民共和国宪法草案》讲话。参见：毛泽东．关于中华人民共和国宪法草案．建国以来重要文献选编（第五册）．中央文献出版社，1993.254.
⑧ 史飞翔．解放后建设北京时期的梁思成．党史纵横，2012（12）.

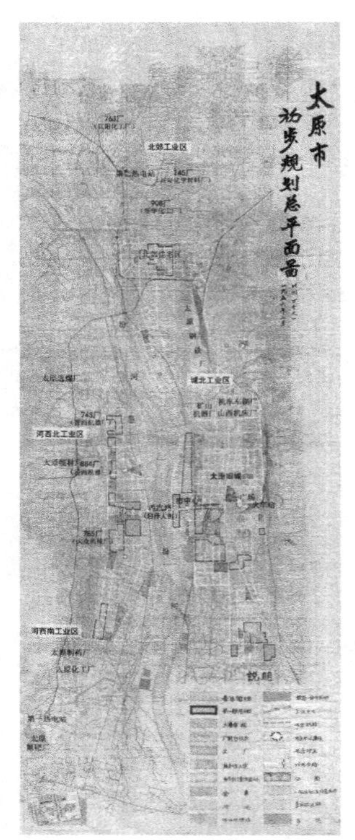
图 11-19　山西省太原市初步规划总平面图（1956 年）②

的 156 个工业项目（简称“156 项工程”）①，并围绕重工业确定了“八大重点城市”（包括太原、包头、兰州、西安、武汉、大同、成都、洛阳）。“156 项工程”奠定了中国现代工业的基础，它们中很多成为现在的重要工业遗产。

这一时期的城市在规划中增加了大量工业用地。如太原市在 1956 年的初步规划中（图 11-19），旧城北部为城北工业区，以钢铁机械为主，包括太原钢铁厂、矿山机器厂、247 厂等重点项目；在城北工业区以北更远的郊区，有以国防工业为主的北郊工业区，包括 245 厂、763 厂、908 厂和 432 厂等重点项目；汾河以西有两大片工业区，即河西北工业区（包括 743 厂、884 厂和重型机械厂等）和河西南工业区（包括南侧的化学工业用地和北侧的纺织工业用地与工业备用地）。

河南洛阳市的规划同样增加了大规模的工业用地（图 11-20），其独特之处在于涉及古城保护，采用了避开旧城建设新的工业区的模式。工业区东西绵长，南北狭窄，呈带状。在涧西和涧东等规划区中，均将工业用地布置在北侧，居住生活用地安排在南侧，“生产与生活统一规划，把生产区和生活区分开”，使“住宅尽量靠近工厂，方便职工上下班”③。同为“八大重点城市”的西安、兰州等城市在规划中也将工业建设作为城市发展的重点（图 11-21、图 11-22）。④

工业遗产往往呈“线”或“片”的形态。2013 年被公布为全国重点文物保护单位的“洛阳涧西苏式建筑群”，就是典型的片状遗产（图 11-23）。20 世纪 50 年代，新中国百废待兴，第一个五年计划中洛阳是全国重点建设的八个工业城市之一，当年奠定中国工业基础的 156 个项目中，有 7 项就在洛阳。“洛阳涧西苏式建筑群”是指“一五”期间苏联在洛阳援建重点工程时建造的厂房和生活区等苏式建筑群，其规划由国家建工部城市规划局直接参与，在苏联著名城市规划专家巴拉金的指导下

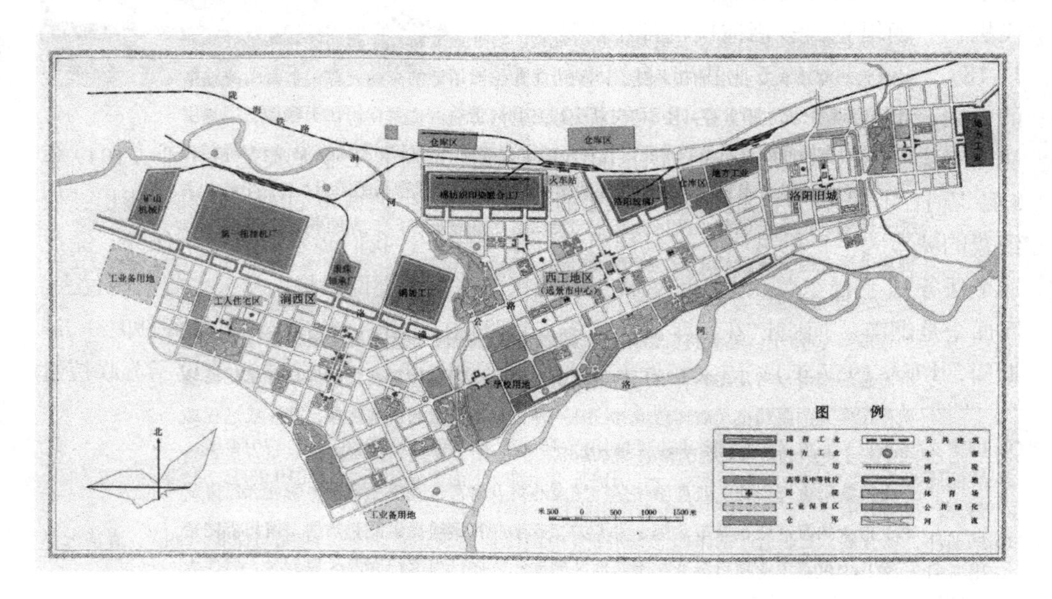

图 11-20　河南省洛阳市 1956 年总体规划图④

① 实际施工 150 项。
② 李浩著．八大重点城市规划——新中国成立初期的城市规划历史研究．中国建筑工业出版社，2016.251.
③《当代洛阳城市建设》编委会．当代洛阳城市建设．农村读物出版社，1990.65.
④ 李浩著．八大重点城市规划——新中国成立初期的城市规划历史研究．中国建筑工业出版社，2016.227.

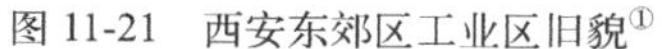

图 11-21　西安东郊区工业区旧貌[①]

图 11-22　兰州西固区建设场景[②]

图 11-23　洛阳涧西工人住宅及城市干道[③]

完成的。这一区域有当时中国最大的拖拉机制造厂、最大的轴承厂、最大的矿山机器制造厂、最大的铜加工厂、最大的高速船用柴油机厂和最大的耐火材料厂等。在建设过程中，苏联不但提供了全套图纸，培训了大批中国技术人员与干部、工人，而且派出了专家直接参与、指导项目的进行。这些工业建筑具有典型的苏式建筑风格，如强调对称布局，突出中轴线，雄伟壮观，个性鲜明，线条流畅，善于铺叙细节，有较高的艺术性和观赏性，充分体现了社会主义计划经济时期工业遗产的特点，是中苏友谊的见证。

也有一些工业遗产成线状，如中东铁路遗产。中东铁路又称东清铁路，从 1897 年动工至 1903 年全线通车，历时六年，其干线西起满洲里，经哈尔滨到绥芬河，全长 1500 余公里，支线从哈尔滨向南经吉林、沈阳，至旅顺口车站，全长近 1000 公里。这条铁路经历了清末、民国、伪满、解放战争和新中国成立几个历史阶段，先后由沙俄统治、国际共管、两次中苏共管、日伪霸占、中苏合营，见证了很多重大历史事件。在三普调查中，仅黑龙江一省核定的中东铁路时期的历史遗存就有 862 处[④]。中东铁路不仅是一项重要的交通工程，也是规模宏大的文化遗产廊道。

二、中国工业遗产的保护历程

20 世纪 90 年代以来，随着我国城市建设速度加快和城市内部功能不断调整，城市规模迅速扩张，城市建设用地需求急剧增加，城市本身的土地资源有限导致土地价格持续上升。与此同时，由于产业结构的升级和转变，城市中旧工业建筑以及旧工业地段大量被荒废和闲置，在土地高度稀缺之时，这些工业建筑就面临生存困境，存在搬迁、置换的压力。主城内工业企业逐步“退二进三”，不少老企业不得不“关、停、并、转”。也正由于此，从 20 世纪 80 年代开始，大量的工业遗产建筑被拆除，但与此同时，一些重要的工业建筑也引起人们的关注。如何在土地高度紧张和城市更新的背景之下，对工业遗产进行有效保护和合理利用，不仅成为发展中所要面临的重要问题，而且也越来越引起政府和学界的重视。

2006 年 4 月，在“中国工业遗产保护论坛”上发布了《无锡建议——注重经

① 李浩著．八大重点城市规划——新中国成立初期的城市规划历史研究．中国建筑工业出版社，2016.336.
② 李浩著．八大重点城市规划——新中国成立初期的城市规划历史研究．中国建筑工业出版社，2016.346.
③ 李浩著．八大重点城市规划——新中国成立初期的城市规划历史研究．中国建筑工业出版社，2016.523.
④ 魏笑雨等．三普新视角关注被过去忽视的文化遗产类别．中国文化遗产，2012（1）．

济高速发展时期的工业遗产保护》，这标志着我国工业遗产保护迈出了实质性步伐，拉开了中国工业遗产保护的序幕。《无锡建议》指出："鸦片战争以来，中国各阶段的近现代化工业建设都留下了各具特色的工业遗产，构成了中国工业遗产的主体，见证并记录了近现代中国社会的变革与发展"，同时也指出面临的危机："近年来，随着城市空间结构和使用功能需求的巨大变化，新型工业建设项目开始向城外拓展，城内的旧工业区日渐废置；由于现代技术的运用、社会生活方式的转变，使传统工业陷入困境，先后遭遇工业衰退和逆工业化过程，不少企业面临'关、停、并、转'的局面；城市建设进入高速发展时期，一些尚未被界定为文物、未受到重视的工业建筑物和相关遗存，没有得到有效保护，正急速从城市中消失"。该建议还提出了保护的具体途径："提高认识，转变观念，呼吁全社会对工业遗产的广泛关注；开展工业遗产资源普查，做好评估和认定工作；将重要的工业遗产及时公布为文物保护单位，或登记为不可移动文物；加大宣传力度，发挥媒体及公众监督作用；编制工业遗产保护专项规划，并纳入城市总体规划；鼓励区别对待，合理利用工业遗产的价值；加强工业遗产的保护研究，借鉴国外工业遗产保护与利用的经验和教训"。

2006 年 5 月，国家文物局下发了《关于加强工业遗产保护的通知》，分析了各地工业遗产保护存在的问题："一是重视不够，工业遗产列入各级文物保护单位的比例较低；二是家底不清，对工业遗产的数量、分布和保存状况心中无数；界定不明，对工业遗产缺乏深入系统的研究，保护理念和经验严重匮乏；三是认识不足，认为近代工业污染严重、技术落后，应退出历史舞台；四是措施不力，'详远而略近'的观念偏差，使不少工业遗产首当其冲成为城市建设的牺牲品"，并指出，"工业遗产保护是我国文化遗产保护事业中具有重要性和紧迫性的新课题"，号召和组织相关部门着手进行工业遗产普查活动。

图 11-24 长春第一汽车制造厂[②]

从 2007 年 4 月开始进行的全国第三次文物普查，首次将工业遗产作为普查重要内容之一。如吉林省长春市在普查中，重点调查了长春市"一五"期间工业遗产，如中国第一汽车集团厂（图 11-24）、原长春市拖拉机厂、吉柴集团、原二二八厂、中国北车集团长春客车厂、东北送变电工程等部门，查阅了大量文字和图片资料，绘制了数十份图纸，拍摄、录制了大量图片和视频信息，编制完成了长春市"一五"期间工业遗产调查报告[①]。

1961~2013 年期间，国务院共公布了 7 批 4296 处全国重点文物单位。根据刘伯英的统计，其中有 329 处工业遗产（包括古代部分）[③]。由于工业遗产的范畴有一定争议，

① 韩洋，张言．吉林省第三次全国文物普查 2010 年年报．博物馆研究，2011（2）．
② 单霁翔．关注新型文化遗产——工业遗产的保护．中国文化遗产，2006（4）．
③ 刘伯英．世界文化遗产中与全国重点文物保护单位中的工业遗产名录．中国建筑文化遗产（第 18 辑）．天津大学出版社，2016.45~49.

这一数字不一定非常准确，但基本还是可靠的。这些工业遗产中，古代部分为245处，近现代部分为84处，前者是后者的3倍，说明近现代部分所占比重还是比较小的。古代部分主要包括古代窑址、冶炼遗址、矿址、桥梁、水利设施等，近现代部分以工厂为主（表11-2）。当然，值得保护的工业遗产远远不止于此，由于工业遗产是新型的遗产类型，很多地方还没有进行广泛调查和严格评估。

全国重点文物保护单位中部分工业遗产（指狭义的工业遗产）选录　表11-2

序号	名称	年代	所在地	类型	批次
1	大庆油田第一口油井	1959年	黑龙江大庆市	能源设施	第五批
2	青海省中国第一个核试验基地	1957～1995年	青海省	军工设施	第五批
3	黄崖洞兵工厂旧址	1941年	山西省黎城县	工厂	第六批
4	青岛啤酒厂早期建筑	清	山东省青岛市	工厂	第六批
5	汉冶萍煤铁厂矿旧址	1890～1948年	湖北省黄石市	工厂	第六批
6	石龙坝水电站	清	云南省昆明市	能源设施	第六批
7	钱塘江大桥	民国	浙江省杭州市	桥梁	第六批
8	酒泉卫星发射中心导弹卫星发射场遗址		甘肃省酒泉市	军工设施	第六批
9	南通大生纱厂	1895年	江苏省南通市	工厂	第六批
10	四九一电台旧址	1918年	北京朝阳区	通信	第七批
11	北洋水师大沽船坞遗址	清	天津市滨海新区	机械	第七批
12	开滦唐山矿早期工业遗存	清	河北省唐山市路南区	矿冶	第七批
13	正丰矿工业建筑群	民国	河北省石家庄市井陉矿区	建筑	第七批
14	耀华玻璃厂旧址	1922年	河北山秦皇岛市海港区	建材	第七批
15	本溪湖工业遗产群	清至民国	辽宁省本溪市溪湖区	冶金	第七批
16	旅顺船坞旧址	1890年	辽宁省本溪市旅顺口	造船	第七批
17	通化葡萄酒厂地下贮酒窖	1937～1983年	辽宁省通化市东昌区	酿酒	第七批
18	长春电影制片厂早期建筑	1939年	吉林省长春市朝阳区	建筑	第七批
19	长春第一汽车制造厂早期建筑	1956年	吉林省长春市绿园区	汽车	第七批
20	铁人第一口井井址	1960年	黑龙江省大庆市红岗区	能源	第七批
21	杨树浦水厂	1883年	上海市杨浦区	自来水	第七批
22	金陵兵工厂旧址	清至民国	江苏省南京市秦淮区	机械	第七批
23	茂新面粉厂旧址	1946年	江苏省无锡市南长区	食品	第七批
24	总平巷矿井口	1898年	江西省萍乡市安源区	矿冶	第七批
25	淄博矿业集团德日建筑群	清至民国	山东省淄博市淄川区	建筑	第七批
26	张裕公司酒窖	1905年	山东省烟台市芝罘区	酿酒	第七批
27	洛阳涧西苏式建筑群	1954年	山东省洛阳市涧西区	机械	第七批
28	华新水泥厂旧址	1946~2005年	湖北省黄石市黄石港区	建材	第七批
29	顺德糖厂早期建筑	1934年	广东省佛山市顺德区	食品	第七批
30	重庆抗战兵器工业旧址群	1939~1945年	重庆市江北区等	机械	第七批
31	茅台酒酿酒工业建筑群	清至民国	贵州省遵义市仁怀市	酿酒	第七批
32	玉门油田老一井	1939年	甘肃省酒泉市玉门市	能源	第七批

续表

序号	名称	年代	所在地	类型	批次
33	天佑德酒作坊	清	青海省海东地区互助土族自治县	酿酒	第七批
34	新疆第一口油井	1909 年	新疆维吾尔自治区克拉玛依市独山子区	能源	第七批
35	克拉玛依一号井	1955 年	新疆维吾尔自治区克拉玛依市克拉玛依区	能源	第七批
36	洪山核武器试爆指挥中心旧址	1966 年	新疆维吾尔自治区巴音郭楞蒙古自治州和硕县	科学技术	第七批

略举两例典型的工业遗产。如位于湖北省黄石市的“汉冶萍煤铁厂矿旧址”在2006年被公布为第六批全国重点文物保护单位。黄石因矿建厂，因厂兴城。清光绪十六年（1890年），为修建芦汉铁路，湖广总督张之洞创建汉阳铁厂（图11-25）。光绪三十四年（1908年），在汉阳铁厂、大冶铁矿、萍乡煤矿的基础上，组建成立了汉冶萍煤铁厂矿有限公司（简称汉冶萍公司），集勘探、冶炼、销售于一身，是中国历史上第一家用新式机械设备进行大规模生产的、规模最大的钢铁煤联合企业，并历经官办、官督商办、商办三个阶段。旧址现完整保留有汉冶萍时期的高炉栈桥一座、冶炼铁炉一座、日式住宅四栋、欧式住宅一栋、瞭望塔一座、卸矿机一座。其中，冶炼炉是我国现存最早的近代工业中钢铁冶炼遗址。“汉冶萍公司”日欧式建筑群形制独特，在中国建筑史上具有很高的价值。

青岛啤酒厂早期建筑也是典型的工业遗产，于2006年公布为全国重点文物保护单位。该厂位于青岛市登州路56号，为英德啤酒酿业公司于1903年（清光绪二十九年）投资建造（图11-26），当年设计生产能力2000吨/年，是当时亚洲最大、最先进的啤酒厂，也是中国第一家且持续经营至今的啤酒厂。工厂现存两幢综合办公和酿造生产用房，其厂房采用三段式构图，属德国青年派风格。另外，现存的大型古老发酵罐设备，也具有重要的历史和科技价值。2003年，青岛啤酒厂早期建筑开辟为博物馆。

全国各地对工业遗产的保护，也进行了有益的探索。北京、上海、无锡、太原、天津、重庆等地陆续出台了具体的保护措施。

图 11-25 清末洋务运动时创建的汉阳铁厂[①]（左）
图 11-26 民国时期的青岛啤酒厂[②]（右）

① 于吉星主编. 老明信片 · 建筑篇. 上海画报出版社，1997.156.
② 阎立津主编. 青岛旧影. 人民美术出版社，2004.75.

2007年12月，北京市规划委员会和北京市文物局联合公布的《北京优秀近现代建筑保护名录》（第一批）中，属于工业遗产的有北京自来水厂近现代建筑群（原京师自来水股份有限公司）（图11-27）、北京铁路局基建工程队职工住宅（原平绥铁路清华园站）、双合盛五星啤酒联合公司设备塔、首钢厂史展览馆及碉堡、798近现代建筑群（原798工厂）、北京焦化厂（1号、2号焦炉及1号煤塔）等。2009年，北京市规划委员会等单位出台《北京市工业遗产保护与再利用导则》，结合北京工业遗产的具体情况，确立了工业遗产的概念、调查和登录、评价和认定、保护与利用、管理与引导，提出了鼓励工业遗产的相关政策，推动了北京市工业遗产保护工作的开展。

图11-27 北京自来水厂之来水亭，欧式风格，砖石结构，天津德商瑞记洋行设计

21世纪初上海市为了扶植创意产业利用旧仓库房，创造性地提出了“三不变、五个变”政策：“三不变”即原房产权不变、建筑结构不变、土地性质不变，“五个变”即产业结构变、就业结构变、管理模式变、企业形态变、企业文化变。这一政策的出台，在一定程度上促进了创意产业在市区内对工业遗存的利用[①]。2009年6月，上海市文物管理委员会编辑出版了《上海工业遗产新探》和《上海工业遗产实录》，分别收录了215处和290处第三次全国文物普查中新发现的工业遗产（图11-28），并从历史分期、地域分布、产业类型以及建筑特点四个方面，对上海工业遗产的特点进行分析总结。

图11-28 上海福新面粉一厂厂房及仓库，通和洋行设计，建于1912年，砖木结构，立面构图整齐，清水红砖外墙，在2005年被上海市政府公布为优秀历史建筑

三、工业遗产保护基本理念

目前，世界各地的工业遗产，多面临着遭漠视、遗弃和毁坏以及掠夺式开发等威胁。在我国，由于快速的城市化，很多工业遗产更是处在“拆”与“保”的十字路口。一些城市对于已经失去原有功能的工厂、码头等遗址，过多地采取简单粗暴、全部推倒重建的办法，这是不科学的。如2011年重庆钢铁厂在搬迁过程中被拆除，只有三号高炉由于全钢结构、体量巨大、无法爆破、无法切割而被偶然留下。再如2012年天津碱厂几乎彻底拆掉，仅保留了一个白灰窑[②]。

尽管有些工业遗产列入保护名录（如文物保护单位），但其在数量上，和应该（或者说是必须）保护的工业遗产相比，仅占很小的一部分。少数城市启动了工业遗产的普查认定和保护规划制定工作，但是，大部分城市对工业遗产缺乏认识和重视。因此，保护工业遗产，首先要转变观念，提高认识。工业遗产的具体保护措施要注意以下两点：

---

① 于一凡，李继军．城市产业遗存再利用过程中存在的若干问题．城市规划，2010（9）．

② 徐苏斌，青木信夫．存量规划时代的工业遗产保护．南方建筑，2016（2）．

首先要进行详细调查、深入研究和准确评价。我们不可能、也没必要保护所有的工业遗存，只能保护在某个时期某个领域具有较高水平、富有特色的工业遗存。这样，就要求对工业遗存开展调查、认定和记录，收集第一手资料，建立工业遗存档案和清单，摸清工业遗存的家底。对一些重要的工业遗存应进行准确勘察、测绘。在此基础上，研究其历史沿革和价值特色，并进行科学认定和准确评价，确定值得保护的工业遗产及其保护的层次和力度，保证把最典型、最有价值的工业遗产保护下来。要防止两种倾向，一种倾向是“该拆的不拆”，降低工业遗产的标准，将工业遗产泛化，使得工业用地的价值将得不到应有的释放。如在2003~2006年期间，沈阳市先后拆除了4000多个大烟囱。有人提出应全部保留这些烟囱，否则就会破坏城市形象和工业之美，破坏沈阳的地标。但实际上，由于各方面的原因，很难做到这一点，拆除一部分是必然的。另一种倾向是“拆了不该拆的”，无视工业遗存中有价值的工业遗产，片面追求工业用地的短期经济利益，全部推倒重来。在保护工作中避免这两种倾向。在这两种极端模式中间，存在无数种可能性。这就要求决策者和设计者权衡方方面面，寻找每个工业遗产合适的保护和利用模式。

《工业遗产保护和利用导则（征求意见稿）》（2014年）指出：“具备下列条件之一的，经评估可确定公布为工业遗产：(1）企业在相应时期内具有稀缺性、唯一性，在全国或区域具有较高影响力。(2）企业在全国或区域同行业内具有代表性或先进性，同一时期内开办最早，产量最多，质量最高，品牌影响最大，工艺先进，商标、商号全国著名。(3）企业建筑格局完整或建筑技术先进，并具有时代特征和工业风貌特色。(4）与著名工商实业家群体有关的工业企业及名人故居及公益建筑等遗存。(5）其他有较高价值的工业遗存”。

其次，要进行科学规划和合理设计，以求切实保护和全面复兴。在对工业遗存进行准确价值评价的基础上，确定保护范围、保护模式、保护名录及相应级别，有效约束和引导开发建设行为。在规划中，要注意确保工业遗址保护与城市建设协调一致，为工业建筑遗产的整体有效保护寻找切实可行的途径，使工业遗产的真实性和完整性得到充分保证。同时，要通过功能策划和创新，充分利用工业遗产、“活化”工业遗产，做到有生命力的保护。如果利用得当，工业遗产确实可以在促进地区产业转型，推动积极整治环境，重塑地区竞争力和吸引力等方面发挥重要作用。

《下塔吉尔宪章》认为：“工业遗产对于衰败地区的经济复兴具有重要作用，在长期稳定的就业岗位面临急剧减少的情况时，继续再利用能够维持社区居民心理上的稳定性。”对于保存工业建筑而言，适当改造和再利用也许是一种合适且有效的方式。

工业建筑遗产在再利用方面有明显优势（图11-29、图11-30)。首先，工业建筑遗产的结构和空间往往适合于再利用。工业建筑大多为钢筋混凝土（或钢）的框架或者大跨度结构，空间宽敞高大，另外，由于生产流程的需要，其建筑平面形式规则整齐，可塑性强，利于改造调整和重新进行空间划分。其次，工业建筑遗产往往坚固耐久，抗震性好，其结构寿命远远长于其功能寿命。其三，工业建筑遗产往往成片，更接近于街区的形态，特征明显，可识别性强，有利于集中利用，成为某一

图 11-29　上海工部局宰牲场旧址，建于 1933 年，2005 年被列入上海优秀历史建筑。2002 年停业后处于闲置状态，直到 2008 年改造为“1933 老厂坊”对外开放（左）

图 11-30　上海原南市发电厂主厂房在 2010 年世博会期间改为城市未来馆。2012 年又被改造成上海当代艺术博物馆，该改造项目获 2014 中国建筑学会建筑创作奖（右）

城市区域的中心。其四，工业建筑遗产往往有独特的外部空间和外观造型，有利于保持原有城市肌理、丰富城市历史和形象。

第三节　案例分析

对于工业遗产的利用，要根据其价值和特色等，采用不同的保护和利用方式。《工业遗产保护和利用导则（征求意见稿）》（2014 年）中论述道：“除原生态现场展示利用外，可以依托工业遗产设立工业技术博物馆或其他专业博物馆、主题文化公园、社区历史陈列馆、文化艺术创意中心等文化设施，并将区域景观环境整治与休憩、展览、演出等综合文化功能相结合，促进工业遗产的生态可持续发展，提高整体景观和文化环境特色”。目前，对于工业遗产再利用的常见模式主要有以下几种。

一、主题博物馆或展览馆模式

对于价值较高的工业遗产，结合自身性质和特点，可以改造为博物馆。这种方式有利于保护建筑遗产的真实性，是工业遗产最为重要的利用方式之一。

案例：英国伦敦发电厂改造成泰特现代艺术馆（Tate Modern）

伦敦发电厂位于伦敦泰晤士河的河畔，曾经是伦敦的重要地标，对面为著名的圣保罗大教堂（图 11-31），由英国著名建筑师吉利·吉尔伯特·斯科特（Sir Giles Gilbert Scott，1880~1960 年）在 1947 年设计[①]，1963 年完工，但到了 1981 年时该发电厂停止运作。

20 世纪 90 年代，经过仔细调查和慎重考虑，泰特现代艺术馆选址于当时已经废弃近 20 年的伦敦发电厂。这是因为伦敦发电厂从地理位置、空间结构等方面来看，都非常适合于改造为展览性建筑，特别是其高大空旷的空间能够为不同类型的现代

---

① 吉利·吉尔伯特·斯科特，英国著名建筑师乔治·吉尔伯特·斯科特的孙子，生于四代建筑世家，曾经是皇家规划委员会（Royal Academy Planning Committee）的主席，以将传统的哥特风格和现代设计结合而闻名，设计作品颇丰，如代表性作品有利物浦教堂（Liverpool Cathedral）、伦敦标志之一的红色电话亭（Red telephone box）等。小斯科特爵士在设计伦敦电厂时，充分考虑到周边景观及天际线协调问题，使其与对面的圣保罗大教堂形成了良好的视觉呼应。

作品提供很好的展示空间，而且发电厂极具工业感、现代感的建筑风格与现代艺术的特点正好吻合。另外，选址于此也可以带动周边产业的更新，复兴该区域的经济发展和文化活力。在建筑造价上，也比新建节省了不少成本（图 11-32）。

1994~1995 年，伦敦发电厂的改造设计曾吸引了雅克·赫尔佐格和皮埃尔·德·梅隆（Herzog & de Meuron）、安藤忠雄（Tadao Ando）、雷姆·库哈斯（Rem Koolhaas）、伦佐·皮亚诺（Renzo Piano）、大卫·奇普菲尔德（David Chipper field）、拉菲尔·莫内欧（Rafael Moneo）等一批世界著名建筑大师参加竞标。竞标方案大致分为两种思路（图 11-33）。一种思路是以荷兰著名建筑师雷姆·库哈斯（Rem Koolhaas）等人为代表，对立面作了较大改动。伦敦发电厂当时未被列入英国登录建筑名录，所以这种大幅度的改造也无可厚非。日本著名建筑师安藤忠雄尽管也主张保护原有形式和肌理，但方案中新增了两块巨大的斜插玻璃。另一种思路以瑞士著名建筑师赫尔佐格和德·梅隆为代表，主张尊重原有的城市肌理和特色文脉，最大限度地保留原有建筑，不破坏原有结构构造、形象特征和空间组织，不进行“大刀阔斧”的改造。

最终雅克·赫尔佐格和皮埃尔·德·梅隆的设计中标（图 11-34~ 图 11-37）。该方案对于立面的唯一改动是在厂房顶部新增了长方体玻璃体块，作为“绿色光梁”酒吧，从这里还可以俯瞰泰晤士河。在夜间，横向的绿色光梁和竖向的高耸烟囱形成呼应。内部则作了较大的改动，原有的透平机车间中央拆除平台后，形成了一个尺度巨大的空间，粗壮的钢柱支撑着完全暴露的屋顶构架。这一空间用作休息、集会、交往的共享空间，也是大型作品的最佳展示空间。透平机车间一侧为一个个平面为矩形或者正方形的展厅，内部高度 5~12 米不等，可以适应不同的展品。从每一层的展廊都可以看到巨大的透平机车间。

这个占据着伦敦泰晤士河岸绝佳位置的发电厂，经过这次“再利用”改造，成为世界炙手可热的博物馆之一，每年吸引数百万游客来此参观。该项目也成为工业遗产再利用的典型案例。

案例：英国利物浦阿尔伯特码头仓库改造

该码头建于 1841 ～ 1846 年，占地约 200 公顷，所属仓库用来储存来自远东地区的茶叶、丝绸、烟草和烈性酒等，是利物浦的重要地标之一。1952 年，码头区的

图 11-31 伦敦发电厂及其对面的圣保罗大教堂①（左）
图 11-32 改造中的伦敦发电厂②（右）

① Rowan Moore and Raymund Ryan. Building Tate Modern. Tate Gallery Publishing，P17.
② Rowan Moore and Raymund Ryan. Building Tate Modern. Tate Gallery Publishing，P133.

图 11-33　伦敦发电厂改造方案（从左到右依次为：日本建筑师安藤忠雄、英国建筑师大卫·奇普菲尔德、西班牙建筑师拉菲尔·莫内欧、荷兰建筑师库哈斯的改造方案）[①]

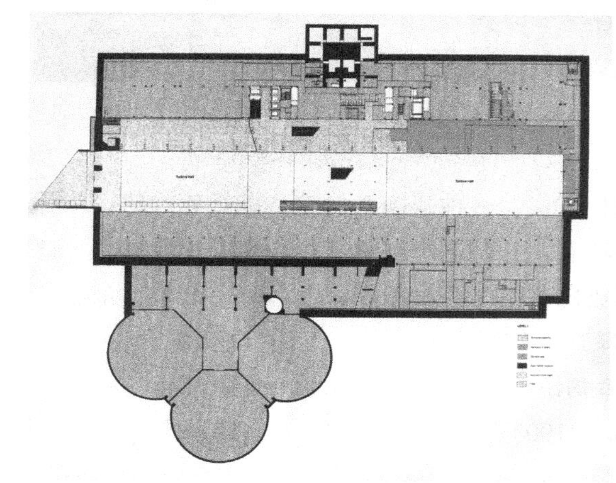

图 11-34　赫尔佐格改造方案平面图

图 11-35　改造中的透平机车间[②]

图 11-36　改造后的透平机车间

图 11-37　改造后的展览空间

历史建筑群被英国列为一类保护建筑，但直到 1972 年关闭前，它一直被废弃遗忘，人居条件也很差。1981 ～ 1988 年，在政府的支持和投入下，实施复兴计划，将码头工业区内的旧建筑改造为国家奴隶博物馆（International Slavery Museum）、默西赛德郡海洋博物馆（Merseyside Maritime Museum）、利物浦泰特现代艺术馆（Tate Livepool）（图 11-38）以及披头士乐队展览馆（The Beatle Stories），还有一些则改建为公寓、酒吧、餐馆、手工艺作坊和办公楼等。通过合理的再生，废弃的码头也变为游人如织的旅游胜地。

改造成博物馆或展览馆的案例，国内也很多。如北京正阳门东火车站已改为北京铁路博物馆，东直门水厂已改为北京自来水博物馆；首钢的早期建筑外国专家宿舍已改为首钢厂史馆、上海江南造船已改为江南造船博览馆等。

---

① Rowan Moore and Raymund Ryan. Building Tate Modern. Tate Gallery Publishing，P18-19.

② Rowan Moore and Raymund Ryan. Building Tate Modern. Tate Gallery Publishing，P140.

图 11-38 利物浦阿尔伯特码头现代艺术馆

二、工业遗产展示旅游区模式

对待成片的工业遗存，主要有两种方式，一种是彻底清除，进行新的建设；另一种是保留这些工业遗存，赋予新的功能。工业遗产旅游是在废弃工业旧址上，通过保护性再利用原有的厂房建筑、工业机器、生产设备等，营造一个开放、富有创意和活力的旅游氛围，吸引现代人了解工业文明。

案例：德国北杜伊斯堡市梅德里希钢铁厂（Meiderich Ironworks）改造

梅德里希钢铁厂(Meiderich Ironworks)1903 年投产，是德国当时高产量的钢铁企业，仅 1974 年生铁产量就达 100 万吨。但到了 1985 年，这个有着 80 余年历史的炼钢厂倒闭，原来的工业用地也变成废弃地，遗留下巨大的工业建筑及其附属设施。经过了四年的荒废破败，政府启动改造工程。德国景观设计师彼得 · 拉茨（Peter Latz）通过竞标获得了该设计。彼得·拉茨在其再利用方案中，尽量减少改动原有场地，并加以适量补充，创造了一个工业废弃物和自然景观融为一体的工业展示公园（图 11-39）。

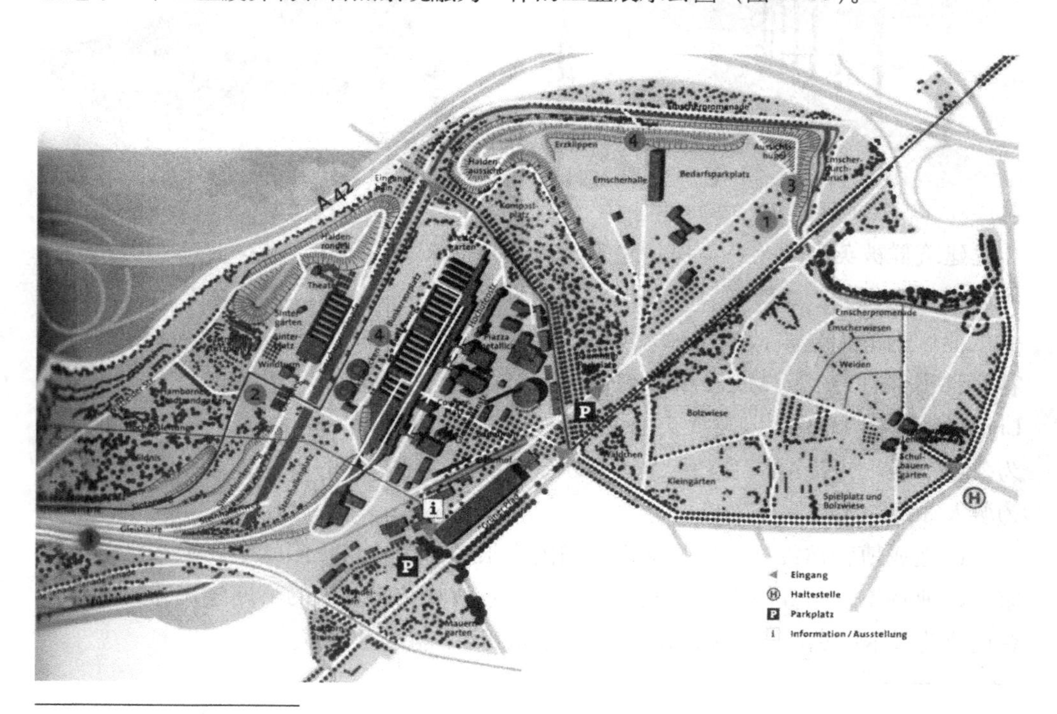

图 11-39 德国梅德里希钢铁厂总平面[①]

① 王建国等著 . 后工业时代产业建筑遗产保护更新 . 中国建筑工业出版社，2008.63.

图 11-40 北杜伊斯堡景观公园（左两图）

图 11-41 北杜伊斯堡景观公园细部（右两图）

1994 年该公园正式对外开放，占地面积约 200 公顷。彼得 · 拉茨也因此设计于 2000 年获得第一届欧洲景观设计奖。该公园的设计思路主要表现在下面几个方面。首先，保留了原工厂中的几乎全部构筑物。设计师将这些工业遗存（如烟囱、鼓风机、沉淀池、炉渣堆、铁路、桥梁、水渠、起重机等）（图 11-40、图 11-41）作为塑造公园景观最重要的元素，既保留了大量的历史信息，也节约了成本，体现了“生态化设计”的理念。如原来的铁路系统完整保留，并和高架步道结合，建立了一条贯穿公园的游览系统和散步通道；原来的植被均得以保护，甚至荒草也随意生长；遗留下的材料如钢板用作广场的铺设材料，厂区堆积的焦炭、矿渣成为植物生长的“土壤”或地面铺设材料。其次，贯穿低碳节能的理念。如利用工厂原有的冷却槽、净化池和水渠，将雨水净化后再注入旁边的河流，使得旁边的河流由原来的污水河变成清水河。在原烧结车间厂房上修建风力发电装置。再次，很多工业遗存被赋予新的功能。如将原来的发电机房、送风机房以及部分室外空间，改用作举办音乐会、戏剧表演、大型艺术展览的空间，为企业和社会团体服务；原有的残壁和塔被改为攀岩壁。

案例：广东中山市中粤造船厂改造

中粤造船厂在 20 世纪 50 ～ 80 年代曾是非常著名的造船厂，是社会主义工业化发展的象征。但 80 年代后成为一片平坦的废弃土地。1998 年，中山市在“退二进三”的背景下，经过广泛征求意见，决定结合已有的工业遗存，通过对这些建筑遗存的再利用，建造城市开放性休闲公园（即岐江公园）（图 11-42）。设计者依据生态恢复及城市更新的思路，将公园中最能表现原场地精神的物体（如将船坞、骨骼水塔、铁轨、机器、龙门吊、灯塔等）最大限度地保留了下来，并将这些标志性物体串联起来，记录了船厂曾经的辉煌。同时，在设计中，又采用新工艺和新材料构筑部分小品，如孤囱长影、裸钢水塔和杆柱阵列等，形成新与旧的对比[①]。

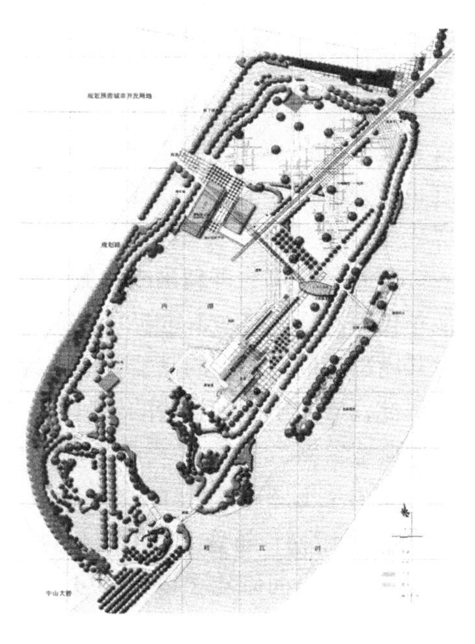

图 11-42 广东中山岐江规划图[②]

① 该公园由北京土人景观规划设计研究所等单位设计，总体规划面积 11 公顷，其中水面 3.6 公顷，建成于 2001 年 10 月。2002 年底，该规划设计获美国景观设计师协会（ASLA）年度荣誉设计奖；2003 年，获中国建筑艺术奖；2009 年，获国际城市土地学会（Urban Land Institute, 简称 ULI）亚太区杰出荣誉大奖。

② 中国城市规划设计研究院等编 . 城市规划资料集 · 第 8 分册 · 城市历史保护与城市规划更新 . 中国建筑工业出版社 .292.

图 11-43 老明信片中的 798 工厂①（左）
图 11-44 798 工厂的包豪斯风格的厂房（中）
图 11-45 798 文化产业园区厂房改造（右）

三、文化创意产业园区模式

工业建筑往往造型独具个性、内部空间开阔，适宜展示现代艺术、大型雕塑、装置艺术等，同时，工业区往往地处良好地段，交通方便，也有利于改造成创意产业园区。

案例：北京 798 厂改造

798 厂位于北京东北角，前身为新中国“一五”期间建设的华北无线电器材联合厂三分厂，由原民主德国援助设计和建设，被称为“新中国电子工业的摇篮”（图 11-43）。798 厂的一些厂房采用了当时世界上流行的包豪斯设计理念，现浇混凝土拱形结构，内部空间完整高大，时代特征明显，造型简洁（图 11-44、图 11-45），具有较高的保护价值。“798”是新中国工业历史的一个浓缩，也承载了普通大众的生产和生活。这些厂房砖墙斑驳，管道纵横，工业机械部件随处可见，保留着当年的朱红标语和口号，如“毛主席万岁万岁万万岁”等，具有怀旧的气氛。

20 世纪 80 年代，789 厂开始衰落，厂方于 20 世纪 90 年代开始向外出租闲置的厂房。20 世纪初，“798”逐渐成为画廊、艺术工作室、设计公司、时尚店铺、餐饮酒吧等聚集的一个区域。按照原来的规划，这一区域拟拆除后修建标准化厂房，所以艺术家的租赁合同也都签到 2005 年，但随着“798”影响越来越大，成为北京的一张名片，“798”的命运也悄然发生了变化。2006 年，“798”被政府正式定位为“文化艺术创意产业园区”，并被北京市政府列入第一批“优秀近现代建筑保护名录”。

“798”建筑的再利用改造原则是严格保护 20 世纪 50 年代的房子，重点改造其他年代的建筑，基本不建新的建筑。在安全检测后，通过加固以及分隔夹层等手段，使其内部空间适应新的功能，而不改变原来的外观特征。这些工业遗产有深厚的历史沉淀，营造出一种独特的场所感，和艺术产业的特质极为吻合，成为工业遗产利用的典型案例。

案例：上海的苏州河沿岸工业遗产改造

20 世纪初，随着上海工商业的发展以及贸易货运量的增加，苏州河的交通运输功能凸显，沿河修建了很多厂房，成为上海近现代工业的重要区域（图 11-46）。这里曾集中了大量有特色的工业建筑和仓库建筑，现存者有福新面粉厂、上海啤酒厂、造币厂等工业建筑。这一区域的近现代工业建筑，是上海近现代工业经济崛起的见证，

① 王建国等著．后工业时代产业建筑遗产保护更新．中国建筑工业出版社，2008.41.

也是上海近现代城市独具特色的构成要素之一。

改革开放后，随着铁路和公路的发展，苏州河的航运功能不断淡化。到了 20 世纪 90 年代，上海开始进行大规模的产业结构调整，大部分传统产业（如纺织业、制造业等）开始向城市周边转移。苏州河沿岸的工业遗产也在此时面临着何去何从的艰难抉择。不仅如此，在房地产升温的过程中，沿河竖起的一片片高层建筑，也对历史风貌构成威胁。

1996 年，上海市成立了一个苏州河环境综合整治小组，实施苏州河整治工程，在维护历史风貌的基础上，对这一历史地段的功能进行重新定位。沿岸的厂房、仓库、码头等工业遗产，没有进行大规模的拆除，而是将其更新再利用，成为建筑设计、广告策划、艺术展示等业态的聚集地（图 11-47）。2003 年，登琨艳成功改建苏州河路 1305 号老仓库，获得联合国教科文组织颁发的"文化遗产保护奖"（图 11-48）。

图 11-46　老明信片中的上海苏州河沿岸建筑群[1]（下左）
图 11-47　上海苏州河沿岸莫干山路工业遗产被改为创意办公区（下中）
图 11-48　上海苏州河路 1305 号老仓库及其旁边的老仓库改建为创业产业区（下右）

① 于吉星主编 . 老明信片 · 建筑篇 . 上海画报出版社，1997.57.

第十二章　国外建筑遗产保护

第一节　英国建筑遗产保护

英国是世界上第一个工业化的国家，也曾是世界上最强大的国家，号称“日不落帝国”。19 世纪末时，英国占有的殖民地面积曾达到 2780 万平方公里[①]，跨越全球七大洲，比其本土面积大一百多倍。英国四周为海，是典型的岛国，较少受到外面的侵略和影响，逐渐形成相对保守、尊重传统、较少革故鼎新的民族特征。正由于此，英国留存下了非常丰富的建筑遗产，至今英国列入法定保护的建筑遗产数量在欧洲独占鳌头。英国政府和民众热爱这些建筑遗产，在长期不懈的遗产保护中，形成较为成熟的遗产保护体系，拥有先进的管理运作模式，积累了宝贵的经验，值得其他国家学习借鉴。

英国四大行政区域（英格兰、威尔士、苏格兰和北爱尔兰）的遗产保护政策有一定差异，在英格兰和威尔士适用的，在北爱尔兰和苏格兰就不一定适用，但是，其保护的基本理念和基本方法还是非常相似的。由于英格兰的人口和面积在四个行政区划中均占有绝对优势，是英国的主体，所以，下面以英格兰为主，分析英国的建筑遗产保护。

一、保护历程

回溯英国的遗产保护历程，绕不开两位重量级的先驱，即 19 世纪的约翰 · 拉斯金（John Ruskin，1819~1900）和威廉 · 莫里斯（William Morris，1834~1896 年）。拉斯金是著名的艺术批评家和理论家，他在 1849 年出版的《建筑七灯》一书中就强调了保护历史建筑的重要性 ：“没有建筑，我们就会失去记忆……有了几个相互叠加的石头，我们可以扔掉多少页令人怀疑的纪录！”莫里斯是著名的艺术评论家和社会评论家，他在 1862 年指出 ：“那些历史文化遗产，应该成为铸造一个民族进步与希望的神圣纪念碑”。[②] 以拉斯金和莫里斯为代表的社会精英，呼吁当时社会各界重视建筑遗产的保护，并致力于唤醒民众的保护意识，积极推进建筑遗产的保护工作，功不可没！

英国并非一开始就具有很强的保护意识，也并非一开始就有严格的保护措施。和很多国家一样，英国从保护意识淡薄到逐渐珍视这些古迹，再到付诸实践，经历了一个较长的过程。19 世纪之前的英国，建筑的所有者可任意处置遗迹，包括将其

---

① 阎照祥 . 英国史 [M]. 北京 ：人民出版社，2003.337.

② J W Mackail. Life of William Morris. Oxford: Oxford University Press，1950.pp.351~352.

夷为平地。如英国斯特拉特福镇（Stratford-upon-Avon）有座名为“新宫”（New Place）的房子，是莎士比亚的故居之一，莎士比亚1616年逝世于此。在莎士比亚逝世100多年后的1753年，教士弗朗西斯·格斯特尔（Francis Gastrell）购买了该故居，但他很快就被接踵而至的参观者弄得焦头烂额，于是他在1759年就直接拆掉了整栋房子[①]。虽然由于他是房子的主人，拥有绝对处置权，政府无权干涉，但是这件事激怒了无比崇拜莎士比亚的当地居民，他最后不得不迁离了这个小镇。诸如此类拆毁重要建筑的事件，在当时的英国屡见不鲜，司空见惯（图12-1）。

图12-1　莎士比亚逝世前居住的故居被拆了，但莎士比亚出生时的房子被保留下来，被列为I类登录建筑

再如，作为英国古迹代表的巨石阵，现在已经被列入世界遗产名录，是英国文化和旅游的重要象征，受到极为严格的保护。但在19世纪时，这座非常重要的史前遗址并没有得到应有的呵护，不少游客在巨石上刻凿文字和图案，有些甚至从巨石上凿下碎石以作私人留念。到了1871年，巨石阵甚至面临被出售的境遇，所占的这块地也准备清除后修盖房屋。议员约翰·卢博克（John Lubbock，1834～1913年）得知该情况后，决定拯救巨石阵，他努力说服了巨石阵当时的所有者，将这一块地和这一史前遗迹出售给自己。但问题是，卢博克不可能购买全国所有受到威胁的古迹，因此唯一的出路就是通过立法，保护这些建筑遗产。于是，1874年卢博克草拟并提交了《古迹法案》（The Ancient Monuments Bill）。该法案提议政府有权没收任何受到所有者威胁的史前遗迹。然而，这一做法在当时并未得到主流社会的认可，所以该法案一直未获议会通过。

但是，卢博克并未因此放弃，之后的几年连续提交这一法案，一直到了1882年《古迹保护法》（Ancient Monuments Protection Act 1882）才得以通过，成为英国历史上第一部遗产保护法律，无疑具有划时代的意义。根据这一法令，英国政府的相关部门可以购买古迹，并可使用国家资金修缮受损的古迹。不过，这一法案将卢博克所说的“没收”变为了“自愿”，即规定在所有者同意的前提下，国家可以购买古迹。另外，该法案首次引入“在册古迹”（scheduled monuments）的概念，对其进行法定保护，还确定了68处史前遗址（prehistoric sites）为在册古迹[②]。该法案规定，毁坏在册古迹者会被罚款或拘留，这在一定程度上对私人古迹所有者施加了压力，遏制了民间无序挖掘或建设对古迹的破坏，提升了民众的保护意识。

在文化遗产保护中，法律一直是非常重要的工具。英国在20世纪出台了一系列法律法规，发挥了极为重要的作用。如在1913年，整合了之前的几个法案，通过了《古迹综合及修订法案》（Ancient Monuments Consolidation and Amendment Act 1913）。该法案授权当地政府或工作委员会公布出版在册古迹名录，购买古遗址或承担对古遗址的“监护权”，以此来防止由于古迹留在私人手中所造成的损害和破坏。这在财产

① 中国社会科学报/2013年/3月/18日/第A04版

② 其中英格兰和威尔士28处，苏格兰22处，北爱尔兰18处。

权神圣不可侵犯的年代，是一项非常不容易的变革。该法案规定所有者必须参与古迹的修复工作，如果不配合保护修复工作的人，则可能被罚款，而拒缴罚款又面临牢狱之灾。实际上这意味着赋予文化遗产保护工作以强制性，使所有者不能随便处置古迹。这一观念正是卢博克提出的法案的精髓。

1932 年出台的《城乡规划法》规定，地方当局有权列出有特殊建筑价值和历史价值的建筑清单，并规定如果没有当局的同意或向部长申请，就不能拆除这些建筑[①]。1947 年的《城乡规划法》确立了登录制度，其中规定部长可以编制或审批保护建筑清单，并规定对历史建筑的登录不需经过所有者的同意，也没有相应的补偿，只是简单地告诉所有者其列为登录建筑[②]。随即，9 万幢建筑被列入保护名录[③]。

英国善于通过城乡规划管理对历史环境实施有效保护，可谓其特色。1967 年的《城市宜居法》（Civic Amenities Act）明确提出地方规划当局应该遴选有特殊建筑价值或历史价值的区域，将其公布为“保护区”（conservation area），明确规定在城乡规划中通过划定“保护区”，来规范城市和村镇中心的商业开发行为。该法律的出台标志着英国建筑遗产保护从重视单体建筑保护向兼顾建筑群保护的转变。

英国在经历了战后重建以及经济危机后，越来越认识到文化遗产的价值，随之保护的力度明显增强。1968 年出台的《城乡规划法》中，批准登录建筑名录的权力完全从地方当局移到了部长手中，也第一次在法律中明确使用了“登录建筑”（listed buildings）一词。除此之外，这一时期最大的实际行动是对历史建筑的普查，这项工作量大面广。在普查的基础上，发现有价值的建筑并将其公布为登录建筑。截至 1969 年，“对将近 12 万幢建筑予以法定保护，对另外的 13.7 万幢建筑予以非法定的认定（不是保护）”[④]。

1983 年英国出台了《国家遗产法》，首次在法律中提出了“遗产”的概念，将历史建筑、保护区和古迹与各类博物馆、军工厂、皇家园林等一同纳入遗产的范畴，并提出设置管理机构。1984 年，根据《国家遗产法》，成立了“英格兰历史建筑和古迹管理委员会”（the Historic Buildings and Monuments Commission for England，简称 English Heritage）。

在实践方面，英国也一直进行着有益的探索。如伦敦圣潘克拉斯火车站（St. Pancreas Railway Station）的保护再利用就是非常有代表性的案例。另外，英国作为第一个工业革命的国家，留存下了大量的工业遗存。一些工业建筑的再生设计也曾引起极大关注，如世纪之交完成的泰晤士河畔发电厂改造为泰特现代艺术馆，就是典型案例。

二、保护体系

1. 政策体系

从 1882 年通过《古迹保护法》至今的 100 余年间，英国出台了一系列法规，适应了不同时期的需要，逐渐形成了较为完备的保护体系。总体而言，英格兰文化遗

① Section 17，the Town and Country Act 1932.
② Section 30，the Town and Country Act 1947.
③ 朱晓明编著. 当代英国建筑遗产保护. 同济大学出版社，2007.33..
④（英）巴林·卡林沃思，（英）文森特·纳丁著. 英国城乡规划（第 14 版）. 东南大学出版社，2011.314.

产保护的法律较多，不是一个单一的综合性法律，而是针对不同类型的遗产，有各自不同的法律。

英国国家层面现行的有关遗产保护的法律主要有四部（表 12-1），即《国家遗产法》（1983 年）、《古迹和考古区法》（1979 年）、《登录建筑及历史保护区规划法》（1990 年）[①]、《国家规划政策框架》（2012 年）。除了这些法律外，还有很多操作层面的指导文件（表 12-2）[②]。地方政府在这些法律和文件指导下，会针对辖区内遗产出台相关保护政策文件，并作为政府在规划审批时的法定参照文件。

英格兰有关遗产（登录建筑和保护区）保护的相关法律法规　　表12-1

序号	名称	年份	发布单位	主要内容
1	《国家遗产法（2002 修订）》（National Heritage Act）	1983 年	议会	强化保护框架和确定遗产类别名称，增加注册古战场、注册公园与花园等类别
2	《古迹和考古区法》（the Ancient Monuments and Archaeological Areas Act 1979）	1979 年	议会	古迹和考古区设计和保护的基本原则和保护措施
3	《登录建筑和保护区法》（the Listed Buildings and Conservation Areas Act of 1990）	1990 年	议会	登录建筑和保护区保护的基本原则，强化地方政府权力和责任
4	国家规划政策框架（National Planning Policy Framework，NPPF）	2012 年	社区和地方政府事务部	第 126~141 段涉及历史遗产保护，替代《规划政策导则 5》，提出历史环境保护结合可持续发展的原则

操作层面的文件　　表12-2

序号	名称	年份	发布单位
1	《历史环境规划和实践指南》（PPS5 Planning for the Historic Environment: Historic Environment Planning Practice Guide）	2010 年	英国遗产（English Heritage）
2	《登录建筑遴选原则》（Principles of Selection for Listing Buildings）	2010 年	文化、媒体和体育部（Department for Culture，Media and Sport）

① 1990 年出台的《登录建筑和保护区法案》，是第一部关于登录建筑和保护区的专门法案。该法案涉及登录建筑的内容有登录注册、规划控制、所有人权限、处罚执行、预防破坏和衰败以及其他一些方面的详细规定；涉及保护区的有保护区的划定、规划部门的职责、区内毁损控制、财政补助以及城市发展项目的一些规定。同年，公布了《登录建筑和保护区规划条例》，对上述法案的具体实施作了规定。

② 1994 年，当时负责遗产保护的环境部出台《规划政策指南 15》（PPG15），该文件是英国最迟颁布的规划指南，后来沿用了 16 年，成为当时地方规划中最为重要的遗产保护指导文件。2010 年，社区和地方事务部出台《规划政策声明 5：历史环境规划》（PlanningPolicy Statement 5: Planning for Historic Environment）取代过去的《规划政策指引 15》，成为国家层面历史环境保护的重要法规，注重协调各层面的横向关联，避免规划政策的相互矛盾，保证整个系统的统筹运行。该声明还强调“遗产财富”（heritage assets），这一概念是对过去的各类保护对象的整合，有助于统筹保护各类遗产。同年，社区和地方事务部、文化、媒体和体育部和历史英国共同出台《历史环境规划和实践指南》（the Historic Environment Planning and Practice Guide）。前者主要是规划政策，后者主要是实施细则。2012 年，《规划政策声明 5：历史环境规划》被《国家规划政策框架》（the National Planning Policy Framework，NPPF）中的内容取代，但其基本内容没有变化，且与 PPS5 配合，原来颁布的《历史环境规划和实践指南》（the Historic Environment Planning and Practice Guide）依然有效。

续表

序号	名称	年份	发布单位
3	《在册古迹和国家级重要的但还未在册的古迹》（Scheduled Monuments & nationally important but non-scheduled monuments）	2013年	文化、媒体和体育部（Department for Culture，Media and Sport）
4	《在册古迹所有者和使用者手册》Scheduled Monuments A Guide for Owners and Occupiers	2014年	英国遗产（English Heritage）
5	《保护区指定、评估和管理》（Conservation Area Designation，Appraisal and Management）	2016年	"历史英国"（historic England）

2. 保护机构

英国文化遗产保护的组织框架主要由中央政府、地方政府和非政府组织组成（表12-3）。这些部门在各自的位置上扮演着不同的角色，发挥着不同的职能，相互协作。中央政府和"历史英国"负责制定规则、实施监督，地方政府具体执行，其他非政府组织积极参与。

英国文化遗产相关保护机构　表12-3

中央政府部门	文化、媒体和体育部（Department for Culture，Media and Sports，缩写为DCMS）	负责全英的文化遗产保护，指定国家级的文化遗产，出台保护政策
	社区和地方政府事务部（Department for Community andLocal Government，缩写为DCLG）	出台与规划审批相关的国家级遗产保护原则和政策
地方政府部门	地方规划当局（localplanning authorities）	主要负责II类建筑和保护区的保护
非政府组织	历史英国（historic England）	全面负责国家级文化遗产保护事务，是英格兰遗产保护首席顾问，向英国政府和地方政府就遗产保护提供意见和建议
	国家基金（National Trust）	购买濒危的遗产并长期维护
	遗产彩票基金（Heritage Lottery Fund）	发放遗产保护资金
	其他公共组织	研究文化遗产以及监督文化遗产保护

中央政府部门主要有英国文化、媒体及体育部以及社区和地方政府事务部。文化、媒体和体育部统一负责遗产的保护工作[①]，制定宏观法规政策，统筹资金投放等。该部大臣确定登录建筑名录，并对一些重要登录建筑（包括所有I级和II*级登录建筑）的"登录建筑许可"（Listed Building Consent，LBC）拥有决策权。社区和地方政府事务部主要通过规划系统来保护英国的历史环境，并编制与遗产保护相关的原则性法规。如该部门制定的《国家规划政策框架》中有专门关于文化遗产保护的章节："保护和提升历史环境"。

在英国，遗产保护的很多具体工作下放到地方规划当局。地方规划当局直接管理、

① 文化、媒体和体育部是英国的内阁部门之一，该部实行内阁大臣责任制，共负责63个公共组织（public bodies），其中包括57个非政府公共组织（non-departmental public bodies，简称NDPBs），"历史英国"（historic England）即是这57个非政府组织（NDPBs）之一。

监督和协调各种遗产保护的基层工作，如负责保护区的保护，有权确定能否获得登录建筑许可(LBC)和各种财政补贴。但涉及重要遗产的保护项目，地方政府必须向“历史英国”寻求专业咨询。

此外，一些非政府组织也是参与文化遗产保护的重要力量。例如“历史英国”(historic England)、“国家基金”和“遗产彩票基金”等。

“历史英国”，其官方称谓为“英格兰历史建筑和古迹管理委员会”(the Historic Buildings and Monuments Commission for England) ①，是文化、媒体和体育部的非政府部门的执行机构，是英格兰国家级遗产保护和日常维护的真正执行主导机构，给中央政府和地方政府提供建议，如登录建筑和在册古迹的认定等。

国家基金成立于1895年，是英国目前最大的遗产保护慈善组织。2016年时，该组织拥有6.2万名志愿者，450万名会员 ②，即平均每20个英国人中便有1名会员。国家基金认为保护建筑或遗址的最佳方法是控制其所有权，所以该组织主要通过获得遗赠或购买来保护建筑或遗址。如今这个私人慈善机构是英国继皇家（Crown）之后的第二大财产所有者，也是目前英国最大的土地所有者之一，拥有700里的海岸线，61万英亩以上的土地，超过5000个史前遗址以及超过1100个历史建筑 ③。

遗产彩票基金成立于1994年，负责彩票基金的分发，向很多组织提供资助。遗产彩票基金每年还负责分配约1亿英镑的政府补贴经费用于遗产保护。截至2016年，遗产彩票基金共资助了3.9万多个项目，约68亿英镑 ④。

英格兰还有6个“国家宜居组织”(National Amenity Societies)，致力于遗产保护，是登录建筑保护的法定顾问（表12-4)。

国家宜居组织　　**表12-4**

序号	名称	成立时间	简介
1	“古建筑保护协会”（The Society for the Protection of Ancient Buildings）	1877年	由威廉·莫尔斯（William Morris）成立，是最早最有影响的团体之一，后来的很多保护组织以该组织为蓝本成立，影响很大，强调“放任”的保护理念
2	古迹协会（The Ancient Monuments Society）	1924年	致力于古代遗址、历史建筑和老手艺的研究和保护

① 该机构是根据1983年《国家遗产法》建立的，起初简称英国遗产（English Heritage），但运行30余年后，从自2015年4月1日起，分为两个不同的组织，一个沿用原名，但正式名称为官方英格兰基金（English Heritage Trust)，为注册慈善组织，主要管理英格兰遗产，包括400多处英格兰的历史建筑、古迹遗址，其时间跨度超过5000年，最著名的如巨石阵（Stonehenge)、铁桥（Iron Bridge)、多佛城堡（Dover Castle）等；其余职能则如登录建筑和在册古迹等管理，则转给了另一个组织“历史英国”(Historic　England)。

② 该数据引自国家基金主页：https://www.nationaltrust.org.uk/features/about-the-national-trust。最后访问日期：2016-02-25。

③ 转引自：(美）约翰·H·斯塔布斯，(美）艾米丽·G·马卡斯著. 欧美建筑遗产保护经验和实践. 中国工信出版集团/电子工业出版社，2015.66.

④ 遗产彩票基金主页：https://www.hlf.org.uk/about-us。最后访问日期：2016-02-25。

续表

序号	名称	成立时间	简介
3	英国考古委员会（The Council for British Archaeology）	1944 年	致力于古代建筑和古迹遗址的研究、教育、保护和宣传
4	乔治亚团体（The Georgian Group）	1937 年	致力于乔治亚时期（1700~1837 年）的建筑和人工景观的保护
5	维多利亚协会（The Victorian Society）	1958 年	致力于维多利亚和爱德华七世时期（1837 ~ 1914 年）的建筑保护
6	20 世纪学会（The Twentieth Century Society）	1979 年	致力于 1914 年至今的建筑的保护

三、遗产类型

英国国土面积不到 25 万平方公里，平均每平方公里约有 2 处法定保护遗产，可见其数量之多。其主要类型有在册古迹、登录建筑、保护区、注册历史公园和园林、保护船骸遗址等（表 12-5）。其中以在册古迹、登录建筑和保护区数量最多，影响最大。下文主要分析在册古迹、登录建筑和保护区。

英格兰的文化遗产法定类型 表12–5

遗产类型	主要法律根据	管理和保护	数量（统计截止时间）
在册古迹（Scheduled Monuments）	《古迹和考古区法》（1979）	一般不再日常使用，所有人可不承担修缮义务。历史英国推荐，文化、媒体和体育部大臣确认划定，地方政府负责日常保护，历史英国提供技术支持	19749（2011 年）
登录建筑（Listed Buildings）	《登录建筑和保护区规划法》（1990 年）	所有人必须承担修缮义务。历史英国推荐，文化、媒体和体育部大臣认定划定确认，地方政府负责日常管理，历史英国提供技术支持	374319（2010 年）
保护区（conservation areas）	《登录建筑和保护区规划法》（1990）	地方政府划定，地方政府负责保护和监管，通过规划审批过程控制项目对其影响或破坏。大伦敦地区由“英国遗产伦敦部”管理	9799（2010 年）
注册历史公园和园林（Registered Parks and Gardens）	历史建筑和古迹法（1953）	其评定和签署都是由历史英国负责，这一点和登录建筑和在册古迹需要国务大臣签署才能生效不同，I 和 II* 由历史英国直接管理，II 类由地方政府管理。	1606（2010 年）
船骸遗址（Protected Wreck Sites）	《船骸遗址保护法》、（1973）	文体部国务大臣确认划定并负责保护	/

1. *在册古迹*（scheduled monuments）

在册古迹是英国最早列入法定保护的遗产类型。早在1882年通过的《古迹保护法》就收录了全英 68 处古迹[①]。目前，在册古迹的法律依据是 1979 年颁布的《古迹和考古区法》[②]。最早列入在册古迹的都是史前的，后来扩展到中世纪，目前所有时间的古迹都可以成为在册古迹。如 2003 年，位于西伯克郡（West Berkshire）冷战时期的格林汉姆空军基地巡航导弹综合体（Cruise missile shelter complex，Greenham Common Airbase）被指定为在册古迹。

① 其中英格兰和威尔士 28 处，苏格兰 22 处，北爱尔兰 18 处。
② 该法案适用于英格兰、威尔士和苏格兰。

在册古迹的一个重要特点就是一般没有人居住使用[①]。如英格兰东北部的威力比小镇（Withby）的修道院（Abbey）（图 12-2）、英格兰中部斯卡布罗市（Scarborough）的城堡（Castle）（图 12-3）等都是没有人居住的。如果有人在居住使用，则一般指定为登录建筑。这是在册古迹和登录建筑的重要区别。就保护而言，在册古迹的保护措施一般更为严格，多采用谨慎的保护措施，力求通过细微有效的工作，保持当前的状态，其经济价值常常被忽略。相反，登录建筑则注重发挥其切实可行的经济价值，为了适应现代生活进行功能转换，其一般允许进行较大的改动。

很多建筑有双重身份，即既是登录建筑，又是在册古迹。如巴斯（Bath）的罗马浴场（Roman Baths）（图 12-4），建于公元 2 世纪，是罗马时期留下的重要古迹，既是 I 类登录建筑，也是在册古迹。如约克（York）的圣玛利亚修道院（St Mary's Abbey）（图 12-5），既是 I 类登录建筑，也是在册古迹。同一建筑具有两重身份，给保护管理带来一定的麻烦，所以英国拟将其合二为一。

在册古迹的指定或撤销由文化、媒体和体育部大臣负责，但需要提前向“历史英国”咨询。在实际操作中，一般是“历史英国”先提出建议，文化、媒体和体育部进行审议。根据该部 2013 年发布的《在册古迹》（Scheduled Monuments）[②]，在册古迹应该具有国家重要性（national importance），其价值主要表现在考古、建筑、历史或传统等方面，特别是考古价值和历史价值。具体的遴选原则有：(1) 年代（Period）；(2) 稀有性（Rarity）；(3) 文献记录（Documentation）；(4) 群体价值（Group

图 12-2　在册古迹：英格兰东北部威力比小镇的修道院（上左）
图 12-3　在册古迹：英格兰中部斯卡布罗市的城堡（上右）
图 12-4　在册古迹兼 I 类登录建筑：巴斯 Bath 的罗马浴场（Roman Baths）（下左）
图 12-5 在册古迹兼 I 类登录建筑：约克的圣玛利亚修道院（St Mary's Abbey）（下右）

① 见《古迹和考古区法》section 1（4）。
② 在《在册古迹》（Schedued Monument）附录 1：“Principles of selection for Scheduled Monuments”。

Value）；(5) 现存状况（Survival/Condition）；(6) 脆弱性（ Fragility /Vulnerability）；(7) 多样性（Diversity）；(8) 潜力（Potential）等。至 2011 年时，英格兰在册古迹达到 19749 件[①]。目前，这些古迹除了价值极高的之外，绝大多数古迹在私人手中。

任何可能影响到在册古迹的工程，都被严格控制。除非获得“在册古迹许可”(Scheduled Monument Consent, SMC)，对在册古迹进行拆除、破坏、损害、移除、改动、添建等，或应用金属探测仪，或取走历史构件或考古的构件，都属于刑事犯罪（criminal offence）[②]。在申请在册古迹许可时，如果因为被驳回而遭受损失，可以在某些限定条件下得到赔偿。在实际操作中，绝大多数许可申请会被批准，但往往会附加一些有利于保护的条件。正由于有严格的保护措施，所以在册古迹的破坏还是比较少的。如英国遗产统计，在 1988 ～ 1993 年间，没有完全拆毁的古迹，损坏案例（cases of damage）每年平均也仅约 50 件[③]。

2. 登录建筑（listed buildings）

将有价值的建筑指定为“登录建筑”，是英国建筑遗产保护的重要措施。一旦一座建筑被指定（designated），就说明认可其为特殊的建筑或有历史意义，将受到法定保护，以防止遭到非法破坏、变更或增建。目前，“登录建筑”制度执行的依据是 1990 年出台的《登录建筑和保护区规划法》[④]。

经过不断地调整，现在英格兰的登录建筑保护体系已经逐渐完善，形成了完整的系统。文化、媒体和体育部（DCMS）负责决定哪些建筑可以被指定为登录建筑，即一座建筑是否可以指定为登录建筑，由该部部长决定。而“历史英国”（historic England）具体负责处理与登录建筑有关的事务。尽管中央政府、地方政府、民间组织或个人都可以提名登录建筑，但在实际操作中，往往是“历史英国”根据在某一区域系统调查后或在地方规划当局建议的基础上，遴选登录建筑，最后经该部大臣批准公布编成一个目录。编写登录建筑名录是一个持续不断的过程，不断有新的建筑补充进来。根据价值的重新认识和评估，已经登录建筑的等级也有可能上升或下降。另外，尽管在指定登录建筑时，政府部门没有责任和义务与任何人（包括业主）磋商，所有者或使用者也没有申诉的权利，但政府部门为了避免让所有者感到意外，一般还是会通知所有者的。

对于登录建筑的入选标准，没有量化的指标。根据《登录建筑和保护区规划法》(1990 年)，登录建筑必须具有“特殊的建筑或历史的意义”(special architectural or historic interest)。2010 年出台的《登录建筑选取标准》中，把登录建筑的入选标准分为法定标准（Statutory Criteria）和一般原则（General Principles）。其中法定标准包括建筑价值（Architectural Interest）和历史价值（Historic Interest）。所谓建筑价值，就是该建筑在建筑设计、装饰艺术或工匠技艺方面具有突出的价值，或是典型的建筑类型，或能代表某种技术创新或精湛技艺，或具有独特的平面形式。所谓历史价值，

---

① Heritage Counts 2011.

②《古迹和考古区法》(1979 年) 第 28 条、第 42 条和《Scheduled Monuments》第 16 条。

③ Richard Harwood Historic Environment Law :Planning，Listed Buildings，Monuments，Conservation Areas and Objects[M].Institute of Art and Law，2012.36.

④ 该法律除了给出有关登录建筑的定义、法律程序外，还包含开发、改建、拆除、公众参与、产权关系、财政资助等内容。

就是能够反映国家社会史、经济史、文化史或军事史的重要方面，或与国家重要人物有关。一般原则则包括年代和稀有性、美学价值、选择性、国家价值、修复状态等（表 12-6）。

登录建筑遴选的一般原则表 表12–6

序号	名称	主要内容
1	年代和稀有性（age and rarity）	年代越久远的建筑，现存者就愈少，越有可能具有特别的价值，因而越有可能被选定。如 1700 年所建造的建筑，只要留存有绝大部分，都会被收录；从 1700 年到 1840 年的建筑，绝大部分都会被选录；1840 年之后的建筑，由于建设量剧增，保留下来的数量也很多，因此只选择一部分入册；对于 1945 年（二战后）的建筑尤其要精心挑选；建成不到 30 年的建筑，只有在其价值非常突出并且受到威胁的情况下才会被选录
2	美学价值（Aesthetic merits）	建筑的外观（包括自身固有的建筑特征和任何群体价值），在决定是否被批准登录时要重点考虑。但建筑的独特价值并不一定在外观中得到体现，那些拥有技术创新或体现社会、经济发展的特殊方面的建筑，也许并没有特别的外表视觉价值
3	选择性（Selectivity）	如果具有非常独特的建筑价值，那么就基本不用考虑其他价值相抵的建筑，就可以指定为登录建筑。但有时，某幢建筑被登录，是由于代表某种特别的类型，是为了确保这一类型建筑被保护，这时，就应该和该地有同类型和相似价值的建筑进行比较权衡。在这种情况下，国务大臣的做法是选择最有代表性或最有价值的案例
4	国家价值（National interest）	这条标准的重点是强调选择的连续性，不仅保证所有具有很高建筑价值的建筑被登录，而且得保证最有意义或最有特色的地域建筑也被登录，因为这些也是国家历史基因的重要的构成部分。比如，最好的乡土建筑一般都会被登录，因为这些建筑反映了最独特的地方特色。类似的，比如一些建筑被登录，是因为它们代表的是全国最有名的本地行业，如北安普敦郡的制鞋或兰开夏郡的棉花生产
5	修复状态（State of Repair）	在决定一幢建筑是否有独特价值时，不需要考虑建筑的修复状态

另外还有一种方式是临时登录（Temporary listing），主要针对那些有一定建筑价值或历史价值但未被指定为登录建筑的建筑，在受到拆除或改动的威胁时，地方规划当局会给建筑的所有者或使用者“建筑保护通告”（building preservation notice），同时报告国务大臣，请其考虑该建筑是否列入登录建筑。在国务大臣作出决定前，不能拆除或改变该建筑，有效期为六个月。这种临时登录制度，有利于保护一些面临紧急拆除或改动的建筑。

登录建筑被划分为三个等级，其中 I 类（Grade I）具有杰出、特殊的价值（Buildings of exceptional interest）；Ⅱ * 类（Grade Ⅱ *）具有非常重要的价值（Particularly important buildings of more than special interest）；Ⅱ 类（Grade Ⅱ）具有一定的价值，值得尽力保护（Buildings that are of special interest，warranting every effort to preserve them）。各地一些经典的建筑，都被指定为 I 类登录建筑，如伦敦的议会大厦、圣保罗大教堂、塔桥，巴斯（Bath）的皇家新月楼（Royal Crescent）、温彻斯特（Winchester）的 Cathedral Church of the Holy Trinity（图 12-6~ 图 12-9）等。一般 I、II* 类登录建筑主要由“历史英国”统一管理，II 类登录建筑则主要由地方政府负责管理。从保护的力度而言，级别越高，保护越严格。一般 I、II* 类登录建筑，原则上不得改建、扩建或加建，但对于大量的 II 类登录建筑，

图 12-6 I类登录建筑：伦敦的议会大厦（上左）
图 12-7 I类登录建筑：圣保罗大教堂（上右）
图 12-8 I类登录建筑：巴斯（Bath）的皇家新月楼（Royal Crescent）（中）
图 12-9 I类登录建筑：温彻斯特（Winchester）的 Cathedral Church of the Holy Trinity（下左）
图 12-10 登录建筑公园山公寓（Park Hill flats）（下右）

可以采用更为灵活、多样的适应性再利用方法。

在英格兰，截至 2011 年，共有 375121 个登录建筑[①]。其中 I 类约占 2.5%，II * 类约占 5.5%，剩余的 92% 是 II 类建筑。有时一个登录建筑可能不止一幢建筑，如 II* 类登录建筑公园山公寓（Park Hill flats）[②]，由盘蛇状的 7~13 层的四幢建筑组成，有将近 1000 套公寓，规模巨大，是欧洲最大的登录建筑（图 12-10）。据估计英格兰的登录建筑共约 50 万幢[③]，约占英格兰所有建筑的 2%，其比例还是非常高的。

就年代分布而言，1600 年前的登录建筑占 15%，17 世纪的占 19%，18 世纪的占 31%，19 世纪的占 32%，1900~1944 年间的占 3%，“二战”后的占 0.2%[④]。可见，“二战”后的建筑能被指定为登录建筑者非常之少，除非具有特别的价值。如谢菲尔德大学建筑学院和景观系所在的艺术塔楼（The Arts Tower），建于 1961 ~ 1965 年，

① Heritage Counts 2011
② 该公寓位于英国中部的谢非尔德市，建于 1957 ~ 1961 年，粗野主义风格，1998 年指定为 II* 类登录建筑，2004 年开始实施更新，其更新项目是 2013 年英国皇家建筑学会（RIBA）斯特林奖的六个入围项目之一。
③ 历史建筑保护协会（Institute of Historic Building Conservation）则估计约在 630000 到 895000 幢。
④ Historic Envionment Law，p48.

高 20 层 78 米，该楼 2010 年之前是谢菲尔德市最高的建筑，因其颇具时代特征的简约风格，1993 年被指定为 II* 类登录建筑（图 12-11）。

图 12-11 II* 类登录建筑：谢菲尔德大学艺术塔楼（The Arts Tower）

英国登录建筑主要通过"登录建筑许可"（listed building consent）实施控制。对登录建筑的拆毁、改建和扩建，都需要得到"登录建筑许可"[①]，"除非得到允许，任何人都不能实施或导致对建筑物进行任何形式的拆毁、改造或扩建，以致影响到建筑物的建筑价值或历史价值"[②]。如固定装置、附加设备，甚至粉刷一栋建筑（甚至是一扇门），去除油漆，都需要获得登录建筑许可。任何固定在登录建筑上的构件以及院子内任何 1948 年前的即使没有固定在建筑上的构件，都是登录建筑的一部分[③]。

要获得登录建筑许可，业主必须向地方规划当局提出申请。地方规划当局在作决定前，必须先在该建筑物上张贴布告，并在报刊上登广告说明业主的想法[④]。至于"是否准予'登录建筑许可'，地方规划部门和（中央部门）大臣必须重点考虑到保护其任何有关建筑特色和历史意义的特点（不受到影响）"[⑤]。登录建筑许可通过时，往往会附带一些条件，如必须使用原来的材料，等等。

申请"登录建筑许可"时，针对"改动"和"拆毁"两种情况，有不同的程序。如果是关于改动的申请，地方规划当局需要将申请的通知以及相应的决定呈报给历史英国（Historic England）。如果属于拆毁的申请，地方规划当局还要同时通知有权介入法律程序的 6 个"国家宜居组织"（古建筑保护协会、古迹协会、英国考古委员会、乔治亚团体、维多利亚协会以及 20 世纪学会）[⑥]。在 21 天以内，地方规划当局将进行勘察并听取公众意见，然后将对申请作出决定[⑦]。如果属于否决的，则可以立即下达通知，而业主可以继续向中央部门上诉。但如果地方规划当局打算批准申请，就必须将申请连同有关资料、公众反映及拟批准的理由呈报给大臣。28 天之后，如果没有接到部长作出的延长等待时间的通知，那么地方规划当局就可以签发许可证给申请人[⑧]。若是允许拆毁登录建筑，还必须留出 1 个月时间让皇家古迹委员会对该建筑进行记录[⑨]。

对于需要维修的登录建筑，地方规划当局可以对业主发出"修缮通知"（Repairs Notice）。如果在发出"修缮通知"后两个月内，业主依然没有进行修缮，地方规划部门可强制执行，并要求业主支付所需费用或依法对建筑进行强制购买，并将其估价后卖给愿意承担修缮的责任者[⑩]。

对于历史建筑的保护，英国一方面有严格的法律限制，另一方面也有很多优惠政策。设想一下，如果拥有登录建筑只意味着负担的话，那么业主自然没有保护的

---

① "登录建筑许可"独立于规划许可，但不额外收费。
② 1990 年的《规划（登录建筑和保护区）法》第 7 条规定，对于登录建筑。
③ 按照 1990 年的《规划（登录建筑和保护区）法》第 1（5）条规定。
④ 1990-The Planning (Listed Buildings and Conservation Areas) Regulations 5.
⑤ 1990 年《规划（登录建筑和保护区）法》第 16 章规定。
⑥ Arrangements for Handling Heritage Applications – Notification to Historic England and National Amenity Societies and the Secretary of State (England) Direction 2015.
⑦ The Planning (Listed Buildings and Conservation Areas) Regulations 6（1）.
⑧ the Listed Buildings and Conservation Areas Act of 1990 Section 14（6）、（7）.
⑨ the Listed Buildings and Conservation Areas Act of 1990 Section 8（2）.
⑩ 根据 1990 年《规划（登录建筑和保护区）法》第 47 和 48 条。

图 12-12 英国南部怀特岛（Isle of Wight）上的奥斯本楼（Osborne House）。

热情。所以，英国政府除了大量直接的财政拨款外，还给予业主很多政策优惠，提供补贴费用（grants）。

在英国的遗产保护中，非常强调遗产的再利用，而不鼓励冻结式的保护。很多登陆建筑在再利用时，都会进行一定的改造，但只要这些改动不影响其建筑特色和历史意义，就会发给“登录建筑许可”。如利物浦市阿尔伯特（Albert Dock）的液压泵站（Hydraulic pumping station），建于 1878 年，1985 年被指定为 II 类登录建筑，1986 年被转化为酒吧。英国南部怀特岛（Isle of Wight）上的奥斯本楼（Osborne House）原为皇室住所（图 12-12），现在英国遗产的管理下，开辟为一处具有历史意义的景区。

3. 保护区（Conservation Areas）

在英国，“保护区”（Conservation Areas）的实施，明显晚于“在册古迹”和“登录建筑”。直到 20 世纪 60 年代，由于很多城市大面积拆除建筑，引发公众抗议，才不得不在法律体系中引入“保护区”的概念，以加强成片建筑群的保护。目前，保护区设立的法定依据是 1990 年颁布的《登录建筑和保护区法》。该法案第 69 条规定：“地方规划当局应该确定所在的区域中哪些区域具有重要的建筑价值和历史价值，其特征和外观值得保护，并将这些区域指定为保护区”，同时需要报大臣。有时中央政府也可以直接指定保护区，但指定前必须向地方规划当局咨询①。在保护区划定后，有较为严格的公示要求，需要至少在当地一种主要报纸上登载②。那么，什么样的区域可以指定为保护区呢？一般主要包括表 12-7 中所列几种。

保护区的入选类型③ 表12-7

1	拥有大量国家级指定遗产、多种建筑风格和历史集群的区域
2	和特定工业或当地感兴趣的某个人物有关联区域
3	当代街区模式中能体现较早的、历史价值突出的平面布局的区域
4	某种建筑风格或某种传统建筑材料占主导的区域
5	高品质的公众领域或空间元素的区域，如某种设计形式或居住模式，以及较大历史区域的基本构成要素的绿色空间，一些历史公园或其他指定的景观，包括英格兰遗产注册的有特殊历史价值的公园

英国极少公布历史城市，至今仅确定了巴斯（Bath）、契切斯特（Chichester）、切斯特（Chester）和约克（York）等 4 座历史古城。相比之下，保护区的数量很多，截至 2010 年，在英格兰地区已经划定了 9799 处保护区，其内含 100 多万栋建筑。就是上面提到的四座古城，也主要通过保护区实施保护，如约克的保护，主要通过中心历史核心保护区（the Central Historic Core Conservation Area）来控制。英国还有很多建筑遗产非常丰富的城市，也是主要通过保护区和登录建筑进行保护。比较小的城市，设一个保护区，如剑桥市主要通过剑桥历史中心保护区（the Cambridge Historic Core Conservation Area）来保护整个老城区（图 12-13）；比较大的城市，则设多个保护区，比如，纽卡斯尔（Newcastle）设有 12 个保护区（图 12-14），利物浦城有 36 个保护区。

① the Listed Buildings and Conservation Areas Act of 1990 Section 69（3）、70（3）.
② the Listed Buildings and Conservation Areas Act of 1990 Section 70（5）；70（8）.
③ Conservation Area Designation, Appraisal and ManagementHistoric England Advice Note 1, section 11.

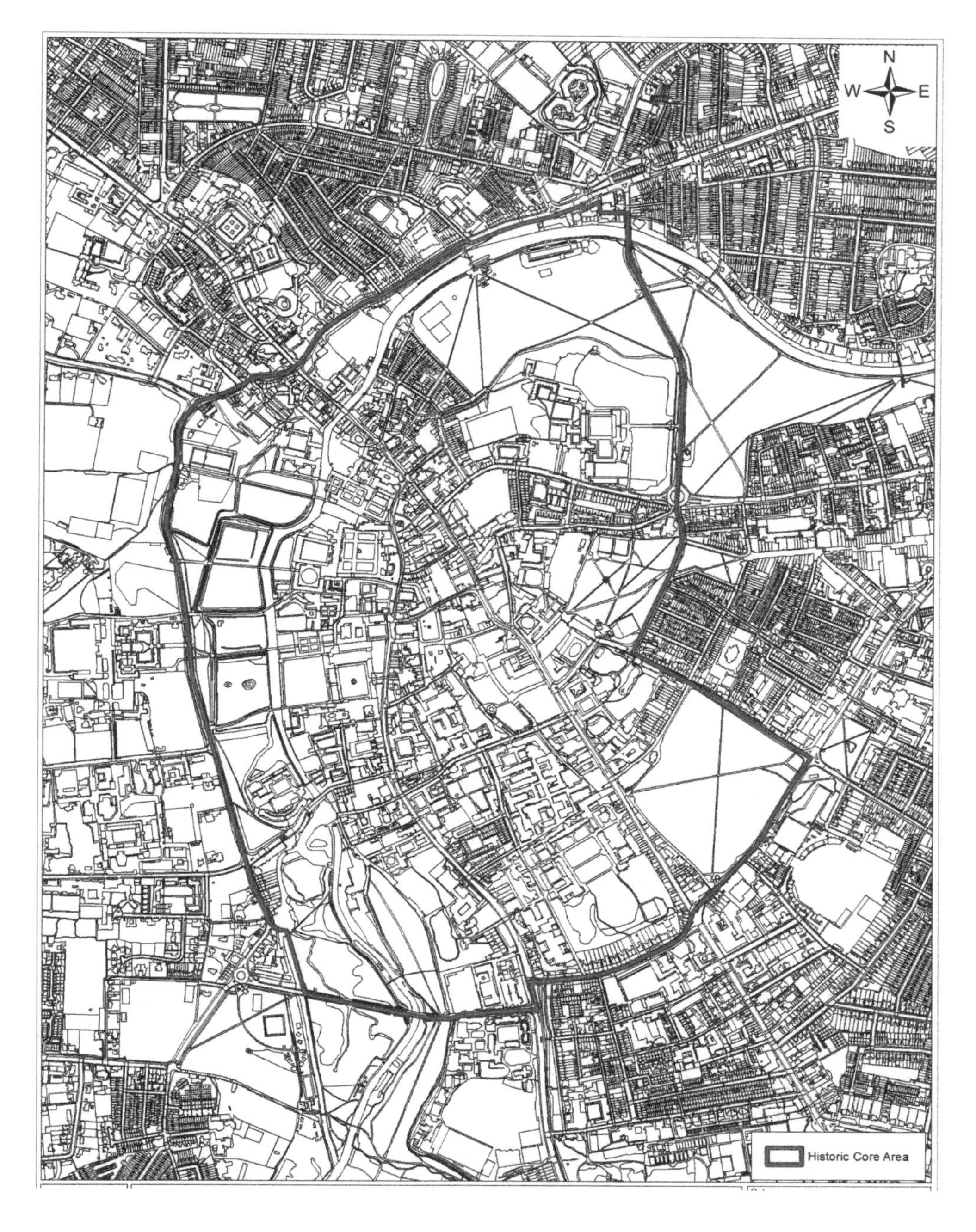

图 12-13　剑桥的历史中心保护区[①]

由于英国现在保护区的数量较多，所以对于新保护区的设立采用审慎的态度，避免把一些没有价值的区域指定为保护区。2012 年《国家规划政策框架》第 127 条指出："在指定保护区时，地方规划当局应该确认这一区域具有特殊的建筑或历史价值，要避免指定一些没有特殊价值的区域为保护区，这样会贬低保护区的含金量。"

保护区范围的划分往往根据具体情况而确定，主要考虑其特点和完整性，即重点保护地段的整体风貌，而不局限于单幢建筑。保护区的大小不一，规模差别较大。

① 引自：Cambridge Historic Core Appraisal – 2015

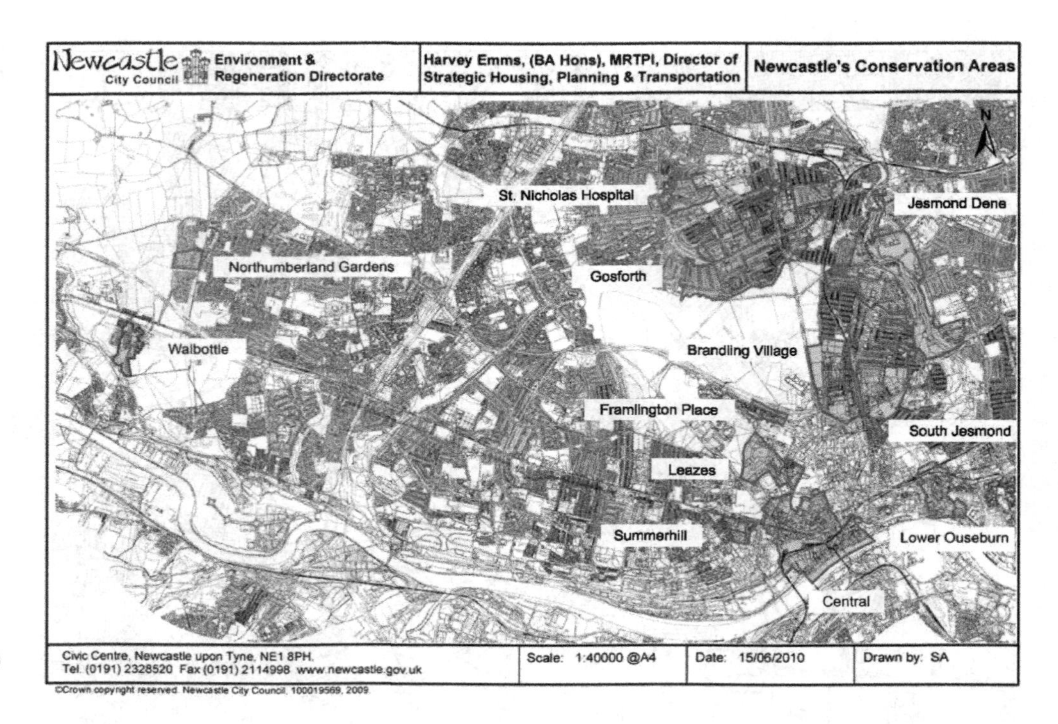

图 12-14 纽卡斯尔(Newcastle)市区的 12 个保护区分布图①

如巴斯和东北萨默塞特②（Bath and North East Somerset）的 36 个保护区，除了中心城区的保护区面积达 1486 公顷外，其余 35 个保护区的平均面积为 24 公顷，其中最小的 5 公顷，小于 10 公顷的有 14 处，约占 40%；最大的 248 公顷，其中大于 50 公顷的有 4 处，占 11%。《规划通告 8/87》指出“保护区可大可小，大到整个城镇地区，小到广场、平台、一小群建筑。它们常常以登录建筑为中心，但并不总是如此。令人愉悦的其他建筑群、开敞空间、数目、历史街区的布局形式、村庄的草坪、具有历史或考古重要性的特征等地可以造就该地区的特征。几乎每一个城镇和许多村庄都有适合于被指定为保护区的建筑”。最早划定的保护区，多为历史城镇中心区，但随着观念的转变，后期更多的保护区是村庄、社区以及以开放空间和现代建筑集中区域等。萨福克海岸区（the Suffolk Coastal District）的 Saxtead Green Conservation Area 就是一个典型的古村落。

当保护区被确认后，相关的规划决策要特别关注和加强这一区域的特征和外观，必须实现对所有建筑的控制。1990 年《登录建筑和保护区法》第 71 条规定：“地方规划当局有责任时常提出和颁布一些建议，促进这些保护区内所有区域的保护和提升。这些建议应该提交给这个区域内的公众会议讨论。地方规划当局应该充分考虑参会人员的建议。”③

地方规划当局负责制定《保护区评估和管理规划》（Conservation Area Appraisal

① 引自：Newcastle Conservation Area Profiles。

② 根据相关数据统计：巴斯和东北萨默塞特（Bath and North East Somerset）城市议会网站：http://www.bathnes.gov.uk/services/planning-and-building-control/conservation-areas。最后访问日期：2016 年 5 月 8 日。

③（英）卡林沃思，纳丁著．英国城乡规划．东南大学出版社，2011.325.

and Management Plan)。即在调查评估的基础上,对保护区内的风貌特征进行详细分析,并提出规划控制策略。一般每五年做一次。这一文件本身并不具备法律效应,但地方规划当局在公示后将其中的重要内容转化为具有法律效应的规划文件后,就可以起到对保护区的管控作用。

保护区的所有建筑无论是否登录,均不得随意拆除。地方规划当局主要通过颁布"保护区许可"(conservation area consent)的方式控制保护区内的建设活动。英国公民享有自行对住宅细部进行改造和修缮的权力(也称为"开发许可权"),无需向地方规划机构提出申请。保护区内未登录建筑的所有者,也享有"许可开发权"(Permitted Development Rights),但只能在一定尺度和面积控制下进行建设活动。如任何拆除体积超过 115 立方米的建筑的行为,在重要通道(包括公共步行道和马车道)周边建设或拆除高度 1 米以上墙体和隔断,或是在保护区内任何地点新建高度 2 米以上的墙体设施,都是需要通过申请"保护区许可令"才能进行①。在保护区内,地方规划当局会依据《保护区评估和管理规划》中对建筑细部和风貌特征的管理要求,通过"许可开发权"来控制建筑物的重要细部特征,维护保护区的历史风貌,避免由于微小改变不断累计而逐步侵蚀保护区的特征。另外,保护区内的登录建筑的建设活动,同样要获得"登录建筑许可"。

如果在保护区内拆毁或新建建筑,必须提前向当地政府提出申请,并提交新建筑的详细方案。新建筑的设计风格必须与该保护区的协调,虽然不必对古建筑复制或模仿,但在规模、高度、体量、立面、门窗比例要和当地建筑风格相适应。地方规划当局会负责制定保护区内新建筑的设计及控制的详细准则,这些准则通常十分细致并附有示范实例的图示。对于广告的控制,也是保护区的重要保护措施。

对于保护区,英国并未鼓励原封不动一味地保护,而是充分考虑其发展。变化和发展是不可避免的,而且这些变化和发展不一定对保护区有害,合理的发展不但不会破坏保护区,反而是有利于保护区的。2012 年的《国家规划政策框架》的 137 条提到,地方规划当局应该为保护区内的新发展寻找机会,以提升和优化保护区及其环境的价值。但也有很多发展会损害保护区。如英国遗产 2014 年统计,有 497 个保护区由于不当开发或有意无意的破坏,处于濒危状态②。

关于保护区的工作,现在有很多建议。有的人认为保护区的数量已经达到饱和点了,现有的财力和物力不足以保护这些保护区,应该重点提升已有的保护区的保护水平,减少划定新保护区的数量。还有人建议保护区应该像登录建筑一样,实行分级保护,以便采用不同的管理措施。

四、经验总结

英国在保护中,积累了很多经验,值得我们学习和借鉴。

首先,有完备的法律体系和详尽的操作指南。英国各种遗产的管理政策非常完

---

① Circular 01/01: Arrangements for handlingheritage applications - notification and directions by the Secretary of State, 31 (a), 31 (b) .

② Conservation Area Designation, Appraisal and Management Historic England Advice Note 1, section 4.

备，既有详尽的法律，也有更为详尽的各种操作指南。其保护措施规定也非常严苛，如对在册古迹做任何改变，要申请“在册古迹许可”；如涉及登录建筑，就要申请“登录建筑许可”；如果要拆除保护区内的非登录建筑，则是向地方当局申请“保护区许可”。

其次，有广大民众的积极参与。英国的遗产保护遗产得到民众的广泛支持，公众积极参与遗产保护的全程中，推动遗产保护的广泛开展。比如，在登录建筑的申报方面，任何个人或团体均可以向有关部门提出申请；同时，个人也有权提出反对登录的申诉。除了普通民众外，很多重要人物都是保护的坚定支持者，如查尔斯王子（Prince Charles）就一直关注着遗产的保护和富有地域特色的设计，为此，他于2006年成立了再生基金（Regeneration Trust）。

其三，非政府组织发挥着重要作用。从1877年第一个古建筑保护团体成立，至1975年英国登记的保护团体已达1250个，数量众多。各种民间慈善团体、志愿机构以及民间组织广泛参与遗产保护。英国的建筑遗产实行经营权和管理权分离的政策，国有资产由非政府职能部门的“历史英国（Historic English）”经营；私有遗产的经营权则属于各种慈善组织和个人。非营利组织所属的建筑遗产收入，主要用于保护，不得分配给所属成员。非营利组织的经费来源主要为政府补贴、社会捐助、经营收入等，每年需有财政年报，以接受公众监督。

其四，相对充足的资金保证。中央政府和地方政府每年都会提供财政专用拨款和贷款，用于遗产保护。每项遗产所能获得的资助的使用方法及数额多少，以及国家和地方政府分担的份额，主要根据遗产的重要性决定。一级宫殿府邸的保护修复费用基本上全部由国家支付。著名保护区的绝大部分费用由国家和地方政府共同分担。

其五，重视宣传教育和人才培养。从1999年开始，英国开始实行保护建筑师注册制度，成为世界上最早倡导并实施保护建筑师职业化的国家。如果注册建筑师获得保护和修复领域的资格，则称为“注册保护建筑师”（Architects Accredited in Building Conservation，简称AABC）。2003年开始，在所有的历史建筑修复中实行注册保护建筑师制度，这样，注册保护建筑师权威性随之增强。另外，英国推行国家职业资格制（National Vocational Qualifications，NVQs），其中建筑遗产保护涉及三级，即保护咨询（Level 5）、保护控制（Level 4）和保护管理（Level 3）。没有建筑师背景的人，也可以参与相关的保护工作，取得不同级别的资格认定，成为该方面的专家。

当然，英国的登录建筑政策也存在一些问题，如英格兰和威尔士、苏格兰与北爱尔兰的保护系统自为系统，没有全国统一的系统。另外，登录的类型往往重合或冲突，如很多建筑既是登录建筑，又是在册古迹。由于法定的保护类型多，相应的保护法规也较多。所以，2007年3月，文化、媒体和体育部在《面向21世纪的遗产保护白皮书》（The White Paper Heritage Protection for the 21st Century，March 2007）称，将对英格兰和威尔士的建筑遗产保护进行较大改革，拟创建简单、实用透明的登录和保护系统，用“历史建筑和遗迹注册”（Registerof Historic Buildings and Sites）取代现有的登录建筑、在册古迹、保护区、注册历史公园与园林等多种保护体系并行的局面。

第二节　意大利建筑遗产保护

作为欧洲历史古国，意大利境内遍布大量史前文明时期、古希腊古罗马时期、中世纪、文艺复兴乃至近现代等各个时期的建筑遗产，无论数量还是品质都非常之高。另外，截至 2016 年 7 月，意大利共拥有 51 项世界遗产（其中 47 项为文化遗产，4 项为自然遗产），总量位居世界第一，反映了其巨大的文化财富。意大利更是遗产保护的先行者和佼佼者。可以说，意大利是遗产保护界的拓荒者，其早期对遗产保护的浓厚兴趣影响了整个欧洲乃至世界。时至今日，意大利遗产保护学科越来越专业化，理论和实践均走在世界前沿，并且具有十分深远的国际影响力。

一、概念和分类

1. 概念界定

由于意大利建筑遗产源于早期的考古遗产，后来又与景观遗产密不可分，因此，建筑与景观遗产、考古遗产共同组成了不可移动遗产。其中建筑与景观遗产又可分为“建筑”(architettura)、“中心 / 历史中心 (Centri/nuclei storici)”、“花园 / 公园”(parchi/giardini) 三小类（图 12-15）。这里的“建筑”指的是狭义的建筑单体；“历史中心”指的是建筑群规模较大、具有统一文化结构的传统城市住区，常常出现在世界遗产名录中，如佛罗伦萨历史中心、圣吉米尼亚诺历史中心、锡耶纳历史中心等；“花园 / 公园”指的是具有艺术或历史价值的，或者因其非凡的美景而著名的别墅、花园和公园。

然而，意大利现行法律从物质财产保护的角度出发，采取了另一种分类方式，涵盖了所有物质形态的可移动及不可移动遗产，同时也忽略了非物质形态的文化遗产。即将“文化遗产”分为“文化财产”和“景观财产”两部分（表 12-8）。“文化财产”包括具有艺术、历史、考古、人种 - 人类学、档案和目录学价值的可移动和不可移动物品，以及其他由法律确定为或根据法律证明具有历史文化价值的物品。“景观财产”则包括具有体现某地区历史、文化、自然、形态学、审美学价值的建筑物和区域，及由法律或根据法律认定为具有上述价值的资产[①]。由于“建筑与景观遗产”同时兼具文化、景观的特性，既可以是“文化财产”中的“不可移动物品”，也可以是景观财产中的“建筑物和区域”，概念是穿插其中的（图 12-16）。

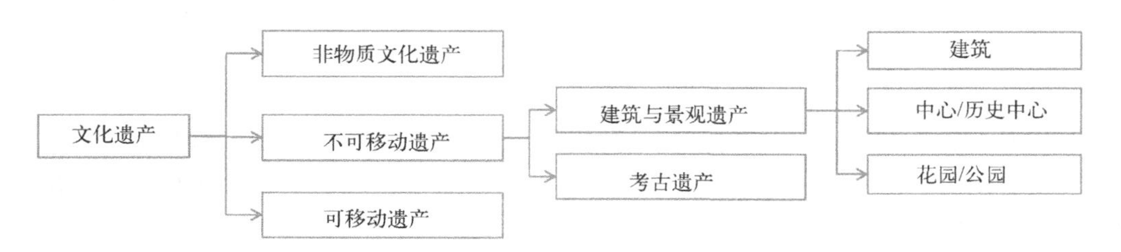

图 12-15　编目体系中的文化遗产分类图

① 《意大利文化与景观遗产法典 · 第 2 条》

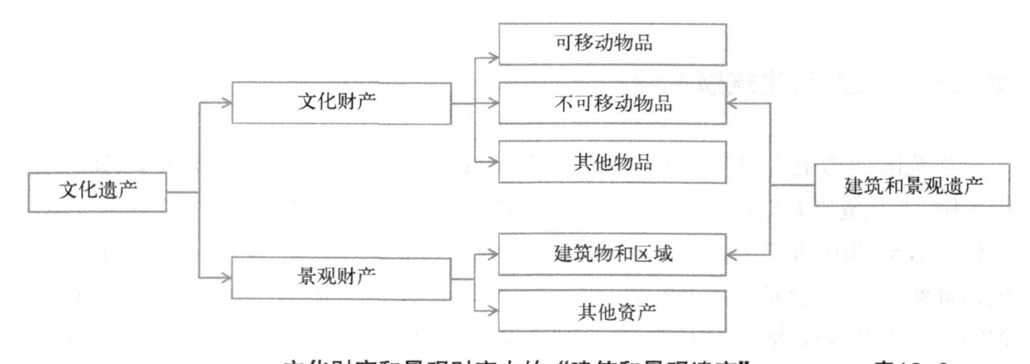

图 12-16 法律体系的文化遗产分类图

文化财产和景观财产中的“建筑和景观遗产” 表12-8

建筑和景观遗产	
文化财产	具有艺术或历史价值的别墅、公园和花园（有具体保护措施的约 5000 座）[1]
	具有艺术或历史价值的公共广场、街道、道路及其他城市室外空间
	具有历史或人类学价值，可作为乡村经济传承见证的乡村建筑物
	从总体上涉及整治或军事历史，以及文学、艺术和文化历史，或对于证明公共、集体或宗教机构身份和历史而言具有特别重要价值的可移动和不可移动物品
	壁画、铭牌、土崖、牌匾、碑文、壁龛和其他建筑装饰物
	艺术家工作室
	具有考古、历史、艺术和环境价值的公共区域
	具有特殊艺术价值的当代建筑师的建筑作品
	法律认定的第一次世界大战历史遗迹
景观财产	具有突出的自然美或地质奇观的不可移动财产
	不属于文化财产保护内容、因其非凡的美景而著名的别墅、花园和公园
	以体现美学和传统价值为特色的不可移动物体群
	被视为具有独特品质的美丽景观及公众可以前往观赏美景的观景点和观景楼
	景观规划中保护的任何不可移动财产和区域

2. 概念的转变和延展

由此可见，小至“艺术家工作室”、“乡村建筑”，大至“历史中心”都已经纳入保护范围。看似繁杂细致的分类，实际上是意大利“建筑遗产”概念多年转变和延展的结果——从最初指代少量考古发掘的“古迹”，发展为具有艺术历史价值的建筑，近年来又涵盖了一般艺术价值的历史建筑，以及建筑遗产周边的环境。总体的趋势是从单体到整体，从特殊到大众，从强调实体到注重内涵。例如，“具有艺术或历史价值的别墅、公园和花园”，既包括建筑实体，也包括景观空间、历史关系等内容。“具有历史或人类学价值，可作为乡村经济传承见证的乡村建筑物”，体现了人们价值观的转变，从对重大历史事件理想主义的关心，转变为对代表大众文化平民主义的关怀。“艺术家工作室”其实并不完全属于建筑遗产，而是更为复杂的文化艺术类遗产。“从总体上涉及政治或军事历史，以及文学、艺术和文化历史，或对于证明公共、集体或宗教机构身份和历史而言具有特别重要价值的可移动和不可移动物品”[2]，其价值更多地取决于历史身份，而非建筑本身

① 意大利文化遗产和活动部 - 景观，美术，建筑和当代艺术部门（PaBAAC）官网
②《意大利文化与景观遗产法典 · 第 10 条 · 第 3 款 · 字母 d》

的价值，这体现了建筑遗产向历史领域的扩散。

二、运作体系

1. 机构设置

1897 年，意大利东北部港市拉文纳率先设立了古迹监管局；1907 年，全国境内设立了 18 处古迹监管局；1974 年，中央政府才第一次成立了文化和环境遗产部，下设建筑和景观遗产监管局。2014 年，文化和环境遗产部在历经数次变革后，最终合并为文化遗产与活动旅游部（Ministerodeibeni e delleattivitàculturali e del turismo，简称 MiBACT）。MiBACT 是唯一全面负责文化事务的国家机构，下设 11 个总局，包含博物馆、考古、美术、景观、教育及研究、档案、图书馆、娱乐、电影、音乐、旅游等各个方面。其中考古、美术与景观总局，其前身便为建筑和景观遗产监管局，主司建筑和景观遗产、考古遗产等的保护，下设 2 个研究机构及 31 处地方美术与景观监管局。比较特殊的是，庞贝古城、赫库兰尼姆和斯塔比亚专项监管局及斗兽场、罗马国家博物馆和罗马考古区专项监管局为一级分支，与总局平级，直接受 MiBACT 总秘书处领导。

为了配合中央行使监管权力，MiBACT 总秘书处还在各个大区设立办事处，即区域秘书处。以托斯卡纳大区的区域秘书处为例，其主要负责协调中央与地方当局、其他机构的经济文化关系，如保护工作、景观规划、招标竞赛资金补助等。区域秘书处大部分官员为历史学家、建筑师、工程师等。

有意思的是，MiBACT 还设有文化遗产宪兵队，直接协助部长工作，坚决打击一切破坏文化遗产保护的违法犯罪行为。该军队组织成立于 1969 年，由经过专业技术培训的人员组成，后来，意大利和联合国教科文组织签署保护冲突地区文化遗产的协议之后，又成立了意大利文化遗产保护队，因队员帽子颜色为蓝色，民间称“蓝色头盔”。该组织由历史学家、学者和修复专家等组成，在震后废墟中抢救了大量文物。

2. 运作理念

意大利人认为，文化是价值无量的遗产，更是国家和公众的财产，他们对待文化遗产的态度是“保护、享用和强化”，即“为了公众享用之目的而对所述遗产进行保护和保存”[①]，并且通过强化工作“促进文化遗产知识的传播，确保为遗产的利用和公众享用创造最佳条件”[②]。由于重视文化遗产的“享用”和“强化”，意大利政府将遗产保护的过程逐渐转化为利用文化价值的过程，遗产保护事业成为一项文化事业而运作。即通过将采取了保护措施的建筑遗产开辟为文化机构、文化活动场所的方式，策划文化事件，组织文化活动，将其与旅游、教育及各项文化事业紧密相连。

（1）开辟文化机构和文化场所

所谓文化机构和文化场所，指的是“博物馆、图书馆、档案馆、考古公园和考古区、纪念性建筑群”[③]等。为了在保护的前提下提升建筑遗产的开放度，政府机构对于主

---

① 《意大利文化与景观遗产法典 · 第 3 条 · 第 1 款》
② 《意大利文化与景观遗产法典 · 第 6 条 · 第 1 款》
③ 《意大利文化与景观遗产法典 · 第 101 条 · 第 1 款》

动采取保护措施的建筑遗产所有者提供减免税待遇；对于采取保护措施而需抵押贷款的提供利息补贴；对于特别重要的保护措施或面向公众开放的建筑遗产，提供全部或部分出资。同时，作为回报，由政府资助进行修复或采取了其他保护措施的建筑物，MiBACT和个体所有者应达成专门协议，视每座建筑物的具体情况向公众开放。具体开放的期限则视其保护工作的类型、建筑物的艺术与历史价值以及建筑物中保存的文化财产而定。①

据统计，2011年意大利全国共计4588博物馆及类似机构（包括公共和私人/国有和非国有），其中有3847个博物馆、画廊和收藏机构，240个考古区（le aree o parchiarcheologici）和501处历史建筑和历史建筑群（monumenti e complessimonumentali）。也就是说，在意大利的市镇，每100平方公里拥有1.5个博物馆，每13万居民拥有一个博物馆。②而目前已知向公众开放的博物馆中，90%以上均为非国有财产。③

（2）策划文化事件和文化活动

除博物馆性质的参观之外，保护机构还组织策划沙龙、讲座、展览陈列、艺术活动、节日等多种形式的文化事件和文化活动，如威尼斯双年展、米兰三年展、罗马四年展、欧洲遗产日、博物馆日、电影节、艺术节等，仅2016年1-9月间活动事件共计4287次④，可见其频率是非常高的。并且每逢重要节日，政府福利或社会公益发挥作用，免费开放大量的博物馆、考古遗址和私人住宅。

借助各种文化场所的开放、文化活动的举办，建筑遗产已经不再是单纯的“建筑”或“遗产”，而是开始成为一项公共资源而存在，成为与公众生活息息相关的一部分。对外，遗产保护事业与旅游、教育等文化事业结合而成为新的产业链，强化了消费群体。对内，民族遗产意识得到强化，这种内驱力，使得人们更加主动地保护，积极地参与，公众从遗产保护的受益者，最终转化为遗产保护的主体。

三、保障体系

1. 法律保障

事实上，在意大利统一之前，罗马教皇已经颁布了世界上最古老的文化遗产保护方面的法规。由于相关法律的建设历史相当久远，且迄今为止一百多年间产生的数量也相当庞大，故除少量废弃外，大部分沿用至今。除国家颁布法律外，大区、省、市镇均可自行立法，只要就相关问题与中央签订谅解备忘录（协议）即可⑤。如佛罗伦萨省颁布的建筑法规和规划条例⑥，在建筑遗产保护方面都有与中央法律的协调。

意大利现行最重要的一部国家法律为《文化与景观遗产法典》（简称《法典》）。《法典》对建筑遗产保护中的每一个环节都作了约束：

---

①《意大利文化与景观遗产法典·第31.34.37.38条》

② 数据来源：意大利国家统计局资料

③ 数据来源：意大利文化遗产与活动旅游部（MiBACT）官网2012年统计资料

④ 意大利文化遗产与活动旅游部（MiBACT）官网

⑤ 意大利政治体制为议会制共和国，实行中央（centro）、大区（regione）、省（provincia）、市镇（comune）四级国家管理体制。

⑥ 意大利佛罗伦萨省官网

鉴定——建筑遗产是否属于法律保护范围，需要经过价值鉴定。《法典》第 12 条第 2 款规定："文化遗产部主管机构依据职权，或根据物品所有者在提供有关证明材料的前提下提出的申请，根据文化遗产部为确保评估标准的一致性提出的总体原则对第 1 款所述物品进行鉴定，以确定其是否具有艺术、历史、考古和人种 - 人类学价值。"具体的申请过程是①：当地所有者根据相关管理规定，向监管局或区域秘书处申请获取网上系统访问权限②；录入物品清单和相应说明的信息单③，如建筑类型、建筑年代、坐标、区位、地界、使用功能等，以及从宏观到局部、从外部到内部的图像记录，带有周边环境的平面测绘图、结构与构造类型、建筑历史记录、建筑装饰元素、其他文件（如航拍照片、报告、数据表）等数据；经区域秘书处、当地监管局鉴定价值后，公布建筑保护措施。通过鉴定的建筑遗产，如果是私人所有或者具有特别重要价值，还需要公示。

编目④——鉴定和公示完成后，"文化遗产部应在大区和其他地方政府部门的参与下做好文化财产的编目工作并协调相关活动"⑤。经过编目的建筑遗产，拥有唯一独特、系统自动生成的八位数字综合目录编号（其中前两位为地区代码），通过简写代码、目录编号体现较大的信息量，方便相互索引关联（图 12-17）。编目数据可用于旅游业、遗产保护与修复的教育、搜索、统计分析等用途，最重要的是实现数据的交换与共享。MiBACT 下设的中央编目和文件研究所（Istituto Centrale per ilCatalogo e la Documentazione，简称 ICCD）是组织制定国家编目标准并监督推行遗产登记的机构。大区和其他地方政府总共拥有 342 个编目机构（数据截至 2016 年 4 月 30 日）⑥，数量庞大，个体多样，如监管局、博物馆、教会、全国范围内的大学和研究机构、其他实体等都可作为编目机构（表 12-9）。

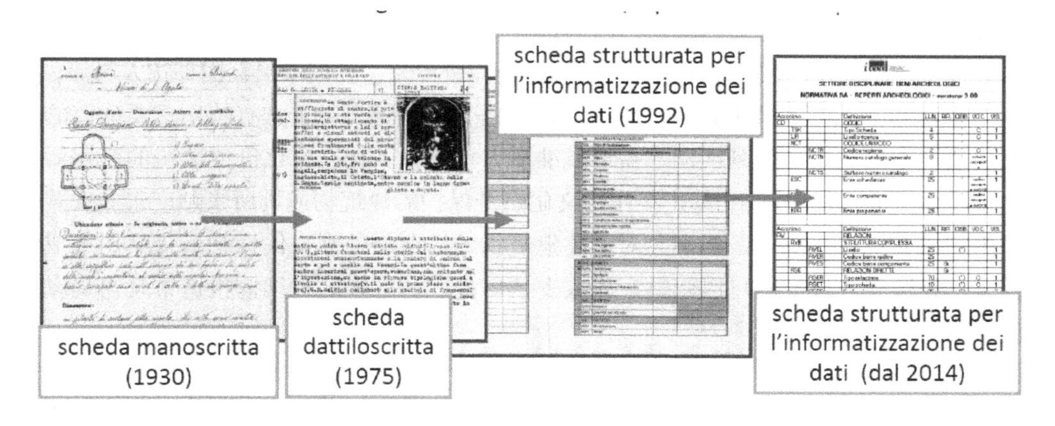

图 12-17　编目卡演变历史图

---

① 意大利文化遗产与活动旅游部（MiBACT）官网
② 登录系统官网：http://www.benitutelati.it/azioni.html
③《意大利文化与景观遗产法典·第 12 条·第 3 款》
④ 详见意大利中央编目和文件研究所（ICCD）官网
⑤《意大利文化与景观遗产法典·第 17 条·第 1 款》
⑥ 意大利文化遗产与活动旅游部（MiBACT）官网

编目分类及可查询数量（不包括未开放及私人所有财产） 表12-9

一级分类	二级分类	三级分类	代号	数量
不可移动遗产 5088	建筑和景观遗产	建筑	A	4830
		中心 / 历史中心	CNS	
		公园 / 花园	PG	
	考古遗产	Complesso archeologico	CA	258
		Monumento archeologico	MA	
		Saggio Stratigrafico	SAS	
		Sito archeologico	SI	

保护[①]——纳入法律保护范围的建筑遗产，法律规定了其所有者、占有者或持有者必须做好保存和保护工作，相关机构则负责监督管理每一个环节。例如，“涉及公、私建筑的工程活动，甚至包括拆除构件（即便事后经过修复）的项目，所有人需提供施工图纸或工程技术说明，获得监管人批准方可进行”；“未经监管人批准，禁止拆除和下令拆除壁画、铭牌、涂鸦、牌匾、碑文、壁龛和其他建筑装饰物，不管其是否向公众展示”；“为防止可移动文化财产的完整性遭遇威胁，其透视或自然照明受到损害，或者建筑物的镶嵌或装饰面被改变，文化遗产部有权对保护距离、保管方法和其他规则做出指令性规定”。

为了确保文化遗产保护措施的实现，法律规定：“通过审批的工程，维护和修复工作应由有资质的文化财产修复人员根据有关法规承担。”意大利非常重视修复技术的专业培训，如 MiABCT 每年都有相关的课程计划，这在相当大的程度上保证了建筑遗产保护与修复的专业性。培训机构主要为中央研究机构，这些机构组织培训并开设专业课程，既可与大学和其他机构以及意大利境内外团体合作，也可参与这些机构和团体的创意活动并为之作出贡献。[②]因此，除中央、大区及其他地方政府所设立机构外，博物馆、国家档案馆、图书馆等均发挥教育服务的作用。进行培训的人员有官员、建筑师、艺术家、考古学家、文物修复专家、档案人员、图书馆人员等。

享用和强化——享用和强化活动，也同样受到监管。对于具有特别重要价值的建筑遗产中的展出和陈列活动，需要批准后方可进行。在有文化价值区域的商业活动也需要批准才能进行：“禁止在作为文化财产保护的建筑物或场所张贴广告或安装广告牌或其他广告媒体。但不会对所述建筑物或场所的外观、体面和公众享用造成损害，经监管人批准则可以张贴广告或安装广告牌。广告的批准需报送市政当局以便其根据权限授予批准。”[③]

2. 资金保障

意大利遗产保护的资金来源渠道众多，形成了政府、社会团体组织、慈善机构和个人等多元融资机制。

国家拨款和资助——中央政府主要针对国有建筑遗产的保护工作进行直接拨款，

① 《意大利文化与景观遗产法典》第 21、22、26、29、45.50 条。

② 1998 年 10 月 26 日第 259 号《官方公报》公布的关于“根据 1997 年 3 月 15 日第 59 号法律第 11 条设立文化遗产和活动部”的 1998 年 10 月 20 日第 368 号立法令第 9 条第 1 款、第 2 款。

③ 《意大利文化与景观遗产法典 · 第 49 条 · 第 1 款》。

如2015年阿布鲁佐大区共获得经费5695万欧元，修复55项建筑遗产，其中绝大部分为教堂（其余为塔1，修道院1，城堡1，宫殿1）[①]。私人所有者对自己持有的具有特别重要历史价值的文化遗产进行登记、保存等工作，也可能有资格获得国家资助。不过，随着文物修复经济压力的增大，政府已经开始逐年降低拨款额度，鼓励和支持外部资金参与保护、强化文化遗产的工作。据统计，2000~2008年，政府拨款占据国家财政预算的0.3%，2015年已经降低到0.19%左右。

国际交流与合作——MiBACT积极寻求国际资源（主要为欧盟），与欧盟基金会、欧洲区域发展基金会（ERDF）、欠发达地区基金会（FAS）等多个国际组织开展合作，争取到相当数量的资金发展文化遗产事业。例如，由中央编目和文件研究所，考古、美术与景观总局，建筑与当代艺术总局三方共同开展的项目——对1917~1940年间第一次世界大战遗址进行的普查和编目，获得了第一次世界大战历史保护特别委员会资助20.96万欧元。[②]

私人或集团捐助——主要指的是个人和集体对于非国有文化机构活动、图书出版、遗产保护工作等的赞助。

3. 人员保障

建筑遗产保护工作需要大量的人力资源，政府毕竟自身能力有限，因此，鼓励公民、社会最大限度地参与其中，利用公共资源，形成开放、良好气氛才是长久之计。如《罗马政府规章》中规定："罗马作为大区政府，保护艺术、历史、建筑和考古遗产，同时促进和鼓励旨在恢复的私营实体的参与，以便保护、加强和最适当地利用这一遗产，并支持城市的文化活动。"[③]

政府为了激励公众参与，基于透明与公开原则，选择"开放数据"，即所有文化遗产的相关数据、信息和文件可以在MiABCT网站"完全访问"，任何人都可以了解、使用和再利用相关数据。各个大区也纷纷提倡遗产数字化，建立web-gis数据库供有需求的人员访问。开放数据有利于吸引更多的人和资金投入遗产保护事业，开展文化遗产活动和更为复杂的大型项目。

遗产保护的公众意识深入人心，大量志愿者也投身其中。1999年10月，MiBACT与四大志愿者协会（ARCI，Auser，Archeoclub和Legambiente）签署了一份谅解备忘录，在文化遗产领域开展志愿业务，主要的志愿服务包括延长博物馆开放时间、文化服务和接待、扩大展览、编排档案和目录等。[④]

4. 风险体系

由于意大利文化遗产数量众多，且整个国家处于地震带上，因此安全隐患比较大。《法典》第29条规定："对于那些位于已宣布存在地震风险的地区的不可移动文化财产，其修复工作应包括结构上的加固。"近年来，意大利建筑遗产保护已经把越来越多的精力放在预防保护上，如无损检测、震后大翻修等。同时建立"遗产风险地图"

---

① 数据来源：意大利阿布鲁佐大区官网

② 数据来源：意大利中央编目和文件研究所（ICCD）官网

③ 意大利罗马大区官网 -《罗马政府规章·第一章·第二条·第13点》（STATUTO di ROMA CAPITALE，CAPO I，Articolo 2，13）

④ 意大利文化遗产与活动旅游部（MiBACT）官网

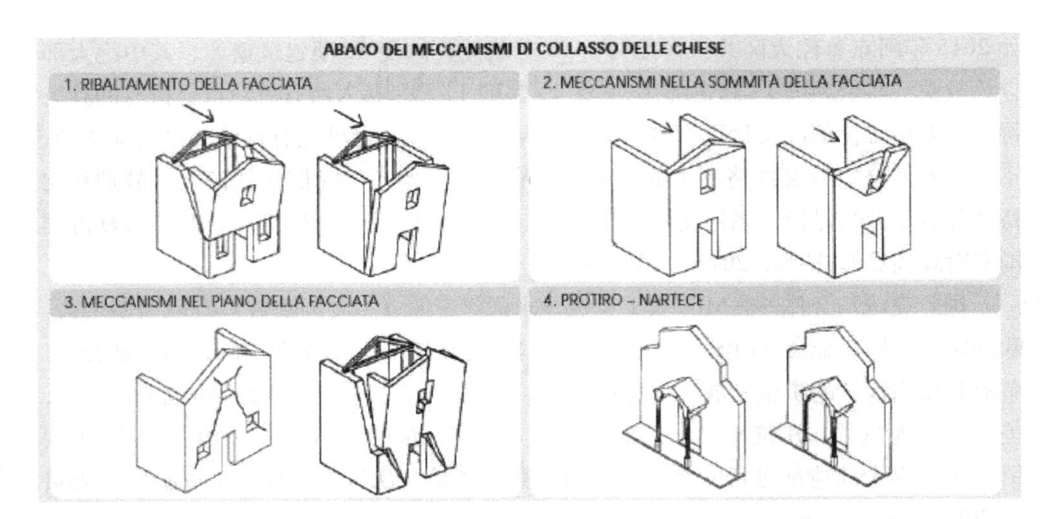

图 12-18 教堂建筑地震风险评估示范②

数据库，记录建筑遗产、考古遗产、历史中心等存在的重大自然现象的风险（地震，滑坡，洪水，气象条件，污染）和人为（防盗，防火，旅游滥用）风险，制定维护和修复计划，结合经济资源对博物馆、教堂、历史建筑和考古遗址等进行预防和干预。①MiABCT 规定了地震风险评估体系，研究部门也加强了建筑遗产抗震研究，尽可能减少相应损失（图 12-18）。除此之外，还有完备的紧急自然灾害下的文化遗产保护和预防流程。

四、保护、修复和再利用

1.20 世纪中期之前

早在文艺复兴时期，意大利就开始对古罗马和中世纪的建筑进行保护。

图 12-19 梵蒂冈城内的丽城庭院③

18 世纪之前，建筑遗产保护的主要目的非常直接，就是通过修缮、设计后，达到功能转化、空间再利用的目的。如梵蒂冈城内的丽城庭院（cortile del belvedere），建筑师通过增加连廊建筑、台地台阶、半圆形内凹壁等巧妙设计，形成新的轴线与庭院空间，将原来的梵蒂冈宫与丽城别墅的空间序列和体量重新组织起来（图 12-19）。

18 世纪以后，罗马的系统性修复和文物保护工作开始于 1798 年法国占领时期，罗马广场（Roman Forum）的挖掘工作，标志着意大利建筑保护和经典考古学领域之间密切的合作关系，在随后的很长时间里，二者都保持着

① 意大利保护和修复高级机构（ISCR）官网
② 图片来源：意大利文化遗产与活动旅游部（MiBACT）官网
③ 图片来源：维基百科

紧密的联系。[1]18、19 世纪也是意大利建筑遗产理论蓬勃发展的黄金时期。受两位国外建筑师——坚持“风格性修复”（stylistic restoration）的法国建筑师维奥莱·勒·杜克（Viollet-le-Duc）和“反修复运动”（Anti-restoration Movement）倡导者英国评论家约翰·拉斯金（John Ruskin）——的影响，意大利形成了自己的主要流派——“文献性修复”、“历史性修复”等。20 世纪，意大利发展出了日趋成熟的“科学性修复”、“评价性修复”等理论，并直接影响了《雅典宪章》、《威尼斯宪章》两部国际文件的诞生，可见其建筑遗产保护理论对于全世界影响之大。这一时期的典型例子是罗马斗兽场的修复，这也是意大利历史上的首次干预性修复。

2.20 世纪中期之后

在 20 世纪 40 年代中期，意大利修复领域的理论仍建立在 19 世纪后期相对保守的理论背景之上，旨在接收和传播历史信息。然而两次世界大战对建筑遗产造成了巨大破坏，大量的修复、重建及新建工程迅速展开，使人们对于新建筑的包容度有所提高，新旧建筑之间的矛盾变得似乎不再尖锐，这直接导致了新旧建筑结合的辩论。

一部分建筑师仍然采取保守的保护方案，一丝不苟地贯彻近似文物修复的理念，对待建筑遗产的态度更加严谨与科学（表 12-10）。如在每一项实践方案之前，会做大量的基础研究工作，采用断层摄影、雷达勘测、3D 扫描等高技术，通过跨学科调查分析，确定一个相对不违背历史、客观的修复方案，施工完成后再将相关照片与文字存档（图 12-20~ 图 12-22）。

调查与分析方法列表　　**表12–10**

调查方式	分析诊断	目标
历史档案（图纸 + 文献）	历史批判（重要）	尽可能多地找到相关的所有历史档案，然后分析研究待修复建筑遗产的历史，同基地的关系，它的演变和发展，最终确定不违背历史定义的、独特的修复实践方案。关于建筑遗产的历史资料，主要存放于各类档案馆，比较重要的如罗马国家档案馆（Archivio di stato di Roma）、卡比托利欧历史档案馆（ArchivioStoricoCapitolino）。根据《法典》122~127 条规定，绝大部分档案文件是免费提供、自由查阅的[2]
测绘与摄影、实地调查等	视觉分析	对建筑物比例尺度、与其所处周边环境关系的分析
	材料分析	包括化学层面的实验分析，以及可视层面的材料变化，如建筑建造过程中的工人特质、设计师背景等
	恶化分析（重要）	建筑物破坏现状与破坏程度、破坏因素等
	经济分析	修复成本与预期效益

另一部分领军人物不甘寂寞，开始寻求新的视角，如以罗伯托·佩因（Roberto Pane）等为代表的建筑师。同时，一批极具创造潜力的建筑师渐渐涌现，如弗朗科·阿尔比尼（Franco Albini），卡罗·斯卡帕（Carlo Scarpa），佛朗哥·米尼希（Franco Minissi），乔瓦尼·米切鲁奇（Giovanni Michelucci），马里奥·里多尔菲（Mario

① CevatErder，Our Architectural Heritage:From Consciousness to ConservationConservation，trans.AyferBakkalcioglu（Paris:UNESCO，1986），93.

②《意大利文化与景观遗产法典·第 122-127 条》

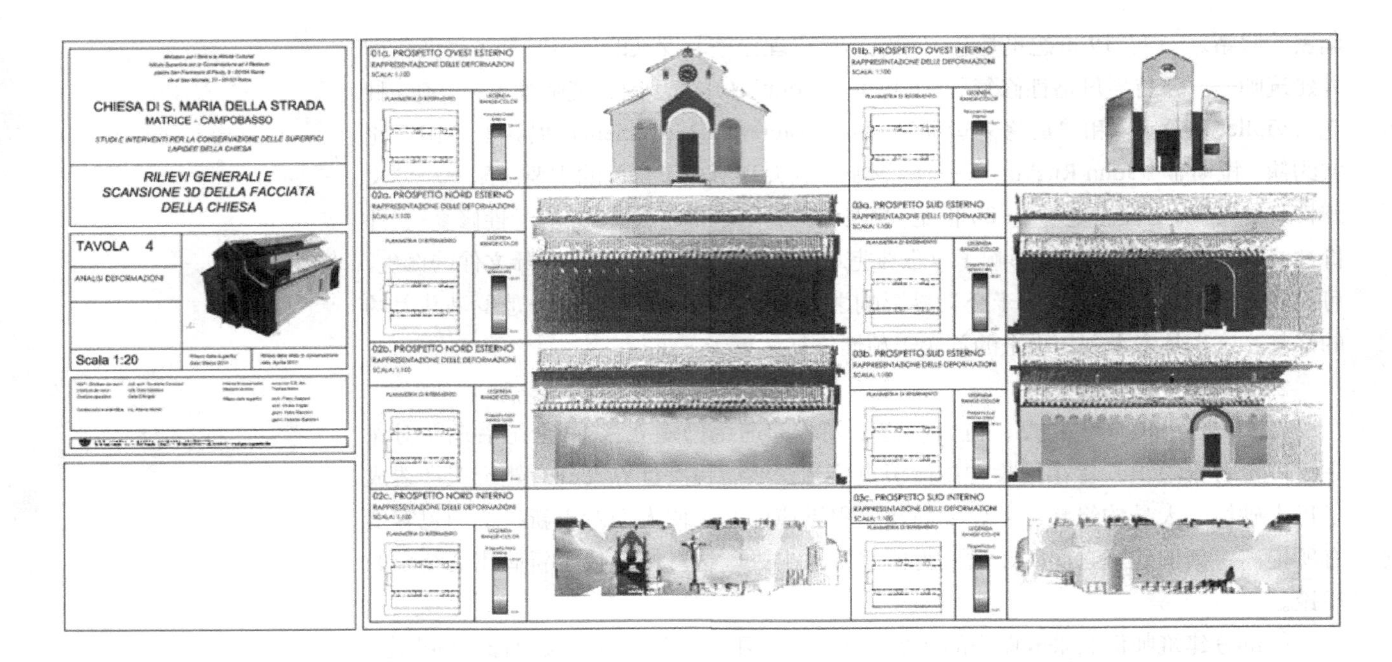

图 12-20 教堂普查和 3D 扫描：变形分析图（上）
图 12-21 雷达勘测技术（下左）
图 12-22 断层摄影技术[②]（下右）

Ridolfi）和伊格纳佐 · 加德纳（Ignazio Gardella）以及那不勒斯鲜为人知的建筑师 Ezio Bruno De Felice 等，他们勇敢尝试在历史建筑物上添加现代元素，并寻求保护理论与改造实践之间的新联系。[①]

这一时期，新旧建筑结合、建筑遗产改造利用的设计方案越来越多。整体趋势为：分析案例的独特性而采取特定的保护措施与修复设计方案，干预应尽可能地少以及可识别，优先使用传统材料与技术，新材料不应损害原有建筑的历史性能等。对待建筑群体，除保护建筑的外观风貌外，还要保护其内部的社会经济结构，周边的区域景观等。

① Frontiers of Architectural Research，Volume 4，Issue 3，September 2015，202–211.

② 图片来源：意大利保护和修复高级机构（ISCR）官网

20世纪后半期代表人物的主要观点[①]　表12-11

人物	主要观点	说明
卡罗·斯卡帕（CarloScarpa）	建筑自适应再利用	
皮耶罗·圣保来西（PieroSanpaolesi）	材料的耐久性	保护遗址的原本面貌免于遭受进一步腐坏的同时，保护其随着岁月变迁带来的特点来延长历史建筑物的“物质存在”，是至关重要[②]
乔万尼·卡尔博纳拉（Giovanni Carbonara）	保护＝预防医学；修复＝手术	最少的、可能是可逆的干预措施恢复方法；修复措施需要历史性和批判性的观点，同时具备技术性和科学性的技术手段
罗伯托·佩因（Roberto Pane）	美学是重要考虑因素	对每一个历史建筑的艺术价值进行评估后制定出特定的修复方案；多余的文物因美学需要进行创造性的整合或去除；现代技术可能掩盖历史建筑的真实性
佛朗哥·米尼希（Franco Minissi）	专业方法和现代科技解决问题	如何保护开挖的建筑遗址不受天气、阳光照射和人为破坏的不利影响
保罗·马可尼（Paolo Marconi）	农村建筑遗产修复	使用传统建筑营造技艺进行修复和重建
安德里亚·布鲁诺（Andrea Bruno）；伦佐·皮亚诺（Renzo Piano）；加埃·奥兰蒂（GaeAulenti）	新设计与历史建筑的巧妙融合	

这一时期的典型案例如卡罗·斯卡帕的维罗纳古堡博物馆的修复与改造项目（表12-11）。该项目在新与旧的设计之间做了精心的平衡，仅档案馆保存的设计师手稿就有1400余张[③]。首先，注重对历史片段的梳理和历史层次的真实再现。由于维罗纳老城堡历史沿革较为复杂，斯卡帕决定将古堡西侧墙基处发掘出的罗马时期旧城墙遗迹，作为展示整个维罗纳城市历史的源头。同时把古堡西侧一个拿破仑时期的房间打破，使得古罗马时期的旧城墙、中世纪的哥特风格、文艺复兴和拿破仑时期的古堡穿越历史处于同一时空，焕发出了新的生命（图12-23）。其次，采用钢、玻璃、混凝土等现代材料，大胆地将现代建筑材料与建筑遗存并置，古老的砖墙、纯净的玻璃、黑色的铁门，使得现代建筑与历史之间形成强烈的对比，既突显了细节，又不掩饰历史的痕迹，具有戏剧性的时空交流体验（图12-24）。

另一个案例是佛朗哥·米尼希[④]（Franco Minissi）的农庄别墅（villa del casale）保护与利用项目。西西里岛阿尔梅里纳广场的农庄别墅，因其丰富的马赛克地板而闻名，几个世纪以来的地面几乎完整无缺地保存下来（图12-25）。该工程最大的特点是佛朗哥·米尼希提出用有机玻璃等透明材料的保护来重建原始体积的轮廓。项目

---

① （美）约翰·H·斯塔布斯，艾米丽·G·马卡斯著．欧美建筑保护[M]．申思译．北京：电子工业出版社，2015. Xiii.

② Marco DezziBardeschi,Restauro;Punto e da Capo(Milan:Franco Angeli,1992),245-246.

③ 手稿详见意大利卡罗·斯卡帕档案馆。

④ 佛朗哥·米尼希堪称意大利最有才华的建筑师之一，许多意大利和国外的博物馆项目都由他指导。受艺术史学家切萨雷·布兰迪（Cesare Brandi）的影响，他发展出了将新建博物馆覆盖考古遗址的概念，目的在于积极保护发掘现场，同时满足现代与历史的需求，并加强遗产同当地传统的联系，防止博物馆的被动转移。通过使用有机玻璃、钢铁、水泥的现代材料，改善结构性能，创造新的空间，使得遗址遗产的展示更加直接。

图 12-23 斯卡拉杰(Cangrandedella Scala)的骑马雕塑[②]（上左）
图 12-24 维罗纳古堡博物馆庭院鸟瞰[③]（上中）
图 12-25 农庄别墅马赛克地板（上右）
图 12-26 农庄别墅博物馆内部[④]（下左）
图 12-27 罗马老屠宰场室外（改造后）（下中）
图 12-28 罗马老屠宰场室内（改造后）[⑤]（下右）

伊始，保加利亚中央研究所（ICR）前主任切萨雷·布兰迪（Cesare Brandi）建议不要将马赛克整体搬迁到新建的房间内，因为这既会破坏考古遗址区，也不利于主题单调的新建博物馆的推广。因此，佛朗哥·米尼希设想建造一个轻量和尺度适当的上层建筑（庇护所），主要功能是保护古城墙和马赛克地板不受踩踏磨损，并且还能保证水分和阳光直射，游览路径则采用架空的平台步道（图 12-26）。[①] 由于保护得当，1997 年，农庄别墅被评为世界文化遗产。

再利用的典型案例，如罗马大学建筑学院主持的罗马老屠宰场（The former slaughterhouse in Roma）修复与改造项目。屠宰场建筑群原由建筑师Erosh于1888年设计，是一个满足意大利新首都采用现代化技术与设备屠宰动物需求的代表作，1975 年时废弃。整个厂区占地面积 90000 平方米，共有 37 座建筑物，包含 46840 个室内空间。为了将这一复杂综合体重新投入使用，罗马大学建筑学院主持修复，将其赋予新的城市功能和空间，成为现代艺术博物馆和公共文化活动空间（图 12-27、图 12-28）。

第三节 美国建筑遗产保护

美国目前是世界上唯一的超级大国，也是世界第一大经济体。和中国等四大文明古国相比，美国的发展历史很短。从 1492 年哥伦布发现美洲大陆至今，不足 600 年。即使算上英属北美殖民地的时间，也不过 400 多年的历史。美国建国的历史更短，从 1776 年至今则不足 250 年。但美国在建筑遗产保护方面，建立了较为完善的体系，并且卓有成就。

一、保护历程

美国的建筑遗产保护从 19 世纪初开始，早期保护规模小，多是由个人、私人

① Frontiers of Architectural ResearchVolume 4，Issue 3，September 2015，Pages 202–211.
② 图片来源：Archdaily
③ 图片来源：意大利维罗纳古堡博物馆官网
④ 图片来源：http://spartacus-educational.com/SICromanvilla.htm
⑤ 图片来源：Archdaily

组织和慈善活动者发起并承担。进入 20 世纪，政府掌握了更多的监管权，到了 60 年代，随着联邦政府出台多项法案与标准、成立相关部门机构、制定保护制度，建筑遗产保护逐渐形成完整的体系。从 19 世纪初至今，美国建筑遗产的保护历程大致可分为三个阶段：

图 12-29 宾夕法尼亚州费城独立宫，红砖砌筑，采用乔治亚建筑风格[①]

1.19 世纪初期至 20 世纪初期

1816 年对费城独立厅（Independence Hall）的保护，可算作美国最早的建筑遗产保护实践。独立厅位于费城市中心，建于 18 世纪中期。它见证了很多重大历史事件，如《独立宣言》就是在这里修改并签署，世界上第一部独立国家成文法《美国宪法》在这里通过。但是，到了 1816 年，随着新首府在华盛顿建设，独立厅陷入被拆除的境地，费城民间组织由此发起了一场保护行动（图 12-29）。经过努力，这栋古老的红砖建筑得以留存，并于 1979 年列入了世界遗产名录。

虽然对独立厅的保护在时间上较早，但很多学者更愿意将对弗农冈（Mount Vernon）的保护视作美国建筑遗产保护的开端。弗农冈是美国首任总统乔治 · 华盛顿（George Washington，1732~1799 年）的故居，从 22 岁直到 67 年逝世，华盛顿都居住在这里。1853 年，一些商人计划将弗农冈买下，改成带有赛马场和沙龙的旅馆。对于这样的商业改建，那些无限崇拜华盛顿的民众无法接受，一位名叫安 · 帕梅拉 · 坎宁汉（Ann Pamela Cunningham）的女士为此组建了弗农冈妇女联合会（Mount Vernon Ladies' Association）。该组织在 1858 年用 20 万美元买下弗农冈，将其修复为华盛顿纪念馆，供人瞻仰（图 12-30）。时至今日，该组织仍管理和拥有这一财产。

弗农冈妇女联合会可以说是美国最早的建筑遗产保护组织，在该组织的影响下，各种针对名人故居的保护组织纷纷成立，于是“住宅博物馆”[②]（House Musuem）的保护形式就此流行起来。弗农冈保护运动也充分体现了 19 世纪中期妇女社会地位的改变，妇女成为美国建筑遗产保护运动的中坚力量，可以说是美国早期建筑遗产保护的重要特点。

图 12-30 弗吉尼亚州费尔法克斯县弗农山庄[③]

① http://whc.unesco.org/en/list/78/gallery/

② 个人或组织通过购买或房主捐赠的方式，取得历史建筑所有权。后期筹集资金对其进行修复，并将保护建筑作为博物馆向公众开放，借由展陈的方式对民众进行爱国主义教育。

③ https://www.nps.gov/search/?affiliate=nps&query=mount%20vernon

在19世纪成立的各类保护组织中，北部的新英格兰古物保护协会（Society for the Preservation of New England Antiquities）是其中一支重要的保护力量。该协会是由埃普顿[①]（Charles Sumner Appleton）成立，与南方组织协会过分强调保护建筑的历史价值不同，新英格兰古物保护协会开始关注建筑本体，注重美学价值。除了住宅建筑，该协会及其他新英格兰地区的保护组织对城市环境和公共生活表现出了极大的关注，对旧南会堂以及布芬奇州政厅的保护就是例证。

旧南会堂建于1729年，是市民集会的主要场所，也是波士顿倾茶事件的策划地（图12-31）。[②]19世纪末业主搬迁将其拍卖进行重新开发。1876年拆除工作已经开始，一个叫"波士顿二十女人"的协会开始筹款，以非常高昂的价格将其重新买下。旧南会堂是美国第一个受保护的公共建筑，在直面城市化威胁以及美国城市盛行的求新求变思潮影响下，保护者第一次成功地捍卫了遗产的历史价值。[③]对布芬奇州政厅的保护则完全是出于建筑本身的美学价值。该建筑建于1798年，由查尔斯·布芬奇（Charles Boven）设计，其古典复兴的样式对美国政府建筑的建设都产生了巨大的影响，成了纪念性建筑的一种模式（图12-32）。19世纪80年代，由于布芬奇州政厅不能满足使用需求，主管建设的官员主张将其拆除，但波士顿建筑师协会成员极力反对。最终，在建筑师们的坚持下，建筑在原有基础上进行扩建，原建筑得以保留，自此建筑师作为专业的力量开始加入建筑遗产保护行动中。

综上，这一时期美国建筑遗产保护的特点可归结为三点：一是推动者主要是民间组织、个人，由于土地私有制的原因，政府方面的保护力量薄弱；二是妇女在保护中扮演非常重要的角色；三是保护内容主要是那些与伟大人物或重大事件有关的建筑遗产。

2.20世纪初期至20世纪中期

20世纪初，联邦政府开始加强保护力度。1916年成立了国家公园管理局（National Park Service），主要负责管理国家自然保护区、国家公园和历史遗迹。对于个人产权的历史建筑，保护主体仍以个人及民间组织为主。但与19世纪不同的是，保护对象由单座建筑扩展到了整个历史街区。

图12-31 马萨诸塞州波士顿市旧南会堂（左）
图12-32 马萨诸塞州波士顿布芬奇州政厅（右）

---

① 美国著名的建筑史学家和保护者，受英国评论家及理论家拉斯金（John Ruskin）的影响，强调对建筑遗产零干涉。

② 刘炜.从波士顿自由足迹看美国城市遗产保护的演进与经验[J].建筑学报，2015（5）：44~49.

③ Kay，Jane，Holtz. Preserving New England [M]. New Yorks: Pantheon Books，1986.

典型的保护案例如1926年由小约翰·D·洛克菲勒（John D. Rockefeller Jr.）出资修复的威廉斯堡（Williamsburgh）[①]（图12-33）。修复之初，很多历史学家、考古学家翻阅大量文献，对威廉斯堡作为弗吉尼亚首府时的街区风貌进行研究，众多建筑师、规划师、景观建筑师在修复过程中应用新的保护技术和方法，将每栋建筑遵照历史文献进行修复，建筑师劳伦斯·库彻（A.Lawrence Kocher）更是要求在修复过程中将新旧材料加以区分。无论在历史建筑研究方面还是建筑保护技术领域，该修复工程形成了新的典范。但是，这种"一刀切"的时间设定致使历史街区内454座后来建造的建筑被拆除，413座已毁的建筑被原址重建[②]。在该修复工程的影响下，"室外博物馆"在20世纪20到40年代颇为盛行，扩大了建筑遗产保护的社会影响。但这种类似于"主题公园"的保护方式随后也遭到了质疑。威廉斯堡的修复是对该区域某个辉煌时期的再现，保护行动关注的依旧是保护对象的纪念意义和展示性。虽然部分修复或重建的工程位于城镇中心，但由于它们没有住区的完整和复杂的功能，因此不能与民众的日常生活建立紧密的联系。

图12-33 弗吉尼亚州威廉斯堡

到了19世纪30年代，美国经济大萧条。罗斯福政府实施了一系列新政，其中为了缓解建筑师和历史学家就业压力，政府开展了历史建筑测绘工程（the Historic American Building Survey，简称HABS）。该工程由国家公园管理局主持，测绘的对象几乎涵盖了所有的建筑类型。截至1941年，HABS已经测绘了693座建筑，绘制了超过23000张图纸（图12-34）[③]，并为每座建筑进行照片记录。该工程为之后联邦政府制定历史建筑保护清单奠定了基础。这一工作一直延续至今，意义重大。

这一时期，随着保护视角的扩大，划定历史保护区逐渐成为建筑遗产保护的主要方式，如查尔斯顿地区的保护。查尔斯顿是南卡罗莱纳州的港口城市，18世纪后半期发展成费城以南最大的港口。城内保留了很多殖民时期西班牙及墨西哥风格的建筑，历史古迹众多。地方历史保护办公室在1931年制定了《查尔斯顿历史地段区划条例》（Zoning Ordinance of the City of Charleston），划定了第一个历史保护区。这一举措是建筑遗产保护与规划相结合的第一次尝试，遗产保护首次与住区和城市产生了密切的联系（图12-35）。查尔斯顿的保护实践将建筑遗产保护带入到了规划用地控制的领域，在其影响和示范下，新奥尔良、路易斯安那、马里兰等也陆续建立了受法令保护的保护区。

---

① 威廉斯堡位于弗吉尼亚州东南部詹姆斯河与约克河之间的一个半岛上。由约克敦、詹姆斯敦、亨利和克罗尼尔帕克为四部分组成，占地约323公顷。1669年成为弗吉尼亚州的首府，在独立战争和1780年首府迁至里士满（Richmond）之后，威廉斯堡从此淡出了人们的视线。

② 美国建筑遗产保护历程研究——对四个主题实践及其背景的分析.93、95.

③ 美国建筑遗产保护历程研究——对四个主题实践及其背景的分析.127.

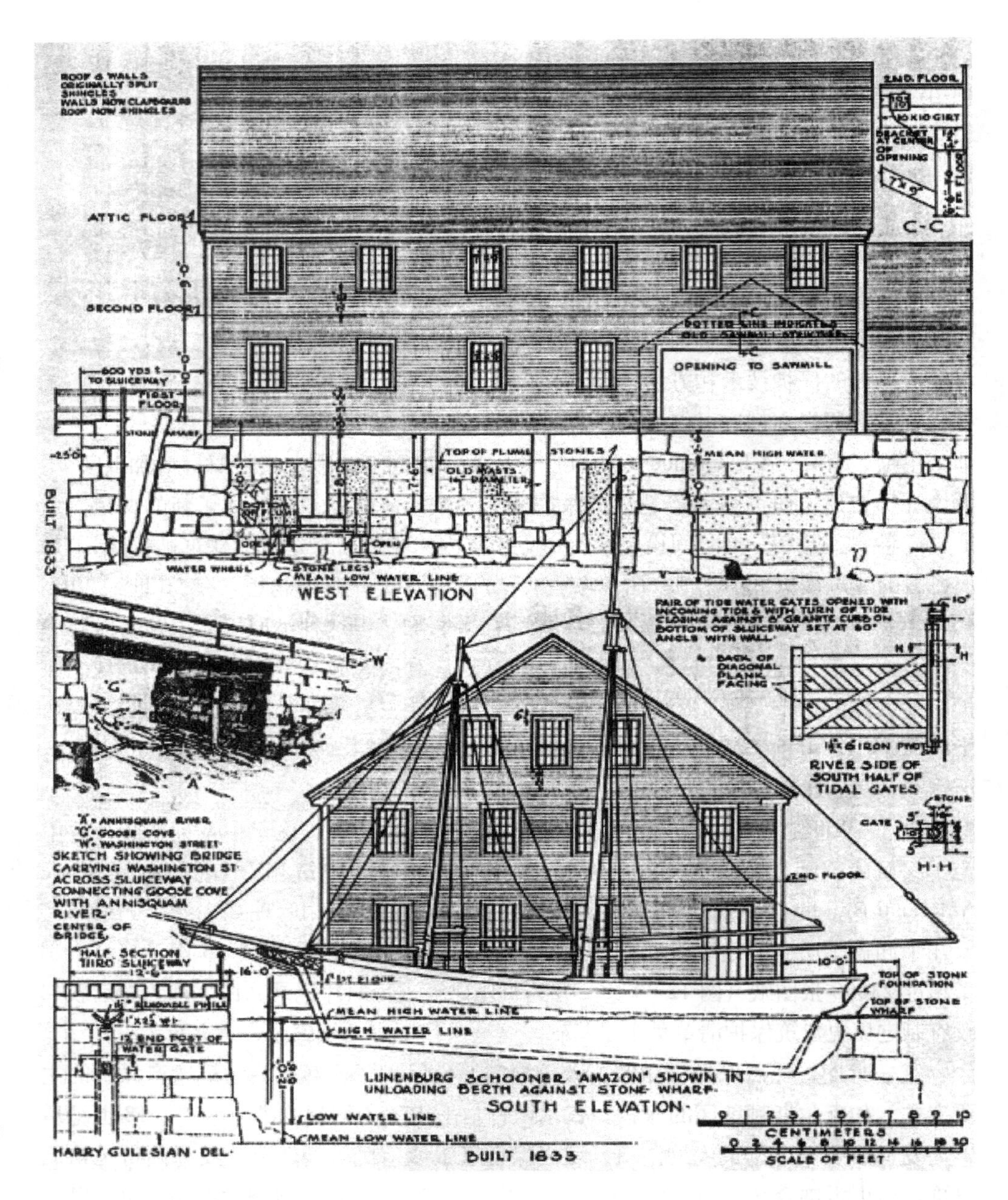

图 12-34 测绘历史建筑的图纸①

总结这一时期建筑遗产保护的特点：首先，政府开始参与其中，特别是 20 世纪 30 年代，同时，更多的专业人员也开始参与其中；其次，国家公园管理局在 1937 年出版了美国历史上第一部历史建筑保护和修复导则，包括了修复工程中的一系列矛盾和技术；最后，保护理念逐渐成熟，如 30 年代时任 AIA 美国建筑保护委员会主席的费斯克 · 肯贝尔（Fiske Kimball）提出了著名的观点："保护胜过修缮、修缮胜过修复，修复胜过重建。"这一观点至今仍在学术界影响甚大。

3.20 世纪中期至 21 世纪初

"二战"后，美国经济繁荣，铺天盖地的建设随之展开。这种大规模的建设不但

① 美国建筑遗产保护历程研究——对四个主题实践及其背景的分析 .129.

图 12-35　南卡罗莱纳州查尔斯顿保护区内的部分建筑[①]

给建筑遗产保护带来很大危机，而且也带来一系列环境问题。20 世纪 70 年代的“能源危机”导致建设成本上升，这直接推动了建筑遗产的再利用。1949 年由国会批示建立的历史保护国家基金，成为国内最大的非营利性组织。该组织也是 1966 年《国家历史保护法》中出现的唯一的私人组织。在国家公园管理局的支持下，其总办事处及各地方机构为全国范围内的历史建筑保护提供资金与技术上的支持。这样，早期个人、组织机构与联邦政府各自保护的局面得以改变，政府与民间组织互相配合，并获得了更多的监管权。

20 世纪 60 年代，中心区的复兴成为城市发展的焦点，随着政府税收减免政策的出台，建筑遗产保护市场化成为主要趋势。典型的保护案例如昆西市场（Quincy Market）的再利用：该市场在建造之初功能混杂，包括食品和制造业中心，以及零售商店、办公和批发仓库。在新的保护计划中，设计者有意保留这种多样性，修复后的昆西市场以零售和餐饮为主，侧翼的单元作为出租。市场的外部环境也得到了修葺，增加了户外步行与停留设施（图 12-36）。[②] 随着昆西市场改造的成功，历史建筑过去那种宏大叙事的纪念、教育意义逐渐消解，新功能的植入使得历史建筑逐渐融入人们的日常生活，美国建筑遗产保护从此进入了一个新纪元。

到了 20 世纪 80 年代，建筑遗产的保护范畴再一次扩大。保护的对象不再囿于保护区，而是对整个城镇区域内的历史文化资源进行整合。保护的内容除了物质实体外，还包括地域内的非物质文化。“遗产廊道”[③] 就是在这种历史遗产保护观念下应运而生的一种保护方式。

① https://www.nps.gov/nr/travel/charleston/intro.htm
② 美国建筑遗产保护历程研究——对四个主题实践及其背景的分析
③ 将单个遗产点串联起来形成具有一定历史意义的线性廊道，达到体现地域文化特色的目的。

图 12-36 马萨诸塞州波士顿市昆西市场[①]

进入 21 世纪，遗产保护理念倡导充分利用现有的历史建筑来积极应对气候的变化。历史遗产保护组织、美国建筑师协会积极与美国绿色建筑委员会合作将绿色建筑的评估标准（LEED）运用于历史遗产保护的评价工作。新的评估方法可以让历史建筑遗产的修复变得节能、低碳，使得历史建筑焕发出更持久的魅力。除此之外，新时期建筑遗产保护也更加关注安全性，增加了防汛及反恐等内容。

二、保护体系

美国建筑遗产保护体系非常成熟，自 20 世纪中期以来，一系列法律的颁布，为建筑遗产保护工作提供了法律保障。政府及民间组织机构的成立搭起了建筑遗产保护的框架。遗产保护标准的确立及级别的划分，使得建筑遗产保护工作开展起来井井有条。美国建筑遗产保护自始至终都具有自下而上的特点，民间的各类组织机构协助各级政府部门，在技术及资金方面为建筑遗产的保护提供支持，并广泛参与前期的评估及后期管理。各类培训咨询机构应运而生，促进了建筑遗产保护观念的普及及修复技术的学习。下文将对美国建筑遗产保护体系进行详细的介绍：

1. 保护法规与政策

联邦政府在 20 世纪初颁布了《古物保护法》（the Antiquities Act）和《国家公园组织法》（The National Park System Organic Act），这两部法律保护的对象为联邦政府所拥有的历史遗址、遗迹及自然景观。1935 年的《历史遗迹保护法》（The Historic Site Act）规定列入国家重大历史文化资源名录的遗产已不必局限于政府所有，并授权内政部设立国家历史地标。

1966 年颁布的《国家历史保护法》（The National Historic Preservation Act）是一部非常重要的法案，为美国建筑遗产的保护奠定了法律基础。法案明确了政府在建筑遗产保护中的责任，其第 1 条就提出："虽然历史保护的重任由民间机构和个人承担，并由他们着手推进大部分工作和继续扮演重要的角色，但是联邦政府责无旁贷要加速推进历史保护项目及活动，尽最大可能为民间组织和个人提供帮助，并协助州和当地政府及美国历史保护国家基金，拓展历史保护项目，加快项目的推进"。在该法的指导下，各级政府成立建筑遗产保护部门，明确各部门职责。该法经 1992 年修编后，对美国印第安居民在社区历史建筑中的参与权益进行改善，同时对少数种族教育机

① https://image.baidu.com/

构的历史保护专业给了更多的资助。[①]自颁布以来，该法经过多次修编，至今仍被广泛运用（表 12-12）。

联邦政府颁布的重要法案　表12-12

法案名称	法案内容	使用状况
1906 年《古物保护法》（the Antiquities Act）	承认和保护联邦所有土地上的历史遗迹，并对破坏行为实施处罚	修编过一次，1979 年停止对该法案进行修编，在其基础上制定了一项新的法案《考古资源保护法》[②]
1916 年《国家公园组织法》（The National Park Service Organic Act）	成立国家公园管理局（The National Park Service），对国家公园、军事公园和战场遗址等具有纪念意义的场所进行管理	经过 1970 年和 1978 年两次修编，至今仍在使用[③]
1935 年《历史遗迹保护法》（The Historic Site Act）	保护对国家有重大历史文化意义的古迹、建筑和构件，在重要历史和考古遗迹上设立纪念标识，登记为地方的历史地标	前后经过 8 次修编沿用至今[④]
1966 年《国家历史保护法》（The National Historic Preservation Act）	整理汇编全国范围内的国家史迹名录，建立独立的咨询机构，鼓励历史古迹所有人出资保护，明确了各级政府的保护机构及职责	自颁布以来修编了共计 23 次，其中 1980 年和 1992 年两次修编范围较大，该法案至今仍被广泛使用[⑤]
1976 年《税制改革法》（Tax Reform Act）	消除了中心区历史建筑拆除的任何利益补偿，对修缮历史建筑的业主给予税费减免	1986 年修编后沿用至今

以上各法案加强了各级政府的干预力度。1970 年代，联邦政府多次进行税收改革，制定了许多减免税收的激励政策（表 12-13），政策激发个人和开发商对历史建筑进行修复、再利用，减少了私人和开发商在建筑遗产保护过程中的“负外部性”；而建筑遗产的再利用，创造了更多的社会收益与就业机会，进而吸引更多社会资金涌入。建筑遗产保护工作逐渐变成了一件有利可图的事情。

建筑遗产保护过程中的激励政策　表12-13

激励政策	主要内容
财产税减免	针对登录或待登录的历史建筑，削减其物业税，并对进行修缮的建筑所有者提供优惠贷款
地役权转移	历史建筑的业主将所有权转让给政府管理机构或有关保护组织，为了弥补损失，业主可以得到一定的经济补偿
开发权转移	开发商在开发地区应得的建筑容积率，由于该地区的某种保护限制，可以把此处的开发权转移到该市的另一个地区加以运用，地方政府减免部分相应税收，开发权还可以买卖
税收抵扣	1986 年，对于建于 1936 年以前的商业用途的建筑单体，《税制改革法》规定将 50 年以下的非居住税收抵扣统一定为 10%，50 年以上历史建筑则为 20%[⑥]

① 美国建筑遗产保护历程研究——对四个主题实践及其背景的分析
② https://www.nps.gov/history/archeology/TOOLS/Laws/AntAct.htm
③ https://www.nps.gov/subhects/hhistoricpreservation/laws.htm
④ https://www.nps.gov/history/local-law/FHPL_HistSites.pdf
⑤ https://www.nps.gov/history/local-law/FHPL_HistPrsrvt.pdf
⑥ 沈海红 . 美国文化遗产保护领域中的税费激励政策 [J]. 建筑学报，2006（6）：17~20.

对于那些申请税费减免的个人及开发商，内务部专门制定了《历史建筑翻新标准》（The Secretary of the Interior's Standards for Rehabilitation）（下文简称《标准》）。历史建筑修复结果只有符合标准，它们才能享受优惠政策。《标准》对建筑物外观、内设、场地及邻近地区，分作推荐做法和不推荐做法两部分作了详细的阐述，比如说，怎样清洗和修补石料（或更换“类似石料”），如何修补具有历史价值的木窗，或者对新修建筑给出指导意见从而不破坏已有建筑风格。[①]

在以上联邦法案及政策基础上，各州针对具体问题制定自己的保护法规，地方政府则制定区划条例对具体的保护工作进行指导。这样就形成了联邦—州—地方三级法律体系，从宏观政策指导到微观的保护细则，为建筑遗产保护提供了全方位的法律保障。

2. 保护机构与职责

美国建筑遗产保护机构可分为联邦—州—地方三个层次。联邦政府负责建筑遗产保护的主要部门是内务部（U.S. Department of the Interior），内务部下设国家公园管理局。随着政府监管力度加强，国家公园管理局的权利及职责变得非常庞杂，除了对国家公园及历史遗址、遗迹进行管理，其主要职责还包括制定相关法案、管理国家史迹名录、向各州分配联邦援助拨款。与国家公园管理局平行的机构是历史保护审议委员会（Advisory Council on Historic Preservation，简称 ACHP），其主要职责是对影响登录文化遗产的联邦政府行为进行审议，就建筑遗产保护方面的问题向总统和国会提供意见，开展历史遗产保护的教育工作。

州政府作为联系联邦政府和地方政府的纽带，在建筑遗产保护中扮演着重要角色。州历史保护办公室（State Historic Preservation Office，简称 SHPO）作为主要机构，其主要职责包括：①系统调查州内的历史资源，并将成果整理成“州历史古迹名录”；②发现符合条件的历史古迹可申请登录国家史迹名录；③编制州历史环境保护规划；④管理联邦政府拨付给地方保护项目的资金；⑤为地方保护机构提供建议；⑥为已登录历史古迹的保护工作申请联邦和州政府的税收优惠。同联邦政府一样，州政府下设历史保护委员会，其主要职责为审核提名国家史迹名录的历史遗产并提供其他技术支持。

地方政府实际上担负着建筑遗产保护的具体任务，主要的保护机构为地方历史保护办公室，其主要职责为调查地方历史建筑，并制定具体的保护规划和相应的导则、规范（表 12-14）。

各级别政府部门、机构　　表12–14

机构级别	政府部门
联邦级机构	国家公园管理局、历史保护审议委员会
州级机构	州历史保护办公室、州历史保护委员会
地方级机构	地方历史保护办公室

3. 保护制度与流程

美国建筑遗产保护的特色之一就是制定了国家史迹登录制度（National Register

① On behalf of the Technical Preservation Service Division of the U.S. National Park Service, architectural historian W. Brown Morton III and architect Gary Hume produced the original, complete version of the Secretary of the Interior's Standards and Guidelines in 1976; the Guidelines have evolved considerably in later versions with detailed explanations of "recommended" and "not recommended" approaches to architectural preservation.

of Historic Places，简称 NRHP）。该制度确定了有效的历史古迹确认方法，由国家公园管理局主持，将符合登录标准的历史古迹编制成册，形成国家史迹名录[①]。各州及地方也可根据该制度编制州及地方的历史古迹保护名录。确定保护名录后，各级政府便着手对登录的历史古迹进行保护，保护流程主要包含四个环节：首先确定保护对象，一般应符合以下四个标准：①为美国的历史作出过贡献并与其中的历史事件相关；②与美国重要的历史人物相关；③建筑的类型或营造方法具有特色、大师的代表作品、艺术价值很高或者尽管局部缺乏特色但能代表一件杰出作品；④蕴含或可能蕴含史上或史前重要信息。[②]第二个环节就是对保护对象进行测绘，测绘不仅绘制图纸还要对该历史古迹的价值依据史料进行研究；第三个环节就是对被测对象进行评估并依照登录制度提名各级历史古迹名录，如图 12-37 所示是提名国家史迹名录的流程；最后一个环节就是确定具体的保护技术，对登录的历史古迹进行保护。

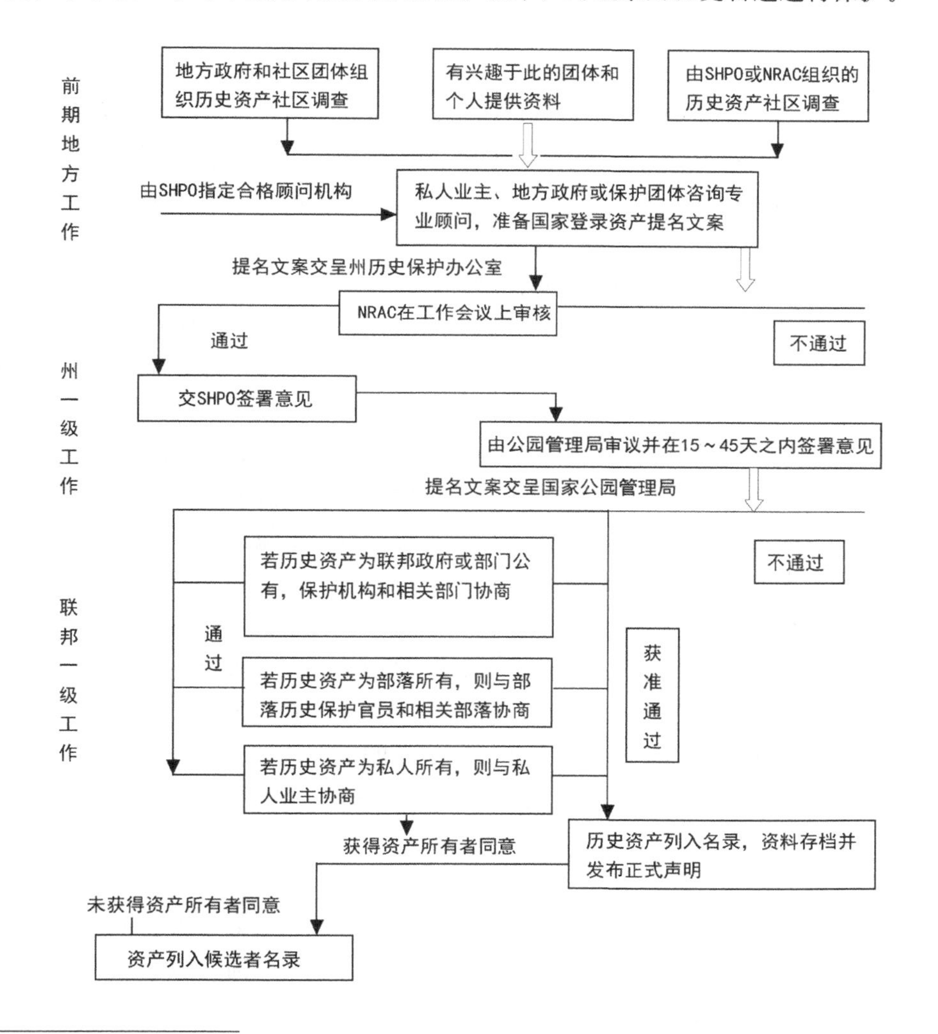

图 12-37　国家史迹名录登录流程
注：SHPO 为州历史保护办公室缩写；NRAC 为州历史保护委员会

① 早期登录国家史迹名录的大多是具有历史纪念意义的建筑，后期国家公园管理局分别在 1969 年和 2000 年先后开展了历史工程调查（HAER）和历史景观调查（HALS），大大丰富了国家史迹名录的内容。其登录的范围除了建筑物、公园、历史文化遗址外，还包括构筑物、桥梁等工程，如今还囊括了地貌、灯塔及典型的富有乡土气息的零售市场等形形色色的资源。

② https://www.nps.gov/nr/publications/bulletins/nrb15/nrb15_2.htm；National Register Criteria for Evaluation

截至2013年，据国家公园管理局公布的官方数据显示，登录在册的国家史迹共计9万多处，其中：建筑66082处；遗址6902处；工程5476处；区域15834处；物体426处[①]。大部分历史古迹属于个人，仅有不到10%归联邦政府所有。这充分体现了美国建筑遗产保护对私有财产的保护。

4. 民间保护组织与机构

美国建筑遗产的保护历程可以说就是公众参与的发展历程，1949年历史保护国民基金（National Trust for Historic Preservation，简称NTHP）作为全国最大的民间非营利机构，成为联系各民间组织及个人的纽带。众多的民间组织大体可划分为三类，即保护联盟、历史保护社团和社区组织。其中，保护联盟的保护活动主要是提供资金和义务咨询服务；历史保护社团通常通过周转基金的方式租赁或购买濒危的文化遗产，然后进行修复，并寻求新用途；社区组织的工作是制定保护区保护条例并监督其执行，有些社区组织还按照不同的专业领域细分为不同的委员会，各司其职，监督和执行保护区的保护工作。[②]

联邦政府除了设立专门的机构外，还出台相应的法律、规定保障建筑遗产保护中的公众参与。国家公园管理局就有明确规定：针对保护计划实施过程中的所有决策，应当设置公开的论坛（会议）供各界人士讨论，决策在正式出台之前，需要经过至少4个环节以上的公共参与流程。另外，在建筑遗产保护计划实施过程中，实施方要保证信息公开，以便公民及时知晓保护进程。综上，广泛的公众参与涉及建筑遗产保护的各个环节，民间的力量监督并推动了建筑遗产保护工作的实施。

除了民间组织，各类培训咨询机构令建筑遗产保护工作变得更加专业化。在联邦政府层面，内务部下设了历史古迹保护咨询委员会，为联邦政府、各部族、各州以及地方管理机构提供培训，从而帮助他们在制定各种计划的时候，对历史建筑保护的价值多加考虑。国家公园管理局下设的国家古迹保护技术培训中心则为各类遗产保护工作提供技术培训。各州及地方政府也都设有历史保护委员会，为州及地方政府在登录历史古迹名录及制定保护规划的时候提供咨询服务。

另外，1964年建筑师兼建筑历史学家詹姆斯·马斯顿·芬奇（James Marston Fitch）在哥伦比亚大学制定了美国第一个建筑保护专业人士培训项目，遗产保护作为学科分支在教育界正式出现。如今，超过50多所大学在借鉴哥伦比亚大学办学经验的基础上制定了建筑保护专业本科生、研究生的培训计划。这样，不断完善的建筑保护教育，逐渐帮助美国形成了一套成熟的建筑保护实践体系。

三、保护措施

早在1935年的《历史遗迹保护法》中，法案就将保护对象划分为建筑（building）、遗址（site）、物体（object）三类，在该法案基础上制定的《国家历史保护法》则对历史遗产（Historic property）的内容作了详细的规定，并将其细分为五个类别即建筑（building）、遗址（site）、工程（structure）、区域（district）、物体（object）。国家公

---

① http://www.nps.gov

② FRANK K，PETERSEN P．Historic Preservation in the USA [M]．New York：Springer，2002：77-79.

园管理局对这几类遗产类别进行明确定义[①]（表 12-15），下面将着重对建筑及区域类型中的保护区和遗产廊道的具体保护措施进行详细介绍。

各类遗产的定义　表12-15

遗产类别	定义
建筑	建筑指的是为人类活动提供的各种形式的遮蔽处，如住宅、仓库、教堂、旅馆或类似的建造物。“建筑”也可以用来指与历史和功能相关联的空间单位，如法院、监狱或一所小房子和谷仓
遗址	是指重大事件的发生地，史前或历史上人类居住地或活动地，或哪怕损毁会消失了但其遗址仍具有历史、文化或考古价值的建筑或构筑物，如战场、村落遗址、早期人类居住地等
工程	是指区别于建筑，满足除了住所以外的其他功能，如高速公路、水渠、桥梁、灯塔等。
区域	是指由规划或自然演化形成的，具有历史和美学关联性且意义重大的集中连片的遗迹群、建筑群、构筑物群、物件群或是他们的组合
物体	是指本质上具有艺术性，尺度较小，易于建造的物体，如界标、喷泉、雕塑、纪念碑等

1. **建筑**

对于那些所有权属于个人的历史建筑，私人业主通常会咨询专业顾问，准备提名各级历史古迹的文案，经过各级审批，依据登录标准确定级别。在具体的修复措施方面，各级政府及个人业主都要参考《历史建筑翻新标准》，这一标准对单体建筑的保护准则和不同层级的修复措施作了明确的解释，标准将具体的保护措施分为保护（Preservation）、修复（Restoration）、修缮（Rehabilitation）、重建（Reconstruction）四类[②]（表 12-16），该标准沿用至今。

针对建筑单体的保护措施[③]　表12-16

措施	适用情形	原则
保护（Preservation）	建筑独特的材质和空间保留的比较完整并传达着重要的历史意义，对其进行保存或另作他用不需太多的改变	维持建筑原有样式、空间及空间关系不变；对建筑现状进行评估，在此基础上采取恰当的措施；使用新材料在颜色、纹理、设计风格上要与原有材料保持整体上统一；在不损坏历史建筑的基础上适当采用温和的化学或物理保护技术与方法
修缮（Rehabilitation）	建筑风格不纯粹且在功能上需要延续其原有用途或植入新的功能	小规模的改变建筑的材料、特征、空间及空间关系；对损毁的部分进行修补，使用新材料的颜色、纹理、设计需与原材料保持整体上的统一；将新旧材料进行区分；在不损坏历史建筑的基础上适当采用温和的化学或物理保护技术与方法
修复（Restoration）	历史建筑某一时期的设计风格、材料破损的比较严重，且那一时期的该建筑的历史价值并不突出	收集该建筑在历史上某一时期的文献资料，对这一历史时期的样式及设施进行精确恢复，其具体的措施包括拆除后期的工程或者置换先期的工程；在不损坏历史建筑的基础上适当采用温和的化学或物理保护技术与方法
重建（Reconstruction）	历史建筑已经损毁，或没有现存的具有类似历史价值的建筑，需要对其进行复原，恰好该历史建筑拥有充足的历史资料	在重建之前要对建筑所在的位置进行考古调查以确定其特性及建造工艺；对尚存的建筑残骸，如材料、空间关系等进行保留；重建必须参考历史资料；秉持历史不能重复的历史观，明确表明历史建筑为现代重建

① https://www.nps.gov/nr/publications/bulletins/nrb15/nrb15_4.htm
② The Secretary of the Interior's Standards
③ https://www.nps.gov/tps/standards/four-treatments/treatment-preservation.htm

图 12-38 对流水别墅主体结构及屋顶的修复[2]

典型的修复案例如2005年对赖特流水别墅的修复。流水别墅是现代主义大师赖特的代表作之一，位于宾夕法尼亚匹兹堡郊区的熊跑溪河畔。别墅于1963年由房主考夫曼之子捐赠给西宾夕法尼亚州保护协会（Western Pennsylvania Conservancy，简称WPC）。1994年住宅结构出现了严重的问题，悬挑的露台出现塌陷，WPS决定邀请以席尔曼建筑师带队的结构公司，以不损坏建筑为前提，全面勘查主露台的悬臂梁结构。专家小组对席尔曼提交的勘察报告进行鉴定认可后，修复工作开始动工。这桩维修工程的估计费用包括流水别墅建筑本身、景观及室内装潢等，高达1150万美金，重点则放在加强及稳固悬臂梁的作用，其他部分有房屋细部修缮、钢制窗框和门框、赖特设计的木制家具、客厅走下溪流的那道阶梯的支撑钢架、石墙外部的清洁及髹漆以及整座建筑的防水功能（图12-38）。[1]WPC为流水别墅的修复募集包括联邦政府的历史保护基金、宾州政府的保护援助金以及各基金会和社会大众的捐款共计1100万美金，修复工作运用新型材料及施工方法完好地保持了建筑原貌。

2. 保护区

划定保护区是美国建筑遗产保护的主要方式之一，截至2013年，美国划定大小保护区共计15834个[3]。历史保护区的划定应满足上面提到的《国家史迹名录》评估标准，大部分历史保护区通常为与历史人物或历史事件相关的建筑群或者构造群，部分保护区的划定是由于其独特的建成环境或传达了史上或史前信息。保护区强调的是整个地段内的整体性，因此，有没有个性独特的标志、单体并不重要，哪怕整个区域内每个组成部分都无特色也不妨碍该地区被划为保护区。同样的，保护区内那些没有历史价值的建筑物、构筑物、遗址、物件以及开放场地，也不妨碍保护区的划定，相反，恰恰反映了随着时间的变化，它们对该区域整体性的影响。另外，历史保护区边界的确定非常重要，特别应与周边区域有明显区别。边界的确定主要依据不同区域内遗址、建筑、构筑物、物件的密度、规模、年代、风格的差异。当然历史保护区还可以由多个不连续的部分组成，前提是视觉的连续性作为表达保护内容历史价值的必要条件，那么在这种条件下，保护区是可以由若干不连续的小区域组成，比如运河这样的线性遗产就是典型的离散的保护区。

在保护区的发展历程中，不得不提1980年国民基金组织开展的主要街道项目。该项目的主旨即对以主要的商业街道为中心的社区进行整体保护。自实施以来，将近2000个社区加入该项目中，值得一提的是，该项目还强调了对乡村地区的保护。这进一步扩大了美国建筑遗产保护的范畴。

---

① 成寒．抢救莱特名作——流水别墅[J]. 建筑学报，2002（7）：49~51.
② 成寒．抢救莱特名作——流水别墅[J]. 建筑学报，2002（7）：49~51.
③ http://www.nps.gov

保护区保护的实践过程，着重关注物质空间和保护区活力这两个方面：在空间层面，保护工作多与地区的区划规划相结合，通过制定导则对保护区的空间形态进行控制，如位于乔治亚州的港口城市萨凡纳，是按照霍华德田园城市理论建立的新城，拥有规则的方格路网及中心绿地，并保留大量殖民地时期的建筑。为了保护这一地区完整的历史风貌，区划导则对街区内新增建筑的尺度作了严格的规定：新建筑的高度与已有相邻建筑的平均高度比，不超过 10% 的变化幅度；建筑正立面宽度与高度的比值应在 1~1.5 之间；立面窗户、门的宽度与高度的比例为 1~2 之间。除此之外，导则还对临街面的节奏感、对建筑材料的搭接关系、颜色以及建筑细部、屋顶形状都作了详细的规定[①]（图 12-39）。在空间调控措施的基础上，保护区保护工作更强调激活整个区域的经济活力。这就需要地方政府及各民间组织通过加强参与该项目各群体的合作，通过发展居住、工商业、旅游业，为保护区的复兴注入新的活力。

3. 遗产廊道

对于空间范围更大的遗产区域的保护，保护流程相对比较复杂。首先要对区域内的历史资源状况进行分析与评估；根据区域的自然、文化与行政边界确定一个适宜的保护区域；然后确定遗产区域的主题及规划方案并设立机构对财政需求及合作伙伴进行管理。以波士顿遗产廊道的保护为例，根据保护规划，筛选出的 17 个重要遗产与遗址地，沿着一个约 4 公里长的城市步道展开，步道以红砖或红线标记，并设有特别设计的圆形标牌。[③]保护区域内包括了旧南会堂、旧州议会大厦、公园街教堂、

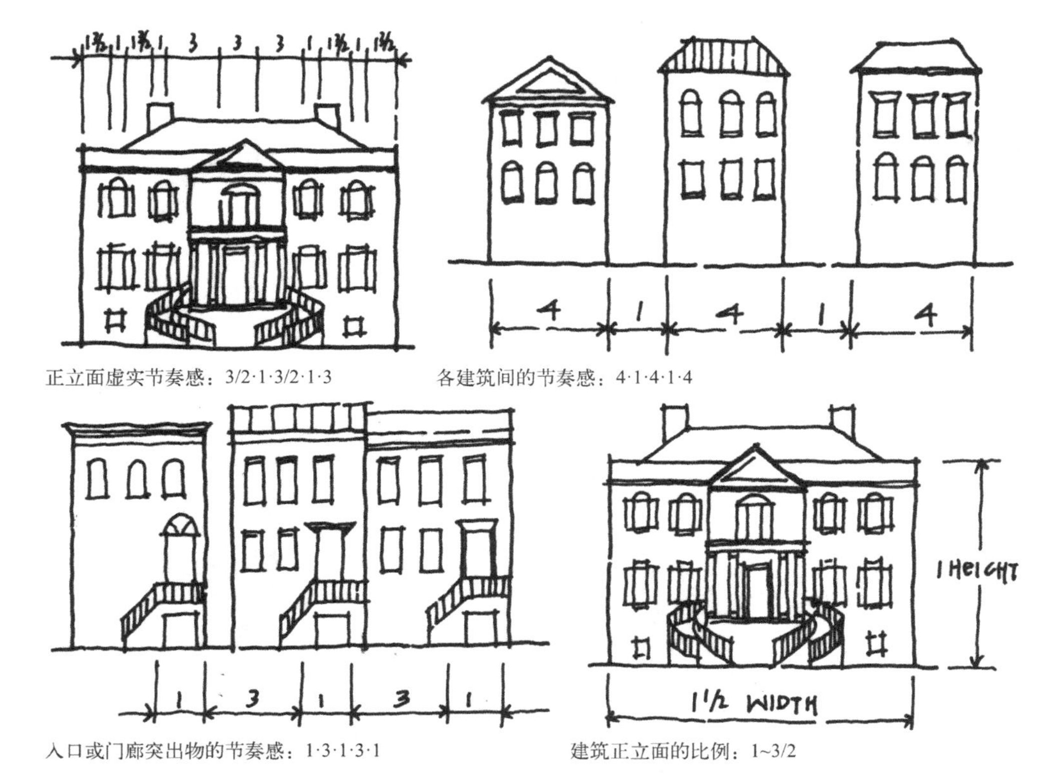

正立面虚实节奏感：3/2·1·3/2·1·3　　各建筑间的节奏感：4·1·4·1·4

入口或门廊突出物的节奏感：1·3·1·3·1　　建筑正立面的比例：1~3/2

图 12-39　设计导则节选[②]

① Alice Meriwether Bowsher, Design Review in Historic Districts, The Preservation Press, 1978. P40.

② Alice Meriwether Bowsher, Design Review in Historic Districts, The Preservation Press, 1978. P40.

③ 刘炜. 从波士顿自由足迹看美国城市遗产保护的演进与经验 [J]. 建筑学报，2015（5）：44~49.

昆西市场等历史建筑，也包括波士顿公园这样的景观绿地，还包括宪法号护卫舰所在的滨海地段以及邦克山纪念碑这样的构筑物（图 12-40）。遗产区域内囊括了多种遗产类别，对其保护就要求对物质实体与地域历史文化进行系统整合，成立了非营利组织自由足迹基金会则负责协调各方面的保护事务，在遗产区域保护的工作中发挥了重要的作用。

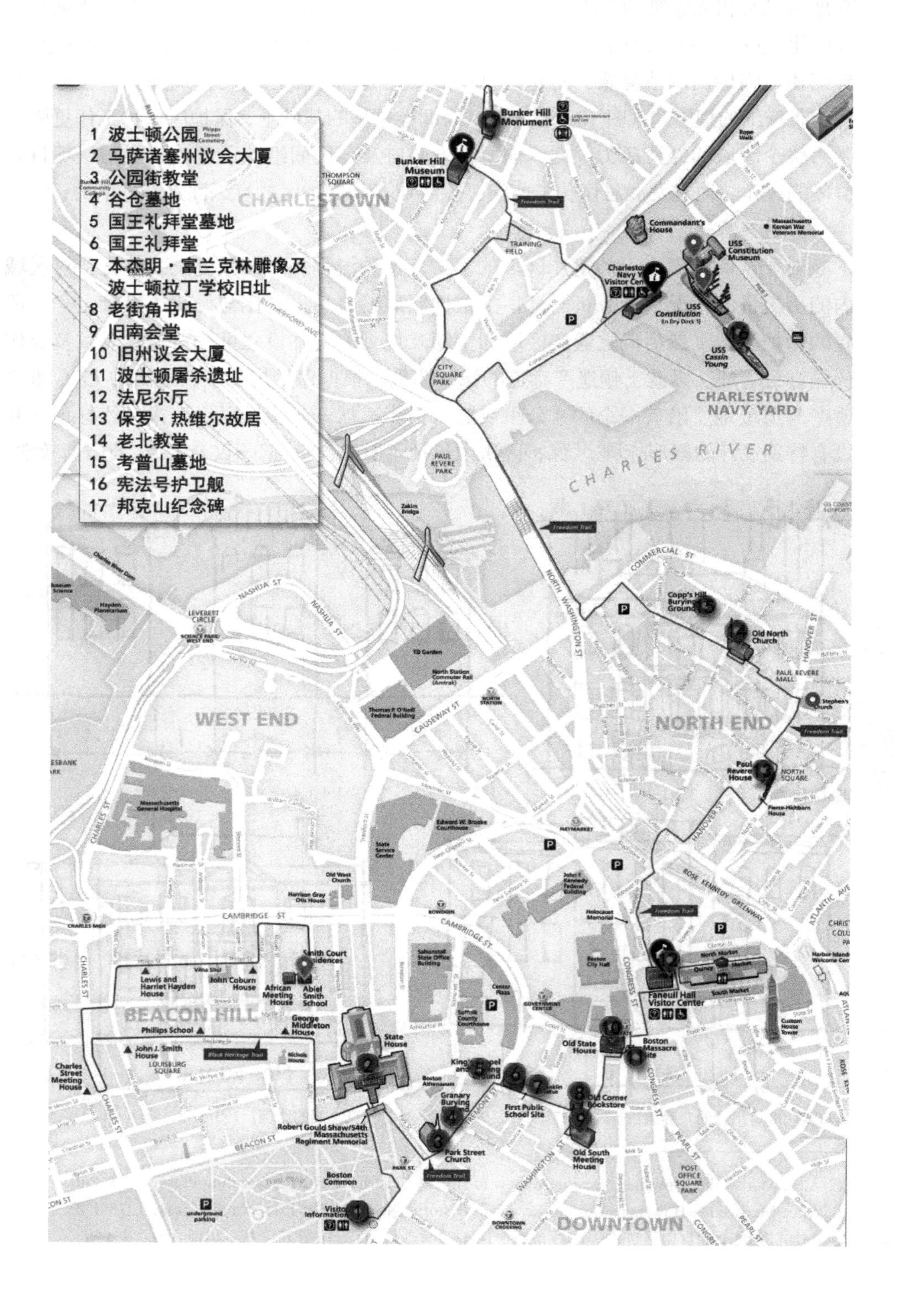

图 12-40　马萨诸塞州波士顿市遗产廊道示意图

四、启示

综上，当前我国正处在快速城镇化进程中，建筑遗产保护与城市建设发展之间存在着矛盾与冲突，通过对美国建筑遗产的保护历程、保护体系、保护措施及相应保护实践的详细介绍，期望能为我国历史遗产保护工作提供有益的借鉴和参考。

第四节　日本建筑遗产保护

日本建筑遗产保护工作，始于资本主义社会形成的明治初期。保护对象最初为与宗教相关的古神社、寺庙建筑，如飞鸟、奈良时代的奈良县法隆寺金堂（世界最古老木结构建筑）；平安时代的京都府平等院凤凰堂。后来，范围逐渐扩大至城郭、民居等其他类型的传统建筑，如江户时代的岐阜县白川村合掌造远山加住宅等。再后来，快速现代化过程中产生的大量优秀西洋建筑、近代建筑、现代建筑，也都逐渐纳入保护范围中。日本建筑遗产保护体系，基于全国范围内数次深度普查，形成了与欧美截然不同的东方木构建筑保护体系，在亚洲是先行一步的。这对我国建筑遗产保护工作颇具启发意义。

一、保护历程

1. 明治初期至“二战”前：萌芽与探索

1868 年，明治维新开始后，日本通过学习西方先进技术，改革落后的封建制度，走上了发展资本主义的道路而迅速崛起。然而，改革派激进的西化思想也导致大量传统文化被当作封建糟粕而毁灭。如维新政府颁布的“神佛分离”、“废佛弃释”等法令，其后又盛行的废寺合寺、僧人还俗之风，使得大量与佛教相关的佛像、经卷、书画作品、手工艺品等遭到了空前破坏并大量流失，寺庙建筑也面临严重威胁。正是在渐渐认识到这股风潮的恶端之后，政府及文化之士的遗产保护思想开始萌芽。

首先，与宗教相关的美术工艺品与器物引起最早关注。1871 年，太政官接受建议颁布了《古器旧物保存法》，这是日本政府首次以政府令形式颁布的文化遗产保护提案。1872 年，政府进行了第一次文化调查，史称“壬申检查”，对古寺、神社建筑中的美术工艺品、古器物记录整理。1878 年，东京大学聘请美国教师费诺罗萨对日本古代的美术工艺品进行了收集和调查。1888 年，宫内省成立全国宝物取调局，对全国范围内的寺院宝物进行详细审查和登录，并成立博物馆对宝物进行统一保存与展览。

不久之后，与宗教相关的建筑遗产也开始纳入调查范围。如 1879 年的《神社明细账》和《寺院明细账》，1882 年的《400 年前社寺建造物调查》等，记录了全国范围内的神社、古寺建筑。历经数年的酝酿，1897 年，政府在大规模普查的基础上，颁布了《古社寺保存法》（明治 30 年法律第 49 号）。这表明，建筑遗产的保护开始成为独立分支。

《古社寺保存法》有三项重要突破，一是保护等级的划分，如将古社寺建造物中具有典型历史特征或美术典范的对象定为“特别保护建造物”或“国宝”（第 4 条）。

二是保护资金的保障，如规定了对自身无力保存宝物和维修建筑的古寺社，可向政府提出资金申请。三是对公众开放的义务，如“特别保护建造物”及具有“国宝”资格的器物都必须具有博物馆展示的义务（第 7 条）。

随着日本工业化进程的加快，铁路开通、工厂修建对文化遗产破坏的加深，政府又颁布了一系列法律，扩大保护对象。如 1899 年颁布《遗失物法》以保护出土文物；1919 年颁布《古迹名胜天然纪念物保护法》以保护文化遗址、自然景观等。

到了昭和初年，经济陷入低迷，许多宝物开始流向海外。1929 年，政府为了避免封建旧贵族家中宝物的流失，对城郭建筑及陵墓建筑等进行了调查，废止原《古社寺保存法》，颁布《国宝保存法》（昭和 4 年法律第 17 号）。新的法律规定，除古社寺建筑外，国家、公有、私有文化财均可被指定为国宝；禁止国宝出口或转移到国外，禁止处置或扣押，禁止随意变更现状等；国家可提供国宝维修补助费。这标志着，古社寺之外更多的建筑遗产列入了保护对象。同时，文化遗产“指定制度”正式确立，根据《古社寺保存法》被指定为“特别保护建造物”者，或是根据《国宝保存法》被指定为“国宝”者，均视为被指定物件。

“二战”前日本文化财保护法规① 表12–17

类别	法规名称	主要保护对象	时间
有形文化财	《古器旧物保存方》	对古代美术工艺品、古代建筑等 31 门类有形文化财进行等级保护	1871
	《古社寺保存法》	对已经登记的古代美术工艺品、古代建筑发放补助金确立国家认证制度	1874
	《国宝保存法》	保护对象扩大到城郭、住宅等民用建筑和其拥有的器物	1880
	《关于重要美术品等保护的相关法律》	控制重要美术品向海外流失	1889
纪念物·埋藏文化财	《古坟发掘界出方》	带有传说色彩的古坟不得挖掘	1874
	《人民私有地古坟发掘界出方》	确立古坟发掘申报制度	1880
	《遗失物法》	与学术、考古学研究有关的器物被列入保护对象	1889
	《史迹名胜天然纪念物保存法》	史迹、名胜、天然纪念物的制定制度	1919

2.“二战”后至 2004 年：形成与完善

“二战”结束后，日本经济疲软，建筑遗产保护形势严峻。直至 1949 年震惊全国的法隆寺金堂火灾壁画被毁事件成为契机，1950 年《文化财保护法》（昭和 25 年法律第 214 号）才终于正式颁布，同时废止了《国宝保存法》、《重要美术品保护法律》、《史迹名胜天然纪念物保护法》等相关法律。

《文化财保护法》可谓集大成者，整合了上述所有旧法，并将包含建筑遗产在内的所有保护对象进行梳理调整，统一纳入“文化财”概念体系之中。重要内容体现为以下几点：

（1）保护范围扩大。将历史上或是艺术上有很高价值的“无形文化财”地下的“埋藏文化财”也纳入保护范围。

（2）指定制度沿用。将有形文化财中重要的指定为重要文化财将纪念物中重要的指定为史迹、名胜或是天然纪念物。

① 于小川．从法令规制的角度看日本文化遗产的保护及利用——二战前日本文化财保护制度的成立 [J]. 北京理工大学学报（社会科学版），2005（3）:3-5+11.

（3）保护等级划分。对重要文化财和史迹、名胜、天然纪念物采取重点保护措施。

（4）管理制度完善。对国家指定重要文化财等的管理规定进一步加强，为实际操作提供法律依据。

1950年之后，日本经济开始高速发展，建筑环境急剧改变，政府又将民居建筑、西洋建筑及近代建筑列入调查对象中（表12-18）。1954~1965年，通过都道府县进行了民居所在地的初步调查，1965~1978年，以都道府县为主要实施者，进行了民居紧急调查与指定。同期，1965年开始对西洋建筑进行调查与指定；1977年开始实施“近代建筑保存对策研究调查”，主要针对近代早期神社寺院；1990年以后，开始对涉及多个领域的近代建筑物进行综合调查。[①]1992年，又展开了近代和风建筑建筑综合调查（主要指传统营造技艺）。随着调查深度与广度的增加，《文化财保护法》也在后续几十年内经历了四次修订。

“二战”后日本《文化财保护法》的颁布与修订　　表12-18

次序	重要内容	备注
第一次修订	（1）将无形文化财、埋藏文化财纳入文化财范围，有形文化财中的“民俗资料”成为独立分支；（2）增设无形文化财、埋藏文化财的指定制度、保护管理制度；（3）明确管理团体制度；（4）细化地方政府的行政职能	无形文化财的理念在世界是首开先河
第二次修订	（1）将传统建造物群、文化财保存技术纳入文化财范围，将民俗资料改为民俗文化财；（2）增加传统建造物群保存地区制度、保护文化财保存技术；（3）将建筑物“成为一体形成其价值的土地及其他物件”一并纳入保护范围；（4）完善民俗文化财、埋藏文化财制度	受欧美历史街区、整体保护思想的影响
第三次修订	（1）将近代建筑遗产纳入文化财范围；（2）创建建筑遗产登录制度，与指定制度形成互补	受欧美文化遗产登录体系的影响
第四次修订	（1）将与建筑相关的文化景观纳入文化财范围；（2）将民俗技术纳入民俗文化财范围；（3）创建建筑遗产外其他有形文化财的登录制度	受欧美景观遗产保护的影响

3.2004年至今

根据现行《文化财保护法》第2条规划，日本文化财体系可分为有形文化财、无形文化财、民俗文化财、纪念物、文化景观、传统建造物群六大类（图12-41）。此外，法律还规定了两项重要内容：一是埋藏在地下的文化财（简称埋藏文化财）的保护；二是文化财保存技术的保护。文化财保存技术指的是为保护、传承文化财而不可或缺的相关技术，如有形文化财的复原、摹写，修理所用材料的生产、工具的制作等。保护文化财连同其相应的保存技术，是日本文化遗产保护的一大特色。

大量的文化财可通过“指定”、“登录”、“选定”制度，列入法律保护范围并进行分级保护（表12-19）。“指定”针对重要和特别重要的文化财而言，由国家或地方政府进行指定，保护级别最高。“登录”针对指定之外、特别需要采取保存措施的文

① 国家文物局第一次全国可移动文物普查工作办公室编译．日本文化财保护制度简编．文物出版社，2016.p66-67.

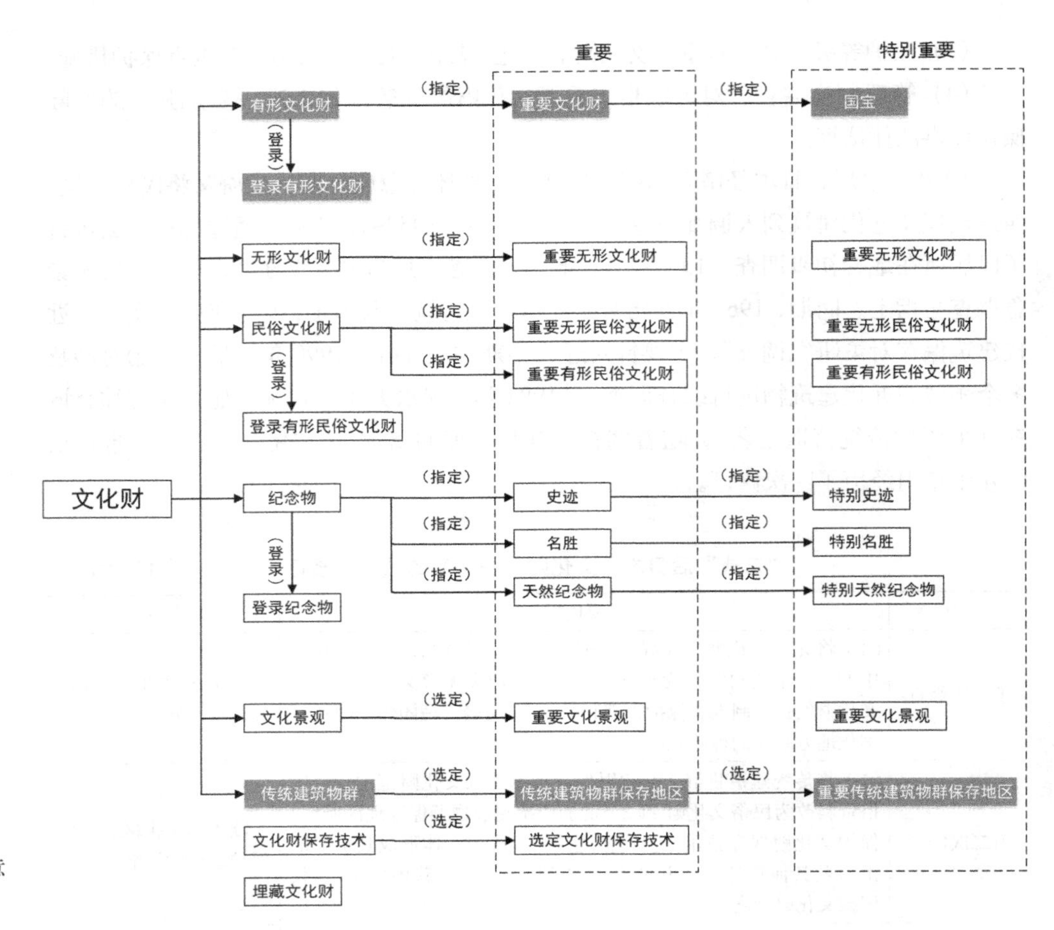

图 12-41　文化财分级示意图[①]

化财（尤其是建筑物）而言，由所有者配合文部科学大臣，将其登录在文化财登录底账上。登录制度与指定制度形成良好互补，将更多的建筑遗产纳入保护范围，同时，登录系统还有助于积极利用建筑遗产资源发展文化旅游。“选定”主要针对具有重要价值的文化景观、传统建造物群及文化财保存技术而言，由市町村申请，文部科学大臣进行选定为重要文化景观、重要传统建造物群及选定文化财保存技术，其中文化财保存技术指的是文化财保存过程中所必需的传统技术。

以建筑遗产为例，建筑单体属于“有形文化财”[②]一类，建筑群则属于“传统建造物群”[③]一类。根据建筑遗产的价值，通过“指定”、“登录”、“选定”制度，“有形文化财”中的建筑遗产可分为国宝（建造物）、重要有形文化财（建造物）、登录有形文化财（建造物）三类；“传统建造物群”中的建筑遗产可分为传统建造物群保存地区、重要传统建造物群保存地区两类（图 12-42~ 图 12-44）。

① 本节所有图片来源，除特殊标注外，均翻译自日本文化厅官网。
② 指具有较高艺术和历史价值的建筑物、绘画、雕刻、工艺品、书法作品、典籍、古文书、考古资料、历史资料等其中除不可移动的建筑外，其余统称为美术工艺品。
③ 指与周围环境为一体形成的传统建筑物群。

图 12-42　国宝建筑：松江城天守[2]

图 12-43　登录有形文化财建筑：著名建筑大师稹文彦设计名古屋大学丰田讲堂

图 12-44　重要传统建造物群保存地区：白川浪的合掌造り集落（荻町），岐阜县白川村

指定·登录·选定的建筑遗产相关数量一览表　　表12-19

（数据统计截止到2016年4月1日）[1]

类型	制度	数量
重要有形文化财（建造物）	指定	2445 件（223 件）※[1]
重要传统建造物群保存地区	选定	110 地区
登录有形文化财（建造物）	登录	10516 件

※[1]　重要文化财数量包含国宝数量。

二、保存、修复与活用

日本对待建筑遗产的态度是保存与活用。最大程度保存建筑的原有外观和历史价值，同时宣传遗产价值，让更多年轻人体验传统生活，在拉动旅游观光的同时带动当地区域经济发展与文化活力提升。

1. 国宝（建造物）和重要有形文化财（建造物）

（1）指定流程

具有优秀的设计与技术营造，较高的历史和学术价值，代表典型的地方特色或流派的建筑物，可以被指定为重要有形文化财。其中具有特别高的历史文化价值的，还可以被指定为国宝。据统计，被指定为重要有形文化财的建筑遗产共有 2445 件，其中国宝 223 件，排名前三的建筑类型分别是近代以前的寺院、神社、民居建筑，占据总数量的 70% 以上（表 12-20）。

有形文化财中被指定为重要文化财、国宝的建筑遗产类别及数量表

（数据统计截至2016年4月1日）　　表12-20

时期	类型	重要文化财（含国宝）		国宝	
		件数	栋数	件数	栋数
近代以前	神社	572	1219	40	75
	寺院	856	1181	155	163
	城郭	53	235	9	17
	住宅	97	155	14	20
	民居	351	848	0	0
	其他	193	261	3	3
小计		2122	3899	221	278

① 本节所有数据来源：日本文化厅官网

② 图 12-42、图 12-43、图 12-44 来源：维基百科

续表

时期	类型	重要文化财（含国宝）		国宝	
		件数	栋数	件数	栋数
近代	宗教	29	44	0	0
	住宅	89	355	1	1
	学校	41	80	0	0
	文化设施	36	61	0	0
	官方府邸	27	38	0	0
	商业·业务	21	28	0	0
	产业·交通·土木	75	253	1	3
	其他	5	17	0	0
小计		323	876	2	4
合计		2445	4775	223	282

进行指定时，文部科学大臣应提前与所有者及该文化财所在地地方政府联系，并且取得所有者同意。具体流程如下：候选指定建筑物→文部科学大臣咨询文化财产保护审议会的专业意见→文化财保护审议会进行审议→文化财保护审议会向文部科学大臣提出报告→官方报纸公示→向所有者交付指定证书。

（2）保存修复

为了长久保持文化财的价值，定期修复与日常管理是必不可少的。重要文化财及国宝的修复根据受灾情况，可分为三种类型：日常修复（如屋顶、地板、墙壁的局部修补）；周期修复（如由于老化而需要的屋顶修葺、涂装修复）；彻底修复（如主体结构的拆除重修，可“拆修”或“半拆修”）。以重要有形文化财法华经寺祖师堂的“拆修”为例，主要流程如图 12-45 所示。

“拆修”的保护方式在日本非常普遍。如日本最重要的神社伊势神宫，有两块同样大小的相邻用地，每隔 20 年便在其上轮番重建一次。这样的做法一直饱受争议，但是却将可贵的传统营造技艺、传统材料的使用完好地传承下来，在全世界可谓独

01拆除。按照顺序拆除房屋、墙体、天花板、地板等构件

拆除屋架、主体结构。注意小心作业，避免伤到基础等

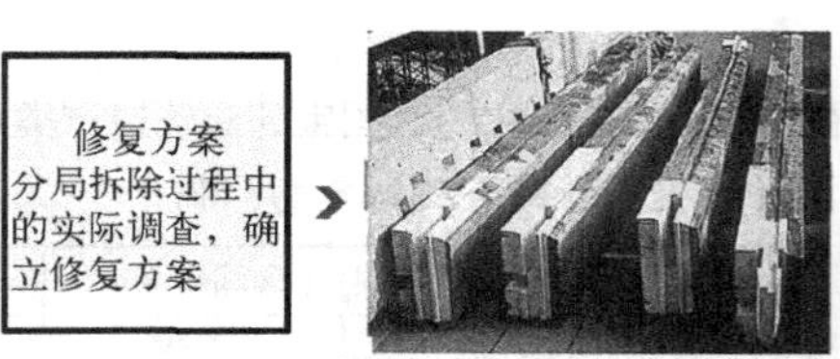

02木工。各部分木构件按照传统技术修复。如不可避免地需要更换，可采用传统技术重新制作

03组装。将各木构件进行组装，同时作业的多个成员必须具备好的专业技术

04屋顶修葺。可利用残留的旧屋顶材料，以及适量补充的新材料，利用传统技术进行修葺

05彩画绘制。利用红外线进行颜料、色彩分析，先素描，再涂色

06竣工

图 12-45　法华经寺祖师堂拆修过程示意图

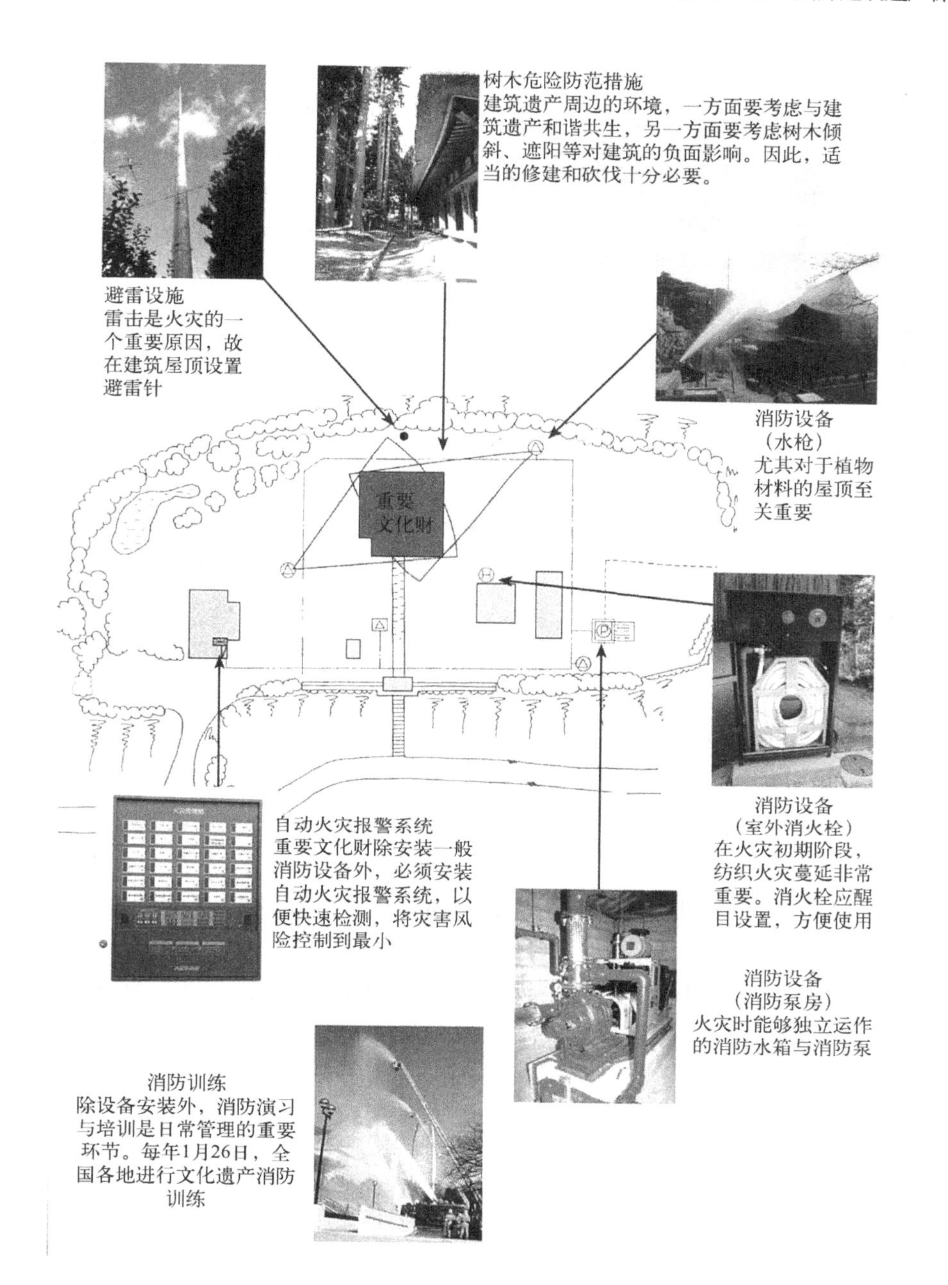

图 12-46　防灾设施与环境保护示意图

一无二。位于京都的法隆寺，也是每隔 20 年便“式年迁宫”一次，即按照原样重新修建一次，并且这一做法已持续上千年。

另外，防灾设施与环境保护是日本建筑遗产日常管理的一个重要内容。由于传统建筑遗产大部分以木构建筑为主，常常采用木、纸、竹、枯草、树皮等天然、易燃的材料，因此火灾、震灾等隐患非常严峻。日本文化厅正在积极推动建筑遗产火灾自动报警系统、消防设备、避雷设备的全面覆盖（图 12-46）。

（3）活用案例

对于被指定为重要有形文化财的建筑遗产，主要是通过保持原有功能，加深公众对于遗产的认识和理解。同时也可以适当增加新的功能提高利用度，继续增

图 12-47　和田家住宅首层室内展示①

加公众的保存愿望。建筑遗产的有效利用，需要准确把握各个建筑的现状条件和存在问题，制定合理的利用方式。如白川乡合掌村的和田家住宅，其一层二层作为展出空间对外开放，保留原始室内摆设及生产生活用品，三层继续居住功能，完整再现了合掌造建筑的精华和当地传统生活（图 12-47）。

2. 登录有形文化财（建造物）

（1）登录流程

以神社寺庙为主的中世纪建筑几乎全部得到了指定②，因此，登录制度虽然包含了近代之前的建筑遗产，但实际上主要以近代建筑遗产为主，包括建筑物（如住宅、办公场所、工厂、寺院、公共建筑等），土木工程（桥梁、隧道、水闸、堤坝等），其他建造物（烟囱、围墙、箭楼等）。目前被登录为有形文化财的建筑遗产已超过 10000 件。登录建筑除建成 50 年以上，还需满足如下任一标准③：

a. 有助于国土的历史性景观。如因特别的爱称而广为人知；当地因此建筑物而出名；屡屡出现在绘画、小说等艺术作品中。

b. 成为造型的典范。如建筑设计特别优秀；与著名的设计师以及施工者有关；后世建筑物模仿的原物；显示了时代以及建筑物种类特征。

c. 不易再现。如利用的是卓越的技术和技能；利用的是现在不常用的技术和技能；在形状以及设计方面很稀有。

登录制度实际上是民间自下而上发起的自我创建，所以流程相对复杂一些，具体如图 12-48 所示。

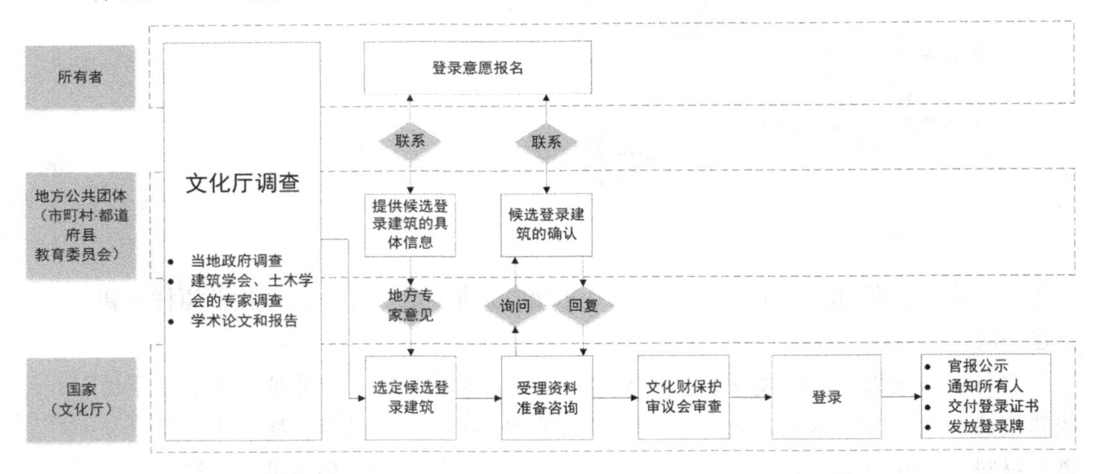

图 12-48　登录流程示意图

① 图片来源：维基百科

② 国家文物局第一次全国可移动文物普查工作办公室编译．日本文化财保护制度简编．文物出版社，2016.67.

③ 国家文物局第一次全国可移动文物普查工作办公室编译．日本文化财保护制度简编．文物出版社，2016.50.

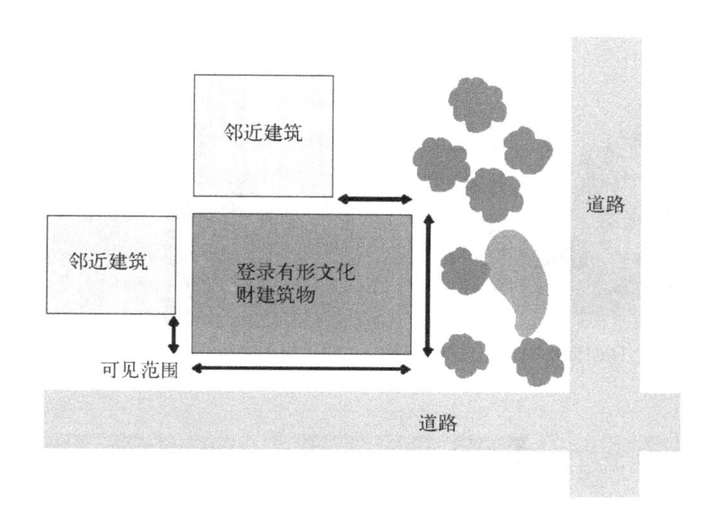

图 12-49 登录有形文化财建筑物可见部分示意图（左）
图 12-50 立面改造的山口县吉川家族故居（右）

（2）保存修复

对于登录有形文化财的保存与修复，相对于重要有形文化财及国宝管理稍微宽松一些，没有禁止事项的规定。但是涉及现状变更，如改变屋顶、外墙、平面等体现价值的区域，必须有基本的变更通知。改变幅度规模较小、不超过外观可见部分1/4 面积的，则不需要通知，如更换窗户（虽然原则上建议尽量保留原有风格）、替换招牌等（图 12-49、图 12-50）。

同时，政府对于登录有形文化财建筑的保存修复提供技术和资金方面的大力支持。技术方面，文化厅可对管理、修复、现状变更报告，甚至改造利用后的公共管理等提供指导和建议。资金方面，政府通过税收、补助的方式进行优惠，如对于保存目的的修复产生的设计监理费用，政府承担一半；对于增强地域商业活力所需的改造费用，政府承担一半；房屋遗产税减少 30%；房产税减少一半等。

（3）活用案例

被登录的建筑遗产利用更加灵活，除非外观变化较大（超过可见范围的 1/4）需要通知当局外，其余并不会受到强烈的法律限制。遗产所有人既可以保持维护建筑原有状态，也可以积极改造建筑内部，将其开发成为商业或旅游资源（餐厅、博物馆等），具体的技术和管理咨询可以向文化厅寻求帮助。

以岩手县建于大正 8 年（1919 年）的世嬉的一酒造场为例，根据业主的想法，利用造酒厂外部特殊的石材立面及内部大空间，改造为集博物馆、啤酒餐厅、婚庆、会议等于一体的多功能场所，积极地促进地方传统文化的继承（图 12-51~ 图 12-54）。再如佐贺县的深川家住宅，被当地的 NPO（非营利组织）用于组织推进其他有形文化财的登录工作、旅游志愿者培训工作等公益事业

图 12-51 登录有形文化财：世嬉的一酒造场旧原料米置场・精米所（改造前）

图 12-52 登录有形文化财：世嬉的一酒造场旧原料米置场・精米所（改造后）[①]

图 12-53 酒造场的活用功能：会议

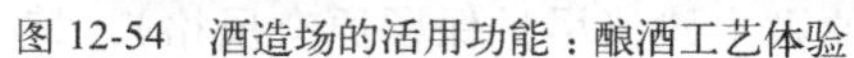

图 12-54 酒造场的活用功能：酿酒工艺体验

图 12-55 登录有形文化财：深川家住宅的活用

（图 12-55）。这种建筑遗产被用作区域传统文化振兴、遗产活化事业的项目，政府将会在保护规划中的抗震加固、配套设施等方面为其提供资金和技术支持。

3. 传统建造物群保存地区

传统建造物群保存地区既尊重市町村的独特性，又考虑城市的规划，主要目的在于整体保护历史悠久的聚落及其环境，类似于我国的历史文化名城名镇名村和历史街区。这一保护体系的提出，主要是由于二战后国家大力度的土地开发和建设，导致城市混乱发展，大量私人传统住宅被拆除，历史街区和农村景观消失不见。具有重要价值的传统建造物群还可以被选定为重要传统建造物群保存地区。截至 2016 年 4 月 1 日，日本全国已有 110 个地区（约 3788 公顷）被选定为重要传统建造物群保存地区，保存地区中约 22000 个传统建筑物已受到保护（表 12-21）。

（1）选定流程

传统建造物群保存地区的选定制度，虽然由国家创立，但实际上是由市町村地方政府主导并制定保护条例，当地居民积极配合完成的保护制度。根据市政府的调查和提议，符合下列价值特征的传统建造物群可被选定为传统建造物群保存地区：

a. 传统建造物群是一个具有优秀设计的整体聚落；

b. 传统建造物群和周边环境保留了传统历史风貌；

c. 传统建造物群和周边环境具有明显的地域特色。

传统建造物群保存地区的选定是自下而上的，这一体系的生成和运作流程如图 12-56。

---

① 图 12-52、图 12-53、图 12-54 来源：世嬉的一酒造场官网

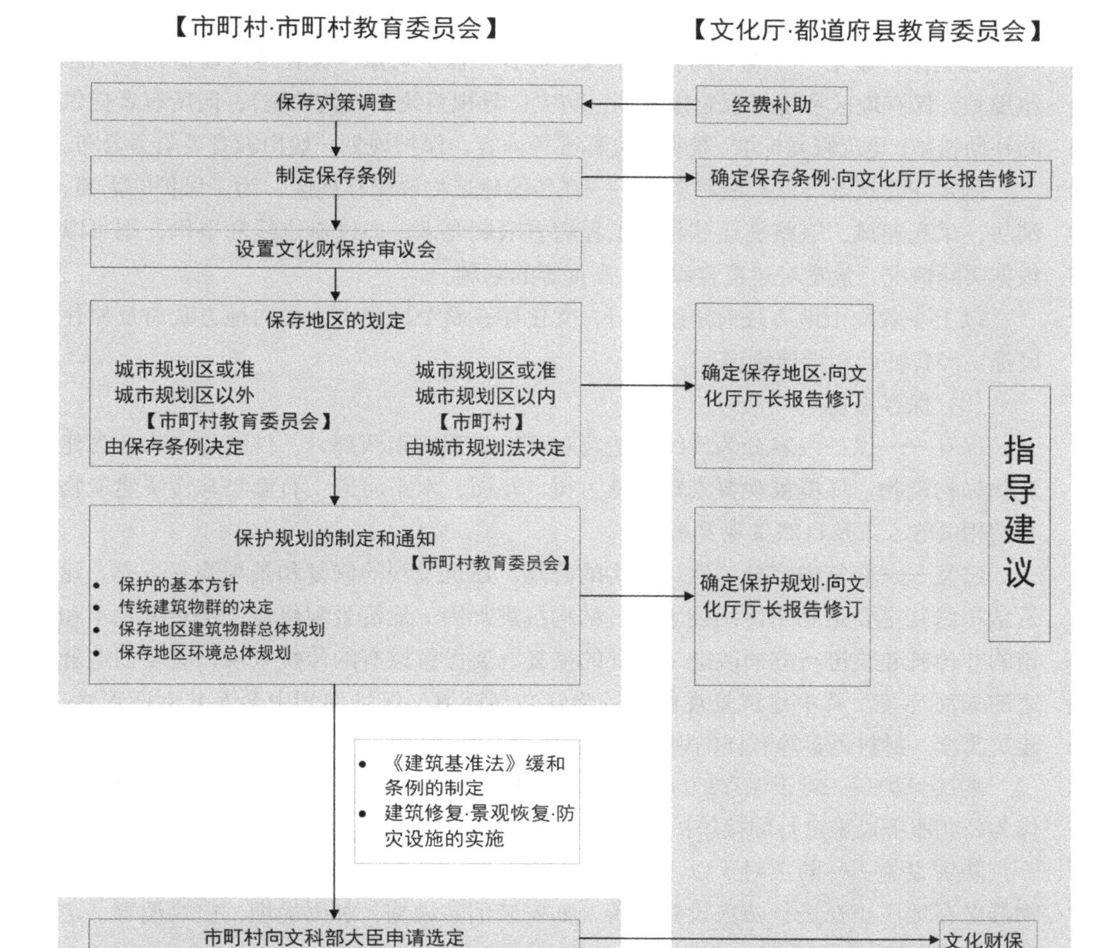

图 12-56　传统建造物群保存地区选定流程

保存对策调查——对所在地区建筑群的历史和现状调查研究后，把握其核心价值。同时从规划的角度考虑原住民的意愿。这将是未来制定保护规划的基础。

制定保存条例——规定保护规划、现状变更程序、资金支持、保护管理、保存措施等各方面的流程和要求。

设置文化财保护审议会——依据保护条例而成立相关的专家理事会，主要职能是研究保存地区的范围、评审保护规划的内容。另外，当选定传统建造物群保存地区后，还将调查审议保存地区的保护规划等重要内容，并在必要时向当地市政府和教育委员会提出专业建议。

划定保存地区——如果在城市规划区或准城市规划区内，则根据相应的《城市规划法》的要求划定；如果在城市规划区或准城市规划区外，如乡村地区，则根据《保护条例》的要求划定。

编制保护规划——规划内容包括保护方针、保护对象、保存地区建造物群的总体规划、保存地区环境景观总体规划（防灾、导视系统、公共设施）、向所有者提供的补助措施、建筑修复标准、景观恢复标准等内容。保护规划一般由教育委员会公布。

制定《建筑基准法》缓和条例——在传统建造物群保存地区，为了保护的需要，消防、采光通风、道路交通等相关工程均有限制要求。通过制定缓和条例，则可以根据实际情况，放宽对建筑容积率、高度等的限制。

以上步骤均由地方政府组织进行，文化厅在整个过程中主要向地方政府及原住民提供经费补助和指导建议。

（2）保存修复

保存——保护内容分为传统建造物和环境景观要素两部分。传统建造物包含建筑物和构筑物，环境景观要素则包括古树、花园、水系河道、石墙等与传统建造物密切相关的人工及自然景观要素。

修复——修复内容分为建筑结构的修复、建筑景观的修复和景观恢复三类。建筑结构修复主要是利用传统技术进行结构抗震加固；建筑景观修复，是对风貌不和谐的非传统建筑进行立面改造；景观的恢复既要保留原有的传统景观，又要创造舒适的人居环境。其中建筑景观修复较为复杂与谨慎，保护规划中会对其立面形式、建筑高度、材料色彩等有详细规定，并邀请建筑师或规划师做详细规划设计。

购买保护——对于保存地区内急需保护的建筑物和土地，市政府考虑将其收购，作为公共服务设施进行间接保护。

防灾设施——防灾对于以木建筑为主的村镇保护至关重要。日本大量传统建造物群保存地区正在进行防灾设施改善，如安装消防设施、加固堤坝、白蚁消毒、定期防灾培训等。

导引设施——市政府要设立导视板等说明标志，积极传播遗产文化，同时说明保护地区的位置、价值、范围等。

税收优惠——国税方面，传统建造物群保存地区内的土地免征土地税，其中重要传统建造物群保存地区内被列为文化财的传统建筑物还减免评估值 30% 的房屋遗产税。地方税方面，重要传统建造物群保存地区内被列为文化财的传统建筑物免征固定资产税，其他传统建筑物及非传统建筑物享受适当的减免。

4. 其他：保存技术

文化财保存技术的保护，对于文化财的保护修复文化意义重大（表 12-22）。根据《文化财保护法》，保护文化财不可或缺的传统技术或技能，同样被认为是需要保存的文化财，并建立了认证保持者和保持团体的制度。该系统旨在保护、改进传统技术，培训专业传统技术人才，为保护文化财提供支持。1975 年《文化财保护法》正式建立了“选定”制度，将重要的保存技术进行选定并重点保护，目前已经选定 71 件，其中约 1/3 与建筑遗产修复相关。对于选定的文化财保存技术，文部科学大臣会认证其保持者，以保证技术人员在专业的训练中沿用传统技术对文化财进行科学保护（图 12-57）。文化厅也常常举办相应的表演展示、文化体验和教育，尤其重视向青少年普及遗产知识，以培养更多的传统技术专业人才。

选定文化财保存技术数量（数据统计截止到2015年7月17日）　表12-21

选定保存技术	保持者		保持团体	
	选定件数	保持者数	选定件数	保持团体数
71 件	49 件	57 人	31 件	（33 团体）※[1]

※[1] 选定保存技术的认证保存团体有重复，实际团体数量为 31 个。

与建筑遗产相关的选定文化财保存技术（数据统计截止到2013年7月1日）　表12-22

建造物修理	屋根瓦制作鬼师	建造物装饰
建造物木工	捡皮采取	建造物彩色
规矩术（古式规矩）	屋根板制作	锈金具制作
规矩术（近世规矩）	竹钉制作	铸物制作
屋根瓦葺（本瓦葺）	左官（漆喰塗）	金具制作
捡皮葺（柿葺）	左官（古式京壁）	畳制作
茅葺	左官（日本壁）	金唐纸制作
石盘葺	建具制作	建造物模型制作

5. 结语

日本兼顾建筑遗产的保护与活用，自成体系。运作层面，实行遗产登录制度、税收优惠制度等，最大程度发挥遗产所有人的主观积极性。操作层面，重视现状资料调查、建筑本体的定期维护与日常管理、建筑防灾及配套设施的完善、建造技术的传承与保护。相比而言，我国建筑遗产保护工作起步较晚，无论是立法保护、管理制度，还是技术策略、设计理念方面，日本遗产保护的成功经验均值得借鉴。

图 12-57　建造物彩色保持者：马场良治①

① 文化财建筑物色彩常常由于颜料剥离等原因导致原始色彩损失。在修复和复建许多国宝和重要文化财建筑时，马场良治先生展示了从部分残留颜料和痕迹恢复原始色彩的优异技能。图片来源：日本文化厅官网。

附录一　国际文化遗产保护文件选录

1.《关于古迹遗址保护与修复的国际宪章（威尼斯宪章）》（1964 年）

（第二届历史古迹建筑师及技师国际会议于 1964 年 5 月 25 日 ~31 日在威尼斯通过）

世世代代人民的历史古迹，饱含着过去岁月的信息留存至今，成为人们古老的活的见证。人们越来越意识到人类价值的统一性，并把古代遗迹看作共同的遗产，认识到为后代保护这些古迹的共同责任。将它们真实地、完整地传下去是我们的职责。古代建筑的保护与修复指导原则应在国际上得到公认并作出规定，这一点至关重要。各国在各自的文化和传统范畴内负责实施这一规划。1931 年的（雅典宪章）第一次规定了这些基本原则，为一个国际运动的广泛发展做出了贡献，这一运动所采取的具体形式体现在各国的文件之中，体现在国际博物馆协会和联合国教育、科学及文化组织的工作之中，以及在由后者建立的国际文化财产保护与修复研究中心之中。一些已经并在继续变得更为复杂和多样化的问题已越来越受到注意，并展开了紧急研究。现在，重新审阅宪章的时候已经来临，以便对其所含原则进行彻底研究，并在一份新文件中扩大其范围。为此，1964 年 5 月 25 日至 31 日在威尼斯召开了第二届历史古迹建筑师及技师国际会议，通过了以下文本：

定义

第一条　历史古迹的要领不仅包括单个建筑物，而且包括能从中找出一种独特的文明、一种有意义的发展或一个历史事件见证的城市或乡村环境。这不仅适用于伟大的艺术作品，而且亦适用于随时光流逝而获得文化意义的过去一些较为朴实的艺术品。

第二条　古迹的保护与修复必须求助于对研究和保护考古遗产有利的一切科学技术。

宗旨

第三条　保护与修复古迹的目的旨在把它们既作为历史见证，又作为艺术品予以保护。

保护

第四条　古迹的保护至关重要的一点在于日常的维护。

第五条　为社会公用之目的使用古迹永远有利于古迹的保护。因此，这种使用合乎需要，但决不能改变该建筑的布局或装饰。只有在此限度内才可考虑或允许因功能改变而需做的改动。

第六条　古迹的保护包含着对一定规模环境的保护。凡传统环境存在的地方必须予以保存，决不允许任何导致改变主体和颜色关系的新建、拆除或改动。

第七条　古迹不能与其所见证的历史和其产生的环境分离。除非出于保护古迹之需要，或因国家或国际之极为重要利益而证明有其必要，否则不得全部或局部搬迁古迹。

第八条　作为构成古迹整体一部分的雕塑、绘画或装饰品，只有在非移动而不能确保其保存的唯一办法时方可进行移动。

修复

第九条　修复过程是一个高度专业性的工作，其目的旨在保存和展示古迹的美学与历史价值，并以尊重原始材料和确凿文献为依据。一旦出现臆测，必须立即予以停止。此外，即使如此，任何不可避免的添加都必须与该建筑的构成有所区别，并且必须要有现代标记。无论在任何情况下，修复之前及之后必须对古迹进行考古及历史研究。

第十条　当传统技术被证明为不适用时，可采用任何经科学数据和经验证明为有效的现代建筑及保护技术来加固古迹。

第十一条　各个时代为一古迹之建筑物所做的正当贡献必须予以尊重，因为修复的目的不是追求风格的统一。当一座建筑物含有不同时期的重叠作品时，揭示底层只有在特殊情况下，在被去掉的东西价值甚微，而被显示的东西具有很高的历史、考古或美学价值，并且保存完好足以说明这么做的理由时才能证明其具有正当理由。评估由此涉及的各部分的重要性以及决定毁掉什么内容不能仅仅依赖于负责此项工作的个人。

第十二条　缺失部分的修补必须与整体保持和谐，但同时须区别于原作，以使修复不歪曲其艺术或历史见证。

第十三条　任何添加均不允许，除非它们不至于贬低该建筑物的有趣部分、传统环境、布局平衡及其与周围环境的关系。

第十四条　古迹遗址必须成为专门照管对象，以保护其完整性，并确保用恰当的方式进行清理和开放。在这类地点开展的保护与修复工作应得到上述条款所规定之原则的鼓励。

发掘

第十五条　发掘应按照科学标准和联合国教育、科学及文化组织 1956 年通过的适用于考古发掘国际原则的建议予以进行。遗址必须予以保存，并且必须采取必要措施，永久地保存和保护建筑风貌及其所发现的物品。此外，必须采取一切方法促进对古迹的了解，使它得以再现而不曲解其意。然而对任何重建都应事先予以制止，只允许重修，也就是说，把现存但已解体的部分重新组合。所用粘结材料应永远可以辨别，并应尽量少用，只须确保古迹的保护和其形状的恢复之用便可。

出版

第十六条　一切保护、修复或发掘工作永远应有用配以插图和照片的分析及评论报告这一形式所做的准确的记录。清理、加固、重新整理与组合的每一阶段，以及工作过程中所确认的技术及形态特征均应包括在内。这一记录应存放于一公共机构的档案馆内，使研究人员都能查到。该记录应建议出版。

2.《关于历史地区的保护及其当代作用的建议（内罗毕建议）》（1976 年）

（联合国教育、科学及文化组织大会第十九届会议于 1976 年 11 月 30 日在内罗毕通过）

联合国教育、科学及文化组织大会于 1976 年 10 月 26 日至 11 月 30 日在内罗毕举行第十九届会议。考虑到历史地区是各地人类日常环境的组成部分，它们代表着形成其过去的生动见证，提供了与社会多样化相对应所需的生活背景的多样化，并且基于以上各点，它们获得了自身的价值，又得到了人性的一面；考虑到自古以来，历史地区为文化、宗教及社会活动的多样化和财富提供了最确切的见证，保护历史地区并使它们与现代社会生活相结合是城市规划和土地开发的基本因素；考虑到面对因循守旧和非个性化的危险，这些昔日的生动见证对于人类和对那些从中找到其生活方式缩影及其某一基本特征的民族，是至关重要的；注意到整个世界在扩展或现代化的借口之下，拆毁（却不知道拆毁的是什么）和不合理不适当重建工程正给这一历史遗产带来严重的损害；考虑到历史地区是不可移动的遗产，其损坏即使不会导致经济损失，也常常会带来社会动乱；考虑到这种情况使每个公民承担责任，并赋予公共当局只有他们才能履行的义务；考虑到为了使这些不可替代的财产免受它们所面临的退化甚至全部毁坏的危险，各成员国当务之急是采取全面而有力的政策，把保护和复原历史地区及其周围环境作为国家、地区或地方规划的组成部分；注意到在许多情况下缺乏一套有关建筑遗产及其与城市规划、领土、地区或地方规划相互联系的相当有效而灵活的立法；注意到大会已通过了保护文化和自然遗产的国际文件，如：《关于适用于考古发掘的国际原则的建议》(1956)、《关于保护景观和遗址的风貌与特征的建议》(1962)、《关于保护受到公共或私人工程威胁的文化财产的建议》(1972)；希望补充并扩大这些国际文件所确定的标准和原则的适用范围；收到关于历史地区的保护及其当代作用的建议，该问题作为本届会议第 27 项议程；第十八次会议决定该问题应采取向各成员国建议的形式。于 1976 年 11 月 30 日通过本建议。大会建议各成员国应通过国家法律或其他方式制订使本建议所规定的原则和准则在其所管辖的领土上生效的措施，以适用以上规定。大会建议各成员国应将本建议提请与保护历史地区及其周围环境有关的国家、地区和地方当局、事业单位、行政部门或机构以及各种协会的注意。大会建议各成员国应按大会决定的日期和形式向大会提交有关本建议执行情况的报告。

一、定义

1. 为本建议之目的：

(1)“历史和建筑（包括本地的）地区”系指包含考古和古生物遗址的任何建筑群、结构和空旷地，它们构成城乡环境中的人类居住地，从考古、建筑、史前史、历史、艺术和社会文化的角度看，其凝聚力和价值已得到认可。在这些性质各异的地区中，可特别划分为以下各类：史前遗址、历史城镇、老城区、老村庄、老村落以及相似的古迹群。不言而喻，后者通常应予以精心保存，维持不变。

(2)“环境”系指影响观察这些地区的动态、静态方法的、自然或人工的环境。

(3)“保护”系指对历史或传统地区及其环境的鉴定、保护、修复、修缮、维修和复原。

二、总则

2. 历史地区及其环境应被视为不可替代的世界遗产的组成部分。其所在国政府和公民应把保护该遗产并使之与我们时代的社会生活融为一体作为自己的义务。国家、地区或地方当局应根据各成员国关于权限划分的情况，为全体公民和国际社会的利益，负责履行这一义务。

3. 每一历史地区及其周围环境应从整体上视为一个相互联系的统一体，其协调及特性取决于它的各组成部分的联合，这些组成部分包括人类活动、建筑物、空间结构及周围环境。因此一切有效的组成部分，包括人类活动，无论多么微不足道，都对整体具有不可忽视的意义。

4. 历史地区及其周围环境应得到积极保护，使之免受各种损坏，特别是由于不适当的利用、不必要的添建和诸如将会损坏其真实性的错误的或愚蠢的改变而带来的损害，以及由于各种形式的污染而带来的损害。任何修复工程的进行应以科学原则为基础。同样，也应十分注意组成建筑群并赋予各建筑群以自身特征的各个部分之间的联系与对比所产生的和谐与美感。

5. 在导致建筑物的规模和密度大量增加的现代城市化的情况下，历史地区除了遭受直接破坏的危险外，还存在一个真正的危险：新开发的地区会毁坏临近的历史地区的环境和特征。建筑师和城市规划者应谨慎从事，以确保古迹和历史地区的景色不致遭到破坏，并确保历史地区与当代生活和谐一致。

6. 当存在建筑技术和建筑形式的日益普遍化可能造成整个世界的环境单一化的危险时，保护历史地区能对维护和发展每个国家的文化和社会价值作出突出贡献。这也有助于从建筑上丰富世界文化遗产。

三、国家、地区和地方政策

7. 各成员国应根据各国关于权限划分的情况制定国家、地区和地方政策，以便使国家、地区和地方当局能够采取法律、技术、经济和社会措施，保护历史地区及其周围环境，并使之适应于现代生活的需要。由此制定的政策应对国家、地区或地方各级的规划产生影响，并为各级城市规划，以及地区和农村发展规划，为由此而产生的共构成制定目标和计划重要组成部分的活动、责任分配以及实施行为提供指导。在执行保护政策时，应寻求个人和私人协会的合作。

四、保护措施

8. 历史地区及其周围环境应按照上述原则和以下措施予以保护，具体措施应根据各国立法和宪法权限以及各国组织和经济结构来决定。

立法及行政措施

9. 保护历史地区及其周围环境的总政策之适用应基于对各国整体有效的原则。各成员国应修改现有规定，或必要时，制定新的法律和规章以便参照本章及下列章节所述之规定，确保对历史地区及其周围环境的保护。它们应鼓励修改或采取地区或地方措施以确保此种保护。有关城镇和地区规划以及住宅政策的法律应予以审议，以便使它们与有关保护建筑遗产的法律相协调、相结合。

10. 关于保护历史地区的制度的规定应确立关于制订必要的计划和文件的一般原则，特别是：适用于保护地区及其周围环境的一般条件和限制；关于为保护和提供公共服务而制定的计划和行动说明；将要进行的维护工作并为此指派负责人；适用于城市规划，再开发以及农村土地管理的区域；指派负责审批任何在保护范围内的修复、改动、新建或拆除的机构；保护计划得到资金并得以实施的方式。

11. 保护计划和文件应确定：被保护的区域和项目；对其适用的具体条件和限制；在维护、修复和改进工作中所应遵守的标准；关于建立城市或农村生活所需的服务和供应系统的一般条件；关于新建项目的条件。

12. 原则上，这些法律也应包括旨在防止违反保护法的规定，以及防止在保护地区内财产价值的投机性上涨的规定，这一上涨可能危及为整个社会利益而计划的保护和维修。这些规定可以包括提供影响建筑用地价格之方法的城市规划措施，例如：设立邻里区或制定较小型的开发计划，授予公共机构优先购买权、在所有人不采取行动的情况下，为了保护、修复或自动干预之目的实行强制购买。这些规定可以确定有效的惩罚，如：暂停活动、强制修复和适当的罚款。

13. 个人和公共当局有义务遵守保护措施。然而，也应对武断的或不公正的决定提供上诉的机制。

14. 有关建立公共和私人机构以及公共和私人工程项目的规定应与保护历史地区及其周围环境的规定相适应。

15. 有关贫民区的房产和街区以及有补贴住宅之建设的规定，尤其应本着符合并有助于保护政策的目的予以制订或修改。因此，应拟定并调整已付补贴的计划，以便专门通过修复古建筑推动有补贴的住宅建筑和公共建设的发展。在任何情况下，一切拆除应仅限于没有历史或建筑价值的建筑物，并对所涉及的补贴应谨慎予以控制。另外，应将专用于补贴住宅建设的基金拨出一部分，用于旧建筑的修复。

16. 有关建筑物和土地的保护措施的法律后果应予以公开并由主管官方机构作出记录。

17. 考虑到各国的具体条件以及各个国家、地区和地方当局的责任划分，下列原则应构成保护机制运行的基础：

(1) 应设有一个负责确保长期协调一切有关部门，如国家、地区和地方公共部门或私人团体的权力机构；

(2) 跨学科小组一旦完成了事先一切必要的科学研究后，应立即制订保护计划和文件，这些跨学科小组特别应由以下人员组成：保护和修复专家，包括艺术史学家；建筑师和城市规划师；社会学家和经济学家；生态学家和风景建筑师；公共卫生和社会福利的专家；并且更广泛地说，所有涉及历史地区保护和发展学科方面的专家；

(3) 这些机构应在传播有关民众的意见和组织他们积极参与方面起带头作用；

(4) 保护计划和文件应由法定机构批准；

(5) 负责实施保护规定和规划的国家、地区和地方各级公共当局应配有必要的工作人员和充分的技术、行政管理和财政来源。

技术、经济和社会措施

18. 应在国家、地区或地方一级制订保护历史地区及其周围环境的清单。该清单应确定重点，以使可用于保护的有限资源能够得到合理的分配。需要采取的任何紧急保护措施，不论其性质如何，均不应等到制订保护计划和文件后再采取。

19. 应对整个地区进行一次全面的研究，其中包括对其空间演变的分析。它还应包括考古、历史、建筑、技术和经济方面的数据。应制订一份分析性文件，以便确定哪些建筑物或建筑群应予以精心保护、哪些应在某种条件下予以保存，哪些应在极例外的情况下经全面记录后予以拆毁。这将能使有关当局下令停止任何与本建议不相符合的工程。此外，出于同样目的，还应制订一份公共或私人开阔地及其植被情况的清单。

20. 除了这种建筑方面的研究外，也有必要对社会、经济、文化和技术数据与结构以及更广泛的城市或地区联系进行全面的研究。如有可能，研究应包括人口统计数据以及对经济、社会和文化活动的分析、生活方式和社会关系、土地使用问题、城市基础设施、道路系统、通信网络以及保护区域与其周围地区的相互联系。有关当局应高度重视这些研究并应牢记没有这些研究，就不可能制订出有效的保护计划。

21. 在完成上述研究之后，并在保护计划和详细说明制订之前，原则上应有一个实施计划，其中既要考虑城市规划、建筑、经济和社会问题，又要考虑城乡机构吸收与其具体特点相适应的功能的能力。实施计划应在使居住密度达到理想水平，并应规定分期进行的工作及其进行中所需的临时住宅，以及为那些无法重返先前往所的居民提供永久性的住房。该实施计划应由有关的社区和人民团体密切参与制订。由于历史地区及其周围环境的社会、经济及自然状态方面会随时间流逝而不断变化，因此，对其研究和分析应是一个连续不断的过程。所以，至关重要的是在能够进行研究的基础上制订保护计划并加以实施，而不是由于推敲计划过程而予以拖延。

22. 一旦制订出保护计划和详细说明并获得有关公共当局批准，最好由制订者本人或在其指导下予以实施。

23. 在具有几个不同时期特征的历史地区，保护应考虑到所有这些时期的表现形式。

24. 在有保护计划的情况下，只有根据该计划方可批准涉及拆除既无建筑价值和历史价值且结构又极不稳固、无法保存的建筑物的城市发展或贫民区治理计划，以及拆除无价值的延伸部分或附加楼层，乃至拆除有时破坏历史地区整体感的新建筑。

25. 保护计划未涉及地区的城市发展或贫民区治理计划应尊重具有建筑或历史价值的建筑物和其他组成部分及其附属建筑物。如果这类组成部分可能受到该计划的不利影响，应在拆除之前制订上述保护计划。

26. 为确保这些计划的实施不致有利于牟取暴利或与计划的目标相悖，有必要经常进行监督。

27. 任何影响历史地区的城市发展或贫民区治理计划应遵守适用于防止火灾和自然灾害的通用安全标准，只要这与适用于保护文化遗产的标准相符。如果确实出现了不符的情况，各有关部门应通力合作找出特别的解决方法，以便在不损坏文化遗产的同时，提供最大的安全保障。

28. 应特别注意对新建筑物制订规章并加以控制，以确保该建筑能与历史建筑群的空间结构和环境协调一致。为此，在任何新建项目之前，应对城市的来龙去脉进行分析，其目的不仅在于确定该建筑群的一般特征，而且在于分析其主要特征，如：高度、色彩、材料及造型之间的和谐、建筑物正面和屋顶建造方式的衡量、建筑面积与空间体积之间的关系及其平均比例和位置。特别应注意基址的面积，因为存在着这样一个危险，即基址的任何改动都可能带来整体的变化，均对整体的和谐不利。

29. 除非在极个别情况下并出于不可避免的原因，一般不应批准破坏古迹周围环境而使其处于孤立状态，也不应将其迁移他处。

30. 历史地区及其周围环境应得到保护，避免因架设电杆、高塔、电线或电话线、安置电视天线及大型广告牌而带来的外观损坏。在已经设置这些装置的地方，应采取适当措施予以拆除。张贴广告、霓虹灯和其他各种广告、商业招牌及人行道与各种街道设备应精心规划并加以控制，以使它们与整体相协调。应特别注意防止各种形式的破坏活动。

31. 各成员国及有关团体应通过禁止在历史地区附近建立有害工业，并通过采取预防措施消除由机器和车辆所带来的噪声、振动和颤动的破坏性影响，保护历史地区及其周围环境免受由于某种技术发展，特别是各种形式的污染所造成的日益严重的环境损害。另外还应做出规定，采取措施消除因旅游业的过分开发而造成的危害。

32. 各成员国应鼓励并帮助地方当局寻求解决大多数历史建筑群中所存在的一方面机动交通另一方面建筑规模以及建筑质量之间的矛盾的方法。为了解决这一矛盾并鼓励步行，应特别重视设置和开放既便于步行、服务通行又便于公共交通的外围乃至中央停车场和道路系统。许多诸如在地下铺设电线和其他电缆的修复工程，如果单独实施耗资过大，可以简单而经济地与道路系统的发展相结合。

33. 保护和修复工作应与振兴活动齐头并进。因此，适当保持现有的适当作用，特别是贸易和手工艺，并增加新的作用是非常重要的，这些新作用从长远来看，如果具有生命力，应与其所在的城镇、地区或国家的经济和社会状态相符合。保护工作的费用不仅应根据建筑物的文化价值而且应根据其经使用获得的价值进行估算。只有参照了这两方面的价值尺度，才能正确看待保护的社会问题。这些作用应满足居民的社会、文化和经济需要，而又不损坏有关地区的具体特征。文化振兴政策应使历史地区成为文化活动的中心并使其在周围社区的文化发展中发挥中心作用。

34. 在农村地区，所有引起干扰的工程和经济、社会结构的所有变化应严加控制，以使具有历史意义的农村社区保持其在自然环境中的完整性。

35. 保护活动应把公共当局的贡献同个人或集体所有者、居民和使用者单独或共同作出的贡献联系起来，应鼓励他们提出建议并充分发挥其积极作用。因此，特别应通过以下方法在社区和个人之间建立各种层次的经常性的合作：适合于某类人的信息资料，适合于有关人员的综合研究，建立附属于计划小组的顾问团体；所有者、居民和使用者在对公共企业机构发挥咨询作用方面的代表性。这些机构负责有关保护计划的决策、管理和组织实施的机构或负责创建参与实施计划。

36. 应鼓励建立自愿保护团体和非营利性协会以及设立荣誉或物质奖励，以使保护领域中各方面卓有成效的工作能得到认可。

37. 应通过中央、地区和地方当局足够的预算拨款，确保得到保护历史地区及其环境计划中所规定的用于公共投资的必要资金。所有这些资金应由受委托协调国家、地区或地方各级一切形式的财政援助、并根据全面行动计划发放资金的公共、私人或半公半私的机构集中管理。

38. 下述形式的公共援助应基于这样的原则：在适当和必要的情况下，有关当局采取的措施，应考虑到修复中的额外开支，即与建筑物新的市场价格或租金相比，强加给所有者的附加开支。

39. 一般来说，这类公共资金应主要用于保护现有建筑，特别包括低租金的住宅建筑，而不应划拨给新建筑的建设，除非后者不损害现有建筑物的使用和作用。

40. 赠款、补贴、低息贷款或税收减免应提供给按保护计划所规定的标准进行保护计划所规定的工程的私人所有者和使用者。这些税收减免、赠款和贷款可首先提供给拥有住房和商业财产的所有者或使用者团体，因为联合施工比单独行动更加节省。给予私人所有者和使用者的财政特许权，在适当情况下，应取决于要求遵守为公共利益而规定的某些条件的契约，并确保建筑物的完整，例如：允许参观建筑物、允许进入公园、花园或遗址，允许拍照等。

41. 应在公共或私人团体的预算中，拨出一笔特别资金，用于保护受到大规模公共工程和污染危害的历史建筑群。公共当局也应拨出专款，用于修复由于自然灾害所造成的损坏。

42. 另外，一切活跃于公共工程领域的政府部门和机构应通过既符合自己目的，又符合保护计划目标的融资，安排其计划与预算，以便为历史建筑群的修复作出贡献。

43. 为了增加可资利用的财政资源，各成员国应鼓励建立保护历史地区及其周围环境的公共和／或私人金融机构。这些机构应有法人地位，并有权接受来自个人、基金会以及有关工业和商业方面的赠款。对捐赠人可给予特别的税收减免。

44. 通过建立借贷机构为保护历史地区及其周围环境所进行的各种工程的融资工作，可由公共机构和私人信贷机构提供便利，这些机构将负责向所有者提供低息长期贷款。

45. 各成员国和其他有关各级政府部门可促进非营利组织的建立。这些组织负责以周转资金购买，或如果合适在修复后出售建筑物。这笔资金是为了使那些希望保护历史建筑物、维护其特色的所有人能够在其中继续居住而专门设立的。

46. 保护措施不应导致社会结构的崩溃，这一点尤为重要。为了避免因翻修给不得不从建筑物或建筑群迁出的最贫穷的居民所带来的艰辛，补偿上涨的租金能使他们得以维持家庭住房、商业用房、作坊以及他们传统的生活方式和职业，特别是农村手工业、小型农业、渔业等。这项与收入挂钩的补偿，将会帮助有关人员偿付由于进行工程而导致的租金上涨。

五、研究、教育和信息

47. 为了提高所需技术工人和手工艺者的工作水平，并鼓励全体民众认识到保护的必要性并参与保护工作，各成员国应根据其立法和宪法权限，采取以下措施。

48. 各成员国和有关团体应鼓励系统地学习和研究：城市规划中有关历史地区及其环境方面；各级保护和规划之间的相互联系；适用于历史地区的保护方法；材料的改变；现代技术在保护工作中的运用；与保护不可分割的工艺技术。

49. 应采用并与上述问题有关的并包括实习培训期的专门教育。另外，至关重要的是鼓励培养专门从事保护历史地区，包括其周围的空间地带的专业技术工人和手工艺者。此外，还有必要振兴受工业化进程破坏的工艺本身。在这方面有关机构有必要与专门的国际机构进行合作，如在罗马的文化财产保护与修复研究中心、国际古迹遗址理事会和国际博物馆协会。

50. 对地方在历史地区保护方面发展中所需行政人员的教育，应根据实际需要，按照长远计划由有关当局提供资金并进行指导。

51. 应通过校外和大学教育，以及通过诸如书籍、报刊、电视、广播、电影和巡回展览等信息媒介增强对保护工作必要性的认识。还应提供不仅有关美学而且有关社会和经济得益于进展良好的保护历史地区及其周围环境的政策方面的、全面明确的信息。这种信息应在私人和政府专门机构以及一般民众中广为传播，以使他们知道为什么以及怎样才能按此方法改善他们的环境。

52. 对历史地区的研究应包括在各级教育之中，特别是在历史教学中，以便反复向青年人灌输理解和尊重昔日成就，并说明这些遗产在现代生活中的作用。这种教育应广泛利用视听媒介及参观历史建筑群的方法。

53. 为了帮助那些想了解历史地区的青年人和成年人，应加强教师和导游的进修课程以及对教师的培训。

六、国际合作

54. 各成员国应在历史地区及其周围环境的保护方面进行合作，如有必要，寻求政府间的和非政府间的国际组织的援助，特别是联合国教育、科学及文化组织；国际博物馆协会；国际古迹遗址理事会文献中心的援助。此种多边或双边合作应认真予以协调，并应采取诸如下列形式的措施：

(1) 交流各种形式的信息及科技出版物；

(2) 组织专题研讨会或工作会；

(3) 提供研究或旅行基金，派遣科技和行政工作人员并发送有关设备；

(4) 采取共同行动以对付各种污染；

(5) 实施大规模保护、修复与复原历史地区的项目，并公布已取得的经验。在边境地区，如果发展和保护历史地区及其周围的环境导致影响边境两边的成员国的共同问题，双方应协调其政策和行动，以确保文化遗产以尽可能的最佳方法得到利用和保护；

(6) 邻国之间在保护共同感兴趣并具有本地区历史和文化发展特点的地区方面应互相协助。

55. 根据本建议的精神和原则，一成员国不应采取任何行动拆除或改变其所占领土之上的历史区段、城镇和遗址的特征。

以上乃 1976 年 11 月 30 日在内罗毕召开的联合国教育、科学及文化组织大会第十九届会议正式通过之公约的作准文本。

特此签字，以昭信守。

3.《保护历史城镇与城区的宪章（华盛顿宪章）》（1987 年）

（国际古迹遗址理事会全体大会第八届会议于 1987 年 10 月在华盛顿通过）

序言与定义

一、所有城市社区，不论是长期逐渐发展起来的，还是有意创建的，都是历史上各种各样的社会的表现。

二、本宪章涉及历史城区，不论大小，其中包括城市、城镇以及历史中心或居住区，也包括其自然的和人造的环境。除了它们的历史文献作用之外，这些地区体现着传统的城市文化的价值。今天，由于社会到处实行工业化而导致城镇发展的结果，许多这类地区正面临着威胁，遭到物理退化、破坏甚至毁灭。

三、面对这种经常导致不可改变的文化、社会甚至经济损失的惹人注目的状况，国际古迹遗址理事会认为有必要为历史城镇和城区起草一国际宪章，作为“国际古迹保护与修复宪章”（通常称之为“威尼斯宪章”）的补充。这个新文本规定了保护历史城镇和城区的原则、目标和方法。它也寻求促进这一地区私人生活和社会生活的协调方法，并鼓励对这些文化财产的保护。这些文化财产无论其等级多低，均构成人类的记忆。

四、正如联合国教育、科学及文化组织 1976 年内罗毕会议“关于历史地区保护及其当代作用的建议”以及其他一些文件所规定的，“保护历史城镇与城区”意味着这种城镇和城区的保护、保存和修复及其发展并和谐地适应现代生活所需的各种步骤。

原则和目标

一、为了更加卓有成效，对历史城镇和其他历史城区的保护应成为经济与社会发展政策的完整组成部分，并应当列入各级城市和地区规划。

二、所要保存的特性包括历史城镇和城区的诗征以及表明这种特征的一切物质的和精神的组成部分，特别是：

（一）用地段和街道说明的城市的形制；

（二）建筑物与绿地和空地的关系；

（三）用规模、大小、风格、建筑、材料、色彩以及装饰说明的建筑物的外貌，包括内部的和外部的；

（四）该城镇和城区与周围环境的关系，包括自然的和人工的；

（五）长期以来该城镇和城区所获得的各种作用。任何危及上述特性的威胁，都将损害历史城镇和城区的真实性。

三、居民的参与对保护计划的成功起着重大的作用，应加以鼓励。历史城镇和城区的保护首先涉及它们周围的居民。

四、历史城镇和城区的保护需要认真、谨慎以及系统的方法和学科，必须避免僵化，因为，个别情况会产生特定问题。

方法和手段

一、在作出保护历史城镇和城区规划之前必须进行多学科的研究。保护规划必须反映所有相关因素，包括考古学、历史学、建筑学、工艺学、社会学以及经济学。保护规划的主要目标应该明确说明达到上述目标所需的法律、行政和财政手段。保护规划的目的应旨在确保历史城镇和城区作为一个整体的和谐关系。保护规划应该决定哪些建筑物必须保存，哪些在一定条件下应该保存以及哪些在极其例外的情况下可以拆毁。在进行任何治理之前，应对该地区的现状作出全面的记录。保护规划应得到该历史地区居民的支持。

二、在采纳任何保护规划之前，应根据本宪章和威尼斯宪章的原则和目的开展必要的保护活动。

三、新的作用和活动应该与历史城镇和城区的特征相适应。使这些地区适应现代生活需要认真仔细地安装或改进公共服务设施。

四、房屋的改进应是保存的基本目标之一。

五、当需要修建新建筑物或对现有建筑物改建时，应该尊重现有的空间布局，特别是在规模和地段大小方面。与周围环境和谐的现代因素的引入不应受到打击，因为，这些特征能为这一地区增添光彩。

六、通过考古调查和适当展出考古发掘物，应使一历史城镇和城区的历史知识得到拓展。

七、历史城镇和城区内的交通必须加以控制，必须划定停车场，以免损坏其历史建筑物及其环境。

八、城市或区域规划中作出修建主要公路的规定时，这些公路不得穿过历史城镇或城区，但应改进接近它们的交通。

九、为了保护这一遗产并为了居民的安全与安居乐业，应保护历史城镇免受自然灾害、污染和噪声的危害。不管影响历史城镇或城区的灾害的性质如何，必须针对有关财产的具体特性采取预防和维修措施。

十、为了鼓励全体居民参与保护，应为他们制定一项普通信息计划，从学龄儿童开始。与遗产保护相关的行为亦应得到鼓励，并应采取有利于保护和修复的财政措施。

十一、对一切与保护有关的专业应提供专门培训。

4.《关于乡土建筑遗产的宪章》（1999 年）

（国际古迹遗址理事会第十二届全体大会于 1999 年 10 月 17 日～24 日在墨西哥通过）

乡土建筑遗产在人类的情感和自豪中占有重要的地位。它已经被公认为是有特征的和有魅力的社会产物。它看起来是不拘于形式的，但却是有秩序的。它是有实用价值的，同时又是美丽和有趣味的。它是那个时代生活的聚焦点，同时又是社会史的记录。它是人类的作品，也是时代的创造物。如果不重视保存这些组成人类自身生活核心的传统性和谐，将无法体现人类遗产的价值。

乡土建筑遗产是重要的；它是一个社会文化的基本表现，是社会与其所处地区关系的基本表现，同时也是世界文化多样性的表现。

乡土建筑是社区自己建造房屋的一种传统和自然方式。为了对社会和环境的约束做出反应，乡土建筑包含必要的变化和不断适应的连续过程。这种传统的幸存物在世界范围内遭受着经济、文化和建筑同一化力量的威胁。如何抵制这些威胁是社区、政府、规划师、建筑师、保护工作者以及多学科专家团体必须熟悉的基本问题。

由于文化和全球社会经济转型的同一化，面对忽视、内部失衡和解体等严重问题，全世界的乡土建筑都非常脆弱。

因此，有必要建立管理和保护乡土建筑遗产的原则，以补充《威尼斯宪章》。

一般性问题

1. 乡土性可以由下列各项确认：

某一社区共有的一种建造方式；一种可识别的、与环境适应的地方或区域特征；风格、形式和外观一致，或者使用传统上建立的建筑型制；非正式流传下来的用于设计和施工的传统专业技术；一种对功能、社会和环境约束的有效回应；一种对传统的建造体系和工艺的有效应用。

2. 正确地评价和成功地保护乡土建筑遗产要依靠社区的参与和支持，依靠持续不断地使用和维护。

3. 政府和主管机关必须确认所有的社区有保持其生活传统的权利，通过一切可利用的法律、行政和经济手段来保护生活传统并将其传给后代。

保护原则

1. 传统建筑的保护必须在认识变化和发展的必然性和认识尊重社区已建立的文化特色的必要性时，借由多学科的专门知识来实行。

2. 当今对乡土建筑、建筑群和村落所做的工作应该尊重其文化价值和传统特色。

3. 乡土性几乎不可能通过单体建筑来表现，最好是各个地区经由维持和保存有典型特征的建筑群和村落来保护乡土。

4．乡土性建筑遗产是文化景观的组成部分，这种关系在保护方法的发展过程中必须予以考虑。

5．乡土性不仅在于建筑物、构筑物和空间的实体构成形态，也在于使用它们和理解它们的方法，以及附着在它们身上的传统和无形的联想。

实践中的指导方针

1．研究和文献编辑工作

任何对乡土建筑进行的实际工作都应该谨慎，并且事先要对其形态和结构做充分的分析。这种文件应该存放于公众可以使用的档案里。

2．场所、景观和建筑群

对乡土建筑进行干预时，应该尊重和维护场所的完整性、维护它与物质景观和文化景观的联系以及建筑和建筑之间的关系。

3．传统建筑体系

与乡土性有关的传统建筑体系和工艺技术对乡土性的表现至为重要．也是修复和复原这些建筑物的关键。这些技术应该被保留、记录，并在教育和训练中传授给下一代的工匠和建造者。

4．材料和部件的更换

为适应目前需要而做的合理的改变应该考虑到所引入的材料能保持整个建筑的表情、外观、质地和形式的一贯，以及建筑物材料的一致。

5．改造

为了与可接受的生活水平相协调而改造和再利用乡土建筑时，应该尊重建筑的结构、性格和形式的完整性。在乡土形式不间断地连续使用的地方，存在于社会中的道德准则可以作为干预的手段。

6．变化和定期修复

随着时间流逝而发生的一些变化，应作为乡土建筑的重要方面得到人们的欣赏和理解。乡土建筑工作的目标，并不是把一幢建筑的所有部分修复得像同一时期的产物。

7．培训

为了保护乡土建筑所表达的文化价值，政府、主管机关、各种团体和机构必须在如下方面给予重视：

a）依照乡土性原则实施对保护工作者的教育计划；

b）协助社区制定维护传统建造体系、材料和工艺技能方面的培训计划；

c）通过信息传播，提高公众特别是年轻一代的乡土建筑意识；

d）用于交换专业知识和经验的有关乡土建筑的区域性工作网络。

附录二　国内文化遗产保护文件选录

1.《中国文物古迹保护准则》（2015 年修订）

第一章　总则

第一条　本准则适用对象统称为文物古迹。它是指人类在历史上创造或遗留的具有价值的不可移动的实物遗存，包括古文化遗址、古墓葬、古建筑、石窟寺、石刻、近现代史迹及代表性建筑、历史文化名城、名镇、名村和其中的附属文物；文化景观、文化线路、遗产运河等类型的遗产也属于文物古迹的范畴。

第二条　准则的宗旨是对文物古迹实施有效保护。保护是指为保存文物古迹及其环境和其他相关要素进行的全部活动。保护的目的是通过技术和管理措施真实、完整地保存其历史信息及其价值。

第三条　文物古迹的价值包括历史价值、艺术价值、科学价值以及社会价值和文化价值。

社会价值包含了记忆、情感、教育等内容，文化价值包含了文化多样性、文化传统的延续及非物质文化遗产要素等相关内容。文化景观、文化线路、遗产运河等文物古迹还可能涉及相关自然要素的价值。

第四条　保护必须按照本《准则》规定的程序进行。价值评估应置于首位，保护程序的每一步骤都实行专家评审制度。

第五条　研究应贯穿保护工作全过程，所有保护程序都要以研究成果为依据。研究成果应当通过有效的途径公布或出版，促进文物古迹保护研究，促进公众对文物古迹价值的认识。

第六条　文物古迹的利用必须以文物古迹安全为前提，以合理利用为原则。利用必须坚持突出社会效益，不允许为利用而损害文物古迹的价值。

第七条　文物古迹的从业人员应具有相关的专业教育背景，并经过专业培训，取得相应资格。获取资格的从业人员，应定期接受培训，提高工作能力。

第八条　文物古迹的保护是一项社会事业，需要全社会的共同参与。全社会应当共享文物古迹保护的成果。

第二章　保护原则

第九条　不改变原状：是文物古迹保护的要义。它意味着真实、完整地保护文物古迹在历史过程中形成的价值及体现这种价值的状态，有效地保护文物古迹的历史、文化环境，并通过保护延续相关的文化传统。

第十条　真实性：是指文物古迹本身的材料、工艺、设计及其环境和它所反映的历史、文化、社会等相关信息的真实性。对文物古迹的保护就是保护这些信息及其来源的真实性。与文物古迹相关的文化传统的延续同样也是对真实性的保护。

第十一条　完整性：文物古迹的保护是对其价值、价值载体及其环境等体现文物古迹价值的各个要素的完整保护。文物古迹在历史演化过程中形成的包括各个时代特征、具有价值的物质遗存都应得到尊重。

第十二条　最低限度干预：应当把干预限制在保证文物古迹安全的程度上。为减少对文物古迹的干预，应对文物古迹采取预防性保护。

第十三条　保护文化传统：当文物古迹与某种文化传统相关联，文物古迹的价值又取决于这种文化传统的延续时，保护文物古迹的同时应考虑对这种文化传统的保护。

第十四条　使用恰当的保护技术：应当使用经检验有利于文物古迹长期保存的成熟技术，文物古迹原有的技术和材料应当保护。对原有科学的、利于文物古迹长期保护的传统工艺应当传承。所有新材料和工艺都必须经过前期试验，证明切实有效，对文物古迹长期保存无虞、无碍，方可使用。

所有保护措施不得妨碍再次对文物古迹进行保护，在可能的情况下应当是可逆的。

第十五条　防灾减灾：及时认识并消除可能引发灾害的危险因素，预防灾害的发生。要充分评估各类灾害对文物古迹和人员可能造成的危害，制定应对突发灾害的应急预案，把灾害发生后可能出现的损失减到最低程度。对相关人员进行应急预案培训。

第三章　保护和管理工作程序

第十六条　文物古迹保护和管理工作程序分为六步，依次是调查、评估、确定文物保护单位等级、制订文物保护规划、实施文物保护规划、定期检查文物保护规划及其实施情况。

第十七条　调查：包括普查、复查和重点调查。一切历史遗迹和有关的文献，以及周边环境都应当列为调查对象。遗址应进行考古勘查，确定遗址范围和保存状况。

第十八条　评估：包括对文物古迹的价值、保存状态、管理条件和威胁文物古迹安全因素的评估，也包括对文物古迹研究和展示、利用状况的评估。评估对象为文物古迹本体以及所在环境。评估应以勘查、发掘及相关研究为依据。

第十九条　确定文物古迹的保护等级：文物古迹根据其价值实行分级管理。价值评估是确定文物古迹保护等级的依据。各级政府应根据文物古迹的价值及时公布文物保护单位名单。公布为文物保护单位的文物古迹应落实保护范围，建立说明标志，完善记录档案，设置专门机构或专人负责管理。保护范围以外应划定建设控制地带，以缓解周边建设或生产活动对文物古迹造成的威胁。

第二十条　编制文物保护规划：文物古迹所在地政府应委托有相应资质的专业机构编制文物古迹保护规划。规划应符合相关行业规范和标准。规划编制单位应会同相关专业人员共同编制。涉及考古遗址时，应有负责考古工作的单位和人员参与编制。

文物古迹的管理者也应参与规划的编制，熟悉规划的相关内容。规划涉及的单位和个人应参与规划编制的过程并了解规划内容。在规划编制过程中应征求公众意见。

文物保护规划应与当地相关规划衔接。文物保护规划一经公布，则具有法律效力。

第二十一条　实施文物保护规划：通过审批的文物保护规划应向社会公布。文物古迹所在地政府是文物保护规划的实施主体。文物古迹保护管理机构负责执行规划确定的工作内容。

应通过实施专项设计落实文物保护规划。列入规划的保护项目、游客管理、展陈和教育计划、考古研究及环境整治应根据文物古迹的具体情况编制专项设计。规划中的保护工程专项设计必须符合各类工程规范，由具有相应资质的专业机构承担，由相关专业的专家组成的委员会评审。

第二十二条　定期评估：管理者应定期对文物保护规划及其实施进行评估。文物行政管理部门应对文物保护规划实施情况予以监督，并鼓励公众通过质询、向文物行政管理部门反映情况等方式对文物保护规划的实施进行监督。当文物古迹及其环境与文物保护规划的价值评估或现状评估相比出现重大变化时，经评估、论证，文物古迹所在地政府应委托有相应资质的专业机构对文物保护规划进行调整，并按原程序报批。

第二十三条　管理：是文物古迹保护的基本工作。管理包括通过制定具有前瞻性的规划，认识、宣传和保护文物古迹的价值；建立相应的规章制度；建立各部门间的合作机制；及时消除文物古迹存在的隐患；控制文物古迹建设控制地带内的建设活动；联络相关各方和当地社区；培养高素质管理人员；对文物古迹定期维护；提供高水平的展陈和价值阐释：收集、整理档案资料；管理旅游活动；保障文物古迹安全；保证必要的保护经费来源。

第四章　保护措施

第二十四条　保护措施是通过技术手段对文物古迹及环境进行保护、加固和修复，包括保养维护与监测、加固、修缮、保护性设施建设、迁移以及环境整治。所有技术措施在实施之前都应履行立项程序进行专项设计。所有技术和管理措施都应记入档案。相关的勘查、研究、监测及工程报告应由文物古迹管理部门公布、出版。

第二十五条　保养维护及监测：是文物古迹保护的基础。保养维护能及时消除影响文物古迹安全的隐患，并保证文物古迹的整洁。应制定并落实文物古迹保养制度。监测是认识文物古迹蜕变过程及时发现文物古迹安全隐患的基本方法。

对于无法通过保养维护消除的隐患，应实行连续监测，记录、整理、分析监测。数据，作为采取进一步保护措施的依据。

保养维护和监测经费由文物古迹管理部门列入年度工作计划和经费预算。

第二十六条　加固：是直接作用于文物古迹本体，消除蜕变或损坏的措施。加固是针对防护无法解决的问题而采取的措施，如灌浆、勾缝或增强结构强度以避免文物古迹的结构或构成部分蜕变损坏。加固措施应根据评估，消除文物古迹结构存在的隐患，并确保不损害文物古迹本体。

第二十七条　修缮：包括现状整修和重点修复。

现状整修主要是规整歪闪、坍塌、错乱和修补残损部分，清除经评估为不当的添加物等。修整中被清除和补配部分应有详细的档案记录，补配部分应当可识别。

重点修复包括恢复文物古迹结构的稳定状态，修补损坏部分，添补主要的缺失部分等。

对传统木结构文物古迹应慎重使用全部解体的修复方法。经解体后修复的文物古迹应全面消除隐患。修复工程应尽量保存各个时期有价值的结构、构件和痕迹。修复要有充分依据。

附属文物只有在不拆卸则无法保证文物古迹本体及附属文物安全的情况下才被允许拆卸，并在修复后按照原状恢复。

由于灾害而遭受破坏的文物古迹，须在有充分依据的情况下进行修复，这些也属于修缮的范畴。

第二十八条　保护性设施建设：通过附加防护设施保障文物古迹和人员安全。保护性设施建设是消除造成文物古迹损害的自然或人为因素的预防性措施，有助于避免或减少对文物古迹的直接干预，包括设置保护设施，在遗址上搭建保护棚罩等。

监控用房、文物库房及必要的设备用房等也属于保护性设施。它们的建设、改造须依据文物保护规划和专项设计实施，把对文物古迹及环境影响控制在最低程度。

第二十九条　迁建：是经过特殊批准的个别的工程，必须严格控制。迁建必须具有充分的理由，不允许仅为了旅游观光而实施此类工程。迁建必须经过专家委员会论证，依法审批后方可实施。必须取得并保留全部原状资料，详细记录迁建的全过程。

第三十条　环境整治：是保证文物古迹安全，展示文物古迹环境原状，保障合理利用的综合措施。整治措施包括：对保护区划中有损景观的建筑进行调整、拆除或置换，清除可能引起灾害的杂物堆积，制止可能影响文物古迹安全的生产及社会活动，防止环境污染对文物造成的损伤。

绿化应尊重文物古迹及周围环境的历史风貌，如采用乡土物种，避免因绿化而损害文物古迹和景观环境。

第三十一条　油饰彩画保护：必须在科学分析、评估其时代、题材、风格、材料、工艺、珍稀性和破坏机理的基础上，根据价值和保存状况采取现状整修或重点修复的保护措施。

油饰彩画保护的目的是通过适当的加固措施尽可能保存原有彩画。若通过评估需要重绘时，重绘部分必须尊重原设计、使用原工艺并尽可能使用原材料。

工程的每一步骤必须有详尽的档案记录。有重要价值但无法在原位保存的彩画应在采取保护措施后，作为文物或档案资料保存。

第三十二条　壁画保护：对石窟、寺庙、墓葬壁画所采取的保护措施必须经过研究、分析和试验，保证切实有效。

壁画保护首先应采取防护措施。只有在充分认识壁画的退化机理的前提下，才能进行加固。

复原可能破坏壁画的真实性，不适合壁画的保护。只有在原有环境中确实难以保护的情况下，壁画才允许迁移保护。

第三十三条　彩塑保护：首先应保证彩塑结构稳定、安全，对彩塑所采取的保护措施，必须经过研究、分析和试验，证明切实有效。

彩塑保护应注意保存不同时代彩妆的信息，避免或杜绝为展示某一特定时代特征而消除其他时代信息的做法。

第三十四条　石刻保护：应以物理防护为主，首先保证石刻安全。任何直接接触石刻表面的防护和保护措施都必须经过研究、分析和试验，证明对石刻文物无害方可使用。

第三十五条　考古遗址保护：考古发掘应优先考虑面临发展规划、土地用途改变、自然退化威胁的遗址和墓葬。有计划或抢救性考古发掘、包括国家重大工程建设进行的考古发掘，都应制定发掘中和发掘后的保护预案，在发掘现场对遗址和文物提取做初步的保护，避免或减轻由于环境变化对遗址和文物造成的损害。

经发掘的遗址和墓葬不具备展示条件的，应尽量实施原地回填保护，并防止人为破坏。经过评估，无条件在原址保存的遗址和墓葬，方可迁移保护。

规模宏大、价值重大、影响深远的大型考古遗址（大遗址）应整体保护。在确保遗址安全的前提下，可采取多种展示方式进行合理利用。具有一定资源条件、社会条件和可视性的大型考古遗址可建设为考古遗址公园。

第三十六条　近现代史迹及代表性建筑的保护：近现代建筑、工业遗产和科技遗产的保护应突出考虑原有材料的基本特征，尽可能采用不改变原有建筑及结构特征的加固措施。增加的加固措施应当可以识别，并尽可能可逆，或至少不影响以后进一步的维修保护。

第三十七条　纪念地的保护：应突出对于体现纪念地价值的环境特征的保护。

第三十八条　文化景观、文化线路、遗产运河的保护：必须在对各构成要素保护的基础上突出对文物古迹整体的保护。一定范围内的环境和自然景观是这些文物古迹本体的构成要素，对这部分环境和自然景观的保护和修复即是对文物古迹本体的保护。

第三十九条　历史文化名城、名镇、名村的保护：除了对文物古迹各构成要素的保护，还须考虑对整体的城镇历史景观的保护。保护不仅要考虑城市肌理和建筑体量、密度、高度、色彩、材料等因素，同时也应保护、延续仍保持活力的文化传统。

从环境景观的角度还需考虑对视线通廊、周围山水环境等体现城镇、村落选址、景观设计意图等要素的保护。

第五章　合理利用

第四十条　合理利用是文物古迹保护的重要内容。应根据文物古迹的价值、特征、保存状况、环境条件，综合考虑研究、展示、延续原有功能和赋予文物古迹适宜的当代功能的各种利用方式。利用应强调公益性和可持续性，避免过度利用。

第四十一条　鼓励以文物古迹为资料，进行相关研究工作。文物古迹是历史变迁、文化发展的实物例证，是历史、文化研究的重要对象。对文物古迹的研究是实现文物古迹价值的重要方式。

第四十二条　鼓励对文物古迹进行展示，对其价值做出真实、完整、准确的阐释。展示应基于对文物古迹全面、深入的研究。要避免对文物古迹及相关历史、文化作不准确的表述。展示应针对不同背景的群体采用易于理解的方式。

展示和游客服务设施的选址应根据文物保护规划和专项设计进行，须符合文物古迹保护、价值阐释、保证游客安全、对原有环境影响最小等要求。服务性设施应尽可能远离文物古迹本体。展陈、游览设施应统一设计安置。

第四十三条 不提倡原址重建的展示方式。考古遗址不应重建。鼓励根据考古和文献资料通过图片、模型、虚拟展示等科技手段和方法对遗址进行展示。

第四十四条 对仍保持原有功能，特别是这些功能已经成为其价值组成部分的文物古迹，应鼓励和延续原有的使用方式。

第四十五条 赋予文物古迹新的当代功能必须根据文物古迹的价值和自身特点，确保文物古迹安全和价值不受损害。利用必须考虑文物古迹的承受能力，禁止超出文物古迹承受能力的利用。

因利用而增加的设施必须是可逆的。

第六章 附则

第四十六条 针对新的文物古迹类型，鼓励遵循《准则》的原则探索适合特定类型的文物古迹的保护方法。

第四十七条 本《准则》由中国古迹遗址保护协会制定、通过，中国国家文物局批准向社会公布。中国古迹遗址保护协会负责对本《准则》及其附件进行解释。在需要进行修订时也要履行相同程序。

2.《历史文化名城名镇名村保护条例》(2008年)

2008年4月2日国务院第三次常务会议通过，至2008年7月1日起施行。

第一章 总则

第一条 为了加强历史文化名城、名镇、名村的保护与管理，继承中华民族优秀历史文化遗产，制定本条例。

第二条 历史文化名城、名镇、名村的申报、批准、规划、保护，适用本条例。

第三条 历史文化名城、名镇、名村的保护应当遵循科学规划、严格保护的原则，保持和延续其传统格局和历史风貌，维护历史文化遗产的真实性和完整性，继承和弘扬中华民族优秀传统文化，正确处理经济社会发展和历史文化遗产保护的关系。

第四条 国家对历史文化名城、名镇、名村的保护给予必要的资金支持。

历史文化名城、名镇、名村所在地的县级以上地方人民政府，根据本地实际情况安排保护资金，列入本级财政预算。

国家鼓励企业、事业单位、社会团体和个人参与历史文化名城、名镇、名村的保护。

第五条 国务院建设主管部门会同国务院文物主管部门负责全国历史文化名城、名镇、名村的保护和监督管理工作。

地方各级人民政府负责本行政区域历史文化名城、名镇、名村的保护和监督管理工作。

第六条 县级以上人民政府及其有关部门对在历史文化名城、名镇、名村保护工作中做出突出贡献的单位和个人，按照国家有关规定给予表彰和奖励。

第二章　申报与批准

第七条　具备下列条件的城市、镇、村庄，可以申报历史文化名城、名镇、名村：

（一）保存文物特别丰富；

（二）历史建筑集中成片；

（三）保留着传统格局和历史风貌；

（四）历史上曾经作为政治、经济、文化、交通中心或者军事要地，或者发生过重要历史事件，或者其传统产业、历史上建设的重大工程对本地区的发展产生过重要影响，或者能够集中反映本地区建筑的文化特色、民族特色。

申报历史文化名城的，在所申报的历史文化名城保护范围内还应当有 2 个以上的历史文化街区。

第八条　申报历史文化名城、名镇、名村，应当提交所申报的历史文化名城、名镇、名村的下列材料：

（一）历史沿革、地方特色和历史文化价值的说明；

（二）传统格局和历史风貌的现状；

（三）保护范围；

（四）不可移动文物、历史建筑、历史文化街区的清单；

（五）保护工作情况、保护目标和保护要求。

第九条　申报历史文化名城，由省、自治区、直辖市人民政府提出申请，经国务院建设主管部门会同国务院文物主管部门组织有关部门、专家进行论证，提出审查意见，报国务院批准公布。

申报历史文化名镇、名村，由所在地县级人民政府提出申请，经省、自治区、直辖市人民政府确定的保护主管部门会同同级文物主管部门组织有关部门、专家进行论证，提出审查意见，报省、自治区、直辖市人民政府批准公布。

第十条　对符合本条例第七条规定的条件而没有申报历史文化名城的城市，国务院建设主管部门会同国务院文物主管部门可以向该城市所在地的省、自治区人民政府提出申报建议；仍不申报的，可以直接向国务院提出确定该城市为历史文化名城的建议。

对符合本条例第七条规定的条件而没有申报历史文化名镇、名村的镇、村庄，省、自治区、直辖市人民政府确定的保护主管部门会同同级文物主管部门可以向该镇、村庄所在地的县级人民政府提出申报建议；仍不申报的，可以直接向省、自治区、直辖市人民政府提出确定该镇、村庄为历史文化名镇、名村的建议。

第十一条　国务院建设主管部门会同国务院文物主管部门可以在已批准公布的历史文化名镇、名村中，严格按照国家有关评价标准，选择具有重大历史、艺术、科学价值的历史文化名镇、名村，经专家论证，确定为中国历史文化名镇、名村。

第十二条　已批准公布的历史文化名城、名镇、名村，因保护不力使其历史文化价值受到严重影响的，批准机关应当将其列入濒危名单，予以公布，并责成所在地城市、县人民政府限期采取补救措施，防止情况继续恶化，并完善保护制度，加强保护工作。

第三章　保护规划

第十三条　历史文化名城批准公布后，历史文化名城人民政府应当组织编制历史文化名城保护规划。

历史文化名镇、名村批准公布后，所在地县级人民政府应当组织编制历史文化名镇、名村保护规划。

保护规划应当自历史文化名城、名镇、名村批准公布之日起 1 年内编制完成。

第十四条　保护规划应当包括下列内容：

（一）保护原则、保护内容和保护范围；

（二）保护措施、开发强度和建设控制要求；

（三）传统格局和历史风貌保护要求；

（四）历史文化街区、名镇、名村的核心保护范围和建设控制地带；

（五）保护规划分期实施方案。

第十五条　历史文化名城、名镇保护规划的规划期限应当与城市、镇总体规划的规划期限相一致；历史文化名村保护规划的规划期限应当与村庄规划的规划期限相一致。

第十六条　保护规划报送审批前，保护规划的组织编制机关应当广泛征求有关部门、专家和公众的意见；必要时，可以举行听证。

保护规划报送审批文件中应当附具意见采纳情况及理由；经听证的，还应当附具听证笔录。

第十七条　保护规划由省、自治区、直辖市人民政府审批。

保护规划的组织编制机关应当将经依法批准的历史文化名城保护规划和中国历史文化名镇、名村保护规划，报国务院建设主管部门和国务院文物主管部门备案。

第十八条　保护规划的组织编制机关应当及时公布经依法批准的保护规划。

第十九条　经依法批准的保护规划，不得擅自修改；确需修改的，保护规划的组织编制机关应当向原审批机关提出专题报告，经同意后，方可编制修改方案。修改后的保护规划，应当按照原审批程序报送审批。

第二十条　国务院建设主管部门会同国务院文物主管部门应当加强对保护规划实施情况的监督检查。

县级以上地方人民政府应当加强对本行政区域保护规划实施情况的监督检查，并对历史文化名城、名镇、名村保护状况进行评估；对发现的问题，应当及时纠正、处理。

第四章　保护措施

第二十一条　历史文化名城、名镇、名村应当整体保护，保持传统格局、历史风貌和空间尺度，不得改变与其相互依存的自然景观和环境。

第二十二条　历史文化名城、名镇、名村所在地县级以上地方人民政府应当根据当地经济社会发展水平，按照保护规划，控制历史文化名城、名镇、名村的人口数量，改善历史文化名城、名镇、名村的基础设施、公共服务设施和居住环境。

第二十三条　在历史文化名城、名镇、名村保护范围内从事建设活动，应当符合保护规划的要求，不得损害历史文化遗产的真实性和完整性，不得对其传统格局和历史风貌构成破坏性影响。

第二十四条　在历史文化名城、名镇、名村保护范围内禁止进行下列活动：

（一）开山、采石、开矿等破坏传统格局和历史风貌的活动；

（二）占用保护规划确定保留的园林绿地、河湖水系、道路等；

（三）修建生产、储存爆炸性、易燃性、放射性、毒害性、腐蚀性物品的工厂、仓库等；

（四）在历史建筑上刻划、涂污。

第二十五条　在历史文化名城、名镇、名村保护范围内进行下列活动，应当保护其传统格局、历史风貌和历史建筑；制订保护方案，经城市、县人民政府城乡规划主管部门会同同级文物主管部门批准，并依照有关法律、法规的规定办理相关手续：

（一）改变园林绿地、河湖水系等自然状态的活动；

（二）在核心保护范围内进行影视摄制、举办大型群众性活动；

（三）其他影响传统格局、历史风貌或者历史建筑的活动。

第二十六条　历史文化街区、名镇、名村建设控制地带内的新建建筑物、构筑物，应当符合保护规划确定的建设控制要求。

第二十七条　对历史文化街区、名镇、名村核心保护范围内的建筑物、构筑物，应当区分不同情况，采取相应措施，实行分类保护。

历史文化街区、名镇、名村核心保护范围内的历史建筑，应当保持原有的高度、体量、外观形象及色彩等。

第二十八条　在历史文化街区、名镇、名村核心保护范围内，不得进行新建、扩建活动。但是，新建、扩建必要的基础设施和公共服务设施除外。

在历史文化街区、名镇、名村核心保护范围内，新建、扩建必要的基础设施和公共服务设施的，城市、县人民政府城乡规划主管部门核发建设工程规划许可证、乡村建设规划许可证前，应当征求同级文物主管部门的意见。

在历史文化街区、名镇、名村核心保护范围内，拆除历史建筑以外的建筑物、构筑物或者其他设施的，应当经城市、县人民政府城乡规划主管部门会同同级文物主管部门批准。

第二十九条　审批本条例第二十八条规定的建设活动，审批机关应当组织专家论证，并将审批事项予以公示，征求公众意见，告知利害关系人有要求举行听证的权利。公示时间不得少于20日。

利害关系人要求听证的，应当在公示期间提出，审批机关应当在公示期满后及时举行听证。

第三十条　城市、县人民政府应当在历史文化街区、名镇、名村核心保护范围的主要出入口设置标志牌。

任何单位和个人不得擅自设置、移动、涂改或者损毁标志牌。

第三十一条　历史文化街区、名镇、名村核心保护范围内的消防设施、消防通道，应当按照有关的消防技术标准和规范设置。确因历史文化街区、名镇、名村的保护需要，无法按照标准和规范设置的，由城市、县人民政府公安机关消防机构会同同级城乡规划主管部门制订相应的防火安全保障方案。

第三十二条　城市、县人民政府应当对历史建筑设置保护标志，建立历史建筑档案。

历史建筑档案应当包括下列内容：

（一）建筑艺术特征、历史特征、建设年代及稀有程度；

（二）建筑的有关技术资料；

（三）建筑的使用现状和权属变化情况；

（四）建筑的修缮、装饰装修过程中形成的文字、图纸、图片、影像等资料；

（五）建筑的测绘信息记录和相关资料。

第三十三条　历史建筑的所有权人应当按照保护规划的要求，负责历史建筑的维护和修缮。

县级以上地方人民政府可以从保护资金中对历史建筑的维护和修缮给予补助。

历史建筑有损毁危险，所有权人不具备维护和修缮能力的，当地人民政府应当采取措施进行保护。

任何单位或者个人不得损坏或者擅自迁移、拆除历史建筑。

第三十四条　建设工程选址，应当尽可能避开历史建筑；因特殊情况不能避开的，应当尽可能实施原址保护。

对历史建筑实施原址保护的，建设单位应当事先确定保护措施，报城市、县人民政府城乡规划主管部门会同同级文物主管部门批准。

因公共利益需要进行建设活动，对历史建筑无法实施原址保护、必须迁移异地保护或者拆除的，应当由城市、县人民政府城乡规划主管部门会同同级文物主管部门，报省、自治区、直辖市人民政府确定的保护主管部门会同同级文物主管部门批准。

本条规定的历史建筑原址保护、迁移、拆除所需费用，由建设单位列入建设工程预算。

第三十五条　对历史建筑进行外部修缮装饰、添加设施以及改变历史建筑的结构或者使用性质的，应当经城市、县人民政府城乡规划主管部门会同同级文物主管部门批准，并依照有关法律、法规的规定办理相关手续。

第三十六条　在历史文化名城、名镇、名村保护范围内涉及文物保护的，应当执行文物保护法律、法规的规定。

第五章　法律责任（略）

第六章　附　　则

第四十七条　本条例下列用语的含义：

（一）历史建筑，是指经城市、县人民政府确定公布的具有一定保护价值，能够反映历史风貌和地方特色，未公布为文物保护单位，也未登记为不可移动文物的建筑物、构筑物。

（二）历史文化街区，是指经省、自治区、直辖市人民政府核定公布的保存文物特别丰富、历史建筑集中成片、能够较完整和真实地体现传统格局和历史风貌，并具有一定规模的区域。

历史文化街区保护的具体实施办法，由国务院建设主管部门会同国务院文物主管部门制定。

第四十八条　本条例自 2008 年 7 月 1 日起施行。